Heidelberger Taschenbücher Band 10

Richard Becker

Theorie der Wärme

Dritte, ergänzte Auflage
bearbeitet von W. Ludwig

Mit 124 Abbildungen

Springer-Verlag Berlin Heidelberg GmbH

Professor Dr. Wolfgang Ludwig
Westfälische Wilhelms-Universität, Institut für Theoretische Physik II
Domagkstraße 75, 4400 Münster

ISBN 978-3-540-15383-2

CIP-Kurztitelaufnahme der Deutschen Bibliothek. *Becker, Richard:* Theorie der Wärme / Richard Becker. – 3., erg. Aufl. / bearb. von W. Ludwig.
(Heidelberger Taschenbücher; Bd. 10)
ISBN 978-3-540-15383-2 ISBN 978-3-662-10440-8 (eBook)
DOI 10.1007/978-3-662-10440-8
NE: Ludwig, Wolfgang [Bearb.]; GT

Ursprünglich erschienen bei Springer-Verlag Berlin Heidelberg New York Tokyo 1985

Herstellung: Beltz Offsetdruck, 6944 Hemsbach/Bergstr.
2153/3130-543210

Vorwort zur dritten Auflage

Auch die zweite Auflage von Richard Beckers „Theorie der Wärme" war in relativ kurzer Zeit vergriffen. Das unterstreicht wohl ein weiteres Mal, daß dieser Text auch heute noch den Studenten von Nutzen ist.

Gerade in einer Zeit, in der viel über Energie, Energiesparen und verfügbare Arbeit gesprochen wird, ist es notwendig, sich zunächst einmal mit den Grundbegriffen und Hauptsätzen, dem Zusammenhang von Energie und Entropie, vertraut zu machen.

Natürlich ist die Entwicklung nicht stehen geblieben. Moderne Forschungsgebiete sind die der Phasenübergänge und der nichtlinearen Phänomene. Im Rahmen eines allgemeinen Lehrbuches ist es nicht möglich, diese Gebiete vollständig darzustellen. Wir haben aber in einem neuen Abschnitt (§ 72d) die grundlegenden Gedanken über Phasenübergänge und Renormierung aufgenommen und dadurch den Anschluß an die moderne Entwicklung hergestellt. Dadurch wird auch ein Einstieg in das weite Gebiet der Synergetik ermöglicht, die heute eine zusammenfassende Theorie für viele verschiedene Disziplinen darstellt. Eine grundlegende Gleichung in dem Zusammenhang ist die Fokker-Planck-Gleichung, die schon in der ersten Auflage Beckers „Theorie der Wärme" behandelt wurde. In diesem Sinne ist Beckers Text durchaus modern.

Meinen Mitarbeitern Dr. C. Falter und Dr. W. Zierau möchte ich für wertvolle Hinweise danken. Mein besonderer Dank aber gilt Herrn Dr. H. Lotsch vom Springer-Verlag für die gute Zusammenarbeit und das große Interesse an einer Neuauflage, wodurch R. Beckers Gedanken auch weiterhin lebendig bleiben.

Münster, Mai 1985 W. Ludwig

Vorwort zur zweiten Auflage

Seit nunmehr fast 25 Jahren hat sich R. BECKER's *Theorie der Wärme* als Lehrbuch außerordentlich bewährt. Einer ganzen Generation von Studenten ist es das Standard-Werk für die Einführung in das von vielen nicht gerade geliebte Gebiet der Thermodynamik und Statistischen Mechanik gewesen. Das ist nicht zuletzt der unnachahmlichen Darstellung R. BECKER's zu verdanken, die heute noch so aktuell ist wie zu der Zeit, da meine Generation bei R. BECKER die Vorlesung über Theorie der Wärme hörte. In den vergangenen Jahren haben sich auch in der statistischen Mechanik neue Entwicklungen angebahnt, wurden neue Ergebnisse erzielt. Der Inhalt dieses Lehrbuches als Grundlage für die physikalischen Kursvorlesungen, wie sie an den deutschen Hochschulen im allgemeinen üblich sind, ist dadurch aber kaum berührt worden.

Deshalb ist, als nun kurz nach dem viel zu frühen Tod des bisherigen Herausgebers, GÜNTHER LEIBFRIED, eine Neuauflage erforderlich wurde, von größeren Änderungen abgesehen worden. Einige kleine Ergänzungen, die G. LEIBFRIED bei der Bearbeitung der englischen Ausgabe eingefügt hat, sind auch hier berücksichtigt worden. Diese Zusätze beziehen sich auf Schwankungen (§ 23, § 63), Schallgeschwindigkeit und 2. Schall (§ 26f, § 64) und auf negative Temperaturen (§ 72c). Geringfügig geändert wurde § 62, kleinere Fehler, soweit bekannt, wurden berichtigt, das Literaturverzeichnis ergänzt.

Allen, die uns durch Hinweise geholfen haben, sei an dieser Stelle herzlich gedankt. Dem Verlag gebührt Dank für die gute Zusammenarbeit, besonders aber dafür, daß er es durch die Neuherausgabe auch zukünftigen Studenten ermöglicht, mit Hilfe R. BECKER's *Theorie der Wärme* die Gedankengänge der Statistischen Mechanik zu verstehen.

Münster, September 1978 W. LUDWIG

Inhaltsverzeichnis

II. Statistische Mechanik

III. Quantenstatistik

IV. Ideale und reale Gase

V. Der feste Körper

VI. Schwankungen und BROWNsche Bewegung

VII. Thermodynamik irreversibler Prozesse

I. Thermodynamik.

A. Die beiden Hauptsätze der Wärmelehre.

§ 1. Der Temperaturbegriff und die Zustandsgleichung des idealen Gases.

Die ganze Wärmelehre wird vom Begriff Temperatur beherrscht. Er ist aus unseren Sinnesempfindungen warm und kalt entstanden. Die auffälligste Eigenschaft der Temperatur in physikalischer Hinsicht ist ihre Tendenz, sich auszugleichen. Zwei Körper A und B, welche hinreichend lange miteinander in Berührung (thermischer Kontakt!) sind, nehmen die gleiche Temperatur an, ganz unabhängig von der sonstigen Beschaffenheit der Körper und der speziellen Art der Berührung. Auf dieser Eigenschaft basiert ja das einzige experimentelle Verfahren, eine Substanz auf eine gegebene Temperatur zu bringen. Man setzt sie in ein Wärmebad oder einen Thermostaten. Dann hat sie eben — und zwar per definitionem! — die gleiche Temperatur wie das Wärmebad. Zur Messung der Temperatur kann jede Eigenschaft dienen, welche sich stetig und reproduzierbar mit ihr verändert, wie z. B. das Volumen, der Druck, die Thermokraft, der elektrische Widerstand und viele andere. Die Temperaturskala ist zunächst völlig willkürlich; sie muß durch eine Konvention festgelegt werden. Von den vielen im Laufe der Zeit benutzten Skalen seien nur hervorgehoben: das Quecksilberthermometer, das Gasthermometer und die Skala der absoluten Temperatur (Kelvin-Skala). Das Quecksilberthermometer benutzt in bekannter Weise zur Messung als temperaturempfindliche Eigenschaft die Differenz der Volumina von Quecksilber und Glas, indem man die Kapillare des Thermometers im Intervall zwischen den Fixpunkten 0° (schmelzendes Eis) und 100° (siedendes Wasser) in 100 gleiche Teile einteilt. Beim Gasthermometer wird der Druck p einer in ein festes Volumen V eingeschlossenen Gasmenge (z. B. Stickstoff oder Helium) gemessen. Dabei gilt in guter Näherung:

$$p = \frac{A}{V}(1 + \alpha t), \tag{1.1}$$

wo t die Temperatur in °C, A eine Konstante, $\alpha = 1/273{,}2°$ C den thermischen Ausdehnungskoeffizienten (§ 2), A/V also den Druck bei $t = 0°$ C bedeuten. Die Zahl α ist für alle Gase die gleiche, solange die Temperatur genügend weit oberhalb des Kondensationspunktes liegt und der Druck nicht zu groß wird. Bei genauerer Prüfung zeigt sich aber, daß der Gasdruck nicht genau linear mit der Quecksilbertemperatur anwächst, wenn man, wie oben angegeben, dessen Skala in 100 gleiche Teile geteilt hat. Da nun die Gl. (1.1) für alle Gase gilt, die Quecksilberskala an die zufälligen Eigenschaften eben des Quecksilbers gebunden ist, hat man sich entschlossen, auf die gleichmäßige Teilung der Skala des Quecksilberthermometers zu verzichten und statt dessen die Gl. (1.1) als Definition der Temperatur anzusehen, indem man die Druckskala des Gasthermometers zwischen den beiden Fixpunkten in 100 gleiche Teile einteilt. Wenn man in (1.1) den Faktor α vor die Klammer setzt, so wird

$$p = \frac{A\alpha}{V}\left(\frac{1}{\alpha} + t\right).$$

Diese Gleichung nimmt eine einfache Gestalt an, wenn man den Nullpunkt um $1/\alpha = 273{,}2^\circ$ verschiebt und

$$T = 273{,}2^\circ + t$$

als „absolute Temperatur" einführt. Mit $A\alpha = r$ hat man dann in

$$p = \frac{r}{V} T \tag{1.2}$$

die Grundgleichung für das Gasthermometer, wo nun die Fixpunkte bei $T = 273{,}2^\circ$ K (schmelzendes Eis) und $T = 373{,}2^\circ$ K (siedendes Wasser) liegen. r ist noch abhängig von der chemischen Natur des Gases und von der Menge des in das Thermometer eingefüllten Gasquantums. Auch diese Einführung der absoluten Temperatur hat noch durchaus vorläufigen Charakter: Zunächst gibt es in der Natur kein Gas, welches exakt die Gl. (1.2) befriedigt. Wenn man umgekehrt T durch (1.2) definiert, würde man für zwei verschiedene Gase zwei verschiedene Skalen für die Temperatur erhalten, wenn auch die Abweichungen gering sind und im Grenzfall sehr kleiner Drucke gegen Null gehen. Als ideales Gas bezeichnet man ein — in der Natur nicht existierendes — Gas, welches exakt der Gl. (1.2) genügt und auf dessen Verhalten man durch Extrapolation der bei endlichem Druck erhaltenen Messungen schließen kann. Abgesehen von dieser Unzulänglichkeit kann durch (1.2) eine Temperaturskala nur in einem beschränkten Temperaturintervall definiert werden, dessen untere Grenze dadurch gegeben ist, daß bei ihr alle Gase kondensieren und nur noch als Dampf ungeheuer kleiner Dichte über dem Kondensat existieren. Sie liegt etwa bei $T = 1^\circ$ K. (Der Siedepunkt des Heliums beträgt $4{,}2^\circ$ K.) Nach oben hin verliert die gasthermometrische Skala praktisch ihren Sinn, wenn keine festen Gefäße zur Abgrenzung des Gasvolumens existieren, also bei Temperaturen von etwa 1000°.

Eine endgültige Festlegung der absoluten Temperatúr ohne Bezugnahme auf spezielle Eigenschaften irgendeiner Substanz wird erst durch den zweiten Hauptsatz der Thermodynamik ermöglicht. Wir kommen nachher darauf zurück. Man muß es in diesem Sinne als Zufall bezeichnen, daß sie mit der durch (1.2) erklärten und an eine strenggenommen überhaupt nicht existierende Substanz gebundenen „absoluten Temperatur" übereinstimmt.

Für die in (1.2) noch auftretende individuelle Gaskonstante r haben Messungen an den verschiedensten Gasen ein höchst wichtiges Gesetz ergeben: Wählt man als Gasquantum ein Mol des betreffenden Gases, d. h. so viel Gramm, wie das Molekulargewicht angibt, so erhält man bei allen Gasen denselben Zahlenwert R für r. Bezeichnen wir, um diesen Tatbestand zu formulieren, mit V_M das Volumen von 1 Mol des betreffenden Gases, also etwa von 2 g Wasserstoff (H_2) oder 32 g Sauerstoff (O_2) oder 44 g Kohlensäure (CO_2), so lautet die Zustandsgleichung

$$p V_M = RT\,, \tag{1.3}$$

welche für alle Gase mit demselben Zahlenwert für R gilt. R wird daher auch oft als universelle Gaskonstante bezeichnet. Ihr Zahlenwert folgt z. B. daraus, daß bei $p = 1$ Atm und $T = 273{,}2^\circ$ K das Molvolumen 22,4 Liter beträgt. In absoluten Einheiten (p in dyn/cm², V_M in cm³/Mol) wird

$$R = 8{,}31 \cdot 10^7 \frac{\text{erg}}{\text{grad Mol}}\,.$$

Eine andere Schreibweise der Gasgleichung (1.3) wird sich insbesondere in der Atomphysik als nützlich erweisen. Es sei L die Zahl der Moleküle im Mol. Wir wissen, daß L, die Loschmidtsche *Konstante*, ungefähr gleich $6 \cdot 10^{23}$/Mol ist, aber der Zahlenwert tut hier nichts zur Sache. Wir dividieren (1.3) durch V_M und erweitern rechts mit der LOSCHMIDTschen Konstanten L:

$$p = \frac{L}{V_M}\frac{R}{L}T.$$

Nun ist $1/V_M$ die Anzahl der Mole im cm^3, $L/V_M = n$ die Zahl der Moleküle im cm^3. Der Quotient $R/L = k$ heißt BOLTZMANNsche *Konstante*. Mit diesen neuen Bezeichnungen lautet (1.3) auch

$$p = n k T. \tag{1.3a}$$

Bei gegebenem T ist danach der Druck allein durch die Zahl der Moleküle im cm^3 gegeben, ganz unabhängig von deren individueller Beschaffenheit.

§ 2. Zustandsgrößen.

Um den Zustand eines Systems zu beschreiben, braucht man eine Reihe von Zahlenangaben; bei homogenen Körpern etwa die chemische Zusammensetzung, das Volumen, die Temperatur oder andere den Körper charakterisierende Größen. Vorerst wollen wir die chemische Zusammensetzung als fest gegeben denken und uns auf einfache Körper, wie Flüssigkeiten und Gase, beschränken, bei denen der „Zustand" durch zwei Variable, z. B. Temperatur T und Volumen V, festgelegt ist. (Später werden weitere unabhängige Variable hinzutreten, wie etwa das magnetische Moment M oder die Molekülzahlen N_1, N_2, ...) Wenn der Zustand durch T und V festgelegt ist, so müssen alle anderen dem Zustand eigentümlichen Größen Funktionen dieser beiden Variablen sein.

Eine solche „Zustandsgröße" ist z. B. der Druck p. Späterhin werden wir die Energie U und die Entropie S kennenlernen. Häufig wird die funktionelle Abhängigkeit einer Größe nicht durch Angabe der expliziten Funktion $p(V, T)$, sondern durch ihren differentiellen Zuwachs bei Änderung der unabhängigen Variablen beschrieben, etwa

$$\mathrm{d}p = \left(\frac{\partial p}{\partial T}\right)_V \mathrm{d}T + \left(\frac{\partial p}{\partial V}\right)_T \mathrm{d}V. \tag{2.1}$$

Man beachte zunächst die physikalische Bedeutung der hier auftretenden partiellen Ableitungen. Offenbar bedeutet

$$K = -V\left(\frac{\partial p}{\partial V}\right)_T \tag{2.2a}$$

den isotherm gemessenen *Kompressionsmodul*. Eine andere häufig gemessene Größe ist der thermische Ausdehnungskoeffizient α (gemessen bei konstantem Druck), also

$$\alpha = \frac{1}{V}\left(\frac{\partial V}{\partial T}\right)_p. \tag{2.2b}$$

Der erste in (2.1) auftretende Differentialquotient, $\left(\frac{\partial p}{\partial T}\right)_V$, beschreibt den Druckanstieg bei Erwärmung im abgeschlossenen Volumen. Er wird bei kondensierten Körpern nur selten gemessen. Dagegen können wir ihn leicht aus K und α berechnen. Erwärmen wir bei konstantem Druck, d. h. $\mathrm{d}p = 0$, so folgt aus (2.1) als Relation zwischen $\mathrm{d}T$ und $\mathrm{d}V$

$$\left(\frac{\partial V}{\partial T}\right)_p = -\frac{\left(\frac{\partial p}{\partial T}\right)_V}{\left(\frac{\partial p}{\partial V}\right)_T}$$

oder unter Einführung der Größen K und α:

$$\alpha = \frac{\left(\frac{\partial p}{\partial T}\right)_V}{K}, \qquad \text{also} \qquad \left(\frac{\partial p}{\partial T}\right)_V = \alpha K. \tag{2.3}$$

Das ist die gesuchte Verknüpfung. Zur Illustration betrachten wir die Zahlenwerte für Blei bei 20° C. Man findet $\alpha = 8{,}4 \cdot 10^{-5}\,\text{grad}^{-1}$ und $K = 4{,}1 \cdot 10^{5}$ Atm, also

$$\left(\frac{\partial p}{\partial T}\right)_V = 34{,}3\,\frac{\text{Atm}}{\text{grad}}.$$

Um also bei Erwärmung um 1° das Volumen konstant zu halten, muß man den Druck um 34,3 Atm steigern.

Wir knüpfen an die Gl. (2.1) eine allgemeine Bemerkung. Es sei $F = F(x, y)$ eine Funktion der Variablen x und y. Sie sei zunächst erklärt durch ihr differentielles Verhalten, etwa durch

$$\mathrm{d}F = A(x, y)\,\mathrm{d}x + B(x, y)\,\mathrm{d}y. \tag{2.4}$$

Andererseits ist (Abb. 1)

$$\mathrm{d}F = F(x + \mathrm{d}x, y + \mathrm{d}y) - F(x, y) = \frac{\partial F}{\partial x}\,\mathrm{d}x + \frac{\partial F}{\partial y}\,\mathrm{d}y.$$

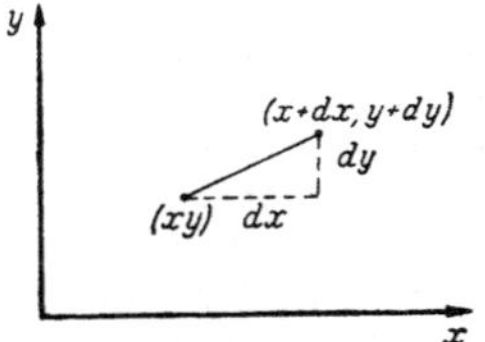

Abb. 1. Zur Berechnung von $F(x + \mathrm{d}x, y + \mathrm{d}y) - F(x, y)$.

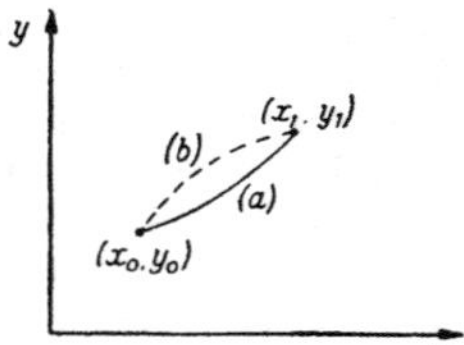

Abb. 2. Zwei Wege (*a*) und (*b*) zur Berechnung von $\int_0^1 \mathrm{d}F$.

Damit also durch die Funktionen $A(x, y)$ und $B(x, y)$ wirklich eine Funktion F erklärt ist, dürfen sie nicht beliebig sein. Denn es ist ja $A = \frac{\partial F}{\partial x}$ und $B = \frac{\partial F}{\partial y}$, also muß

$$\frac{\partial A}{\partial y} = \frac{\partial B}{\partial x} \tag{2.5}$$

sein. Man nennt (2.5) die *Integrabilitätsbedingung* für den Differentialausdruck (2.4).

Wir wollen die wichtige Relation (2.5) noch durch eine andere Überlegung ableiten. Die Funktion F habe in (x_0, y_0) den willkürlich wählbaren Wert F_0. Um gemäß (2.4) ihren Wert F_1 in (x_1, y_1) zu erhalten, haben wir über irgendeinen von (0) nach (1) führenden Weg in der x, y-Ebene [z. B. (*a*) in Abb. 2] zu integrieren:

$$F_1 - F_0 = \int_{(a)} \mathrm{d}F = \int_{(a)} (A\,\mathrm{d}x + B\,\mathrm{d}y).$$

Wir müssen fordern, daß der Wert dieses Integrals vom Weg unabhängig ist. Wählen wir also einen zweiten Weg (*b*), so muß $\int_{(b)} (A\,\mathrm{d}x + B\,\mathrm{d}y)$ ebenfalls den Wert $F_1 - F_0$ besitzen. Führt insbesondere der Weg wieder zum Punkt (x_0, y_0) zurück, so muß stets

$$\oint (A\,\mathrm{d}x + B\,\mathrm{d}y) = 0 \tag{2.6}$$

sein, wobei das Zeichen $\oint$ „Integration über einen geschlossenen Weg" bedeutet, z. B. von (0) über (*a*) nach (1) und von da über (*b*) nach (0) zurück.

Wir wollen uns überzeugen, daß die Forderungen (2.5) und (2.6) mathematisch identisch sind. Zu dem Zweck betrachten wir in Abb. 3 die in der Pfeilrichtung durchlaufene geschlossene Kurve. Zur Berechnung von $\oint B\,\mathrm{d}y$ schneiden wir durch zwei im Abstand $\mathrm{d}y$ gezeichnete Parallelen zur x-Achse die beiden mit I und II bezeichneten Stücke aus der Kurve heraus. Der Beitrag dieser Stücke zum $\oint B\,\mathrm{d}y$ ist $(B_{II} - B_I)\,\mathrm{d}y$. B_{II} und B_I gehören zum gleichen Wert von y, also wird $B_{II} - B_I = \int\limits_I^{II} \frac{\partial B}{\partial x}\,\mathrm{d}x$. Damit haben wir

$$\oint B\,\mathrm{d}y = \iint \frac{\partial B}{\partial x}\,\mathrm{d}x\,\mathrm{d}y,$$

wo nun das Doppelintegral über die ganze von der Kurve umrandete Fläche zu erstrecken ist. Mit der entsprechenden Umformung von $\oint A\,\mathrm{d}x$ (man beachte dabei den Umlaufsinn!) erhalten wir die Identität

$$\oint (A\,\mathrm{d}x + B\,\mathrm{d}y) = \iint \left(\frac{\partial B}{\partial x} - \frac{\partial A}{\partial y}\right)\mathrm{d}x\,\mathrm{d}y. \qquad (2.7)$$

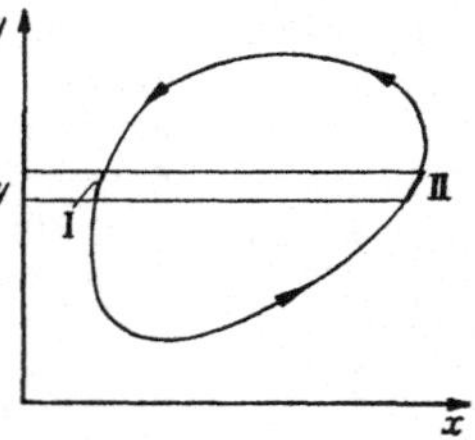

Abb. 3. Zur Berechnung von $\oint (A\,\mathrm{d}x + B\,\mathrm{d}y)$.

Damit also (2.6) für jeden geschlossenen Weg gelte, muß notwendig (2.5) erfüllt sein.

Wir werden späterhin mit physikalischen Größen, wie zugeführter Wärmemenge und geleisteter Arbeit, zu tun haben, welche im Sinne von (2.4) nur differentiell erklärt sind. Einen infinitesimalen Betrag einer solchen Größe G bezeichnen wir allgemein mit einem δ, also etwa

$$\delta G = C(x, y)\,\mathrm{d}x + D(x, y)\,\mathrm{d}y, \qquad (2.8)$$

wo nunmehr C und D nicht mehr der Integrabilitätsbedingung (2.5) zu genügen brauchen. *In diesem Fall ist durch* (2.8) *keine Funktion* $G(x, y)$ *erklärt.* Zwar hat der Zuwachs von G entlang eines gegebenen Weges, etwa (*a*),

$$\int\limits_{(a)} \delta G = \int\limits_{(a)} (C\,\mathrm{d}x + D\,\mathrm{d}y)$$

eine wohldefinierte Bedeutung, er ist aber verschieden von dem auf einem anderen Weg (*b*) ermittelten Zuwachs und kann daher nicht zur Definition einer Funktion $G(x, y)$ dienen. Das über einen geschlossenen Weg erstreckte $\oint \delta G$ ist dann in der Regel von Null verschieden.

Der Unterschied zwischen den so erklärten Begriffen $\mathrm{d}F$ (totales Differential) und δG (nur infinitesimale Größe, kein totales Differential) ist für die folgenden Abschnitte von fundamentaler Bedeutung.

§ 3. Der erste Hauptsatz.

Der erste Hauptsatz der Thermodynamik ist lediglich eine besondere Formulierung des Satzes von der Erhaltung der Energie. Wir nennen ein System abgeschlossen, wenn es mit anderen Systemen nicht in Wechselwirkung steht. Es enthält dann eine bestimmte, zeitlich nicht veränderliche Energie U. Das heißt, die Energie ist eine Zustandsfunktion. Sie kann sich nur dadurch ändern, daß dem System von außen Energie zugeführt wird. Der Wärmelehre eigentümlich ist die Aufteilung der zugeführten Energie in zugeführte Wärme und am

System geleistete Arbeit. Bei einer kleinen Wärmezufuhr (δQ) und einer kleinen, am System geleisteten Arbeit (δA) wäre also

$$dU = \delta Q + \delta A. \tag{3.1}$$

Dabei wurde der Umgebung die Wärme δQ entzogen; außerdem wurde ihr Vorrat an Energie um δA vermindert. Die Thermodynamik ist eine Wissenschaft von technisch ausführbaren Operationen. Eine apparative Beschreibung der zu δQ und δA gehörigen Manipulationen ist für das Verständnis aller Überlegungen wesentlich.

a) Änderung des Volumens.

Ein zylindrisches Gefäß vom Querschnitt f enthalte ein Gas oder eine Flüssigkeit, welche in der Höhe h durch einen Stempel begrenzt werde. Auf dem Stempel lastet ein Gewicht P. Er befindet sich im Gleichgewicht, wenn der Druck p der Substanz den Stempel gerade in der Schwebe erhält, wenn also $pf = P$ ist. Bei einer infinitesimalen Verschiebung des Stempels um dh nach oben erhöht sich die potentielle Energie des Gewichtes P um $P\,dh = pf\,dh = p\,dV$, wo $dV = f\,dh$ die mit dh verknüpfte Zunahme des Volumens $V = fh$ bedeutet. $p\,dV$ ist also die von der Flüssigkeit an dem Stempel geleistete Arbeit. Nach dem Energiesatz muß ihre Energie um diesen Betrag abgenommen haben. In (3.1) zählten wir δA als positiv, wenn an dem System Arbeit geleistet wurde, also wird

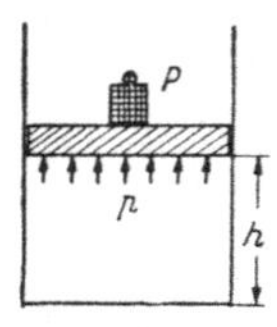

Abb. 4. Der Gasdruck p im Gleichgewicht mit der Belastung P des Stempels.

$$\delta A = -p\,dV. \tag{3.2a}$$

(Bei Volumenabnahme, also negativem dV, verliert P an potentieller Energie. Dieser Verlust erscheint als Energiegewinn im System.)

Will man die bei einer endlichen Kompression, etwa von V_0 auf V_1, am System geleistete Arbeit angeben, so muß man wissen, wie p sich mit V ändert. Ist $p = p(V)$ bekannt, so ist die gesuchte Arbeit A gegeben durch

$$A = -\int_{V_0}^{V_1} p(V)\,dV = \int_{V_1}^{V_0} p(V)\,dV. \tag{3.2b}$$

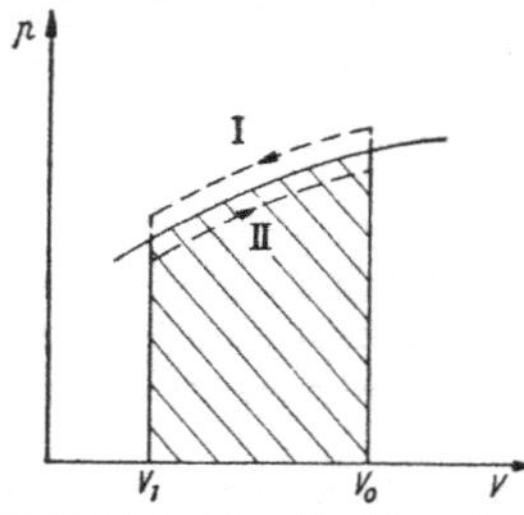

Abb. 5. Die Last P muß bei Expansion etwas kleiner, bei Kompression etwas größer sein, als dem Gleichgewichtsdruck p entspricht.

Bei dieser Betrachtung wurde vorausgesetzt, daß das auf dem Stempel lastende Gewicht P in jedem Augenblick den Gleichgewichtswert $P(V) = fp(V)$ hat. Das ist eine Idealisierung, die wir etwas näher betrachten müssen. Die ausgezogene Kurve in Abb. 5 sei die Funktion $p = p(V)$. Nach (3.2b) ist die Fläche zwischen V_1 und V_0 gleich der zur Kompression von V_0 auf V_1 aufzuwendenden Arbeit. Bei der praktischen Durchführung der Kompression hat man, auch wenn wir von Reibungsverlusten absehen, stets eine etwas größere Arbeit aufzuwenden. Um nämlich wirklich eine Abwärtsbewegung des Stempels zu erreichen, muß man seine Belastung etwas über die Gleichgewichtslast steigern ($P/f > p$). Wenn wir einen hinreichend langsamen Verlauf der Kompression in Kauf nehmen, so können wir den Überschuß $P/f - p$ beliebig klein machen. Wenn wir ihn, wie es in (3.2b) geschah, gleich Null setzen, so haben wir damit die Annahme eingeführt, daß die Kompression „unendlich" langsam erfolgt. Ganz analog muß bei einer Expansion P/f kleiner als p sein, wenn der Stempel sich wirklich aufwärts bewegen soll. Wenn wir von V_0 auf V_1 komprimieren und danach wieder expandieren, so durchläuft die Größe P/f zunächst die in Abb. 5 punktierte Kurve I und dann (bei der Expansion) die unter der p-Kurve liegende Kurve II. Nur im Limes unendlich langsamer Kompression und Expansion fallen beide Kurven mit der $p(V)$-Kurve zusammen. In diesem Fall sprechen wir von einer *reversiblen* Kompression. Nur bei ihr ist die aufgewandte Arbeit ebenso groß wie die bei der Expansion wiedergewonnene Arbeit. Bei allen Anwendungen von (3.2a) und (3.2b) wird vorausgesetzt, daß die Volumenänderungen in diesem Sinne reversibel erfolgen. Anderenfalls (bei endlicher Geschwindigkeit) kämen noch die kinetischen Energien von P und der an den Stempel angrenzenden Gasmassen ins Spiel. Deren Berücksichtigung würde zu großen Komplikationen Veranlassung geben (vgl. § 24).

b) Die Magnetisierung.

Zur Angabe der Energie eines magnetisierbaren Körpers als Funktion des Zustandes, z. B. von Temperatur T, Volumen V und magnetischem Moment M, also $U = U(T, V, M)$, ist zunächst eine Klärung erforderlich. Zur Herstellung der Magnetisierung benötigt man nämlich ein Magnetfeld H. Inwieweit soll man dieses Magnetfeld bei der Angabe der Energie mitzählen? Diese Frage läßt sich nur auf dem Wege einer Definition entscheiden. Es ist üblich, das äußere Magnetfeld, welches ja nur als Werkzeug zur Herstellung der Magnetisierung benutzt wurde, bei der Definition der Energie des Körpers nicht mitzuzählen. Die physikalische Situation, welche wir der Berechnung von U bei einem magnetisierten Körper zugrunde legen, hat man danach in folgender Weise herzustellen: Man magnetisiert den Körper zunächst mit Hilfe eines Magnetfeldes auf den gewünschten Betrag M. Alsdann denke man sich die so erreichte Magnetisierung fixiert, etwa durch Festklemmen der einzelnen Elementarmagnete, so daß sich die Magnetisierung bei einer Verminderung des Feldes nicht mehr ändert. Das ist zwar praktisch nicht durchführbar. Die Einführung derartiger „Reaktionshemmungen" ist aber nicht im Widerspruch mit einem der bekannten Naturgesetze. Alsdann entferne man das Magnetfeld. Erst danach haben wir den „Zustand M" ohne äußeres Magnetfeld vor uns. Bei der Angabe $U = U(M)$ sei fortan die Energie dieses Zustandes gemeint.

Für die so definierte Energie beweisen wir nun: Sei M das magnetische Moment eines Körpers und H das zur Erzeugung dieses Moments erforderliche Magnetfeld, so beträgt die Arbeit, welche man bei einer Vergrößerung von M um $\mathrm{d}M$ leisten muß,

$$\delta A = \mathsf{H}\,\mathrm{d}M\,. \tag{3.3}$$

Ist H als Funktion von M bekannt, so gibt also

$$A = \int_0^{M'} \mathsf{H}\,\mathrm{d}M \tag{3.3a}$$

den Energiezuwachs unseres Körpers auf Grund der Arbeitsleistung (3.3). [Daneben wären zur vollen Angabe der Energieänderung nach (3.1) noch etwa zugeführte Wärmemengen δQ in Rechnung zu stellen, die zu erwarten sind, wenn z. B. die Magnetisierung bei konstanter Temperatur, d. h. also in einem Wärmebad, erfolgt.]

Zur apparativen Begründung von (3.3) betrachten wir zwei verschiedene Wege zur Herstellung der Magnetisierung, nämlich entweder Magnetisierung durch Annäherung an einen permanenten Magneten oder aber mit Hilfe einer stromdurchflossenen Spule.

Der erste Weg ist in Abb. 6 skizziert: S sei der Südpol eines *permanenten Magneten*, F der zu magnetisierende Körper, H die x-Komponente des von S

am Ort x des Körpers erzeugten Magnetfeldes. H wächst bei Annäherung von F an den Magnetpol S. Die in Richtung x auf M wirkende translatorische Kraft K beträgt $K = M \frac{dH}{dx}$. Der Körper ist also im Gleichgewicht, wenn wir — wie es in der Abbildung dargestellt ist, mit Hilfe eines Fadens, einer Schnurscheibe und einer Waagschale — eine gleich große Kraft in entgegengesetzter Richtung wirken lassen. Bei einer Annäherung an S um dx wird die Arbeit $K\,dx = M\,dH$ gewonnen. (Das Gewicht K wird angehoben.) Die an dem System F plus S geleistete Arbeit beträgt also

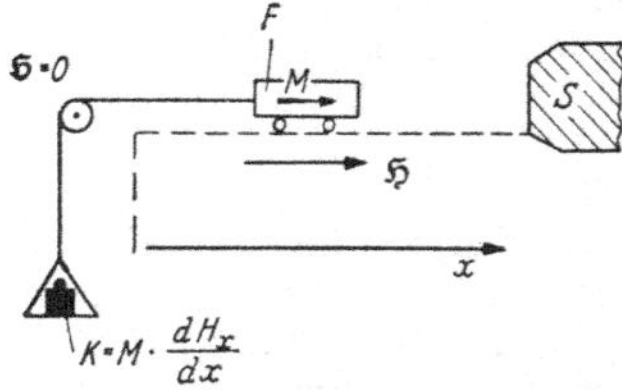

Abb. 6. Die vom Magnetpol auf M ausgeübte Kraft im Gleichgewicht mit der Belastung K.

$$\delta A_1 = -M\,dH .$$

Bei Heranschieben von $H = 0$ bis zu einem endlichen Wert H' wird

$$A_1 = -\int_0^{H'} M\,dH ,$$

also zunächst gänzlich verschieden von (3.3a). Um (3.3a) zu erhalten, müssen wir noch einen weiteren Schritt ausführen. Dieser besteht darin, daß wir die bei H' erreichte Magnetisierung M' „festklemmen“ oder „fixieren“. Nunmehr ziehen wir den Körper mit dem in solcher Weise fixierten magnetischen Moment M' wieder aus dem Bereich des Poles S heraus. Dabei haben wir die Kraft $M' \frac{dH}{dx}$ zu überwinden, im ganzen also die Arbeit

$$A_2 = M'H'$$

aufzuwenden. Insgesamt wurde also die Arbeit

$$A_1 + A_2 = \int_0^{M'} H\,dM$$

aufgewandt. Das ist der in (3.3a) angegebene Wert. — Nach Leistung der Arbeit $A_1 + A_2$ liegt der Versuchskörper wieder außerhalb der Reichweite des Poles S genau wie vorher, als sein Moment gleich Null war.

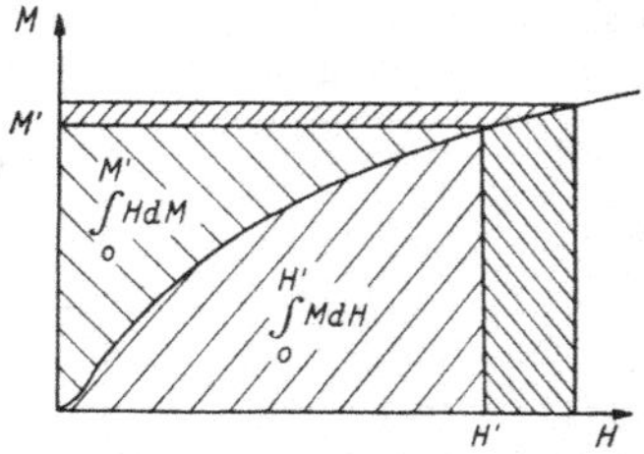

Abb. 7. Vergleich der Größen $\int_0^{H'} M\,dH$ und $\int_0^{M'} H\,dM$.

Die potentielle Energie $-MH$ des magnetisierten Körpers in bezug auf den Pol S wird nach obiger Vereinbarung nicht mit zur Energie des Systems gerechnet. Gezählt wird lediglich die „innere“ Energie, in der atomaren Beschreibung also z. B. die gegenseitige Energie der elementaren Dipole, deren resultierendes Moment gleich M ist. Die Abb. 7 bringt diesen Sachverhalt noch einmal zum Ausdruck. Gezeichnet ist die Magnetisierungskurve $M(H)$. Man sieht, wie die beiden Flächen $\int_0^{M'} H\,dM$ und $\int_0^{H'} M\,dH$ zusammen gleich dem Rechteck $M'H'$ sind.

Magnetisieren wir mit Hilfe einer *stromdurchflossenen Spule*, so berechnet sich δA in folgender Weise: Der zu magnetisierende Körper habe die Gestalt eines langen Zylinders, Länge l, Querschnitt q. Er sei von N Windungen eines widerstandslosen Drahtes umwickelt, durch welchen wir einen Strom J schicken.

Dann entsteht im Inneren der Spule das homogene Magnetfeld $\mathsf{H} = \frac{4\pi}{c}\frac{N}{l}J$. Ist M_0 das magnetische Moment der Volumeneinheit unseres Körpers, so ist die Induktion $B = \mathsf{H} + 4\pi M_0$ und der wirksame Induktionsfluß $\Phi = qBN$. Eine zeitliche Änderung von Φ erzeugt nach dem Induktionsgesetz eine Spannung $\mathsf{V} = \frac{1}{c}\dot{\Phi} = \frac{1}{c}Nq\dot{B}$. Die *Leistung* dieser Spannung ist $\mathsf{V}J$, also wegen $J = \mathsf{H}\frac{l}{N}\frac{c}{4\pi}$

$$\mathsf{V}J = \frac{1}{4\pi}ql\mathsf{H}\dot{B},$$

$ql = V$ ist das Volumen unseres Körpers, also $qlM_0 = M$ sein magnetisches Moment. Damit wird

$$\mathsf{V}J = V\frac{d}{dt}\frac{1}{8\pi}\mathsf{H}^2 + \mathsf{H}\frac{dM}{dt}.$$

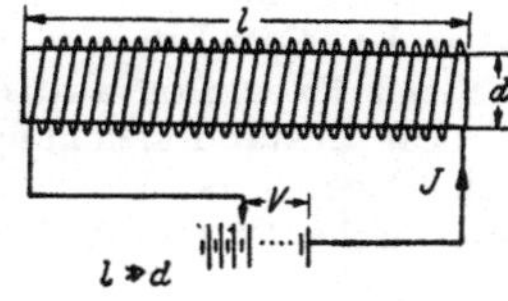

Abb. 8. Magnetisierung mit Hilfe einer stromdurchflossenen Spule.

Die in der Zeit dt an dem System geleistete Arbeit $\mathsf{V}J\,dt$ hat also den Wert

$$\delta A_3 = V d\left(\frac{1}{8\pi}\mathsf{H}^2\right) + \mathsf{H}\,dM.$$

Um den Wert (3.3a) zu erhalten, haben wir wieder nach Erreichung der Magnetisierung M' diese zu fixieren und dann das Feld H' abzuschalten. Dabei gewinnen wir die Energie $V\frac{1}{8\pi}\mathsf{H}'^2$ des Vakuumfeldes wieder zurück. Am Ende haben wir den auf M' magnetisierten Körper *ohne* äußeres Magnetfeld vor uns und in Übereinstimmung mit (3.3a) im ganzen die Arbeit

$$A_3 - \frac{V}{8\pi}\mathsf{H}'^2 = \int_0^{M'}\mathsf{H}\,dM$$

geleistet.

c) Energie des idealen Gases.

Betrachten wir Temperatur T und Volumen V als die den Zustand kennzeichnenden Größen, so muß $U = U(V, T)$ sein, also

$$dU = \left(\frac{\partial U}{\partial T}\right)_V dT + \left(\frac{\partial U}{\partial V}\right)_T dV. \tag{3.4}$$

Wenn speziell dV gleich Null ist, so wird nach (3.2a) an dem System keine Arbeit geleistet. Der Energiezuwachs $\left(\frac{\partial U}{\partial T}\right)_V dT$ ist also nach (3.1) gleich der zugeführten Wärme δQ. Man nennt daher $\left(\frac{\partial U}{\partial T}\right)_V = C_v$ die „Wärmekapazität". Dividiert man diese durch die Masse bzw. Molzahl des Körpers, so erhält man die „spezifische Wärme" bzw. die „Molwärme" c_v. — Die Bedeutung von $\left(\frac{\partial U}{\partial V}\right)_T$ wird uns noch mehrfach beschäftigen. Wir beschränken uns hier auf einen grundlegenden Versuch von GAY-LUSSAC zur Messung dieser Größe bei Gasen (Abb. 9): Ein Behälter vom Volumen V_2 sei durch eine Scheidewand S in zwei Teile A und B geteilt. Zunächst sei A mit Gas gefüllt (Volumen V_1, Temperatur T_1), B dagegen evakuiert. Nun wird die Scheidewand beseitigt. Das Gas expandiert stürmisch in das Vakuum B hinein. Nachdem es — nunmehr in V_2 — wieder zur Ruhe gekommen ist, wird aufs neue seine Temperatur (T_2) gemessen. Da das

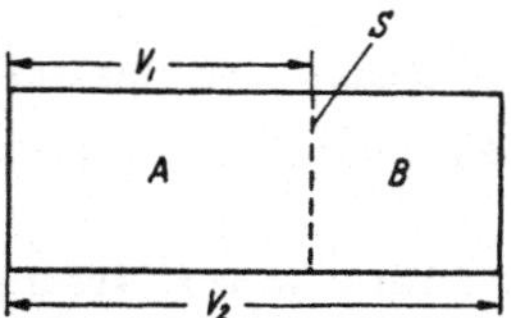

Abb. 9. Der Versuch von GAY-LUSSAC (Expansion ohne Arbeitsleistung).

ganze System während dieses Vorgangs abgeschlossen war, kann sich seine Energie nicht geändert haben, es muß also

$$U(V_1, T_1) = U(V_2, T_2)$$

sein. Nun ergab das Experiment $T_2 = T_1$, das Gas hat seine Temperatur bei dieser Expansion nicht geändert. Innerhalb der Genauigkeit des Versuchs folgt daraus, daß bei Gasen die Energie U vom Volumen nicht abhängt, sondern eine *Funktion von T allein* ist. Also wird bei idealen Gasen

$$\left(\frac{\partial U}{\partial V}\right)_T = 0\,. \tag{3.5}$$

Das Wort „ideal" haben wir hinzugefügt, weil bei realen Gasen doch eine kleine, aber bei Gay-Lussacs Versuchsgenauigkeit nicht meßbare Änderung von T bei der Expansion auftritt. Wir kommen darauf später (§ 13 und § 14) zurück.

Die Zustandsgleichungen für ein Mol eines idealen Gases lauten, wenn wir seine Energie bei $T = 0$ gleich Null setzen und wenn c_v die auf ein Mol bezogene spezifische Wärme bedeutet:

$$U_M = \int_0^T c_v(T)\,\mathrm{d}T\,, \tag{3.6a}$$

$$p\,V_M = RT\,. \tag{3.6b}$$

Man nennt (3.6a) die kalorische, (3.6b) die thermische Zustandsgleichung.

§ 4. Spezifische Wärmen.

a) Erwärmung bei konstantem Druck.

(3.1) und (3.2a) ergeben $\delta Q = \mathrm{d}U + p\,\mathrm{d}V$. Setzt man für $\mathrm{d}U$ den Ausdruck (3.4) ein, so ergibt sich zunächst allgemein

$$\delta Q = C_v\,\mathrm{d}T + \left[\left(\frac{\partial U}{\partial V}\right)_T + p\right]\mathrm{d}V\,. \tag{4.1}$$

Außer der zur Erwärmung bei konstantem V erforderlichen Wärme $C_v\,\mathrm{d}T$ wird bei einer Zunahme von V noch zusätzlich Wärme verbraucht, erstens um die Arbeit $p\,\mathrm{d}V$ (Heben eines Gewichtes!) zu leisten und zweitens, um die innere Energie zu vergrößern $\left(\left(\frac{\partial U}{\partial V}\right)_T \mathrm{d}V\right)$.

Erfolgt die Wärmezufuhr speziell bei konstantem Druck, so ist $\mathrm{d}V = \left(\frac{\partial V}{\partial T}\right)_p \mathrm{d}T$ und somit

$$C_p = \left(\frac{\delta Q}{\mathrm{d}T}\right)_p = C_v + \left[\left(\frac{\partial U}{\partial V}\right)_T + p\right]\left(\frac{\partial V}{\partial T}\right)_p. \tag{4.2a}$$

Beim idealen Gas ist $\left(\frac{\partial U}{\partial V}\right)_T = 0$ und $\left(\frac{\partial V_M}{\partial T}\right)_p = \frac{R}{p}$, also gilt für die Differenz der Molwärmen bei konstantem Druck (c_p) und konstantem Volumen (c_v)

$$c_p - c_v = R\,. \tag{4.2b}$$

Der *allgemeine* Ausdruck (4.2a) gewinnt erst eine handliche Gestalt, wenn wir die aus dem II. Hauptsatz [vgl. (12.4)] folgende Relation $\left(\frac{\partial U}{\partial V}\right)_T + p = T\left(\frac{\partial p}{\partial T}\right)_V$ vorwegnehmen. Damit wird

$$C_p - C_v = T\left(\frac{\partial p}{\partial T}\right)_V \left(\frac{\partial V}{\partial T}\right)_p.$$

Unter Einführung des Ausdehnungskoeffizienten $\alpha = \frac{1}{V}\left(\frac{\partial V}{\partial T}\right)_p$ und mit $\left(\frac{\partial p}{\partial T}\right)_V = \alpha K$ [K Kompressionsmodul, vgl. (2.3)] wird also

$$C_p - C_v = T V \alpha^2 K\,. \tag{4.3}$$

Dieser allgemeinere Ausdruck für $C_p - C_v$ ist besonders bei Flüssigkeiten und festen Körpern von Bedeutung, weil bei ihnen die spezifische Wärme bzw. die Wärmekapazität stets bei konstantem Druck gemessen wird, während für die meisten theoretischen Überlegungen die Größe $C_v = \left(\frac{\partial U}{\partial T}\right)_V$ von Interesse ist.

Mit den in § 2 angegebenen Werten von α und K für Blei bei 20° C erhält man aus (4.3) mit $V_M = 18{,}25\ \mathrm{cm^3/Mol}$ für die Differenz der Molwärmen

$$c_p - c_v = 0{,}37 \quad \mathrm{cal/Mol}.$$

Mit dem gemessenen Wert für die spezifische Wärme bei konstantem Druck $c_p = 6{,}40\ \mathrm{cal/Mol}$ wird daher

$$c_v = 6{,}03 \quad \mathrm{cal/Mol}.$$

Da K notwendig positiv ist, gilt stets $c_p > c_v$. Die beiden spezifischen Wärmen können nur gleich werden, wenn der Ausdehnungskoeffizient α verschwindet. Dies ist z. B. für Wasser bei 4° C der Fall.

Nach (4.2a)

$$C_p - C_v = \left\{\left(\frac{\partial U}{\partial V}\right)_T + p\right\}\left(\frac{\partial V}{\partial T}\right)_p$$

rührt der Unterschied zwischen c_p und c_v her: erstens von der Volumenabhängigkeit der Energie und zweitens von der bei der Ausdehnung geleisteten Arbeit. Um die Größe der beiden Einflüsse zu vergleichen, bilden wir den Quotienten $\frac{1}{p}\left(\frac{\partial U}{\partial V}\right)_T$, wofür wir nach (12.4) auch schreiben können

$$\frac{1}{p}\left(\frac{\partial U}{\partial V}\right)_T = \frac{T}{p}\left(\frac{\partial p}{\partial T}\right)_V - 1$$

oder, nach (2.3),

$$\frac{1}{p}\left(\frac{\partial U}{\partial V}\right)_T = \frac{T}{p}\alpha K - 1.$$

Für kondensierte Körper findet man die Größenordnung 10000 für die rechte Seite, d. h., daß bei ihnen die Differenz $c_p - c_v$ praktisch allein durch die Volumenabhängigkeit der inneren Energie bestimmt ist. Umgekehrt ist bei Gasen allein die Arbeitsleistung wesentlich.

b) Adiabatische Änderung.

Als adiabatische Änderung bezeichnet man eine solche, bei welcher keine Wärme zugeführt wird. Nach (4.1) sind bei einer adiabatischen Veränderung $\mathrm{d}T$ und $\mathrm{d}V$ verknüpft durch

$$C_v\,\mathrm{d}T + \left\{\left(\frac{\partial U}{\partial V}\right)_T + p\right\}\mathrm{d}V = 0,$$

somit wird

$$\left(\frac{\mathrm{d}T}{\mathrm{d}V}\right)_{ad} = -\frac{\left(\frac{\partial U}{\partial V}\right)_T + p}{C_v}.$$

nach (4.2a) also

$$\left(\frac{\mathrm{d}T}{\mathrm{d}V}\right)_{ad} = -\frac{C_p - C_v}{C_v}\left(\frac{\partial T}{\partial V}\right)_p.$$

Beim *idealen Gas* ist $\left(\frac{\partial T}{\partial V}\right)_p = \frac{T}{V}$. Mit der Abkürzung $C_p/C_v = c_p/c_v = \varkappa$ wird daher bei adiabatischer Volumenänderung $\mathrm{d}\ln T + (\varkappa - 1)\,\mathrm{d}\ln V = 0$. Einfache Integration liefert

$$T V^{\varkappa - 1} = \mathrm{const}.$$

Da allgemein $T = \text{const} \cdot pV$, so gilt auch

$$pV^{\varkappa} = \text{const} \tag{4.4}$$

bei adiabatischer Kompression.

c) Die Anwendung auf die Berechnung der Schallgeschwindigkeit.

Für die Hydrodynamik ist die Änderung des Druckes mit der Dichte ϱ besonders wichtig. Mit $\varrho = \frac{M}{V_M}$ (M = Molgewicht; V_M = Molvolumen) gilt für ein ideales Gas

$$p = \varrho \frac{RT}{M} \text{ (allgemein)}; \qquad p = \varrho^{\varkappa} \cdot \text{const (adiabatisch)}.$$

Daraus folgt

$$\left(\frac{\mathrm{d}p}{\mathrm{d}\varrho}\right)_T = \frac{p}{\varrho} = \frac{RT}{M} \quad \text{und} \quad \left(\frac{\mathrm{d}p}{\mathrm{d}\varrho}\right)_{ad} = \varkappa \frac{p}{\varrho} = \varkappa \frac{RT}{M}. \tag{4.5}$$

Ist andererseits der Druck als Funktion der Dichte bekannt, so gilt für die Schallgeschwindigkeit w bei Schallwellen kleiner Amplitude

$$w = \sqrt{\frac{\mathrm{d}p}{\mathrm{d}\varrho}}. \tag{4.6}$$

Die Herleitung dieser Relationen aus der Hydrodynamik sei für ebene, in der x-Richtung laufende Wellen kurz angegeben. Bedeuten $u(x,t)$ und $\varrho(x,t)$ die Strömungsgeschwindigkeit und die Dichte, so gelten bei Abwesenheit von Reibung

$$\left.\begin{aligned} &\text{die Kontinuitätsgleichung} \quad \frac{\partial \varrho}{\partial t} + u\frac{\partial \varrho}{\partial x} = -\varrho \frac{\partial u}{\partial x} \\ &\text{und die dynamische Gleichung} \quad \frac{\partial u}{\partial t} + u\frac{\partial u}{\partial x} = -\frac{1}{\varrho}\frac{\partial p}{\partial x}. \end{aligned}\right\} \tag{4.7}$$

Wenn p nur von ϱ abhängt, so ist $\frac{\partial p}{\partial x} = \frac{\mathrm{d}p}{\mathrm{d}\varrho}\frac{\partial \varrho}{\partial x}$.

Setzen wir nun $\frac{\mathrm{d}p}{\mathrm{d}\varrho} = w^2$ und führen wir durch $\varrho = \varrho_0(1+\sigma)$ und $u = \eta w$ an Stelle von ϱ und u die (gegen 1 kleinen) dimensionslosen Größen σ und η ein, so wird aus (4.7) bei Beschränkung auf Glieder erster Ordnung in σ und η:

$$\frac{\partial \sigma}{\partial t} = -w\frac{\partial \eta}{\partial x},$$

$$\frac{\partial \eta}{\partial t} = -w\frac{\partial \sigma}{\partial x}.$$

Daraus folgen für die Summe bzw. Differenz von σ und η die einfachen Gleichungen

$$\frac{\partial}{\partial t}(\sigma+\eta) = -w\frac{\partial(\sigma+\eta)}{\partial x} \quad \text{und} \quad \frac{\partial(\sigma-\eta)}{\partial t} = w\frac{\partial(\sigma-\eta)}{\partial x}.$$

Mit zwei willkürlichen Funktionen f und g wird also

$$\sigma+\eta = f(x-wt) \quad \text{und} \quad \sigma-\eta = g(x+wt). \tag{4.8}$$

$f(x-wt)$ beschreibt eine in positiver x-Richtung mit der Geschwindigkeit w laufende Welle, $g(x+wt)$ dagegen eine Welle in negativer x-Richtung. Läuft die Welle nun in positiver Richtung, so wird $g = 0$, also $\sigma = \eta$ und

$$\sigma = \eta = \frac{1}{2}\cdot f(x-wt).$$

Die in (4.6) eingeführte Größe w hat also wirklich die Bedeutung der Schallgeschwindigkeit.

In der Schallwelle erfolgt die Kompression praktisch adiabatisch. Die Verdichtungen verlaufen viel zu schnell, um für einen Ausgleich der Temperaturdifferenzen durch die Wärmeleitung Zeit zu lassen. Daher wird nach (4.5)

$$w = \sqrt{\varkappa \frac{RT}{M}}. \tag{4.9}$$

So erhält man z. B. für die Schallgeschwindigkeit in Luft bei 0° C, einem mittleren Molgewicht von $M = 29$ g/Mol und $\varkappa = 1{,}4$

$$w = 331 \quad \text{m/sec}.$$

Unter der Annahme isotherm erfolgender Kompressionen würde man dagegen eine Schallgeschwindigkeit von nur 290 m/sec berechnen, während der gemessene Wert genau $w = 331{,}8$ m/sec beträgt.

Die Messung der Schallgeschwindigkeit ist ein besonders wichtiges Hilfsmittel zur Messung der spezifischen Wärme in Gasen. Denn zugleich mit $\varkappa = c_p/c_v$ sind wegen der allgemeinen Relation $c_p - c_v = R$ auch c_p und c_v einzeln bekannt.

d) Energie und spezifische Wärmen bei idealen Gasen.

Wir stellen hier einige nähere Angaben über *Energie und spezifische Wärmen bei idealen Gasen* zusammen, welche ihre theoretische Begründung erst in den späteren Abschnitten über kinetische Gastheorie und statistische Mechanik erfahren werden. Das ideale Gas ist dadurch definiert, daß die Wechselwirkungsenergie der Moleküle keine Rolle spielt. Seine Energie ist also einfach die Summe der Energien der einzelnen als frei betrachteten Moleküle. Die Energie des einzelnen Moleküls kann man zerlegen in:

1. Translationsenergie des Schwerpunkts (U_{tr}).
2. Rotationsenergie des als starr betrachteten Moleküls (U_{rot}).
3. Schwingungsenergie der einzelnen Bestandteile des Moleküls (Atome) gegeneinander (U_{osc}).

Bei Zimmertemperatur ist für ein Mol des Gases

$$U_{tr} = \frac{3}{2} \cdot R\,T \quad \text{und} \quad U_{rot} \begin{cases} = 0 & \text{bei einatomigen Gasen,} \\ = R\,T & \text{bei zweiatomigen Gasen,} \\ = 3/2 \cdot R\,T & \text{bei mehratomigen Gasen.} \end{cases}$$

Im übrigen besagt die Quantentheorie, daß die Anregung der verschiedenen Energien von der Temperatur abhängt, in dem Sinne, daß bei tiefen Temperaturen (etwa 1 bis 100° K) die Rotation einfriert. Die Oszillation ist noch bei Zimmertemperatur praktisch eingefroren und wird erst in der Gegend von 1000° K wesentlich. Sie erreicht bei voller Anregung für zweiatomige Moleküle den Wert RT. Die Translationsenergie behält (wenn man von der Gasentartung absieht) ihren vollen Wert $3/2 \cdot RT$ bis hinunter zu beliebig tiefen Temperaturen. Über den Verlauf von $c_v(T) = \left(\frac{\partial U}{\partial T}\right)_V$ bei einem zweiatomigen Gase kann man daher ganz allgemein folgendes aussagen: Er wird beherrscht durch zwei (nur größenordnungsmäßig erklärte) Temperaturen T_{rot} und T_{osc}, von welchen ab die Rotationen und die Schwingungen merklich angeregt werden. Für $T \ll T_{rot}$ ist $c_v = 3/2 \cdot R$. (Die Beiträge der Rotation und Schwingung verschwinden bei tiefen Temperaturen wie $\exp(-\text{const}/T)$.) Innerhalb des Bereiches $T_{rot} < T < T_{osc}$ gilt im wesentlichen der praktisch meist benutzte Wert $c_v = 5/2 \cdot R$, oberhalb T_{osc} nähert sich c_v dem Wert $7/2 \cdot R$. Zur Illustration dieser Verhältnisse ist in Abb. 10 der Verlauf der spezifischen Wärme des Wasserstoffs dargestellt. Geht man zu noch höheren Temperaturen über, so ist wegen der dann auftretenden Dissoziation der Moleküle mit einem weiteren Anwachsen von c_v zu rechnen.

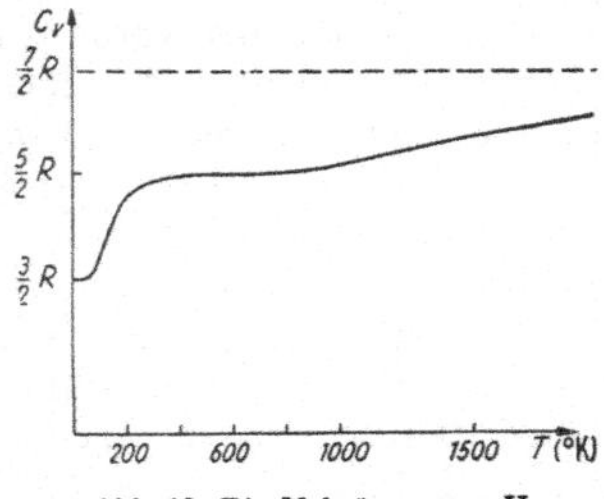

Abb. 10. Die Molwärme von H_2 (qualitativ).

Wir schließen diesen Abschnitt mit einer nur für ideale Gase zutreffenden Bemerkung. In dem auf 1 Mol bezogenen Ausdruck

$$\delta Q = \mathrm{d}U + p\,\mathrm{d}V_M$$

ist bei idealen Gasen $\mathrm{d}U = c_v \mathrm{d}T$, wo nach dem Gay-Lussac-Versuch c_v nicht von V_M, sondern höchstens noch von T abhängen kann. Andererseits ist $p = \frac{R\,T}{V_M}$.

Dividieren wir nun δQ durch die absolute Temperatur T, so ist in

$$\frac{\delta Q}{T} = c_v \frac{\mathrm{d}T}{T} + \frac{R\,\mathrm{d}V_M}{V_M}$$

der Faktor von $\mathrm{d}T$ nur von T, derjenige von $\mathrm{d}V_M$ nur von V_M abhängig. Führen wir also eine Funktion $S(T, V)$ ein durch

$$S(T,V) = \int_{T_0}^{T} c_v \frac{\mathrm{d}T}{T} + R \int_{V_0}^{V} \frac{\mathrm{d}V}{V}$$

(T_0 und V_0 sind fest gewählte Größen), so wird

$$\frac{\delta Q}{T} = \mathrm{d}S.$$

$\delta Q/T$ ist also im Sinne der Ausführungen von § 2 das Differential einer Zustandsfunktion S, welcher wir gleich den Namen „Entropie" zulegen. Insbesondere gilt bei Integration über einen geschlossenen Weg

$$\oint \frac{\delta Q}{T} = 0. \tag{4.10}$$

Die Existenz dieser Funktion auch bei beliebigen realen Körpern wird uns weiterhin ausführlich beschäftigen.

§ 5. Der zweite Hauptsatz.

Nach dem Satz von der Erhaltung der Energie ist die Konstruktion eines Perpetuum mobile unmöglich. Technisch gesehen könnte man diesen Satz umgehen durch die Erfindung einer Maschine, welche ihren Energiebedarf aus nur einem Wärmereservoir deckt. Ein drastisches Beispiel wäre ein Ozeandampfer, welcher die zum Betrieb seiner Maschine erforderliche Energie dem praktisch unbegrenzten Wärmeinhalt des Ozeans entnimmt. Die damit verbundene Abkühlung des Ozeans würde sogar weitgehend wieder rückgängig gemacht werden, weil ja die Leistung der Maschine zum größten Teil dem Ozean als Reibungswärme wieder zugeführt wird. Eine solche Maschine bezeichnet man als Perpetuum mobile zweiter Art. Das Wesen des zweiten Hauptsatzes besteht darin, eine derartige Erfindung für unmöglich zu erklären. Er besagt — in schärferer Formulierung —:

„Es ist nicht möglich, eine periodisch arbeitende Maschine zu konstruieren, bei welcher nach einem Umlauf die einzigen Änderungen in der umgebenden Welt darin bestehen, daß Arbeit geleistet und nur ein Wärmereservoir abgekühlt wurde."

Das Wort „periodisch" ist in dieser Formulierung wichtig, wie man an dem Beispiel der isothermen Expansion eines idealen Gases erkennt. Bei solcher in einem Wärmebad vorzunehmenden Expansion ändert sich die Energie des Gases nicht. Der Arbeitsgewinn erfolgt quantitativ auf Kosten der dem Bad entzogenen Wärme.

Der zweite Hauptsatz hat die Eigentümlichkeit, daß er auf keinerlei spezielles Naturphänomen Bezug nimmt, an welches sich die Anschauung halten könnte. In der Tat sind auch die Gedankengänge, welche wir an ihn anschließen werden, von einer ganz spezifischen und für dieses Gebiet charakteristischen Prägung.

Reversible Vorgänge. Der Begriff des reversiblen oder umkehrbaren Prozesses ist für alles Folgende von grundlegender Bedeutung. Für den Fall der Kompression eines Gases haben wir den Begriff der Reversibilität oben ausführlich besprochen (§ 3a). Sie ist streng nur bei unendlich langsamer Führung des Prozesses realisiert.

Ähnlich ist es mit der Wärmezufuhr. Damit ein Körper aus einem Wärmebad Wärme aufnimmt, muß er etwas kälter sein als das Bad. Nun kann diese Temperaturdifferenz beliebig klein gemacht werden, wenn man hinreichend lange Zeit für die Wärmeübertragung in Kauf nimmt. „Reversibel" heißt der Wärmeübergang nur dann, wenn er zwischen gleich temperierten Körpern erfolgt.

§ 6. CARNOTs Wirkungsgrad.

Da man mit einem Wärmereservoir allein keine Maschine treiben kann, nehmen wir deren zwei, die wir zur Arbeitsleistung ausnutzen wollen. Als Arbeitssubstanz wählen wir zunächst ein *ideales Gas*. (Von der Spezialisierung auf diese ideale Substanz werden wir uns späterhin befreien.) Wir füllen das Gas in ein durch einen Stempel abgeschlossenes zylindrisches Gefäß und führen mit ihm die folgenden Operationen aus:

1. Das Gas werde — in Kontakt mit einem Wärmebad T_1 — vom Volumen V_A auf das Volumen V_B isotherm expandiert (von A nach B im Indikatordiagramm. Abb. 11).

2. Das Gas wird aus dem Bad T_1 entfernt und adiabatisch expandiert (von B nach C). Dabei möge es sich auf die Temperatur T_2 abkühlen.

3. Das Gas wird in ein Wärmebad T_2 eingeführt und isotherm komprimiert (von C nach D).

4. Das Gas wird aus T_2 entfernt und adiabatisch komprimiert (von D nach A), wobei es die Temperatur T_1 wieder erreicht.

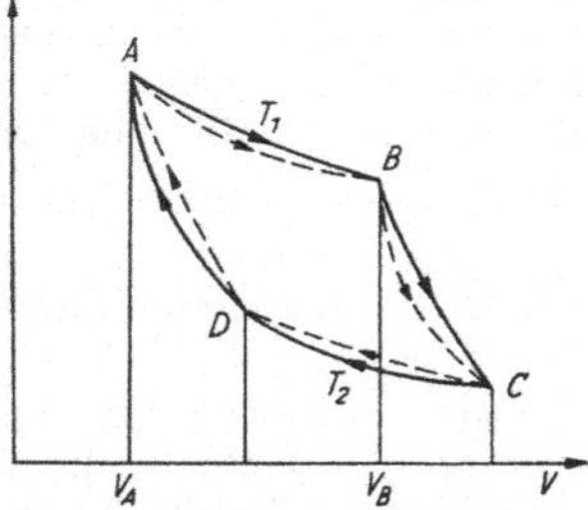

Abb. 11. Das CARNOTsche Viereck.
——— bei unendlich langsamer Führung,
— — bei endlicher Geschwindigkeit.

Ist nun Q_1 die dem Bad T_1 entzogene, Q_2 dagegen die dem Bad T_2 zugeführte Wärme, so muß nach dem ersten Hauptsatz die nach einem Umlauf gewonnene Arbeit

$$A = Q_1 - Q_2$$

sein. Ferner besteht die oben (4.10) für ideale Gase abgeleitete Beziehung $\oint \frac{\delta Q}{T} = 0$, welche für unser Viereck besagt:

$$\frac{Q_1}{T_1} = \frac{Q_2}{T_2}. \qquad (6.1)$$

Aus beiden Gleichungen folgt

$$\boxed{A = Q_1 \frac{T_1 - T_2}{T_1}.} \qquad (6.2)$$

Von der dem oberen Reservoir entzogenen Wärme Q_1 ist also der Bruchteil $\frac{T_1 - T_2}{T_1}$ in Arbeit umgewandelt worden. Der Rest $Q_2 = Q_1 \cdot T_2/T_1$ wurde dem unteren Reservoir (T_2) als Wärme zugeführt. Man nennt

$$\boxed{\frac{T_1 - T_2}{T_1} = \eta} \qquad (6.2a)$$

den CARNOT*schen Wirkungsgrad*. Man bemerke zunächst, daß dieser Wirkungsgrad nur bei reversibler Führung des Prozesses wirklich erreicht wird. Bei endlicher Laufgeschwindigkeit der Maschine liegt das Indikatordiagramm überall im Innern des CARNOTschen Vierecks: Im Bad T_1 muß das Gas kälter als T_1 sein, damit es Wärme aufnimmt. Umgekehrt muß es bei T_2 wärmer sein usw.

Wenn die Maschine in umgekehrter Richtung betrieben wird, so arbeitet sie als Wärmepumpe (Kühlmaschine). Man muß die Arbeit A aufwenden, um dem unteren Reservoir die Wärme Q_2 zu entziehen und dem oberen die Wärme $Q_1 = Q_2 + A$ zuzuführen.

Nun habe jemand eine andere Maschine erfunden, von der wir nur annehmen wollen, daß sie ebenfalls „reversibel" zwischen den Reservoiren T_1 und T_2 „arbeitet". Sie möge so dimensioniert sein, daß sie dem Reservoir T_1 bei Vorwärtslauf auch gerade die Wärme Q_1 entzieht. Dem Reservoiı T_2 möge sie irgendeine andere Wärmemenge Q_2' zuführen. Die mit der neuen Maschine gewonnene Arbeit ist dann $A' = Q_1 - Q_2'$ gegenüber $A = Q_1 - Q_2$ bei unserer Gasmaschine.

Aus beiden Gleichungen folgt $A' - A = (Q_2 - Q_2')$. Nun ist aber $A' - A$ die Arbeit, welche wir gewinnen, wenn wir beide Maschinen gegeneinander arbeiten lassen, d. h. die neue Maschine als Kraftmaschine und unsere alte als Wärmepumpe. Wäre also $Q_2 > Q_2'$, so hätten wir damit das Perpetuum mobile zweiter Art realisiert, nämlich eine Arbeit auf Kosten des Reservoirs T_2 allein. Wäre $Q_2 < Q_2'$, so hätten wir das gleiche Resultat bei Umkehr der Arbeitsrichtung beider Maschinen. Also muß notwendig auch $Q_2' = Q_2$ sein. Das heißt, die neue Maschine muß ebenfalls den Carnotschen Wirkungsgrad $\eta = \frac{T_1 - T_2}{T_1}$ haben.

§ 7. Die allgemeine Carnot-Maschine und die Definition der absoluten Temperatur.

Gegen die obigen Überlegungen läßt sich — und mit Recht — der Einwand erheben, daß das dabei immer wieder benutzte ideale Gas in Wirklichkeit gar nicht existiert. Es ist eine mißliche Sache, als Grundlage einer ganzen Disziplin erst die Temperatur mittels einer nicht existierenden Substanz zu definieren und alsdann den Wirkungsgrad einer mit eben dieser Substanz betriebenen Maschine zum Ausgangspunkt aller weiteren Schlüsse zu machen. Diese Lücke soll jetzt geschlossen werden.

Wir stellen uns vor, daß wir mit Hilfe irgendeiner Art von Thermometer eine Temperaturskala ϑ eingeführt hätten, von der wir nur voraussetzen, daß „wärmer" oder „kälter" größeres oder kleineres ϑ bedeutet. Sodann existiere eine „Carnot-Maschine", welche reversibel zwischen zwei Wärmereservoiren ϑ_1 und ϑ_2 ($\vartheta_1 > \vartheta_2$) arbeitet, indem sie dem Reservoir ϑ_1 die Wärme Q_1 entzieht, dem Reservoir ϑ_2 die Wärme Q_2 zuführt und die Differenz in Arbeit verwandelt:

$$A = Q_1 - Q_2 .$$

Genau wie oben können wir nun schließen: Gäbe es eine zweite reversible Maschine mit gleichem Q_1, jedoch einem von Q_2 abweichenden Q_2', so ließe sich durch eine geeignete Kopplung beider Maschinen das Perpetuum mobile zweiter Art herstellen. Also muß der Quotient Q_2/Q_1 von der speziellen Art der Maschine unabhängig sein. Er muß eine Funktion der Temperaturen ϑ_1 und ϑ_2 allein sein:

$$Q_2 = Q_1 f(\vartheta_1, \vartheta_2) . \tag{7.1}$$

$\eta_{12} = 1 - f(\vartheta_1, \vartheta_2)$ ist also der Wirkungsgrad aller zwischen ϑ_1 und ϑ_2 arbeitenden Maschinen.

Um mehr über diese Funktion zu erfahren, führen wir noch ein drittes Wärmereservoir ϑ_3 ein. Es seien jetzt zwei Carnot-Maschinen vorhanden, welche in der Abb. 12 mit A, A' gekennzeichnet sind. A arbeitet zwischen ϑ_1 und ϑ_2, A' zwischen ϑ_2 und ϑ_3. Die beiden Maschinen sollen so dimensioniert sein, daß dem Reservoir ϑ_2 von A' gerade die Wärme $Q_1 f(\vartheta_1, \vartheta_2)$ entzogen wird, welche ihm durch A zugeführt wurde. Dann ist

$$A = Q_1 (1 - f(\vartheta_1, \vartheta_2)) \qquad \text{und} \qquad A' = Q_1 f(\vartheta_1, \vartheta_2) (1 - f(\vartheta_2, \vartheta_3)) .$$

Die beiden so gekoppelten Maschinen beanspruchen das Reservoir ϑ_2 überhaupt nicht. Sie wirken wie eine zwischen ϑ_1 und ϑ_3 laufende Maschine. Also muß gelten

$$A + A' = Q_1 (1 - f(\vartheta_1, \vartheta_3)).$$

Das ist nur erfüllt, wenn f die Eigenschaft hat, daß

$$f(\vartheta_1, \vartheta_2)\, f(\vartheta_2, \vartheta_3) = f(\vartheta_1, \vartheta_3) \tag{7.2}$$

für irgend drei Zahlen ϑ_1, ϑ_2, ϑ_3. Differenziert man den Logarithmus dieser Gleichung partiell nach ϑ_1, so wird

$$\frac{\partial \ln f(\vartheta_1, \vartheta_2)}{\partial \vartheta_1} = \frac{\partial \ln f(\vartheta_1, \vartheta_3)}{\partial \vartheta_1}.$$

Das ist nur möglich, wenn $\ln f$ die Form

$$\ln f(\vartheta_1, \vartheta_2) = A(\vartheta_1) + B(\vartheta_2)$$

hat. f selbst muß also das Produkt von zwei Funktionen $a(\vartheta_1)$ und $b(\vartheta_2)$ sein: $f(\vartheta_1, \vartheta_2) = a(\vartheta_1)\, b(\vartheta_2)$. Nunmehr verlangt (7.2), daß $a(\vartheta_1)\, b(\vartheta_2)\, a(\vartheta_2)\, b(\vartheta_3) = a(\vartheta_1)\, b(\vartheta_3)$ für jedes ϑ_2 gilt. Also muß $a(\vartheta_2) = \frac{1}{b(\vartheta_2)}$ sein. Damit haben wir

$$f(\vartheta_1, \vartheta_2) = \frac{b(\vartheta_2)}{b(\vartheta_1)} \qquad \text{und} \qquad \eta_{12} = \frac{b(\vartheta_1) - b(\vartheta_2)}{b(\vartheta_1)}.$$

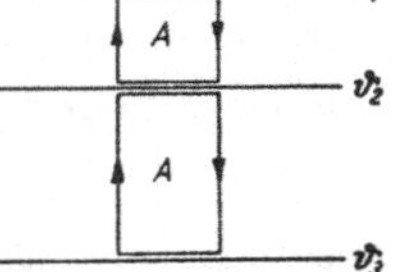

Abb. 12. Zwei CARNOT-Maschinen zwischen ϑ_1 und ϑ_2 bzw. zwischen ϑ_2 und ϑ_3.

Die Funktion $b(\vartheta)$ läßt sich durch Messung des Wirkungsgrades grundsätzlich experimentell bestimmen, wenn wir ihren Zahlenwert für *ein* Wärmereservoir willkürlich festsetzen. Wir nennen $T_1 = b(\vartheta_1)$ dann die absolute Temperatur des Reservoirs ϑ_1, wenn wir über den bei den $b(\vartheta)$ noch unbestimmten Faktor so verfügen, daß der Unterschied zwischen dem Siedepunkt und dem Gefrierpunkt des Wassers gleich 100° ist.

Das ist die *thermodynamische* oder die KELVIN-Skala der Temperatur. Abgesehen von der Normierungskonstanten brauchten wir zu ihrer Definition *überhaupt keine speziellen Materialeigenschaften*. Die Formel (6.2) für den CARNOTschen Wirkungsgrad bleibt als Formel ungeändert. Sie ist aber nun als Definitionsgleichung für die Temperaturen T_1 und T_2 zu lesen.

In diesem Sinne betrachten wir es als einen Zufall, daß die mit der Gasgleichung $pV_M = RT$ eingeführte Temperaturskala gerade mit der KELVIN-Skala übereinstimmt.

B. Die Entropie.

§ 8. Die Entropie als Zustandsfunktion.

Wir haben bisher bei der CARNOT-Maschine die Wärmemengen Q_1 und Q_2 als positive Größen erklärt: Q_1 dem oberen Reservoir entzogen, Q_2 dem unteren Reservoir zugeführt. Wir wollen von nun ab das *Vorzeichen von Q* konsequent behandeln, Q als *positiv* ansehen, wenn die Wärme dem betrachteten Körper *zugeführt* wurde, als negativ, wenn sie von ihm an das Bad abgegeben wurde. Dann besagt unsere auf die CARNOT-Maschine bezügliche Gleichung (6.1)

$$\frac{Q_1}{T_1} + \frac{Q_2}{T_2} = 0.$$

„Dividieren wir die jeweils aufgenommenen Wärmen durch die Temperatur, bei welcher sie aufgenommen wurden, und addieren alle so erhaltenen Werte, so gibt ihre Summe für das reversibel durchlaufene CARNOT-Viereck gerade Null." Dieses Ergebnis erlaubt eine ungeheuere Verallgemeinerung. Zunächst seien nicht zwei, sondern eine große Anzahl, etwa n, Wärmereservoire mit den Temperaturen $T_1, T_2, \ldots, T_n$ an dem Prozeß beteiligt. Es sei T_n die tiefste dieser Temperaturen. Die Maschine (d. i. unser Versuchskörper) entnehme bei einem *reversiblen Kreisprozeß* aus dem Reservoir T_j die Wärmemenge δQ_j. Dann behaupten wir: Es muß gelten

$$\sum_{j=1}^{n} \frac{\delta Q_j}{T_j} = 0. \tag{8.1}$$

Beweis. Am Ende des Kreisprozesses ist die Maschine im gleichen Zustand wie zu Anfang. Das ist die Definition des Wortes *Kreisprozeß*. Nach dem Energiesatz haben wir die Arbeit

$$A = \sum_{j=1}^{n} \delta Q_j \tag{8.2a}$$

gewonnen. Nunmehr lassen wir zwischen jedem der Reservoire $T_1, T_2, \ldots, T_j, \ldots, T_{n-1}$ und dem tiefsten Reservoir T_n je eine CARNOT-Maschine in solchem Sinne arbeiten, daß jedem Reservoir die Wärmemenge δQ_j wieder zugeführt wird. Dazu haben wir nach (6.2) beim j-ten Reservoir die Arbeit $\delta Q_j \frac{T_j - T_n}{T_j}$ *aufzuwenden*, im ganzen also

$$A' = \sum_{j=1}^{n-1} \delta Q_j \frac{T_j - T_n}{T_j}$$

zu leisten. Die Summation darf man bis $j = n$ erstrecken, da der Summand für $j = n$ verschwindet. Also

$$A' = \sum_{j=1}^{n} \delta Q_j - T_n \sum_{j=1}^{n} \frac{\delta Q_j}{T_j}. \tag{8.2b}$$

Nach Ausführung der Prozesse (8.2a) und (8.2b) haben wir im ganzen die Arbeit

$$A - A' = T_n \sum_{j=1}^{n} \frac{\delta Q_j}{T_j}$$

gewonnen und die gleich große Wärme dem *einen* Reservoir T_n entzogen. Wäre also die Summe (8.1) positiv, so hätten wir ein Perpetuum mobile zweiter Art realisiert. Wäre sie negativ, so würde das gleiche beim umgekehrten Lauf der beiden — als reversibel vorausgesetzten — Maschinen gelten. Damit ist (8.1) bewiesen. Gehen wir nun zum Limes $\delta Q_j \to 0$ und $n \to \infty$ über, so wird aus (8.1) das Integral

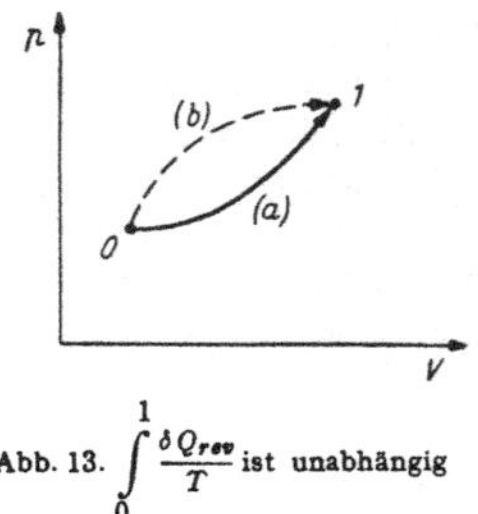

Abb. 13. $\int_0^1 \frac{\delta Q_{rev}}{T}$ ist unabhängig vom Weg.

$$\oint \frac{\delta Q_{rev}}{T} = 0 \tag{8.3}$$

für einen reversiblen Kreisprozeß. Hiermit haben wir die Möglichkeit, eine neue Zustandsfunktion, nämlich die *Entropie* S, zu definieren. Wir betrachten im Raum der unabhängigen Zustandsvariablen (im primitivsten Fall in der p-V-Ebene) zwei Zustände unseres Körpers, welche durch die Indizes 0 und 1 gekennzeichnet seien (Abb. 13). Nunmehr führen wir ihn durch irgendeinen *reversiblen* Prozeß (Weg a) von 0 nach 1 über. Die Entropie habe in 0 einen vorerst willkürlich gewählten Wert S_0. Dann *definieren* wir als Wert S_1 der Entropie in 1:

$$S_1 = S_0 + \int_0^1 \frac{\delta Q_{rev}}{T}. \tag{8.4}$$

Die so erklärte Größe S_1 ist wirklich eine *Zustandsfunktion*, d. h. sie ist (bei festem S_0) nur abhängig vom Wert der Zustandsvariablen an der Stelle 1 und *unabhängig von der Wahl des Weges*. Denn (8.4) muß für jeden anderen Weg, etwa (*b*), den gleichen Wert für S_1 liefern, da nach (8.3) für den geschlossenen Weg $0 \overset{(a)}{\rightarrow} 1 \overset{(b)}{\rightarrow} 0$ $\int\limits_{(a)} \frac{\delta Q}{T} - \int\limits_{(b)} \frac{\delta Q}{T} = 0$ ist.

Mit einer differentiellen, reversiblen Wärmezufuhr δQ ist nach (8.4) eine Zunahme der Entropie um

$$\mathrm{d}S = \frac{\delta Q}{T} \tag{8.4a}$$

verbunden. Damit erhält der erste Hauptsatz die Form

$$\mathrm{d}U = T\,\mathrm{d}S + \delta A\,, \tag{8.5}$$

welche den Ausgangspunkt der weiteren Thermodynamik bilden wird.

§ 9. Die Zunahme der Entropie im abgeschlossenen System.

Aus dem zweiten Hauptsatz folgt der fundamentale Satz: *Die Entropie eines abgeschlossenen Systems kann niemals abnehmen.* Sie nimmt zu bei allen natürlichen, mit endlicher Geschwindigkeit verlaufenden Vorgängen. Sie bleibt konstant im Idealfall unendlich langsamer (reversibler) Vorgänge.

Dieser Satz wäre bewiesen wenn wir zeigen könnten: Angenommen, es gäbe innerhalb eines abgeschlossenen Systems einen mit Entropieabnahme verbundenen Vorgang, so könnte man diesen Vorgang zur Konstruktion eines Perpetuum mobile zweiter Art benutzen.

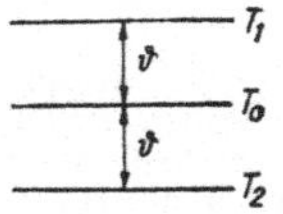

Abb. 14. Wärmeausgleich zwischen einem wärmeren Körper (T_1) und einem kälteren (T_2).

Zur Klärung der vorstehenden Sätze ist es nützlich, mit einem speziellen Beispiel anzufangen, nämlich dem *Temperaturausgleich* zwischen zwei sich berührenden Körpern. Wir betrachten etwa zwei gleich große Metallstücke aus demselben Material. Jedes habe die Wärmekapazität C. Von einer Volumenänderung wollen wir absehen. Sie seien zunächst gegeneinander isoliert; das eine habe die Temperatur T_1, das andere T_2. (Es sei $T_1 > T_2$.) Bringen wir nunmehr die beiden Körper in Berührung, so wird sich ihr Temperaturunterschied ausgleichen. Zum Schluß werden sie beide die Temperatur $T_0 = (T_1 + T_2)/2$ annehmen. Mit diesem Vorgang ist eine *Zunahme der Entropie* des aus den beiden Körpern bestehenden abgeschlossenen Systems verbunden, die wir zunächst nach (8.5) aus $\mathrm{d}S = \frac{1}{T}\mathrm{d}U$ berechnen.

Mit der gegebenen Wärmekapazität C ist $\mathrm{d}U = C\,\mathrm{d}T$, also $\mathrm{d}S = C\,\mathrm{d}\ln T$. Bis auf eine hier unwesentliche additive Konstante ist also $S = C\ln T$. Kennzeichnen wir durch die Indizes *a* und *e* die Werte von S am Anfang und Ende des Ausgleichs, so ist

$$\text{vor dem Kontakt} \quad S_a = C\,(\ln T_1 + \ln T_2)\,,$$

$$\text{nach dem Ausgleich} \quad S_e = 2\,C\ln\frac{T_1 + T_2}{2}\,.$$

Die Entropiezunahme Σ ist $S_e - S_a$.

Zur bequemeren Schreibweise bezeichnen wir mit $2\vartheta = T_1 - T_2$ die anfängliche Temperaturdifferenz der beiden Körper und setzen dementsprechend

$$T_1 = T_0 + \vartheta\,; \qquad T_2 = T_0 - \vartheta\,.$$

Dann wird

$$\Sigma = -C\left\{\ln\left(1 + \frac{\vartheta}{T_0}\right) + \ln\left(1 - \frac{\vartheta}{T_0}\right)\right\} = -C\ln\left(1 - \frac{\vartheta^2}{T_0^2}\right). \tag{9.1}$$

Wie behauptet, ist Σ für alle in Frage kommenden ϑ ($|\vartheta| \leq T_0$) positiv. Für $\vartheta \ll T_0$ wird

$$\Sigma \approx C \frac{\vartheta^2}{T_0^2}.$$

Der irreversible Temperaturausgleich ist also mit der durch (9.1) gegebenen Entropievermehrung verknüpft. Wir fragen jetzt nach der Möglichkeit eines reversiblen Ausgleichs der Temperaturdifferenz 2ϑ. Bei diesem darf sich die Entropie aller beteiligten Systeme nicht ändern. Da aber die Entropie der beiden Metallkörper allein um Σ zunimmt, so müssen wir notwendig das System erweitern, damit die Entropie des so erweiterten Systems konstant bleiben kann. Als Erweiterung wählen wir ein Wärmebad der Temperatur T_0. (Wir werden gleich einen Mechanismus zur Durchführung des reversiblen Ausgleichs kennenlernen.) Die Entropie dieses Wärmebades muß sich also um Σ erniedrigen, d. h. dem Wärmebad muß die Wärme $T_0 \Sigma$ entzogen werden. Nun ist aber die Energie der beiden Metallkörper vor und nach dem Temperaturausgleich dieselbe; die dem Wärmebad entzogene Wärme $T_0 \Sigma$ kann nach dem ersten Hauptsatz nur als *gewonnene Arbeit* auftreten. Gelingt es also, den Temperaturausgleich reversibel zu leiten, so muß dabei eine mechanische Arbeit

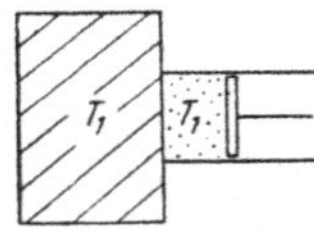

Abb. 15. Vorrichtung zur reversiblen Abkühlung (Kontakt mit einem expandierenden Gas).

$$A = T_0 \Sigma \tag{9.2}$$

auf Kosten des einen Temperaturbades T_0 gewonnen werden.

Wir wollen die Möglichkeit eines solchen reversiblen Prozesses im einzelnen aufzeigen: Gegeben seien die beiden voneinander isolierten Metallkörper mit T_1 und T_2. Anstatt zwischen denselben den Kontakt herzustellen, wollen wir jeden für sich in reversibler Weise auf die Endtemperatur $T_0 = (T_1 + T_2)/2$ bringen. Zunächst soll der erste Körper von T_1 auf $T_1 - \vartheta$ abgekühlt werden. Zu dem Zweck bringen wir ihn in Kontakt mit einem zylindrischen, einseitig durch einen Stempel abgeschlossenen Gefäß, welches ein Mol eines idealen Gases der Temperatur T_1 enthalte. Wenn wir jetzt den Stempel langsam herausziehen, so gewinnen wir beim Volumenzuwachs dV die Arbeit $p\,dV$ auf Kosten des Energieinhalts von Metallkörper (Wärmekapazität C) plus Gas (Wärmekapazität c_v). Also gilt

$$p\,dV + (c_v + C)\,dT = 0. \tag{9.3}$$

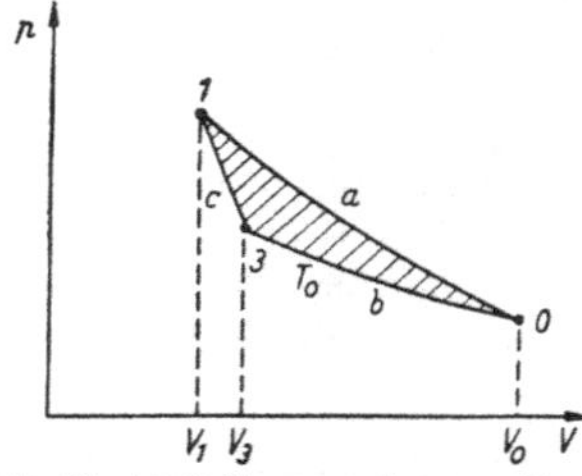

Abb. 16. Arbeitsdiagramm des zur Abkühlung in Abb. 15 benutzten Gases.

Bedeuten V_1 und V_0 die Volumina des Gases zu Beginn (T_1) und zu Ende (T_0) dieser Expansion, so ist die dabei gewonnene Arbeit

$$\int_{V_1}^{V_0} p\,dV = (c_v + C)(T_1 - T_0) = (c_v + C)\,\vartheta. \tag{9.4}$$

Mit $p = \frac{RT}{V}$ folgt ferner aus (9.3)

$$V_1 T_1^{\frac{c_v + C}{R}} = V_0 T_0^{\frac{c_v + C}{R}}. \tag{9.5}$$

Damit die Energie des benutzten Gases aus der Energiebilanz herausfällt, haben wir jetzt die Aufgabe, das Gas reversibel in seinen Ausgangszustand (T_1, V_1) zurückzuführen, den Metallkörper jedoch in dem soeben erreichten Zustand (T_0) zu belassen. Dazu benötigen wir das Wärmebad T_0, in der durch das Diagramm der Abb. 16 angedeuteten Weise. Darin sei *1* der Ausgangszustand (V_1, T_1), *0* der soeben erreichte und durch (9.5) beschriebene Zustand (V_0, T_0). Nunmehr trennen wir das Gas von dem Metallkörper, bringen es mit dem Bad T_0 in Berührung und komprimieren es isotherm bis zu einem Volumen V_3 (Weg *b* im Diagramm). V_3 ist so gewählt, daß eine in V_3 einsetzende adiabatische Kompression (Weg *c*) zum Zustand *1* führt. Auf dem Weg *b* haben wir die Arbeit $RT_0 \ln \frac{V_0}{V_3}$ aufzuwenden. Die Arbeit bei der adiabatischen Kompression *c* ist gleich dem Energiezuwachs des Gases, also $c_v(T_1 - T_0) = c_v\vartheta$. Die im ganzen gewonnene Arbeit (d. i. die schraffierte Fläche im Diagramm) ist also

$$\tilde{A} = (c_v + C)\,\vartheta - R\,T_0 \ln \frac{V_0}{V_3} - c_v\vartheta.$$

Der Wert von V_3 folgt aus der adiabatischen Gleichung:

$$V_1 T_1^{\frac{c_v}{R}} = V_3 T_0^{\frac{c_v}{R}}.$$

Elimination von V_1 aus dieser Gleichung und aus (9.5) gibt

$$\frac{V_0}{V_3} = \left(\frac{T_1}{T_0}\right)^{\frac{C}{R}}.$$

Damit wird

$$\tilde{A} = C\vartheta - C T_0 \ln \frac{T_1}{T_0}$$

oder auch

$$\tilde{A} = C\left(\vartheta - T_0 \ln\left(1 + \frac{\vartheta}{T_0}\right)\right). \tag{9.6}$$

Das ist die Arbeit, welche bei der reversiblen Abkühlung des ersten Metallkörpers von $T_0 + \vartheta$ auf T_0 gewonnen wurde. Die bei der Erwärmung des zweiten Körpers von $T_0 - \vartheta$ auf T_0 zu gewinnende Arbeit folgt daraus durch Vorzeichenumkehr von ϑ zu

$$\tilde{\tilde{A}} = C\left(-\vartheta - T_0 \ln\left(1 - \frac{\vartheta}{T_0}\right)\right).$$

Die im ganzen gewonnene Arbeit ist also

$$\tilde{A} + \tilde{\tilde{A}} = -C T_0\left(\ln\left(1 + \frac{\vartheta}{T_0}\right) + \ln\left(1 - \frac{\vartheta}{T_0}\right)\right).$$

Das ist [vgl. (9.1) und (9.2)] genau das oben bereits aus der allgemeinen Überlegung gewonnene Resultat.

Für kleine Werte von ϑ, d. h. für $\vartheta \ll T_0$ haben wir näherungsweise

$$\tilde{A} + \tilde{\tilde{A}} = C T_0 \frac{\vartheta^2}{T_0^2} \equiv C\vartheta \frac{\vartheta}{T_0}.$$

Die letzte Schreibweise legt die folgende Interpretation nahe: Der anfänglich gegebene Temperaturunterschied 2ϑ läßt sich zur Konstruktion einer Carnot-Maschine verwenden. $C\vartheta$ ist die dem oberen Wärmebehälter entzogene Wärmemenge, von welcher bei reversibler Führung der Bruchteil ϑ/T_0 in Arbeit verwandelt wird. (Würde man die Temperaturdifferenz 2ϑ konstant halten, so wäre der Wirkungsgrad $2\vartheta/T_0$ zu erwarten. In unserem Fall sinkt die Differenz gegen Null. Daher erhalten wir im ganzen nur die Hälfte davon.)

Gäbe es nun einen Vorgang, bei welchem zwischen den beiden sich berührenden Körpern spontan eine Temperaturdifferenz $T_1 - T_2$ auftritt, also die Entropie um Σ abnimmt, so könnte man die Körper nach Erreichen dieser Differenz voneinander trennen und durch den geschilderten Prozeß in reversibler Weise eine Temperaturgleichheit (T_0 für beide Körper) herstellen. Dabei würde man die Arbeit $A = T_0\Sigma$ gewinnen auf Kosten des einen Wärmereservoirs T_0. Wenn also dann spontan wieder die Differenz auftritt, so könnte man die gleiche Operation wiederholen usw. Das Perpetuum mobile wäre also fertig.

Nach dieser Beschreibung eines speziellen irreversiblen Vorgangs können wir uns bei der allgemeinen Behandlung des Satzes vom Anwachsen der Entropie kurz fassen. Nach der Grundgleichung $\mathrm{d}U = T\mathrm{d}S + \delta A$ ist $T\mathrm{d}S$ die bei einem reversiblen Prozeß dem System zugeführte Wärme, δA die an dem System geleistete Arbeit. $(-\delta A)$ ist also die vom System nach außen abgegebene, d. h. die gewonnene Arbeit. Wenn also bei einem *reversiblen* Prozeß die Energie U konstant bleibt, so ist mit einem Zuwachs $\mathrm{d}S$ der Entropie ein Arbeitsgewinn $-\delta A = T\mathrm{d}S$ verbunden. Bei diesem Prozeß muß das System in Kontakt mit einem Wärmebad sein, aus welchem es die Wärme aufnimmt, da ja sonst seine Energie um den Betrag der geleisteten Arbeit abnehmen würde. Die gewonnene

Arbeit $-\delta A$ stammt also energetisch aus diesem Wärmereservoir. Bei einem *irreversiblen* Anwachsen der Entropie des abgeschlossenen Systems dagegen ist $\mathrm{d}S > 0$ und trotzdem $\mathrm{d}U = 0$ *und* $\delta A = 0$. Der Beweis des an die Spitze dieses Paragraphen gestellten Satzes kommt immer auf folgenden Schluß hinaus: Angenommen, es gäbe innerhalb des abgeschlossenen Systems einen mit der Entropieabnahme $\mathrm{d}S = -\delta$ verbundenen Vorgang, so könnte man an ihn einen reversiblen Prozeß mit der Entropiezunahme $\mathrm{d}S = +\delta$ anschließen, bei welchem die Arbeit $T\delta$ auf Kosten eines angrenzenden Wärmebades gewonnen wird.

Der Satz von der Zunahme der Entropie bei allen natürlichen Prozessen bildet das Fundament weiter Gebiete der Wärmelehre. Als solche seien hervorgehoben:

1. Die Gleichgewichtslehre. In einem abgeschlossenen System kann ein Vorgang, wie z. B. eine Verdampfung oder eine chemische Reaktion, *nicht* erfolgen, wenn er mit einer Abnahme der Entropie verbunden wäre. Das System ist also im Gleichgewicht, wenn seine Entropie den größten mit den gegebenen Bedingungen (etwa Konstanz von Gesamtenergie, Gesamtvolumen, Gesamtteilchenzahl) verträglichen Wert besitzt. In Abschnitt E (S. 50) werden wir auf diesen Punkt ausführlich eingehen.

2. Die Thermodynamik irreversibler Vorgänge. Dieses in letzter Zeit viel behandelte Gebiet beginnt mit einer anderen Lesart des Satzes vom Anwachsen der Entropie. Die Aussage, daß bei jedem irreversiblen Prozeß die Entropie anwächst, wird dahin abgewandelt, daß man sagt: Die Tendenz der Entropie zum Anwachsen ist die „Ursache" für den irreversiblen Vorgang. Der mit irgendeinem Vorgang verknüpfte Zuwachs der Entropie kann geradezu als die „Kraft" angesehen werden, welche den Vorgang treibt. Einzelausführungen dazu bringen wir im Abschnitt VII (S. 289).

§ 10. Die Entropie eines idealen Gases.

a) N gleichartige Moleküle.

Zur Berechnung der Entropie eines aus N Molekülen bestehenden idealen Gases gehen wir aus von der Fundamentalformel

$$\mathrm{d}S = \frac{\mathrm{d}U + p\,\mathrm{d}V}{T} \tag{10.1}$$

und setzen darin $\mathrm{d}U = N c_v \mathrm{d}T$ und $p = \frac{N}{V} k T$, also

$$\mathrm{d}S = N\left(\frac{c_v}{T}\mathrm{d}T + k\frac{\mathrm{d}V}{V}\right). \tag{10.2}$$

Bei *einatomigen Gasen* hat c_v den von T unabhängigen Wert $\frac{3}{2}k$ (vgl. § 4d). c_v war in § 4 die Molwärme, hier ist es auf ein Molekül bezogen. Schon der Wert $\frac{5}{2}k$ für zweiatomige Moleküle trifft nur bei hinreichend hohen Temperaturen zu. Solange wir c_v als konstant ansehen können, gilt

$$S(T, V) = N(c_v \ln T + k \ln V + C) \tag{10.3}$$

mit einer vorerst unbekannten Integrationskonstanten C. Von T und V hängt S nur in der Kombination $T V^{\frac{k}{c_v}} = T V^{\frac{c_p - c_v}{c_v}}$ ab.

Solange man mit dem aus N Molekülen bestehenden Gas als Ganzem operiert, ist der Wert der Integrationskonstanten C völlig belanglos, da es nur auf Entropiedifferenzen ankommt, bei denen sich die Größe NC als additive Konstante heraushebt. Ganz anders wird die Sachlage, wenn wir auch eine Änderung von N in Betracht ziehen, also S wirklich als Funktion der *drei* Variabeln T, V, N betrachten. Das einfachste Experiment, bei welchem diese N-Abhängigkeit entscheidend in Frage kommt, besteht darin, daß wir mit Hilfe eines Schiebers (Trennwand) unser Volumen V in zwei Teilvolumina V_1 und V_2 zerlegen (Abb. 17). Diese Einführung einer Trennwand ist grundsätzlich reversibel und mit keinem Aufwand an Wärme und Arbeit verbunden. Die Entropie des Systems hat sich also nicht geändert, obwohl wir nach der Trennung zwei Teilsysteme mit den Teilchenzahlen N_1 und N_2 sowie den Volumina V_1 und V_2 vor uns haben. In beiden herrscht die Temperatur T und die gleiche Dichte $\frac{N_1}{V_1} = \frac{N_2}{V_2} = \frac{N}{V}$. Setzen wir nun für die Entropie der Teilsysteme

$$S_j = N_j\left(c_v \ln T + k \ln\frac{V_j}{N_j} + \sigma\right), \quad j = 1 \text{ oder } 2,$$

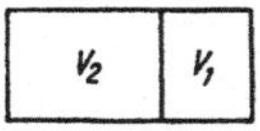

so wird tatsächlich

$$S_1 + S_2 = N\left(c_v \ln T + k \ln\frac{V}{N} + \sigma\right) = S.$$

Abb. 17. Das Einschieben einer Trennwand erfolgt ohne Änderung der Entropie.

Vergleichen wir das mit unserem obigen Ausdruck (10.3) von S, so sehen wir: Die Additivität der Entropien zweier nebeneinanderliegender Systeme verlangt, daß unsere obige Konstante C von N abhängt in der Form $C = -k \ln N + \sigma$, wo σ nunmehr auch von N unabhängig ist, also

$$S(T, V, N) = N(c_v \ln T + k \ln V - k \ln N + \sigma). \tag{10.4}$$

Den Summanden $-kN \ln N$ kann man auch mit der Forderung begründen, daß der Faktor von N im Ausdruck für S (also die spezifische Entropie) nur von spezifischen Größen wie Temperatur und Dichte N/V abhängen darf[1].

Bis dahin galt unsere Formel nur in Bereichen mit konstantem c_v. Für die Verwendung von S braucht man häufig einen allgemeineren Ausdruck, der insbesondere auch bis zu beliebig tiefen Temperaturen richtig bleibt. Dazu nutzen wir die Tatsache aus, daß bei hinreichend tiefen Temperaturen und genügender Verdünnung c_v für alle Moleküle nur den Translationsanteil $\frac{3}{2}k$ besitzt. Die Rotations- und Schwingungsenergie wird erst bei höheren Temperaturen angeregt. Es ist daher sinnvoll, c_v zu zerlegen in $\frac{3}{2}k + \left(c_v - \frac{3}{2}k\right)$. In der Quantentheorie wird gezeigt, daß der zweite Summand für $T \to 0$ stärker als T^2 gegen Null geht (vgl. § 4d). Damit wird (10.2)

$$dS = N\left(\frac{\frac{3}{2}k + \left(c_v - \frac{3}{2}k\right)}{T} dT + k\frac{dV}{V}\right),$$

also an Stelle von (10.4)

$$S(T, V, N) = N\left\{\frac{3}{2}k \ln T + \int_0^T \frac{\left(c_v - \frac{3}{2}k\right) dT}{T} + k \ln\frac{V}{N} + \sigma\right\}. \tag{10.4a}$$

Die *Entropiekonstante* σ geht entscheidend in alle Vorgänge ein, bei denen ein Molekül aus dem Zustand des idealen Gases ausscheidet, sei es durch Kondensation oder durch eine chemische Reaktion.

---

[1] In der statistischen Mechanik wird die Größe $e^{S/k}$ eine beherrschende Rolle spielen. Hier hat der Summand $-kN \ln N$ bei S die Bedeutung einer Division durch $N^N \approx N!\,e^N$, welche zu umfangreichen Diskussionen Veranlassung gegeben hat. Vgl. dazu §§ 35 und 40.

b) Das Gas besteht aus mehreren Komponenten.

Das in V eingesperrte Gas bestehe aus N_A Molekülen der Sorte A und N_B Molekülen der Sorte B. Wir suchen die Entropie S als Funktion von T, V, N_A, N_B. Nach (10.4) bzw. (10.4a) kennen wir nur die Entropie der reinen Komponenten. Wir brauchen daher eine Methode, um in reversibler Weise die Mischung zu erzeugen. Das einfachste Hilfsmittel ist eine *semipermeable Wand*, d. h. eine Wand, welche nur für jeweils eine der beiden Komponenten durchlässig ist. Praktisch bekannt ist der Fall des glühenden Palladiums, welches allein für Wasserstoff durchlässig ist. Durch diese Tatsache fühlen wir uns zu der Hypothese berechtigt, daß semipermeable Wände der zu unserem Gedankenversuch benötigten Art nicht durch allgemeine Gesetze verboten sind. — Das Verfahren zur reversiblen Mischung der beiden Komponenten verläuft dann so (Abb. 18):

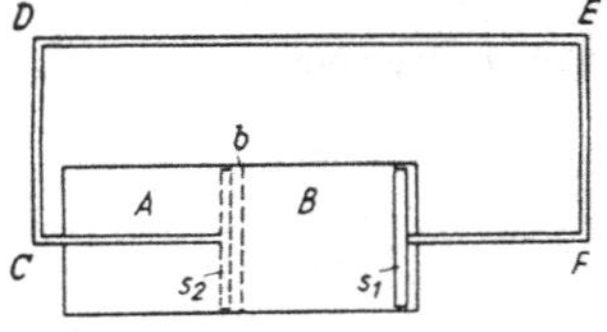

Abb. 18. Apparat zur reversiblen Durchmischung zweier Gase A und B. Die ortsfeste Wand b ist nur für B, der Stempel s_2 nur für A durchlässig.

Zwei zylindrische Gefäße, jedes vom Volumen V, grenzen mit einer Trennwand b aneinander. Das mit A bezeichnete Gefäß enthalte N_A Moleküle der Sorte A, das andere N_B Moleküle der Sorte B. Solange beide Gefäße getrennt sind, haben wir nach (10.4) die Entropie

$$S = N_A\left[c_{v_A} \ln T + k \ln \frac{V}{N_A} + \sigma_A\right] + N_B\left[c_{v_B} \ln T + k \ln \frac{V}{N_B} + \sigma_B\right]. \tag{10.5}$$

Strenggenommen hätte man von (10.4a) auszugehen. Die dadurch erforderliche Änderung aller folgenden Formeln liegt auf der Hand. Sie ist für das Folgende unwesentlich. Nunmehr fügen wir am rechten Ende von B einen Stempel s_1 ein und am rechten Ende von A einen Stempel s_2. Dabei soll s_2 nur für A durchlässig sein. Ferner ersetzen wir b durch eine nur für B durchlässige semipermeable Wand. Die Stempel s_1 und s_2 sind durch einen starren Rahmen $CDEF$ miteinander verbunden, mit dessen Hilfe wir beide Stempel unter Konstanthaltung ihres Abstandes nach links verschieben können, so lange, bis s_1 am linken Ende von B und s_2 am linken Ende von A angekommen sind. Diese Verschiebung erfolgt ohne Arbeitsleistung, da ja auf s_1 wie auf s_2 nur der Druck der Komponente B wirkt. Außerdem ist sie *reversibel*, denn wir können in jedem Augenblick die Bewegungsrichtung des Rahmens umkehren. Also erfährt die Entropie bei dieser Art der Mischung bzw. Entmischung keine Änderung.

Gl. (10.5) gibt also auch die Entropie für den Fall, daß die N_A und N_B Moleküle innerhalb des gleichen Volumens V durchmischt sind.

c) Die Zunahme der Entropie bei der irreversiblen Durchmischung.

Die Komponenten A und B mögen zunächst *innerhalb* des einen Volumens V durch eine Scheidewand so getrennt sein, daß diese Wand von beiden Seiten den gleichen Druck erfährt (Abb. 19). Dann erfüllen die A-Atome ein Volumen $V\frac{N_A}{N}$, die B-Atome ein Volumen $V\frac{N_B}{N}$. Dabei ist $N = N_A + N_B$. Nach Herausziehen der Scheidewand diffundieren die Komponenten irreversibel ineinander, bis sie schließlich gleichmäßig durchmischt sind. Zur Angabe der damit verbundenen Entropiezunahme haben wir die Durchmischung reversibel mit der oben geschilderten Vorkehrung durchzuführen. Zu dem Zweck haben wir aber zunächst beide Teilvolumina (jedes für sich) auf den vollen Wert von V isotherm zu expandieren. Dabei gewinnen wir die Arbeit

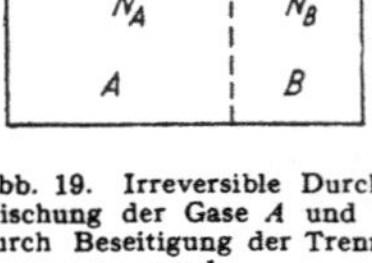

Abb. 19. Irreversible Durchmischung der Gase A und B durch Beseitigung der Trennwand.

$$A = N_A kT \ln \frac{V}{V \frac{N_A}{N}} + N_B kT \ln \frac{V}{V \frac{N_B}{N}}$$

oder

$$A = kT\,[N \ln N - N_A \ln N_A - N_B \ln N_B]\,.$$

Da sich die Energie der Gase bei der isothermen Expansion nicht ändert, muß eine gleich große Wärmemenge Q aus dem Wärmebad in das Gas fließen. Die Entropie des Gases vergrößert sich dabei um $\Delta S = A/T$. Nach dieser Expansion kann die völlige Durchmischung mittels der Vorkehrung Abb. 18 ohne weitere Entropieänderung reversibel durchgeführt werden. Somit haben wir im ganzen bei irreversibler Durchmischung die *Mischungsentropie*

$$\Delta S = k\,[N \ln N - N_A \ln N_A - N_B \ln N_B]\,. \tag{10.6}$$

Nach der STIRLINGschen Formel bei großen Zahlen N also auch

$$\Delta S = k \ln \frac{N!}{N_A!\,N_B!}\,. \tag{10.6a}$$

Im Fall der 50%igen Mischung ($N_A = N_B = N/2$) hat man einfach

$$\Delta S = N k \ln 2\,. \tag{10.6b}$$

Es liegt auf der Hand, wie diese Formeln sich verallgemeinern. Im Fall von *mehreren Komponenten* $A_1, A_2, \ldots, A_j, \ldots$, mit den Molekülzahlen $N_1, N_2, \ldots, N_j, \ldots, \sum_j N_j = N$, erhält man anstatt (10.5)

$$S = \sum_j N_j \left[c_{v_j} \ln T + k \ln \frac{V}{N_j} + \sigma_j\right] \tag{10.7}$$

oder — wenn wir die Konzentrationen $c_j = N_j/V$ (Moleküle der Sorte j in der Volumeneinheit) einführen —:

$$S = \sum_j N_j\,[c_{v_j} \ln T - k \ln c_j + \sigma_j]\,. \tag{10.7a}$$

Die Mischungsentropie wird hier

$$\Delta S = k \ln \frac{N!}{N_1!\,N_2! \cdots N_j! \cdots}\,. \tag{10.7b}$$

Der Ausdruck (10.7) für die Entropie einer Mischung gestattet noch eine andere Schreibweise: Führt man nämlich eine mittlere spezifische Wärme $\bar{c}_v$ und eine mittlere Entropiekonstante $\bar{\sigma}$ ein durch

$$\bar{c}_v = \frac{\sum_j c_{v_j} N_j}{N} \qquad \text{und} \qquad \bar{\sigma} = \frac{\sum_j \sigma_j N_j}{N}$$

und ersetzt $\frac{V}{N_j}$ durch $\frac{V}{N}\frac{N}{N_j}$, so wird aus (10.7)

$$S = N\left[\bar{c}_v \ln T + k \ln \frac{V}{N} + \bar{\sigma}\right] + k\left[N \ln N - \sum_j N_j \ln N_j\right]. \tag{10.8}$$

Diese Schreibweise ist besonders lehrreich im Hinblick auf die Tatsache, daß sehr viele chemische Elemente aus einem Gemisch von *Isotopen* bestehen. Z. B. existieren Wasserstoffkerne als Protonen und Deuteronen, Helium als ^{3}He und ^{4}He, Quecksilber hat 7 stabile Isotope mit den Massenzahlen zwischen 196 und 204. Wenn man nichts von der Existenz der Isotope wüßte, würde man z. B. für die Entropie des Hg-Dampfes die Formel (10.4), also nur den ersten Summanden in (10.8) angeben. Sobald man aber entdeckt, daß der Dampf ein Isotopengemisch ist, hat man den zweiten Summanden, also die Mischungsentropie hinzuzufügen. Es könnte scheinen, daß damit eine schmerzliche Unsicherheit hinsichtlich aller Folgerungen über das chemische Verhalten des betreffenden Elements entsteht. Tatsächlich hängt jedoch die Mischungsentropie nur von der prozentualen Zusammensetzung des Isotopengemisches ab. Daher verschwindet dieses Zusatzglied aus allen Aussagen über solche Reaktionen, bei denen sich die Zusammensetzung des Gemisches nicht ändert. Bei Beschränkung auf derartige Reaktionen kann man das Mischungsglied also ungestraft fortlassen. Zum Glück ist das die überwiegende Mehrzahl der chemischen Reaktionen, so daß in deren Chemie keine Unsicherheit eingeht. Andererseits wird das Mischungsglied von Bedeutung bei allen Vorgängen, welche das Mischungsverhältnis verschieben; insbesondere bei Prozessen, welche auf eine Trennung der Isotope abzielen. So haben schweres und leichtes Wasser einen etwas verschiedenen Dampfdruck, so daß hier durch wiederholte Destillation durchaus die Möglichkeit einer Trennung gegeben ist. In solchen Fällen hat man die Isotope wirklich als verschiedene Elemente zu behandeln und die allgemeinere Formel (10.7) für die Entropie zu benutzen.

C. Einige Anwendungen.

§ 11. Die freie Energie.

Mit der aus dem zweiten Hauptsatz folgenden Beziehung $\mathrm{d}S = \frac{\delta Q}{T}$ lautet die Energiegleichung

$$\mathrm{d}U = T\,\mathrm{d}S + \delta A. \tag{11.1}$$

Mit Hilfe der Identität $\mathrm{d}(TS) = S\,\mathrm{d}T + T\,\mathrm{d}S$ folgt daraus

$$\mathrm{d}(U - TS) = -S\,\mathrm{d}T + \delta A.$$

Die neue Zustandsfunktion

$$U - TS = F$$

heißt *freie Energie*. Während die Entropie einem anschaulichen Verständnis Schwierigkeiten bereitet, hat die freie Energie für die Beschreibung von isothermen Vorgängen eine ungemein einfache Bedeutung: Aus

$$\mathrm{d}F = -S\,\mathrm{d}T + \delta A$$

folgt nämlich bei *Integration entlang einer Isotherme* (d. h. $\mathrm{d}T = 0$)

$$\int_1^2 \delta A_{isoth} = F_2 - F_1.$$

Beim isothermen, reversiblen Prozeß ist die an dem System geleistete Arbeit gleich der Erhöhung seiner freien Energie. Ist umgekehrt die freie Energie im Endzustand (F_2) kleiner als diejenige im Ausgangszustand (F_1), so ist die Abnahme $F_1 - F_2$ der freien Energie gleich der vom System nach außen abgegebenen Arbeit. Bei der isothermen Kompression eines idealen Gases von V_1 auf V_2 hat man die Arbeit $RT \ln \frac{V_1}{V_2}$ aufzuwenden. Das ist zugleich die Erhöhung der freien Energie des Gases. Hier klärt sich eine beim Anfänger oft beobachtete psychologische Schwierigkeit, wenn er lernen muß, daß die Energie eines idealen Gases bei dessen isothermer Kompression trotz der dabei aufgewandten Arbeit unverändert bleibt. Was sich wirklich dabei erhöht, ist die freie Energie, während die geleistete Arbeit selbst quantitativ zur Erwärmung des Kühlwassers verbraucht wird. Man neigt bei einer oberflächlichen Ausdrucksweise häufig dazu, von Energie zu sprechen, wenn es sich in Wahrheit um freie Energie handelt. Im allgemeineren Zusammenhang kommen wir später ausführlich auf die freie Energie zurück.

§ 12. Zustandsgleichung und Integrabilitätsbedingung.

Viele und praktisch wichtige Aussagen fließen allein aus der Tatsache, daß die Entropie eine Zustandsfunktion ist. Wenn eine Funktion $Y(x_1, \ldots, x_r)$ der r Variablen $x_1, \ldots, x_r$ bei einer Änderung der x_j um $\mathrm{d}x_j$ einen Zuwachs

$$\mathrm{d}Y = a_1\,\mathrm{d}x_1 + \cdots + a_r\,\mathrm{d}x_r \tag{12.1}$$

erfährt, so hat a_j die Bedeutung $\frac{\partial Y}{\partial x_j}$. Daraus folgt, daß zwischen den Koeffizienten a_j in (12.1) die Relation

$$\frac{\partial a_j}{\partial x_k} = \frac{\partial a_k}{\partial x_j} \tag{12.2}$$

bestehen muß. Man nennt sie auch die *Integrabilitätsbedingungen* von (12.1). [Den Fall zweier unabhängiger Variabler haben wir früher schon behandelt (§ 2).]

Einen Ausdruck der Form (12.1) erhalten wir nach (11.1):

$$\mathrm{d}S = \frac{\mathrm{d}U - \delta A}{T}. \tag{12.3}$$

Zur Anwendung von (12.2) müssen wir [an Stelle der x_j in (12.1)] bestimmte unabhängige Variablen angeben. Wir behandeln folgende Fälle:

a) T und V als unabhängige Variable. Dann ist

$$\delta A = -p\,\mathrm{d}V \quad \text{und} \quad \mathrm{d}U = \frac{\partial U}{\partial T}\mathrm{d}T + \frac{\partial U}{\partial V}\mathrm{d}V,$$

also

$$\mathrm{d}S = \frac{1}{T}\frac{\partial U}{\partial T}\mathrm{d}T + \frac{1}{T}\left(\frac{\partial U}{\partial V} + p\right)\mathrm{d}V.$$

Die Integrabilitätsbedingung lautet also

$$\frac{\partial}{\partial V}\left(\frac{1}{T}\frac{\partial U}{\partial T}\right) = \frac{\partial}{\partial T}\frac{1}{T}\left(\frac{\partial U}{\partial V} + p\right)$$

oder

$$\frac{\partial U}{\partial V} = T\frac{\partial p}{\partial T} - p. \tag{12.4}$$

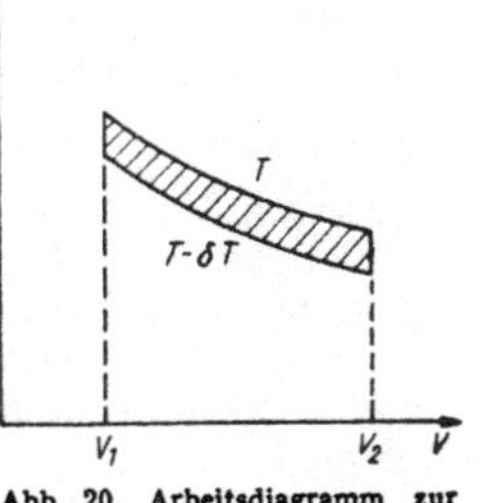

Abb. 20. Arbeitsdiagramm zur Berechnung von $\partial U/\partial V$.

Das ist eine vom zweiten Hauptsatz geforderte Verknüpfung zwischen den beiden Zustandsgleichungen $U = U(T, V)$ und $p = p(T, V)$.

Wir haben soeben die Relation (12.4) aus der Existenz einer Zustandsfunktion S gewonnen. Es ist für viele Anwendungen typisch, daß man das gleiche Resultat unmittelbar aus dem Carnotschen Wirkungsgrad gewinnen kann. Im p-V-Diagramm der Abb. 20 sind die beiden Isothermen T und $T - \delta T$ eingezeichnet. Wir machen einen Kreisprozeß[1], indem wir bei T von V_1 bis V_2 expandieren und bei $T - \delta T$ wieder komprimieren. Die dabei gewonnene Arbeit ist gleich der schraffierten Fläche zwischen den Isothermen. Deren vertikaler Abstand ist $\left(\frac{\partial p}{\partial T}\right)_V \delta T$. Also wird die gewonnene Arbeit

$$A = \int_{V_1}^{V_2} \frac{\partial p}{\partial T}\,\delta T\,\mathrm{d}V.$$

[1] Genau genommen hätte man für die Anwendung des Carnotschen Satzes vom Wirkungsgrad den Übergang von T nach $T - \delta T$ adiabatisch auszuführen; es kommt aber nicht auf den genauen Verlauf des Überganges zwischen den Temperaturen an, da die Arbeits- und Wärmebeträge, die dabei auftreten, von höherer Größenordnung $(\delta p\,\delta T)$ klein werden.

Die bei der isothermen Expansion zugeführte Wärme ist nach (4.1)

$$Q = \int_{V_1}^{V_2} \left(\frac{\partial U}{\partial V} + p\right) \mathrm{d}V.$$

Aus der CARNOT-Relation $A = Q\frac{\delta T}{T}$ folgt somit $\frac{\partial p}{\partial T} = \frac{1}{T}\left(\frac{\partial U}{\partial V} + p\right)$,

in Übereinstimmung mit (12.4).

Für ideale Gase folgt aus der thermischen Zustandsgleichung ($pV_M = RT$) und aus (12.4) $\frac{\partial U}{\partial V} = 0$. *Das negative Ergebnis des* GAY-LUSSAC-*Versuches bei einem idealen Gas ist damit bereits eine Folge des zweiten Hauptsatzes.*

Das Verhalten realer Gase wird häufig durch die VAN-DER-WAALS-*Gleichung* (Näheres s. § 13)

$$p = \frac{RT}{V_M - b} - \frac{a}{V_M^2} \tag{12.5}$$

beschrieben. Betrachten wir diese Gleichung als empirisch gegeben, so gibt (12.4) eine Auskunft über die physikalische Bedeutung von a. Einsetzen von (12.5) in (12.4) liefert für die Energie U_M eines Mols

$$\frac{\partial U_M}{\partial V_M} = \frac{a}{V_M^2}, \qquad \text{also} \qquad U_M = -\frac{a}{V_M} + f(T), \tag{12.5a}$$

wo f eine Funktion von T allein ist. Die so ermittelte Abhängigkeit der Energie vom Volumen besagt z. B., daß man bei einer Expansion von $V = V_0$ auf sehr große V eine durch wechselseitige Anziehung der Moleküle bedingte Energie $\frac{a}{V_0}$ zu überwinden hat.

Die Relation (12.4) gestattet eine überaus einfache Herleitung des STEFAN-BOLTZMANNschen Satzes von der *Hohlraumstrahlung*. Ein Hohlraum mit Wandungen von der Temperatur T enthält eine nur von T abhängige Energiedichte u der elektromagnetischen Strahlung. Ist V das Volumen des Hohlraums, so ist also seine Energie

$$U = V u(T).$$

Nach der Elektrodynamik übt die isotrope Strahlung auf die Wandung einen Druck[1]

$$p = \frac{1}{3} u$$

aus. Mit diesen Werten für U und p liefert (12.4)

$$u = \frac{1}{3}\left(T\frac{\partial u}{\partial T} - u\right) \qquad \text{oder} \qquad T\frac{\partial u}{\partial T} = 4u.$$

Mit einer Integrationskonstanten C folgt daraus

$$u = C T^4.$$

Das ist das STEFAN-BOLTZMANNsche Gesetz.

b) Magnetisierung. Außer T und V sei noch das vom Magnetfeld H abhängige magnetische Moment M als unabhängige Variable zugelassen. Dann wird

$$\mathrm{d}S = \frac{\mathrm{d}U + p\,\mathrm{d}V - \mathsf{H}\,\mathrm{d}M}{T},$$

[1] Siehe R. BECKER: Theorie der Elektrizität II, § 7 (B. G. Teubner, Leipzig 1949).

wo wir U, p, H als empirische Funktionen von T, V und M gegeben denken. Setzen wir vorerst $\mathrm{d}V = 0$, so haben wir mit T und M als unabhängigen Variablen

$$\mathrm{d}S = \frac{1}{T}\frac{\partial U}{\partial T}\mathrm{d}T + \frac{1}{T}\left(\frac{\partial U}{\partial M} - \mathsf{H}\right)\mathrm{d}M .$$

Die Integrabilität verlangt hier für die Abhängigkeit der Energie von der Magnetisierung

$$\frac{\partial U}{\partial M} = \mathsf{H} - T\frac{\partial \mathsf{H}}{\partial T}. \tag{12.6}$$

Wir betrachten speziell ein Ferromagnetikum oberhalb der CURIE-Temperatur Θ. Nach dem empirischen Gesetz von CURIE u. WEISS gilt für $T > \Theta$

$$M = \frac{C}{T-\Theta}\mathsf{H} \tag{12.7}$$

mit der CURIE-Konstanten C. Also ist im Gültigkeitsbereich von (12.7)

$$\mathsf{H}(M, T) = \frac{M}{C}(T - \Theta) .$$

Damit wird nach (12.6)

$$\frac{\partial U}{\partial M} = -\frac{\Theta}{C}M$$

und

$$U = -\frac{1}{2}\frac{\Theta}{C}M^2 + f(T) ,$$

wo $f(T)$ nicht mehr von M abhängt.

Die M-Abhängigkeit der Energie bringt die von P. WEISS geforderte Tendenz zur spontanen Magnetisierung, d. h. zur Parallelstellung der Elementarmagnete, zum Ausdruck. Sie folgt hier allein aus der empirischen Gl. (12.7) zusammen mit dem zweiten Hauptsatz.

§ 13. Die VAN-DER-WAALS-Gleichung.

a) Allgemeines.

Um der Abweichung der realen Gase von der idealen Gasgleichung Rechnung zu tragen, schlug VAN DER WAALS zwei Korrekturen an der Gleichung

$$p V_M = RT \tag{13.1}$$

vor, ausgehend von der Vorstellung, daß die Moleküle erstens keine Punkte sind, sondern ein endliches Eigenvolumen besitzen, und zweitens, daß sie sich gegenseitig anziehen. Dem Eigenvolumen tragen wir dadurch Rechnung, daß wir in (13.1) V_M um einen festen Betrag b verkleinern, welcher als Maß für das Eigenvolumen dienen möge. Die gegenseitige Anziehung der Moleküle muß auf das Volumen der Substanz wie eine Vergrößerung des Druckes wirken. Fassen wir nämlich eine dünne Oberflächenschicht ins Auge, so erfährt diese seitens der darunterliegenden Substanz eine Anziehung, welche dem Quadrat der Dichte proportional sein muß. (Bei einer Verdopplung der Dichte verdoppelt sich sowohl die Zahl der Moleküle in der Oberflächenschicht wie auch diejenige in der auf sie wirkenden tieferen Schicht.) Die Dichte ist umgekehrt proportional zu V_M. Somit tragen wir der Anziehung durch eine Konstante a Rechnung, indem wir p durch $p + \frac{a}{V_M^2}$ ersetzen. Damit haben wir die VAN-DER-WAALS-Gleichung

$$\left(p + \frac{a}{V_M^2}\right)(V_M - b) = RT \tag{13.2}$$

oder auch

$$p = \frac{RT}{V_M - b} - \frac{a}{V_M^2} \tag{13.2a}$$

mit den beiden „VAN-DER-WAALS-Konstanten“ a und b.

Die soeben gegebene Begründung für die Gl. (13.2) ist natürlich sehr roh und qualitativ. Tatsächlich ist auch keine Rede davon, daß man damit eine exakte Beschreibung des realen Gases in der Hand hätte. Eine solche würde sehr viel komplizierter sein. Trotzdem ist eine nähere Betrachtung von (13.2a) wertvoll und lohnend, da sie in einfachster Weise ein qualitatives Verständnis der kritischen Erscheinungen und der Kondensation vermittelt. Wegen einer theoretischen Berechnung von a und b sei auf § 29 (kinetische Gastheorie) verwiesen.

Eine ganz allgemeine Form der Zustandsgleichung lautet

$$p = \frac{1}{V_M}\left\{RT + \frac{A_1}{V_M} + \frac{A_2}{V_M^2} + \cdots\right\} \tag{13.3}$$

mit Entwicklungskoeffizienten $A_1, A_2, \ldots, A_j, \ldots$, welche man als Virialkoeffizienten bezeichnet. Die A_j sind zunächst experimentell zu bestimmende Funktionen der Temperatur. Mit der VAN-DER-WAALS-Gleichung (13.2a) hat man insbesondere

$$p = \frac{1}{V_M}\left\{RT + \frac{RTb - a}{V_M} + \cdots\right\}. \tag{13.4}$$

Der erste Virialkoeffizient A_1 hat hier also den Wert $A_1 = RTb - a$.

b) Der kritische Punkt.

Um die Gestalt der durch (13.2a) beschriebenen Isothermen zu übersehen, fragen wir nach solchen Werten von V_M, welche p zu einem Maximum oder Minimum machen. Die Gleichung

$$\left(\frac{\partial p}{\partial V_M}\right)_T = -\frac{RT}{(V_M - b)^2} + \frac{2a}{V_M^3} = 0$$

liefert für solche V_M-Werte die Gleichung

$$\frac{(V_M - b)^2}{V_M^3} = \frac{RT}{2a} \quad \text{oder} \quad \frac{\left(1 - \frac{V_M}{b}\right)^2}{(V_M/b)^3} = \frac{RTb}{2a}.$$

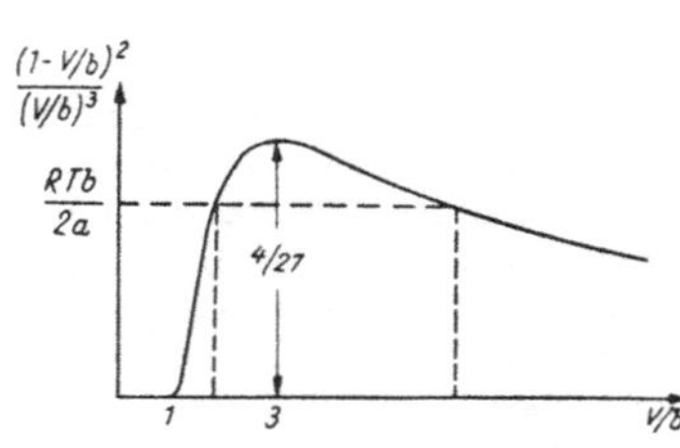

Abb. 21. Zur Berechnung der V-Werte für $\left(\frac{\partial p}{\partial V}\right)_T = 0$.

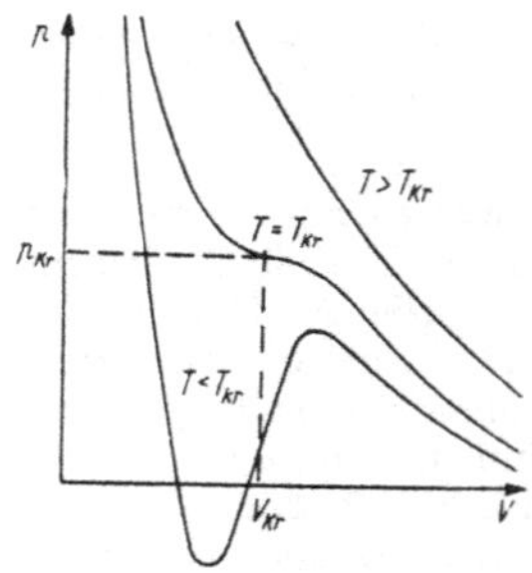

Abb. 22. Drei VAN DER WAALSsche Isothermen.

In Abb. 21 ist die linke Seite dieser Gleichung als Funktion von V_M/b dargestellt. Diese Funktion hat ein Maximum bei $V_M/b = 3$ von der Höhe $\frac{4}{27}$. Die gesuchten Werte von V_M sind durch die Schnittpunkte dieser Kurve mit der im Abstand $\frac{RTb}{2a}$ von der Abszissenachse verlaufenden Geraden gegeben. Die Isotherme $p = p(V_M)$ hat also ein Minimum und ein Maximum, solange $\frac{RTb}{2a} < \frac{4}{27}$ ist. Beide Extremwerte fallen zusammen, wenn gerade $\frac{RTb}{2a} = \frac{4}{27}$ ist. Bei noch größeren T-Werten fällt p monoton mit wachsendem V_M. Die solcherweise ausgezeichnete Temperatur

$$RT_{kr} = \frac{8}{27}\frac{a}{b} \tag{13.5a}$$

heißt die „kritische Temperatur". Die zu ihr gehörige „kritische Isotherme" hat bei

$$V_{kr} = 3b \tag{13.5b}$$

und

$$p_{kr} = \frac{1}{27}\frac{a}{b^2} \tag{13.5c}$$

eine horizontale Wendetangente.

Die kritischen Daten sollten nach (13.5a, b, c) durch die universelle Relation

$$\frac{R\,T_{kr}}{V_{kr}\,p_{kr}} = \frac{8}{3} \approx 2{,}7$$

verknüpft sein. Die Messungen ergeben durchweg etwas größere Werte (zwischen 3 und 3,5).

Man pflegt die numerischen Werte von a und b aus Messungen von T_{kr} und p_{kr} zu entnehmen. Die nachstehende Tabelle gibt für einige Gase die in Frage kommenden Zahlenwerte. (Für die Bedeutung von T_{inv} in der letzten Spalte siehe § 14.)

Tabelle 1.

Gas	Siedepunkt in °K	T_{kr}	$a\left[\frac{\text{Atm cm}^6}{\text{Mol}^2}\right]$	$b\left[\frac{\text{cm}^3}{\text{Mol}}\right]$	$T_{inv} = \frac{27}{4}T_{kr}$
He	4,22	5,19	$0{,}0335 \cdot 10^6$	23,5	35
H_2	20,4	33,2	$0{,}246 \cdot 10^6$	26,7	224
N_2	77,3	126,0	$1{,}345 \cdot 10^6$	38,6	850
O_2	90,1	154,3	$1{,}36 \cdot 10^6$	31,9	1040
CO_2	194,7	304,1	$3{,}6 \cdot 10^6$	42,7	2050

c) Die Kondensation.

Für $T < T_{kr}$ hat eine Isotherme den in Abb. 23 skizzierten Verlauf mit einem Minimum bei C und einem Maximum bei E. Wir nennen dann ABC den Flüssigkeitsast und den zweiten abfallenden Ast EFG den Dampfast der Isotherme. Beide sind getrennt durch den aufsteigenden Ast $CD'E$, welcher instabil ist und daher physikalisch nicht realisiert werden kann. Die Instabilität ist so zu verstehen: Betrachten wir etwa die Substanz im Punkte D der Isotherme. Wenn nun ein kleines Teilgebiet der Substanz infolge irgendeiner Störung sein Volumen ein klein wenig vergrößert, so gelangt es zum Punkt D' der Isotherme, in welchem sein Druck größer ist als derjenige der Umgebung. Also wird es sich noch weiter ausdehnen und so fort, bis es im Punkt E angelangt ist. Ebenso würde eine Schwankung im Sinne einer kleinen Kontraktion unweigerlich zum Punkt C führen.

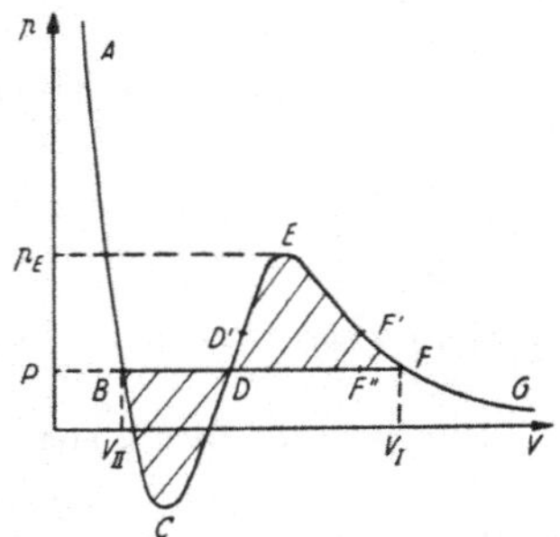

Abb. 23. Das MAXWELLsche Kriterium für die Dampfdruckkurve.

Für alle Geraden $p = \text{const}$, welche unterhalb E verlaufen (etwa $p = P$ in Abb. 23), haben wir also zwei mögliche Werte von V_M, einen (V_{II}) bei B auf dem Flüssigkeitsast und einen (V_I) bei F auf dem Dampfast. Es sieht zunächst so aus, als ob in einem weiten Bereich von Drucken (von $p \approx 0$ bis p_E) Flüssigkeit und Dampf im Gleichgewicht nebeneinander existieren könnten, während wir doch wissen, daß zu jeder Temperatur ein ganz bestimmter Dampfdruck gehört. Es erhebt sich somit die Frage, welche der möglichen Geraden $p = P$ den richtigen Dampfdruck liefert, so daß durch die Punkte B und F die im Gleichgewicht koexistierenden Phasen gegeben sind. Die Lage der „richtigen“ Geraden wird festgelegt durch das „MAXWELLsche Kriterium“, nach welchem die beiden von P abgeschnittenen — in Abb. 23 schraffierten — Flächen BCD und DEF gleich groß sein müssen. Formelmäßig ausgedrückt: Bei festem T sind $V_I(T)$, $V_{II}(T)$ und P dadurch gegeben, daß

$$\int_{V_{II}}^{V_I} p(V_M, T)\,\mathrm{d}V_M = P(V_I - V_{II}) \tag{13.6}$$

ist. Wenn es möglich wäre, die ganze $p(V_M, T)$-Kurve experimentell zu durchlaufen, so würde diese Gleichung daraus folgen, daß bei einem reversiblen, isothermen Kreisprozeß keine Arbeit gewonnen werden darf. Dieser Kreisprozeß wäre hier eine Expansion entlang der $p(V_M, T)$-Kurve von B über C, D, E nach F und anschließend eine Kompression beim konstanten Druck P, indem der Dampf in üblicher Weise kondensiert wird. Eine bessere Begründung besteht in dem Nachweis, daß nur der durch (13.6) gegebene Dampfdruck der in § 15 abgeleiteten CLAUSIUS-CLAPEYRON-Gleichung

$$\frac{\mathrm{d}P}{\mathrm{d}T} = \frac{Q}{T(V_I - V_{II})} \tag{13.7}$$

genügt (Q ist die Verdampfungswärme). Dieser Nachweis gelingt einfach durch Betrachtung der Temperaturabhängigkeit der Fläche $\int_{V_{II}}^{V_I} p\,\mathrm{d}V_M$.

Man beachte, daß sowohl V_{II} wie auch V_I und $p(T, V_M)$ Temperaturfunktionen sind. Also wird

$$\frac{\mathrm{d}}{\mathrm{d}T}\int_{V_{II}}^{V_I} p\,\mathrm{d}V_M = P(T)\,\frac{\mathrm{d}}{\mathrm{d}T}(V_I - V_{II}) + \int_{V_{II}}^{V_I} \frac{\partial p}{\partial T}\,\mathrm{d}V_M\,.$$

Durch Umformung des ersten Summanden rechts nach dem Schema

$$x\,\frac{\mathrm{d}y}{\mathrm{d}T} = \frac{\mathrm{d}}{\mathrm{d}T}(x\,y) - y\,\frac{\mathrm{d}x}{\mathrm{d}T}$$

sowie Beachtung der Relation (12.4)

$$\frac{\partial p}{\partial T} = \frac{1}{T}\left(\frac{\partial U}{\partial V} + p\right)$$

erhalten wir

$$\frac{\mathrm{d}}{\mathrm{d}T}\left\{\int_{V_{II}}^{V_I} p\,\mathrm{d}V_M - P(T)\,(V_I - V_{II})\right\} = -(V_I - V_{II})\,\frac{\mathrm{d}P}{\mathrm{d}T} + \frac{1}{T}\int_{V_{II}}^{V_I}\left(\frac{\partial U_M}{\partial V_M} + p\right)\mathrm{d}V_M\,. \tag{13.8}$$

Nun ist nach dem ersten Hauptsatz die Verdampfungswärme

$$Q = U_I - U_{II} + P(V_I - V_{II})\,.$$

Mithin ist

$$\int_{V_{II}}^{V_I}\left(\frac{\partial U_M}{\partial V_M} + p\right)\mathrm{d}V_M = Q + \int_{V_{II}}^{V_I} p\,\mathrm{d}V_M - P(V_I - V_{II})\,.$$

Bezeichnen wir zur Abkürzung die Größe, welche nach (13.6) verschwinden soll, mit

$$M = \int_{V_{II}}^{V_I} p\,\mathrm{d}V_M - P(V_I - V_{II})\,,$$

so wird aus (13.8)

$$\frac{\mathrm{d}M}{\mathrm{d}T} - \frac{M}{T} = -(V_I - V_{II})\frac{\mathrm{d}P}{\mathrm{d}T} + \frac{Q}{T}.$$

Nach der CLAUSIUS-CLAPEYRON-Gleichung ist die rechte Seite gleich Null. Also ist

$$\frac{\mathrm{d}M}{\mathrm{d}T} - \frac{M}{T} = T\frac{\mathrm{d}}{\mathrm{d}T}\left(\frac{M}{T}\right) = 0.$$

Nun geht bei Annäherung an die kritische Temperatur $\frac{M}{T}$ gegen Null. Da aber nach der letzten Gleichung $\frac{M}{T}$ von T nicht abhängt, muß M überhaupt gleich Null sein. (13.6) ist also eine notwendige Folge der Gleichung von CLAUSIUS und CLAPEYRON.

$P(T)$ sei in dieser oder ähnlicher Weise gefunden. Dann haben wir folgendes Bild von der Kondensation. Bei der isothermen Kompression des Gases, beginnend vom Punkte G, erreichen wir zunächst den Punkt F und den Druck P. Bei einer kleinen Fortsetzung der Kompression bestehen zwei Möglichkeiten. Entweder wir gelangen auf der $p(V_M, T)$-Isotherme zum Punkt F' oder aber es kondensiert etwas von dem Dampf zu der durch B repräsentierten Flüssigkeit. In diesem Fall gelangen wir etwa zum Punkt F'' der Geraden $p = P$. Im ersteren Fall (Punkt F') ist der Dampf übersättigt und thermodynamisch nicht stabil. Es ist eine Frage der Keimbildung (§ 60), wieweit man den labilen Ast FE realisieren kann. Sobald sich ein Keim (z. B. ein Flüssigkeitströpfchen von hinreichender Größe) gebildet hat, kondensiert aus der übersättigten Phase so viel, daß sich der stabile Dampfdruck einstellt. Bei weiterer Kompression bleibt nunmehr der Druck konstant, bis der Punkt B erreicht und nur noch Flüssigkeit vorhanden ist. Eine weitere Verdichtung ist von da ab mit einem rapiden Anstieg des Druckes (BA) verknüpft.

§ 14. Der JOULE-THOMSON-Effekt.

Ein Gasstrom werde durch eine enge Öffnung D hindurchgepreßt. p_1 und p_2 seien die Drucke vor und hinter der Öffnung, V_1 und V_2 die entsprechenden Molvolumina. Wir denken uns ein Gasquantum durch die Stempel s_1 (vor der Öffnung) und s_2 (hinter der Öffnung) abgegrenzt. Tritt nun von diesem Quantum ein Mol durch die Öffnung hindurch, so wird an s_1 die Arbeit $V_1 p_1$ geleistet und an s_2 die Arbeit $V_2 p_2$ wieder zurückgewonnen. Der Überschuß $p_1 V_1 - p_2 V_2$ dient zur Erhöhung der Energie des hindurchgepreßten Mols. Wir nehmen an, daß die Änderung der kinetischen Energie der Strömung unseres Mols demgegenüber vernachlässigt werden kann. Dann haben wir

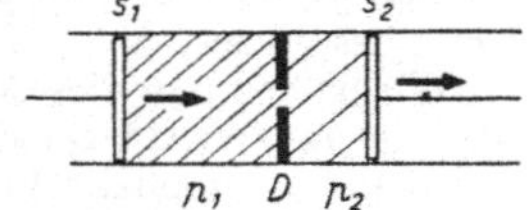

Abb. 24. Der JOULE-THOMSON-Effekt.

$$p_1 V_1 - p_2 V_2 = U_2 - U_1$$

oder

$$p_1 V_1 + U_1 = p_2 V_2 + U_2.$$

Die als *Enthalpie* bezeichnete Funktion $pV + U$ bleibt bei unserem Drosselversuch konstant. Für die Kältetechnik ist es von entscheidender Bedeutung, zu wissen, ob bei dem geschilderten Vorgang ($p_1 > p_2$) eine Erhöhung oder Erniedrigung der Gastemperatur eintritt. Um das zu entscheiden, betrachten wir eine infinitesimale Druckänderung um $p_2 - p_1 = \mathrm{d}p$. Die zugehörige Temperaturänderung $\mathrm{d}T$ ergibt sich daraus, daß $\mathrm{d}(pV + U) = 0$ sein muß. Nun folgt aus

$$\mathrm{d}U = T\,\mathrm{d}S - p\,\mathrm{d}V$$

für eine Änderung der Enthalpie

$$\mathrm{d}(U + pV) = T\,\mathrm{d}S + V\,\mathrm{d}p.$$

Zur Beantwortung unserer Frage brauchen wir eine Zerlegung von $\mathrm{d}S$ in die von $\mathrm{d}T$ und $\mathrm{d}p$ bewirkten Anteile:

$$\mathrm{d}S = \left(\frac{\partial S}{\partial T}\right)_p \mathrm{d}T + \left(\frac{\partial S}{\partial p}\right)_T \mathrm{d}p .$$

Hier hat der erste Differentialquotient offenbar die Bedeutung $\left(\frac{\partial S}{\partial T}\right)_p = \frac{c_p}{T}$.

Um einen Ausdruck für $\left(\frac{\partial S}{\partial p}\right)_T$ zu gewinnen, beachten wir, daß auch

$$\mathrm{d}(U + pV - TS) = -S\,\mathrm{d}T + V\,\mathrm{d}p$$

ein vollständiges Differential ist, daß also als Integrabilitätsbedingung die Relation

$$\left(\frac{\partial S}{\partial p}\right)_T = -\left(\frac{\partial V}{\partial T}\right)_p$$

gelten muß. Damit haben wir

$$\mathrm{d}(U + pV) = c_p\,\mathrm{d}T + \left[V - T\left(\frac{\partial V}{\partial T}\right)_p\right]\mathrm{d}p .$$

Damit dies gleich Null sei, muß also gelten

$$\left(\frac{\mathrm{d}T}{\mathrm{d}p}\right)_{\text{J.-TH.}} = \frac{1}{c_p}\left\{T\left(\frac{\partial V}{\partial T}\right)_p - V\right\}. \tag{14.1}$$

Sobald $V(p, T)$ bekannt ist, haben wir damit eine quantitative Beschreibung des Joule-Thomson-Effektes. Zunächst sieht man, daß für ideale Gase $T\left(\frac{\partial V}{\partial T}\right)_p - V \equiv 0$ ist. Die Temperatur ändert sich also bei der beschriebenen Expansion nicht. Für reale Gase wird dagegen im allgemeinen $T\left(\frac{\partial V}{\partial T}\right)_p - V \neq 0$ sein, und zwar wird es sowohl Zustände geben, für die dieser Ausdruck positiv als auch solche, für die er negativ ist. Im ersten Fall wird bei unserem Drosselversuch das Gas abgekühlt, im zweiten dagegen erwärmt. Diese Zustände positiven und negativen Joule-Thomson-Effekts werden im $p - V$-Diagramm durch eine Kurve getrennt, für die der Joule-Thomson-Effekt gerade Null ist. Man nennt sie die *Inversionskurve* des Gases.

Wir wollen nun diese Inversionskurve berechnen, indem wir für das reale Gas die van-der-Waals-Gleichung zugrunde legen. Dazu fassen wir die linke Seite von (13.2) als implizite Funktion von p und T auf. Partielle Differentiation nach T bei konstant gehaltenem Druck p liefert dann

$$-\frac{2a}{V^3}(V-b)\left(\frac{\partial V}{\partial T}\right)_p + \left(p + \frac{a}{V^2}\right)\left(\frac{\partial V}{\partial T}\right)_p = R,$$

und daher

$$T\left(\frac{\partial V}{\partial T}\right)_p - V = \frac{RT}{p - \frac{a}{V^2} + \frac{2ab}{V^3}} - V .$$

Setzen wir diese Größe gleich Null und führen für RT die linke Seite der van-der-Waals-Gleichung (13.2) ein, so erhalten wir für die Inversionskurve als Funktion von V:

$$p = \frac{2a}{bV} - \frac{3a}{V^2} . \tag{14.2}$$

Ihr Verlauf ist in dem $p - V$-Diagramm der Abb. 25 dargestellt. Unterhalb der Inversionskurve ist der Joule-Thomson-Effekt positiv, d. h. bei der Expansion des Gases sinkt die Temperatur, während im ganzen Gebiet oberhalb der Inversionskurve die Temperatur bei der Entspannung steigt. Für große V können wir den zweiten Term in (14.2) vernachlässigen. Dementsprechend geht die Inversionskurve für große Verdünnung asymptotisch in die Isotherme $p = \frac{2a}{bV} = \frac{RT_{inv}}{V}$ über.

$$T_{inv} = \frac{2a}{bR} \tag{14.3}$$

nennt man die Inversionstemperatur des Gases. Nach (13.5a) läßt sie sich durch die kritische Temperatur ausdrücken, und zwar ist

$$T_{inv} = 6{,}75\, T_{kr}\,. \tag{14.3a}$$

In Tab. 1 (S. 31) sind für einige Gase die nach (14.3a) berechneten Inversionstemperaturen angegeben. Die Inversionstemperatur ist insofern von Bedeutung, als für Temperaturen $T > T_{inv}$ der JOULE-THOMSON-Effekt durchweg negativ ist, die Drosselexpansion also stets zu einer Erwärmung führt. Um mit Hilfe des JOULE-THOMSON-Effekts ein Gas abzukühlen und schließlich zu verflüssigen, hat man daher zuvor seine Temperatur mindestens unter T_{inv} zu senken. So wird man z.B. Wasserstoff bei Zimmertemperatur auch durch Aufwenden eines noch so hohen Druckes niemals durch eine Drosselentspannung abkühlen können. Vielmehr hat man dazu den Wasserstoff zunächst unter seine Inversionstemperatur von etwa 220° K abzukühlen.

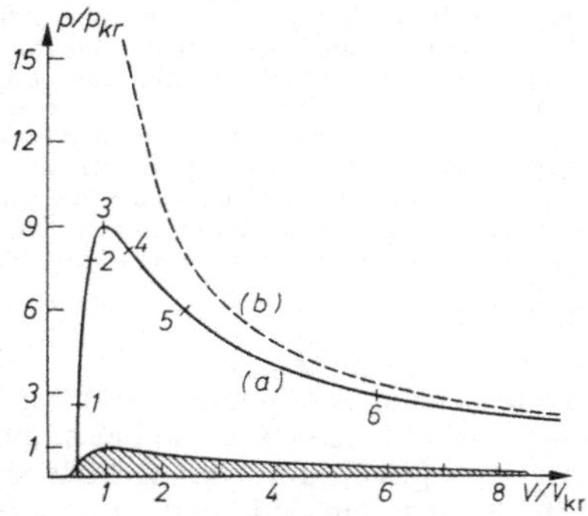

Abb. 25. (a) ist die Inversionskurve beim JOULE-THOMSON-Effekt. Die Zahlen an den markierten Stellen geben die Temperatur als Vielfache von T_{kr} an. (b) ist die Isotherme $T = 6{,}75\, T_{kr}$. Das schraffierte Gebiet scheidet aus, da in ihm Dampf und Flüssigkeit immer gleichzeitig vorhanden sind (Koexistenz-Gebiet).

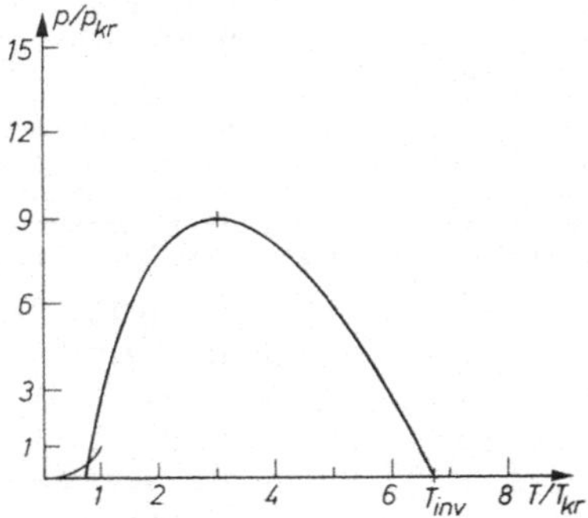

Abb. 26. Die Inversionskurve im $p-T$-Diagramm. Der Kurvenast unten links ist die Dampfdruckkurve, die am kritischen Punkt endet.

Wie man aus dem Verlauf der Inversionskurve in Abb. 25 ersieht, ist die Bedingung $T < T_{inv}$ nur im Grenzfall unendlicher Verdünnung für das Auftreten eines positiven JOULE-THOMSON-Effekts hinreichend. Je höher dagegen der Druck ist, um so mehr müssen wir die Temperatur senken, um bei der Drosselung eine Abkühlung zu erzielen. Die Darstellung der Inversionskurve im p—T-Diagramm (Abb. 26) läßt diese Abhängigkeit besonders deutlich werden.

D. Die Methode der Kreisprozesse.

Oft ist es möglich, unmittelbar aus den in Abschn. C abgeleiteten Grundformeln des zweiten Hauptsatzes praktisch wichtige Aussagen abzuleiten. Sobald nämlich irgendein Phänomen beobachtet ist, wie z. B. die Verdampfung einer Flüssigkeit oder eine chemische Reaktion oder der Strahlungsdruck, kann man jedesmal versuchen, mit dessen Hilfe ein Perpetuum mobile zweiter Art zu konstruieren. Alsdann liefert die Bedingung für das Nichtfunktionieren dieser Maschine häufig eine wertvolle Aussage über das gerade betrachtete Phänomen.

In der Regel konstruiert man eine CARNOT-Maschine, welche zwischen zwei benachbarten Wärmereservoiren ($T-\mathrm{d}T$ und T) arbeitet. Ist δA die bei einem Umlauf gewonnene Arbeit und Q die dem Wärmereservoir (T) entzogene Wärme, so muß mit dem CARNOTschen Wirkungsgrad $\frac{\mathrm{d}T}{T}$

$$\delta A = Q\frac{\mathrm{d}T}{T}$$

sein. Insbesondere muß die bei einem isothermen und reversiblen Kreisprozeß gewonnene Arbeit gleich Null sein. Um einen Einblick in diese eigentümliche Methodik zu gewinnen, behandeln wir einige spezielle Beispiele.

Die Bedeutung, welche der Methode der Kreisprozesse in den verschiedenen Darstellungen der Wärmelehre beigelegt wird, hängt weitgehend von dem Geschmack des Verfassers ab. Tatsächlich können alle mit ihr zu gewinnenden Resultate auch unter Benutzung der thermodynamischen Funktionen (s. Abschn. E) gewonnen werden, wobei diese letztere Methode häufig eine recht elegante und knappe Durchführung der Rechnung gestattet. In diesem Sinne könnte eine Beschäftigung mit Kreisprozessen als durchaus entbehrlich erscheinen.

Der Vorzug der Methode der Kreisprozesse besteht darin, daß man sich unmittelbar mit dem gerade interessierenden Vorgang beschäftigt. Sie verlangt eine gewisse Erfindungsgabe, wenn es sich darum handelt, einen reversiblen Weg für den betreffenden Vorgang zu suchen. So ist der nachher zu besprechende VAN'T HOFFsche Gleichgewichtskasten ein Paradebeispiel einer derartigen Erfindung. Von der ganzen Theorie braucht man lediglich den CARNOTschen Wirkungsgrad. All die gelehrten Folgerungen, wie z. B. die Existenz der Entropie und der übrigen thermodynamischen Funktionen, sind bei dieser Methode entbehrlich. Man hat bei ihr keine Gelegenheit, mühsam gelernte Formeln anzuwenden. Damit entfällt auch die Gefahr, durch eine mißverstandene Anwendung Fehler zu machen. Insofern hat der Kreisprozeß für den Anfänger den Vorzug einer größeren Betriebssicherheit. Man hat nichts zu tun, als darauf zu achten, daß der einmal ersonnene Kreisprozeß im Prinzip funktioniert und daß dessen Bilanz richtig hingeschrieben wird. Einige instruktive Beispiele sollen in den nächsten drei Paragraphen besprochen werden. Erst danach werden wir im nächsten Abschnitt die für allgemeinere Betrachtungen unentbehrlichen thermodynamischen Funktionen behandeln.

§ 15. Der Dampfdruck.

(Formel von CLAUSIUS und CLAPEYRON.)

Unser Apparat bestehe aus einem Zylinder mit einem als „Stempel“ reibungslos verschiebbaren oberen Abschluß. Auf dem Stempel befinde sich als Belastung das Gewicht pf (f ist der Querschnitt des Zylinders). In dem Zylinder befinde sich ein Mol der zu untersuchenden Substanz. Die ganze Anordnung stecke in einem Wärmebad T. Wenn p gerade gleich dem Dampfdruck der Substanz ist, befindet sich der Stempel in jeder Höhe im Gleichgewicht, solange überhaupt noch etwas von dem Kondensat vorhanden ist. Wir betreiben diese Vorkehrung als richtige Dampfmaschine nach Maßgabe des Indikatordiagramms (Abb. 28):

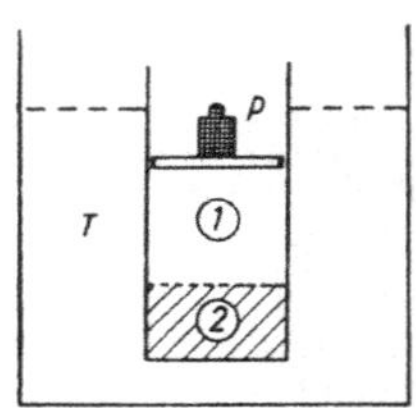

Abb. 27. Der Dampfdruck ist eine Funktion von T allein.

Wir beginnen im Punkte A, Temperatur T, der Stempel sitzt auf dem Kondensat, dessen Volumen sei V_2. Nunmehr lassen wir den Stempel so lange steigen, bis alles verdampft ist. Wir erreichen den Punkt B, entsprechend dem Volumen V_1 des Dampfes. Bei diesem Prozeß wird dem Wärmebad T die molare Verdampfungswärme Q entzogen. (Damit der Stempel wirklich aufsteigt, muß das Gewicht pf *etwas* verkleinert werden. Vom Betrag dieser Verkleinerung hängt es ab, wie schnell der Stempel aufsteigt. Wenn wir uns mit einem sehr langsamen Betrieb zufrieden geben, so kann diese Verkleinerung beliebig klein gemacht werden. Eine reversible Verdampfung liegt nur im Grenzfall des „unendlich langsamen“ Betriebes vor, bei welchem in jedem Augenblick genau der Gleichgewichtsdruck p auf dem Stempel lastet. Vgl. § 3a.) Nach Erreichen von B entfernen wir den Zylinder aus dem Wärmebad T und expandieren den Dampf *adiabatisch*, bis er die Temperatur $T - \mathrm{d}T$ erreicht hat (Punkt C'). Alsdann versenken wir ihn in ein anderes, daneben bereitgehaltenes Wärmebad $T - \mathrm{d}T$. Im allgemeinen ist der Dampf jetzt übersättigt. Um ihn auf den zu $T - \mathrm{d}T$ gehörigen Sättigungsdruck $p - \mathrm{d}p$ zu bringen, müssen wir ihn noch isotherm expandieren und erreichen damit den Punkt C des Diagramms. Nunmehr kondensieren wir isotherm, bis (im Punkte D) alles kondensiert ist. Dabei wird die entsprechende Verdampfungswärme an das Wärmebad $T - \mathrm{d}T$ abgegeben. Dann entfernen wir den Zylinder wieder aus diesem Wärmebad und bringen ihn in den Zustand A, womit der Kreisprozeß geschlossen ist. (Wenn $\mathrm{d}T$ wirklich infinitesimal klein ist, so sind alle Wärme- und Arbeitsbeträge, die an den „Schmutzecken" $B \rightarrow C$ und $D \rightarrow A$ des Diagramms auftreten, von der Größenordnung $\mathrm{d}p\,\mathrm{d}T$! Sie spielen daher bei der folgenden Bilanz keine Rolle).

Die gewonnene Arbeit ist gleich der Fläche $(V_1 - V_2)\,\mathrm{d}p$ des Indikatordiagramms. Mit dem CARNOTschen Wirkungsgrad wird also

$$(V_1 - V_2)\,\mathrm{d}p = Q\,\frac{\mathrm{d}T}{T}.$$

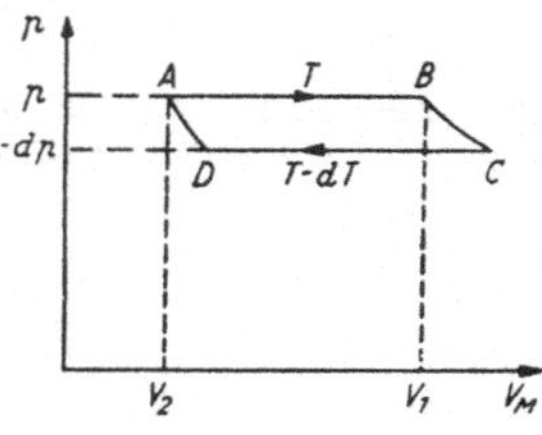

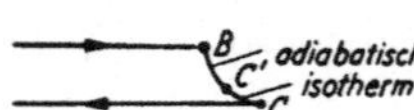

Abb. 28. Arbeitsdiagramm zur CLAUSIUS-CLAPEYRON-Gleichung.

Damit haben wir eine präzise Aussage über die Temperaturabhängigkeit des Dampfdrucks:

$$\frac{\mathrm{d}p}{\mathrm{d}T} = \frac{Q}{(V_1 - V_2)\,T}. \tag{15.1}$$

Bei dieser Herleitung wurde von den speziellen physikalischen Eigenschaften der Phasen keinerlei Gebrauch gemacht. Es treten lediglich die spezifischen Volumina und die bei dem reversiblen Vorgang auftretende Umwandlungswärme Q auf. Für den speziellen Vorgang der Verdampfung erhält (15.1) eine besonders einfache Form, wenn man annimmt, daß das Volumen V_2 des Kondensats vernachlässigbar klein gegen das Dampfvolumen V_1 ist und daß der Dampf als ideales Gas betrachtet werden kann ($pV_1 = RT$). Dann wird aus (15.1)

$$\frac{\mathrm{d}\ln p}{\mathrm{d}T} = \frac{Q}{RT^2}. \tag{15.2}$$

Die als „CLAUSIUS-CLAPEYRON-Gleichung" bezeichnete Relation (15.1) bzw. (15.2) gehört zu den Grundpfeilern der Wärmelehre, insbesondere der physikalischen Chemie. Gl. (15.1) liefert gleichzeitig eine Aussage über den Zusammenhang zwischen Schmelzdruck und Schmelztemperatur, wenn Q die molare Schmelzwärme, V_1 und V_2 die Molvolumina von festem und flüssigem Zustand sind.

Zur Gewinnung der vollen Gleichgewichtskurve hat man (15.1) zu integrieren. Das ist natürlich nur dann möglich, wenn man sowohl Q wie auch V_1 und V_2 als Funktionen von T kennt. Immerhin kann man (15.1) oft in der Form

$$\Delta p = \frac{Q}{(V_1 - V_2)\,T}\,\Delta T \tag{15.3}$$

verwenden, wenn sich innerhalb des Intervalls ΔT jene Funktionen noch nicht wesentlich ändern.

So können wir z. B. nach (15.3) sehr einfach die durch Ausüben eines äußeren Druckes bewirkte Schmelzpunkterniedrigung des Eises berechnen. Mit $Q = 80$ cal/g als Schmelzwärme des Eises, sowie $V_{Wasser} = 1{,}000$ cm³/g (Volumen von 1 g Wasser bei 0° C) und $V_{Eis} = 1{,}091$ cm³/g (Volumen von 1 g Eis bei 0° C) erhalten wir nämlich (p in Atm)

$$\Delta T = -0{,}0075\,\Delta p,$$

d. h. durch eine Erhöhung des äußeren Druckes um 1 Atmosphäre wird die Schmelztemperatur des Eises um 0,0075° C erniedrigt. Erst eine Druckerhöhung von etwa 130 Atm würde den Schmelzpunkt des Eises um 1° C herabsetzen. Für die meisten Substanzen ist dagegen $V_{fest} < V_{fl}$. Bei ihnen wächst die Schmelztemperatur mit wachsendem Druck.

Zur Integration von (15.2) genügt die Kenntnis von Q als Funktion von T. Dazu sind lediglich die spezifischen Wärmen des Dampfes (c_p bzw. c_v) und des Kondensats (γ) erforderlich. Man erkennt das mit Hilfe des ersten Hauptsatzes in folgender Weise: Wir fragen nach dem Energieunterschied zwischen dem Kondensat bei der Temperatur T und dem gesättigten Dampf bei $T + \mathrm{d}T$. Diesen Unterschied können wir ermitteln, indem wir entweder das Kondensat bei T verdampfen und den Dampf um $\mathrm{d}T$ erwärmen oder aber das Kondensat um $\mathrm{d}T$ erwärmen und bei $T + \mathrm{d}T$ verdampfen. Dabei behandeln wir den Dampf als ideales Gas. In beiden Fällen muß das gleiche herauskommen, also

$$\{Q(T) - RT\} + c_v\,\mathrm{d}T = \gamma\,\mathrm{d}T + \{Q(T + \mathrm{d}T) - R(T + \mathrm{d}T)\}.$$

[Die Energieerhöhung bei der Verdampfung ist nicht Q, sondern $Q - p(V_1 - V_2)$, da ja auch die Arbeit $p(V_1 - V_2)$ auf Kosten der Verdampfungswärme geleistet wird. Für den Fall des idealen Gases ist $p(V_1 - V_2) \approx RT$.] Somit haben wir (beachte $c_v + R = c_p$)

$$\frac{\mathrm{d}Q}{\mathrm{d}T} = c_p - \gamma; \qquad Q(T') = Q(T_0) + \int_{T_0}^{T'} (c_p - \gamma)\,\mathrm{d}T. \tag{15.4}$$

Hat man nun bei $T = T_0$ den Dampfdruck p_0 gemessen, so ergibt die Integration von (15.2) die ganze Dampfdruckkurve in der Form

$$\ln p = \ln p_0 + \int_{T_0}^{T} \frac{Q(T')}{R T'^2}\,\mathrm{d}T', \tag{15.5}$$

welche vielen praktischen Anwendungen zugrunde liegt.

Bei der weiteren Behandlung erweist es sich als wünschenswert, mit T_0 gegen Null zu gehen. Dann ist diese Form des Integrals nicht sinnvoll, weil die Summanden auf der rechten Seite gegen $-\infty$ bzw. $+\infty$ streben. Hier hilft die Erfahrungstatsache, daß bei hinreichend tiefen Temperaturen sowohl $c_p - \frac{5}{2} R$ (§ 4d) wie auch die spezifische Wärme des Kondensats γ gegen Null streben. Wir zerlegen daher $c_p - \gamma = \frac{5}{2} R + c_s$, mit $c_s = (c_p - \frac{5}{2} R - \gamma)$ und haben dann

$$Q(T) = Q_0 + \frac{5}{2} RT + \int_0^T c_s\,\mathrm{d}T'.$$

Damit erhalten wir aus (15.2) durch Integration

$$\ln p = -\frac{Q_0}{RT} + \frac{5}{2}\ln T + \int_0^T \frac{\mathrm{d}T'}{RT'^2} \int_0^{T'} c_s(\vartheta)\,\mathrm{d}\vartheta + j \tag{15.6}$$

mit einer als „Dampfdruckkonstante" bezeichneten Größe j. Speziell für sehr tiefe Temperaturen wird einfach

$$\ln p = -\frac{Q_0}{RT} + \frac{5}{2}\ln T + j. \tag{15.7}$$

Die durch Messung zu bestimmende *Konstante* j steht in enger Beziehung zu der früher eingeführten *Entropiekonstanten* σ des Dampfes (§ 10a). Darin liegt ihr theoretisches Interesse. Um das in einfacher Weise zu sehen, beachten wir, daß sich bei einem reversiblen Vorgang die Gesamtentropie nicht ändern kann. Bei unserer Verdampfung wird dem Bad die Wärme Q entzogen, also seine Entropie um Q/T erniedrigt. Andererseits erhöht sich die Entropie der Substanz um $S_1 - S_2$, so daß

$$S_1 - S_2 = \frac{Q}{T}$$

sein muß. *Wenn es nun gestattet ist, bei sehr tiefem T die Entropie S_2 des Kondensats gleich Null zu setzen* (was wir erst später rechtfertigen können) und wenn wir für die Mol-Entropie des Dampfes den früher abgeleiteten Ausdruck [s. (10.4a)]

$$S_1 = R\left[\frac{3}{2}\ln T + \ln\frac{kT}{p} + \frac{\sigma}{k}\right] = R\left[\frac{5}{2}\ln T - \ln p + \frac{\sigma}{k} + \ln k\right]$$

einsetzen, so erhalten wir die Dampfdruckkurve in der Form

$$\frac{5}{2}\ln T - \ln p + \frac{\sigma}{k} + \ln k = \frac{Q_0 + \frac{5}{2}RT}{RT},$$

also

$$\ln p = -\frac{Q_0}{RT} + \frac{5}{2}\ln T + \frac{\sigma}{k} + \ln k - \frac{5}{2}.$$

Ein Vergleich mit (15.7) zeigt, daß $j = \frac{\sigma}{k} + \ln k - \frac{5}{2}$ sein muß. Wenn man also die Entropie so „normieren" darf, daß sie im Kondensat bei $T = 0$ zu Null wird, so liefert eine Dampfdruckmessung grundsätzlich den Zahlenwert der in § 10 eingeführten Entropiekonstanten.

§ 16. Lösungen.

a) Der osmotische Druck.

Grenzt eine Lösung (z. B. Zucker in Wasser) an das reine Lösungsmittel (Wasser), so hat die gelöste Substanz die Tendenz, durch Diffusion in das reine Lösungsmittel einzudringen. Ein quantitatives Maß für diese Tendenz bildet der osmotische Druck. Seine Definition gelingt am einfachsten mit Hilfe einer semipermeablen Membran, welche zwar für Wasser durchlässig ist, dagegen nicht für den gelösten Stoff, wie z. B. die Zuckermoleküle. In Abb. 29 ist ein zylindrisches Gefäß vom Querschnitt 1 cm² angedeutet, welches an seinen Enden durch die Wände a und b abgeschlossen ist. Zwischen ihnen befinde sich die semipermeable Membran m. Rechts von ihr sei die Zuckerlösung, links von ihr das reine Lösungsmittel. Eine Verdünnung der Lösung kann jetzt dadurch erfolgen, daß die Membran sich nach links bewegt. Die Tendenz zur Verdünnung äußert sich in einer auf die Membran nach links hin ausgeübten Kraft. Die auf die Flächeneinheit wirkende Kraft nennen wir den osmotischen Druck P der Lösung. Er ist in der Abb. 29 zur Anschauung gebracht durch die Kraft, mit welcher wir — etwa von außen her — an der Membran ziehen müssen, um sie in ihrer Position festzuhalten.

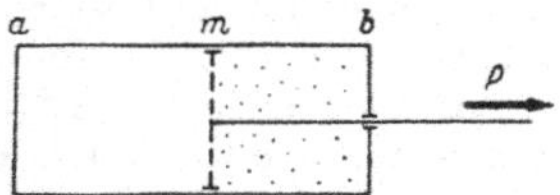

Abb. 29. Der osmotische Druck als Kraftwirkung auf eine semipermeable Membran.

Wir wollen nun in der Anordnung der Abb. 30 die beiden Wände a und b als verschiebbare Stempel ausbilden, sie jedoch untereinander durch einen starren Rahmen C verbinden, so daß ihr Abstand fixiert bleibt. Auf den Rahmen wirkt eine nach links gerichtete Kraft P', die aus den hydrostatischen Drucken p' (im

Lösungsmittel) und p'' (in der Lösung) resultiert ($P' = p'' - p'$). Im Gleichgewicht muß $P' = P$ sein, also

$$p'' - p' = P. \tag{16.1}$$

„Die hydrostatischen Drucke in der Flüssigkeit zu beiden Seiten der semipermeablen Membran unterscheiden sich um den osmotischen Druck.“ Man kann somit (bei festgeklemmten Wänden a, b und festgehaltener Membran m) den osmotischen Druck demonstrieren und messen, wenn man auf die beiden Kammern vertikale Steigrohre aufsetzt. Im Gleichgewicht steht dann die Lösung um eine Strecke h höher als das reine Lösungsmittel. Ist ϱ die Dichte der Lösung und g die Erdbeschleunigung, so muß

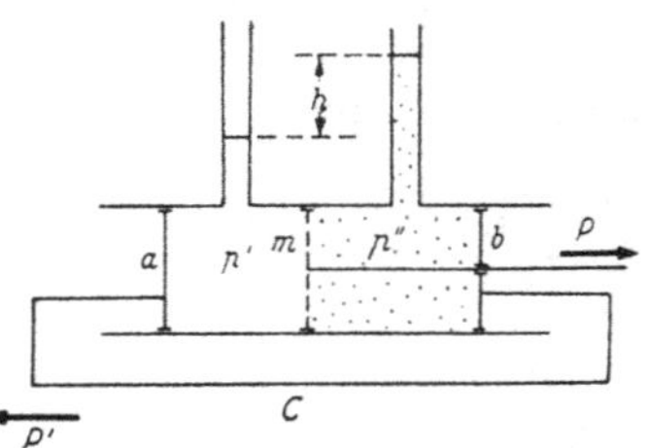

Abb. 30. Osmotischer Druck und hydrostatischer Druck.

$$h\varrho g = P \tag{16.2}$$

sein.

Für verdünnte Lösungen befolgt der osmotische Druck ein überraschend einfaches Gesetz. Ist n die Zahl der im cm^3 gelösten Mole, so ist näherungsweise

$$P = nRT. \tag{16.3}$$

(Natürlich ist n bei verdünnten Lösungen sehr viel kleiner als 1.) Der von den gelösten Zuckermolekülen ausgeübte osmotische Druck ist also ebenso groß wie derjenige Druck, welchen die Zuckermoleküle als freies ideales Gas bei der gleichen Konzentration ausüben würden.

b) Die Dampfdruckerniedrigung.

Von zwei offenen, nebeneinander stehenden Gefäßen möge das eine (0) reines Wasser, das andere (1) eine Zuckerlösung enthalten. Die Tendenz der Lösung, sich zu verdünnen, kann sich jetzt darin äußern, daß Wasser aus dem Gefäß (0) verdampft und sich in (1) kondensiert. Damit eine Destillation in diesem Sinne vor sich geht, muß der Dampfdruck (p_0) des reinen Lösungsmittels größer sein als derjenige (p_1) der Lösung. Zu einer quantitativen Aussage über den Quotienten p_0/p_1 gelangen wir mit Hilfe eines reversiblen, isothermen Kreisprozesses.

Zur reversiblen Durchführung haben wir zunächst die beiden Gefäße einzeln oben abzuschließen. Dann entsteht über dem reinen Wasser der Dampfdruck p_0, über der Lösung der Druck p_1. Nunmehr verdampfen wir ν Mole der reinen Flüssigkeit isotherm beim Druck p_0. Dabei gewinnen wir die Arbeit νRT. Bei isothermer Expansion von p_0 auf p_1 gewinnen wir die Arbeit $\nu RT \ln p_0/p_1$. Alsdann schieben wir die ν Mole in den über der Lösung [Gefäß (1)] befindlichen Dampfraum hinein, unter Aufwand der Arbeit νRT. Dabei werden sie in die Lösung kondensieren. ν soll so klein sein, daß dabei die Konzentration der Lösung keine wesentliche Änderung erfährt. Bei dieser Art der Verdünnung unserer Lösung haben wir also die Arbeit

$$\nu RT \ln \frac{p_0}{p_1}$$

gewonnen. Nunmehr bringen wir die Lösung wieder auf ihre alte Konzentration, indem wir eine am Rande von Gefäß (1) vorgesehene semipermeable Membran unter Aufwendung des osmotischen Druckes P in sie hineindrücken. Bedeutet V_0 das Volumen von 1 Mol des Lösungsmittels, so haben wir die Arbeit νPV_0 aufzuwenden, um die vorher überdestillierten ν Mole des Lösungsmittels aus der Lösung wieder herauszupressen. Schließlich haben wir die ν Mole reinen Wassers

— vom Volumen νV_0 — in das Gefäß (0) zurückzuführen. Dazu denken wir die semipermeable Membran durch einen gewöhnlichen Kolben ersetzt, den wir nun — mitsamt dem angrenzenden reinen Wasser und der ursprünglichen Wandpartie des Gefäßes — so weit verschieben, daß der Kolben an die Stelle der Wandpartie tritt. Da in (1) der Dampfdruck p_1 herrscht, gewinnen wir dabei die Arbeit $\nu V_0 p_1$. Nunmehr haben wir das gleiche Volumen in das Gefäß (0) hineinzudrücken und dabei die Arbeit $\nu V_0 p_0$ zu leisten. Somit benötigen wir zur Überführung in das Gefäß mit der reinen Flüssigkeit noch einmal die Arbeit $\nu(p_0 - p_1) V_0$.

Die im ganzen gewonnene Arbeit muß Null sein, also folgt

$$RT \ln\frac{p_0}{p_1} = V_0 (P + p_0 - p_1). \tag{16.4}$$

Eine andere Begründung dieser Formel gelingt mit Hilfe der barometrischen Höhenformel (§ 27): Ein U-Rohr, welches unten eine semipermeable Membran enthält (links davon Lösungsmittel, rechts Lösung), befinde sich in einem geschlossenen Gefäß. Von den offenen Enden des U-Rohres aus ist dann der ganze Raum mit dem Dampf des Lösungsmittels erfüllt. Infolge des osmotischen Druckes stellt sich in dem U-Rohr ein Niveauunterschied h ein, und zwar muß im Gleichgewicht

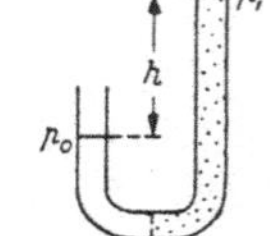

Abb. 31. Osmotischer Druck, Dampfdruckerniedrigung und barometrische Höhenformel.

$$h \varrho g + p_1 - p_0 = P \tag{16.5}$$

sein, wenn p_0 der Dampfdruck über dem reinen Lösungsmittel (linkes Rohrende) und p_1 der Dampfdruck in der Höhe h über der Lösung (rechtes Rohrende) ist. Damit auch der Dampfraum im Gleichgewicht sei, muß nach der barometrischen Höhenformel gelten

$$\frac{p_1}{p_0} = e^{-\frac{M g h}{RT}}$$

(M = Molekulargewicht des Dampfes). Setzen wir hier für h den Wert aus Gl. (16.5) ein, so erhalten wir mit $\frac{M}{\varrho} = V_0$ wieder genau Gl. (16.4).

In Gl. (16.4) können wir noch $p_0 - p_1$ gegen P vernachlässigen; denn schreiben wir (16.4) in der Form

$$\frac{RT}{V_0} \ln\left(1 - \frac{p_0 - p_1}{p_0}\right) + (p_0 - p_1) = -P$$

und setzen $\frac{p_0 - p_1}{p_0} = y$, so lautet die linke Seite, wenn wir den Logarithmus entwickeln:

$$p_0 \left\{ -\left(\frac{RT}{p_0 V_0} - 1\right) y - \frac{RT}{p_0 V_0} \frac{y^2}{2} - \cdots \right\} = -P.$$

Nun ist $\frac{RT}{p_0 V_0} = \frac{V_{Dampf}}{V_0}$, d. h. gleich dem Verhältnis der Molvolumina von Dampf und Flüssigkeit, also von der Größenordnung 10^3 bis 10^4. Daher können wir die 1 im ersten Glied der linken Seite ruhig vernachlässigen. Das bedeutet aber Streichung der Differenz $p_0 - p_1$ in (16.4). Es bleibt also

$$\ln\frac{p_0}{p_1} = \frac{V_0 P}{RT}. \tag{16.6}$$

Speziell bei verdünnten Lösungen erhalten wir mit (16.3) und $V_0 = \frac{M}{\varrho}$

$$\ln\frac{p_0}{p_1} = \frac{M n}{\varrho}. \tag{16.7}$$

M und ϱ sind Molekulargewicht und Dichte des Lösungsmittels, n die molare Konzentration des gelösten Stoffes (Zahl der Mole im cm^3).

c) Siedepunktserhöhung.

Nach der CLAUSIUS-CLAPEYRON-Gleichung (15.2) gilt für den Dampfdruck p_0 des reinen Lösungsmittels

$$\frac{d \ln p_0}{dT} = \frac{Q}{RT^2}$$

(Q = molare Verdampfungswärme) oder mit $\frac{1}{T}$ als Variable:

$$\frac{d \ln p_0}{d(1/T)} = -\frac{Q}{R}. \tag{16.8}$$

Bei Integration über einen kleinen Bereich von T können wir Q als konstant ansehen. $\ln p_0$ ist also, als Funktion von $1/T$ aufgetragen, eine unter der Neigung $\operatorname{tg}\alpha = \frac{Q}{R}$ verlaufende Gerade. Für den Dampfdruck der Lösung folgt aus (16.7), daß $\ln p_1$ parallel zu $\ln p_0$ verläuft, jedoch um das Stück $\frac{Mn}{\varrho}$ nach unten verschoben ist. Die Substanz siedet, wenn ihr Dampfdruck gleich dem Druck p_{Atm} der Atmosphäre ist. Zeichnen wir in unser Diagramm bei $\ln p_{\mathrm{Atm}}$ die Parallele zur Abszissenachse, so liefern deren Schnittpunkte mit den Geraden $\ln p_0$ und $\ln p_1$ die Siedepunkte T_s des reinen Lösungsmittels und T_s' der Lösung. Man entnimmt nun unmittelbar aus Abb. 32

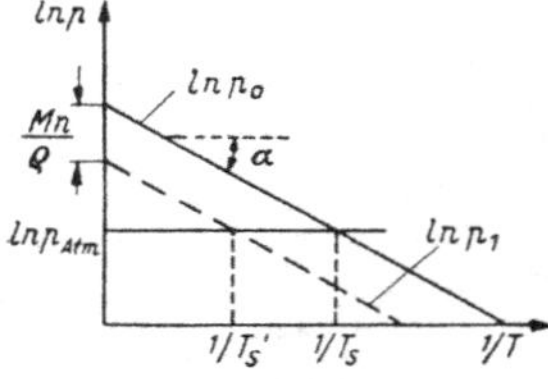

Abb. 32. Siedepunktserhöhung $T_s' - T_s$ und Dampfdruckerniedrigung $\ln p_0 - \ln p_1$.

$$\left(\frac{1}{T_s} - \frac{1}{T_s'}\right)\operatorname{tg}\alpha = \ln p_0 - \ln p_1.$$

Mit dem oben gegebenen Wert von $\operatorname{tg}\alpha$ sowie mit (16.7) also

$$\frac{1}{T_s} - \frac{1}{T_s'} = \frac{Mn}{\varrho}\frac{R}{Q}. \tag{16.9}$$

$\frac{Q}{M} = q$ ist die Verdampfungswärme von 1 g Lösungsmittel. Ist ferner M_x das Molgewicht der gelösten Substanz und $s = nM_x$ die Konzentration der Lösung in g/cm³, so erhalten wir, da stets $|T_s' - T_s| \ll T_s$, also $\frac{1}{T_s} - \frac{1}{T_s'} = \frac{\Delta T_s}{T_s^2}$ ist, für die Siedepunktserhöhung ΔT_s:

$$\frac{\Delta T_s}{T_s} = \frac{RT_s}{\varrho q}\frac{s}{M_x}. \tag{16.9a}$$

Diese Formel gibt die Möglichkeit, durch Messung von ΔT_s das Molekulargewicht des gelösten Stoffes zu ermitteln.

d) Gefrierpunktserniedrigung.

Beim Gefrierpunkt[1] haben feste und flüssige Phase den gleichen Dampfdruck, sonst könnten sie nicht miteinander im Gleichgewicht sein. Beim reinen Lösungsmittel ist also der Gefrierpunkt T_g bestimmt durch den Schnitt der Geraden $(\ln p_0)_{fl}$ und $(\ln p_0)_{fest}$. Die letztere Gerade verläuft steiler, weil die Verdampfungswärme Q_{fest} um den Betrag der Schmelzwärme L größer ist als Q_{fl}, welche wir bisher allein betrachtet haben. Die Neigung von $(\ln p_0)_{fest}$ ist gleich $\operatorname{tg}\beta = \frac{Q_{fest}}{R}$.

Die Erstarrung unserer Lösung ist dadurch kompliziert, daß sie in einem endlichen Temperaturintervall erfolgt. Bei der Abkühlung wird sich zunächst — etwa bei $T = T_g'$ — reines Lösungsmittel ausscheiden. Dadurch wächst aber die Konzentration der noch verbleibenden Lösung, so daß man etwas tiefer

[1] Genau genommen handelt es sich hier um den Tripelpunkt.

abkühlen muß, um weitere Mengen des Lösungsmittels auszufrieren usw. Wir beschränken uns hier auf die Ermittlung der Temperatur T'_g der beginnenden Ausscheidung des reinen Lösungsmittels. Sie ist gegeben durch den Schnittpunkt der Geraden $(\ln p_0)_{fest}$ mit der Geraden $(\ln p_1)_{fl}$ (in Abb. 33 gestrichelt).

Man entnimmt aus der Abb. 33

$$\left(\frac{1}{T'_g} - \frac{1}{T_g}\right)(\operatorname{tg}\beta - \operatorname{tg}\alpha) = \ln\frac{p_1}{p_0}.$$

Wie oben erwähnt, ist

$$\operatorname{tg}\beta - \operatorname{tg}\alpha = \frac{Q_{fest} - Q_{fl}}{R} = \frac{L}{R},$$

wo L die molare Schmelzwärme bedeutet. Also wird

$$\frac{1}{T'_g} - \frac{1}{T_g} = \frac{Mn}{\varrho}\,\frac{R}{L}.$$

Mit der auf 1 g bezogenen Schmelzwärme $l = \frac{L}{M_x}$ erhalten wir in Analogie zu (16.9a) für die Gefrierpunktserniedrigung ΔT_g:

$$\frac{\Delta T_g}{T_g} = \frac{R\,T_g}{\varrho\, l}\,\frac{s}{M_x}. \qquad (16.10)$$

Auch diese Beziehung wird häufig zur Bestimmung von Molekulargewichten benutzt.

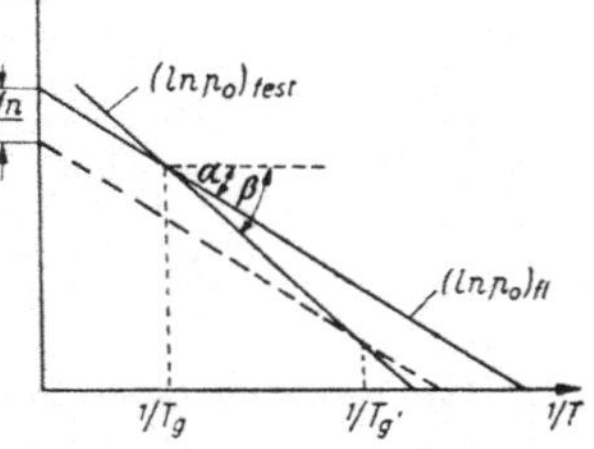

Abb. 33 Gefrierpunktserniedrigung.

Die Gln. (16.9) u. (16.10) gelten jedoch nur für nichtdissoziierende Stoffe. Für Substanzen, die im gelösten Zustand in Ionen zerfallen, mißt man dagegen eine wesentlich größere Siedepunktserhöhung bzw. Gefrierpunktserniedrigung. Dies hat seinen Grund darin, daß jetzt die Zahl der gelösten, frei beweglichen Teilchen größer ist, als dem normalen Molgewicht entspricht. In diesem Fall kann man umgekehrt bei bekanntem Molekulargewicht die Gln. (16.9) u. (16.10) heranziehen, um aus der gemessenen Siedepunktserhöhung bzw. Gefrierpunktserniedrigung den Dissoziationsgrad zu bestimmen. Z. B. ist das NaCl-Molekül in stark verdünnter wäßriger Lösung vollkommen dissoziiert. Dementsprechend ist die Gefrierpunktserniedrigung doppelt so groß, als man nach Gl. (16.10) erwarten sollte.

§ 17. Chemische Reaktion im Gas.

Um eine Reaktion wie die Explosion von Knallgas

$$2\,H_2 + O_2 = 2\,H_2O$$

der thermodynamischen Behandlung zugänglich zu machen, ist eine Vorkehrung erforderlich, um diesen Prozeß reversibel zu leiten. Eine solche wurde von VAN'T HOFF erfunden. Wir schildern sie zunächst an Hand der einfacheren Reaktion

$$A + B = AB.$$

Ihre Verallgemeinerung liegt dann auf der Hand. Wir brauchen dazu erstens einen Gleichgewichtskasten, in welchem die drei Reaktionspartner A, B und AB miteinander im Gleichgewicht sind, und zweitens einen Satz semipermeabler Wände, von denen jede nur für einen der Partner durchlässig ist. Die Konzentrationen der drei Partner im Gleichgewichtskasten seien c_A, c_B und c_{AB}.

Wir behandeln speziell folgende Aufgabe: Gegeben seien in zwei getrennten Behältern ein Mol von A mit der Konzentration c_A^0 und ein Mol von B der Konzentration c_B^0. Beide Mole sollen in reversibler Weise zu einem Mol AB von der Konzentration c_{AB}^0 vereinigt werden. Wenn z. B. A und B unter dem gleichen Druck p stehen und auch das Reaktionsprodukt unter dem gleichen Druck abgeliefert werden soll, so wäre $c_A^0 = c_B^0 = c_{AB}^0 = \frac{p}{RT}$. Die Reaktion ist nun folgendermaßen zu leiten:

Wir bringen zunächst A und B auf die im Gleichgewichtskasten herrschenden Konzentrationen c_A und c_B. Dabei *gewinnen* wir die Arbeit

$$A_1 = RT \ln \frac{c_A^0}{c_A} + RT \ln \frac{c_B^0}{c_B}.$$

Sodann setzen wir das mit A gefüllte Gefäß an den Gleichgewichtskasten und stellen durch eine nur für A durchlässige Membran eine Verbindung mit dem Kasteninneren her. Da auf beiden Seiten der gleiche Partialdruck von A herrscht, passiert beim Öffnen dieser Verbindung nichts. Ebenso verfahren wir mit B.

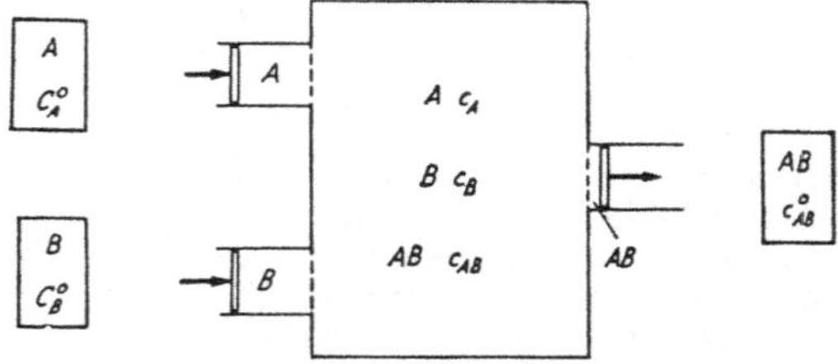

Abb. 34. VAN'T HOFFS Gleichgewichtskasten zur isothermen und reversiblen Leitung der chemischen Reaktion $A + B = AB$.

Beide Gefäße seien am anderen Ende durch einen Stempel verschlossen. Sodann bringen wir ein drittes Seitengefäß an, bei welchem jedoch die Membran nur für AB durchlässig sei und bei welchem der Stempel zunächst auf dem Boden sitzt. Nunmehr verschieben wir alle drei Stempel in solcher Weise, daß nach Maßgabe der Reaktion $A + B = AB$ die Mole A und B langsam in den Kasten hineingedrückt werden und gleichzeitig ein Mol AB von der Konzentration c_{AB} aus ihm herausgezogen wird. Die hierbei im ganzen gewonnene Arbeit beträgt $A_2 = -2RT + RT$. An der Situation innerhalb des Kastens hat sich nichts geändert. Zum Schluß haben wir nur noch ein Mol AB von der Konzentration c_{AB} auf die vorgegebene Konzentration c_{AB}^0 zu bringen. Dabei gewinnen wir die Arbeit $A_3 = RT \ln \frac{c_{AB}}{c_{AB}^0}$. Damit ist die Aufgabe erledigt. Wir notieren ihre Bilanz: Gewonnene Arbeit $\overline{A} = A_1 + A_2 + A_3$ oder

$$\overline{A} = RT \left[\ln \frac{c_A^0 \, c_B^0}{c_{AB}^0} - \ln \frac{c_A \, c_B}{c_{AB}} - 1 \right]. \tag{17.1}$$

Wir notieren dazu die bei dem ganzen Prozeß dem Wärmebad entzogene Wärme $\overline{Q}$. Zunächst hat sich bei den geschilderten isothermen Verdichtungen und Verdünnungen die Energie der beteiligten Gase nicht geändert. Dem Wärmebad muß also die dabei gewonnene Arbeit in Form von Wärme entzogen sein. Außerdem hat sich aber im Innern des Gleichgewichtskastens ein Mol A mit einem Mol B zu AB vereinigt. Dabei ist die Reaktionswärme Q an das Wärmebad abgeflossen. Q ist direkt die Wärmetönung, welche man in der Chemie in der Form

$$A + B = AB + Q$$

bei der Reaktionsformel anzugeben pflegt. Somit haben wir einfach

$$\bar{Q} = \bar{A} - Q. \tag{17.2}$$

Nun ernten wir die Früchte unserer Anstrengung:

1. Angenommen, es gäbe noch einen zweiten Gleichgewichtskasten mit den Konzentrationen c_A', c_B', c_{AB}', dann könnten wir die zu (17.1) führende Reaktion über den zweiten Kasten wieder rückgängig machen, d. h. das Mol c_{AB}^0 wieder in die Mole c_A^0 und c_B^0 zerlegen. Damit wäre ein isothermer reversibler Kreisprozeß geschlossen, bei welchem im ganzen keine Arbeit gewonnen werden darf. Das verlangt aber

$$\ln \frac{c_A c_B}{c_{AB}} = \ln \frac{c_A' c_B'}{c_{AB}'}.$$

Mit anderen Worten: Die Größe

$$K_c = \frac{c_A c_B}{c_{AB}} \tag{17.3}$$

hat für alle Gleichgewichtskästen den gleichen Wert. Man nennt K_c die „*Massenwirkungskonstante*" (konstant allerdings nur bei gegebener Temperatur). Natürlich kann und wird $K_c = K_c(T)$ noch von der Temperatur abhängen. Unsere Bilanz (17.1) lautet somit auch

$$\bar{A} = RT\left[\ln \frac{c_A^0 c_B^0}{c_{AB}^0} - \ln K_c(T) - 1\right]. \tag{17.1a}$$

2. Wir wollen nun die bei T durchgeführte Verbrennung bei $T - \mathrm{d}T$ wieder rückgängig machen. Da wir keine Volumenänderung vornehmen, ändern sich auch die Konzentrationen nicht. Wir haben also die Arbeit $\bar{A} - \frac{\mathrm{d}\bar{A}}{\mathrm{d}T}\,\mathrm{d}T$ wieder aufzuwenden, so daß im ganzen $\frac{\mathrm{d}\bar{A}}{\mathrm{d}T}\,\mathrm{d}T$ als gewonnene Arbeit übrigbleibt. Nach dem CARNOTschen Wirkungsgrad muß also

$$\frac{\mathrm{d}\bar{A}}{\mathrm{d}T}\,\mathrm{d}T = \bar{Q}\,\frac{\mathrm{d}T}{T}$$

sein, oder

$$\frac{\mathrm{d}\bar{A}}{\mathrm{d}T} = \frac{\bar{Q}}{T} = \frac{\bar{A}}{T} - \frac{Q}{T}.$$

Nach (17.1a) ist aber

$$\frac{\mathrm{d}\bar{A}}{\mathrm{d}T} = \frac{\bar{A}}{T} - RT\,\frac{\mathrm{d}\ln K_c}{\mathrm{d}T}.$$

Damit haben wir für die *Temperaturabhängigkeit der Massenwirkungskonstante*

$$\frac{\mathrm{d}\ln K_c}{\mathrm{d}T} = \frac{Q}{RT^2}. \tag{17.4}$$

Oft ist es zweckmäßig, an Stelle der Konzentrationen die durch $p_A = c_A RT$ gegebenen Partialdrucke einzuführen. Dann wird

$$\frac{c_A c_B}{c_{AB}} = \frac{p_A p_B}{p_{AB}}\,\frac{1}{RT}\,; \qquad K_p = K_c RT.$$

Für die auf Partialdrucke bezogene Massenwirkungskonstante $K_p = \frac{p_A p_B}{p_{AB}}$ gilt dann nach (17.4)

$$\frac{\mathrm{d}\ln K_p}{\mathrm{d}T} = \frac{Q + RT}{RT^2}. \tag{17.4a}$$

Sinnvollerweise ist $Q + RT$ die Wärmemenge, welche von dem Gleichgewichtskasten bei der Reaktion $A + B = AB$ abgegeben wird, wenn sie sich bei konstantem Druck abspielt. Denn bei unserer Reaktion vermindert sich die Molzahl, bei isothermem Ablauf unter konstantem Druck muß sich also das Volumen im Kasten verringern. Die dabei vom Außendruck geleistete Arbeit RT wird noch außer der eigentlichen Reaktionswärme Q an das Bad abgegeben.

In vielen Anwendungen ist die Verknüpfung von K_c mit dem *Dissoziationsgrad* x von Bedeutung. Ein ursprünglich aus N Molekülen AB bestehendes Gas werde unter dem Druck p auf die Temperatur T erwärmt. Dann wird es teilweise dissoziieren, so daß es aus

$N(1-x)$ Molekülen AB,
Nx Atomen A,
Nx Atomen B

besteht. Die Partialdrucke sind bis auf einen gemeinsamen Faktor a gegeben durch

$$\begin{aligned} p_{AB} &= a(1-x), \\ p_A &= a x, \\ p_B &= a x. \end{aligned}$$

Ist der Gesamtdruck $p = p_{AB} + p_A + p_B$ gegeben, so ist $p = a(1+x)$, also $a = \frac{p}{1+x}$. Damit wird

$$K_p = \frac{p_A p_B}{p_{AB}} = p \frac{x^2}{1-x^2}. \tag{17.5}$$

Bei fester Temperatur ist also der Dissoziationsgrad derart von p abhängig, daß

$$p \frac{x^2}{1-x^2} = c$$

einen festen Wert hat, oder

$$x = \sqrt{\frac{c}{c+p}}.$$

K_p ist hier also derjenige Druck, bei welchem der Dissoziationsgrad gleich $\frac{1}{\sqrt{2}} \approx 71\%$ ist.

Einen allgemeineren Typ von Gasreaktionen kann man beschreiben durch die Gleichung

$$\sum_j \nu_j A_j \rightleftarrows Q, \tag{17.6}$$

in welcher die A_j die verschiedenen chemischen Symbole vertreten und die ν_j kleine ganze Zahlen sind. Positive ν_j bedeuten die Zahl der verschwindenden, negative ν_j die Zahl der entstehenden Mole, wenn die Reaktion im Sinne des Pfeils verläuft. So wäre z. B. im Falle der Reaktion

$$2H_2 + O_2 = 2H_2O + Q$$
$$A_1 = H_2, \quad A_2 = O_2, \quad A_3 = H_2O, \quad \nu_1 = 2, \quad \nu_2 = 1, \quad \nu_3 = -2.$$

Seien c_j^0 die Anfangskonzentrationen von A_j und c_j die Konzentrationen im Gleichgewichtskasten, so ist die Gl. (17.1), welche die bei reversibler Leitung gewonnene Arbeit angibt, zu ersetzen durch

$$\bar{A} = RT \sum_j \nu_j [\ln c_j^0 - \ln c_j - 1]. \tag{17.7}$$

Die durch (17.3) erklärte Massenwirkungskonstante lautet

$$\left.\begin{aligned} \ln K_c &= \sum_j \nu_j \ln c_j \\ \text{und} \qquad & \\ \ln K_p &= \sum_j \nu_j \ln p_j = \ln K_c + \ln RT \sum_j \nu_j. \end{aligned}\right\} \tag{17.8}$$

Die Gln. (17.4) u. (17.4a) lauten nunmehr:

$$\frac{\mathrm{d}\ln K_c}{\mathrm{d}T} = \frac{Q}{RT^2}; \qquad \frac{\mathrm{d}\ln K_p}{\mathrm{d}T} = \frac{Q + RT\sum_j \nu_j}{RT^2}. \tag{17.9}$$

Auf Grund der gleichen Überlegung wie zu (15.4) findet man leicht

$$\frac{\mathrm{d}Q}{\mathrm{d}T} = \sum_j \nu_j c_{v_j} \tag{17.10}$$

Dabei bedeutet c_{v_j} die spezifische Wärme der Sorte A_j. Zur Ableitung einer expliziten Formel für K_p haben wir erst (17.10) und dann (17.9) zu integrieren.

Nach den Angaben von § 4d über spezifische Wärme von Gasen setzen wir

$$c_{v_j} = \tfrac{3}{2}R + r_j(T),$$

wo $r_j(T)$ die bei $T = 0$ verschwindenden Beiträge von Rotation und Schwingung bedeutet. Damit folgt aus (17.10)

$$Q(T) = Q_0 + \sum_j \nu_j \left(\frac{3}{2}RT + \int_0^T r_j(\vartheta)\,\mathrm{d}\vartheta\right).$$

Damit lautet (17.9)

$$\frac{\mathrm{d}\ln K_p}{\mathrm{d}T} = \frac{Q_0}{RT^2} + \sum_j \nu_j \left(\frac{5}{2}\cdot\frac{1}{T} + \frac{1}{RT^2}\int_0^T r_j(\vartheta)\,\mathrm{d}\vartheta\right).$$

Unter Beachtung der für $r_j(0) = 0$ gültigen Identität

$$\frac{1}{T^2}\int_0^T r_j(\vartheta)\,\mathrm{d}\vartheta = \frac{\mathrm{d}}{\mathrm{d}T}\left(\int_0^T \frac{r_j(\vartheta)}{\vartheta}\mathrm{d}\vartheta - \frac{1}{T}\int_0^T r_j(\vartheta)\,\mathrm{d}\vartheta\right) = \frac{\mathrm{d}}{\mathrm{d}T}\,\frac{1}{T}\int_0^T \frac{r_j(\vartheta)\,(T-\vartheta)}{\vartheta}\,\mathrm{d}\vartheta$$

erhalten wir für $\ln K_p(T)$:

$$\ln K_p(T) = -\frac{Q_0}{RT} + \sum_j \nu_j \left(\frac{5}{2}\ln T + \frac{1}{RT}\int_0^T \frac{r_j(\vartheta)\,(T-\vartheta)}{\vartheta}\,\mathrm{d}\vartheta\right) + K, \tag{17.11}$$

wo K eine Integrationskonstante bedeutet, deren Verknüpfung mit den Entropiekonstanten σ_j wir später [in (21.5)] angeben werden.

§ 18. Ein Beispiel aus der Supraleitung[1].

Viele Metalle haben die Eigenschaft, unterhalb einer „Sprungtemperatur" T_0 ihren elektrischen Widerstand zu verlieren. Sie werden supraleitend. Bei Erwärmung auf T_0 werden sie wieder normalleitend. Anstatt durch Erwärmung kann man bei $T < T_0$ den normalleitenden Zustand auch dadurch herstellen, daß man den Körper der Wirkung eines hinreichend starken Magnetfelds aussetzt. In der T—H-Ebene existiert eine Grenzkurve $\mathsf{H} = \mathsf{H}_k(T)$, welche die Ebene in einen normalleitenden und in einen supraleitenden Bereich zerlegt. Für die beabsichtigte Anwendung der Thermodynamik ist es entscheidend, daß der Zustand des Metalls wirklich als eine Funktion von T und H angesehen werden kann. Das ist keineswegs selbstverständlich. Betrachten wir etwa einen Punkt A im supraleitenden Gebiet (Abb. 35).

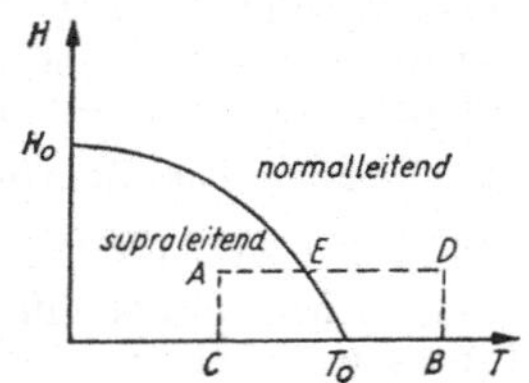

Abb. 35. Die Grenzkurve $\mathsf{H} = \mathsf{H}_k(T)$ zwischen dem normalleitenden und dem supraleitenden Zustand.

[1] Für eine weitergehende Behandlung s. M. v. LAUE: Theorie der Supraleitung, Berlin: Springer 1947, sowie F. LONDON: Superfluids, New York: John Wiley 1950.

Wir können ihn erreichen entweder auf dem Weg $B \to C \to A$ (erst abkühlen und dann das Feld einschalten) oder $B \to D \to A$ (erst das Feld einschalten und dann abkühlen). Bei dem ersteren Weg kann das Magnetfeld nicht in den Körper eindringen. Denn in C ist der Körper supraleitend, d. h. ein endliches elektrisches Feld würde eine unendlich große Stromdichte hervorrufen. Auf dem Weg $C \to A$ wäre aber mit dem Anwachsen eines Magnetfeldes im Innern des Körpers nach dem Induktionsgesetz der Elektrodynamik notwendig ein elektrisches Feld verbunden. Tatsächlich muß beim Übergang von C nach A an der Oberfläche des Metalls ein Strombelag entstehen, welcher das Metallinnere gegen das Magnetfeld abschirmt. Beim zweiten Weg würde man zunächst erwarten, daß das bei D im Körper vorhandene Magnetfeld beim Durchschreiten der Grenzkurve auf dem Weg $D \to E \to A$ in ihm „einfriert", so daß wir in A zu einem anderen Zustand gelangen. Im Gegensatz zu dieser Erwartung zeigten MEISSNER und OCHSENFELD, daß bei Abkühlung im Magnetfeld unter den Sprungpunkt (bei E in der Abb. 35) das Magnetfeld aus dem Körper herausgedrängt wird und daß wir demnach auf dem Weg $BDEA$ zum gleichen Zustand gelangen wie vorher auf dem Weg BCA. Unbeschadet der Tatsache, daß man auf beiden Wegen zum Zustand A gelangt, pflegt man das Erreichen desselben auf zwei verschiedene Weisen zu beschreiben. Beim ersten Versuch geht wesentlich die Tatsache ein, daß die Leitfähigkeit des Supraleiters unendlich groß ist. Den zweiten Versuch kann man durch diamagnetische Eigenschaften des Supraleiters beschreiben in dem Sinne, daß in seinem Innern stets $\mathfrak{B} = \mathfrak{H} + 4\pi \mathfrak{M}$ gleich Null ist, daß also seine Permeabilität $\mu = 0$ und seine Suszeptibilität $\varkappa = -1/4\pi$ ist. Phänomenologisch kommen beide Beschreibungen auf das gleiche hinaus. In jedem Fall verhält sich ein Supraleiter vom Volumen V in einem Magnetfeld H (wir denken etwa an einen langen zylindrischen Körper in einem zu seiner Achse parallelen Magnetfeld) so, als ob er ein magnetisches Moment $M = -V \frac{1}{4\pi} \mathsf{H}$ besäße. Von weiteren Erfahrungstatsachen merken wir noch an, daß die Grenzkurve mit einer endlichen Steilheit bei $T = T_0$ in die T-Achse einmündet, mit horizontaler Tangente die H-Achse (bei $\mathsf{H} = \mathsf{H}_0$) trifft und daß die spezifischen Wärmen c_n bzw. c_s der n-Phase und der s-Phase verschieden sind.

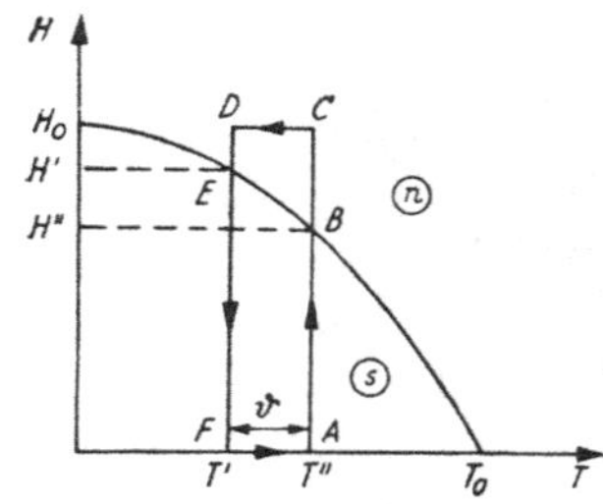

Abb. 36. Der Kreisprozeß $ABCDEFA$ zur Ableitung der RUTGERS-Formel (18.7) für die Steilheit der Grenzkurve.

Als Volumen wählen wir das Molvolumen $V = V_M$ und betrachten nunmehr den in Abb. 36 skizzierten Kreisprozeß $ABCDEFA$ zwischen den Temperaturen T' und $T'' = T' + \vartheta$: Wir steigern das Magnetfeld H bei T'' von Null auf den Wert bei C, indem wir unseren Metallzylinder auf einen (permanenten) Magnetpol hinbewegen. Bis zum Punkt B auf der Grenzkurve (Feld H'') hat unser Körper das Moment $-V_M \frac{1}{4\pi} \mathsf{H}$, er wird also vom Magnetpol abgestoßen. Wir haben die Arbeit $-\int \mathsf{H}\, \mathrm{d}M = V_M \frac{1}{8\pi} \mathsf{H}''^2$ aufzuwenden, um B zu erreichen. Alsdann wird das Metall unmagnetisch. Auf dem Rückweg DEF wird das Metall bereits im Punkt E (Feld H') diamagnetisch; es wird von da ab vom Pol abgestoßen, wir gewinnen dabei die Arbeit $V_M \frac{1}{8\pi} \mathsf{H}'^2$. Im ganzen haben wir bei diesem Kreisprozeß also die *Arbeit*

$$A = \frac{V_M}{8\pi} (\mathsf{H}'^2 - \mathsf{H}''^2) = -\frac{V_M}{8\pi} \frac{\mathrm{d}\mathsf{H}^2}{\mathrm{d}T} \vartheta \qquad (18.1)$$

gewonnen. (Beachte, daß H^2 mit abnehmender Temperatur zunimmt!) An *Wärmemengen* kommen ins Spiel: Beim Durchschreiten von B eine Wärmemenge Q'' (erforderlich zum Aufbrechen des supraleitenden Zustandes). Entlang CD gibt der Körper die Wärme $c_n\vartheta$ ab, bei E die Wärme Q', und schließlich müssen wir ihm von F bis A die Wärme $c_s\vartheta$ wieder zuführen. Nach dem ersten Hauptsatz ist die Arbeit A gleich der Summe der aufgewandten Wärmemengen, also

$$A = Q'' - Q' + (c_s - c_n)\,\vartheta \quad \text{oder} \quad A = \left\{\frac{\mathrm{d}Q}{\mathrm{d}T} + c_s - c_n\right\}\vartheta\,. \tag{18.2}$$

Andererseits ist nach dem zweiten Hauptsatz der CARNOTsche Wirkungsgrad unseres infinitesimalen Prozesses gleich $\frac{\vartheta}{T}$ und somit[1]

$$A = Q\,\frac{\vartheta}{T}\,. \tag{18.3}$$

Aus (18.2) und (18.3) folgt wegen $\frac{\mathrm{d}Q}{\mathrm{d}T} - \frac{Q}{T} = T\,\frac{\mathrm{d}}{\mathrm{d}T}\left(\frac{Q}{T}\right)$,

$$\frac{\mathrm{d}}{\mathrm{d}T}\left(\frac{Q}{T}\right) = -\,\frac{c_s - c_n}{T}\,. \tag{18.4}$$

Mit (18.1) lautet (18.3)

$$-\,\frac{V_M}{4\pi}\,\mathsf{H}\,\frac{\mathrm{d}\mathsf{H}}{\mathrm{d}T} = \frac{Q}{T}\,. \tag{18.5}$$

Aus den Angaben über den Verlauf der $\mathsf{H}-T$-Kurve (Abb. 36) folgt somit $Q = 0$ für $T = T_0$ ($\mathsf{H} = 0$) und für $T = 0$ $\left(\frac{\mathrm{d}\mathsf{H}}{\mathrm{d}T} = 0\right)$. Ferner ergibt Differentiation von (18.5) mit Rücksicht auf (18.4):

$$-\,\frac{V_M}{4\pi}\left\{\left(\frac{\mathrm{d}\mathsf{H}}{\mathrm{d}T}\right)^2 + \mathsf{H}\,\frac{\mathrm{d}^2\mathsf{H}}{\mathrm{d}T^2}\right\} = -\,\frac{c_s - c_n}{T}\,. \tag{18.6}$$

Für die Steilheit der Einmündung unserer Grenzkurve in die T-Achse ($T = T_0$; $\mathsf{H} = 0$) folgt daraus

$$\left(\frac{\mathrm{d}\mathsf{H}}{\mathrm{d}T}\right)^2_{T=T_0} = \left(\frac{4\pi}{V_M}\,\frac{(c_s - c_n)}{T}\right)_{T=T_0}. \tag{18.7}$$

Diese als RUTGERS-Formel bekannte Relation verknüpft die Steilheit der Grenzkurve mit dem Sprung der spezifischen Wärme, beide genommen bei der Übergangstemperatur $T = T_0$($\mathsf{H} = 0$). Ihre experimentelle Bestätigung (Tab. 2) ist für die Theorie der Supraleitung von grundlegender Bedeutung. Sie zeigt insbesondere, daß die Zerstörung der Supraleitung im Magnetfeld (Durchgang durch B in Abb. 36) grundsätzlich als reversibler Vorgang im Sinne der Thermodynamik angesehen werden kann.

Tabelle 2.

Metall	$c_s - c_n$ in cal/grad Mol gemessen bei $\mathsf{H} = 0$	$c_s - c_n$ in cal/grad Mol berechnet nach (18.7)
Zinn	0,0024	0,0026
Thallium . .	0,00148	0,00146
Indium . . .	0,00202	0,00201

Der Verlauf der Grenzkurve läßt sich häufig durch die Parabel

$$\mathsf{H} = \mathsf{H}_0\left(1 - \left(\frac{T}{T_0}\right)^2\right) \tag{18.8}$$

[1] Die Wärmemengen, die beim Übergang FA und DC auftreten $[(c_s - c_n)\vartheta]$, können bei der Bildung von (18.3) neben Q vernachlässigt werden („Schmutzecken"! § 15).

wiedergeben. Dann ergibt sich aus (18.5) sofort die Übergangswärme $Q(T)$. Man findet

$$Q = \frac{\mathrm{H}_0^2 V_M}{2\pi}\left(\frac{T}{T_0}\right)^2\left\{1-\left(\frac{T}{T_0}\right)^2\right\}. \tag{18.9}$$

Bei Gültigkeit von (18.8) folgt für die Differenz der spezifischen Wärmen aus (18.6)

$$c_s - c_n = \frac{V_M}{2\pi}\left(\frac{\mathrm{H}_0}{T_0}\right)^2\left(3\frac{T^3}{T_0^2} - T\right). \tag{18.10}$$

Aus dieser Gleichung zog KOK[1] den folgenden Schluß: Setzt man $c_n = CT^3 + \gamma T$ für den normalleitenden Zustand [CT^3 ist der Gitteranteil (§ 62), γT der Anteil der Leitungselektronen (§ 52)] und berücksichtigt die Erfahrungstatsache, daß $c_s = C'T^3$ ist, also kein in T lineares Glied enthält, so verlangt (18.10), daß

$$\frac{V_M}{2\pi}\left(\frac{\mathrm{H}_0}{T_0}\right)^2 = \gamma$$

ist und daß am Sprungpunkt $(c_s - c_n)_{T=T_0} = 2\gamma T_0$ wird. Auch diese Relationen werden nach KOK bei den Metallen Zinn, Thallium, Indium recht gut erfüllt.

E. Thermodynamische Funktionen und allgemeine Gleichgewichte.

§ 19. Thermodynamische Funktionen und Anwendung auf homogene Phasen.

a) Thermodynamische Funktionen.

Die grundlegende Entdeckung der Entropie durch CLAUSIUS ermöglicht die Angabe einer ganzen Flut von neuen Zustandsfunktionen, von denen wir im folgenden einige angeben wollen. Für jede Funktion werden wir anzugeben haben, welchen Zuwachs sie bei einer infinitesimalen Änderung des Zustandes erfährt. Damit diese Aussagen möglichst übersichtlich werden, hat man für eine zweckmäßige Auswahl der den Zustand kennzeichnenden Variablen zu sorgen. Das mathematische Schema ist immer das gleiche. Ist etwa der Zustand festgelegt durch drei Variable x_1, x_2, x_3 und ist $Y(x_1, x_2, x_3)$ eine Zustandsfunktion mit den partiellen Ableitungen $a_j = \frac{\partial Y}{\partial x_j}$, so gilt

$$\mathrm{d}Y = a_1\,\mathrm{d}x_1 + a_2\,\mathrm{d}x_2 + a_3\,\mathrm{d}x_3. \tag{19.1}$$

Daraus folgt wegen

$$a_1\,\mathrm{d}x_1 = \mathrm{d}(a_1 x_1) - x_1\,\mathrm{d}a_1: \tag{19.1a}$$

$$\mathrm{d}(Y - a_1 x_1) = -x_1\,\mathrm{d}a_1 + a_2\,\mathrm{d}x_2 + a_3\,\mathrm{d}x_3 \tag{19.1b}$$

und

$$\mathrm{d}(Y - a_1 x_1 - a_2 x_2) = -x_1\,\mathrm{d}a_1 - x_2\,\mathrm{d}a_2 + a_3\,\mathrm{d}x_3 \tag{19.1c}$$

(19.1b) und (19.1c) geben also den Zuwachs der neuen Zustandsfunktionen $Y_1 = Y - a_1 x_1$ und $Y_2 = Y - a_1 x_1 - a_2 x_2$ an. Man sieht, daß die differentiellen Eigenschaften der neuen Funktionen besonders einfach werden, wenn man bei Y_1 die Größen a_1, x_2, x_3 und bei Y_2 die Größen a_1, a_2, x_3 zur Beschreibung des Zustandes verwendet. In diesem Sinne werden wir bei den verschiedenen nachstehend angegebenen Zustandsfunktionen von einer „natürlichen" Wahl der unabhängigen Variablen sprechen.

[1] KOK, J. A.: Physica 1, 1103 (1934).

Wir beginnen mit der Entropie S und wählen als unabhängige Variable die Energie U, das Volumen V sowie die Molekülzahlen $N_1, N_2, \ldots$. Dabei bedeutet N_1 die Zahl der Moleküle der Sorte A_1 im System usw. Solange nur Änderungen von U und V in Frage kommen, gilt $\mathrm{d}S = (\mathrm{d}U + p\,\mathrm{d}V)/T$. Nunmehr haben wir aber $S = S(U, V, N_1, \ldots, N_j, \ldots)$[1]. Wir definieren die neuen partiellen Ableitungen

$$\frac{\partial S}{\partial N_j} = -\frac{\mu_j}{T} \tag{19.2}$$

und nennen μ_j das „chemische Potential" der Molekülsorte j. Diese Definition erfolgt hier rein formal. Die physikalische Bedeutung der μ_j wird erst später klar werden. — Mit dieser Definition wird

$$\mathrm{d}S = \frac{\mathrm{d}U + p\,\mathrm{d}V - \mu_1\,\mathrm{d}N_1 - \cdots - \mu_s\,\mathrm{d}N_s}{T}. \tag{19.3}$$

In (19.2) erscheint μ_j zunächst als Funktion der U, V, N_j.

Für das Differential der Energie $U = U(S, V, N_1, \ldots, N_s)$ folgt direkt aus (19.3)

$$\mathrm{d}U = T\,\mathrm{d}S - p\,\mathrm{d}V + \sum_j \mu_j\,\mathrm{d}N_j. \tag{19.4}$$

Die entsprechenden partiellen Ableitungen von U sind daraus einfach abzulesen. Unter Anwendung von (19.1a) auf $T\,\mathrm{d}S$ erhalten wir für die *freie Energie* $F = U - TS = F(T, V, N_1, \ldots)$:

$$\mathrm{d}F = -S\,\mathrm{d}T - p\,\mathrm{d}V + \sum_j \mu_j\,\mathrm{d}N_j. \tag{19.5}$$

Nochmalige Anwendung von (19.1a) auf $p\,\mathrm{d}V$ liefert die *freie Enthalpie* $G = U - TS + pV = G(T, p, N_1, \ldots)$:

$$\mathrm{d}G = -S\,\mathrm{d}T + V\,\mathrm{d}p + \sum_j \mu_j\,\mathrm{d}N_j. \tag{19.6}$$

Wir haben bei U, F und G die zugehörigen „natürlichen Variablen" angegeben, bei denen die partiellen Ableitungen eine besonders einfache Bedeutung haben. In jedem der drei Fälle erscheint μ_j als die partielle Ableitung nach N_j. Das gilt natürlich nur bei der in (19.4, 5, 6) jeweils angegebenen Wahl der unabhängigen Variablen. In (19.6) erscheint μ_j z. B. als Funktion von T und p sowie der chemischen Zusammensetzung (N_j). Diese Beschreibung wird sich späterhin als besonders nützlich erweisen. Die Bedeutung der „natürlichen Variablenwahl" wird in der statistischen Mechanik eine tiefere Begründung erfahren.

Man kann im obigen Schema noch fortfahren und die μ_j zu unabhängigen Variablen machen. Für die durch $J = U - TS - \sum_j \mu_j N_j = J(T, V, \mu_1, \ldots)$ erklärte Funktion gilt:

$$\mathrm{d}J = -S\,\mathrm{d}T - p\,\mathrm{d}V - \sum_j N_j\,\mathrm{d}\mu_j. \tag{19.7}$$

Eine Abart von J ist die in der Statistik recht nützliche Funktion

$$\Psi = -\frac{J}{kT}. \tag{19.8}$$

Mit einer leichten Abänderung der Bezeichnung führen wir in Ψ als unabhängige Variable ein:

$$\beta = \frac{1}{kT}; \qquad V; \qquad \alpha_j = -\frac{\mu_j}{kT}. \tag{19.8a}$$

[1] $S(N)$ ist für große N langsam veränderlich und kann deshalb mit hinreichender Genauigkeit durch eine stetige Funktion ersetzt werden, so daß (19.2) identisch mit dem Differenzenquotienten wird. Im Grunde genommen hat die Einführung der Molekülzahl — als atomistischer Größe — keinen Platz in der makroskopischen Thermodynamik; konsequenterweise sollte man statt dessen die entsprechende (*stetig* veränderliche) Masse einführen, doch hat die Beschreibung durch Teilchenzahlen den Vorzug größerer Anschaulichkeit.

Für Ψ gilt nach (19.8) und (19.7) zunächst

$$\mathrm{d}\Psi = -\frac{\mathrm{d}J}{kT} + \frac{J}{kT^2}\mathrm{d}T = \frac{ST+J}{kT^2}\mathrm{d}T + \frac{p}{kT}\mathrm{d}V + \sum_j N_j \frac{\mathrm{d}\mu_j}{kT}.$$

Nach (19.8a) ist

$$\mathrm{d}\alpha_j = -\frac{\mathrm{d}\mu_j}{kT} + \frac{\mu_j}{kT^2}\mathrm{d}T \qquad \text{und} \qquad \mathrm{d}\beta = -\frac{1}{kT^2}\mathrm{d}T.$$

Mit Rücksicht auf (19.7) wird somit für

$$\Psi = \Psi(\beta, V, \alpha_1, \alpha_2, \ldots):$$

$$\mathrm{d}\Psi = -U\,\mathrm{d}\beta + \frac{p}{kT}\mathrm{d}V - \sum_j N_j\,\mathrm{d}\alpha_j. \tag{19.8b}$$

Die partiellen Ableitungen von Ψ geben also die Energie, den Druck und die Teilchenzahlen. Ein Teil dieser Ergebnisse ist nachstehend in Tabellenform zusammengefaßt.

Tabelle 3. Einige thermodynamische Funktionen.

Zustandsfunktion	Unabhängige Variable	Die partiellen Ableitungen folgen aus:
Energie U	S, V, N_j	$\mathrm{d}U = T\,\mathrm{d}S - p\,\mathrm{d}V + \sum_j \mu_j\,\mathrm{d}N_j$
Entropie S	U, V, N_j	$\mathrm{d}S = \frac{1}{T}\mathrm{d}U + \frac{p}{T}\mathrm{d}V - \sum_j \frac{\mu_j}{T}\mathrm{d}N_j$
Freie Energie $F = U - TS$	T, V, N_j	$\mathrm{d}F = -S\,\mathrm{d}T - p\,\mathrm{d}V + \sum_j \mu_j\,\mathrm{d}N_j$
Enthalpie $H = U + pV$	S, p, N_j	$\mathrm{d}H = T\,\mathrm{d}S + V\,\mathrm{d}p + \sum_j \mu_j\,\mathrm{d}N_j$
Freie Enthalpie $G = U - TS + pV$	T, p, N_j	$\mathrm{d}G = -S\,\mathrm{d}T + V\,\mathrm{d}p + \sum_j \mu_j\,\mathrm{d}N_j$
Funktion J $J = U - TS - \sum_j \mu_j N_j$	T, V, μ_j	$\mathrm{d}J = -S\,\mathrm{d}T - p\,\mathrm{d}V - \sum_j N_j\,\mathrm{d}\mu_j$
$\Psi = -\frac{J}{kT}$	$\beta = \frac{1}{kT}, V, \alpha_j = -\frac{\mu_j}{kT}$	$\mathrm{d}\Psi = -U\,\mathrm{d}\beta + \frac{p}{kT}\mathrm{d}V - \sum_j N_j\,\mathrm{d}\alpha_j$

b) Homogene Phase.

Wir denken uns eine Phase mit der Energie U, dem Volumen V und den Teilchenzahlen N_j in zwei gleiche Teile zerlegt. $S(U, V, N_j)$ sei die Entropie der ganzen Phase, $S\left(\frac{U}{2}, \frac{V}{2}, \frac{N_j}{2}\right)$ sei die Entropie jeder Teilphase. Wir nennen die Phase *homogen*, wenn $\frac{1}{2}S(U, V, N_j) = S\left(\frac{U}{2}, \frac{V}{2}, \frac{N_j}{2}\right)$ ist oder allgemeiner mit beliebigem τ, wenn

$$S(\tau U, \tau V, \tau N_j) = \tau S(U, V, N_j) \tag{19.9}$$

als Identität in τ gilt. Differenziert man nach τ und setzt dann $\tau = 1$, so folgt daraus

$$\frac{\partial S}{\partial U}U + \frac{\partial S}{\partial V}V + \sum_j \frac{\partial S}{\partial N_j}N_j = S. \tag{19.10}$$

Da nach Voraussetzung bei Multiplikation von U, V, N_j mit τ auch S mit τ multipliziert wird, so folgt aus dieser Gleichung, daß

$$\frac{\partial S}{\partial U} = \frac{1}{T}, \quad \frac{\partial S}{\partial V} = \frac{p}{T}, \quad \frac{\partial S}{\partial N_j} = -\frac{\mu_j}{T}$$

sich bei dieser Multiplikation nicht ändern. Das heißt, im homogenen System sind die Größen T, p und μ_j „*Qualitätsgrößen*"; sie sind unabhängig von der Ausdehnung der Phase. Im Gegensatz dazu nennt man Größen wie S, U, V, N_j auch „*Quantitätsgrößen*"; sie verdoppeln ihren Wert, wenn man die Quantität der Phase (bei gleicher Qualität) verdoppelt.

Aus (19.10) folgt für eine homogene Phase die merkwürdige Identität

$$U - TS + pV - \sum_j \mu_j N_j = 0$$

oder

$$G = \sum_j \mu_j N_j, \tag{19.11}$$

welche als „DUHEM-GIBBS-*Gleichung*" oft benutzt wird.

Enthält die Phase nur *eine* Komponente, so reduziert sich (19.11) auf

$$G = \mu N, \tag{19.11a}$$

in diesem — und nur in diesem — Spezialfall einer homogenen, chemisch einheitlichen Phase kann man also $\mu = \frac{G}{N}$ setzen, obwohl die allgemeine Definition $\mu = \frac{\partial G}{\partial N}$ lautet.

Man darf eine Phase nur so lange als homogen im obigen Sinne behandeln, als man die Oberflächeneigenschaften, insbesondere die spezifische Oberflächenspannung, ignorieren darf. Je kleiner die räumliche Ausdehnung der Phase ist, um so mehr fallen die Oberflächengrößen ins Gewicht, desto merklicher werden auch die Abweichungen von Relationen wie (19.11a), bei denen nur Volumengrößen berücksichtigt sind. Ein lehrreiches und wichtiges Beispiel bietet der Dampfdruck kleiner Tröpfchen (§ 22).

§ 20. Thermodynamische Gleichgewichte.

In der reinen Mechanik hat man dann einen Gleichgewichtszustand, wenn die potentielle Energie des ganzen Systems ein (relatives) Minimum gegenüber allen mit den Bedingungen des Systems verträglichen Verrückungen ist. Solche Verrückungen nennt man auch „virtuell".

In der Wärmelehre wissen wir, daß bei jedem natürlichen Vorgang in einem abgeschlossenen System die Entropie nur zunehmen kann. Zum Gleichgewicht ist also erforderlich, daß die *Entropie ein Maximum* ist *gegenüber allen „virtuellen Veränderungen"*. Auch hier nennen wir Änderungen virtuell, wenn sie mit den Bedingungen des Systems verträglich sind.

Wir betrachten ein System, welches aus verschiedenen *Phasen* und *Komponenten* zusammengesetzt ist. Unter einer *Phase* verstehen wir einen in physikalischer und chemischer Hinsicht homogenen Bereich. Speziell sprechen wir von einer gasförmigen, einer flüssigen und einer festen Phase. Es können aber z. B. auch mehrere feste Phasen, z. B. verschiedene Kristallformen, nebeneinander vorhanden sein. Unter *Komponenten* verstehen wir die verschiedenen chemischen Körper, aus denen die einzelnen Phasen aufgebaut sind, wie z. B. H_2 oder CO_2

oder N_2. Dabei sind z. B. Wasserstoffmoleküle H_2 und die durch Dissoziation abgespaltenen H-Atome verschiedene Komponenten.

Wir zählen einige virtuelle Änderungen an einem solchen System auf:

1. **Physikalische Änderungen.** Das System bestehe aus zwei Phasen *a* und *b* einer Komponente. Sind $U^{(a)}$, $V^{(a)}$, $N^{(a)}$ Energie, Volumen und Teilchenzahl der Phase *a* usw., so sind im abgeschlossenen System

$$U^{(a)} + U^{(b)} = U\,,$$
$$V^{(a)} + V^{(b)} = V\,,$$
$$N^{(a)} + N^{(b)} = N$$

fest gegebene Größen. Virtuelle Änderungen sind dann Änderungen der Verteilung der Energie, des Volumens oder der Teilchen auf die beiden Phasen, so daß

$$\left.\begin{aligned} \delta U^{(a)} + \delta U^{(b)} &= 0\,, \\ \delta V^{(a)} + \delta V^{(b)} &= 0\,, \\ \delta N^{(a)} + \delta N^{(b)} &= 0\,. \end{aligned}\right\} \tag{20.1}$$

Enthält das System mehrere Teilchensorten: $N_1, N_2, \ldots, N_s$, so treten, falls chemische Reaktionen ausgeschlossen sind, an die Stelle der letzten Gleichung die s Gleichungen

$$\delta N_j^{(a)} + \delta N_j^{(b)} = 0\,; \qquad j = 1, 2, \ldots, s\,.$$

Die Gesamtzahl der Moleküle N_j ändert sich bei einem physikalischen Vorgang nicht, lediglich ihre Verteilung über die verschiedenen Phasen.

2. **Chemische Änderungen.** Innerhalb einer Phase möge jetzt eine chemische Umsetzung möglich sein. Sie erfolge zwischen den Molekülsorten $A_1, A_2, \ldots, A_s$ nach der Reaktionsgleichung

$$\sum_{j=1}^{s} \nu_j A_j = 0\,. \tag{20.2}$$

(Die ν_j sind kleine ganze Zahlen, positiv oder negativ.)

Der Reaktion als virtueller Änderung entspricht eine Änderung der Molekülzahlen

$$\delta N_j \sim \nu_j\,; \qquad j = 1, 2, \ldots, s\,. \tag{20.2a}$$

Gleichgewichtsbedingungen. Bezeichnen wir allgemein mit δf die Änderung einer Funktion f bei einer kleinen virtuellen Änderung der Variablen, so lautet die allgemeine Gleichgewichtsbedingung für ein abgeschlossenes System

$$U \textit{ und } V \textit{ gegeben:} \qquad \delta S = 0\,. \tag{20.3}$$

Es ist oft zweckmäßig, nicht die Energie U, sondern die Temperatur T vorzugeben, d. h. das System in ein Wärmebad zu setzen. Dann hat man das Bad mit zum abgeschlossenen System zu rechnen. Nennen wir $\overline{S}$ die Entropie des so abgeschlossenen Systems, so ist

$$\delta\overline{S} = \frac{\delta Q}{T} + \delta S\,,$$

wo δQ die dem *Bad* zugeführte Wärme bedeutet. Nach dem ersten Hauptsatz ist aber $\delta Q = -\delta U$. Da T eine gegebene feste Größe ist, so wird

$$\delta\overline{S} = \frac{\delta(-U + TS)}{T} = -\frac{\delta F}{T}\,.$$

$F = U - TS$ ist die freie Energie. Also lautet die Gleichgewichtsbedingung:

$$T \textit{ und } V \textit{ gegeben:} \qquad \delta F = 0\,. \tag{20.4}$$

Schließlich können wir anstatt V den Druck p vorgeben. Dann wird die ans Bad abgegebene Wärme nach dem ersten Hauptsatz

$$\delta Q = -\delta U - p\,\delta V,$$

also

$$\delta \overline{S} = -\frac{1}{T}\delta(U + pV - TS) = -\frac{1}{T}\delta G.$$

Damit haben wir als dritte Variante der Gleichgewichtsbedingung:

$$T \text{ und } p \text{ gegeben:} \qquad \delta G = 0. \tag{20.5}$$

Also: Im Gleichgewicht hat bei festgehaltenen Werten von U und V die Entropie ihr Maximum, bei festgehaltenen Werten von T und V die freie Energie F und bei festgehaltenen Werten von T und p die freie Enthalpie G ihr Minimum[1] gegenüber einer virtuellen Änderung.

Physikalische Änderungen. Zur weiteren Diskussion der drei Formulierungen (20.3, 4 u. 5) betrachten wir zunächst die unter 1. beschriebene virtuelle Ände-

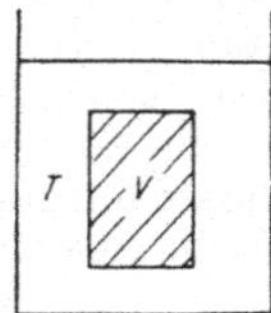

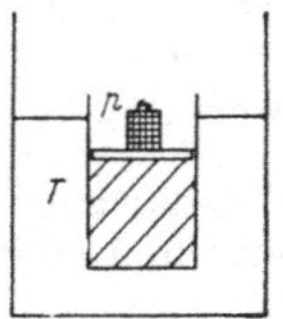

Abb. 37—39. Drei verschiedene Formen der Gleichgewichtsbedingung.

Abb. 37. $\delta S = 0$ bei gegebenen U und V. Abb. 38. $\delta F = 0$ bei gegebenen T und V. Abb. 39. $\delta G = 0$ bei gegebenen T und p.

rung eines aus zwei Phasen a und b sowie einer Komponente bestehenden Systems. Die virtuellen Änderungen der sechs Variablen $U^{(a)}$, $U^{(b)}$, $V^{(a)}$, $V^{(b)}$, $N^{(a)}$, $N^{(b)}$ sind den drei einschränkenden Bedingungen (20.1) unterworfen. Die Entropie ist

$$S = S^{(a)}(U^{(a)}, V^{(a)}, N^{(a)}) + S^{(b)}(U^{(b)}, V^{(b)}, N^{(b)}).$$

Die allgemeinste virtuelle Änderung von S ist damit also

$$\delta S = \left(\frac{\partial S^{(a)}}{\partial U^{(a)}} - \frac{\partial S^{(b)}}{\partial U^{(b)}}\right)\delta U^{(a)} + \left(\frac{\partial S^{(a)}}{\partial V^{(a)}} - \frac{\partial S^{(b)}}{\partial V^{(b)}}\right)\delta V^{(a)} + \left(\frac{\partial S^{(a)}}{\partial N^{(a)}} - \frac{\partial S^{(b)}}{\partial N^{(b)}}\right)\delta N^{(a)}.$$

Die Bedeutung der partiellen Ableitungen entnehme man der Tab. 3, S. 52. Damit $\delta S = 0$ sei für beliebige $\delta U^{(a)}$, $\delta V^{(a)}$, $\delta N^{(a)}$, muß danach gelten

$$T^{(a)} = T^{(b)}; \qquad p^{(a)} = p^{(b)}; \qquad \mu^{(a)} = \mu^{(b)}.$$

„Beide Phasen müssen in Temperatur, Druck und chemischem Potential übereinstimmen."

Im Fall (20.4) ($\delta F = 0$) ist T von vornherein gegeben. Die Variation von F wird also

$$\delta F = \left(\frac{\partial F^{(a)}}{\partial V^{(a)}} - \frac{\partial F^{(b)}}{\partial V^{(b)}}\right)\delta V^{(a)} + \left(\frac{\partial F^{(a)}}{\partial N^{(a)}} - \frac{\partial F^{(b)}}{\partial N^{(b)}}\right)\delta N^{(a)}.$$

$\delta F = 0$ verlangt also

$$p^{(a)} = p^{(b)}; \qquad \mu^{(a)} = \mu^{(b)}.$$

Im Fall (20.5) schließlich sind sowohl T wie auch p fest gegeben. Es bleibt nur die *eine* virtuelle Änderung $\delta N^{(a)} = -\delta N^{(b)}$ und

$$\delta G = \left(\frac{\partial G^{(a)}}{\partial N^{(a)}} - \frac{\partial G^{(b)}}{\partial N^{(b)}}\right)\delta N^{(a)}, \qquad \text{also} \qquad \mu^{(a)} = \mu^{(b)}.$$

[1] Beachte, daß jeweils $\delta\overline{S}$ ein Maximum ist. Die natürlichen Variablen sind jeweils diejenigen, bei deren Vorgabe die betreffende Funktion im Gleichgewicht einen Extremwert hat.

Hier wird also die Gleichheit der Drucke und Temperaturen als selbstverständlich vorweggenommen.

Haben wir mehrere Komponenten 1, 2, ..., j, ..., so muß die Gleichung

$$\frac{\partial F^{(a)}}{\partial N_j^{(a)}} = \frac{\partial F^{(b)}}{\partial N_j^{(b)}}, \qquad \text{also} \qquad \mu_j^{(a)} = \mu_j^{(b)}$$

für jede Komponente j einzeln gelten. Dabei bedeutet $\mu_j^{(a)}$ das chemische Potential der Komponente j in der Phase (a). Haben wir im ganzen K Komponenten und P Phasen, so lautet also die „physikalische" Gleichgewichtsbedingung:

$$\begin{aligned} \mu_1^{(a)} &= \mu_1^{(b)} = \cdots = \mu_1^{(P)} \\ \mu_2^{(a)} &= \mu_2^{(b)} = \cdots = \mu_2^{(P)} \\ &\vdots \\ \mu_K^{(a)} &= \mu_K^{(b)} = \cdots = \mu_K^{(P)} \end{aligned} \tag{20.6}$$

$\mu_2^{(b)}$ bedeutet z. B. das chemische Potential der zweiten Komponente in der Phase b. In (20.6) stehen im ganzen $K(P-1)$ unabhängige Gleichungen, wobei man z. B. die K Zahlenwerte von $\mu_1^{(P)}, \mu_2^{(P)}, \ldots, \mu_K^{(P)}$ willkürlich wählen kann.

Zur Herstellung des Anschlusses an unsere früheren, an Hand von Kreisprozessen durchgeführten Überlegungen wollen wir die Gleichgewichtsbedingung

$$\mu^{(a)} = \mu^{(b)}$$

näher diskutieren. Bei homogenen Systemen ist $\mu = G/N$. Nach der Tab. 3 auf S. 52 ist für kleine Änderungen von T und p

$$\mathrm{d}\mu = -s\,\mathrm{d}T + v\,\mathrm{d}p.$$

Hier sind s und v die Werte je Atom, also $s = \frac{S}{N}$, $v = \frac{V}{N}$. Unsere Gleichung enthält in der Form

$$\mu^{(a)}(T, p) = \mu^{(b)}(T, p)$$

implizit die Koexistenzkurve der beiden Phasen a und b. Gehen wir von einem Punkt T, p dieser Kurve zu einem Nachbarpunkt $T + \mathrm{d}T$, $p + \mathrm{d}p$ über, so folgt aus $\mathrm{d}\mu^{(a)} = \mathrm{d}\mu^{(b)}$

$$-s^{(a)}\,\mathrm{d}T + v^{(a)}\,\mathrm{d}p = -s^{(b)}\,\mathrm{d}T + v^{(b)}\,\mathrm{d}p.$$

Das ist genau die Clausius-Clapeyron-Gleichung (15.1)

$$\frac{\mathrm{d}p}{\mathrm{d}T} = \frac{s^{(a)} - s^{(b)}}{v^{(a)} - v^{(b)}} = \frac{q}{T(v^{(a)} - v^{(b)})},$$

wo $q = T(s^{(a)} - s^{(b)})$ die zur reversiblen Umwandlung der Phase b in die Phase a dem System zuzuführende Wärme ist (Verdampfungs- bzw. Schmelzwärme).

Eine andere, bereits früher benutzte Lesart der obigen Gleichung $\mu^{(a)} = \mu^{(b)}$ mit Hilfe von $\mu = G/N = u - Ts + pv$ besagt

$$u^{(a)} - u^{(b)} + p(v^{(a)} - v^{(b)}) = T(s^{(a)} - s^{(b)}).$$

Die linke Seite dieser Gleichung ist nach dem ersten Hauptsatz die für den Phasenübergang erforderliche Wärme q. Im Gleichgewicht, d. h. bei reversiblem Übergang, muß also $q/T = s^{(a)} - s^{(b)}$ sein, wie es der zweite Hauptsatz verlangt.

Chemische Änderungen. Wir lassen innerhalb einer Phase eine chemische Reaktion zu, welche nach dem unter 2. erklärten Schema einer Reaktionsgleichung

$$\sum_j \nu_j A_j = 0 \tag{20.2}$$

verlaufen soll. Bei dieser Reaktion ist also $\delta N_j \sim \nu_j$. Die Gleichung $\delta G = 0$ reduziert sich auf

$$\sum_j \frac{\partial G}{\partial N_j} \nu_j = 0 \quad \text{oder} \quad \sum_j \nu_j \mu_j = 0. \tag{20.7}$$

Das ist die zur Reaktion (20.2) gehörige Gleichgewichtsbedingung.

Durch Einführung der chemischen Potentiale haben wir in (20.6) und (20.7) eine unerhört knappe und präzise Formulierung der physikalischen und chemischen Gleichgewichte gefunden.

Die Gibbssche Phasenregel. In einer homogenen Phase mit K Komponenten kann die „Qualität" nur abhängen[1] von T, p und der chemischen Zusammensetzung, d. h. von dem *Verhältnis* der Zahlen $N_1, N_2, \ldots, N_K$. Das sind $K-1$ unabhängige Variable, da ja ein allen N_j gemeinsamer Zahlenfaktor willkürlich gewählt werden kann. Während T und p in allen P Phasen den gleichen Wert haben, kann die Zusammensetzung in jeder Phase eine andere sein. Zur vollständigen Beschreibung des ganzen Systems braucht man also $2 + P(K-1)$ Zahlenangaben. Zu deren Bestimmung hat man in (20.6) im ganzen $K(P-1)$ Gleichungen. Die Zahl F der Variablen, welche noch willkürlich vorgegeben werden können (man nennt diese Zahl F die „Freiheit" des Systems), ist also

$$F = 2 + P(K-1) - K(P-1)$$

oder

$$F = 2 + K - P. \tag{20.8}$$

Das ist die berühmte Gibbssche Phasenregel.

Einfache Beispiele sind:

$K = 1$, $P = 2$ gibt $F = 1$. (Dampfdruck*kurve*.)
$K = 1$, $P = 3$ gibt $F = 0$. (Der Tripel*punkt*, bei welchem fest, flüssig, gasförmig im Gleichgewicht sind.)
$K = 2$, $P = 2$ gibt $F = 2$. (Dampfdruck einer aus zwei Komponenten bestehenden Flüssigkeit.)

§ 21. Das chemische Potential beim idealen Gas.

Um für ein aus den Komponenten $A_1, A_2, \ldots$ mit den Molekülzahlen $N_1, N_2, \ldots$ bestehendes Gas die entsprechenden chemischen Potentiale $\mu_1, \mu_2, \ldots$ zu berechnen, ermitteln wir zunächst nach (19.5) die freie Energie $F = U - TS = F(T, V, N_1, N_2, \ldots)$. Für die Entropie haben wir in § 10 gefunden:

$$S = \sum_j N_j \left\{ \frac{3}{2} k \ln T + \int_0^T \frac{r_j(\vartheta)}{\vartheta} \, d\vartheta - k \ln \frac{N_j}{V} + \sigma_j \right\}. \tag{21.1}$$

[($r_j(\vartheta)$ ist der Rotations- und Schwingungsanteil der spezifischen Wärme, σ_j die Entropiekonstante der Komponente A_j.] Bei Angabe der Energie U müssen wir ein einheitliches Nullniveau der Energie festlegen. Als solches definieren wir: „Ein in Ruhe befindliches, isoliertes, einfaches Atom hat die Energie Null." Ist nun A_j ein zusammengesetztes Molekül, so müssen wir ihm bei $T = 0$ eine Energie $-\varepsilon_j$ zuschreiben, wobei ε_j die zur Zerlegung des Moleküls in lauter einzelne Atome erforderliche Arbeit bedeutet (*Dissoziationsenergie*). Für Einzelatome ist also (per definitionem) $\varepsilon_j = 0$. Mit dieser Festsetzung wird

$$U = \sum_j N_j \left\{ -\varepsilon_j + \tfrac{3}{2} k T + \int_0^T r_j(\vartheta) \, d\vartheta \right\}. \tag{21.2}$$

[1] In allgemeineren Fällen, wenn z. B. die Teilchen ein magnetisches Moment tragen, sind nicht nur T und p Qualitätsgrößen einer homogenen Phase, sondern es tritt noch die Magnetisierung hinzu (§ 3b).

Damit wird

$$F(T, V, N_j) =$$

$$= \sum_j N_j \left\{ -\varepsilon_j + \frac{3}{2} k T (1 - \ln T) - \int_0^T \frac{r_j(\vartheta)(T-\vartheta)}{\vartheta} \mathrm{d}\vartheta + k T \ln \frac{N_j}{V} - T \sigma_j \right\}$$

Die partielle Ableitung von F nach N_j ist das gesuchte chemische Potential μ_j. Führt man darin den *Partialdruck* p_j der j-ten Komponente ein $\left(p_j = \frac{N_j}{V} k T\right)$, so erhält man

$$\mu_j = -\varepsilon_j + \frac{5}{2} k T (1 - \ln T) - \int_0^T \frac{r_j(\vartheta)(T-\vartheta)}{\vartheta} \mathrm{d}\vartheta + k T \ln p_j - T(\sigma_j + k \ln k). \quad (21.3)$$

Wenn man sich lediglich für die Druckabhängigkeit von μ_j interessiert, so genügt oft die abgekürzte Schreibweise

$$\mu_j = k T \ln p_j + B_j(T) \quad (21.4)$$

mit der reinen Temperaturfunktion $B_j(T)$.

Mit dem allgemeinen Ausdruck (21.3) können wir die Gleichgewichtsbedingung $\sum_j \nu_j \mu_j = 0$ für die chemische Reaktion $\sum_j \nu_j A_j = 0$ explizit hinschreiben. Dabei beachten wir, daß

$$\sum_j \nu_j \ln p_j = \ln K_p$$

die auf Partialdrucke bezogene Massenwirkungskonstante ist und daß $-\sum_j \nu_j \varepsilon_j = Q_0$ die auf $T = 0$ extrapolierte Wärmetönung bedeutet.

Man erhält aus (21.3) zunächst

$$\sum_j \nu_j \mu_j = Q_0 - k T \sum_j \nu_j \left(\frac{\sigma_j}{k} - \frac{5}{2} + \ln k \right) - \frac{5}{2} k T \ln T \sum_j \nu_j -$$

$$- \sum_j \nu_j \int_0^T \frac{r_j(\vartheta)(T-\vartheta)}{\vartheta} \mathrm{d}\vartheta + k T \ln K_p = 0.$$

Die Massenwirkungskonstante wird also

$$\ln K_p(T) = -\frac{Q_0}{RT} + \sum_j \nu_j \left(\frac{5}{2} \ln T + \frac{1}{RT} \int_0^T \frac{r_j(\vartheta)(T-\vartheta)}{\vartheta} \mathrm{d}\vartheta \right) +$$

$$+ \sum_j \nu_j \left(\frac{\sigma_j}{k} - \frac{5}{2} + \ln k \right). \quad (21.5)$$

Damit haben wir genau den oben durch Kreisprozesse ermittelten Ausdruck (17.11) wiedergefunden. Darüber hinaus haben wir die dort unbestimmt gebliebene Integrationskonstante K auf die Entropiekonstanten σ_j der beteiligten Komponenten zurückgeführt. Die Größe $\left(\frac{\sigma}{k} - \frac{5}{2} + \ln k \right)$ ist uns auch schon bekannt· wir haben sie in § 15 als „Dampfdruckkonstante" bezeichnet.

§ 22. Der Dampfdruck kleiner Tröpfchen.

Vom allgemeinen Standpunkt der Phasengleichgewichte liefert die Frage nach dem Dampfdruck kleiner Tröpfchen einen besonders durchsichtigen Fall, in welchem das chemische Potential keine reine Qualitätsgröße ist, sondern von der Ausdehnung der Phase abhängt. Das hat zur Folge, daß der Dampfdruck p_r

eines Tröpfchens vom Radius r größer ist als derjenige einer ebenen Oberfläche (p_∞). Diese Tatsache ist für das Verhalten eines übersättigten Dampfes von entscheidender Bedeutung: Zu jedem Übersättigungsgrad läßt sich ein kritischer Tröpfchenradius r_{kr} angeben, von der Art, daß der Dampf nur für solche Tröpfchen übersättigt ist, deren Radius größer als r_{kr} ist. Andererseits muß die Kondensation, wenn sie im freien Raum erfolgen soll, mit der Bildung extrem kleiner Tröpfchen beginnen. Deren Dampfdruck ist aber größer als derjenige des übersättigten Dampfes. Also kann nach den Gesetzen der Gleichgewichtslehre überhaupt keine Kondensation erfolgen. Tatsächlich muß sich erst durch eine in der strengen Thermodynamik nicht vorgesehene Schwankungserscheinung ein „kritisches" Tröpfchen bilden, damit Kondensation erfolgen kann[1].

Wir berechnen im folgenden den Quotienten p_r/p_∞ einmal mit Hilfe der Potentiale, sodann mit Hilfe eines isothermen Kreisprozesses. Die wichtigste Größe bei diesem ganzen Phänomen ist die *Oberflächenspannung* σ. Dieselbe Größe σ bedeutet zugleich die *freie Energie der Oberflächeneinheit*. Zur Klärung dieser beiden Begriffe diene folgende Überlegung:

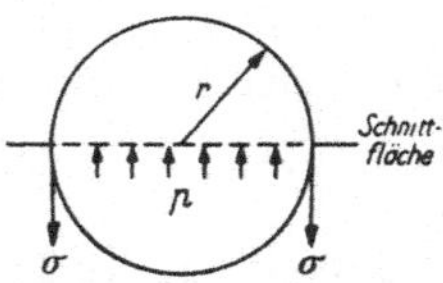

Abb. 40. Gleichgewicht zwischen Binnendruck p und Oberflächenspannung σ.

1. Eine Flüssigkeitskugel vom Radius r sei ohne äußeren Druck im Gleichgewicht. Nunmehr schneiden wir die untere Hälfte weg und fragen: Welche Kräfte muß ich auf die verbleibende obere Hälfte wirken lassen, damit diese allein im Gleichgewicht bleibt (Abb. 40)? Hat im Innern der Kugel ein Druck p geherrscht, so muß ich nach der Trennung die nach oben gerichtete Kraft $\pi r^2 p$ wirken lassen. (Das ist ja im Sinne der Mechanik die Definition des Druckes!) Außerdem habe ich beim Wegschneiden eine freie Randlinie der Länge $2\pi r$ erzeugt. Auf das Längenelement dl dieser Randlinie muß ich mit der Zugkraft $\sigma\, dl$ (nach unten!) wirken, damit nach dem Wegschneiden das Gleichgewicht nicht gestört wird. (Das ist die Definition von σ als *Oberflächenspannung*.) Im ganzen wirkt also auf die obere Hälfte die Kraft $2\pi r\sigma - \pi r^2 p$. Im Gleichgewicht muß diese gleich Null sein. Also muß im Innern der Kugel der Druck

$$p = \frac{2\sigma}{r} \tag{22.1}$$

herrschen, wenn der Außendruck Null ist.

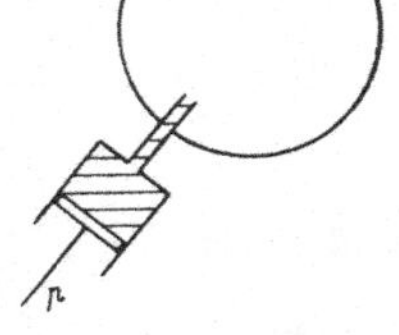

Abb. 41. Vergrößerung einer Oberfläche durch Arbeitsleistung.

2 Wir wollen nunmehr das Tröpfchen etwas vergrößern, indem wir mit Hilfe einer Spritze (Abb. 41) das Volumen dV an Flüssigkeit hineindrücken. Die dabei — *isotherm!* — geleistete Arbeit $p\,dV$ ist gleich dem Zuwachs dF der freien Energie. Dieser Zuwachs rührt aber lediglich von einer Vergrößerung der Oberfläche O her. Ist $F = \sigma O$ die freie Energie der Oberfläche, so wird also bei dem geschilderten Versuch $p\,dV = \sigma\, dO$. Mit $V = \frac{4\pi}{3} r^3$ und $O = 4\pi r^2$ folgt daraus *wieder*

$$p = \frac{2\sigma}{r}.$$

Zur Berechnung des chemischen Potentials bezeichnen wir mit Nf die freie Energie einer aus N Molekülen bestehenden Flüssigkeit, für den Fall, daß wir den Beitrag der Oberfläche ignorieren. Dann wird die freie Energie unserer Kugel

$$F = Nf + 4\pi r^2 \sigma.$$

[1] Vgl. dazu § 60 (Keimbildung).

Nennen wir noch v_0 das Volumen eines Moleküls in der Flüssigkeit, so wird deren Volumen gleich $N v_0$. Mithin ist die freie Enthalpie $G = F + pV$ (wir haben für p den Druck p_r des gesättigten Dampfes einzusetzen) gegeben durch

$$G = N f + 4\pi r^2 \sigma + N v_0 p_r,$$

und damit

$$\mu = \frac{\partial G}{\partial N} = f + v_0 p_r + 4\pi\sigma \frac{\partial r^2}{\partial N}.$$

r und N sind verknüpft durch $N v_0 = \frac{4\pi}{3} r^3$; also wird

$$\frac{\partial r^2}{\partial N} = \frac{2}{3}\frac{r^2}{N} = \frac{2 r^2}{3}\frac{3 v_0}{4\pi r^3} = \frac{1}{2\pi}\frac{v_0}{r}.$$

Das Potential μ lautet somit

$$\mu = \frac{\partial G}{\partial N} = f + v_0 p_r + \frac{2 v_0 \sigma}{r}. \tag{22.2}$$

Das Potential des Dampfes ist nach (21.4)

$$\mu_{Dampf} = kT \ln p_r + B(T),$$

wo $B(T)$ eine reine Temperaturfunktion bedeutet. Für den Gleichgewichtsdruck p_r haben wir $\mu = \mu_{Dampf}$, also

$$f + v_0 p_r + \frac{2 v_0 \sigma}{r} = kT \ln p_r + B(T).$$

Speziell für die ebene Fläche ($r = \infty$) dagegen wird

$$f + v_0 p_\infty = kT \ln p_\infty + B(T).$$

Subtraktion beider Ausdrücke gibt

$$kT \ln \frac{p_r}{p_\infty} = v_0 \left[\frac{2\sigma}{r} + (p_r - p_\infty)\right]. \tag{22.3}$$

Hierin können wir noch $p_r - p_\infty$ gegen $\frac{2\sigma}{r}$ vernachlässigen, denn schreiben wir (22.3) in der Form

$$\frac{kT}{v_0} \ln \frac{p_r}{p_\infty} - (p_r - p_\infty) = \frac{2\sigma}{r}$$

und setzen $\frac{p_r - p_\infty}{p_\infty} = y$, so lautet die linke Seite

$$p_\infty \left[\frac{kT}{v_0 p_\infty} \ln(1 + y) - y\right].$$

Nun ist $\frac{kT}{v_0 p_\infty} = \frac{v_{Dampf}}{v_0}$, d. h. gleich dem Verhältnis der Molvolumina von Dampf und Flüssigkeit, also von der Größenordnung 10^3 bis 10^4. Solange also y etwa kleiner als 10 bleibt, können wir den Summanden $-y$ unbedenklich vernachlässigen. Also gilt praktisch immer

$$\ln \frac{p_r}{p_\infty} = \frac{2\sigma v_0}{k T r}. \tag{22.4a}$$

Erweitern wir schließlich auf der rechten Seite noch mit L (LOSCHMIDT-Konstante), so erhalten wir mit $v_0 L = M/\varrho$ (M = Molgewicht, ϱ = Dichte der Flüssigkeit) und der universellen Gaskonstanten $R = kL$:

$$\ln \frac{p_r}{p_\infty} = \frac{M}{\varrho R T}\frac{2\sigma}{r}. \tag{22.4b}$$

Die durch (22.4a) bzw. (22.4b) beschriebene Abhängigkeit des Dampfdrucks vom Tröpfchenradius ist für Wassertröpfchen von 20° C in Abb. 42 quantitativ dargestellt.

Anstatt über das chemische Potential gewinnt man Gl. (22.3) auch sehr einfach aus der Arbeitsbilanz eines isotherm-reversiblen Kreisprozesses. Einen solchen Kreisprozeß denken wir uns durch die folgenden vier Schritte realisiert (vgl. die Abbildung 43a, b, c):

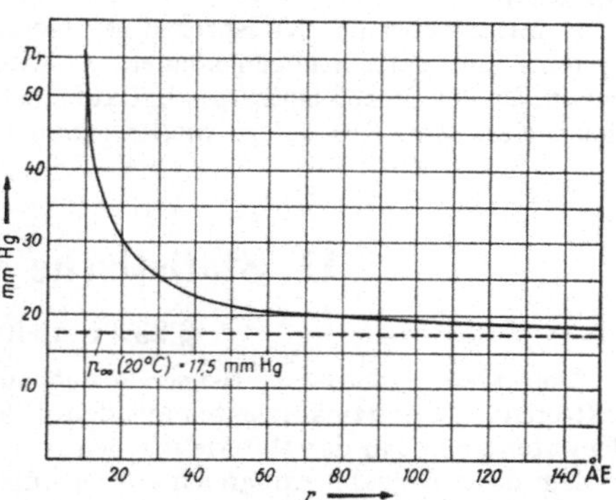

Abb. 42. Dampfdruck eines Wassertröpfchens in Abhängigkeit von seinem Radius.

1. Dem Dampfraum des Tröpfchens entnehmen wir mit einem Stempelzylinder ein Mol Dampf und führen gleichzeitig mit einer in das Tröpfchen gestochenen Spritze dem System ein Mol Flüssigkeit wieder zu. Dabei haben wir den über das Tröpfchen stattfindenden Verdampfungsprozeß so zu führen, d. h. die beiden Stempel so zu bewegen, daß unser Tröpfchen vom Radius r dauernd im Gleichgewicht mit seiner Dampfatmosphäre vom Druck p_r bleibt. Die bei diesem ersten Schritt gewonnene Arbeit ist

$$A_1 = RT - L v_0 \left(p_r + \frac{2\sigma}{r}\right).$$

2. Mit je einem Schieber schließen wir Stempelzylinder und Dampfraum des Tröpfchens ab, trennen beide voneinander und expandieren das sich im Stempel-

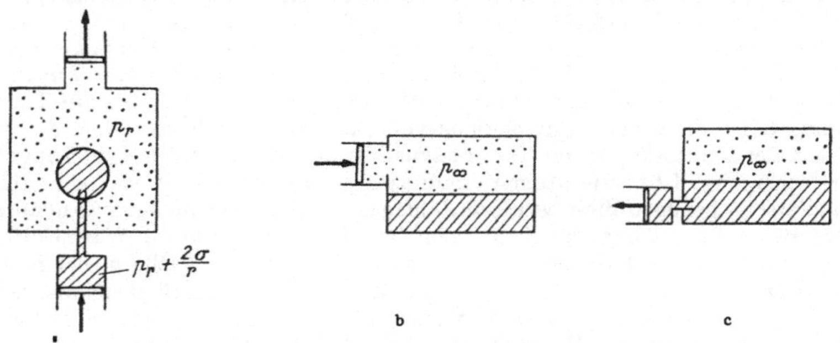

Abb. 43 a, b, c. Isothermer reversibler Kreisprozeß zur Bestimmung von $\ln p_r/p_\infty$.

zylinder befindende Mol isotherm von p_r auf p_∞, wobei wir die Arbeit:

$$A_2 = RT \ln \frac{p_r}{p_\infty}$$

gewinnen.

3. Sodann drücken wir das Mol in den Dampfraum eines Gefäßes, in dem die Flüssigkeit bei ebener Oberfläche mit ihrem Dampf im Gleichgewicht steht. Gewonnene Arbeit:

$$A_3 = -RT.$$

4. Schließlich entnehmen wir dem Gefäß mit unserer Spritze ein Mol Flüssigkeit und gewinnen dabei noch einmal die Arbeit

$$A_4 = L v_0 p_\infty .$$

(Dilatations- und Kompressionsarbeiten an der Flüssigkeit können wir vernachlässigen.)

Damit ist aber der Kreisprozeß geschlossen, denn alle am Prozeß beteiligten Systeme und Vorrichtungen können wir wieder in ihrem Ausgangszustand vorweisen. Da der Prozeß isotherm abgelaufen ist, muß die Summe aller vier Arbeiten gleich Null sein. Das liefert wieder genau Gl. (22.3).

II. Statistische Mechanik.

§ 23. Einleitung.

Die erste Aufgabe der statistischen Mechanik ist es, die in der Thermodynamik auftretenden Gesetzmäßigkeiten aus dem Bild heraus, welches wir uns heute von dem atomaren Bau der Materie machen, verständlich zu machen. Der erste Fall, in dem diese Aufgabe erfolgreich durchgeführt wurde, ist die von MAXWELL und BOLTZMANN entwickelte kinetische Gastheorie. Sie wird im Abschnitt A kurz dargestellt. Die an ihr gewonnenen Einsichten und Erfahrungen dienten als Vorbild für die Behandlung allgemeinerer Probleme.

Ganz abgesehen von den speziellen Modellen befinden wir uns bei jedem Versuch einer theoretischen Begründung der Wärmelehre in einer höchst merkwürdigen Lage. In der Thermodynamik wird die physikalische Situation eines materiellen Körpers durch einige wenige Zahlenangaben festgelegt, wie z. B. Druck, Energie, Dichte, Geschwindigkeit usw. Auf der anderen Seite verlangt das mikroskopische Bild zu seiner Beschreibung eine ungeheuer große Anzahl von Angaben, wie z. B. Ort und Geschwindigkeit aller Atome in der klassischen Gastheorie (oder in der Quantentheorie die Angabe einer SCHRÖDINGER-Funktion des entsprechenden N-Körper-Problems). Nur wenn zur Zeit $t = 0$ all diese Angaben (ihre Anzahl ist mindestens von der Größenordnung 10^{23}) vorliegen, kann die atomare Theorie grundsätzlich die weitere Entwicklung voraussagen. Tatsächlich stehen uns aber seitens der makroskopischen Thermodynamik nur jene wenigen Zahlenangaben zur Verfügung. Über die atomare Situation wissen wir damit fast gar nichts. Andererseits genügen diese wenigen Zahlenangaben als Grundlage zur quantitativen Behandlung von makroskopischen Vorgängen wie Diffusion, Wärmeleitung, Strömung u. dgl. auf Grund von Differentialgleichungen, welche in der makroskopischen Physik als Ausdruck einer strengen Gesetzmäßigkeit angesehen werden. Vom Standpunkt unseres atomaren Bildes kann es sich bei all diesen Gesetzen höchstens um Wahrscheinlichkeitsaussagen handeln, da es doch unmöglich ist, aus einer so ungeheuer dürftigen Kenntnis der atomaren Situation heraus sichere Voraussagen zu machen. Somit steht an der Spitze der Wärmelehre eine aus unserer Unkenntnis der wahren Situation entspringende Unsicherheit aller physikalischen Aussagen. Wir werden uns daher mit dieser Unkenntnis in den nächsten Paragraphen ausführlich auseinandersetzen müssen, insbesondere haben wir zu versuchen, das Maß unserer Unkenntnis quantitativ zu formulieren. Das wird uns auf Aussagen führen von der Art: auf Grund der makroskopischen Vorgaben wissen wir lediglich, daß das System Mitglied einer mikrokanonischen oder — bei Vorgabe der Temperatur — kanonischen Gesamtheit ist und daß das makroskopische Verhalten als Mittelwert über diese Gesamtheit aufgefaßt werden muß. Dabei werden sich als Resultate von zentraler Bedeutung ergeben: Diejenige Größe, welche die ganze Thermodynamik beherrscht, nämlich die Entropie, erweist sich als quantitatives Maß der soeben geschilderten Unkenntnis. Das ist fraglos eine der merkwürdigsten und tiefstliegenden Aussagen der ganzen Physik. Sie wird natürlich nur sinnvoll durch eine exakte Formulierung, welche erst nach den Vorarbeiten der nächsten Abschnitte erfolgen kann. Ein beherrschender Zug der statistischen Mechanik besteht darin, daß die Zahl der mikroskopischen Freiheitsgrade — im wesentlichen gegeben durch die Zahl N der im System enthaltenen Atome — so ungeheuer groß ist. Obwohl mit wachsendem N unsere Kenntnis von der mikroskopischen Struktur immer geringer wird, werden dennoch die oben angedeuteten Wahrscheinlichkeitsaussagen über makroskopische Größen um so schärfer, je größer N ist, in dem Sinne, daß wir im Limes $N \to \infty$ wieder zu sicheren Aussagen gelangen.

Dieser Zug der Wahrscheinlichkeitsrechnung ist so charakteristisch, daß wir ihn gleich jetzt an einem primitiven Beispiel erläutern wollen. Ein Gas bestehe aus N Molekülen, welche sich unabhängig voneinander in einem Volumen V bewegen (ideales Gas). Wir grenzen innerhalb V ein dagegen kleines Volumen v ab und interessieren uns für die Zahl n der Moleküle, welche sich in v aufhalten. Nennen wir

$$\frac{v}{V} = p \qquad \text{und} \qquad 1 - p = q,$$

so sind p bzw. q die Wahrscheinlichkeiten dafür, ein hervorgehobenes Molekül innerhalb bzw. außerhalb v zu finden. Die Wahrscheinlichkeit dafür, von den durchnumerierten N Molekülen die Nummern 1 bis n in v, dagegen die Nummern $n+1$ bis N außerhalb v zu finden, ist also

$$p^n q^{N-n}.$$

Die Wahrscheinlichkeit $w(n)$, überhaupt n Moleküle in v zu finden, folgt daraus durch Multiplikation mit

$$\frac{N!}{n!\,(N-n)!}.$$

Das ist nämlich die Anzahl der verschiedenen Möglichkeiten, aus den N Molekülen gerade n herauszugreifen. Also ist

$$w(n) = \frac{N!}{n!\,(N-n)!}\, p^n q^{N-n}. \tag{23.1}$$

Wie es sein muß, ist $\sum\limits_{n=0}^{N} w(n) = 1$. Denn es gilt für jedes p und q:

$$\sum_{n=0}^{N} w(n) = \sum_{n=0}^{N} \frac{N!}{n!\,(N-n)!}\, p^n q^{N-n} = (p+q)^N.$$

Fassen wir für den Augenblick p und q als unabhängige Variable auf, so ergibt die Anwendung des Operators $p\frac{\partial}{\partial p}$ auf $w(n)$ gerade $n\,w(n)$. Anwendung auf die zuletzt hingeschriebene Identität liefert

$$\sum_{n=0}^{N} n\,w(n) = p\frac{\partial}{\partial p}(p+q)^N = N p\,(p+q)^{N-1}.$$

Nochmalige Anwendung des gleichen Operators ergibt

$$\sum_{n=0}^{N} n^2\,w(n) = N p\,(p+q)^{N-1} + N(N-1)\,p^2\,(p+q)^{N-2}.$$

Jetzt erst setzen wir $p + q = 1$ und haben damit für die Mittelwerte

$$\overline{n} = Np \qquad \text{und} \qquad \overline{n^2} = Np + N^2 p^2 - Np^2.$$

Nun ist der Mittelwert des Quadrates der Abweichung $n - \overline{n}$ vom Mittelwert $\overline{n}$ (das Schwankungsquadrat oder die quadratische Streuung):

$$\overline{(n - \overline{n})^2} = \overline{n^2} - \overline{n}^2 .$$

Dafür liefern uns die vorstehenden Gleichungen (es ist $N p^2 = \overline{n} p$):

$$\overline{n^2} - \overline{n}^2 = \overline{n} - p \overline{n} .$$

Natürlich wird die Schwankung Null für $p = 1$, d. h. für $v = V$. Ist andererseits $p \ll 1$, so wird einfach

$$\overline{n^2} - \overline{n}^2 = \overline{n} .$$

Wie zu erwarten, wächst die Streuung mit der durchschnittlichen Zahl $\overline{n}$ der in v enthaltenen Moleküle. Nun kommt der entscheidende Übergang zur makroskopischen Messung, bei welcher wir etwa nach der Dichte des in v abgegrenzten Gases fragen. Dabei interessieren wir uns nicht für die Absolutzahl der Moleküle, sondern für die *relative* Genauigkeit, mit welcher diese Dichte durch die Vorgabe von N, V festgelegt ist. Diese ist aber gekennzeichnet durch das *relative Schwankungsquadrat der Molekülzahlen*, also durch

$$\boxed{\frac{\overline{n^2} - \overline{n}^2}{\overline{n}^2} = \frac{1}{\overline{n}} .} \tag{23.2}$$

Die absolute Schwankung ist zwar sehr groß, doch geht die relative Schwankung mit wachsendem $\overline{n}$ gegen Null. Dieses Resultat wird uns in ähnlicher Form immer wieder begegnen. Gerade deswegen, weil die Zahl $\overline{n}$ bei allen makroskopischen Messungen so ungeheuer groß ist, können wir praktisch von einer bestimmten Dichte sprechen und von ihrer Schwankung gänzlich abstrahieren.

Für manche Anwendungen ist es nützlich, die Größe (23.1)

$$w(n) = p^n q^{N-n} \frac{N!}{n!\,(N-n)!} \qquad (p + q = 1)$$

für große Werte von N, n und $N - n$ wirklich zu berechnen.

Mit der STIRLINGschen Formel $N! \approx N^N e^{-N} \sqrt{2\pi N}$ wird

$$\frac{N!}{n!\,(N-n)!} = \frac{N^N \sqrt{2\pi N}}{n^n (N-n)^{N-n} \sqrt{2\pi n}\,\sqrt{2\pi (N-n)}}$$

also

$$w(n) = \left(\frac{p}{n}\right)^n \left(\frac{q}{N-n}\right)^{N-n} \frac{N^N \sqrt{N}}{\sqrt{2\pi}\,\sqrt{n\,(N-n)}} .$$

Uns interessiert die Abweichung (ν) vom Mittelwert $\overline{n} = Np$. Wir setzen daher $n = Np + \nu$ und $N - n = Nq - \nu$.

Damit erhalten wir

$$w(\nu) = \left(\frac{1}{1 + \dfrac{\nu}{pN}}\right)^{Np+\nu} \left(\frac{1}{1 - \dfrac{\nu}{qN}}\right)^{Nq-\nu} \frac{1}{\sqrt{2\pi}} \sqrt{\frac{N}{(Np+\nu)\,(Nq-\nu)}} .$$

Wir betrachten ν als sehr klein gegen Np und Nq. Dann können wir unter der Wurzel ν durch Null ersetzen. In den Faktoren vor der Wurzel dagegen müssen wir bis zu Gliedern der Größenordnung ν^2 entwickeln. Nach dem Schema

$$(1 + \alpha)^N \approx e^{\alpha N - \frac{\alpha^2 N}{2}}$$

erhalten wir z. B.

$$\left(\frac{1}{1 + \dfrac{\nu}{pN}}\right)^{Np+\nu} = e^{-\frac{\nu}{pN}(Np+\nu) + \frac{1}{2}\left(\frac{\nu}{pN}\right)^2 (Np+\nu)}$$

Bei Beschränkung auf Glieder der Ordnung ν^2 wird daraus

$$e^{-\nu-\frac{1}{2}\frac{\nu^2}{pN}}.$$

Entsprechend wird

$$\left(\frac{1}{1-\frac{\nu}{qN}}\right)^{Nq-\nu}=e^{\nu-\frac{1}{2}\frac{\nu^2}{Nq}}.$$

Wegen $p+q=1$ wird $\frac{1}{p}+\frac{1}{q}=\frac{1}{pq}$. Damit erhalten wir schließlich

$$w(\nu)=e^{-\frac{\nu^2}{2pqN}}\frac{1}{\sqrt{2\pi Npq}}. \tag{23.3}$$

Für $p\ll 1$, also $q\approx 1$ und mit $Np=\bar{n}$ wird

$$w(\nu)=e^{-\frac{\nu^2}{2\bar{n}}}\frac{1}{\sqrt{2\pi\bar{n}}}. \tag{23.4}$$

Wie es sein muß, ist $\int w(\nu)\,\mathrm{d}\nu=1$ und $\overline{\nu^2}=\bar{n}$.

Für viele Anwendungen wird der Begriff der Wahrscheinlichkeitsdichte benötigt. Um damit vertraut zu werden, betrachten wir die Dichteschwankungen nochmals in anderer Weise. Für ein einzelnes Molekül im Volumen V sei $f(x, y, z)\,\mathrm{d}x\,\mathrm{d}y\,\mathrm{d}z$ die Wahrscheinlichkeit, es in einem Volumen $\mathrm{d}x\,\mathrm{d}y\,\mathrm{d}z=\mathrm{d}\boldsymbol{x}$ an der Stelle $\boldsymbol{x}=(x, y, z)$ zu finden. $f(x, y, z)$ wird als Wahrscheinlichkeitsdichte bezeichnet. Die Wahrscheinlichkeit, dies Molekül in einem Teilvolumen v von V zu finden, ist offenbar $\int_v f(\boldsymbol{x})\,\mathrm{d}\boldsymbol{x}$. Die Wahrscheinlichkeit, es überhaupt in V zu finden, muß Eins sein, also $\int_V f(\boldsymbol{x})\,\mathrm{d}\boldsymbol{x}=1$. Wenn nun alle Punkte in V gleichberechtigt sind, folgt offenbar

$$f(\boldsymbol{x})=\begin{cases}1/V & \text{für } \boldsymbol{x} \text{ aus } V\\ 0 & \text{sonst.}\end{cases}$$

Für viele Moleküle in V definieren wir in ähnlicher Weise eine Wahrscheinlichkeitsdichte $F(\boldsymbol{x}_1 \ldots \boldsymbol{x}_N)$, wobei dann $F(\boldsymbol{x}_1 \ldots \boldsymbol{x}_N)\,\mathrm{d}\boldsymbol{x}_1 \ldots \mathrm{d}\boldsymbol{x}_N$ die Wahrscheinlichkeit ist, das Teilchen Nr. 1 in $(\boldsymbol{x}_1, \mathrm{d}\boldsymbol{x}_1)$ und das Teilchen Nr. 2 in $(\boldsymbol{x}_2, \mathrm{d}\boldsymbol{x}_2)$ und ... und das Teilchen Nr. N in $(\boldsymbol{x}_N, \mathrm{d}\boldsymbol{x}_N)$ zu finden. In unserem speziellen Fall, in dem alle Moleküle unabhängig voneinander sind, gilt

$$F(\boldsymbol{x}_1 \ldots \boldsymbol{x}_N)=f(\boldsymbol{x}_1)\cdot f(\boldsymbol{x}_2) \ldots f(\boldsymbol{x}_N)=\begin{cases}1/V^N, & \text{wenn } \textit{alle } \boldsymbol{x}_i \text{ in } V\\ 0 & \text{sonst.}\end{cases}$$

F ist eine $3N$-dimensionale normierte Wahrscheinlichkeitsdichte.

Die Teilchendichte $\varrho(\boldsymbol{x})$ (gleich der Zahl der Teilchen pro Volumeneinheit) ist für ein Teilchen an der Stelle $\boldsymbol{x}_1$ durch

$$\varrho(\boldsymbol{x})=\delta(\boldsymbol{x}-\boldsymbol{x}_1)=\delta(x-x_1)\,\delta(y-y_1)\,\delta(z-z_1)$$

gegeben[1], wobei wir das Teilchen als Massenpunkt annehmen.

Bei Berücksichtigung aller N Teilchen in V ist die Teilchendichte an der Stelle $\boldsymbol{x}$

[1] $\delta(x-x_1)$ ist die DIRACsche Deltafunktion. Wir setzen sie als bekannt voraus. Vgl. dazu z.B. S. GROSSMANN: Mathematischer Einführungskurs für die Physik. Stuttgart: Teubner 1974.

$$\varrho(\boldsymbol{x}) = \sum_{j=1}^{N} \delta(\boldsymbol{x} - \boldsymbol{x}_j)$$

und die Zahl der Teilchen im Teilvolumen v

$$n = \int_v \varrho(\boldsymbol{x})\,\mathrm{d}\boldsymbol{x} = \int_v \mathrm{d}\boldsymbol{x} \sum_{j=1}^{N} \delta(\boldsymbol{x} - \boldsymbol{x}_j) = \sum_{j=1}^{N} s(\boldsymbol{x}_j),$$

wobei

$$s(\boldsymbol{x}_j) = \begin{cases} 1, & \text{wenn } \boldsymbol{x}_j \text{ in } v, \\ 0, & \text{wenn } \boldsymbol{x}_j \text{ nicht in } v. \end{cases}$$

Mittelwerte werden wie bei diskreten Wahrscheinlichkeiten gebildet, z.B.

$$\bar{G} = \int F(\boldsymbol{x}_1 \ldots \boldsymbol{x}_N) \cdot G(\boldsymbol{x}_1 \ldots \boldsymbol{x}_N) \cdot \mathrm{d}\boldsymbol{x}_1 \ldots \mathrm{d}\boldsymbol{x}_N,$$

d.h. also

$$\bar{n} = \frac{1}{V^{\mathrm{N}}} \int_v \mathrm{d}\boldsymbol{x} \int \underset{V}{\ldots} \int \mathrm{d}\boldsymbol{x}_1 \ldots \mathrm{d}\boldsymbol{x}_N \sum_j \delta(\boldsymbol{x} - \boldsymbol{x}_j) = \frac{1}{V^{\mathrm{N}}} \sum_j \int \underset{V}{\ldots} \int s(\boldsymbol{x}_j) \cdot \mathrm{d}\boldsymbol{x}_1 \ldots \mathrm{d}\boldsymbol{x}_N.$$

Da der Beitrag zum Integral für jeden einzelnen Term der Summe derselbe ist, haben wir wie oben

$$\bar{n} = \frac{N}{V} \int_V s(\boldsymbol{x}_1) \cdot \mathrm{d}\boldsymbol{x}_1 = \frac{N}{V}\, v.$$

Ebenso ergibt sich

$$\begin{aligned} \overline{n^2} &= \frac{1}{V^{\mathrm{N}}} \int \underset{V}{\ldots} \int \mathrm{d}\boldsymbol{x}_1 \ldots \mathrm{d}\boldsymbol{x}_N \sum_j \sum_k s(\boldsymbol{x}_j) \cdot s(\boldsymbol{x}_k) \\ &= \frac{1}{V^{\mathrm{N}}} \int \underset{V}{\ldots} \int \mathrm{d}\boldsymbol{x}_1 \ldots \mathrm{d}\boldsymbol{x}_N \Big\{ \sum_j s^2(\boldsymbol{x}_j) + \sum_{j \neq k}\sum s(\boldsymbol{x}_j) \cdot s(\boldsymbol{x}_k) \Big\}. \end{aligned}$$

Wieder gibt jeder einzelne Term denselben Beitrag und wir erhalten mit $s^2(\boldsymbol{x}_1) = s(\boldsymbol{x}_1)$ (!) das alte Resultat

$$\overline{n^2} = \frac{N}{V} \int s(\boldsymbol{x}_1)\,\mathrm{d}\boldsymbol{x}_1 + \frac{N(N-1)}{V^2} \int s(\boldsymbol{x}_1) \cdot s(\boldsymbol{x}_2)\,\mathrm{d}\boldsymbol{x}_1 \mathrm{d}\boldsymbol{x}_2 = \frac{N}{V}\, v + \frac{N(N-1)}{V^2}\, v^2.$$

Der in diesem Zusammenhang häufig gebrauchte Ausdruck ,,Dichteschwankungen“ ist etwas irreführend (besser: ,,Teilchenzahlschwankungen“). Die wirkliche Dichte an einem Punkt ist entweder Null oder Unendlich. Es existiert auch der Mittelwert der Dichte, nämlich $\bar{\varrho}(\boldsymbol{x}) = N/V$, aber die Schwankung wird wegen des Terms $\int \delta^2(\boldsymbol{x} - \boldsymbol{x}_1)\,\mathrm{d}\boldsymbol{x}_1$ in $\overline{\varrho^2}$ unendlich.

Die obige Verteilung der Teilchenzahlen kann mit den zuletzt definierten Größen auch durch

$$w(n) = \iint \delta_{n, \sum_j s(\boldsymbol{x}_j)}\, \mathrm{d}\boldsymbol{x}_1 \ldots \mathrm{d}\boldsymbol{x}_N / V^N$$

dargestellt werden[1]. Dies bedeutet: wir haben über alle Beiträge von $F(\boldsymbol{x}_1 \ldots \boldsymbol{x}_N)$ zu integrieren, die mit $n = \sum_j s(\boldsymbol{x}_j)$ verträglich sind. Mit der Darstellung

$$\delta_{n,l} = \frac{1}{2\pi} \int_0^{2\pi} e^{-it(n-l)}\, dt$$

[1] $\delta_{n,l}$ ist das KRONECKER-Symbol: $\delta_{n,l} = 1$ für $n = l = \sum_j s(\boldsymbol{x}_j)$, $\delta_{n,l} = 0$ sonst.

des KRONECKER-Symbols erhalten wir

$$w(n) = \frac{1}{2\pi}\int_0^{2\pi} dt\, e^{-itn}\left\{\frac{\int e^{-its(\boldsymbol{x}_1)}\, d\boldsymbol{x}_1}{V}\right\}^N =$$

$$= \frac{1}{2\pi}\int_0^{2\pi} dt\, e^{-itn}\left\{\frac{v}{V}\, e^{it} + \frac{V-v}{V}\right\}^N = \frac{1}{2\pi}\int_0^{2\pi} dt\, e^{-itn}\,\{p\, e^{it} + q\}^N,$$

da $s(\boldsymbol{x}_1)$ entweder Eins (Teilchen in v) oder Null (Teilchen in $V-v$) ist. In dem letzten Integral gibt nur der zu e^{int} proportionale Term von $(p\, e^{it}+q)^N$, d.i. $\binom{N}{n}$ $p^n\, e^{int}\, q^{N-n}$ einen Beitrag, so daß wir wieder (23.1) erhalten.

Eine andere Möglichkeit, das Problem zu diskutieren, liegt in der Betrachtung der Zeitabhängigkeit der Zahl $n(t)$ der Teilchen im Teilvolumen v. Diese Zahl ist $n(t) = \sum_j s_j(t)$ mit

$$s_j(t) = \begin{cases} 1, & \text{wenn Teilchen } j \text{ in } v, \\ 0, & \text{sonst.} \end{cases}$$

$n(t)$ ist eine sehr schnell und unregelmäßig variierende Funktion von t. Bei den üblichen Geschwindigkeiten in Gasen von 10^3 m/s ereignen sich die Sprünge bei $v \approx 1$ cm^3 etwa alle 10^{-24}s. In diesem Fall sind die Mittelwerte Zeitmittelwerte

$$\bar{n} = \frac{1}{\tau}\int_0^{\tau} n(t)\, \mathrm{d}t$$

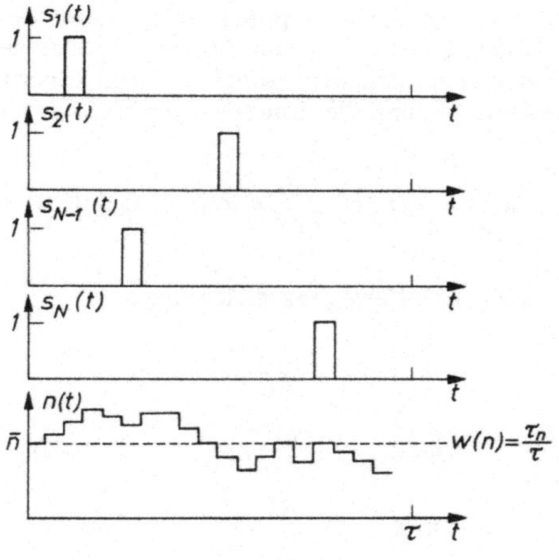

Zahl der Teilchen im Volumen v als Funktion der Zeit

über relativ große Zeiten τ. Entsprechend können wir eine Verteilung

$$w(n) = \frac{1}{\tau}\int_0^{\tau} \delta_{n,\sum_j s_j(t)}\, \mathrm{d}t = \frac{\tau_n}{\tau}$$

definieren; τ_n/τ ist der Bruchteil der Zeit τ, in dem genau $n = \sum_j s_j(t)$ Teilchen in v sind. Wir dürfen erwarten, daß die mit diesem $w(n)$ berechneten Mittelwerte mit den oben berechneten übereinstimmen.

A. Kinetische Gastheorie.

§ 24. Zustandsgleichung idealer Gase.

Die kinetische Gastheorie behauptet, daß ein Gas aus einer großen Anzahl von Molekülen besteht, von denen jedes einzelne geradlinig mit konstanter Geschwindigkeit durch den Raum fliegt. Diese Bewegung des einzelnen Moleküls wird nur kurzzeitig unterbrochen durch Zusammenstöße mit der Wand oder mit anderen Molekülen. Die Theorie hat die Aufgabe, aus diesem Bild heraus die beobachtbaren Eigenschaften möglichst quantitativ abzuleiten. Als solche kommen zunächst in Frage die Zustandsgleichung $p = p(V, T)$, die spezifische Wärme und weiterhin die innere Reibung, Wärmeleitfähigkeit usw.

Wir haben somit zunächst eine rein mechanische Fragestellung vor uns, die wir für den Fall, daß die Moleküle als Massenpunkte idealisiert werden dürfen, etwa folgendermaßen zu formulieren hätten: x_i, y_i, z_i seien die Koordinaten des i-ten Moleküls. Der Index i läuft von 1 bis N. Zwischen irgend zwei Molekülen i und k bestehe eine potentielle Energie φ, welche nur vom Abstand $r_{ik} = \sqrt{(x_i - x_k)^2 + (y_i - y_k)^2 + (z_i - z_k)^2}$ abhängt, und zwar in solcher Weise, daß φ für große r gleich 0 ist, für $r_{ik} = 2a$ (a = Molekülradius) steil ins Unendliche geht. Außerdem bestehe eine potentielle Energie Φ gegen die Wand, welche für das i-te Molekül so von seinem Abstand b_i von der Wand abhängt, daß Φ für $b_i \to 0$ positiv unendlich wird, sonst aber (im Innern des Volumens V) gleich 0 ist. Die gesamte potentielle Energie U wäre also eine Funktion von $3N$ Variabeln:

$$U(x_1, \ldots, z_N) = \tfrac{1}{2} \sum_{i \neq k} \sum \varphi(r_{ik}) + \sum_i \Phi(b_i) \,.$$

Eine vollständige Lösung der Bewegungsgleichungen

$$m_i \ddot{x}_i = -\frac{\partial U}{\partial x_i},$$

$$m_i \ddot{y}_i = -\frac{\partial U}{\partial y_i}, \qquad i = 1, \ldots, N$$

$$m_i \ddot{z}_i = -\frac{\partial U}{\partial z_i},$$

würde die Angabe der $3N$ Zeitfunktionen $x_1(t), \ldots, z_N(t)$ verlangen, bei Vorgabe des Anfangszustandes $x_1(0), \ldots, z_N(0)$, $\dot{x}_1(0), \ldots, \dot{z}_N(0)$, als der $6N$ Zahlen, durch welche man Ort und Geschwindigkeit aller N Moleküle zur Zeit $t = 0$ willkürlich vorgeben kann. Natürlich ist dieses Problem hoffnungslos kompliziert. Uns interessieren lediglich gewisse Mittelwerte, wie z. B. der Druck, also die Kraft, welche auf einen nicht zu kleinen Teil der Wand ausgeübt wird. So ist die kinetische Gastheorie der Anfang einer allgemeineren, als „statistische Mechanik" bezeichneten Disziplin.

Wir beginnen mit der Berechnung des Druckes, welchen unsere N in ein Volumen V eingesperrten Moleküle auf die Wand ausüben. Wir verfügen über die oben erklärte Funktion $\Phi(b_i)$ so, daß die Moleküle von der Wand völlig elastisch reflektiert werden. Dann kann offenbar von einem Druck im Sinne einer zeitlich konstanten Kraft nicht mehr die Rede sein. Um die Verhältnisse klar zu übersehen, gehen wir auf die ursprüngliche Definition des Druckes zurück: Wir denken aus der Wand ein kleines Stück der Fläche f herausgeschnitten und als „Stempel" in dem so entstandenen Loch frei beweglich (Abb. 44). Damit der Stempel jetzt nicht herausgeschleudert wird, müssen wir von außen mit der Kraft pf gegen ihn drücken. Das ist der experimentelle Tatbestand. Wir können nun aber nicht mehr verlangen, daß der Stempel dabei in Ruhe bleibt, da ja die gleichmäßige Kraft pf niemals durch die regellosen Molekülstöße kompensiert werden kann. Nennen wir X_i die vom Molekül Nr. i auf den Stempel (der Masse M) ausgeübte Kraft, so gilt in jedem Augenblick für die x-Koordinate des Stempels

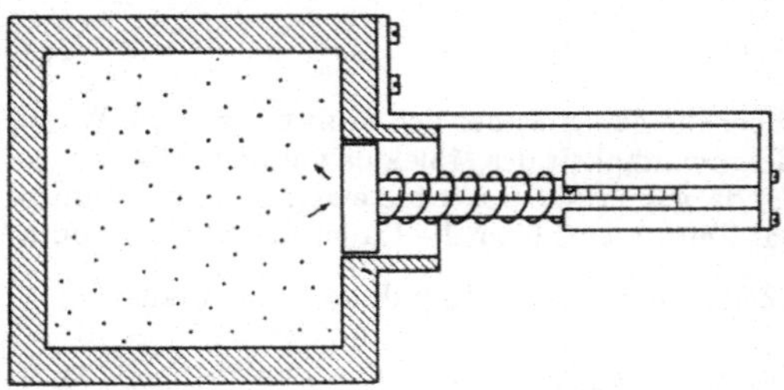

Abb. 44. Die Wirkung der Stöße auf den Stempel wird im Mittel kompensiert durch die von der Feder ausgeübte Kraft pf.

$$M\ddot{x} = X_1 + X_2 \cdots + X_N - pf.$$

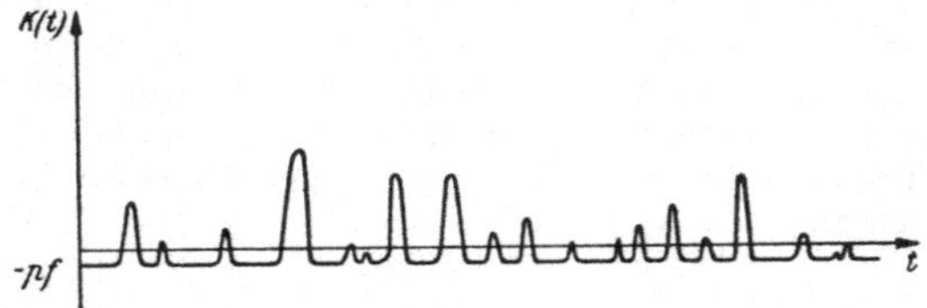

Abb. 45. Zeitlicher Verlauf der auf den Stempel der Abb. 44 wirkenden Kraft.

Alles, was wir durch die richtige Wahl von p erreichen können, ist, daß der Stempel „im Mittel" in Ruhe bleibt, d. h. die „mittlere" Kraft soll verschwinden. Der zeitliche Verlauf der auf den Stempel wirkenden Kraft ist in Abb. 45 veranschaulicht. Die monoton wirkende Kraft $-pf$ wird durch eine Reihe von Zacken überlagert, wobei jede Zacke durch den Aufprall eines Moleküls erzeugt wird. Die Folge dieser unregelmäßigen Kraft ist eine Brownsche Bewegung des ganzen Stempels, wie wir sie später noch genauer betrachten werden.

Integrieren wir unsere Gleichung über eine Zeit τ, in der bereits viele Stöße erfolgen, so wird

$$(M\dot{x})_\tau - (M\dot{x})_0 = \int_0^\tau X_1\,\mathrm{d}t + \cdots + \int_0^\tau X_n\,\mathrm{d}t - \tau p f. \tag{24.1}$$

Indem wir diesen Ausdruck gleich Null setzen, fordern wir, daß der in der Zeit τ auf den Stempel übertragene Impuls gleich Null bleibe. Nun ist die Kraft X_i, welche das i-te Molekül auf den Stempel ausübt, nur dann von Null verschieden, wenn das Molekül sich in der unmittelbaren Nähe des Stempels befindet. Bedeutet $\dot{x}_i$ die x-Komponente der Geschwindigkeit des i-ten Moleküls und m

seine Masse, so gilt nach dem Satz von actio und reactio für die Bewegung dieses Moleküls während seines Anpralls gegen die Wand

$$-m\,\ddot{x}_i = +X_i\,.$$

Integrieren wir diese Gleichung über die ganze Dauer des Stoßes gegen die Wand und bezeichnen mit $\xi_i = \dot{x}_i$ die Geschwindigkeit des Moleküls vor dem Stoß, so erhalten wir links die Größe $2m\xi_i$, da wir ja die Kraft als elastisch angenommen haben, rechts dagegen $\int\limits_{(Stoß)} X_i\,dt$, das Zeitintegral über die Dauer des Stoßes. Somit wird der nach Gl. (24.1) in der Zeit τ übertragene Impuls zu Null, wenn

$$\tau\,p\,f = 2\,m\,\Sigma'\xi_i \tag{24.2}$$

ist. Σ' bedeutet dabei Summation über alle in τ auf f auftreffenden Moleküle. Die Zahl der Summanden ist hier gleich der Anzahl der Moleküle, welche in der Zeit τ auf die Fläche f auftreffen. Zur Weiterführung der Rechnung brauchen wir den für alles Weitere entscheidenden Begriff der Zustandsverteilung. Durch ihn erhält unsere ganze Überlegung den statistischen Charakter. Wir machen nämlich die Annahme, daß unsere N Moleküle sich „gleichmäßig" über den Raum V verteilen. Das soll besagen: In einem beliebig herausgegriffenen kleinen Teilvolumen dV sollen sich $N\frac{dV}{V} = n\,dV$ Moleküle befinden. Dabei bezeichnen wir mit $n = \frac{N}{V}$ „die Zahl der Moleküle in der Volumeneinheit". Diese Aussage ist natürlich nur dann sinnvoll, wenn das „Volumenelement" dV so groß ist, daß es noch sehr viele Moleküle enthält. Andernfalls hätten wir mit starken Schwankungen der in dV enthaltenen Molekülzahl zu rechnen (vgl. § 23). Nunmehr wollen wir diese n Moleküle noch nach ihrer Geschwindigkeit sortieren. Dazu denken wir uns von jedem einzelnen die drei Geschwindigkeitskomponenten ξ, η, ζ gemessen. Aus der so erhaltenen Tabelle aller vorkommenden Geschwindigkeiten wählen wir diejenigen aus, für welche die Geschwindigkeiten ξ, η, ζ in einem bestimmten Intervall

$$\xi \text{ bis } \xi + d\xi\,, \qquad \eta \text{ bis } \eta + d\eta\,, \qquad \zeta \text{ bis } \zeta + d\zeta \tag{24.3}$$

liegen. Diese Zahl nennen wir

$$n\,F(\xi,\eta,\zeta)\,d\xi\,d\eta\,d\zeta\,. \tag{24.4}$$

Der Faktor n wurde hinzugefügt, damit für das Integral über alle Geschwindigkeiten

$$\iiint\limits_{\xi,\eta,\zeta=-\infty}^{+\infty} F(\xi,\eta,\zeta)\,d\xi\,d\eta\,d\zeta = 1 \tag{24.4a}$$

gilt. Diese Funktion nF nennen wir die Geschwindigkeitsverteilung. Wir können sie der Anschauung noch näherbringen, wenn wir uns ein ξ, η, ζ-Koordinatensystem zeichnen (den „Geschwindigkeitsraum") und darin für jedes der n Moleküle den seiner Geschwindigkeit entsprechenden Punkt markieren. Unsere Funktion $F(\xi, \eta, \zeta)$ gibt dann die Belegungsdichte des so entstehenden Sternenhimmels an. Kinematisch kann man dieses Bild so entstehen lassen, daß man alle n Moleküle am Ursprung des Geschwindigkeitsraumes vereinigt denkt und sie zur Zeit $t = 0$ jedes mit seiner Geschwindigkeit fortfliegen läßt. Dann gibt die Lage der Moleküle zur Zeit $t = 1$ gerade das Bild der Geschwindigkeitsverteilung.

Ist F bekannt, so können wir die verschiedenen *Mittelwerte* bilden, die wir durch einen Querstrich andeuten. Nach Voraussetzung ist

$$\int\int\int_{-\infty}^{+\infty} F(\xi,\eta,\zeta)\,\mathrm{d}\xi\,\mathrm{d}\eta\,\mathrm{d}\zeta = 1 .$$

Damit wird z. B. der Mittelwert von $\xi^2 = v_x^2$

$$\overline{\xi^2} = \int\int\int_{-\infty}^{+\infty} \xi^2 F\,\mathrm{d}\xi\,\mathrm{d}\eta\,\mathrm{d}\zeta \tag{24.5}$$

und der Mittelwert der kinetischen Energie E_{kin}

$$\overline{E_{kin}} = \int\int\int \frac{m}{2}(\xi^2+\eta^2+\zeta^2)\,F\,\mathrm{d}\xi\,\mathrm{d}\eta\,\mathrm{d}\zeta . \tag{24.5a}$$

Eine andere Beschreibung der Funktion F benutzt den Begriff der Wahrscheinlichkeit, indem man sagt: Greife ich aus den n Molekülen willkürlich eines heraus, so besteht die Wahrscheinlichkeit $F\,\mathrm{d}\xi\,\mathrm{d}\eta\,\mathrm{d}\zeta$ dafür, daß die Geschwindigkeit des herausgegriffenen Moleküls gerade im Intervall (24.3) liegt. Stets ist bei der Erklärung die Angabe des Intervalls $\mathrm{d}\xi\,\mathrm{d}\eta\,\mathrm{d}\zeta$ wesentlich. *Es wäre ganz falsch, zu sagen, $F(\xi,\eta,\zeta)$ sei die Wahrscheinlichkeit dafür, daß ein Molekül gerade die Geschwindigkeit ξ,η,ζ besitzt.* Diese Wahrscheinlichkeit für einen exakt vorgegebenen Zahlenwert ist nämlich immer gleich Null. Erst für ein endliches Intervall besteht eine endliche Wahrscheinlichkeit.

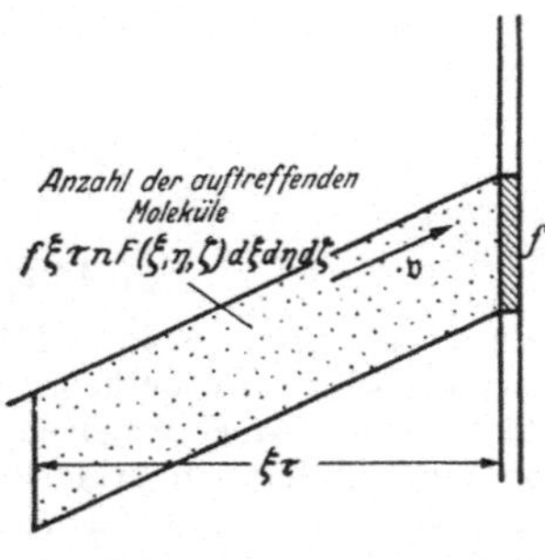

Abb. 46. Die in der Zeit τ auf die Fläche f auftreffenden Moleküle im Geschwindigkeitsintervall ξ, $\mathrm{d}\xi$; η, $\mathrm{d}\eta$; ζ, $\mathrm{d}\zeta$.

Nun können wir die in (24.2) begonnene Berechnung des Druckes leicht zu Ende führen: Zur Auswertung der Summe (24.2) betrachten wir zunächst den Beitrag der hervorgehobenen Moleküle (24.3) zur Gesamtsumme. In der kleinen Zeit τ legen alle diese Moleküle die gerichtete Strecke $\xi\tau$, $\eta\tau$, $\zeta\tau$ zurück. Innerhalb der Zeit τ stoßen also alle diejenigen Moleküle auf f, welche sich zur Zeit 0 in dem schiefen Zylinder mit der Grundfläche f und der Höhe $\xi\tau$ befinden (Abb. 46). Ihre Zahl beträgt $f\xi\tau\, n\, F\,\mathrm{d}\xi\,\mathrm{d}\eta\,\mathrm{d}\zeta$. Jedes dieser Moleküle überträgt bei der Reflexion den Impuls $2m\,\xi$ auf den Stempel. Der Beitrag dieser Moleküle zur rechten Seite in (24.2) ist also $2\,n\,f\,m\,\xi^2\,\tau\,F(\xi,\eta,\zeta)\,\mathrm{d}\xi\,\mathrm{d}\eta\,\mathrm{d}\zeta$. Jetzt können wir über alle auftreffenden Moleküle summieren. Das bedeutet Integration über η und ζ von $-\infty$ bis $+\infty$, über ξ dagegen von 0 bis ∞. Somit resultiert

$$p = 2\,n\,m \int_{\xi=0}^{\infty} \int\int_{-\infty}^{+\infty} \xi^2 F(\xi,\eta,\zeta)\,\mathrm{d}\xi\,\mathrm{d}\eta\,\mathrm{d}\zeta .$$

Ohne nähere Annahmen über die Funktion F kommen wir hier nicht weiter. Wir brauchen aber nur zwei sehr allgemeine Annahmen, um fertig zu werden. Diese sind für ein ruhendes Gas unmittelbar plausibel.

1. F ist symmetrisch in ξ, d. h. nach links gerichtete Geschwindigkeiten kommen ebensooft vor wie nach rechts gerichtete. Wir drücken das aus durch die Forderung

$$F(-\xi) = F(\xi) .$$

Dann wird $2\int_0^{\infty} \xi^2 F\,\mathrm{d}\xi = \int_{-\infty}^{+\infty} \xi^2 F\,\mathrm{d}\xi$. Nach der durch (24.5) erklärten Mittelwertsbildung also

$$p = n\,m\,\overline{\xi^2} .$$

2. F ist kugelsymmetrisch. Die x-Richtung soll nicht vor der y- und z-Richtung ausgezeichnet sein. Dann ist

$$\overline{\xi^2} = \overline{\eta^2} = \overline{\zeta^2} = \tfrac{1}{3}\overline{v^2},$$

wenn $v = \sqrt{\xi^2 + \eta^2 + \zeta^2}$ der Betrag der Geschwindigkeit ist. Damit haben wir

$$p = \tfrac{1}{3} n m \overline{v^2}. \tag{24.6}$$

Das ist ein Ergebnis der reinen Mechanik. Beachtet man, daß

$$u = \tfrac{1}{2} m \overline{v^2} n$$

die ganze in der Volumeinheit enthaltene kinetische Energie der Translation darstellt, so besagt (24.6), daß $p = \frac{2}{3} u$ ist.

Nun gehen wir zur Zustandsgleichung über. Wenn wir jetzt fordern, daß unsere in V eingesperrten N Massenpunkte wirklich ein angemessenes Bild eines idealen Gases darstellen, so muß (24.6) identisch sein mit dessen Zustandsgleichung

$$p = n k T. \tag{24.7}$$

Das besagt aber: Zwischen der mittleren kinetischen Energie eines Moleküls und der Temperatur T muß die Beziehung

$$\tfrac{1}{2} m \overline{v^2} = \tfrac{3}{2} k T \tag{24.8}$$

oder auch für eine Komponente von $\mathfrak{v}$:

$$\tfrac{1}{2} m \overline{\xi^2} = \tfrac{1}{2} k T \tag{24.8a}$$

bestehen. In der Form „*mittlere kinetische Energie eines Freiheitsgrades* $= \frac{1}{2} k T$“ ist dieses Ergebnis der Ausgangspunkt der ganzen mechanischen Wärmetheorie. Tatsächlich ist es hier zum erstenmal gelungen, eine bisher der Wärmelehre eigentümliche Größe, nämlich die Temperatur, auf eine rein mechanisch erklärte Größe zurückzuführen. Das gelingt hier allerdings nur in einem sehr speziellen Fall. Die Verallgemeinerung und Vertiefung dieser Einsicht ist Aufgabe der statistischen Mechanik.

Die experimentelle Prüfung von (24.8): Unser Ergebnis enthält zunächst nur eine notwendige Bedingung dafür, daß unser mechanisch erklärter Punkthaufen sich hinsichtlich der Zustandsgleichung (24.7) wie ein ideales Gas verhält. Wir wissen aber noch gar nicht, ob denn die kinetische Energie auch wirklich den durch (24.8) gegebenen Wert besitzt. Eine direkte Prüfung würde in einer unmittelbaren Messung der Geschwindigkeit oder ihrer x-Komponente ξ bestehen. Das ist tatsächlich möglich mit Hilfe der neuerdings entwickelten Methode der Molekularstrahlen: Man läßt durch ein kleines in der Wand angebrachtes Loch einzelne Moleküle aus dem Gefäß ins Hochvakuum herausfliegen und mißt direkt ihre Geschwindigkeit. Aber schon lange bevor diese raffinierte Versuchstechnik entwickelt war, hatte man bereits eine rein thermische Methode in der Messung der spezifischen Wärme. Wenn nämlich unsere Moleküle keine andere Energie enthalten als diejenige der Translationsbewegung, so wäre ja der ganze Energieinhalt U unserer N Moleküle

$$U = N \tfrac{1}{2} m \overline{v^2},$$

also nach (24.8)

$$U = \tfrac{3}{2} N k T.$$

Die Energie eines Mols wäre also mit $N = L$ (LOSCHMIDTsche Konstante) und $L k = R$

$$U = \tfrac{3}{2} R T.$$

Die spezifische Wärme c_v war aber oben erklärt als $\left(\frac{\partial U}{\partial T}\right)_V$, somit würden wir erhalten $c_v = \frac{3}{2} R$. Wegen $c_p - c_v = R$ ergäbe sich damit

$$\varkappa = \frac{c_p}{c_v} = 1 + \frac{R}{c_v} = 1 + \frac{2}{3}.$$

Unser Bild führt also zwangsläufig zu

$$c_v = \tfrac{3}{2} R, \qquad \varkappa = 1{,}67. \tag{24.9}$$

Diese Werte waren nun zur Zeit ihrer Entdeckung (vor etwa 90 Jahren!) in krassem Widerspruch mit den Messungen an den damals bekannten üblichen Gasen wie H_2, O_2 oder N_2. Diese ergaben

$$c_v = \tfrac{5}{2} R, \qquad \varkappa = 1{,}40. \tag{24.10}$$

Die Aufklärung dieses Widerspruchs führte zu einer wichtigen Einsicht: Die für (24.9) entscheidende Voraussetzung war doch, daß die Energie U nur aus der kinetischen Energie der Translation des Schwerpunktes besteht. Bei den genannten zweiatomigen Molekülen kommt aber noch die Rotation um eine zur Verbindungslinie der beiden Atome senkrechte Achse hinzu. U ist also sicher größer als $\frac{3}{2} RT$. Um wieviel U zu vergrößern ist, können wir mit den hier entwickelten Mitteln nicht entscheiden. Wir bedienen uns daher des erst von der allgemeinen statistischen Mechanik bewiesenen Gleichverteilungssatzes, daß auf *jeden* Freiheitsgrad die kinetische Energie $\frac{1}{2} kT$ entfällt. Die Zahl der Freiheitsgrade ist definiert als die Anzahl der Zahlenangaben, welche zur eindeutigen Festlegung der Konfiguration (einer Momentfotografie) erforderlich sind. Bei einem als starr gedachten zweiatomigen Molekül sind das drei Angaben für die Lage des Schwerpunktes und zwei Angaben für die Richtung der Molekülachse (etwa die geographische Länge und Breite auf einer das Molekül umgebenden Kugel). Wir erhalten dann pro Molekül fünf Freiheitsgrade und damit nach dem Gleichverteilungsgesetz

$$U = \tfrac{5}{2} RT,$$

also für c_v und $\varkappa$ gerade die in (24.10) angegebenen wirklich beobachteten Werte. Dagegen sollten die zuerst errechneten Werte (24.9) für einatomige Gase zu Recht bestehen. Das ist auch tatsächlich der Fall. Das erste derartige Gas, für welches aus der Schallgeschwindigkeit $c_p/c_v = 1{,}67$ gemessen wurde, war Quecksilberdampf. Später kamen die Edelgase (He, Ne, A) hinzu.

Diese in allen Lehrbüchern wiedergegebene Ableitung der Formeln (24.9) und (24.10) für die spezifischen Wärmen von ein- und zweiatomigen Gasen enthält eine grobe Gedankenlosigkeit, auf die man nachdrücklich hinweisen muß. Wir haben bei der obigen Darstellung [Ableitung von (24.6)] die Moleküle als „Massenpunkte" behandelt. Ein Massenpunkt ist aber eine durchaus wirklichkeitsfremde Abstraktion. Wir wissen, daß auch das einzelne Atom ein endliches Gebilde von einem recht komplizierten inneren Aufbau ist. Wenn wir uns schon die Freiheit nehmen, die Bewegungen innerhalb des Atoms zu ignorieren, so sollten wir doch mindestens das Atom als starren Körper behandeln. Ein solcher hat aber notwendig 6 Freiheitsgrade, ganz unabhängig von der speziellen Gestalt, welche wir ihm zuschreiben. Wir bekämen dann nach dem Gleichverteilungssatz mindestens $U = 3RT$, also $c_v = 3R$, in eklatantem Widerspruch zu den Messungen an einatomigen Gasen. Von diesem Gesichtspunkt aus müssen wir das Meßresultat geradezu als eine Katastrophe für die statistische Mechanik ansehen. Tatsächlich findet diese Schwierigkeit ihre Auflösung erst in der Quantentheorie, durch welche der Gleichverteilungssatz eine wesentliche Einschränkung erfährt. Danach erfordert die Anregung eines Rotations-Freiheitsgrades eine ganz bestimmte Mindestenergie. Wenn diese wesentlich größer ist als die thermische Energie kT, so wird der entsprechende Freiheitsgrad überhaupt nicht angeregt, er ist „eingefroren". (Zum Beispiel kann man dem H-Atom — ein Kern und ein Elektron — nur dadurch Rotationsenergie zuführen, daß man das Elektron auf die nächsthöhere Quantenbahn anhebt.) Durch diese Einsicht ist man berechtigt, beim Einzelatom jede Rotation zu ignorieren und beim zweiatomigen Molekül noch die Rotation um die Molekülachse außer acht zu lassen, wie es zur Gewinnung der Formeln (24.9) und (24.10) nötig war. Erst durch die Quantentheorie finden also unsere vorstehenden Betrachtungen ihre nachträgliche Rechtfertigung. In einem mehratomigen Molekül müßten überdies noch die Oszillationen der Atome gegeneinander berücksichtigt werden. Auch deren Vernachlässigung ist nach der Quantentheorie, solange das Schwingungsquantum $h\nu$ groß gegen kT ist, zulässig (s. a. § 4d).

Durch die kinetische Gastheorie werden viele Eigenschaften der Gase unmittelbar verständlich. Wir weisen zunächst hin auf die Unabhängigkeit der Energie vom Volumen (Gay-Lussac-Versuch). Wenn die Moleküle bei dem in Abb. 9 skizzierten Gay-Lussac-Versuch nach Entfernung der Zwischenwand ins Vakuum stürzen, so besteht ja keine Veranlassung für eine Änderung ihrer mittleren kinetischen Energie. Andererseits können wir jetzt auch anschaulich beschreiben, weshalb ein Gas bei einer adiabatischen Expansion kälter werden muß. Zur Durchführung einer solchen Expansion muß man einen das Gas begrenzenden Stempel mit einer (kleinen) Geschwindigkeit w herausziehen (etwa in der x-Richtung). Das hat zur Folge, daß ein mit der Geschwindigkeit ξ auf den Stempel treffendes Molekül jetzt mit der kleineren Geschwindigkeit $\xi - 2w$ reflektiert wird. Jedes auftreffende Molekül verliert also an kinetischer Energie

$$\frac{m}{2}\left(\xi^2 - (\xi - 2w)^2\right) \approx 2m\xi w.$$

Dabei haben wir w als klein gegen ξ angenommen, weil sonst die Expansion nicht reversibel wäre. Setzt man diese Bewegung des Stempels während der kleinen Zeit $\mathrm{d}t$ fort, so hat man dem Gas die Energie $2m\sum'\xi w$ entzogen. $\sum'$ bedeutet Summation über die in $\mathrm{d}t$ erfolgenden Stöße. Nach (24.2) ist aber $2m\sum'\xi = pf\,\mathrm{d}t$. Andererseits ist $fw\,\mathrm{d}t$ gleich der Volumenvergrößerung $\mathrm{d}V$, mithin $2m\sum'\xi w = p\,\mathrm{d}V$. Die Abnahme der kinetischen Energie ist, wie es sein muß, gleich der vom Gas geleisteten mechanischen Arbeit $p\,\mathrm{d}V$.

Zum Abschluß geben wir noch eine äußerst primitive Herleitung unserer Grundgleichung (24.6) an, welche zwar das Problem in unzulässiger Weise vereinfacht, aber zufällig zum richtigen Resultat führt. Nehmen wir nämlich an, alle Moleküle hätten die gleiche Geschwindigkeit v und es seien die Richtungen so verteilt, daß je ein Sechstel aller Moleküle sich genau in den sechs Richtungen $+x$, $-x$, $+y$, $-y$, $+z$, $-z$ bewegen. Auf die Flächeneinheit einer senkrecht zur x-Achse orientierten Wand treffen dann in der Zeit von 0 bis τ alle Moleküle auf, welche zur Zeit 0 im Zylinder mit der Grundfläche 1 und der Höhe $v\tau$ sind und sich in der $+x$-Richtung bewegen. Das sind $\frac{1}{6}nv\tau$. Jedes überträgt den Impuls $2mv$ auf die Wand, so daß im ganzen

$$p\tau = \tfrac{1}{6}nv\tau\cdot 2mv = \tfrac{1}{3}\tau n m v^2$$

wird. Abgesehen davon, daß in (24.6) das dort erklärte Mittel $\overline{v^2}$ an Stelle von v^2 steht, ist das unser früheres Resultat.

§ 25. Die MAXWELLsche Geschwindigkeitsverteilung.

Von der Geschwindigkeitsverteilung $F(\xi, \eta, \zeta)$ haben wir bisher nur vorauszusetzen brauchen, daß sie kugelsymmetrisch sei und daß

$$\frac{m}{2}\overline{\xi^2} = \frac{m}{2}\overline{\eta^2} = \frac{m}{2}\overline{\zeta^2} = \frac{1}{2}kT$$

sei. Die Kugelsymmetrie besagt, daß F nur vom Betrag, nicht aber von der Richtung der Geschwindigkeit abhängt. F ist in Wahrheit nur eine Funktion der einen Variablen $\xi^2 + \eta^2 + \zeta^2$. Die MAXWELLsche Geschwindigkeitsverteilung, welche wir nachher eingehend begründen werden, gibt dieser Funktion die Gestalt

$$F(\xi, \eta, \zeta) = C\, e^{-\beta(\xi^2+\eta^2+\zeta^2)}. \tag{25.1}$$

Wenn man diese Form hat, so ergeben sich die beiden Konstanten C und β aus den Forderungen

$$\int\limits_{-\infty}^{+\infty} F\,\mathrm{d}\xi\,\mathrm{d}\eta\,\mathrm{d}\zeta = 1 \quad \text{und} \quad \frac{m}{2}\overline{\xi^2} = \frac{1}{2}kT. \tag{25.1a}$$

Es wird nämlich nach (25.1)

$$\overline{\xi^2} = \frac{\int\limits_{-\infty}^{+\infty} \xi^2 e^{-\beta\xi^2}\,\mathrm{d}\xi}{\int\limits_{-\infty}^{+\infty} e^{-\beta\xi^2}\,\mathrm{d}\xi} = -\frac{\mathrm{d}}{\mathrm{d}\beta}\ln\int\limits_{-\infty}^{+\infty} e^{-\beta\xi^2}\,\mathrm{d}\xi = -\frac{\mathrm{d}}{\mathrm{d}\beta}\ln\sqrt{\frac{\pi}{\beta}} = \frac{1}{2\beta};$$

denn es ist

$$\int\limits_{-\infty}^{+\infty} e^{-\beta\xi^2}\,\mathrm{d}\xi = \sqrt{\frac{\pi}{\beta}}.$$

Aus (25.1a) folgt

$$\beta = \frac{m}{2kT}, \qquad C = \left(\frac{m}{2\pi kT}\right)^{\frac{3}{2}},$$

also endgültig:

$$F(\xi, \eta, \zeta) = \left(\frac{m}{2\pi kT}\right)^{\frac{3}{2}} e^{-\frac{\frac{m}{2}(\xi^2+\eta^2+\zeta^2)}{kT}}. \tag{25.2}$$

Enthält 1 cm³ des Gases im ganzen n Moleküle, so wird also die Zahl der Moleküle je cm³ im Geschwindigkeitsintervall (24.3)

$$f(\xi, \eta, \zeta)\,\mathrm{d}\xi\,\mathrm{d}\eta\,\mathrm{d}\zeta = n\left(\frac{m}{2\pi kT}\right)^{\frac{3}{2}} e^{-\frac{\frac{m}{2}(\xi^2+\eta^2+\zeta^2)}{kT}}\,\mathrm{d}\xi\,\mathrm{d}\eta\,\mathrm{d}\zeta. \tag{25.2a}$$

Das charakteristische Merkmal der Verteilung (25.2) ist also eine e-Funktion, deren Exponent im Zähler die kinetische Energie, im Nenner dagegen die „thermische Energie" kT enthält. Man könnte jetzt, ausgehend von (25.2), fragen, wie groß die Wahrscheinlichkeit für einen bestimmten Wert von $v = \sqrt{\xi^2 + \eta^2 + \zeta^2}$ oder auch für einen Wert der Energie $E = \frac{m}{2}v^2$ sei. *Es wäre ein ganz grober Fehler,* zu behaupten, diese Wahrscheinlichkeit sei proportional zu $e^{-\frac{mv^2}{2kT}}$ bzw. $e^{-\frac{E}{kT}}$. Denn die Wahrscheinlichkeit für einen bestimmten, arithmetisch scharf gegebenen Wert von v ist immer gleich 0. Wir haben oben schon betont, daß F allein überhaupt keine Bedeutung hat, sondern erst das Produkt $F\,\mathrm{d}\xi\,\mathrm{d}\eta\,\mathrm{d}\zeta$ von F mit einem Intervall im Geschwindigkeitsraum. Daher kann man, wenn man sich für die v-Verteilung interessiert, nur fragen nach einer Wahrscheinlichkeit

$w(v)\,\mathrm{d}v$ dafür, daß v im Intervall v bis $v + \mathrm{d}v$ liegt. Diesem Intervall entspricht im Geschwindigkeitsraum eine Kugelschale, welche von den beiden Kugeln $\xi^2 + \eta^2 + \zeta^2 = v^2$ und $\xi^2 + \eta^2 + \zeta^2 = (v + \mathrm{d}v)^2$ begrenzt wird (Abb. 47). Deren Volumen ist aber $4\pi v^2\,\mathrm{d}v$. Wir bekommen somit

$$w(v)\,\mathrm{d}v = \int\int\int_v^{v+\mathrm{d}v} F(\xi,\eta,\zeta)\,\mathrm{d}\xi\,\mathrm{d}\eta\,\mathrm{d}\zeta = 4\pi C\, e^{-\frac{\frac{m}{2}v^2}{kT}}\, v^2\,\mathrm{d}v\,. \tag{25.3}$$

Es tritt also ein Faktor v^2 zu unserer Funktion hinzu! Obwohl die Dichte F unseres Punkthimmels bei $\xi = \eta = \zeta = 0$ am größten ist, so ist doch $w(v)$ an dieser Stelle gleich Null. Das Volumen der zu $\mathrm{d}v$ gehörigen Kugelschale wächst eben mit v^2 an. Suchen wir dagegen die Wahrscheinlichkeit $b(E)\,\mathrm{d}E$ für das Energieintervall E bis $E + \mathrm{d}E$, so ist zu beachten, daß

$$E = \frac{m}{2}v^2\,, \quad \text{also} \quad v = \sqrt{\frac{2E}{m}}$$

und

$$v^2\,\mathrm{d}v = \frac{1}{2}\left(\frac{2}{m}\right)^{\frac{3}{2}} E^{\frac{1}{2}}\,\mathrm{d}E\,,$$

also ist

$$b(E)\,\mathrm{d}E = \text{const}\, e^{-\frac{E}{kT}} \sqrt{E}\,\mathrm{d}E\,. \tag{25.4}$$

Natürlich muß auch daraus wieder $\overline{E} = \frac{3}{2}kT$ folgen.

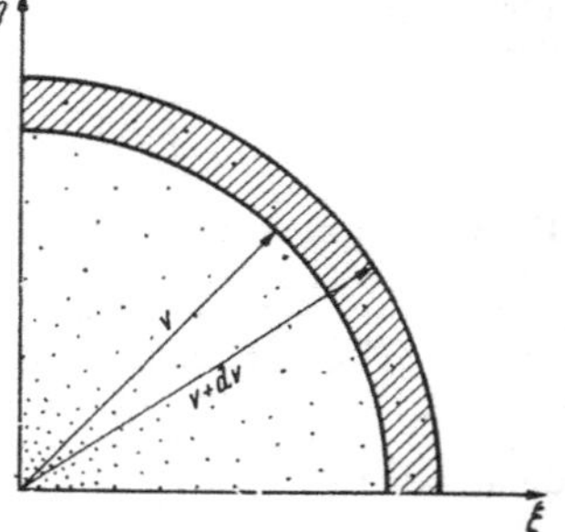

Abb. 47. Das Intervall zwischen v und $v + \mathrm{d}v$ im Geschwindigkeitsraum.

Zu einem höchst lehrreichen Ergebnis führt die folgende Fragestellung: Wir greifen aus unseren N Molekülen nicht eines, sondern eine größere Anzahl, etwa ν, heraus und fragen nach der Wahrscheinlichkeit $b_\nu(E)\,\mathrm{d}E$ dafür, daß deren Gesamtenergie $E = E_1 + E_2 + \cdots E_\nu$ in einem gegebenen Intervall E bis $E + \mathrm{d}E$ liege. Zunächst ist die Wahrscheinlichkeit dafür, daß das erste Molekül in $\mathrm{d}\xi_1\mathrm{d}\eta_1\mathrm{d}\zeta_1$ und gleichzeitig das zweite in $\mathrm{d}\xi_2\mathrm{d}\eta_2\mathrm{d}\zeta_2$ usw. liege, gegeben durch

$$F(\xi_1,\eta_1,\zeta_1)\,\mathrm{d}\xi_1\,\mathrm{d}\eta_1\,\mathrm{d}\zeta_1\,F(\xi_2,\eta_2,\zeta_2)\,\mathrm{d}\xi_2\,\mathrm{d}\eta_2\,\mathrm{d}\zeta_2\ldots F(\xi_\nu,\eta_\nu,\zeta_\nu)\,\mathrm{d}\xi_\nu\,\mathrm{d}\eta_\nu\,\mathrm{d}\zeta_\nu\,.$$

Das ist nach (25.2) proportional zu

$$e^{-\frac{E_1+E_2\cdots+E_\nu}{kT}}\,\mathrm{d}\xi_1\,\mathrm{d}\eta_1,\ldots,\mathrm{d}\zeta_\nu\,.$$

Diesen Ausdruck haben wir im Sinne unserer Fragestellung zu integrieren über alle Werte der 3ν Variabeln ξ_1 bis ζ_ν, für welche die Gesamtenergie

$$E = \frac{m}{2}(\xi_1^2 + \cdots + \zeta_\nu^2)$$

im Intervall E bis $E + \mathrm{d}E$ liegt. Dazu haben wir also das Volumen einer Kugel im 3ν-dimensionalen Raum $\left(\text{Kugelradius } r = \sqrt{\frac{2}{m}}\sqrt{E}\right)$ zu ermitteln (vgl. § 35d). Es ist proportional zu $r^{3\nu}$, in unserem Falle also proportional zu $E^{\frac{3\nu}{2}}$. Durch Differenzieren nach E ergibt sich für das Volumen der Schale $\mathrm{d}E$ also $\text{const}\cdot\frac{3\nu}{2}E^{\frac{3\nu}{2}-1}\,\mathrm{d}E$. Als Antwort erhalten wir somit

$$b_\nu(E)\,\mathrm{d}E = C'\,e^{-\frac{E}{kT}}\,E^{\frac{3\nu}{2}-1}\,\mathrm{d}E\,. \tag{25.5}$$

[Für $\nu = 1$ muß natürlich wieder (25.4) herauskommen.] Es gilt $\overline{E} = \nu\cdot\frac{3}{2}kT$

Für große Werte von ν hat die Funktion $b_\nu(E)$ in (25.5) einen höchst überraschenden Verlauf. Sie besteht aus zwei Faktoren, von denen der erste mit wachsendem E exponentiell gegen Null geht, während der zweite ungeheuer stark anwächst. Um dieses Verhalten bequem zu übersehen, vereinfachen wir die Bezeichnungen etwas und untersuchen die Funktion

$$f(x) = e^{-nx}\, x^n = (e^{-x}\, x)^n .$$

Die hier zur n-ten Potenz erhobene Funktion $e^{-x} x$ hat ihr Maximum bei $x = 1$ und hat hier den Wert e^{-1}. Es ist übersichtlicher, wenn das Maximum gleich 1 ist. Setzen wir also

$$F(x) = e^n f(x) = (e^{-x+1}\, x)^n ,$$

so haben wir eine Funktion, welche für $x = 1$ stets den Wert 1 hat, für jedes von 1 verschiedene x bei großen Werten von n dagegen ungeheuer klein wird.

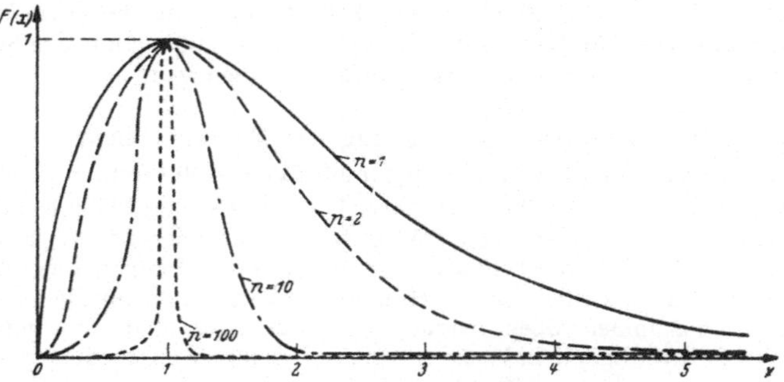

Abb. 48. Die Funktion $F(x) = e^n (e^{-x} x)^n$ für verschiedene Werte von n. Mit $x = \frac{E}{kTn}$ und $n = \frac{3\nu}{2} - 1$ ist F die Energieverteilungsfunktion für ν Moleküle.

Das Maximum von $F(x)$ wird also sehr steil (Abb. 48). Für sehr große n wird F praktisch zu Null, sobald x merklich von 1 verschieden ist. Das Verhalten in der Nähe von $x = 1$ wird noch durchsichtiger, wenn wir $x = 1 + \varepsilon$ setzen und nach ε entwickeln:

$$e^{-x+1}\, x = e^{-\varepsilon}(1+\varepsilon) \approx \left(1 - \varepsilon + \frac{\varepsilon^2}{2}\right)(1+\varepsilon) \approx 1 - \frac{\varepsilon^2}{2} .$$

In der Nähe von $x = 1$ wird also $F(x) \approx \left(1 - \frac{\varepsilon^2}{2}\right)^n \approx e^{-\frac{\varepsilon^2 n}{2}}$.

$F(x)$ ist also bereits auf $\frac{1}{e}$ abgesunken, wenn $\varepsilon = \sqrt{\frac{2}{n}}$ oder $x = 1 \pm \sqrt{\frac{2}{n}}$ ist.

Die Übertragung dieses Resultats auf unsere Gleichung

$$b_\nu(E) = C'\, e^{-\frac{E}{kT}}\, E^{\frac{3\nu}{2} - 1}$$

liegt auf der Hand. Mit der Abkürzung $\frac{3\nu}{2} - 1 = n$ haben wir b_ν in der Form

$$b_\nu(E) = C'(kTn)^n \left\{ e^{-\frac{E}{kTn}} \frac{E}{kTn} \right\}^n \quad \text{zu schreiben und} \quad \frac{E}{kTn} = x$$

zu setzen. $b_\nu(E)$ hat für große ν ein ungeheuer steiles Maximum bei $x = 1$, also bei $E_{\max} = \left(\frac{3\nu}{2} - 1\right) kT$. Das Maximum liegt also etwas tiefer als der Mittelwert $\overline{E} = \frac{3\nu}{2} kT$, was aber bei dem gegenüber $x = 1$ unsymmetrischen Verlauf der Kurve $e^{-x} x$ nicht verwunderlich ist. Die Schärfe des Maximums von $b_\nu(E)$ hat eine für die ganze Wärmelehre grundlegende Bedeutung. Die Thermodynamik beginnt ja mit der Behauptung, daß die Energie eines Gases eine Funktion von V und T sei. Betrachten wir aber nur ein Molekül des Gases von der Temperatur T, so gilt für dessen Energie die sehr breite Verteilungskurve $b(E)$ der Gl. (25.4). Es ist also keine Rede davon, daß durch Vorgabe der Temperatur auch seine Energie gegeben sei. Ähnlich ist es bei einem aus nur wenigen Molekülen bestehenden Gas, welches sich in einem auf T temperierten Gefäß befindet. Wenn wir dagegen zu sehr vielen Molekülen übergehen, etwa $\nu = 10^{20}$, so können wir an Hand des Verlaufes der $b_\nu(E)$-Kurve sagen, daß die Energie praktisch mit Sicherheit den Wert $E = \frac{3\nu}{2} kT$ besitzt. Der Unterschied zwischen $\overline{E}$ und E_{max} spielt dann keine Rolle mehr. Schon die einfache Aussage, die Energie sei eine Funktion der Temperatur, wird erst sinnvoll, wenn das Maximum von $b_\nu(E)$ zu einer nadelscharfen Spitze ausgeartet ist[1]. Dieser Tatbestand ist für die ganze Wärmelehre so charakteristisch, daß wir nachher — im Zusammenhang mit den Schwankungserscheinungen — nochmals darauf zurückkommen werden.

§ 26. Boltzmanns Begründung der Maxwellschen Geschwindigkeitsverteilung und das H-Theorem.

Wir skizzieren zunächst die Idee der Boltzmannschen Überlegung. Es möge zur Zeit $t = 0$ irgendeine von (25.2a) beliebig abweichende Geschwindigkeitsverteilung $f(\xi, \eta, \zeta)$ gegeben sein, die wir uns als Punkthimmel im Geschwindigkeitsraum vorstellen. Dieser Himmel wird dauernd szintillieren. Wenn zwei Moleküle zusammenstoßen, werden sie beide nach dem Zusammenstoß eine andere Geschwindigkeit haben als vorher. Die ihnen zugeordneten Punkte werden also im Augenblick des Zusammenstoßes verschwinden und dafür werden an einer anderen Stelle des Geschwindigkeitsraumes zwei neue Punkte auftauchen. Die Verteilung der Punkte über den Raum wird sich dauernd ändern. Die Verteilung $f(\xi, \eta, \zeta)$ wird also außer von ξ, η, ζ auch noch von t abhängen;

$$f = f(t, \xi, \eta, \zeta) .$$

Zur Ermittlung der Zeitabhängigkeit greifen wir ein bestimmtes Kästchen $d\xi, d\eta, d\zeta$ des Geschwindigkeitsraumes heraus und fragen:

Erstens: Wie viele der in $d\xi\, d\eta\, d\zeta$ enthaltenen Moleküle erleiden innerhalb der kleinen Zeit τ einen Zusammenstoß, so daß sie am Ende der Zeit τ nicht mehr dem Intervall angehören? (Zahl A.)

Zweitens: Wie viele der außerhalb $d\xi\, d\eta\, d\zeta$ befindlichen Moleküle erfahren in τ einen solchen Zusammenstoß, daß sie danach in diesem Intervall liegen? (Zahl B.) Beide Zahlen A und B sind natürlich von der Verteilungsfunktion $f(\xi, \eta, \zeta)$ abhängig. Hat man sie berechnet, so gilt offenbar

$$\{f(t + \tau, \xi, \eta, \zeta) - f(t, \xi, \eta, \zeta)\}\, d\xi\, d\eta\, d\zeta = B - A . \tag{26.1}$$

Damit die Verteilung stationär sei, muß $B = A$ sein. Aus dieser Forderung werden wir die stationäre Verteilung ermitteln. Es kommt alles darauf an, die Wirkung der Zusammenstöße auf die Verteilung im einzelnen zu untersuchen.

Im Interesse einer kürzeren Schreibweise werden wir in diesem Paragraphen häufig $f(\mathfrak{v})$ an Stelle von $f(\xi, \eta, \zeta)$ schreiben, desgleichen $d\mathfrak{v}$ an Stelle von

[1] Die Breite der Verteilung $b_\nu(E)$ wächst mit $\sqrt{\nu}$, wird also absolut genommen sehr groß. Alle Aussagen über Schärfe des Maximums sind Angaben über *relative* Abweichungen (bezogen auf $\overline{E}$), so wie es auch in Abb. 48 dargestellt ist.

$d\xi\, d\eta\, d\zeta$. Ein Integral der Form $\int f(\mathfrak{v})\, d\mathfrak{v}$ bedeutet ein dreifaches Integral $\int f(\xi, \eta, \zeta)\, d\xi\, d\eta\, d\zeta$ über den Geschwindigkeitsraum.

a) Der einzelne Zusammenstoß. Zwei Moleküle mit den Geschwindigkeiten $\mathfrak{v}_1 = \{\xi_1, \eta_1, \zeta_1\}$ und $\mathfrak{v}_2 = \{\xi_2, \eta_2, \zeta_2\}$ mögen so zusammenstoßen, daß sie nach dem Stoß die Geschwindigkeit $\mathfrak{v}_1'$ und $\mathfrak{v}_2'$ besitzen. Während des Stoßvorganges sollen andere als die gegenseitigen Kräfte der beiden Moleküle nicht wirksam sein. Dann können bei gegebenen Werten von $\mathfrak{v}_1$ und $\mathfrak{v}_2$ nur solche Werte für $\mathfrak{v}_1'$ und $\mathfrak{v}_2'$ auftreten, welche den Sätzen der Erhaltung des Impulses und der Energie genügen, d. h. es muß sein: $\mathfrak{v}_1' + \mathfrak{v}_2' = \mathfrak{v}_1 + \mathfrak{v}_2$ und $\frac{m}{2}(\mathfrak{v}_1'^2 + \mathfrak{v}_2'^2) = \frac{m}{2}(\mathfrak{v}_1^2 + \mathfrak{v}_2^2)$.

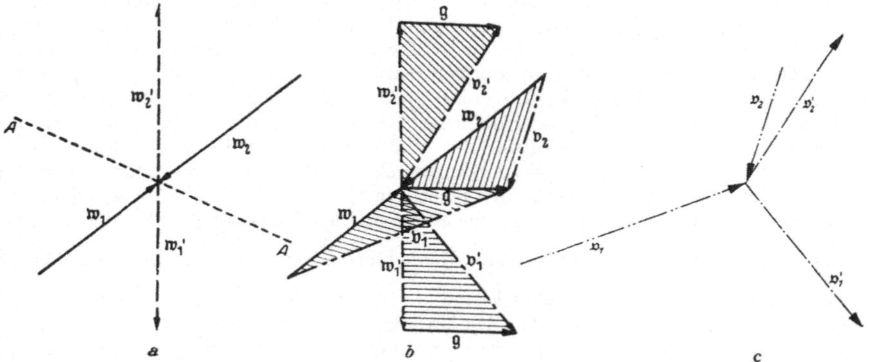

Abb. 49. Zusammenstoß zwischen zwei gleichen Molekülen. — a) beobachtet im Schwerpunktsystem; c) beobachtet in einem dagegen mit $-\mathfrak{g}$ bewegten System; b) Konstruktion zum Übergang von a nach c. AA ist eine Winkelhalbierende.

Für den Übergang von den gestrichenen zu den ungestrichenen Größen existieren also die Invarianten

$$\mathfrak{v}_1 + \mathfrak{v}_2 = \mathfrak{v}_1' + \mathfrak{v}_2' \quad \begin{cases} \xi_1 + \xi_2 = \xi_1' + \xi_2', \\ \eta_1 + \eta_2 = \eta_1' + \eta_2', \\ \zeta_1 + \zeta_2 = \zeta_1' + \zeta_2'; \end{cases} \tag{26.2}$$

$$\mathfrak{v}_1^2 + \mathfrak{v}_2^2 = \mathfrak{v}_1'^2 + \mathfrak{v}_2'^2 \quad \begin{cases} \xi_1^2 + \eta_1^2 + \zeta_1^2 + \xi_2^2 + \eta_2^2 + \zeta_2^2 \\ \qquad = \xi_1'^2 + \eta_1'^2 + \zeta_1'^2 + \xi_2'^2 + \eta_2'^2 + \zeta_2'^2. \end{cases}$$

Für einen Beobachter, welcher sich mit der Geschwindigkeit $\mathfrak{g} = \frac{\mathfrak{v}_1 + \mathfrak{v}_2}{2}$ des Schwerpunktes der beiden Teilchen bewegt, ergibt sich daraus ein sehr einfaches Bild. Bezeichnen wir mit $\mathfrak{w}_1$, $\mathfrak{w}_2$ usw. die von ihm beobachteten Geschwindigkeiten, so ist

$$\mathfrak{w}_1 = \mathfrak{v}_1 - \frac{\mathfrak{v}_1 + \mathfrak{v}_2}{2}, \qquad \mathfrak{w}_2 = \mathfrak{v}_2 - \frac{\mathfrak{v}_1 + \mathfrak{v}_2}{2} \text{ usw.}$$

Nach (26.2) ist dann

$$\mathfrak{w}_1 + \mathfrak{w}_2 = 0, \qquad \mathfrak{w}_1' + \mathfrak{w}_2' = 0, \qquad \mathfrak{w}_1^2 = \mathfrak{w}_2^2 = \mathfrak{w}_1'^2 = \mathfrak{w}_2'^2.$$

Im Schwerpunktsystem sieht jeder Stoß so aus, daß beide Teilchen mit derselben Geschwindigkeit geradlinig aufeinander zufliegen und nachher mit der gleichen Geschwindigkeit in einander entgegengesetzter Richtung davonfliegen. In Abb. 49 ist angedeutet, wie aus diesem einfachen Bild durch Überlagerung irgendeiner Schwerpunktgeschwindigkeit $\mathfrak{g}$ ein kompliziertes Bild des Zusammenstoßes entsteht.

b) Der Stoßzahlenansatz. Zunächst seien in der Volumeneinheit N_1 Moleküle mit der Geschwindigkeit $\mathfrak{v}_1$ und N_2 Moleküle mit $\mathfrak{v}_2$ vorhanden. In einer Zeit τ werden einige von ihnen zusammenstoßen. τ sei so klein gewählt, daß während dieser Zeit die Zahlen N_1 und N_2 noch keine merkliche Veränderung erfahren. Von all diesen in τ erfolgenden Stößen fragen wir speziell nach denjenigen, bei welchen nach dem Stoß die Geschwindigkeit des ersten zwischen $\mathfrak{v}_1'$ und $\mathfrak{v}_1' + d\mathfrak{v}_1'$, diejenige des zweiten zwischen $\mathfrak{v}_2'$ und $\mathfrak{v}_2' + d\mathfrak{v}_2'$ liegt. Die Zahl dieser Stöße sei

$$N_1 N_2 \tau s(\mathfrak{v}_1, \mathfrak{v}_2, \mathfrak{v}_1', \mathfrak{v}_2')\, d\mathfrak{v}_1'\, d\mathfrak{v}_2'. \tag{26.3}$$

Dieser Ansatz muß starkes Befremden erregen, da ja wegen der Bedingung (26.2) die Größen $\mathfrak{v}_1'$ und $\mathfrak{v}_2'$ gar nicht beliebig gewählt werden können, z. B. ist $\mathfrak{v}_2'$ nach (26.2) gleich $\mathfrak{v}_1 + \mathfrak{v}_2 - \mathfrak{v}_1'$, so daß eine Intervallgröße $d\mathfrak{v}_2'$ *neben* $d\mathfrak{v}_1'$ keinen Sinn hat. Zur Beleuchtung dieser Schwierigkeit betrachten wir eine einfachere Aufgabe. Auf der x-Achse befinde sich an einer Stelle $x = a$ eine exakt punktförmige Masse m. Ich habe den Wunsch, diese Art der Belegung durch eine Belegungsdichte $\varrho(x)$ zu beschreiben von der Art, daß $\varrho(x)\,dx$ die auf den Abschnitt dx entfallende Masse bedeutet. Das sieht zunächst hoffnungslos aus, gelingt aber doch durch folgenden Kunstgriff. Ich ersetze in Gedanken die bei a konzentrierte Masse durch eine kontinuierliche Verteilung in der Umgebung von a, so daß $m = \int_{-\infty}^{+\infty} \varrho(x)\,dx$ ist. Die Breite dieser Massenverteilung kann ich kleiner wählen als jede vorgegebene — beliebig kleine — endliche Schranke. Wenn dann dx klein ist gegen diese „Unschärfe" der Massenverteilung, so hat $\varrho(x)\,dx$ wirklich die gewünschte Bedeutung. Da man im Sinne der Integralrechnung nachher doch zum Limes $dx \to 0$ übergeht, so ist der hier als Kunstgriff eingeführten Unschärfe keine untere Grenze gesetzt. In diesem Sinne lassen wir auch an den Energie- und Impulsbedingungen eine kleine Unschärfe zu, in dem Sinne, daß $s(\mathfrak{v}_1, \mathfrak{v}_2, \mathfrak{v}_1', \mathfrak{v}_2')$ zu 0 wird, wenn die zwölf Argumente dieser Funktion „merklich" von den Bedingungen (26.2) abweichen, im übrigen s aber eine durchaus stetige Funktion insbesondere von $\mathfrak{v}_1'$ und $\mathfrak{v}_2'$ wird. Physikalisch ist natürlich von einer Aufgabe der Gl. (26.2) nicht die Rede, da ja die Unschärfe unter jede angebbare endliche Schranke gedrückt werden kann.

Die so in (26.3) erklärte Funktion s befriedigt jetzt zwei Relationen, die für alles Weitere entscheidend sind. Die erste besagt, daß

$$s(\mathfrak{v}_1, \mathfrak{v}_2, \mathfrak{v}_1', \mathfrak{v}_2') = s(\mathfrak{v}_2, \mathfrak{v}_1, \mathfrak{v}_2', \mathfrak{v}_1') \tag{26.4}$$

ist, daß also s sich nicht ändert, wenn man gleichzeitig $\mathfrak{v}_1$ mit $\mathfrak{v}_2$ und $\mathfrak{v}_1'$ mit $\mathfrak{v}_2'$ vertauscht. Das folgt unmittelbar aus der Definition, da wir mit diesen Vertauschungen nur die Bezeichnung der Teilchen geändert haben. Wesentlich schwieriger ist der Beweis der zweiten Relation

$$s(\mathfrak{v}_1, \mathfrak{v}_2, \mathfrak{v}_1', \mathfrak{v}_2') = s(\mathfrak{v}_1', \mathfrak{v}_2', \mathfrak{v}_1, \mathfrak{v}_2), \tag{26.5}$$

welche behauptet, daß s sich nicht ändert, wenn man die gestrichenen und ungestrichenen $\mathfrak{v}$-Werte vertauscht.

Zum Beweis von (26.5) denken wir uns erstens einen Beobachter, der sich selbst mit einer Geschwindigkeit $\mathfrak{g}$ bewegt und die Stöße (26.3) zählt. Er muß natürlich dieselbe Anzahl erhalten. Für ihn sind aber alle vier Geschwindigkeiten geändert, statt $\mathfrak{v}_1$ beobachtet er $\mathfrak{v}_1 - \mathfrak{g}$ usw., während die Intervalle $d\mathfrak{v}_1'$, $d\mathfrak{v}_2'$ für ihn dieselbe Größe behalten. Also muß gelten

$$s(\mathfrak{v}_1, \mathfrak{v}_2, \mathfrak{v}_1', \mathfrak{v}_2') = s(\mathfrak{v}_1 - \mathfrak{g}, \mathfrak{v}_2 - \mathfrak{g}, \mathfrak{v}_1' - \mathfrak{g}, \mathfrak{v}_2' - \mathfrak{g}).$$

Zweitens denken wir uns einen Beobachter, dessen Achsenkreuz gegen das ursprüngliche irgendwie gedreht ist. Anstatt $\mathfrak{v}_1$ mißt er etwa eine Geschwindigkeit $\alpha\,\mathfrak{v}_1$, wo α symbolisch eine Drehung des Vektors andeuten soll. Auch für ihn erfahren die Intervallgrößen $d\mathfrak{v}_1'$, $d\mathfrak{v}_2'$ keine Veränderung, auch nicht die Zahl der Stöße. Also wird auch

$$s(\mathfrak{v}_1, \mathfrak{v}_2, \mathfrak{v}_1', \mathfrak{v}_2') = s(\alpha\,\mathfrak{v}_1, \alpha\,\mathfrak{v}_2, \alpha\,\mathfrak{v}_1', \alpha\,\mathfrak{v}_2')\,.$$

Jetzt erfolgt der Beweis von (26.5) durch eine dreifache Umformung von s. Wir gehen zunächst zu einem mit der Schwerpunktgeschwindigkeit $\mathfrak{g} = \frac{\mathfrak{v}_1 + \mathfrak{v}_2}{2}$ bewegten Koordinatensystem über und erhalten

$$s(\mathfrak{v}_1, \mathfrak{v}_2, \mathfrak{v}_1', \mathfrak{v}_2') = s(\mathfrak{w}_1, \mathfrak{w}_2, \mathfrak{w}_1', \mathfrak{w}_2')\,,$$

wo nun die $\mathfrak{w}$ die einfache Lage der Abb. 49a haben. Nunmehr drehen wir das Koordinatensystem um die Gerade A—A (Winkelhalbierende von $\mathfrak{w}_1$ und $\mathfrak{w}_2'$) als Achse um einen Winkel von 180°. Dabei geht $\mathfrak{w}_1$ in $\mathfrak{w}_1'$, $\mathfrak{w}_2$ in $\mathfrak{w}_2'$ usw. über, so daß als Resultat der Drehung

$$\alpha\,\mathfrak{w}_1 = \mathfrak{w}_1'\,, \qquad \alpha\,\mathfrak{w}_2 = \mathfrak{w}_2'\,, \qquad \alpha\,\mathfrak{w}_1' = \mathfrak{w}_1\,, \qquad \alpha\,\mathfrak{w}_2' = \mathfrak{w}_2$$

wird. Somit

$$s(\mathfrak{w}_1, \mathfrak{w}_2, \mathfrak{w}_1', \mathfrak{w}_2') = s(\mathfrak{w}_1', \mathfrak{w}_2', \mathfrak{w}_1, \mathfrak{w}_2)\,.$$

Gehen wir jetzt — das ist die dritte Umformung — unter Hinzufügung von $\mathfrak{g} = \frac{\mathfrak{v}_1 + \mathfrak{v}_2}{2}$ wieder zum ursprünglichen Koordinatensystem zurück, so haben wir als Resultat die Relation (26.5) vor uns, welche damit ebenfalls bewiesen ist.

c) Die Berechnung der Stoßzahlen A und B in (26.1). $f(\mathfrak{v}_1, t)\,d\mathfrak{v}_1$ sei die Zahl der Moleküle im Geschwindigkeitsintervall $\mathfrak{v}_1$ bis $\mathfrak{v}_1 + d\mathfrak{v}_1$. Mit A bezeichnen wir die Zahl derjenigen unter ihnen, welche in der Zeit τ durch Zusammenstöße mit anderen Molekülen aus diesem Intervall herausgeworfen werden; das sind aber alle diejenigen von den $f(\mathfrak{v}_1, t)\,d\mathfrak{v}_1$, welche innerhalb τ überhaupt einen Zusammenstoß erleiden. Diese können wir direkt aus (26.3) entnehmen, wenn wir dort N_1 durch $f(\mathfrak{v}_1)\,d\mathfrak{v}_1$ und N_2 durch $f(\mathfrak{v}_2)\,d\mathfrak{v}_2$ ersetzen und dann über alle $d\mathfrak{v}_1'\,d\mathfrak{v}_2'$ und $d\mathfrak{v}_2$ integrieren. Also

$$A = \tau\,d\mathfrak{v}_1 \int \cdots \int f(\mathfrak{v}_1)\,f(\mathfrak{v}_2)\,s(\mathfrak{v}_1, \mathfrak{v}_2, \mathfrak{v}_1', \mathfrak{v}_2')\,d\mathfrak{v}_2\,d\mathfrak{v}_1'\,d\mathfrak{v}_2'\,.$$

Mit B bezeichneten wir die Zahl derjenigen Stöße innerhalb τ, welche so erfolgen, daß nach dem Stoß einer der beiden Partner sich im Intervall $\mathfrak{v}_1, d\mathfrak{v}_1$ befindet. Die Zahl der Stöße, bei denen zwei Partner aus den Intervallen $\mathfrak{v}_1', d\mathfrak{v}_1'$ bzw. $\mathfrak{v}_2', d\mathfrak{v}_2'$ in die Intervalle $\mathfrak{v}_1, d\mathfrak{v}_1$ bzw. $\mathfrak{v}_2, d\mathfrak{v}_2$ geraten, ist gegeben durch

$$\tau\,f(\mathfrak{v}_1')\,d\mathfrak{v}_1'\,f(\mathfrak{v}_2')\,d\mathfrak{v}_2'\,s(\mathfrak{v}_1', \mathfrak{v}_2', \mathfrak{v}_1, \mathfrak{v}_2)\,d\mathfrak{v}_1\,d\mathfrak{v}_2\,.$$

Daraus erhalten wir durch Integration über $\mathfrak{v}_2$, $\mathfrak{v}_1'$ und $\mathfrak{v}_2'$ die Zahl

$$B = \tau\,d\mathfrak{v}_1 \int \cdots \int f(\mathfrak{v}_1')\,f(\mathfrak{v}_2')\,s(\mathfrak{v}_1', \mathfrak{v}_2', \mathfrak{v}_1, \mathfrak{v}_2)\,d\mathfrak{v}_2\,d\mathfrak{v}_1'\,d\mathfrak{v}_2'\,.$$

Nach (26.1) ist

$$f(\mathfrak{v}_1, t + \tau)\,d\mathfrak{v}_1 - f(\mathfrak{v}_1, t)\,d\mathfrak{v}_1 = B - A\,.$$

Wenn wir jetzt von der fundamentalen Gleichung (26.5) Gebrauch machen, so haben wir nach Division durch $\tau\,d\mathfrak{v}_1$ im $\lim \tau \to 0$

$$\frac{\partial f(\mathfrak{v}_1, t)}{\partial t} = -\iiint d\mathfrak{v}_2\,d\mathfrak{v}_1'\,d\mathfrak{v}_2' \{f(\mathfrak{v}_1)\,f(\mathfrak{v}_2) - f(\mathfrak{v}_1')\,f(\mathfrak{v}_2')\}\,s(\mathfrak{v}_1, \mathfrak{v}_2, \mathfrak{v}_1', \mathfrak{v}_2')\,. \qquad (26.6)$$

d) Die Geschwindigkeitsverteilung. Nach (26.6) ist die Verteilung $f(\mathfrak{v}_1)$ sicher dann stationär, wenn

$$f(\mathfrak{v}_1)\, f(\mathfrak{v}_2) = f(\mathfrak{v}_1')\, f(\mathfrak{v}_2') \tag{26.7}$$

ist für alle Werte $\mathfrak{v}_1, \mathfrak{v}_2, \mathfrak{v}_1', \mathfrak{v}_2'$, welche den Energie-Impuls-Bedingungen genügen. (Für davon abweichende Werte der vier Geschwindigkeiten besorgt ja die Funktion s das Verschwinden des Integranden.) Wir werden nachher zeigen, daß (26.7) zum Gleichgewicht auch notwendig ist. Zunächst wollen wir (26.7) zur Ermittlung von $f(\mathfrak{v})$ ausnutzen. Nach (26.2) sind die Invarianten

$$\begin{aligned} p_x &= \xi_1 + \xi_2, \\ p_y &= \eta_1 + \eta_2, \\ p_z &= \zeta_1 + \zeta_2, \\ E &= \xi_1^2 + \eta_1^2 + \zeta_1^2 + \xi_2^2 + \eta_2^2 + \zeta_2^2 \end{aligned}$$

vier Kombinationen aus $\mathfrak{v}_1$ und $\mathfrak{v}_2$, welche sich beim Übergang zu den gestrichenen Größen nicht ändern. (26.7) ist also sicher erfüllt, wenn das Produkt $f(\mathfrak{v}_1) f(\mathfrak{v}_2)$ sich als Funktion dieser vier Invarianten schreiben läßt:

$$f(\xi_1, \eta_1, \zeta_1)\, f(\xi_2, \eta_2, \zeta_2) = F(p_x, p_y, p_z, E)\,. \tag{26.8}$$

Eine nicht durch die vier Invarianten ausdrückbare Größe darf aber auch in F nicht vorkommen, weil dann nach (26.7) auch diese neue Größe beim Stoß konstant bleiben müßte. Das würde aber das Vorhandensein einer fünften Invarianten bedeuten, welche nicht existiert, da alle mit der Invarianz von $\mathfrak{p}$ und E verträglichen Stöße auch wirklich vorkommen.

Bilden wir nun von (26.8) den Logarithmus, so steht links die Summe $\ln(f(\mathfrak{v}_1)) + \ln(f(\mathfrak{v}_2))$, wo der erste Summand nur von $\mathfrak{v}_1$, der zweite nur von $\mathfrak{v}_2$ abhängt. Das ist aber auf der rechten Seite nur dann der Fall, wenn $\ln F$ linear in p_x, p_y, p_z und E ist. Damit ist aber unser Problem gelöst. Mit fünf willkürlichen Konstanten a, b, c, β, C' muß sein

$$\ln f(\xi, \eta, \zeta) = a\xi + b\eta + c\zeta - \beta(\xi^2 + \eta^2 + \zeta^2) + C'\,.$$

Durch eine andere Verfügung über die fünf Konstanten kann man auch schreiben

$$\ln f = -\beta\{(\xi - u)^2 + (\eta - v)^2 + (\zeta - w)^2\} + C''\,.$$

Also

$$f(\xi, \eta, \zeta) = C\, e^{-\beta[(\xi-u)^2+(\eta-v)^2+(\zeta-w)^2]}\,. \tag{26.9}$$

Die physikalische Bedeutung dieser fünf Konstanten C, u, v, w, β ist diese: Die Größen u, v, w sind die Komponenten der mittleren Geschwindigkeit. Denn aus (26.9) folgt

$$\bar{\xi} = u, \qquad \bar{\eta} = v, \qquad \bar{\zeta} = w\,.$$

Für einen mit dieser Geschwindigkeit mitbewegten Beobachter ruht das Gas als Ganzes. Für ihn sind $u = 0$, $v = 0$, $w = 0$ und

$$f(\xi, \eta, \zeta) = C\, e^{-\beta(\xi^2+\eta^2+\zeta^2)}\,.$$

Das ist aber gerade die in (25.2a) angegebene Maxwellsche Verteilung der Temperatur T, wenn

$$C = n \sqrt{\frac{m}{2\pi k T}}^{\,3}, \qquad \beta = \frac{m}{2kT}$$

gewählt wird.

e) Boltzmanns H-Theorem. Zum Schluß zeigen wir nach einer sehr geistvollen Überlegung Boltzmanns, daß die Gl. (26.7) wirklich für ein Gleichgewicht notwendig ist. Dazu betrachten wir die zeitliche Änderung der Größe

$$H = \int \mathrm{d}\mathfrak{v}_1 f(\mathfrak{v}_1) \ln f(\mathfrak{v}_1) .$$

Es ist

$$\frac{\partial}{\partial t}[f(\mathfrak{v}) \ln f(\mathfrak{v})] = \frac{\partial f}{\partial t} \ln f + \frac{\partial f}{\partial t} .$$

Nun ist die Gesamtzahl der Teilchen konstant, d. h.

$$\frac{\mathrm{d}}{\mathrm{d}t}\int f(\mathfrak{v})\,\mathrm{d}\mathfrak{v} = \int \frac{\partial f}{\partial t}\,\mathrm{d}\mathfrak{v} = 0 .$$

Somit wird

$$\frac{\mathrm{d}H}{\mathrm{d}t} = \int \mathrm{d}\mathfrak{v}_1 \frac{\partial f(\mathfrak{v}_1)}{\partial t} \ln f(\mathfrak{v}_1) .$$

Mit $\partial f/\partial t$ aus (26.6) erhalten wir

$$\frac{\mathrm{d}H}{\mathrm{d}t} = -\int \mathrm{d}\mathfrak{v}_1\,\mathrm{d}\mathfrak{v}_2\,\mathrm{d}\mathfrak{v}_1'\,\mathrm{d}\mathfrak{v}_2' \ln f(\mathfrak{v}_1) \{f(\mathfrak{v}_1) f(\mathfrak{v}_2) - f(\mathfrak{v}_1') f(\mathfrak{v}_2')\}\, s(\mathfrak{v}_1, \mathfrak{v}_2, \mathfrak{v}_1', \mathfrak{v}_2') .$$

Diese Gleichung schreiben wir noch dreimal mit anderer Bezeichnung der Integrationsvariabeln hin, und zwar, indem wir

1. $\mathfrak{v}_1$ mit $\mathfrak{v}_2$ und gleichzeitig $\mathfrak{v}_1'$ mit $\mathfrak{v}_2'$,
2. $\mathfrak{v}_1$ mit $\mathfrak{v}_1'$ und gleichzeitig $\mathfrak{v}_2$ mit $\mathfrak{v}_2'$,
3. $\mathfrak{v}_1$ mit $\mathfrak{v}_2'$ und gleichzeitig $\mathfrak{v}_2$ mit $\mathfrak{v}_1'$

vertauschen. Dabei ändert sich nach (26.4) und (26.5) die Funktion s nicht, während in den Fällen 2 und 3 die Klammer $\{\ldots\}$ ihr Vorzeichen wechselt. Wenn wir nun alle vier Gleichungen addieren, so bekommen wir

$$\begin{aligned} 4\frac{\mathrm{d}H}{\mathrm{d}t} = &-\int \mathrm{d}\mathfrak{v}_1\,\mathrm{d}\mathfrak{v}_2\,\mathrm{d}\mathfrak{v}_1'\,\mathrm{d}\mathfrak{v}_2' \{\ln(f(\mathfrak{v}_1) f(\mathfrak{v}_2)) - \ln(f(\mathfrak{v}_2') f(\mathfrak{v}_1'))\} \times \\ &\times \{f(\mathfrak{v}_1) f(\mathfrak{v}_2) - f(\mathfrak{v}_2') f(\mathfrak{v}_1')\}\, s(\mathfrak{v}_1, \mathfrak{v}_2, \mathfrak{v}_1', \mathfrak{v}_2') . \end{aligned} \tag{26.10}$$

Der Witz dieser eigentümlichen Rechnung liegt nun darin, daß der Integrand rechter Hand niemals negativ werden kann. Denn für irgend zwei reelle positive Größen x und y hat $\ln x - \ln y$ stets dasselbe Vorzeichen wie $x - y$. Die Größe H muß daher notwendig abnehmen, solange die Gl. (26.7) für irgendeinen der durch (26.2) erlaubten Werte von $\mathfrak{v}_1, \mathfrak{v}_2, \mathfrak{v}_1', \mathfrak{v}_2'$ verletzt ist. Die Stöße müssen also, wenn wir von einer beliebigen Verteilung ausgehen, schließlich dazu führen, daß sich die Verteilung (26.9) herstellt. Erst dann hat die Größe H einen konstanten Wert erreicht und erst dann ist der Vorgang stationär. Das ist der Inhalt von Boltzmanns H-Theorem.

f) Das Vorzeichen der Zeit. Das Boltzmannsche H-Theorem scheint ein äußerst merkwürdiges Paradoxon zu enthalten, welches zu vielen Kontroversen Veranlassung gab. Die Gasmoleküle sind ein mechanisches System, dessen Konfiguration sich gemäß den Gleichungen

$$m\ddot{x}_i = -\frac{\partial}{\partial x_i} U(x_1, \ldots, x_n, \ldots)$$

zeitlich verändert. Diese Gleichungen enthalten nur den zweiten, nicht aber den ersten Differentialquotienten nach der Zeit. Wenn also $x_i(t)$ eine Lösung ist, d. h. eine mögliche Bewegung des ganzen Systems, so ist $x_i(-t)$ auch eine Lösung. Anschaulich bedeutet das: Wenn man in einem bestimmten Augenblick die Geschwindigkeiten aller Moleküle umkehren würde (gemäß einem Kommando „Kehrt marsch!"), so würde das System alle früheren Zustände in genau umgekehrter Richtung durchlaufen. Hätte man etwa den Ablauf kinematographisch aufgenommen, würde der erhaltene Film sowohl bei Vorwärts- wie auch bei Rückwärtsablauf einen mit den Grundgesetzen der Mechanik verträglichen Vorgang beschreiben. Wenn also irgend zwei zu verschiedenen Zeiten aufgenommene Momentaufnahmen vorgelegt sind, so ist es grundsätzlich unmöglich zu entscheiden, welche von beiden die frühere und welche die spätere ist. Und nun haben wir im H-Theorem, ausgehend von den einfachen rein mechanischen Gleichungen des Stoßes zweier Kraftzentren, eine Größe entdeckt, welche sich einsinnig mit der Zeit ändert. Durch Messung der Größe H können wir eindeutig zwischen Vergangenheit und Zukunft entscheiden. Die Lösung dieses Paradoxons liegt in der Erkenntnis, daß wir uns zur Ableitung des H-Theorems nicht allein auf die Mechanik gestützt haben, sondern außerdem den Stoßzahlenansatz (26.3) über die Zahl der innerhalb τ erfolgenden Stöße zugrunde gelegt haben. Bei der Unregelmäßigkeit der Molekülbewegung wird es immer wieder vorkommen, daß gelegentlich innerhalb τ viel mehr und gelegentlich auch weniger Stöße auftreten. Durch (26.3) haben wir tatsächlich ein statistisches Element in die Rechnung hineingebracht. Diese Gleichung ist genauer so zu lesen: Wenn man die von der Gl. (26.3) beschriebene Zählung mit den N_1 und N_2 Molekülen der Geschwindigkeiten $\mathfrak{v}_1$ und $\mathfrak{v}_2$ sehr oft wiederholt, so findet man als Mittel aller Zählungen das Resultat (26.3). Und in diesem Sinne beansprucht auch das H-Theorem nur im Mittel strenge Gültigkeit. In der statistischen Mechanik wird eingehend gezeigt, daß die Größe H in der erdrückenden Mehrzahl der Fälle abnimmt.

g) Boltzmann-Gleichung und Schallgeschwindigkeit. Wir wollen ein besonders einfaches Beispiel betrachten, in dem die Verteilung $f(\boldsymbol{x}, \boldsymbol{v}, t)$ nicht nur von der Geschwindigkeit $\boldsymbol{v} = (\xi, \eta, \zeta)$, sondern auch vom Ort $\boldsymbol{x} = (x, y, z)$ abhängt. $f(\boldsymbol{x}, \boldsymbol{v}, t)\,\mathrm{d}\boldsymbol{x}\,\mathrm{d}\boldsymbol{v}$ ist die Zahl der Moleküle in $\mathrm{d}\boldsymbol{x}\,\mathrm{d}\boldsymbol{v}$. Mit dieser Verteilung wollen wir die Schallgeschwindigkeit aus § 4c erneut berechnen, wobei wir nun in der Lage sind zu entscheiden, ob diese Schallgeschwindigkeit durch $w = \sqrt{\varkappa\, k T/m}$ bestimmt ist, wie es ein adiabatisches Verhalten erfordert, oder nicht.
Die Boltzmann-Gleichung (26.1) lautet in diesem Fall

$$\frac{\partial f}{\partial t} + \boldsymbol{v} \cdot \operatorname{grad} f = B(\boldsymbol{x}) - A(\boldsymbol{x}), \tag{26.11}$$

wo die Stoßterme den obigen entsprechen; der zweite Term der linken Seite ist ein Konvektionsterm, der bei räumlich variierenden Verteilungen auftritt. In einem Volumenelement $\mathrm{d}\boldsymbol{x}$ ändert sich die Teilchenzahl $f(\boldsymbol{x}, \boldsymbol{v})\,\mathrm{d}\boldsymbol{x}\,\mathrm{d}\boldsymbol{v}$ nicht nur durch Stöße, sondern auch, weil Teilchen das Volumen $\mathrm{d}\boldsymbol{x}$ verlassen bzw. neu bevölkern. So treten etwa in der Zeiteinheit $f(x, \boldsymbol{v}) \cdot v_x \cdot \mathrm{d}y\,\mathrm{d}z$ Teilchen durch eine Fläche $x = \text{const.}$ in das Volumelement $\mathrm{d}\boldsymbol{x}$ ein, während $f(x + \mathrm{d}x, \boldsymbol{v}) \cdot v_x \cdot \mathrm{d}y\,\mathrm{d}z$ Teilchen durch $x + \mathrm{d}x = \text{const.}$ austreten. Die Differenz ist $-v_x \frac{\partial f}{\partial x}\mathrm{d}x\,\mathrm{d}y\,\mathrm{d}z$; die anderen Flächen liefern entsprechend $-v_y \frac{\partial f}{\partial y}\,\mathrm{d}\boldsymbol{x}$ und $-v_z \frac{\partial f}{\partial z}\,\mathrm{d}\boldsymbol{x}$; also ist die Änderung von f durch Konvektion allein

$$\frac{\partial f}{\partial t} = -\boldsymbol{v} \cdot \operatorname{grad} f.$$

Hinzu kommen die Stoßterme aus (26.11).

Die Teilchendichte ist dann

$$n(\boldsymbol{x}, t) = \int f(\boldsymbol{x}, \boldsymbol{v}, t)\,\mathrm{d}\boldsymbol{v},$$

und die Teilchenstromdichte

$$\boldsymbol{j}(\boldsymbol{x}, t) = \int \boldsymbol{v} \cdot f(\boldsymbol{x}, \boldsymbol{v}, t)\,\mathrm{d}\boldsymbol{v} = n(\boldsymbol{x}, t) \cdot \boldsymbol{u}(\boldsymbol{x}, t)$$

mit der mittleren Driftgeschwindigkeit

$$\boldsymbol{u} = \frac{\int \boldsymbol{v} f \,\mathrm{d}\boldsymbol{x}}{\int f \,\mathrm{d}\boldsymbol{x}}.$$

Entsprechend ist die Dichte der kinetischen Energie

$$\varepsilon(\boldsymbol{x}, t) = \tfrac{1}{2}\, m \int v^2 f \,\mathrm{d}\boldsymbol{v} = n \cdot \tfrac{1}{2}\, m \overline{v^2}$$

definiert.

Aus der Diskussion der Molekül-Stöße hat sich ergeben, daß Energie und Impuls bei diesen Stößen erhalten bleiben, d.h. $\boldsymbol{j}$ und ε werden durch die Stoßterme A und B nicht beeinflußt. Ferner können wir im allgemeinen davon ausgehen, daß die Teilchenzahl ebenfalls erhalten bleibt (vgl. aber unten). Für die Erhaltungsgrößen $n, \boldsymbol{j}, \varepsilon$ erhalten wir durch Integration von (26.11) folgende Gleichungen:

$$\int (26.11)\,\mathrm{d}\boldsymbol{v} \quad \Rightarrow \frac{\partial n}{\partial t} + \sum_{l=1}^{3} \frac{\partial j_l}{\partial x_l} = 0, \tag{26.12a}$$

$$\int (26.11)\, v_l \mathrm{d}\boldsymbol{v} \quad \Rightarrow \frac{\partial j_l}{\partial t} + \sum_{i=1}^{3} \frac{\partial}{\partial x_i} n\, \overline{v_l v_i} = 0, \tag{26.12b}$$

$$\int (26.11)\, \frac{m}{2} v^2 \mathrm{d}\boldsymbol{v} \Rightarrow \frac{\partial \varepsilon}{\partial t} + \sum_{i=1}^{3} \frac{\partial}{\partial x_i} n \frac{m}{2} \overline{v^2 v_i} = 0. \tag{26.12c}$$

Bei diesen Integrationen kompensieren sich die Stoßterme A und B; dies kann mathematisch aus den Symmetrien der Stoßfunktion s (26.3) und der Energie-Impuls-Erhaltung abgeleitet werden. Für die weitere Diskussion nehmen wir an, daß wir lokal MAXWELL-Verteilungen vorliegen haben, also

$$f(\boldsymbol{x}, \boldsymbol{v}, t) = n(\boldsymbol{x}, t) \cdot C(T) \cdot \exp\left\{- \frac{m[v - \boldsymbol{u}(\boldsymbol{x}, t)]^2}{2\,k\,T(\boldsymbol{x}, t)}\right\}, \tag{26.13}$$

wobei die raum-zeitlichen Variationen gegenüber den stationären Werten n_0, T_0 nur gering sind:

$$n = n_0 + \nu(\boldsymbol{x}, t)\,; \quad T = T_0 + \vartheta(\boldsymbol{x}, t)\,; \frac{m}{2} u^2 \ll \frac{3}{2} k T_0. \tag{26.14}$$

In (26.12) vernachlässigen wir alle Terme höherer Ordnung ($\geqq 2$) in ν, ϑ und $\boldsymbol{u}$ und erhalten mit $\overline{v_l} = u_l$;

$$\overline{v_i v_l} = \frac{kT}{m} \delta_{il} + u^2\text{-Terme}; \qquad \overline{v^2 \cdot v_i} \approx u_i \cdot 5kT/m$$

$$\frac{\partial \nu}{\partial t} + \sum_l n_0 \frac{\partial u_l}{\partial x_l} = 0, \tag{26.15a}$$

$$n_0 \frac{\partial u_l}{\partial t} + \frac{\partial}{\partial x_l} n \frac{kT}{m} = 0, \tag{26.15b}$$

$$\frac{\partial}{\partial t} n \frac{3kT}{2} + \sum_l \frac{\partial}{\partial x_l} n_0 u_l \frac{5kT_0}{2} = 0. \tag{26.15c}$$

Aus (26.15a, b) erhalten wir mit (26.14) und $\Delta = \sum_{i=1}^{3} \frac{\partial^2}{\partial x_i^2}$

$$\frac{\partial^2\nu}{\partial t^2} - \frac{kT_0}{m}\Delta\nu - \frac{n_0 k}{m}\Delta\vartheta = 0. \tag{26.16}$$

Lägen isotherme Vorgänge ($\Delta\vartheta = 0$) vor, so wäre (**26.16**) eine Wellengleichung für Dichteänderungen mit der isothermen Schallgeschwindigkeit $c_{is}^2 = kT_0/m$. Dabei ist aber keine Energieerhaltung (**26.15**c) gewährleistet. Die Energieerhaltung (**26.15**c) liefert nun mit (**26.15**a) und **26.14**)

$$\frac{\partial}{\partial t}\left(n_0\vartheta - \frac{2T_0}{3}\nu\right) = 0,$$

bzw. wenn wir vom Gleichgewicht $\vartheta = 0$, $\nu = 0$ ausgehen,

$$n_0\vartheta = 2T_0\nu/3, \tag{26.17}$$

unabhängig von der Zeit. Mit $\nu = \mathrm{d}n$, $\vartheta = \mathrm{d}T$ ist (26.17) zu

$$3n\cdot \mathrm{d}T = 2T\cdot \mathrm{d}n \text{ oder } \mathrm{T}\cdot n^{-2/3} = \text{const.} \tag{26.17a}$$

äquivalent. Das ist aber genau die Adiabatenbedingung aus § **4d** für ein einatomiges Gas, d.h. der Energiesatz (**26.15**a) gewährleistet adiabatisches Verhalten der Dichtewellen. Mit (**26.17**) folgt aus (**26.16**) die Wellengleichung

$$\frac{\partial^2\nu}{\partial t^2} - \frac{5kT_0}{3m}\Delta\nu = 0 \tag{26.18}$$

mit der adiabatischen Schallgeschwindigkeit $c_{ad}^2 = 5kT_0/3m$. Das adiabatische Verhalten setzt Teilchenzahl- und Energieerhaltung voraus. Es muß aber betont werden, daß, obwohl die Stöße nicht explizit in den Gleichungen vorkommen, sie ein lokales thermisches Gleichgewicht in der Schallwelle gewährleisten. Sonst hätten wir auch (**26.13**) nicht verwenden dürfen. Es gibt deshalb auch Grenzen für ein adiabatisches Verhalten, insbesondere bei Wellenlängen, die mit dem mittleren Teilchenabstand vergleichbar sind. Die Schallgeschwindigkeit c_{ad}^2 ist von derselben Größenordnung wie die thermischen Geschwindigkeiten $\overline{v^2} = 3kT/m$, was natürlich zu erwarten ist.

Es gibt Verteilungen, bei denen die Teilchenzahl mit der Temperatur variiert, d.h. keine Erhaltungsgröße ist (z.B. Bose-Verteilung von „Quasi-Teilchen", vgl. § **62**). In diesen Fällen ist die Energie der Teilchenzahl proportional. Dann ist also

$$\begin{aligned} n &= n(T,u); & n(T) &= n_0(T_0) + \vartheta \left.\frac{\partial n}{\partial T}\right|_0, \\ \varepsilon &= \varepsilon(T,u) \sim n(T,u); & \varepsilon(T) &= \varepsilon_0(T_0) + \vartheta \left.\frac{\partial \varepsilon}{\partial T}\right|_0. \end{aligned} \tag{26.19}$$

Die Teilchenzahl-Erhaltung (**26.12**a) gilt nicht mehr, wohl aber gelten Impuls- und Energieerhaltung (**26.12**b, c). Ähnlich wie mit der Maxwell-Verteilung ergibt sich in solchen Fällen

$$\begin{aligned} j_l = n\cdot u_l &\Rightarrow d\cdot\varepsilon\cdot u_l, \\ \overline{n\cdot v_l v_i} &\Rightarrow a\cdot\varepsilon\cdot\delta_{li}, \\ \overline{\varepsilon\cdot v_i} &\Rightarrow b\cdot\varepsilon\cdot u_i \end{aligned} \tag{26.20}$$

mit Konstanten a, b, d. Aus (**26.12**b, c) ergibt sich mit (**26.20**) zunächst

$$
\begin{aligned}
d\varepsilon_0 \frac{\partial u_l}{\partial t} + a \frac{\partial \varepsilon}{\partial x_l} &= 0, \\
\frac{\partial \varepsilon}{\partial t} + b\varepsilon_0 \sum_s \frac{\partial u_s}{\partial x_s} &= 0,
\end{aligned}
\tag{26.21}
$$

und daraus

$$
\frac{\partial^2 \varepsilon}{\partial t^2} - \frac{a\,b}{d} \cdot \Delta\varepsilon = 0. \tag{26.22}
$$

In diesem Fall breitet sich die Energiedichte, damit auch (Quasi-)Teilchendichte und Temperaturänderung ϑ, wellenförmig mit der „Schallgeschwindigkeit" $c_{\text{II}}^2 = ab/d$ aus. Diese Art der Wellenausbreitung heißt 2. Schall. Die Konstanten a, b, d und damit c_{II} müssen aus den Eigenschaften der Verteilung, die anstelle von (26.13) zu verwenden ist, ermittelt werden. Es läßt sich mit Hilfe von (26.21) auch noch zeigen, daß der 2. Schall eine longitudinale Wellenausbreitung darstellt. Er tritt aber nur in wenigen Systemen auf. Die Bedingungen für sein Auftreten lassen sich nur mit einer mikroskopisch-atomistischen Überlegung ermitteln.

§ 27. Die barometrische Höhenformel.

Diese Formel soll die Abnahme des Luftdruckes p mit der Höhe x über dem Erdboden beschreiben. Die verschiedenen Methoden zu ihrer Ableitung beleuchten in eindrucksvoller Weise die verschiedenen physikalischen Gesichtspunkte.

Wir betrachten eine in einem vertikalen Zylinder eingesperrte Luftsäule. Es herrsche thermisches Gleichgewicht, also überall gleiche Temperatur. Wir suchen nun die Funktion $p = p(x)$. Wir verwenden nacheinander drei verschiedene Verfahren zu ihrer Bestimmung: aus der Mechanik, der Thermodynamik und der kinetischen Gastheorie.

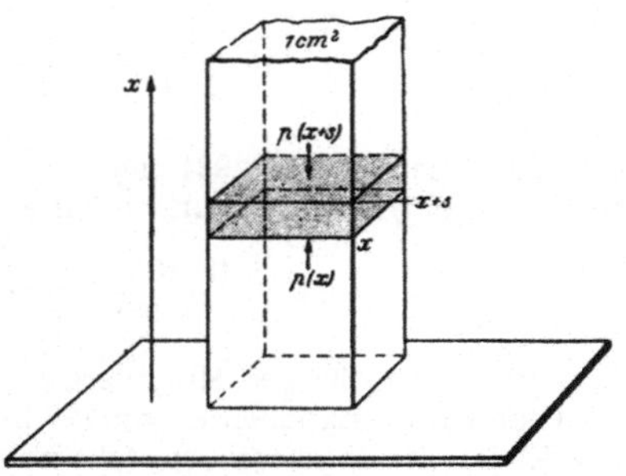

Abb. 50. Zur Ableitung der barometrischen Höhenformel.

a) Herleitung nach den Gesetzen der Mechanik. Wir greifen in Gedanken aus der Säule vom Querschnitt 1 cm² eine Schicht des Gases von der Dicke s heraus (Abb. 50). ϱ sei die Dichte des Gases. Diese Schicht erfährt seitens der Erde die Kraft $\varrho g s$. Warum fällt sie eigentlich nicht zu Boden? Nun, sie erfährt ja außer der Schwerkraft noch eine Kraft seitens der unter und über ihr befindlichen Gasmengen. Auf ihre untere Begrenzungsebene (an der Stelle x) wirkt die Kraft $p(x)$ nach oben, auf die obere Ebene (in der Höhe $x + s$) dagegen die Kraft $p(x + s)$ nach unten. Die Differenz dieser Drucke ist es, welche die Schicht trägt. Also

$$
p(x) - p(x + s) = \varrho g s.
$$

Geht man zum Limes $s \to 0$ über, so steht links $-\frac{\mathrm{d}p}{\mathrm{d}x} s$, also wird

$$
\frac{\mathrm{d}p}{\mathrm{d}x} = -\varrho g. \tag{27.1}
$$

Wenn ϱ als Funktion von p bekannt ist, so ist das eine Differentialgleichung für $p(x)$. Zur selben Gleichung gelangt man auch, wenn man sich klarmacht, daß der Druck an jeder Stelle gleich dem Gewicht der ganzen über dieser Stelle lastenden Gassäule (vom Querschnitt 1) ist. Bezeichnet man mit x' irgendeine Stelle oberhalb x, so muß also

$$p(x) = \int_x^\infty \varrho(x')\, g\, \mathrm{d}x'$$

sein. Differenzieren dieser Gleichung nach x führt wieder auf (27.1). Speziell bei einem idealen Gas vom Molekulargewicht M sind nun p und ϱ verknüpft durch

$$p = \varrho \frac{RT}{M}.$$

Damit wird nach (27.1)

$$\frac{\mathrm{d} \ln p}{\mathrm{d} x} = -\frac{Mg}{RT},$$

also

$$p(x) = p_0 e^{-\frac{Mgx}{RT}}. \tag{27.2}$$

Darin ist p_0 der Druck am Boden (bei $x = 0$).

Zunächst eine praktische Anwendung: In welcher Höhe $x = h$ ist der Druck auf $1/e$ des Wertes am Boden gesunken? Für diese Höhe muß $\frac{Mgh}{RT} = 1$ sein, also

$$h = \frac{RT}{Mg}.$$

Mit rohen Zahlen ($g = 981$ cm/sec^2, $T = 300°$ K, $R = 8{,}31 \cdot 10^7$ erg/° K Mol und $M = 29$ g/Mol für Luft) erhalten wir

$$h = \frac{8{,}31 \cdot 10^7 \cdot 300}{29 \cdot 981}\ \mathrm{cm} = 8{,}7 \cdot 10^5\ \mathrm{cm} = 8700\ \mathrm{m},$$

also etwa die Höhe des Mt. Everest.

Wenn wir im Exponenten von (27.2) Zähler und Nenner durch die Loschmidtsche Konstante dividieren, so steht im Zähler die Masse m des Einzelmoleküls, im Nenner die Boltzmannsche Konstante k:

$$p(x) = p_0 e^{-\frac{mgx}{kT}}. \tag{27.3}$$

Im Exponenten steht jetzt im Zähler die potentielle Energie mgx über dem Boden, im Nenner die thermische Energie kT. Diese Schreibweise fordert dazu heraus, zu sagen: Wegen der potentiellen Energie mgx „möchten" die Moleküle zu Boden sinken. Durch die thermische Bewegungsenergie kT werden sie aber daran gehindert. Die beiden entgegengesetzten Tendenzen einigen sich auf den in (27.3) formulierten Kompromiß. Diese Auffassung wollen wir noch genauer präzisieren.

b) Höhenformel und kinetische Gastheorie. In der oben entwickelten Gastheorie haben wir angenommen, daß die Dichte des Gases innerhalb des ganzen Volumens V die gleiche sei. Demgegenüber haben wir jetzt die Komplikation, daß die Dichte noch vom Ort abhängt. Dadurch erhebt sich die allgemeine Fragestellung: Wir grenzen im Ortsraum bei x, y, z ein Volumenelement $\mathrm{d}x\,\mathrm{d}y\,\mathrm{d}z$ ab und im Geschwindigkeitsraum der ξ, η, ζ ein Element $\mathrm{d}\xi\,\mathrm{d}\eta\,\mathrm{d}\zeta$ und fragen nach der Zahl

$$f(x, y, z, \xi, \eta, \zeta)\,\mathrm{d}x\,\mathrm{d}y\,\mathrm{d}z\,\mathrm{d}\xi\,\mathrm{d}\eta\,\mathrm{d}\zeta \tag{27.4}$$

derjenigen Moleküle, welche sich im Raum $\mathrm{d}x\,\mathrm{d}y\,\mathrm{d}z$ aufhalten und gleichzeitig eine im Intervall $\mathrm{d}\xi\,\mathrm{d}\eta\,\mathrm{d}\zeta$ liegende Geschwindigkeit besitzen. Die Frage nach der stationären Verteilung läuft darauf hinaus, eine solche Funktion f der 6 Variabeln $x, \ldots, \zeta$ zu finden, welche sich trotz der Bewegung der einzelnen Moleküle und der auf sie wirkenden Kräfte nicht ändert. Zum Glück können wir im Fall der Höhenverteilung von vornherein annehmen, daß eine Abhängigkeit von y, z nicht existiert. Überdies wollen wir für den Augenblick auch die Abhängigkeit von η und ζ ignorieren, da diese Komponenten der Geschwindigkeit durch das Erdfeld nicht verändert werden. Wir beschränken damit unsere Betrachtung auf eine Funktion $f(x, \xi)$, deren Bedeutung wir nochmals in einer x, ξ-Ebene vor Augen führen (Abb. 51). Jeder Punkt in der Ebene soll ein Molekül repräsentieren, mit den durch die Koordinaten x und ξ gegebenen Werten von Höhe x und Geschwindigkeit ξ. $f(x, \xi)\,\mathrm{d}x\,\mathrm{d}\xi$ ist dann einfach die Zahl der Punkte im Volumelement $\mathrm{d}x\,\mathrm{d}\xi$. Auch wenn keine Zusammenstöße zwischen den Molekülen stattfinden, ist diese Verteilung im allgemeinen nicht stationär. Denn im Schwerefeld ist ja

$$\frac{\mathrm{d}\xi}{\mathrm{d}t} = -g. \qquad \text{Außerdem ist} \qquad \frac{\mathrm{d}x}{\mathrm{d}t} = \xi. \tag{27.5}$$

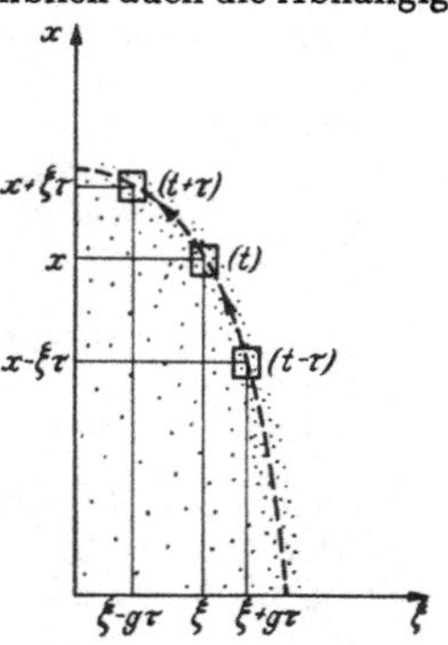

Abb. 51. Strömungsbild in der x, ξ-Ebene für den Fall eines konstanten Schwerefeldes in x-Richtung. Im stationären Zustand ist die Punktdichte längs der gestrichelt eingezeichneten Parabel konstant.

Ein Punkt, welcher zur Zeit t an der Stelle ξ, x unseres Diagramms war, wird sich also zu der um die kleine Zeit τ späteren Zeit $t+\tau$ an der Stelle $\xi - g\tau$, $x + \xi\tau$ befinden. Diese Bewegung ist in der Abbildung durch einen Pfeil angedeutet. Nunmehr sehen wir: In unserem Intervall $\mathrm{d}x\,\mathrm{d}\xi$ werden sich zur Zeit $t+\tau$ diejenigen Moleküle befinden, welche zur Zeit t in einem bei $\xi + g\tau$, $x - \xi\tau$ liegenden Intervall lagen, wo ja die Verteilungsfunktion den Wert $f(x - \xi\tau,\ \xi + g\tau)$ besitzt. Außerdem erfährt die Fläche des von den Molekülen erfüllten Intervalls $\mathrm{d}x\,\mathrm{d}\xi$ bei dieser „Strömung" keine Änderung. Soll also die Punktdichte bei x, ξ zeitlich konstant sein, so muß

$$f(x - \xi\tau, \xi + g\tau) = f(x, \xi)$$

sein. Im Limes $\tau \to 0$ wird also

$$\frac{\partial f}{\partial \xi} g - \frac{\partial f}{\partial x} \xi = 0. \tag{27.6}$$

Zur Lösung dieser Gleichung beachten wir: Wenn für eine Funktion $\varphi(u, v)$ der beiden Variablen u und v die partielle Differentialgleichung $\partial\varphi/\partial u = \partial\varphi/\partial v$ gilt, so kann φ nur eine Funktion der einen Variablen $u+v$ sein, es ist $\varphi = \varphi(u+v)$. Dies Resultat wenden wir auch auf (27.6) an, nachdem wir hier die Größe $u = gx$ und $v = \frac{1}{2}\xi^2$ als Variable eingeführt haben. Dann besagt (27.6), daß

$$f(x, \xi) = f(g\,x + \tfrac{1}{2}\xi^2)$$

eine Funktion der *einen* Variablen $gx + \frac{1}{2}\xi^2$ sein muß. Nun ist aber die Abhängigkeit von ξ bereits durch die MAXWELLsche Formel bekannt. Somit erhalten wir

$$f(x,\xi) = C\, e^{-\frac{m g x + \frac{m}{2}\xi^2}{kT}}.$$

Sieht man umgekehrt die barometrische Höhenformel als bekannt an, so folgt aus unserer Überlegung die MAXWELLsche Geschwindigkeitsverteilung. Gehen wir jetzt zurück zur allgemeinen Funktion (27.4), so haben wir als Verteilungsfunktion im Schwerefeld

$$f(x,\xi,\eta,\zeta)\, \mathrm{d}x\, \mathrm{d}\xi\, \mathrm{d}\eta\, \mathrm{d}\zeta = C\, e^{-\frac{m g x + \frac{m}{2}(\xi^2+\eta^2+\zeta^2)}{kT}}\, \mathrm{d}x\, \mathrm{d}\xi\, \mathrm{d}\eta\, \mathrm{d}\zeta. \qquad (27.7)$$

Dies Resultat ist sehr einfach zu formulieren. Im Zähler des Exponenten steht die Summe aus potentieller und kinetischer Energie an der Stelle des Intervalls $\mathrm{d}x\,\mathrm{d}\xi\,\mathrm{d}\eta\,\mathrm{d}\zeta$. Natürlich ist in (27.7) wieder die Höhenformel enthalten. Bei dieser ist nur nach der Dichteverteilung im Ortsraum gefragt. Die Zahl $n(x)\,\mathrm{d}x$ der Moleküle in der Schicht $\mathrm{d}x$ (vom Querschnitt 1) überhaupt folgt aus (27.7) nach dem Schema

$$n(x)\, \mathrm{d}x = \mathrm{d}x \int\!\!\int\!\!\int_{-\infty}^{+\infty} f(x,\xi,\eta,\zeta)\, \mathrm{d}\xi\, \mathrm{d}\eta\, \mathrm{d}\zeta$$

durch Summation (bzw. Integration) über alle Geschwindigkeiten. Die wirkliche Ausführung dieser Integration können wir uns sparen, da man die Größe $e^{-\frac{mgx}{kT}}$ als Faktor vor das Integralzeichen setzen kann. Mit einer von x unabhängigen Größe n_0 wird also die Teilchendichte in der Höhe x

$$n(x) = n_0\, e^{-\frac{mgx}{kT}}.$$

Das ist aber unser altes Resultat.

c) Höhenformel und Thermodynamik. Wir betrachten unsere mit Gas gefüllte Röhre vom Standpunkt der Thermodynamik. Eine überall gleiche Temperatur soll durch ein geeignetes Wärmebad dauernd konstant gehalten werden. Dann wird sich innerhalb der Röhre eine Druckverteilung einstellen, unten p_0 und in der Höhe h etwa ein Druck p_1. Wenn man jetzt unten Gas zuführt, so wird dieses auf Kosten der Energie des Wärmebades nach oben gebracht. Man könnte nun auf die Idee kommen, diese Tatsache zur Gewinnung mechanischer Arbeit auszunutzen, indem man in der Höhe h Gas entnimmt (etwa M Gramm), dieses in einem geeigneten Behälter an das eine Ende eines Seiles hängt. Das Seil läuft über eine Rolle und trägt am anderen Ende einen gleichen Behälter mit einem Gewicht von M Gramm. Jetzt kann man reversibel und ohne Anstrengung den Kasten mit dem Gas langsam herabsenken und gleichzeitig das Gewicht M um h cm anheben. Man kann also die gewonnene Arbeit Mgh wirklich als angehobenes Gewicht vorzeigen. Jetzt stopft man das Gas unten wieder in den Zylinder hinein, schiebt in den unten befindlichen Kasten ein neues Gewicht, während man das im anderen Kasten heraufgeschobene Gewicht seitwärts auf ein in der Höhe h angeordnetes Regal schiebt. Damit wäre das Perpetuum mobile zweiter Art fertig, denn nach dem beschriebenen Umlauf ist ja nichts weiter passiert, als daß die Arbeit Mgh gewonnen und dem Wärmereservoir eine Wärmemenge vom gleichen Betrag entzogen wäre. In Wirklichkeit darf aber bei einem isothermen reversiblen Kreisprozeß keine Arbeit gewonnen werden. Zur Lösung dieses Widerspruchs müssen wir die Vorgänge der Gasentnahme (bei $x = h$) und des Hineinstopfens (bei $x = 0$) genauer überlegen. Zur Entnahme des Mols beim Druck p_1 führen wir einen mit einem Stempel verschlossenen Zylinder von der Seite her an das Steigrohr heran und öffnen dann in diesem ein Ventil, so daß der Druck p_1 jetzt auf den Stempel wirkt. Jetzt ziehen wir den Stempel langsam heraus, bis wir ein Mol vom Volumen V_1 abgezapft haben. Dabei gewinnen wir die Arbeit $p_1 V_1$. Nunmehr senken wir in der vorher beschriebenen Weise den abgesperrten Hilfszylinder zu Boden und gewinnen die Arbeit Mgh. Bis dahin haben wir also $p_1 V_1 + Mgh$ gewonnen. Jetzt kommt die entscheidende Aufgabe, das Gas wieder ins Steigrohr, wo ja der Druck p_0 herrscht, hineinzubringen. Dazu müssen wir das in unserem Hilfszylinder befindliche Gas erst einmal auf den Druck p_0 isotherm komprimieren. Dazu ist die Arbeit

$$\int_{V_0}^{V_1} p \, \mathrm{d}V = RT \int_{V_0}^{V_1} \frac{\mathrm{d}V}{V} = RT \ln \frac{V_1}{V_0} = RT \ln \frac{p_0}{p_1}$$

aufzuwenden. Erst nachdem das geschehen ist, können wir das Mol unten gegen den Druck p_0 wieder in das Steigrohr hineindrücken. Der Vorgang ist die einfache Umkehrung der oben geschilderten Entnahme und erfordert die Arbeit $p_0 V_0$. Die im ganzen gewonnene Arbeit wird nun

$$p_1 V_1 + M g h - RT \ln \frac{p_0}{p_1} - p_0 V_0 .$$

Setzt man diese gleich 0 und beachtet noch, daß $p_1 V_1 = p_0 V_0 = RT$ ist, so erhält man

$$\ln \frac{p_1}{p_0} = -\frac{Mgh}{RT} \qquad \text{oder} \qquad p_1 = p_0 e^{-\frac{Mgh}{RT}},$$

also genau die alte Höhenformel. Die vom zweiten Hauptsatz geforderte Gleichheit von Hubarbeit Mgh und Kompressionsarbeit $RT \ln p_0/p_1$ ist in der Tat identisch mit dem alten Resultat.

§ 28. Der Virialsatz.

Wir betrachten ein System von N Massenpunkten, deren Ortskoordinaten durch $\mathfrak{r}_1, \ldots, \mathfrak{r}_j, \ldots, \mathfrak{r}_N$ gegeben seien. Bedeutet $\mathfrak{K}_j$ die auf den Massenpunkt j wirkende Kraft, so lautet die Bewegungsgleichung des Systems

$$m \ddot{\mathfrak{r}}_j = \mathfrak{K}_j; \qquad j = 1, 2, \ldots, N.$$

Multiplikation mit $\mathfrak{r}_j$ und Berücksichtigung der Identität

$$\mathfrak{r} \ddot{\mathfrak{r}} = \frac{\mathrm{d}}{\mathrm{d}t} (\mathfrak{r} \dot{\mathfrak{r}}) - \dot{\mathfrak{r}}^2$$

ergibt

$$\frac{\mathrm{d}}{\mathrm{d}t} (m \mathfrak{r}_j \dot{\mathfrak{r}}_j) - m \dot{\mathfrak{r}}_j^2 = (\mathfrak{K}_j \mathfrak{r}_j) . \tag{28.1}$$

Das zeitliche Mittel der über alle Teilchen summierten Größe $\sum_{j=1}^{N} (\mathfrak{K}_j \mathfrak{r}_j)$ nennen wir mit CLAUSIUS das *Virial* der auf die Teilchen wirkenden Kräfte. Bei einer solchen Summation und zeitlichen Mittelung (vgl. 32.1) gibt der erste Summand in (28.1) als Ableitung nach der Zeit keinen Beitrag. Nach dem Gleichverteilungssatz (s. § 33) gibt ferner $\overline{m \dot{\mathfrak{r}}_j^2} = 3kT$.

Aus (28.1) erhalten wir den *Virialsatz*

$$-3NkT = \overline{\sum_{j=1}^{N} (\mathfrak{K}_j \mathfrak{r}_j)} \tag{28.2}$$

für unser aus N Teilchen bestehendes System. Zum Zweck einer Anwendung von (28.2) haben wir hinsichtlich der vorerst noch beliebigen Kräfte $\mathfrak{K}_j$ spezielle Annahmen einzuführen. Wir stellen uns vor, daß unsere Teilchen in ein gegebenes Volumen V eingesperrt sind und auf dessen Wand einen Druck p ausüben. Das bedeutet aber, daß seitens eines Flächenelements $\mathrm{d}f$ der Oberfläche auf die in der Nähe von $\mathrm{d}f$ liegenden Teilchen eine nach innen gerichtete Kraft $p\,\mathrm{d}f$ wirkt. Den Beitrag dieser seitens der Oberfläche ausgeübten Kraft zum Virial nennen wir „äußeres Virial" W_a. Außerdem werden die Teilchen noch gegenseitig anziehende oder abstoßende Kräfte aufeinander ausüben. Deren Beitrag nennen wir „inneres Virial" W_i. Im ganzen besagt also (28.2), daß

$$-3NkT = W_a + W_i. \tag{28.3}$$

Das ideale Gas ist dadurch gekennzeichnet, daß die Teilchen keine Kräfte aufeinander üben, daß also $W_i = 0$ ist. Das dann allein übrigbleibende äußere Virial

$$W_a = \overline{\sum_{j=1}^{N} \left(\mathfrak{K}_j^{(a)} \mathfrak{r}_j\right)}$$

ist leicht anzugeben:

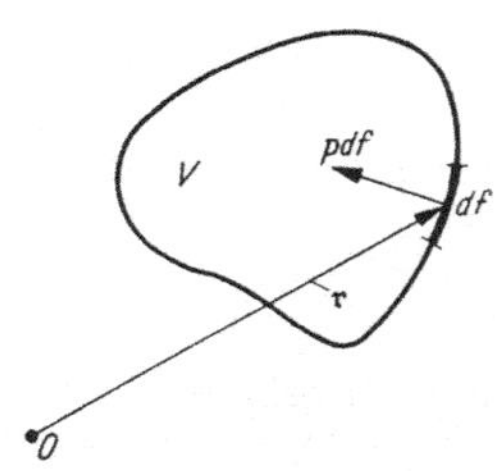

Abb. 52. Zur Berechnung des äußeren Virials $W_a = -3pV$.

In Abb. 52 ist O der Ursprung eines Koordinatensystems. Darin ist das Volumen V angedeutet sowie ein Element $\mathrm{d}f$ seiner Oberfläche. Vermöge des Druckes p wird seitens $\mathrm{d}f$ auf die in seiner unmittelbaren Nähe befindlichen Teilchen im ganzen die Kraft $p\,\mathrm{d}f$ normal zu $\mathrm{d}f$ nach innen ausgeübt. Der Vektor $\mathfrak{r}_j$ hat für alle diese Teilchen praktisch den gleichen Wert $\mathfrak{r}$, wo $\mathfrak{r}$ den von O nach $\mathrm{d}f$ gezogenen Vektor bedeutet. Kennzeichnen wir durch ein ′ am Σ-Zeichen den Beitrag von $\mathrm{d}f$ zum äußeren Virial, so wird also

$$\overline{\sum_{j=1}^{N}{}' (\mathfrak{r}_j \mathfrak{K}_j)} = \left(\mathfrak{r} \overline{\sum_{j=1}^{N}{}' \mathfrak{K}_j}\right).$$

$\sum_{j=1}^{N}{}' \mathfrak{K}_j$ ist aber gerade die soeben angegebene Kraft $p\,\mathrm{d}f$ in Richtung der inneren Normalen. Nennen wir also $\mathfrak{r}_n$ die Komponente von $\mathfrak{r}$ in Richtung der äußeren Normalen, so wird der gesuchte Beitrag gleich $-p\,\mathfrak{r}_n\,\mathrm{d}f$. Integration über die ganze Oberfläche liefert

$$W_a = -p \iint \mathfrak{r}_n\,\mathrm{d}f = -p \iiint \operatorname{div}\mathfrak{r}\,\mathrm{d}V.$$

Wegen $\operatorname{div}\mathfrak{r} = 3$ wird also endgültig

$$W_a = -3pV. \tag{28.4}$$

Unsere Zustandsgleichung (28.3) erhält damit die Gestalt

$$pV = NkT + \tfrac{1}{3} W_i. \tag{28.5}$$

Mit $W_i = 0$ haben wir damit wieder die Zustandsgleichung des idealen Gases erhalten.

§ 29. Das verdünnte nichtideale Gas.

Wir wollen nun wenigstens für ein spezielles Modell auch das innere Virial $W_i = \overline{\Sigma(\mathfrak{K}_j \mathfrak{r}_j)}$ explizit berechnen. Wir nehmen an, daß irgend zwei Teilchen mit einer nur von ihrem Abstand abhängigen Kraft aufeinander wirken. Nur diese Kräfte werden in W_i berücksichtigt. Diese Kraft K habe überdies die Richtung ihrer Verbindungslinie. Wir verabreden, daß eine abstoßende Kraft positiv, eine anziehende Kraft negativ gezählt wird.

Alsdann ergibt sich der Beitrag W_{jk} der zwischen den Teilchen j und k wirkenden Kraft zum Virial leicht aus Abb. 53.

Es ist $W_{jk} = \mathfrak{r}_j \mathfrak{K}_j + \mathfrak{r}_k \mathfrak{K}_k$. Nun ist $\mathfrak{K}_j = -\mathfrak{K}_k$, also $W_{jk} = \mathfrak{K}_k(\mathfrak{r}_k - \mathfrak{r}_j)$. Die Vektoren $\mathfrak{K}_k$ und $\mathfrak{r}_k - \mathfrak{r}_j$ haben aber nach Voraussetzung die gleiche Richtung. Nennen wir also $r_{jk} = |\mathfrak{r}_k - \mathfrak{r}_j|$ den Abstand der beiden Teilchen, so wird $W_{jk} = K(r_{jk}) r_{jk}$. Daraus folgt W_i durch Summation über alle Paare j, k, also

$$W_i = \tfrac{1}{2} \overline{\sum_j \Big(\sum_k K(r_{jk})\, r_{jk}\Big)}.$$

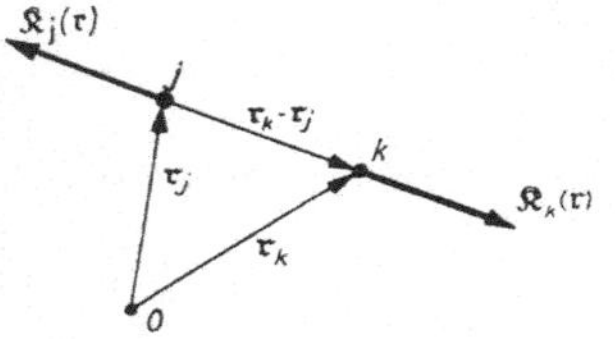

Abb. 53. Der Beitrag einer zwischen den Atomen j und k wirkenden abstoßenden Kraft K zum inneren Virial ist $K(r_{jk})\, r_{jk}$.

(Ohne den Faktor 1/2 hätten wir jedes $\mathfrak{r}_j \mathfrak{K}_j$ doppelt gezählt.) Im Mittel ist jedes der N Atome in gleicher Weise von Nachbarn umgeben. Wir können daher die Summation über j durch Multiplikation mit N ersetzen:

$$W_i = \tfrac{1}{2} N \overline{\sum_k K(r_{jk})\, r_{jk}}.$$

Um das so hervorgehobene Teilchen j herum teilen wir nun den Raum in Kugelschalen ein und bezeichnen das Zeitmittel der Konzentration (Zahl pro cm^3) der Teilchen im Abstand r von dem hervorgehobenen Teilchen mit $n(r)$. Alsdann können wir die $\sum_k$ durch ein Integral über r ersetzen und erhalten

$$W_i = \tfrac{1}{2} N \int_0^\infty K(r)\, n(r)\, 4\pi r^3\, dr.$$

Als obere Grenze des Integrals dürfen wir ∞ schreiben, da $K(r)$ für große r schnell gegen Null geht.

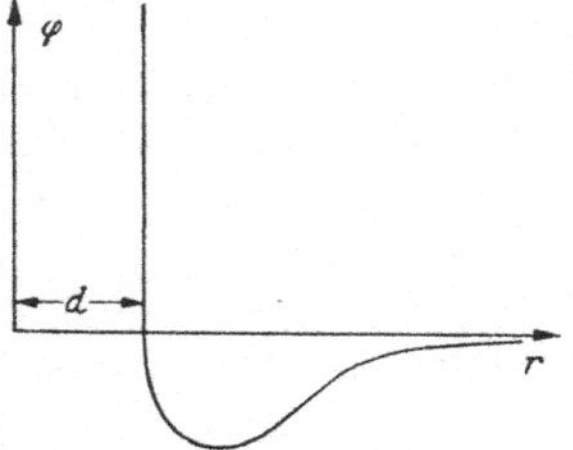

Abb. 54. Potentielle Energie zweier Teilchen als Funktion ihres Abstandes (schematisch).

Wir nehmen an, daß die Kraft sich aus einem Potential $\varphi(r)$ ableiten läßt ($K = -d\varphi/dr$); dann ist $\varphi(r)$ die potentielle Energie zweier Teilchen im Abstand r. Für $\varphi(r)$ wählen wir den in Abb. 54 skizzierten Verlauf. $\varphi(r)$ sei positiv für $r < d$ und strebe bereits für kleine Unterschreitungen von d ins Unendliche („harte" Abstoßung). Für $r > d$ sei $\varphi(r)$ negativ und gehe für wachsende r gegen Null (z. B. wie r^{-6}). Die Dichte $n(r)$ ist für große Werte von r gleich N/V. Für kleine Werte [im Bereich der Kraft $K(r)$] haben wir die verallgemeinerte barometrische Höhenformel (s. § 27 und § 37c) zu berücksichtigen, also zu setzen

$$n(r) = \frac{N}{V} e^{-\frac{\varphi(r)}{kT}}.$$

Damit nehmen wir an, daß ein in der Nähe des Teilchens j befindliches anderes Teilchen *nur* unter dem Einfluß von j steht. Das kann aber lediglich im Fall geringer Dichte zutreffen, auf die wir uns von nun ab beschränken.

Mit dem angegebenen $n(r)$ wird

$$K(r)\,n(r) = -\frac{N}{V}\frac{\mathrm{d}\varphi}{\mathrm{d}r}\,e^{-\frac{\varphi(r)}{kT}}$$

oder auch

$$K(r)\,n(r) = \frac{N\,k\,T}{V}\frac{\partial}{\partial r}\left(e^{-\frac{\varphi(r)}{kT}} - 1\right).$$

Das Hinzufügen von -1 in dem Klammerausdruck ist ein rechnerischer Trick. Er sorgt dafür, daß dieser Ausdruck für große r verschwindet. Nunmehr wird das gesuchte innere Virial

$$W_i = \frac{N^2 k\,T}{2V}\int_0^\infty \frac{\partial}{\partial r}\left(e^{-\frac{\varphi(r)}{kT}} - 1\right) 4\pi r^3\,\mathrm{d}r\,.$$

Nach partieller Integration haben wir

$$\frac{1}{3}W_i = \frac{N^2 k\,T}{2V}\int_0^\infty \left(1 - e^{-\frac{\varphi(r)}{kT}}\right) 4\pi r^2\,\mathrm{d}r\,.$$

In diese noch für beliebiges im Unendlichen verschwindendes $\varphi(r)$ gültige Formel setzen wir jetzt den speziellen, in Abb. 54 skizzierten Verlauf ein. Wir wählen überdies die Temperatur so hoch, daß $|\varphi(r)|$ für $r > d$ klein gegen kT sei. Dann wird

$$\text{für } r < d{:}\quad 1 - e^{-\frac{\varphi(r)}{kT}} \approx 1\,,$$

$$\text{für } r > d{:}\quad 1 - e^{-\frac{\varphi(r)}{kT}} \approx \frac{\varphi(r)}{kT}\,.$$

Bei entsprechender Zerlegung des $\int_0^\infty$ in $\int_0^d + \int_d^\infty$ erhalten wir dann

$$\frac{1}{3}W_i = N\,k\,T\,\frac{\frac{1}{2}N\frac{4\pi}{3}d^3}{V} + \frac{N}{2}\int_d^\infty \varphi(r)\,\frac{N}{V}\,4\pi r^2\,\mathrm{d}r\,. \tag{29.1}$$

Beide Summanden haben eine einfache Bedeutung:

Mit dem Radius $r_0 = \frac{1}{2}d$ des einzelnen Teilchens ist im ersten Summanden

$$\frac{1}{2}N\frac{4\pi}{3}d^3 = 4\,N\frac{4\pi}{3}r_0^3 = b\,,$$

wo also b das 4fache Eigenvolumen aller in V enthaltenen Teilchen bedeutet.

Im zweiten Summanden bedeutet näherungsweise $\frac{N}{V}\,4\pi r^2\,\mathrm{d}r$ die Zahl der in der Kugelschale $\mathrm{d}r$ enthaltenen Teilchen. $\int_d^\infty \varphi(r)\frac{N}{V}\,4\pi r^2\,\mathrm{d}r$ ist also die potentielle Energie des hervorgehobenen (j-ten) Teilchens in bezug auf alle anderen. Der zweite Summand ist also die ganze in unserem System *enthaltene potentielle Wechselwirkungsenergie aller Teilchen.*

Nennen wir diese, wie es in der VAN DER WAALSschen Theorie üblich ist, $-\frac{a}{V}$ [beachte, daß $\varphi(r)$ für $r > d$ negativ ist], so erhalten wir aus (28.5) und (29.1) die Zustandsgleichung

$$p\,V = N\,k\,T\left(1 + \frac{b}{V}\right) - \frac{a}{V}\,. \tag{29.2}$$

Das ist genau die früher in (13.4) gefundene Form der VAN DER WAALSschen Gleichung für den Grenzfall so starker Verdünnung, daß die höheren Virialkoeffizienten keine Rolle spielen.

B. Einige Grundbegriffe der Mechanik.

§ 30. Die HAMILTONschen Bewegungsgleichungen.

a) Variationsrechnung, LAGRANGEsche und HAMILTONsche Form der Bewegungsgleichungen.

Den natürlichen Zugang zur HAMILTONschen Theorie bildet die *Variationsrechnung*. Von ihr benötigen wir hier nur einen einfachen Satz, nämlich die zum Variationsproblem gehörigen EULERschen Gleichungen. Wir formulieren diesen rein mathematischen Zusammenhang zunächst für eine Koordinate $x(t)$:

Gegeben sei eine als „LAGRANGE-*Funktion*" bezeichnete Funktion $\mathcal{L}(x, \dot{x})$ der Koordinate x und der Geschwindigkeit $\dot{x}$. Sowohl x wie $\dot{x}$ sind Funktionen der Zeit t. Wir betrachten das von t_1 bis t_2 erstreckte Integral

$$J = \int_{t_1}^{t_2} \mathcal{L}(x, \dot{x})\, dt. \tag{30.1}$$

Gesucht ist diejenige Funktion $x(t)$, für die J bei gegebenen „Randwerten" $x(t_1)$ und $x(t_2)$ einen Extremwert annimmt.

Wir ersetzen die Kurve $x(t)$ durch die variierte Kurve $x(t) + \alpha\,\eta(t)$ mit $\eta(t_1) = \eta(t_2) = 0$. Dabei sei α eine Zahl. Mit dieser variierten Kurve wird J eine Funktion von α

$$J(\alpha) = \int_{t_1}^{t_2} \mathcal{L}(x + \alpha\,\eta;\; \dot{x} + \alpha\,\dot{\eta})\, dt.$$

Unsere Extremumsforderung lautet jetzt

$$\left(\frac{dJ}{d\alpha}\right)_{\alpha=0} = 0 \quad \text{für jedes } \eta(t) \quad \text{mit} \quad \eta(t_1) = \eta(t_2) = 0.$$

Ausführung der Differentiation ergibt

$$\left(\frac{dJ}{d\alpha}\right)_{\alpha=0} = \int_{t_1}^{t_2} \left(\frac{\partial \mathcal{L}}{\partial x}\eta + \frac{\partial \mathcal{L}}{\partial \dot{x}}\dot{\eta}\right) dt.$$

Nun ist

$$\frac{\partial \mathcal{L}}{\partial \dot{x}}\dot{\eta} = \frac{d}{dt}\left(\frac{\partial \mathcal{L}}{\partial \dot{x}}\eta\right) - \eta\frac{d}{dt}\left(\frac{\partial \mathcal{L}}{\partial \dot{x}}\right).$$

Hier liefert die Integration des ersten Summanden Null, da ja η am Rande verschwindet. Es bleibt also

$$\left(\frac{dJ}{d\alpha}\right)_{\alpha=0} = \int_{t_1}^{t_2} \left\{\frac{\partial \mathcal{L}}{\partial x} - \frac{d}{dt}\left(\frac{\partial \mathcal{L}}{\partial \dot{x}}\right)\right\}\eta\, dt.$$

Damit dieses Integral für jede Funktion $\eta(t)$ verschwinde, muß notwendig die geschweifte Klammer überall gleich Null sein, d. h. aber, die gesuchte Funktion $x(t)$ muß der EULERschen Gleichung:

$$\frac{d}{dt}\left(\frac{\partial \mathcal{L}}{\partial \dot{x}}\right) = \frac{\partial \mathcal{L}}{\partial x} \tag{30.2}$$

genügen.

Wir definieren den zu x gehörigen Impuls p_x durch

$$p_x = \frac{\partial \mathcal{L}}{\partial \dot{x}} \tag{30.3}$$

und denken diese Gleichung nach $\dot{x}$ aufgelöst, so daß $\dot{x}$ zu einer Funktion von x und p_x wird. Nunmehr definieren wir die HAMILTON-Funktion

$$\mathcal{H}(x, p_x) = p_x\,\dot{x} - \mathcal{L}(x, \dot{x}), \tag{30.4}$$

wo auf der rechten Seite für $\dot{x}$ die soeben erklärte Funktion von x und p_x einzusetzen ist. Für die partiellen Ableitungen von $\mathcal{H}$ gilt

$$\frac{\partial \mathcal{H}}{\partial p_x} = \dot{x} + p_x \frac{\partial \dot{x}}{\partial p_x} - \frac{\partial \mathcal{L}}{\partial \dot{x}} \frac{\partial \dot{x}}{\partial p_x}$$

und

$$\frac{\partial \mathcal{H}}{\partial x} = p_x \frac{\partial \dot{x}}{\partial x} - \frac{\partial \mathcal{L}}{\partial x} - \frac{\partial \mathcal{L}}{\partial \dot{x}} \frac{\partial \dot{x}}{\partial x}.$$

Wegen der Definition (30.3) von p_x heben sich auf den rechten Seiten alle Glieder mit den partiellen Ableitungen von $\dot{x}$ heraus. Mit Rücksicht auf (30.2) erhalten wir damit die HAMILTON*schen Gleichungen*

$$\dot{x} = \frac{\partial \mathcal{H}}{\partial p_x}; \qquad \dot{p}_x = -\frac{\partial \mathcal{H}}{\partial x}. \tag{30.5}$$

Daraus folgt für die zeitliche Änderung von $\mathcal{H}(x, p_x)$:

$$\frac{\mathrm{d}\mathcal{H}}{\mathrm{d}t} = \frac{\partial \mathcal{H}}{\partial x} \dot{x} + \frac{\partial \mathcal{H}}{\partial p_x} \dot{p}_x = 0. \tag{30.6}$$

Der Zahlenwert von $\mathcal{H}$ ist von t unabhängig.

Die Erweiterung von der einen Variablen $x(t)$ auf mehrere, etwa f Variable $q_1(t), \ldots, q_f(t)$, ist nach dem Vorstehenden reine Schreibarbeit: Gegeben sei eine LAGRANGE-Funktion

$$\mathcal{L}(q_1, \ldots, q_f; \quad \dot{q}_1, \ldots, \dot{q}_f). \tag{30.7}$$

Gesucht sind solche Funktionen $q_r(t)$, $r = 1, \ldots, f$, welche das Integral

$$J = \int_{t_1}^{t_2} \mathcal{L}(q_1, \ldots, q_f; \quad \dot{q}_1, \ldots, \dot{q}_f)\, \mathrm{d}t \tag{30.7a}$$

zum Extremum machen bei vorgegebenen Werten der $q_r(t)$ für t_1 und t_2.

Wir setzen als variierte Funktionen

$$q_r(t) + \alpha_r \eta_r(t); \qquad r = 1, \ldots, f$$

und verlangen $\left(\frac{\partial J}{\partial \alpha_r}\right)_{\text{alle } \alpha_j = 0} = 0$ für $r = 1, 2, \ldots, f$ und für alle am Rande verschwindenden Funktionen $\eta_r(t)$.

Wie oben erhält man die EULERschen Gleichungen

$$\frac{\mathrm{d}}{\mathrm{d}t}\left(\frac{\partial \mathcal{L}}{\partial \dot{q}_r}\right) = \frac{\partial \mathcal{L}}{\partial q_r}; \qquad r = 1, 2, \ldots, f. \tag{30.8}$$

Mit den Impulsen

$$p_r = \frac{\partial \mathcal{L}}{\partial \dot{q}_r} \tag{30.9}$$

definieren wir als HAMILTON-Funktion

$$\mathcal{H}(q_1, \ldots, q_f; \; p_1, \ldots, p_f) = \sum_{r=1}^{f} p_r \dot{q}_r - \mathcal{L}(q_1, \ldots, q_f; \; \dot{q}_1, \ldots, \dot{q}_f), \tag{30.10}$$

wo alle $\dot{q}_r$ als Funktionen der q_j und p_j aufzufassen sind.

Alsdann lauten die HAMILTONschen Gleichungen

$$\dot{q}_r = \frac{\partial \mathcal{H}}{\partial p_r} \qquad \text{und} \qquad \dot{p}_r = -\frac{\partial \mathcal{H}}{\partial q_r}; \qquad r = 1, \ldots, f. \tag{30.11}$$

Aus diesen folgt wieder der Erhaltungssatz

$$\frac{\mathrm{d}\mathcal{H}}{\mathrm{d}t} = \sum_{r=1}^{f} \left\{\frac{\partial \mathcal{H}}{\partial q_r} \dot{q}_r + \frac{\partial \mathcal{H}}{\partial p_r} \dot{p}_r\right\} = 0. \tag{30.12}$$

Man nennt die Größen q_r, p_r ($r = 1, \ldots, f$), deren zeitliche Ableitungen durch (30.11) gegeben sind, auch „kanonisch konjugierte Variable".

Die zeitliche Änderung irgendeiner physikalischen Größe, die als Funktion der Koordinaten, Impulse und der Zeit gegeben ist, beträgt

$$\frac{\mathrm{d}A(p, q, t)}{\mathrm{d}t} = \sum_{r=1}^{f} \left\{ \frac{\partial A}{\partial q_r} \dot{q}_r + \frac{\partial A}{\partial p_r} \dot{p}_r \right\} + \frac{\partial A}{\partial t}.$$

Durch Einsetzen der HAMILTONschen Gleichungen folgt

$$\frac{\mathrm{d}A}{\mathrm{d}t} = \sum_{r=1}^{f} \left\{ \frac{\partial A}{\partial q_r} \frac{\partial \mathcal{H}}{\partial p_r} - \frac{\partial \mathcal{H}}{\partial q_r} \frac{\partial A}{\partial p_r} \right\} + \frac{\partial A}{\partial t}. \tag{30.12a}$$

Die Summe auf der rechten Seite wird abkürzend als $[A, \mathcal{H}]$ bezeichnet und spielt als „POISSONsches Klammersymbol" eine große Rolle in der heutigen theoretischen Physik.

Das damit skizzierte mathematische Schema wird zu einer physikalischen Theorie, wenn für ein gerade interessierendes System die LAGRANGE-Funktion $\mathcal{L}$ so gewählt ist, daß die Differentialgleichungen (30.8) bzw. (30.11) die richtigen *Bewegungsgleichungen* darstellen. Der einfachste Fall liegt vor, wenn das System aus N Massenpunkten besteht, welche einer aus einer potentiellen Energie ableitbaren Kraftwirkung unterworfen sind. Im Bereich der unrelativistischen Mechanik (alle Geschwindigkeiten klein gegen Lichtgeschwindigkeit) und mit den Koordinaten x_i, y_i, z_i für den i-ten Massenpunkt (Masse m_i) lauten dann die Bewegungsgleichungen

$$m_i \ddot{x}_i = -\frac{\partial U(x_1, \ldots, z_N)}{\partial x_i}; \qquad (i = 1, \ldots, N) \tag{30.13}$$

mit entsprechenden Gleichungen für y_i und z_i. Die NEWTONschen Gleichungen (30.13) sind tatsächlich die EULERschen Gleichungen zum Variationsproblem

$$J = \int_{t_1}^{t_2} \left(\sum_i \frac{m_i}{2} (\dot{x}_i^2 + \dot{y}_i^2 + \dot{z}_i^2) - U(x_1, \ldots, z_N) \right) \mathrm{d}t. \tag{30.14}$$

Also ist hier

LAGRANGE-Funktion = Kinetische Energie — Potentielle Energie. (30.15)

Die $3N$ Gleichungen (30.13) sind äquivalent mit der Forderung: Die Bewegung verläuft so, daß die Größe J einen Extremwert hat, wenn die Konfiguration am Anfang (zur Zeit t_1) und am Ende (zur Zeit t_2) fest vorgegebene Werte hat.

Diese Forderung ist aber gänzlich unabhängig vom Koordinatensystem. Daraus folgt: Wählt man anstatt der $f = 3N$ Koordinaten $x_1, \ldots, z_N$ irgendwelche anderen Größen $q_1, \ldots, q_f$, welche in umkehrbar-eindeutiger Weise Funktionen der f Größen $x_1, \ldots, z_N$ sind, und drückt die kinetische Energie K sowie die potentielle Energie U durch die q_j und $\dot{q}_j$ aus, so geben die mit

$$\mathcal{L} = K(q, \dot{q}) - U(q) \tag{30.16}$$

gebildeten EULERschen Gleichungen ebenfalls die richtigen Bewegungsgleichungen. q im Argument bedeutet hier und im folgenden eine Abkürzung für $q_1, \ldots, q_f$. Entsprechendes gilt für $\dot{q}$ und p.

Da die kinetische Energie homogen quadratisch in den $\dot{x}_i$ ist, so ist sie es auch in den $\dot{q}_j$. Die zu den q_j gehörigen Impulse

$$p_j = \frac{\partial \mathcal{L}}{\partial \dot{q}_j}$$

sind daher linear-homogen in den $\dot{q}_j$. Ferner ist

$$\sum_{j=1}^{f} p_j \dot{q}_j = \sum_{j=1}^{f} \dot{q}_j \frac{\partial \mathcal{L}}{\partial \dot{q}_j} = 2K.$$

Damit wird die in (30.10) erklärte HAMILTON-Funktion

$$\mathcal{H} = \sum_{j=1}^{f} \dot{q}_j \frac{\partial \mathcal{L}}{\partial q_j} - \mathcal{L} = K + U \tag{30.17}$$

gleich der Summe aus kinetischer und potentieller Energie. Die Gl. (30.12) $\frac{\mathrm{d}\mathcal{H}}{\mathrm{d}t} = 0$ ist also der Erhaltungssatz der Energie.

Beim Übergang von der Form (30.8) der Bewegungsgleichungen zur kanonischen Form (30.11) geht man von f Differentialgleichungen zweiter Ordnung für die f Zeitfunktionen $q_1(t), \ldots, q_f(t)$ über zu $2f$ Differentialgleichungen erster Ordnung für die $2f$ Zeitfunktionen $q_1(t), \ldots, q_f(t);\ p_1(t), \ldots, p_f(t)$.

b) Die kanonische Transformation.

Man kann die kanonischen Gleichungen auch unmittelbar aus einem Variationsprinzip ableiten[1]. Setzt man nämlich $\mathcal{L}$ aus (30.10) in (30.7a) ein, so erhält man als Variationsaufgabe (mit $J' = -J$):

$$J' = \int_{t_1}^{t_2} \Big(\mathcal{H}(q, p) - \sum_{r=1}^{f} p_r \dot{q}_r\Big)\,\mathrm{d}t = \text{Extremum} \tag{30.18}$$

mit der LAGRANGE-Funktion

$$\Lambda(q, p; \dot{q}, \dot{p}) = \mathcal{H}(q, p) - \sum_{r=1}^{f} p_r \dot{q}_r, \tag{30.19}$$

in welcher wir die q_j und p_j als unabhängige Variable auffassen. J' soll jetzt ein Extremum sein gegenüber allen Variationen der Funktionen $q_j(t)$ *und* $p_j(t)$, bei denen die Anfangs- und Endwerte festgehalten sind. In der Tat geben dann die EULERschen Gleichungen

$$\left.\begin{aligned} &\frac{\mathrm{d}}{\mathrm{d}t}\left(\frac{\partial \Lambda}{\partial \dot{q}_j}\right) = \frac{\partial \Lambda}{\partial q_j} \quad \text{oder} \quad -\dot{p}_j = \frac{\partial \mathcal{H}}{\partial q_j} \\ \text{und} \quad &\frac{\mathrm{d}}{\mathrm{d}t}\left(\frac{\partial \Lambda}{\partial \dot{p}_j}\right) = \frac{\partial \Lambda}{\partial p_j} \quad \text{oder} \quad 0 = \frac{\partial \mathcal{H}}{\partial p_j} - \dot{q}_j, \end{aligned}\right\} \tag{30.19a}$$

also genau die kanonischen Gln. (30.11). — Wir haben das „modifizierte HAMILTONsche Prinzip" (30.18) hier eingeführt, weil es ein geeigneter Ausgangspunkt zur Behandlung derjenigen Teile der Theorie der kanonischen Transformationen ist, die wir im folgenden benötigen.

Aus der elementaren Mechanik ist bekannt, daß die Lösung vieler Probleme erleichtert wird, wenn man die Bewegungsgleichungen nicht in kartesischen Koordinaten anschreibt, sondern durch eine Transformation zu anderen Koordinaten übergeht. Im Hinblick auf die in (30.18) zum Ausdruck kommende gleichwertige Behandlung von p_j und q_j wollen wir nun allgemeinere Transformationen betrachten:

$$\begin{aligned} Q_j &= Q_j(q_1, \ldots, q_f;\ p_1, \ldots, p_f), \\ P_j &= P_j(q_1, \ldots, q_f;\ p_1, \ldots, p_f); \end{aligned} \quad j = 1, \ldots, f. \tag{30.20}$$

Wir nennen eine solche Transformation *kanonisch*, wenn eine Funktion $\overline{\mathcal{H}}(Q_1, \ldots, Q_f; P_1, \ldots, P_f)$ existiert, so daß die Bewegungsgleichungen in den neuen Variablen Q_j, P_j wieder kanonische Form haben.

$$\dot{Q}_j = \frac{\partial \overline{\mathcal{H}}}{\partial P_j}; \qquad \dot{P}_j = -\frac{\partial \overline{\mathcal{H}}}{\partial Q_j}; \qquad j = 1, \ldots, f. \tag{30.21}$$

Wegen (30.21) muß auch in den neuen Variablen ein modifiziertes HAMILTONsches Prinzip gelten

$$\int_{t_1}^{t_2} \Big(\overline{\mathcal{H}}(Q, P) - \sum_{j=1}^{f} P_j \dot{Q}_j\Big)\,\mathrm{d}t = \text{Extremum}. \tag{30.22}$$

$\overline{\mathcal{H}}$ muß so gewählt werden, daß die Extremalen von (30.18), in (30.20) eingesetzt, die Extremalen von (30.22) ergeben. Daraus folgt noch nicht, daß die Integranden der beiden Variations-

[1] Vgl. z. B. COURANT/HILBERT: Methoden der mathematischen Physik II S. 96ff. Berlin 1937.

prinzipien übereinstimmen, wenn man mit (30.20) die neuen Variablen durch die alten ausdrückt. Vielmehr könnten sie sich noch um die zeitliche Ableitung einer beliebigen Funktion $\tilde{W}$ aller q_j, p_j, Q_j, P_j unterscheiden. Denn $\int\limits_{t_1}^{t_2} \frac{d\tilde{W}}{dt} dt = \tilde{W}(t_2) - \tilde{W}(t_1)$ gibt bei der Variation keinen Beitrag, weil die Anfangs- und Endwerte der q_j, p_j, Q_j, P_j festgehalten werden. Wir wählen

$$\tilde{W} = W(q_1, \ldots, q_f, P_1, \ldots, P_f) - \sum_r P_r Q_r .$$

Da wegen (30.20) unter den $4f$ Größen q_j, p_j, Q_j, P_j nur $2f$ unabhängig sind, bedeutet dies keine Einschränkung. Damit die Extremalen der beiden Variationsprinzipien übereinstimmen, muß nun gelten

$$\mathcal{H}(q, p) - \sum_{r=1}^{f} p_r \dot{q}_r + \frac{d\tilde{W}}{dt} = \overline{\mathcal{H}}(Q, P) - \sum_{r=1}^{f} P_r \dot{Q}_r \tag{30.23}$$

oder

$$\frac{dW}{dt} = \overline{\mathcal{H}}(Q, P) - \mathcal{H}(q, p) + \sum_{r=1}^{f} p_r \dot{q}_r + \sum_{r=1}^{f} \dot{P}_r Q_r .$$

Andererseits ergibt die Differentiation von W nach der Zeit

$$\frac{dW(q, P)}{dt} = \sum_{r=1}^{f} \frac{\partial W}{\partial q_r} \dot{q}_r + \sum_{r=1}^{f} \frac{\partial W}{\partial P_r} \dot{P}_r .$$

Diese beiden Gleichungen sind erfüllt, wenn

$$p_r = \frac{\partial W(q, P)}{\partial q_r}, \qquad Q_r = \frac{\partial W(q, P)}{\partial P_r}. \tag{30.24}$$

$$\overline{\mathcal{H}}(Q, P) = \mathcal{H}(q, p) . \tag{30.25}$$

Die ersten Gleichungen besagen, daß eine Transformation (30.20) kanonisch ist, wenn sie sich gemäß (30.24) aus einer erzeugenden Funktion W herleiten läßt. Die zweite Gleichung gibt an, daß man die neue HAMILTON-Funktion erhält, indem man die Transformationsgleichungen nach p_j, q_j auflöst und in die alte HAMILTON-Funktion einsetzt.

Die *Funktionaldeterminante* der durch (30.20) vermittelten Transformation ist gleich Eins:

$$\Delta = \frac{\partial(q_1, \ldots, q_f;\ p_1, \ldots, p_f)}{\partial(Q_1, \ldots, Q_f;\ P_1, \ldots, P_f)} = 1 . \tag{30.26}$$

Zum Beweis schreiben wir zunächst die benötigten partiellen Ableitungen hin; p_j und q_j sind als Funktionen von P_j und Q_j aufzufassen.

Es folgt mit (30.24) und der Schreibweise $W_{q_j} = \frac{\partial W}{\partial q_j}$ usw.

$$\frac{\partial p_j}{\partial Q_r} = \sum_k W_{q_j q_k} \frac{\partial q_k}{\partial Q_r}; \qquad \frac{\partial p_j}{\partial P_r} = W_{q_j P_r} + \sum_k W_{q_j q_k} \frac{\partial q_k}{\partial P_r} \tag{30.27}$$

sowie durch partielle Ableitung der zweiten Gl. (30.24) nach Q_i bzw. P_i

$$\delta_{il} = \sum_k W_{P_l q_k} \frac{\partial q_k}{\partial Q_i}; \qquad 0 = W_{P_l P_i} + \sum_k W_{P_l q_k} \frac{\partial q_k}{\partial P_i}. \tag{30.28}$$

Multipliziert man nun in

$$\Delta = \begin{vmatrix} \frac{\partial q_1}{\partial Q_1} \cdots \frac{\partial q_1}{\partial Q_f} & \frac{\partial q_1}{\partial P_1} \cdots \frac{\partial q_1}{\partial P_f} \\ \vdots & \vdots \\ \frac{\partial q_f}{\partial Q_1} & \cdot \quad \cdot \quad \cdot \\ \vdots & \vdots \\ \frac{\partial p_f}{\partial Q_1} \quad \cdot & \cdot \quad \frac{\partial p_f}{\partial P_f} \end{vmatrix}$$

die k-te Zeile mit $W_{q_j q_k}$ für $k = 1, \ldots, f$ und subtrahiert die Summe der so multiplizierten Zeilen von der $(f+j)$-ten Zeile, so wird, wenn man das für alle $j = 1, \ldots, f$ durchführt, der linke untere Quadrant in Δ wegen (30.27) gleich Null. Es bleibt

$$\begin{vmatrix} \frac{\partial q_1}{\partial Q_1} & \cdots & \frac{\partial q_1}{\partial Q_f} \\ \vdots & & \\ \frac{\partial q_f}{\partial Q_1} & \cdots & \frac{\partial q_f}{\partial Q_f} \end{vmatrix} \cdot \begin{vmatrix} W_{q_1 P_1} & \cdots & W_{q_1 P_f} \\ \vdots & & \\ W_{q_f P_1} & \cdots & W_{q_f P_f} \end{vmatrix}$$

Mit den Abkürzungen $a_{ik} = \frac{\partial q_k}{\partial Q_i}$; $b_{kl} = W_{q_k P_l}$ wird aber Δ gleich der Determinante der Matrix $a \cdot b$. Nun ist das il-Element von $a \cdot b$ nach (30.28):

$$(a \cdot b)_{il} = \sum_k a_{ik} b_{kl} = \sum_k \frac{\partial q_k}{\partial Q_i} W_{q_k P_l} = \delta_{il}.$$

Damit ist (30.26) bewiesen.

Abschließend betrachten wir die Transformation (30.24) für den Fall, daß die Unterschiede zwischen den neuen und den alten Koordinaten und Impulsen

$$\delta q_i = Q_i - q_i \qquad \text{und} \qquad \delta p_i = P_i - p_i$$

infinitesimal klein sind. Da die identische Transformation durch

$$W^0 = \sum_l q_l P_l$$

vermittelt wird, erwarten wir als Erzeugende für die *infinitesimale* Transformation

$$W = \sum_l q_l P_l + \lambda w(q, P), \tag{30.29}$$

wo λ infinitesimal klein ist. Damit wird nach (30.24)

$$\delta q_i = \lambda \frac{\partial w}{\partial P_i} \qquad \text{und} \qquad \delta p_i = -\lambda \frac{\partial w}{\partial q_i}.$$

Im Limes $\lambda \to 0$ dürfen wir in w die P_j durch die p_j ersetzen, mit dem Resultat:

$$\left(\frac{\delta q_i}{\lambda}\right)_{\lambda \to 0} = \frac{\partial w(q, p)}{\partial p_i} \qquad \text{und} \qquad \left(\frac{\delta p_i}{\lambda}\right)_{\lambda \to 0} = -\frac{\partial w(q, p)}{\partial q_i}.$$

Ersetzt man hier λ durch δt und wählt speziell für $w(q, p)$ die HAMILTON-Funktion $\mathcal{H}(q, p)$, so werden die letzten Gleichungen identisch mit den Bewegungsgleichungen. Die in der Zeit δt wirklich erfolgende Änderung der Koordinaten und Impulse ist also durch eine infinitesimale kanonische Transformation beschrieben, deren Erzeugende die HAMILTON-Funktion ist. Da eine Zusammensetzung kanonischer Transformationen wieder eine solche ergibt, hängen die Werte von q_j und p_j zu irgendeiner Zeit mit den Anfangswerten $(t = t_0)$ durch eine kanonische Transformation zusammen. Der Satz (30.26) über die Funktionaldeterminante erweist sich so als gleichbedeutend mit dem im nächsten Paragraphen zu besprechenden Satz von LIOUVILLE.

§ 31. Der Γ-Raum.

a) Definition des Γ-Raumes.

Das vorgelegte System besitze f Freiheitsgrade, d. h. zur Beschreibung einer Momentphotographie des Systems seien f Zahlenangaben nötig, welche wir als Koordinaten $q_1, \ldots, q_f$ bezeichnen. Besteht das System aus N Massenpunkten, so können die $3N$ Ortskoordinaten x_1, y_1, z_1, bis x_N, y_N, z_N dafür gewählt werden. f ist dann gleich $3N$. Jeder Koordinate sei ein Impuls p_j von *der* Art zugeordnet, daß der zeitliche Ablauf der Bewegung beschrieben werden kann durch eine HAMILTON-Funktion $\mathcal{H}(q_1, \ldots, p_f)$ der $2f$ Variablen $q_1, \ldots, p_f$ mit Hilfe der Gln. (30.11)

$$\dot{q}_j = \frac{\partial \mathcal{H}}{\partial p_j}; \qquad \dot{p}_j = -\frac{\partial \mathcal{H}}{\partial q_j}. \tag{31.1}$$

Im Rahmen der klassischen Mechanik ist $\mathcal{H}$ die Summe aus kinetischer und potentieller Energie. Bei N Massenpunkten der Masse m, welche mit der potentiellen Energie $\varphi(r_{ik})$ aufeinander wirken und in ein Volumen V eingeschlossen sind, lautet $\mathcal{H}$ z. B.:

$$\mathcal{H} = \sum_{i=1}^{3N} \frac{p_i^2}{2m} + \frac{1}{2} \sum_{i,k} \varphi(r_{ik}) + W_{Wand}. \tag{31.2}$$

Darin ist W_{Wand} eine Funktion der $3N$ Ortskoordinaten, die innerhalb V gleich Null ist, jedoch bei Annäherung eines der Massenpunkte an die Wand unendlich groß wird. Durch (31.1) ist grundsätzlich die „Bahnkurve" $q_j(t)$, $p_j(t)$ festgelegt, sobald der Anfangszustand $q_j(0)$, $p_j(0)$ gegeben ist, d. h. sobald die Anfangsorte und die Anfangsgeschwindigkeiten aller beteiligten Massenpunkte gegeben sind. Um angesichts der im allgemeinen ungeheuer komplizierten Bahn zu einer Art von Anschauung zu kommen, begeben wir uns in einen Raum von $2f$ Dimensionen, dessen kartesische Koordinaten mit $2f$ Größen $q_1, \ldots, q_f$; $p_1, \ldots, p_f$ beziffert sind. Er heiße der Γ-Raum. Jedem Zustand entspricht dann ein Punkt im Γ-Raum und jeder durch (31.1) gegebenen Bewegung eine richtige „Bahnkurve". Wenn $\mathcal{H}$ nicht explizit von der Zeit abhängt, ändert sich nach (30.12) der Zahlenwert von $\mathcal{H}$ bei der Bewegung nicht. Die Bahnkurve ist an die Hyperfläche $\mathcal{H}(q_1, \ldots, p_f) = E$ gefesselt. E bedeutet die — zeitlich konstante — Energie unseres Systems.

Nennen wir im Γ-Raum $\mathfrak{v} = \{\dot{q}_1, \ldots, \dot{p}_f\}$ den $2f$-dimensionalen Vektor der Geschwindigkeit und fassen

$$\operatorname{grad} \mathcal{H} = \left\{\frac{\partial \mathcal{H}}{\partial q_1}, \ldots, \frac{\partial \mathcal{H}}{\partial p_f}\right\}$$

ebenfalls als Vektor auf, so enthalten (31.1) und (30.12) über Betrag und Richtung von $\mathfrak{v}$ die beiden Aussagen:

$$|\mathfrak{v}| = |\operatorname{grad} \mathcal{H}| \qquad \text{und} \qquad (\mathfrak{v}, \operatorname{grad} \mathcal{H}) = 0. \tag{31.3}$$

Mithin haben die Vektoren $\mathfrak{v}$ und $\operatorname{grad} \mathcal{H}$ überall den gleichen Betrag und stehen aufeinander senkrecht.

Zum Aufbau der statistischen Mechanik brauchen wir zwei Aussagen über diese Bahnkurve, von denen wir die eine beweisen können, während die andere als plausible Hypothese hingenommen werden muß. Es sind das der LIOUVILLEsche Satz und die *Ergodenhypothese.* Außerdem brauchen wir eine Begriffsbildung, nämlich das Phasenvolumen.

b) Der LIOUVILLEsche Satz.

An Stelle des einen Systems werden wir in der Statistik genötigt, eine ungeheuer große Anzahl von Systemen zu betrachten, welche zur Zeit $t = 0$ irgendwie über den Γ-Raum verteilt sind und von denen jedes für sich gemäß Gl. (31.1) seine Bahn durchläuft. Wir werden später Aussagen über ein einzelnes System ersetzen durch Mittelwerte über eine Gesamtheit von Systemen. Die Systempunkte mögen im Γ-Raum so dicht liegen, daß man die Gesamtheit durch eine Dichtefunktion ϱ charakterisieren kann in dem Sinne, daß

$$\varrho(q_1, \ldots, p_f, t)\, dq_1 \ldots . dp_f$$

die Anzahl der Systeme angibt, welche zur Zeit t im Volumenelement $q_1, q_1 + dq_1; \ldots; p_f, p_f + dp_f$ des Γ-Raumes liegen. Wir können nun die Gln. (31.1) als hydrodynamische Bewegungsgleichungen für die Strömung dieses $2f$-dimensionalen Kontinuums ansehen.

Für diese Strömung betrachten wir — in Analogie zur dreidimensionalen Hydrodynamik — die Kontinuitätsgleichung

$$\frac{\partial \varrho}{\partial t} + \operatorname{div}(\varrho \mathfrak{v}) = 0\,, \tag{31.4}$$

welche sich unter Einführung des substantiellen Differentialquotienten $\frac{D\varrho}{Dt} = \frac{\partial \varrho}{\partial t} + \mathfrak{v} \operatorname{grad} \varrho$ auch in der Form

$$\frac{D\varrho}{Dt} + \varrho \operatorname{div} \mathfrak{v} = 0 \tag{31.4a}$$

schreiben läßt. In unserem $2f$-dimensionalen Γ-Raum sind die Komponenten von $\mathfrak{v}$ gegeben durch

$$\mathfrak{v} = \{\dot{q}_1, \ldots, \dot{q}_f, \dot{p}_1, \ldots, \dot{p}_f\}\,.$$

Somit wird

$$\operatorname{div} \mathfrak{v} = \sum_{j=1}^{f} \left(\frac{\partial \dot{q}_j}{\partial q_j} + \frac{\partial \dot{p}_j}{\partial p_j}\right).$$

Auf Grund der Hamilton-Gleichungen ist hier jeder einzelne Summand gleich Null, also gilt

$$\operatorname{div} \mathfrak{v} = 0\,. \tag{31.5}$$

Die Strömung unserer Gesamtheit ist diejenige einer inkompressiblen Flüssigkeit. Nach (31.4a) ist also *stets* $\frac{D\varrho}{Dt} = 0$, d. h. ein *mitbewegter* Beobachter würde an seinem Ort stets die gleiche Dichte beobachten.

Mit $\operatorname{div} \mathfrak{v} = 0$ erhalten wir aus (31.4) für die Änderung von ϱ an einem bestimmten Ort

$$\frac{\partial \varrho}{\partial t} + (\operatorname{grad} \varrho, \mathfrak{v}) = 0\,. \tag{31.6}$$

Danach ist auch die lokale Dichteänderung $\frac{\partial \varrho}{\partial t}$ gleich Null, wenn die Vektoren $\operatorname{grad} \varrho$ und $\mathfrak{v}$ aufeinander senkrecht stehen. Aus (31.3) wissen wir, daß $\operatorname{grad} \mathscr{H}$ und $\mathfrak{v}$ orthogonal sind. Wenn nun ϱ eine Funktion von $\mathscr{H}$ allein, d. h. also von der Energie allein ist, so sind auch $\operatorname{grad} \varrho$ und $\mathfrak{v}$ orthogonal. Also ist

$$\frac{\partial \varrho}{\partial t} = 0\,, \quad \text{wenn} \quad \varrho = \varrho(\mathscr{H}) \quad \text{ist.} \tag{31.7}$$

Eine noch andere Schreibweise liefert uns (31.6), wenn wir in

$$(\operatorname{grad} \varrho, \mathfrak{v}) \equiv \sum_j \left(\frac{\partial \varrho}{\partial q_j} \dot{q}_j + \frac{\partial \varrho}{\partial p_j} \dot{p}_j\right)$$

$\dot{q}_j$ und $\dot{p}_j$ aus den Hamilton-Gleichungen einsetzen. Dann wird

$$\frac{\partial \varrho}{\partial t} = -\sum_j \left(\frac{\partial \varrho}{\partial q_j} \frac{\partial \mathscr{H}}{\partial p_j} - \frac{\partial \varrho}{\partial p_j} \frac{\partial \mathscr{H}}{\partial q_j}\right).$$

Mit dem in (30.12a) eingeführten Poissonschen Klammersymbol also

$$\frac{\partial \varrho}{\partial t} = -[\varrho \mathscr{H}]\,. \tag{31.7a}$$

Die Gln. (31.5), (31.7) und (31.7a) sind verschiedene Formen des Liouvilleschen Satzes.

c) Die Ergodenhypothese.

Wir fassen wieder ein einzelnes System und seine auf die Fläche $\mathcal{H} = E$ gefesselte Bahn ins Auge und fragen danach, welche Punkte dieser Fläche es im Laufe der Zeit erreicht. Statt einer Antwort auf diese Frage postuliert die *Ergodenhypothese* (L. Boltzmann 1887):

Die Bahnkurve durchläuft jeden Punkt der Fläche $\mathcal{H} = E$.

Es hat sich später herausgestellt, daß diese Formulierung mathematisch nicht haltbar ist[1]; an deren Stelle haben P. und T. Ehrenfest (1911) die *Quasi-Ergodenhypothese* gesetzt:

Im Laufe der Zeit kommt die Bahnkurve jedem Punkt der Fläche $\mathcal{H} = E$ beliebig nahe.

Etwas schärfer formuliert: Umgrenze ich irgendeinen Punkt der Fläche mit einem „Kreis" vom endlichen, aber beliebig kleinen Radius r, so kann ich grundsätzlich eine endliche (wenn auch sehr große) Zeit t angeben, innerhalb welcher die Bahnkurve durch diesen „Kreis" hindurchführt. Es ist viel darüber diskutiert worden, inwieweit man diese Hypothese beweisen kann[1]. Zunächst ist zu sagen, daß diese Behauptung sicher nicht für jedes System gilt. Ein einfaches Gegenbeispiel ist ein rechteckiger Kasten mit N Atomen darin. Wenn zur Zeit $t = 0$ alle Atome nebeneinander liegen und sich alle exakt parallel einer Kante des Kastens bewegen, wenn ferner die Endflächen wirklich ideal reflektieren, so werden die Atome in alle Ewigkeit hin- und herfliegen, ohne sich gegenseitig zu stören und ohne den Betrag ihrer Geschwindigkeit zu ändern. Man sieht sofort, daß dies ein höchst singulärer Fall ist. Wenn nur eines der Atome einmal etwas schief reflektiert wird, so wird es alsbald mit einem anderen zusammenstoßen und danach vollkommen schief fliegen, so daß in allerkürzester Zeit die herrlichste Unordnung im Kasten herrscht. Wir wollen von derart singulären Fällen absehen.

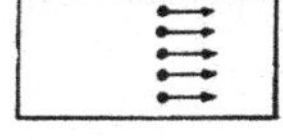

Abb. 55. Beispiel eines nichtergodischen Systems.

d) Das Phasenvolumen Φ^*.

Das zu einer gegebenen Energie E gehörige *Phasenvolumen* ist definiert durch:

$$\Phi^*(E) = \int_{\mathcal{H} \leq E} \cdots \int \mathrm{d}q_1 \cdots \mathrm{d}p_f . \tag{31.8}$$

Den Stern bei $\Phi^*(E)$ haben wir hinzugefügt, weil wir später zur endgültigen Definition von $\Phi(E)$ (ohne Stern) noch einen Faktor hinzufügen werden, welcher jedoch im Augenblick belanglos ist. Φ^* ist also das von der Fläche $\mathcal{H} = E$ umschlossene Volumen des Γ-Raumes. Damit das Integral (31.8) sinnvoll sei, muß man fordern, daß für endliches E jeder Impuls und jede Koordinate endlich bleiben muß. Für die Impulse ist das selbstverständlich, für die Koordinaten bedeutet das eine wesentliche Einschränkung der zugelassenen Systeme. In dem Beispiel der in (31.2) angegebenen $\mathcal{H}$-Funktion sorgt W_{Wand} dafür, daß das System in diesem Sinne abgeschlossen ist. Das ist durchaus sinnvoll. Auch jeder feste Körper würde im Laufe der Zeit ohne diese Vorsichtsmaßnahme durch Verdampfen in das Weltall verlorengehen. Wir brauchen ferner noch die Ableitung $\omega^*(E)$ von Φ^* nach E, also

$$\frac{\mathrm{d}\Phi^*(E)}{\mathrm{d}E} = \omega^*(E) . \tag{31.9}$$

$\omega^*(E)\,\delta E$ ist also das Volumen „der Schale δE" im Γ-Raum.

Wir werden es beim Γ-Raum im allgemeinen mit der Geometrie eines Raumes von ungeheuer vielen Dimensionen zu tun haben. Auf eine höchst merkwürdige

[1] Siehe z. B. Ter Haar: Elements of Statistical Mechanics. New York 1954. Appendix I.

Eigenschaft eines solchen Raumes sei sogleich hingewiesen. Betrachten wir etwa eine Kugel vom Radius r in einem Raume von ν Dimensionen, so ist deren Volumen V gegeben durch

$$V(r) = C\, r^{\nu}.$$

Der Wert der Konstante C wird später (§ 35d) angegeben. Im Augenblick ist er unwichtig. Das Volumen V_s einer *Kugelschale* von der Dicke s an der Oberfläche dieser Kugel ist also

$$V_s = V(r) - V(r - s) = C\,(r^{\nu} - (r - s)^{\nu}) = V(r)\left(1 - \left(1 - \frac{s}{r}\right)^{\nu}\right).$$

Ist nun $\frac{s}{r} \ll 1$ und ν sehr groß, so wird daraus

$$V_s = V(r)\left[1 - e^{-\frac{s}{r}\nu}\right].$$

Wenn also die Dicke s der Schale wesentlich größer ist als $\frac{r}{\nu}$, so ist V_s *bereits praktisch gleich dem Volumen der ganzen Kugel*. Mit $\nu \approx 10^{20}$ liegt also das Phasenvolumen in einer unvorstellbar dünnen Haut unter der Oberfläche.

Wegen einer expliziten Berechnung des Phasenvolumens für ein ideales Gas sei der Leser schon jetzt auf § 35 verwiesen.

C. Die mikrokanonische Gesamtheit.

§ 32. Zeitmittel und Scharmittel.

Wir betrachten ein einzelnes der durch (31.1) beschriebenen Systeme als Bild eines makroskopischen Körpers. Für das mikroskopische Verhalten des Systems interessieren wir uns im allgemeinen nicht. So ist z. B. die Kraft, die ein Gas durch den Aufprall seiner Moleküle auf einen Stempel ausübt, eine höchst komplizierte Funktion der Zeit. Was wir als Druck messen, ist das Zeitmittel dieser Kraft über Meßzeiten, welche immer noch viele Stöße enthalten. In diesem Sinne ist die Bewegung der Moleküle im einzelnen völlig unbedeutend. Lediglich die über den Ablauf der Bewegung genommenen Zeitmittelwerte irgendwelcher Größen besitzen physikalisches Interesse. Die Berechnung solcher Mittelwerte allein aus den mechanischen Gleichungen bildet den eigentlichen Inhalt der statistischen Mechanik.

Ist $f(q_1, \ldots, p_f)$ irgendeine, uns interessierende Funktion (z. B. die kinetische Energie von einem oder mehreren Teilchen oder auch die Lage eines Teilchens), so ist das über die Zeit von $t = 0$ bis $t = \tau$ genommene Zeitmittel definiert durch

$$\overline{f}^{t} = \frac{1}{\tau}\int_0^{\tau} f(q_1, \ldots, p_f)\, dt. \tag{32.1}$$

a) Die mikrokanonische Gesamtheit.

Wir betrachten eine Vielzahl von Systemen, welche mit einer solchen Dichte ϱ im Phasenraum verteilt sind, daß gilt

$$\begin{aligned} &\varrho(E) = 1 \text{ in der Schale zwischen } E \text{ und } E + \delta E, \\ &\varrho(E) = 0 \text{ außerhalb dieser Schale.} \end{aligned} \tag{32.2}$$

Die Gesamtheit der so hervorgehobenen Systeme heißt „mikrokanonische" Gesamtheit. Dabei ist δE als infinitesimal klein anzusehen. Bei dieser Definition ist die Zahl aller in der mikrokanonischen Gesamtheit enthaltenen Systeme gleich dem Volumen der „Schale“ δE, also gleich $\omega^*(E)\,\delta E$.

Eine mit (32.2) gleichbedeutende Definition der mikrokanonischen Gesamtheit gewinnen wir durch nähere Betrachtung der beiden Hyperflächen $\mathcal{H} = E$ und $\mathcal{H} = E + \delta E$. Sei $\mathrm{d}O$ ein $(2f-1)$-dimensionales Element der Fläche $\mathcal{H} = E$ und δr der senkrechte Abstand der beiden Flächen an dieser Stelle, so können wir das Volumen $\omega^*(E)\delta E$ zusammengesetzt denken aus Volumelementen $\delta r\,\mathrm{d}O$. Dabei hat δr, als Normale auf $\mathcal{H} = \mathrm{const}$, die Richtung von $\mathrm{grad}\,\mathcal{H}$. Also ist $\delta r\,|\mathrm{grad}\,\mathcal{H}|$ die Änderung von $\mathcal{H}$ beim Fortschreiten um δr. Diese Änderung soll aber gerade gleich δE sein. Somit gilt für das hervorgehobene Volumelement

$$\delta r\,\mathrm{d}O = \delta E\,\frac{\mathrm{d}O}{|\mathrm{grad}\,\mathcal{H}|}. \tag{32.3}$$

$\delta r\,\mathrm{d}O$ ist aber gleich der Anzahl der auf den Abschnitt $\mathrm{d}O$ entfallenden Systeme der mikrokanonischen Gesamtheit. Integration von (32.3) über die ganze Fläche $\mathcal{H} = E$ liefert

$$\int\limits_{\mathcal{H}=E} \frac{\mathrm{d}O}{|\mathrm{grad}\,\mathcal{H}|} = \omega^*(E). \tag{32.3a}$$

Nach (32.3) können wir die mikrokanonische Gesamtheit auch beschreiben durch eine Flächenbelegung der Fläche $\mathcal{H} = E$ mit einer Flächendichte

$$\sigma = \frac{\delta E}{|\mathrm{grad}\,\mathcal{H}|}, \tag{32.4}$$

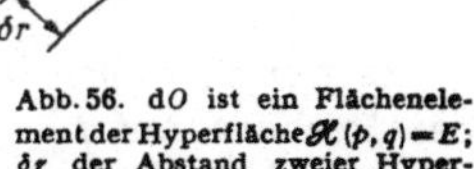

Abb. 56. $\mathrm{d}O$ ist ein Flächenelement der Hyperfläche $\mathcal{H}(p,q) = E$; δr der Abstand zweier Hyperflächen $\mathcal{H} = E$ und $\mathcal{H} = E + \delta E$.

so daß auf das Flächenelement $\mathrm{d}O$ gerade $\sigma\,\mathrm{d}O$ Systempunkte entfallen. Nach (31.3) ist $|\mathrm{grad}\,\mathcal{H}|$ gleich $|\mathfrak{v}| = \left(\sum(\dot{p}_i^2 + \dot{q}_i^2)\right)^{1/2}$. (32.4) enthält also die ungemein plausible Aussage, daß die Flächendichte σ und damit die Wahrscheinlichkeit, ein System in $\mathrm{d}O$ anzutreffen, umgekehrt proportional zum Betrag seiner Geschwindigkeit an dieser Stelle ist. Nach (31.7) ist diese Dichteverteilung *stationär*. Sie ändert sich mit der Zeit nicht, wenn jedes System sich gemäß (31.1) bewegt.

Nunmehr definieren wir das Mittel einer Phasenfunktion $f(q_1, \ldots, p_f)$ über die Systeme der mikrokanonischen Gesamtheit:

$$\overline{f}^{m} = \frac{\displaystyle\int\cdots\int\limits_{E<\mathcal{H}<E+\delta E} f(q_1,\ldots,p_f)\,\mathrm{d}q_1\ldots\mathrm{d}p_f}{\displaystyle\int\cdots\int\limits_{E<\mathcal{H}<E+\delta E} \mathrm{d}q_1\ldots\mathrm{d}p_f}. \tag{32.5}$$

Jetzt kommt der entscheidende Satz:

Wählen wir beim Zeitmittel (32.1) die Zeit so groß, daß — gemäß der Ergodenhypothese — das System „praktisch“ die ganze Fläche $\mathcal{H} = E$ überstrichen hat, so ist

$$\overline{f}^{t} = \overline{f}^{m}, \text{ d.h. „Zeitmittel = Mittel über mikrokanonische Gesamtheit.“} \tag{32.6}$$

Der Beweis von (32.6) verläuft so: Nach der Ergodenhypothese wird die Fläche $\mathcal{H} = E$ von der Systembahn völlig bedeckt. Für die Bildung des Zeitmittels ist es also unwesentlich, an welcher Stelle der Fläche man anfängt. Speziell würde jeder Punkt der mikrokanonischen Gesamtheit, als Ausgangspunkt genommen, das gleiche Zeitmittel liefern. Daher gilt auch $\overline{f}^{t}$ = Zeitmittel des mikrokanonischen Mittels. Nach LIOUVILLE (31.7) ist aber das mikrokanonische Mittel von der Zeit unabhängig; wir können also statt des Zeitmittels den mikrokanonischen Mittelwert zu einer festen, im übrigen aber beliebigen Zeit nehmen[1].

Wir geben für (32.6) noch eine sehr anschauliche Begründung. Dazu verfolgen wir einen Systempunkt längs seiner Phasenbahn und denken uns seinen Ort in gleichen Zeitabständen durch Punkte im Γ-Raum registriert. Dann ist unser Zeitmittel offenbar identisch mit dem Scharmittel über all diese Punkte. Die Punkte sind aber gerade mit einer Dichte über die Hyperfläche verteilt, welche der Geschwindigkeit des umlaufenden Systempunktes umgekehrt proportional ist. Der Betrag der Geschwindigkeit ist nach den HAMILTON-Bewegungsgleichungen gleich $|\operatorname{grad}\mathcal{H}|$. Nach (32.4) entspricht daher die Verteilung der Punkte genau einer mikrokanonischen Gesamtheit von Systemen.

Wenn wir nun weiterhin nur noch mit dem Mittelwert $\bar{f}^m$ rechnen, so können wir das zunächst nach (32.6) damit rechtfertigen, daß wir damit zugleich das Zeitmittel für das einzelne System kennen. Hier meldet sich sogleich das Bedenken, daß ja zur strengen Gültigkeit von (32.6) das Zeitmittel über eine ungeheuer lange Zeit τ genommen werden muß, während wir in allen praktischen Anwendungen der Wärmelehre (man denke an die Vorgänge im Zylinder eines Explosionsmotors) oft nur über Bruchteile einer Sekunde mitteln. Unsere Gl. (32.6) wäre also praktisch wertlos, wenn nicht das Mittel über kürzere Zeiten bereits — abgesehen von kleinen Schwankungen — im wesentlichen mit dem in (32.6) gemeinten Zeitmittel übereinstimmen würde. Tatsächlich sind — wir werden das später noch mehrfach zu diskutieren haben — große Abweichungen vom durchschnittlichen Verhalten so ungeheuer selten, daß sie bei der Mittelwertbildung meist ohne Schaden ignoriert werden können.

Es gibt aber auch eine ganz andere und häufig bevorzugte Rechtfertigung für das Rechnen mit $\bar{f}^m$. Jede konkrete physikalische Aussage hat zur Voraussetzung, daß ich etwas von dem betreffenden System weiß, d. h., daß ich mir vorher durch Messungen irgendeine Art von Kenntnis verschafft habe. Meine Kenntnis im Fall eines Gases besteht z. B. darin, daß ich N Atome von der Gesamtenergie E in einen Kasten vom Volumen V eingesperrt habe. Damit weiß ich nur, daß mein System irgendwo auf der Hyperfläche $\mathcal{H} = E$ liegt, mehr nicht. Und nun wird von mir eine Auskunft über den Wert einer Phasenfunktion $f(q_1, \ldots, p_f)$ verlangt! Bei genauer Kenntnis der Lage des Phasenpunktes, das heißt der Zahlen $q_1, \ldots, p_f$, könnte ich f *genau* angeben. Da ich jedoch nur weiß, daß der Phasenpunkt auf $\mathcal{H} = E$ liegt, kann ich über f überhaupt nur etwas aussagen, wenn ich diese geringe Kenntnis durch eine *Wahrscheinlichkeitsannahme* ergänze. Diese kann nur darin bestehen, daß ich angebe, mit welcher Wahrscheinlichkeit das System sich an irgendeiner Stelle des Phasenraumes aufhält. Das heißt, ich muß eine Funktion $w(q_1, \ldots, p_f)\, \mathrm{d}q_1 \ldots \mathrm{d}p_f$ erraten, welche mir die Wahrscheinlichkeit dafür angibt, daß jenes System sich in der Zelle $\mathrm{d}q_1 \ldots \mathrm{d}p_f$ des Γ-Raumes befindet. Wenn ich mich einmal zur Wahl der Funktion w entschlossen habe, so kann ich sagen, daß bei sehr häufiger Wiederholung der Messung am gleichen System sich im Mittel der Wert

$$\bar{f} = \int \cdots \int w(p, q)\, f(p, q)\, \mathrm{d}p\, \mathrm{d}q \tag{32.7}$$

[1] Der Beweis von (32.6) mit Hilfe der — mathematisch nicht haltbaren — Ergodenhypothese ist eigentlich nur von historischem Interesse. Meist pflegt man heute deshalb die *Annahme* (32.6) an Stelle der Ergodenhypothese zum Ausgangspunkt der statistischen Mechanik zu machen. G. D. BIRKHOFF hat bewiesen, daß aus der Quasi-Ergodenhypothese (32.6) folgt (vgl. die zusammenfassende Darstellung von D. TER HAAR in Rev. Mod. Phys. **27**, 289 (1955).

ergeben würde. Anstatt der verlangten Auskunft über den Wert von $f(p, q)$ gebe ich die Auskunft, „f hat den Wert $\bar{f}$", wobei ich aber darauf vorbereitet sein muß, daß diese Aussage nicht exakt zutrifft. Es wird später mehrfach gezeigt, daß in vielen Fällen die relative Schwankung $\overline{(f-\bar{f})^2}/\bar{f}^2$ verschwindend klein ist, so daß das Risiko bei jener Antwort nicht allzu groß ist und daß $\bar{f}$ „wirklich" den Zahlenwert der makroskopischen Größe f angibt. Nach dem Vorgang von GIBBS haben wir damit folgenden Gesichtspunkt zum Erraten der „richtigen" Funktion $w(q, p)$:

Wenn das System makroskopisch gesehen im Gleichgewicht ist, so bedeutet das ja, daß alle makroskopisch meßbaren Größen sich mit der Zeit nicht ändern, daß also $\bar{f}$ zeitlich konstant ist. Das ist sicher dann der Fall, wenn $w(q, p)$ konstant ist. Nun ändert sich w deswegen, weil jeder Phasenpunkt sich nach den HAMILTONschen Gleichungen bewegt, genau so, wie wir das oben für die Dichte $\varrho(p, q)$ behandelt haben. Trotz dieser Bewegung bleibt nach dem LIOUVILLEschen Satz w konstant, wenn $w(p, q)$ nur vom Wert der HAMILTON-Funktion $\mathcal{H}(p, q)$ an der betrachteten Stelle abhängt. Die Vorgabe der Energie E *und* die Forderung der zeitlichen Konstanz von $\bar{f}$ (und die Bedingung $\int w(p, q)\,\mathrm{d}p\,\mathrm{d}q = 1$) führen alle mit einer gewissen Zwangsläufigkeit auf die Vermutung[1]:

$$\left.\begin{aligned} w(q_i, p_i) &= \frac{1}{\omega^*(E)\,\delta E} \quad \text{für} \quad E < \mathcal{H}(q, p) < E + \delta E, \\ w(q_i, p_i) &= 0 \quad \text{außerhalb dieser Schale.} \end{aligned}\right\} \tag{32.8}$$

Diese Formel zur Auswertung von (32.7) ist aber identisch mit folgendem Rezept zur Berechnung von $\bar{f}$: Man denke sich statt des einen vorgelegten Systems eine große Zahl von Systemen, welche gemäß der durch (32.8) gegebenen „mikrokanonischen Gesamtheit" im Phasenraum verteilt sind, und bilde über diese vielen Systeme das Mittel. Das ist genau das oben erklärte $\bar{f}^m$.

Bei der soeben gegebenen Begründung von (32.8) war von Ergoden- oder Quasi-Ergodenhypothese nicht die Rede. Tatsächlich ist sie aber darin enthalten. Denn (32.8) ist doch nur sinnvoll, wenn — im Sinn der genannten Hypothese — jedes der in der Schale δE enthaltenen Elemente des Phasenraumes auch wirklich erreicht wird. Damit ist wieder die Gesamtheit (32.8) identisch mit der eingangs behandelten „Zeitgesamtheit" *eines* Systems.

b) Dichteschwankungen als Beispiel.

Der größte Teil der nachfolgenden Abschnitte besteht darin, daß unter den verschiedensten Gesichtspunkten mikrokanonische Gesamtheiten berechnet werden. Angesichts dieser grundlegenden Bedeutung mögen die soeben gegebenen Begriffe noch einmal an einem ganz speziellen Beispiel diskutiert werden.

Als solches wählen wir die Dichteschwankungen in einem idealen Gas, deren statistische Behandlung wir bereits in § 23 entwickelt haben. Als „System" betrachten wir also ein in einen Behälter eingeschlossenes Gas. Innerhalb des Behälters sei ein kleines Teilvolumen abgegrenzt, jedoch so, daß das Teilvolumen mit dem Hauptvolumen kommuniziert. Die in (32.7) mit f bezeichnete Größe sei die in diesem Teilvolumen enthaltene Molekülzahl n. (Beträgt das Teilvolumen etwa 1 cm^3, so hat unter Normalbedingungen der Mittelwert $\bar{n}$ von n einen Wert der Größenordnung $\bar{n} = 10^{20}$.) Wir interessieren uns für den zeitlichen Verlauf von n und betrachten zu diesem Zweck die über t als Abszisse

[1] Die Konstante $1/\omega^*(E)\,\delta E$ mußte hinzugefügt werden, damit $\int\limits_{-\infty}^{+\infty}\cdots\int w(p, q)\,\mathrm{d}p\,\mathrm{d}q = 1$ sei.

aufgetragene Kurve $n(t)$. Die schematische Abb. 57 sei ein schüchterner Versuch, diese Kurve zu veranschaulichen.

Trotz der grotesken Unregelmäßigkeit können wir an ihr einige wichtige quantitative Aussagen machen. Zunächst kennen wir aus (23.2) das mittlere Schwankungsquadrat um den Mittelwert $\bar{n}$:

$$\frac{\overline{(n-\bar{n})^2}}{\bar{n}^2} = \frac{1}{\bar{n}}.$$

Die „durchschnittlichen relativen Abweichungen“ vom Mittel sind also von der Größenordnung 10^{-10}.

Wir fragen speziell nach der Wahrscheinlichkeit $w(a)$ dafür, daß die Abweichung vom Mittel größer als a ist, daß also $n > \bar{n} + a$. Einen solchen Zustand werden wir kurz als „Verdichtung a“ bezeichnen. Nach (23.4) ist

$$w(a) = \frac{1}{\sqrt{2\pi\bar{n}}} \int_a^\infty e^{-\frac{\nu^2}{2\bar{n}}} \mathrm{d}\nu.$$

Mit $x = \frac{\nu}{\sqrt{2\bar{n}}}$ als Integrationsvariabler wird

$$w(a) = \frac{1}{2} \frac{2}{\sqrt{\pi}} \int_{a/\sqrt{2\bar{n}}}^\infty e^{-x^2} \mathrm{d}x.$$

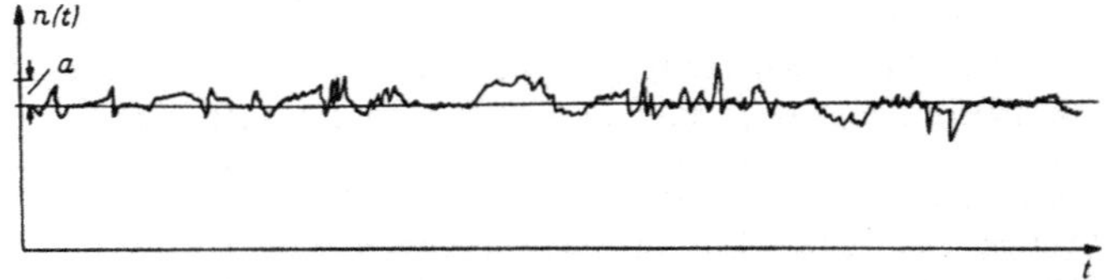

Abb. 57. Molekülzahl n in einem Teilvolumen als Funktion von t; kritiklos und qualitativ hingezeichnet. Die horizontale Gerade entspricht $\bar{n}$.

Unter Einführung des Fehlerintegrals $\Phi(x) = \frac{2}{\sqrt{\pi}} \int_0^x e^{-s^2} \mathrm{d}s$ erhalten wir

$$w(a) = \frac{1}{2}\left(1 - \Phi\left(\frac{a}{\sqrt{2\bar{n}}}\right)\right).$$

Für die Anwendung notieren wir die bereits für $x > 1$ brauchbare Näherung

$$\frac{1}{2}\bigl(1 - \Phi(x)\bigr) \approx \frac{e^{-x^2}}{2\sqrt{\pi}\,x}.$$

Die Größe $w(a)$ hat für unsere $n(t)$-Kurve folgende Bedeutung: Man zeichne die Parallele im Abstand $n = \bar{n} + a$ zur t-Achse, etwa von $t = 0$ bis zu der sehr großen Zeit t_0. Sodann bestimme man die Summe aller Zeiten, während welcher (innerhalb t_0) jene Parallele *unterhalb* der $n(t)$-Kurve verläuft. Ist t_a die Summe aller dieser Zeiten, so ist $w(a)$ gleich dem Bruchteil der Gesamtzeit, während welcher $n - \bar{n} \geq a$ ist, also

$$w(a) = \frac{t_a}{t_0}.$$

Um dieselbe Größe $w(a)$ in der mikrokanonischen Gesamtheit zu finden, hat man innerhalb dieser Gesamtheit [vom Volumen $\omega^*(E)\,\delta E$] dasjenige Volumen $\omega_a\,\delta E$ abzugrenzen, für welches die Bedingung $n - \bar{n} \geq a$ erfüllt ist. Das Verhältnis der entsprechenden Volumina im Γ-Raum ist wieder gleich $w(a)$, also $w(a) = \omega_a/\omega^*(E)$. Die Bedeutung von $w(a)$ läßt sich also in gleicher Weise mit Hilfe des zeitlichen Verlaufes wie auch der mikrokanonischen Gesamtheit anschaulich interpretieren.

Die Wartezeit ϑ_a. In einem wichtigen Punkt allerdings führt die Betrachtung des zeitlichen Verlaufes wesentlich weiter, nämlich bei der Frage:

Wie lange muß ich im Durchschnitt warten, bis $n(t)$ zum erstenmal den Wert $\bar{n} + a$ überschreitet?

Bedeutet τ_0 die Zeit, welche verstreicht, bis eine einmal entstandene Verdichtung a wieder verläuft, so ist die oben eingeführte Zeit t_a das Produkt aus τ_0 und der Anzahl von spontanen Verdichtungen, welche während der Zeit t_0 vorkommen. Damit kennen wir auch den mittleren zeitlichen Abstand ϑ_a zwischen zwei Verdichtungen a:

$$\vartheta_a = \frac{\tau_0}{w(a)} \ \text{sec}.$$

Das ist also zugleich die Zeit, die man warten muß, bis die Molekülzahl n den Wert a überschreitet. Die Zeit τ_0 hängt natürlich von der Art der Kommunikation des Teilvolumens ab. Bei völlig offener Verbindung und kleiner Reibung erwarten wir mit der Länge l des Teilvolumens und der Schallgeschwindigkeit c etwa $\tau_0 = l/c$, also mit $l = 1$ cm und $c = 1000$ m/sec etwa $\tau_0 \approx 10^{-5}$ sec. Bei schlechterer Verbindung kann τ_0 leicht 10- bis 100mal größer sein. Die uns weiterhin interessierenden Folgerungen bleiben qualitativ unverändert, wenn wir τ_0 in dem so skizzierten Bereich variieren. Wir rechnen weiterhin mit $\tau_0 = 10^{-5}$ sec. In der nachstehenden Tabelle haben wir für Werte 1 bis 10 von x die Größe $g(x) = \frac{1}{2}[1 - \Phi(x)]$ angegeben und daneben die Wartezeiten $\vartheta = 10^{-5}/g(x)$. In der letzten Spalte stehen die den einzelnen x entsprechenden Werte der relativen Schwankungen $\eta = a/\bar{n}$, also $x = \eta\sqrt{\bar{n}/2} = \eta \cdot 10^{10}/\sqrt{2}$.

Tabelle 4.

x	$g(x)$	Die Wartezeit $10^{-5}/g(x)$ sec	Relative Abweichung $\eta/\sqrt{2} = 10^{-10} \cdot x$
2	$2{,}5 \cdot 10^{-3}$	$4 \cdot 10^{-3}$ sec	$2 \cdot 10^{-10}$
3	$1 \cdot 10^{-5}$	1 sec	$3 \cdot 10^{-10}$
4	$8 \cdot 10^{-9}$	$1{,}3 \cdot 10^{3}$ sec $= 21$ min	$4 \cdot 10^{-10}$
5	$8 \cdot 10^{-13}$	$1{,}3 \cdot 10^{7}$ sec $= 5$ Monate	$5 \cdot 10^{-10}$
6	$1 \cdot 10^{-17}$	$1 \cdot 10^{12}$ sec $= 3 \cdot 10^{4}$ Jahre	$6 \cdot 10^{-10}$
7	$2 \cdot 10^{-23}$	$5 \cdot 10^{17}$ sec $= 2 \cdot 10^{10}$ Jahre	$7 \cdot 10^{-10}$

Die Größenordnung der hier errechneten Zahlen ist in mehrfacher Hinsicht grundlegend für das Gesamtgebiet der statistischen Mechanik, wenn wir η als typischen Repräsentanten der relativen Abweichung einer makroskopischen Größe von ihrem Mittelwert ansehen. Wir sehen, daß die Wartezeit bis zum Auftreten eines gegebenen Wertes von η sich innerhalb des Bereiches von $2 \cdot 10^{-10}$ bis $7 \cdot 10^{-10}$ in geradezu grotesker Weise ändert: $\eta = 2 \cdot 10^{-10}$ tritt etwa 1000mal in der Sekunde auf, während für $\eta = 7 \cdot 10^{-10}$ die Wartezeit bereits größer ist als das Alter der Welt (für welches die Astronomen etwa $3 \cdot 10^{9}$ Jahre angeben). Das bedeutet aber, daß solche Abweichungen innerhalb der für uns in Betracht kommenden Zeit *nie* auftreten. Innerhalb des relativ engen Bereichs $2 \cdot 10^{-10}$ bis $7 \cdot 10^{-10}$ sec liegt also für das Auftreten von η die ganze Skala von häufig — selten — sehr selten — nie. Die Grenze zwischen diesen verschiedenen Bereichen läßt sich ohne Willkür nicht scharf festlegen. Es ist schließlich Geschmackssache, ob man eine Schwankung, welche alle 100 Jahre einmal auftritt, als „sehr selten" oder „nie" bezeichnen will.

Zu den so erhaltenen Größenordnungen von η muß man sich weiterhin vor Augen halten, daß bei praktisch allen makroskopischen Größen Schwankungen von 10^{-9} bis 10^{-10} sich vollkommen der Beobachtung entziehen. Bei „beobachtbaren" Werten von etwa $\eta \approx 10^{-4}$ (d. h. $0{,}1^0/_{00}$) kommt man zu so unsinnig langen Wartezeiten, daß man sich geniert, sie hinzuschreiben. Sie kommen mit „absoluter" Sicherheit niemals vor. Einige Fälle, in denen Schwankungen beobachtbar sind, werden in Kap. VI diskutiert.

Wir besprechen sogleich einige Konsequenzen dieser Feststellungen: Zunächst betonten wir oben bei Definition des Zeitmittels

$$\bar{f} = \frac{1}{\tau} \int_0^\tau f(t)\, dt\,,$$

daß dieses nur dann gleich dem mikrokanonischen Mittel ist, wenn während der Zeit τ praktisch alle Punkte der Fläche $\mathcal{H}(q, p) = E$ durchlaufen werden. Wenn man diese Definition ernst nimmt, so müßten auch „seltene" Ereignisse während der Zeit τ vorkommen, wir kämen also in τ zu Zeiten von der soeben diskutierten Größenordnung. Wir haben aber soeben gesehen, daß Werte von f mit einer relativen Abweichung vom Mittel von wesentlich mehr als 10^{-10} ganz ungeheuer selten auftreten, und zwar so selten, daß sie auf den Wert von $\bar{f}$ praktisch keinen Einfluß haben. Wir können sie also getrost fortlassen. Das bedeutet aber, wir brauchen sie bei der Bildung von $\bar{f}$ nicht erst abzuwarten, so daß wir — im Rahmen der jeweils angestrebten Genauigkeit — uns mit Werten von τ von $^1/_{100}$ oder 1 sec begnügen können.

c) Der „Wiederkehr-Einwand" und die Irreversibilität der natürlichen Vorgänge.

In der Jugendzeit der statistischen Mechanik wurde häufig die folgende Frage diskutiert: Die HAMILTONschen Bewegungsgleichungen, welche das atomare Geschehen beschreiben, sind symmetrisch hinsichtlich der Zeit. Genauer gesagt: Wenn man in einem bestimmten Augenblick des Ablaufs der Bewegung alle Geschwindigkeiten umkehrt (vgl. § 26f), so wird auf Grund der HAMILTONschen Gleichungen die ganze Bahn rückwärts durchlaufen. Im Gegensatz dazu sind die thermischen Vorgänge irreversibel (Ausgleich bestehender Temperaturunterschiede oder Druckdifferenzen; ferner in unserem obigen Beispiel der Dichteschwankungen die Einstellung von $\bar{n}$ bei einem anfänglich davon abweichenden Wert von n). Die Frage lautet: Wie ist es möglich, irreversible Vorgänge durch reversible Grundgleichungen zu erklären? Unser Beispiel (Zahl n der Moleküle eines idealen Gases in einem Teilvolumen des Behälters) genügt vollkommen zur Beantwortung dieser Frage. Zunächst ist zuzugeben, daß die Kurve $n(t)$ der Abb. 57, welche die Dichte als Funktion beschreibt, durchaus reversibel verläuft. Man kann das Vorzeichen der Zeit umkehren, ohne etwas Wesentliches an dieser Kurve zu ändern. Von einer Tendenz der Dichte, sich mit der Zeit auszugleichen, ist hier nichts zu erkennen. An diesen Punkt knüpft sich der früher gegen die statistische Mechanik erhobene Wiederkehr-Einwand: Er besagt, daß z. B. eine in einem bestimmten Augenblick vorhandene Abweichung vom Durchschnittswert von etwa $10^{-2}\%$ bei Zutreffen der Ergodenhypothese im Laufe der Zeit sicher einmal wiederkehren wird, entgegen der Erfahrungstatsache, daß eine solche Abweichung sich monoton ausgleicht. Tatsächlich besteht hier kein Widerspruch. Die Behauptung von der „Wiederkehr" ist vollkommen in Ordnung, nur erfolgt — leider — diese Wiederkehr erst zu einer Zeit, welche um einen unvorstellbar großen Faktor länger ist als das Alter der Welt. Das ist praktisch (nicht aber mathematisch!) gleichbedeutend damit, daß sie nie erfolgen wird. Für den Physiker, dem Zeiten von 10^{-2} sec und 10^{10} Jahren etwas grundsätzlich Verschiedenes sind, ist damit der Wiederkehr-Einwand kein Einwand gegen den irreversiblen Verlauf innerhalb kleiner Zeiten.

Etwas mehr Überlegung erfordert der Nachweis, daß der empirisch festgestellte monotone Ausgleich von etwa vorhandenen Dichteunterschieden mit der reversiblen $n(t)$-Kurve verträglich ist. Betrachten wir auf dieser Kurve diejenigen Stellen, an denen $n = \bar{n} + a$ ist, mit positivem a. Sie sind gegeben durch alle Schnittpunkte der Horizontalen $n = \bar{n} + a$ mit den über diesen Wert herausragenden Zacken, also bei einer einzelnen Zacke durch die Punkte B (wachsendes n) und A (abnehmendes n). Im ganzen sind also auf der $n(t)$-Kurve Punkte mit wachsender und abnehmender Dichte gleich häufig, im krassen Widerspruch zur Erfahrung, nach welcher nur Punkte vom Typus A, nicht aber solche vom Typus B vorkommen sollten. Auch hier bringt die Betrachtung unserer Tab. 4 (S. 103) eine vollständige Klärung, wenn wir beachten, daß es sich bei der Erfahrung nur um relative Abweichungen η handeln kann, welche viel größer als 10^{-10} sind, also um x-Werte wesentlich über 10.

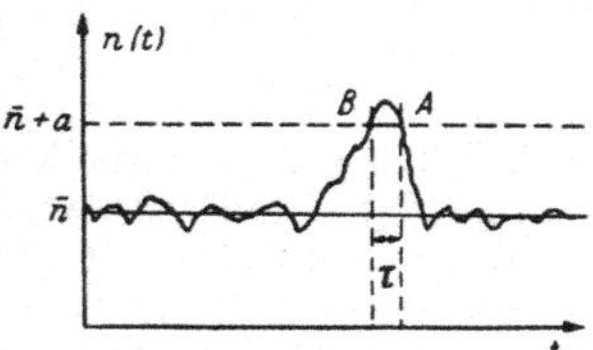

Abb. 58. Schnittpunkte der Horizontalen $n = \bar{n} + a$ mit einer Zacke der $n(t)$-Kurve aus Abb. 57.

Zunächst sieht man, daß mit wachsenden x die Häufigkeit der Abweichungen ungeheuer stark abnimmt. Die Zahl der Zacken in der $n(t)$-Kurve mit $x = 10$ ist schon um den Faktor 10^{10} kleiner als diejenige der Zacken mit $x = 9$. Bei höheren x-Werten wird dies Verhalten noch krasser. Das bedeutet aber, daß die Schnittpunkte unserer Geraden $n = a + \bar{n}$ mit irgendeiner Zacke praktisch immer in unmittelbarer Nähe des Maximums dieser Zacke erfolgen, daß also die Schnittpunkte A und B dicht nebeneinander auf dem Gipfel der Zacke liegen. Damit haben wir das Resultat, daß die $n(t)$-Kurve sowohl von A wie auch von B aus mit wachsender Zeit *abnehmen* wird, wie es sein soll. Aber das ist nur ein Scheinerfolg. Fassen wir nämlich die Zeiten vor dem Erreichen des Gipfels ins Auge, so ist hier $n(t)$ *angewachsen*, sonst hätte der Gipfel ja gar nicht erreicht werden können. Hier rettet uns wieder die Tab. 4 mit der lakonischen Antwort, daß der so liebevoll diskutierte Gipfel auf der $n(t)$-Kurve überhaupt nicht existiert. (Die Wartezeit bis zu seinem Auftreten ist ein ungeheures Vielfaches vom Alter der Welt.) Daraus ergibt sich zwingend der Schluß: Wenn eine makroskopisch merkbare Abweichung von $\bar{n}$ beobachtet wird, so ist diese sicher nicht durch die Bewegung der Atome in dem abgeschlossenen Behälter zustande gekommen, sondern diese Abweichung ist unmittelbar vorher durch einen Eingriff von außen her erzeugt worden. Der nach dem Eingriff (etwa einer technischen Kompression) erzeugte Zustand, in unserem Fall der Wert von n, ist natürlich in unserer $n(t)$-Kurve enthalten. Darüber hinaus können wir aus der obigen Betrachtung der Häufigkeit von Zacken verschiedener Höhe schließen, daß er sich auf einem Gipfelpunkt der Kurve befindet, daß also im weiteren Verlauf n abnehmen wird, wenn n im makroskopischen Sinn größer als $\bar{n}$ ist.

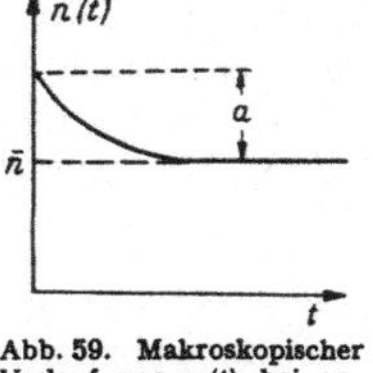

Abb. 59. Makroskopischer Verlauf von $n(t)$ bei anfänglich gegebenem $n(0) = \bar{n} + a$.

Damit kommen wir endgültig zu folgender Beschreibung unserer $n(t)$-Kurve: Wir *beginnen* mit der Registrierung zur Zeit $t = 0$, das ist der Augenblick, in welchem uns der abgeschlossene Behälter übergeben wird. Was vorher mit ihm geschehen ist, wissen wir nicht. n kann daher irgendeinen (vielleicht künstlich hergestellten) Wert haben. Wir wissen lediglich, daß n auf einem Maximum der Kurve liegt, sobald n merklich größer als $\overline{n}$ ist. Unsere Kurve beginnt also mit einem monotonen Absinken auf den Wert $\overline{n}$. Merkliche Abweichungen von $\overline{n}$ kommen danach nicht mehr vor. Diesem glatten und der Erfahrung entsprechenden Verlauf der $n(t)$-Kurve überlagert sich nur eine gewisse Welligkeit, deren relative Amplitude aber niemals den Wert 10^{-9} merklich überschreitet. Der praktische Verlauf der $n(t)$-Kurve entspricht somit vollkommen demjenigen eines irreversiblen Ausgleichs eines zu *Beginn* der Kurve etwa vorhandenen Dichteunterschiedes. Eine makroskopische Abweichung vom Mittel kann nur am Anfang der $n(t)$-Kurve (zur Zeit $t = 0$) auftreten.

d) Das H-Theorem[1].

Wir haben oben zeigen können, daß die mikrokanonische Verteilung, d. h. die gleichmäßige Erfüllung der δE-Schale im Γ-Raum mit Systempunkten, sich im Laufe der Zeit nicht ändert. Eine wesentlich tiefere Frage ist die, ob auf Grund der für jeden Systempunkt gültigen HAMILTON-Gleichungen eine von der mikrokanonischen abweichende Verteilung sich im Laufe der Zeit so ändert, daß sie schließlich in die mikrokanonische übergeht.

Eine analoge Fragestellung begegnete uns bereits in der kinetischen Gastheorie bei der Behandlung der MAXWELLschen Geschwindigkeitsverteilung (§§ 25 und 26). Wir konnten dort zeigen, daß die Verteilung

$$f(\xi, \eta, \zeta) = C\, e^{-\gamma(\xi^2+\eta^2+\zeta^2)} \tag{32.9}$$

für die Geschwindigkeitskomponenten ξ, η, ζ eines idealen Gases sich trotz der Zusammenstöße der Gasatome im Laufe der Zeit nicht ändert, also stationär ist. Darüber hinaus konnten wir nach dem Vorgang von BOLTZMANN zeigen, daß eine abweichende Verteilung eben unter Wirkung der Zusammenstöße in die MAXWELLsche Verteilung übergeht. Das gelang durch den Nachweis, daß die Größe

$$H = \int f(\xi, \eta, \zeta) \ln f(\xi, \eta, \zeta)\, d\xi\, d\eta\, d\zeta \tag{32.10}$$

die Eigenschaft hat, unter der Wirkung der Zusammenstöße so lange abzunehmen, bis sich die Verteilung (32.9) eingestellt hat.

Wir *erwarten*, daß eine analoge Gesetzmäßigkeit in dem viel allgemeineren Fall unserer Systemgesamtheit im Γ-Raum existiert, etwa im folgenden Sinne:

Sei zur Zeit $t = t_1$ irgendeine Dichte $\varrho(p_i, q_i)$ von Systempunkten in der Schale δE des Γ-Raumes gegeben, so läßt sich eine Größe H angeben, welche mit der Zeit monoton abnimmt, solange, bis sich die mikrokanonische Verteilung (d. h. $\varrho = \varrho_0 = \text{const}$ innerhalb δE) eingestellt hat. Nach dem Erfolg des BOLTZMANNschen Ansatzes (32.10) bietet sich zunächst die Vermutung

$$H = \int \varrho \ln \varrho\, d\tau \tag{32.11}$$

an, worin ϱ als Funktion der p_i, q_i steht und $d\tau = dq_1, \ldots, dp_f$ ein Element des Γ-Raumes bedeutet. Tatsächlich hat H die Eigenschaft, für $\varrho = \varrho_0$ seinen kleinsten Wert $H_0 = \varrho_0 \ln \varrho_0 \int d\tau$ anzunehmen. Das erkennt man leicht, indem man die Differenz

$$H - H_0 = \int (\varrho \ln \varrho - \varrho_0 \ln \varrho_0)\, d\tau$$

berechnet. Natürlich muß stets

$$\int \varrho\, d\tau = \int \varrho_0\, d\tau = \varrho_0 \int d\tau \tag{32.12}$$

[1] Vgl. etwa die Überlegungen von R. C. TOLMAN in: The Principles of Statistical Mechanics, S. 165ff. Oxford 1938.

sein. Deshalb ist $$H_0 = \varrho_0 \ln \varrho_0 \int d\tau = \int \varrho \ln \varrho_0 \, d\tau,$$

also wird auch $$H - H_0 = \int \left\{ \varrho \ln \frac{\varrho}{\varrho_0} + \varrho_0 - \varrho \right\} d\tau,$$

wo wir die Größe $\varrho_0 - \varrho$ unter dem Integral hinzufügen durften, weil nach (32.12) das Integral über diese Differenz verschwindet. Mit der Abkürzung $\varrho/\varrho_0 = x$ haben wir somit

$$H - H_0 = \varrho_0 \int [x \ln x + 1 - x] \, d\tau.$$

Die Größe $x \ln x - (x-1)$ verschwindet für $x = 1$, im übrigen ist sie positiv für alle x-Werte zwischen Null und unendlich. (Die Kurve $x \ln x$ verläuft im ganzen Bereich oberhalb der Geraden $x - 1$.) Jede von $\varrho = \varrho_0$ abweichende Verteilung liefert also einen positiven Wert für $H - H_0$. Wenn wir zeigen könnten, daß H tatsächlich mit der Zeit abnimmt, so hätten wir das gesuchte Analogon zur Gastheorie gefunden. Hier erleben wir zunächst eine große Enttäuschung. Die in (32.11) erklärte Größe H ist nämlich zeitlich konstant, es gilt

$$\frac{d}{dt} \int \varrho \ln \varrho \, d\tau = 0. \tag{32.13}$$

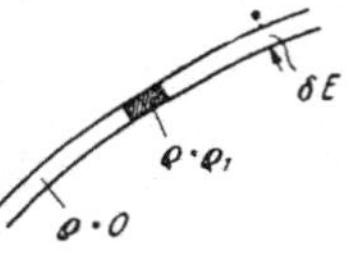

Abb. 60. Die Gesamtheit ist auf einen kleinen Teilbereich der mikrokanonischen Energieschale zusammengedrängt.

Das folgt einfach aus dem LIOUVILLEschen Theorem (§ 31), nach welchem die Dichte ϱ für einen im Γ-Raum mitbewegten Beobachter sich nicht ändert ($D\varrho/Dt = 0$). Bei dieser Mitbewegung geht das Volumenelement $d\tau$ in ein anderes (ebenso großes) Element über, in welchem die Dichte ϱ ebenfalls den gleichen Wert hat, so daß bei der Integration über alle Volumelemente derselbe Wert herauskommen muß. (Natürlich erhält man das gleiche Resultat, wenn man die in (32.13) vorgeschriebene Differentiation wirklich ausführt und für $\dot{\varrho}$ den aus den HAMILTON-Gleichungen folgenden Wert einsetzt.)

Um zu verstehen, wie trotzdem im Laufe der Zeit eine gleichmäßige Verteilung in der δE-Schale zustande kommen kann, betrachten wir eine Gesamtheit, welche zur Zeit $t = 0$ nur einen kleinen Teilbereich der δE-Schale mit der Dichte $\varrho = \varrho_1$ erfüllt, etwa ein kleines $2f$-dimensionales Tröpfchen. Außerhalb des Tröpfchens sei $\varrho = 0$. Dann muß für alle Zeiten die Dichte an jeder Stelle, an welcher sich überhaupt etwas von der Substanz des Tröpfchens befindet, den Ausgangswert ϱ_1 haben. Wir haben stets für eine beliebige Stelle des Γ-Raumes nur die beiden Möglichkeiten $\varrho = 0$ oder $\varrho = \varrho_1$. Wenn trotzdem praktisch eine Gleichverteilung eintreten soll, so kann dies nur so vor sich gehen, daß aus dem Tröpfchen schließlich eine Art von Seifenschaum wird, welcher die δE-Schale erfüllt, wobei die einzelnen Lamellen des Schaumes unverändert die Dichte ϱ_1 behalten.

Ein ganz primitives Beispiel möge diese Situation illustrieren (Abb. 61). Wir betrachten als „System" einen Massenpunkt, welcher sich in der x-Richtung zwischen zwei reflektierenden Wänden (etwa bei $x = 0$ und $x = a$) hin- und herbewegen kann. Der Γ-Raum hat nur die beiden Koordinaten x und p. Die HAMILTON-Funktion lautet $H = p^2/2m + W_{Wand}$. Dabei ist W_{Wand} gleich Null für $0 < x < a$ und unendlich außerhalb dieses Bereichs. Die „Fläche" $\mathcal{H} = E$ ist ein Rechteck mit den Kantenlängen a und $2\sqrt{2mE}$. Die „Schale δE" besteht aus den beiden Streifen der Breite $\delta p = \sqrt{m/2E}\,\delta E$. Zur Zeit $t = 0$ sei eine große Zahl von Massenpunkten gegeben, welche den zwischen x und $x + \Delta x$ liegenden Abschnitt des oberen Streifens gleichmäßig erfüllen. Dieser „Tropfen" wird sich im Laufe der Zeit dadurch deformieren, daß die bei $p + \delta p$ liegenden Teilchen sich etwas schneller bewegen als die bei p befindlichen. (Es ist doch $\delta v = \delta p/m$.) Die zunächst rechteckige Gestalt unseres Tröpfchens wird im Laufe der Zeit in ein immer flacher liegendes Parallelogramm von gleicher Grundlinie und gleicher

Höhe übergehen. Durch die Reflexion an den Wänden wird an diesem Prozeß grundsätzlich nichts geändert. Nur wird die Horizontalerstreckung des Parallelogramms schließlich so lang, daß es teilweise im oberen, teilweise im unteren Streifen liegt.

In der Abb. 61 ist die zeitliche Entwicklung der Dichteverteilung in der δE-Schale zur Anschauung gebracht: $t = 0$, $t = t_1$, $t = t_2$ geben die ersten Stadien. Zur Zeit $t = t_3$ ist eine Aufteilung in je einen Streifen oben und unten erreicht. Zur Zeit $t = t_4$ befinden sich oben und unten bereits sehr viele Streifen, deren Abstand im Laufe der Zeit immer geringer wird, während sich an der Alternative $\varrho = \varrho_1$ oder $\varrho = 0$ nichts geändert hat.

Von einer gleichmäßigen Verteilung kann man offenbar nur sprechen, wenn man auf eine exakte Angabe der lokalen Dichte verzichtet und statt dessen eine *über endliche Zellen des Γ-Raumes gemittelte Dichte* einführt.

Indem wir wieder zum allgemeinen Fall übergehen, unterteilen wir den Γ-Raum in lauter Zellen, die wir durch den Index j ($j = 1, 2, 3, \ldots$) kennzeichnen. Das Volumen g der einzelnen Zellen sei der Einfachheit halber als gleich groß an-

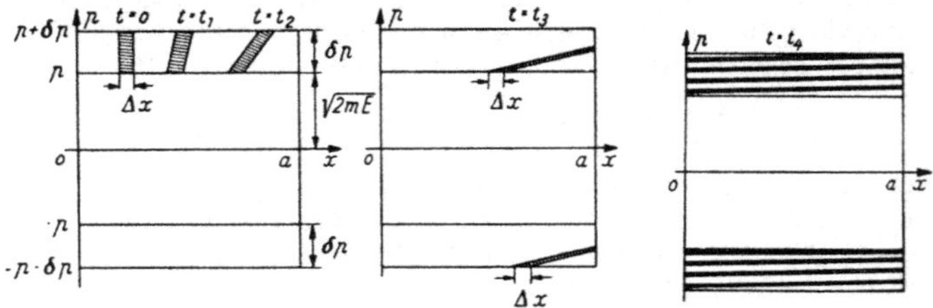

Abb. 61. Ein primitives Modell zum H-Theorem. (Ein Massenpunkt zwischen zwei Wänden.) Übergang von der konzentrierten Verteilung ($t = 0$) zur Lamellenstruktur ($t = t_4$).

genommen. Dann sei die über die Zelle j gemittelte Dichte P_j (lies groß-griechisch Rho) definiert durch

$$P_j = \frac{1}{g} \underbrace{\int \cdots \int}_{\text{Zelle } j} \varrho(p_i, q_i)\, \mathrm{d}p_i\, \mathrm{d}q_i\,, \tag{32.14}$$

wobei das Integral über die Zelle Nr. j auszuführen ist.

Nun schreiben wir anstatt (32.11) die neue Größe

$$\overline{H} = \int \cdots \int P \ln P\, \mathrm{d}\tau\,, \tag{32.15}$$

wobei P als Funktion der p_j, q_j dadurch erklärt wird, daß es innerhalb einer Zelle j den konstanten, durch (32.14) gegebenen Wert P_j besitzt. P ist in diesem Sinne abschnittweise konstant. (32.15) ist also identisch mit

$$\overline{H} = g \sum_j P_j \ln P_j\,. \tag{32.15 a}$$

Da in (32.15) der Integrand abschnittweise konstant ist, so ist wegen (32.14) auch

$$\overline{H} = \int \varrho \ln P\, \mathrm{d}\tau\,. \tag{32.15 b}$$

Das H-Theorem der klassischen statistischen Mechanik könnte jetzt lauten

$$\frac{\mathrm{d}\overline{H}}{\mathrm{d}t} \leq 0\,, \tag{32.16}$$

wobei das Gleichheitszeichen nur gilt, wenn alle P_j unter sich gleich sind[1]. Ein befriedigender Beweis dieser Vermutung scheint im Rahmen der klassischen

[1] Der Differentialquotient (32.16) ist als Differenzenquotient aufzufassen. Zu Beginn eines jeden Zeitabschnittes (t_ν, $t_{\nu+1}$) werden die mikroskopischen Dichten ϱ nach (32.14) durch P ersetzt (irreversibel!). Der Bewegungsablauf innerhalb der Zeitintervalle erfolgt nach den HAMILTON-Gleichungen.

Statistik nicht vorzuliegen, obwohl sie von allen Bearbeitern für zutreffend gehalten wird. Immerhin kann man folgendes zeigen:

Beschreibt man die Verteilung zu einer Anfangszeit $t = t_\nu$ lediglich durch die Angabe P_j, indem man annimmt, daß innerhalb jeder Zelle wirklich eine konstante Dichte $\varrho_\nu = P$ herrscht, so kann man zeigen, daß dann für den Wert $\overline{H}_{\nu+1}$ zu einer späteren Zeit $t_{\nu+1}$

$$\overline{H}_\nu - \overline{H}_{\nu+1} \geq 0 \tag{32.17}$$

gelten muß, daß also $\overline{H}$ abgenommen hat. Denn bei unserer Annahme über ϱ_ν und wegen der Gl. (32.13) wird

$$\overline{H}_\nu = \int P \ln P \, d\tau = \int \varrho_\nu \ln \varrho_\nu \, d\tau = \int \varrho_{\nu+1} \ln \varrho_{\nu+1} \, d\tau .$$

Also wird

$$\overline{H}_\nu - \overline{H}_{\nu+1} = \int (\varrho_{\nu+1} \ln \varrho_{\nu+1} - P_{\nu+1} \ln P_{\nu+1}) \, d\tau .$$

Wegen (32.15b) und wegen $\int (P_{\nu+1} - \varrho_{\nu+1}) d\tau = 0$ haben wir auch

$$\overline{H}_\nu - \overline{H}_{\nu+1} = \int \left(\varrho_{\nu+1} \ln \frac{\varrho_{\nu+1}}{P_{\nu+1}} + P_{\nu+1} - \varrho_{\nu+1} \right) d\tau = 0 ,$$

also mit der Abkürzung $\varrho_{\nu+1}/P_{\nu+1} = y$

$$\overline{H}_\nu - \overline{H}_{\nu+1} = \int P_{\nu+1} (y \ln y + 1 - y) \, dy .$$

Der Integrand ist für jedes y positiv. Nur wenn auch zur Zeit $t_{\nu+1}$ *überall* $y = 1$, d. h. $\varrho_{\nu+1} = P_{\nu+1}$ ist, wird $\overline{H}_\nu = \overline{H}_{\nu+1}$. Wenn damit auch (32.17) bewiesen ist, so ist aber die viel weitergehende Vermutung, daß $\overline{H}$ sein Minimum auch wirklich erreicht, leider noch nicht bewiesen.

Wir befinden uns hier in einer merkwürdigen Situation. Auf der einen Seite konnten wir beim idealen Gas mit dem Stoßzahlenansatz das H-Theorem beweisen. Auf der anderen Seite werden wir später (§ 45) in der Quantenstatistik einen recht allgemeinen Beweis des gleichen Theorems geben. Es wird dort für $\overline{H}$ ein Ausdruck angegeben, welcher mit (32.15a) formal identisch ist. An die Stelle von g tritt jedoch ein gewisser Bereich von Quantenzahlen. Wir werden zeigen, daß die zeitliche Änderung der P_j in der Quantentheorie beschrieben werden kann durch $\dot{P}_j = \sum_k \lambda_{jk} (P_k - P_j)$ mit $\lambda_{jk} = \lambda_{kj}$.

Diese Gleichungen genügen dann, um die zeitliche Abnahme der Größe H zu beweisen. Es scheint bisher nicht gelungen zu sein, im Gebiet der klassischen Physik aus den Hamilton-Gleichungen in allgemeiner Weise ein derartiges Gesetz für die zeitliche Änderung der P_j abzuleiten.

Bei einer Diskussion der geschilderten Schwierigkeit ist folgendes zu beachten:

Bei dem zugrunde gelegten Stoßzahlenansatz (26.3) ist hinsichtlich der „Volumenelemente $d\mathfrak{v}$" des Geschwindigkeitsraumes vorausgesetzt, daß die Zahl $f(\mathfrak{v}) d\mathfrak{v}$ der in $d\mathfrak{v}$ enthaltenen Gasatome groß gegen 1 sei. Die Angabe von $f(\mathfrak{v}) d\mathfrak{v}$ vermittelt also durchaus keine Kenntnis der Geschwindigkeiten $\mathfrak{v}_1, \mathfrak{v}_2, \ldots$ der einzelnen Atome. Vielmehr kann man noch ungeheuer viel verschiedene Zahlenfolgen $\mathfrak{v}_1, \mathfrak{v}_2, \ldots$ angeben, welche alle die gleiche Verteilungsfunktion $f(\mathfrak{v}) d\mathfrak{v}$ liefern. So enthält dann auch der Stoßzahlenansatz nur eine Aussage über das durchschnittliche Verhalten von sehr vielen Exemplaren des Gases, welche alle zum gleichen $f(\mathfrak{v}) d\mathfrak{v}$ gehören. Dementsprechend erkaufen wir das H-Theorem durch einen Verzicht auf die exakte Beschreibung eines einzelnen Exemplars des Gases. Dazu kommt noch, daß die oben gewonnenen Ausdrücke für die zeitliche Änderung von $f(\mathfrak{v})$, also z. B. der Ausdruck (26.6) für $\partial f(\mathfrak{v}, t)/\partial t$, eigentlich keine Differentialquotienten im strengen Sinne sind, sondern, wie aus § 26 hervorgeht, Differenzenquotienten $[f(\mathfrak{v}, t+\tau) - f(\mathfrak{v}, t)]/\tau$, wobei τ so groß sein muß, daß innerhalb τ noch viele Zusammenstöße erfolgen.

Eine entsprechende Situation liegt in der Quantentheorie bei der Ableitung der soeben zitierten Gleichung für die zeitliche Änderung der P_j vor. Zunächst bedeutet hier P_j *nicht* die Zahl der Systeme in einem scharf definierten Quantenzustand j, sondern nur einen Mittelwert über sehr viele derartige Zustände. Außerdem erscheint auch hier die zeitliche Änderung von P_j nur als Differenzenquotient über endliche Zeiten τ, wobei die untere Grenze von τ mit der quantentheoretischen Unschärfe der Energie verknüpft ist.

Schließlich sei noch auf eine Verknüpfung der in (32.15a) definierten Größe $\overline{H}$ mit der Wahrscheinlichkeit hingewiesen. Wenn wir die P_j als ganze Zahlen betrachten, mit $\sum_j P_j = P$, so können wir folgende Frage stellen: Gegeben seien die „Zellen" $j = 1, 2, 3, \ldots$ des Γ-Raumes und P Systeme. Wie groß ist dann die Wahrscheinlichkeit W dafür, daß bei einer rein statistischen Verteilung der P Systeme über die verschiedenen Zellen gerade die durch die Zahlenfolge $P_1, P_2, \ldots, P_j, \ldots$ beschriebene Verteilung herauskommt? Dazu haben wir die Zahl der voneinander verschiedenen Möglichkeiten zur Realisierung dieser Verteilung zu ermitteln. Nun, die Zahl der Anordnungen der in eine Reihe gelegten Systeme ist $P!$. Unter diesen geben diejenigen keine neue Verteilung, welche nur durch eine Vertauschung von Systemen innerhalb einer einzelnen Zelle auseinander hervorgehen. Bis auf einen konstanten Faktor C ist aber die Wahrscheinlichkeit einer Verteilung gleich der Zahl der Realisierungsmöglichkeiten. Somit wird

$$W = C \frac{P!}{P_1!\, P_2! \cdots P_j! \cdots}.$$

Nach der STIRLING-Formel ist also $\ln W = \ln C + P \ln P - \sum_j P_j \ln P_j$.

Nach (32.15a) ist also — mit einer von den P_j unabhängigen Konstanten C' —

$$\overline{H} = C' - g \ln W.$$

Nun wissen wir, daß $\overline{H}$ seinen kleinsten Wert hat, wenn alle P_j den gleichen Wert haben. Also ist in diesem Sinne die mikrokanonische Verteilung diejenige der größten Wahrscheinlichkeit. Unsere Vermutung (32.16) besagt also, daß die Verteilung im Laufe der Zeit wirklich in die wahrscheinlichste Verteilung übergeht. Das klingt zwar recht plausibel, ist aber natürlich kein befriedigender Beweis.

§ 33. Einfachste Anwendungen.

a) Der Gleichverteilungssatz.

Es gibt einen Fall, in welchem wir das mikrokanonische Mittel (32.5) wirklich streng ausrechnen können, nämlich für die Größe $p_1 \frac{\partial \mathcal{H}}{\partial p_1}$. Zunächst können wir unter Benutzung der in (31.9) und (31.10) erklärten Funktionen Φ^* und ω^* an Stelle von (32.5) schreiben

$$\bar{f} = \frac{\frac{\mathrm{d}}{\mathrm{d}E} \int\limits_0^E f(q_1, \ldots, p_f)\, \mathrm{d}q_1 \ldots \mathrm{d}p_f}{\omega^*(E)}. \tag{33.1}$$

Für $f = p_1 \frac{\partial \mathcal{H}}{\partial p_1}$ erhalten wir durch partielle Integration nach p_1 (unter Konstanthaltung aller übrigen $(2f-1)$ Variablen)

$$\int p_1 \frac{\partial \mathcal{H}}{\partial p_1} \mathrm{d}p_1 = \int \frac{\partial}{\partial p_1}(p_1 \mathcal{H})\, \mathrm{d}p_1 - \int \mathcal{H}\, \mathrm{d}p_1.$$

Das Integral ist — bei festen Werten von $p_2, p_3, \ldots, q_f$ — entlang einer Parallelen zur p_1-Achse zu erstrecken, soweit diese innerhalb des von der Fläche $\mathcal{H} = E$ eingeschlossenen Volumens verläuft (Abb. 62). Sind $p_1^{(I)}$ und $p_1^{(II)}$ die Werte von p_1 an den Durchstoßpunkten der genannten Parallelen durch diese Fläche, so hat $\mathcal{H}$ an beiden Punkten den Wert E.

Damit wird

$$\int p_1 \frac{\partial \mathcal{H}}{\partial p_1} \mathrm{d} p_1 \ldots \mathrm{d} q_f = E \int (p_1^{(I)} - p_1^{(II)}) \,\mathrm{d} p_2 \ldots \mathrm{d} q_f - \int \mathcal{H} \,\mathrm{d} p_1 \ldots \mathrm{d} q_f .$$

Nun ist $(p_1^{(I)} - p_1^{(II)}) \mathrm{d} p_2 \ldots \mathrm{d} q_f$ das Volumen einer „Röhre" der Länge $p_1^{(I)} - p_1^{(II)}$ und des „Querschnitts" $\mathrm{d} p_2 \ldots \mathrm{d} q_f$, welche aus dem Phasenvolumen herausgeschnitten ist. Also wird

$$\int p_1 \frac{\partial \mathcal{H}}{\partial p_1} \mathrm{d} p_1 \ldots \mathrm{d} q_f = E \Phi^* - \int\limits_0^E \mathcal{H} \,\mathrm{d} p_1 \ldots \mathrm{d} q_f .$$

Diesen Ausdruck haben wir in (33.1) nach E zu differenzieren. Dabei wird

$$\frac{\mathrm{d}}{\mathrm{d} E} \int\limits_0^E \mathcal{H} \,\mathrm{d} p_1 \ldots \mathrm{d} q_f = \frac{1}{\delta E} \int\limits_E^{E+\delta E} \mathcal{H} \,\mathrm{d} p_1 \ldots \mathrm{d} q_f = E \,\omega^*(E) ,$$

also

$$\frac{\mathrm{d}}{\mathrm{d} E} \int p_1 \frac{\partial \mathcal{H}}{\partial p_1} \mathrm{d} p_1 \ldots \mathrm{d} q_f = \Phi^* + E \,\omega^*(E) - E \,\omega^*(E) .$$

Nach (33.1) haben wir damit $\overline{p_1 \frac{\partial \mathcal{H}}{\partial p_1}} = \frac{\Phi^*}{\omega^*} = \frac{1}{\frac{\mathrm{d} \ln \Phi^*}{\mathrm{d} E}}$. Dieselbe Überlegung gilt für jedes p_j und q_j.

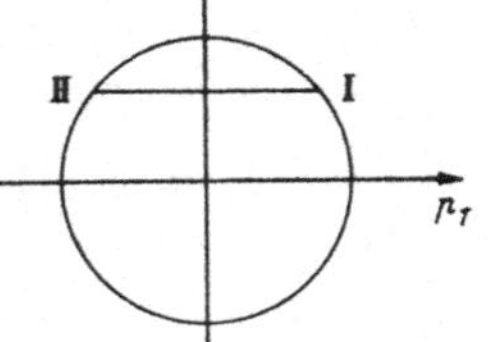

Abb. 62. Das Phasenvolumen Φ^* dargestellt durch $\int \ldots \int (p_1^{(I)} - p_1^{(II)}) \,\mathrm{d} p_2 \ldots \mathrm{d} q_f$.

Also haben wir das überraschend allgemeine Resultat

$$\overline{p_j \frac{\partial \mathcal{H}}{\partial p_j}} = \overline{q_j \frac{\partial \mathcal{H}}{\partial q_j}} = \frac{1}{\frac{\mathrm{d} \ln \Phi^*}{\mathrm{d} E}} \quad \text{für jedes } j . \qquad (33.2)$$

Die $2f$ *Mittelwerte* (33.2) *haben alle den gleichen Wert! Das ist der Gleichverteilungssatz.*

Wenn die kinetische Energie von den p_j in der Form $\sum_{j=1}^{f} B_j p_j^2$ abhängt (wo die B_j noch beliebige Funktionen der $q_1, \ldots, q_f$ sein können) und die potentielle Energie von den Impulsen nicht abhängt, so ist

$$p_j \frac{\partial \mathcal{H}}{\partial p_j} = 2 B_j p_j^2 .$$

Also ist nach (33.2)

$$\overline{B_j p_j^2} = \frac{1}{2 \frac{\mathrm{d} \ln \Phi^*}{\mathrm{d} E}} \qquad (33.3)$$

gleich der mittleren kinetischen Energie eines Freiheitsgrades. Nun können wir annehmen, daß unser System auch ein freies Gasatom enthalte. Von ihm wissen wir aus der kinetischen Gastheorie, daß seine mittlere kinetische Energie je Freiheitsgrad den Wert $kT/2$ hat. Nach (33.2) muß jeder andere Freiheitsgrad den gleichen Wert liefern. Damit sind wir vorläufig berechtigt, unserem System eine durch

$$\frac{\mathrm{d}\ln\Phi^*}{\mathrm{d}E} = \frac{1}{kT} \tag{33.4}$$

erklärte Temperatur zuzuschreiben.

Etwas allgemeiner können wir aus (33.2) schließen: Wenn in $\mathcal{H} = \mathcal{H}_{kin} + \mathcal{H}_{pot}$ die kinetische Energie homogen quadratisch von den $p_1, \ldots, p_f$ abhängt, so ist

$$\sum_{j=1}^{f} p_j \frac{\partial \mathcal{H}}{\partial p_j} = 2\mathcal{H}_{kin}\,.$$

Nach (33.2) und (33.4) wird also der Mittelwert der kinetischen Energie

$$\overline{\mathcal{H}_{kin}} = f\frac{kT}{2}\,. \tag{33.5}$$

Das ist die spezielle Form des Gleichverteilungssatzes für ein System von f Freiheitsgraden.

Eine weitere Folge von (33.2) ist der *Virialsatz*. Aus (33.2) folgt zunächst mit (33.4) allgemein

$$\sum_{j=1}^{f} \overline{q_j \frac{\partial \mathcal{H}}{\partial q_j}} = f k T\,.$$

Bedeuten die $q_1, \ldots, q_f$ die kartesischen Koordinaten $x_1, y_1, z_1, \ldots, x_N, y_N, z_N$ von N Teilchen ($f = 3N$), so ist z. B. $-\frac{\partial \mathcal{H}}{\partial x_1} = K_{x_1}$ die x-Komponente der auf das Teilchen Nr. 1 wirkenden Kraft. Die letzte Gleichung besagt also

$$-\sum_{j=1}^{N} \overline{(\mathfrak{r}_j \mathfrak{K}_j)} = 3NkT\,.$$

Nehmen wir hinzu, daß das hier gemeinte Scharmittel gleich dem Zeitmittel ist (§ 32), so haben wir den Virialsatz (28.2) erhalten.

b) Nochmals die Maxwellsche Geschwindigkeitsverteilung.

Wir wollen uns überzeugen, daß man aus der mikrokanonischen Gesamtheit von Systemen mit N freien Gasatomen tatsächlich für die Wahrscheinlichkeit *einer* Geschwindigkeitskomponente ξ *eines* Gasatoms die Maxwell-Verteilung gewinnt. Mathematisch genau kann diese Verteilung aber gar nicht herauskommen, da ja in der Maxwell-Verteilung $e^{-\gamma\xi^2}$ jeder auch noch so große Wert von ξ mit einer endlichen Wahrscheinlichkeit auftritt, während doch in der mikrokanonischen Gesamtheit die kinetische Energie $m\xi^2/2$ niemals größer werden kann als die feste Energie E der Gesamtheit.

Die N Atome des Gases haben $f = 3N$ Freiheitsgrade. Mit den $3N$ Impulskomponenten $p_1, \ldots, p_f$ lautet der von den Impulsen abhängige Teil der Hamilton-Funktion $(p_1^2 + \cdots + p_f^2)/2m$. Zur mathematischen Beschreibung der mikrokanonischen Gesamtheit benutzen wir die δ-Funktion, definiert durch $\delta(s) = 0$ für $s \neq 0$ und $\int_{-\infty}^{+\infty} \delta(s)\,\mathrm{d}s = 1$*. Mit ihr wird die mikrokanonische Gesamtheit beschrieben durch

$$\varrho(p_1, \ldots, p_f)\,\mathrm{d}p_1 \ldots \mathrm{d}p_f = \delta(p_1^2 + \ldots + p_f^2 - 2mE)\,\mathrm{d}p_1 \ldots \mathrm{d}p_f\,.$$

Wir interessieren uns im Augenblick nur für *eine* Komponente, etwa p_f.

Dann ist bis auf einen von den p_j unabhängigen Faktor die Wahrscheinlichkeit $g(p_f)\,\mathrm{d}p_f$ dafür, p_f im Intervall $\mathrm{d}p_f$ zu finden:

$$g(p_f)\,\mathrm{d}p_f = \mathrm{d}p_f \int_{-\infty}^{+\infty}\!\!\cdots\!\int \varrho(p_1, \ldots, p_f)\,\mathrm{d}p_1 \ldots \mathrm{d}p_{f-1}\,.$$

---

* Mit einer beliebigen Funktion $U(s)$ wird daher $\int_a^b U(s)\,\delta(s)\,\mathrm{d}s = U(0)$ oder $= 0$, je nachdem, ob das Intervall a bis b die Null enthält oder nicht.

also mit dem obigen Ausdruck für ϱ:

$$g(p_f) = \int_{-\infty}^{+\infty} \cdots \int \delta\left(p_1^2 + \cdots + p_{f-1}^2 - (2mE - p_f^2)\right) \mathrm{d}p_1 \ldots \mathrm{d}p_{f-1}.$$

Der Integrand hängt nur vom Betrag des Ortsvektors r des $(f-1)$-dimensionalen Raumes ab: $r^2 = p_1^2 + \cdots + p_{f-1}^2$. In diesem Raum ist das Volumen der Kugel mit r als Radius proportional zu r^{f-1}, dasjenige der „Kugelschale dr" ist $C\,r^{f-2}\,dr$. Bezeichnen wir vorübergehend $\alpha = 2mE - p_f^2$, so wird also — wieder bis auf einen Zahlenfaktor —

$$g(p_f) = \int_0^\infty \delta(r^2 - \alpha)\, r^{f-2}\, \mathrm{d}r.$$

Nun führen wir als unabhängige Variable s das Argument der δ-Funktion ein, setzen also

$$r^2 - \alpha = s; \qquad r = (s+\alpha)^{1/2}; \qquad \mathrm{d}r = \frac{\mathrm{d}s}{2\sqrt{s+\alpha}}.$$

Damit wird

$$g(p_f) = \frac{1}{2} \int_{-\alpha}^{\infty} \delta(s)\,(s+\alpha)^{\frac{f-3}{2}}\, \mathrm{d}s,$$

mithin

$$g(p_f) = \tfrac{1}{2}\alpha^{\frac{f-3}{2}} \quad \text{für} \quad \alpha > 0 \quad \text{und} \quad g(p_f) = 0 \quad \text{für} \quad \alpha < 0.$$

Einsetzen des Wertes von α, Abspalten des von p_f unabhängigen Faktors $(2mE)^{\frac{f-3}{2}}$ und Weglassen des Index f gibt endgültig

$$g(p)\,\mathrm{d}p = C\left(1 - \frac{p^2}{2mE}\right)^{\frac{f-3}{2}} \mathrm{d}p \quad \text{für} \quad p^2 \leq 2mE.$$

Diese Formel ist noch streng richtig für jede Zahl $f > 1$. Wenn nun f ungeheuer groß ist, so wird $g(p)$ nur dann merklich von Null verschieden, wenn $p^2/2mE$ eine sehr kleine Größe ist. In diesem Fall wird aber

$$g(p) \approx e^{-\frac{p^2}{2mE}\frac{f-3}{2}}.$$

Ignorieren wir die 3 neben f, so wird $g = e^{-\frac{p^2}{2mE}\frac{f}{2}}$. Aus dem Gleichverteilungssatz wissen wir aber, daß $E = fkT/2$ ist. Somit haben wir für große f tatsächlich die Maxwellsche Verteilung gewonnen.

§ 34. Die Entropie.

a) „Parameter" in der $\mathscr{H}$-Funktion.

Die Hamilton-Funktion hänge außer von den Koordinaten und Impulsen noch von einem oder mehreren „*Parametern*" a ab. Unter einem Parameter verstehen wir eine Größe, welche sich normalerweise während der Bewegung nicht ändert, deren Zahlenwert wir jedoch in der Hand haben, in dem Sinne, daß wir sie von außen her willkürlich ändern können. Beispiele für eine solche Größe sind etwa das Volumen des unser System umschließenden Kastens oder ein von außen her eingeschaltetes Magnetfeld.

Wenn in $\mathscr{H}(q, p; a)$ der Parameter sich zeitlich ändert, so werden davon die Bewegungsgleichungen (31.1) nicht berührt. Für die zeitliche Änderung von $\mathscr{H}$ und damit der Energie gilt also in jedem Augenblick

$$\frac{\mathrm{d}\mathscr{H}}{\mathrm{d}t} = \frac{\partial \mathscr{H}}{\partial a}\frac{\mathrm{d}a}{\mathrm{d}t}, \quad \text{also} \quad \mathrm{d}\mathscr{H} = \frac{\partial \mathscr{H}}{\partial a}\mathrm{d}a.$$

Wenn sich a während der Zeit τ um den sehr kleinen Wert $\mathrm{d}a$ geändert hat, so ist der Zuwachs von E in der Zeit τ

$$\mathrm{d}E = \int_t^{t+\tau} \frac{\partial \mathscr{H}}{\partial a}\,\dot{a}\,\mathrm{d}\tau'.$$

Setzt man für kleine Änderungen $\dot{a} = \frac{\mathrm{d}a}{\tau}$, so wird mit dem zeitlichen Mittel

$$\overline{\frac{\partial \mathscr{H}}{\partial a}}^{\tau} = \frac{1}{\tau} \int\limits_{t}^{t+\tau} \frac{\partial \mathscr{H}}{\partial a} \mathrm{d}\tau' \quad \text{die Änderung von } E$$

$$\mathrm{d}E = \overline{\frac{\partial \mathscr{H}}{\partial a}}^{\tau} \mathrm{d}a.$$

Bei hinreichend langsamer Änderung kann man schließlich für $\overline{\frac{\partial \mathscr{H}}{\partial a}}^{\tau}$ das Mittel über die mikrokanonische Gesamtheit nehmen:

$$\mathrm{d}E = \overline{\frac{\partial \mathscr{H}}{\partial a}}^{m} \mathrm{d}a. \tag{34.1}$$

Wenn z. B. $a = V$ gesetzt wird, so muß also $p = -\overline{\frac{\partial \mathscr{H}}{\partial V}}^{m}$ die Bedeutung des Druckes haben.

Ein ganz spezielles Beispiel möge die Situation erläutern: Ein Zylinder vom Querschnitt 1 sei am Ende durch einen beweglichen Stempel verschlossen. Die x-Koordinate zähle vom Boden des Gefäßes ($x = 0$) bis zum Stempel ($x = l$). l ist also hier gleichbedeutend mit dem Volumen. x_j, y_j, z_j seien die Koordinaten des j-ten Atoms. Damit dieses vom Stempel wirklich reflektiert werde, muß in $\mathscr{H}$ eine entsprechende potentielle Energie [vgl. W_{Wand} in (31.2)] vorkommen. Sie kann z. B. die Form

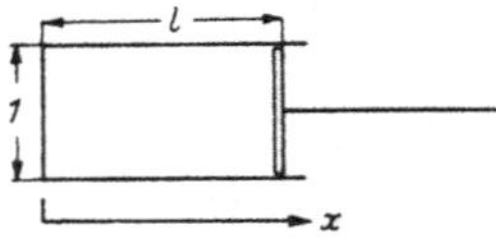

Abb. 63. Die Position l des Stempels als „Parameter" in der $\mathscr{H}$-Funktion.

$$c\, e^{-A(l - x_j)}$$

haben mit positiven Konstanten c und A. Ist A ungeheuer groß, so ist diese Energie für $x_j < l$ praktisch gleich Null, für $x_j > l$ praktisch unendlich groß. Wir haben dann in $\mathscr{H}$ den Summanden

$$W(x_1, \ldots, x_N; l) = c \sum_{j=1}^{N} e^{-A(l - x_j)}$$

als potentielle Energie aufzunehmen. Mit diesem W wird die von allen Molekülen auf die Wand ausgeübte Kraft K_l

$$K_l = -\frac{\partial \mathscr{H}}{\partial l} = -\frac{\partial W}{\partial l} = A W. \tag{34.2}$$

Sie ist natürlich entgegengesetzt gleich der Summe aller Kräfte K_j, welche die einzelnen Moleküle seitens der Wand erfahren,

$$\sum_{j=1}^{N} K_j = -\sum_{s=1}^{N} \frac{\partial W}{\partial x_s} = -A W.$$

Das Zeitmittel der in (34.2) angegebenen Kraft empfinden wir als Druck. In jedem Augenblick werden zu der Summe nur diejenigen Atome beitragen, welche sich in der Nähe der Wand (x_j fast gleich l) befinden.

b) Die adiabatische Invarianz von Φ^*.

Zugleich mit $\mathscr{H}$ wird auch das Phasenvolumen Φ^* von a abhängen. Φ^* wird damit zu einer Funktion der zwei Variablen E und a, die erklärt ist durch

$$\Phi^*(E, a) = \int\limits_{\mathscr{H}(q_1, \ldots, p_f; a) \leq E} \cdots \int \mathrm{d}q_1 \ldots \mathrm{d}p_f. \tag{34.3}$$

Wir fragen nun nach den partiellen Ableitungen dieser Funktion. $\frac{\partial \Phi^*}{\partial E} = \omega^*(E, a)$ haben wir bereits in (31.10) erklärt. Zur Berechnung von $\frac{\partial \Phi^*}{\partial a}$ beachten wir, daß

$$\frac{\partial \Phi^*}{\partial a} \delta a = \Phi^*(E, a + \delta a) - \Phi^*(E, a)$$

gleich dem von den beiden Hyperflächen

$$\text{(I)}\quad \mathcal{H}(q,p;a)=E \quad \text{und} \quad \text{(II)}\quad \mathcal{H}(q,p;a+\delta a)=E$$

eingegrenzten Volumen des Phasenraumes ist.

(II) ist gleichbedeutend mit $\mathcal{H}(q,p;a)=E-\frac{\partial\mathcal{H}}{\partial a}\delta a$.

Bezeichnen wir wie oben mit $\mathrm{d}O$ ein Element der Fläche $\mathcal{H}=E$ und mit δs den senkrechten Abstand der beiden Flächen, so wird also

$$\frac{\partial\Phi^*}{\partial a}\delta a=\int\delta s\,\mathrm{d}O.$$

Die Größe von δs folgt aus der Bemerkung, daß ja δs die Richtung von grad$\mathcal{H}$ haben muß und daß beim Fortschreiten um δs auch $\mathcal{H}$ um $\frac{\partial\mathcal{H}}{\partial a}\delta a$ abgenommen haben soll.

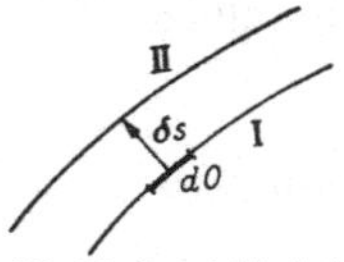

Also ist

$$|\mathrm{grad}\,\mathcal{H}|\,\delta s=-\frac{\partial\mathcal{H}}{\partial a}\delta a$$

und daher

$$\frac{\partial\Phi^*}{\partial a}\delta a=-\delta a\int\frac{\partial\mathcal{H}}{\partial a}\frac{\mathrm{d}O}{|\mathrm{grad}\,\mathcal{H}|}.$$

Abb. 64. I und II sind die Hyperflächen $\mathcal{H}(p,q;a)=E$ und $\mathcal{H}(p,q;a+\delta a)=E$.

Nach der Definition (32.5) und (32.4), (32.3a) gilt aber für das mikrokanonische Mittel

$$\overline{\frac{\partial\mathcal{H}}{\partial a}}=\frac{\int\frac{\partial\mathcal{H}}{\partial a}\frac{\mathrm{d}O}{|\mathrm{grad}\,\mathcal{H}|}}{\omega^*(E)},\quad\text{also}\quad\frac{\partial\Phi^*}{\partial a}=-\omega^*(E,a)\overline{\frac{\partial\mathcal{H}}{\partial a}}.$$

Für eine beliebige Änderung von $\Phi^*(E,a)$ wird damit

$$\mathrm{d}\Phi^*=\omega^*\left[\mathrm{d}E-\overline{\frac{\partial\mathcal{H}}{\partial a}}\mathrm{d}a\right]. \tag{34.4}$$

Das ist ein ungeheuer wichtiges Resultat.

Aus (34.1) wissen wir, daß durch die mit einer langsamen Änderung von a verbundenen Arbeitsleistungen die Energie um $\overline{\partial\mathcal{H}/\partial a}\,\mathrm{d}a$ anwächst. Wir nennen einen solchen Eingriff in das System eine „adiabatische" Änderung. Aus (34.4) entnehmen wir: *Bei der adiabatischen*[1] *Änderung eines Parameters* (oder mehrerer Parameter) *bleibt das Phasenvolumen Φ^* konstant.* Das ist die „adiabatische" Invarianz des Phasenvolumens.

c) $k\ln\Phi^*$ als Entropie.

Die Schreibweise

$$\mathrm{d}E=\frac{1}{\omega^*}\mathrm{d}\Phi^*+\overline{\frac{\partial\mathcal{H}}{\partial a}}\mathrm{d}a \tag{34.5}$$

von (34.4) gibt uns Auskunft über die Möglichkeiten einer Energieerhöhung unseres Systems: An zweiter Stelle steht die durch Betätigung der Parameter an dem System geleistete Arbeit δA. Es bleibt somit nichts übrig, als den ersten Summanden als zugeführte Wärme δQ zu deuten:

$$\frac{1}{\omega^*}\mathrm{d}\Phi^*=\delta Q. \tag{34.6}$$

---

[1] *Adiabatisch* hat hier die Bedeutung von *unendlich langsam*, gleichzeitig erweist sich dieser Prozeß als adiabatisch in dem Sinne, daß nach (34.6) keine Wärme übertragen wird.

Die beiden Arten der Energievermehrung unterscheiden sich in höchst charakteristischer Weise: Während der Arbeitsleistung δA ändern wir den Mechanismus des Systems (gekennzeichnet durch die Änderung von a), dagegen erfährt die durch (31.1) beschriebene Bewegung keine Störung. Im Gegensatz dazu wird bei der Wärmezufuhr δQ der Mechanismus nicht geändert; statt dessen stören wir willkürlich den Ablauf der Bewegung, indem wir z. B. den Wert einzelner Impulse p_j in einer in (31.1) nicht vorgesehenen Weise ändern. Wenn unser System überhaupt die Eigenschaften eines warmen Körpers hat, so zwingen uns die Gln. (34.4) u. (34.6) dazu, die Größe $k \ln\Phi^*$ als *Entropie* anzusehen: In der Tat, nach Multiplikation mit k/Φ^* lautet (34.4) (beachte $\omega^* = \mathrm{d}\Phi^*/\mathrm{d}E$):

$$\mathrm{d}(k \ln\Phi^*) = \frac{\partial(k \ln\Phi^*)}{\partial E}\left[\mathrm{d}E - \overline{\frac{\partial\mathcal{H}}{\partial a}}\,\mathrm{d}a\right],$$

in völliger Übereinstimmung mit

$$\mathrm{d}S = \frac{1}{T}[\mathrm{d}E - \delta A],$$

wenn wir gemäß (33.4) setzen

$$\frac{\partial(k \ln\Phi^*)}{\partial E} = \frac{1}{T} \quad \text{und dazu} \quad S = k \ln\Phi^* + S_0, \tag{34.7}$$

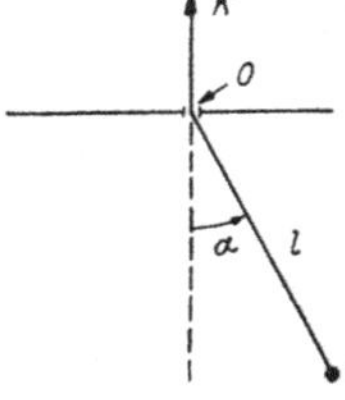

Abb. 65. Das Fadenpendel mit der Fadenlänge l als „Parameter". Beispiel für die adiabatische Invarianz von Φ^*.

wo S_0 eine von E und a unabhängige, vorerst unbestimmte Größe bedeutet. Damit entpuppt sich das in (31.9) erklärte Phasenvolumen Φ^* zu einer das thermische Verhalten unseres Systems beherrschenden Größe.

Wir wollen die adiabatische Invarianz von Φ^* an einem ganz einfachen Beispiel erläutern (Abb. 65):

Wir betrachten ein Fadenpendel der Masse m und der Länge l mit der Koordinate α und den Energien

$$E_{kin} = \tfrac{1}{2}\, m\, l^2 \dot{\alpha}^2; \qquad E_{pot} = -m g\, l \cos\alpha\,.$$

Der zugehörige Impuls wird $p_\alpha = \partial E_{kin}/\partial\dot{\alpha} = m l^2 \dot{\alpha}$, also $E_{kin} = p_\alpha^2/2 m l^2$. Wir beschränken uns auf kleine Ausschläge α, setzen also $\cos\alpha \approx 1 - \alpha^2/2$ und haben damit die HAMILTON-Funktion:

$$\mathcal{H}(\alpha, p; l) = \frac{p_\alpha^2}{2 m l^2} + \frac{m g l}{2}\alpha^2 - m g l = E\,. \tag{34.8}$$

Das Phasenvolumen $\Phi^*(E, l) = \iint\limits_{\mathcal{H} \le E} \mathrm{d}\alpha\, \mathrm{d}p_\alpha$ ist eine Ellipse in der (α, p_α)-Ebene mit den Halbachsen $l\sqrt{2m}\sqrt{E + mgl}$ und $\sqrt{2}\sqrt{E + mgl}/\sqrt{mgl}$, also wird

$$\Phi^*(E, l) = 2\pi \sqrt{\frac{l}{g}}\,(E + m g l)\,. \tag{34.9}$$

Bei einer kleinen Änderung von E und l wird danach

$$\mathrm{d}\Phi^* = 2\pi \sqrt{\frac{l}{g}}\left(\mathrm{d}E + \frac{E + 3 m g l}{2l}\,\mathrm{d}l\right). \tag{34.10}$$

Nunmehr betrachten wir die Fadenlänge l als Parameter, den wir dadurch adiabatisch ändern, daß wir ihn — wie in der Abbildung angedeutet — am Aufhängepunkt O durch ein kleines Loch führen und langsam nach oben ziehen. Die dazu erforderliche Kraft K hat in jedem Augenblick den Wert

$$K = -\frac{\partial\mathcal{H}}{\partial l} = \frac{p_\alpha^2}{m l^3} - \frac{m g \alpha^2}{2} + m g\,.$$

Die Bedeutung dieser drei Summanden ist leicht zu erkennen: Der erste ist die Zentrifugalkraft, die beiden anderen sind gleich der um den Faktor $\cos\alpha$ verminderten Schwerkraft mg.

Die Mittelung über die mikrokanonische Gesamtheit bedeutet hier zeitliche Mittelung über eine Schwingung (bei konstantem l). Bei der harmonischen Schwingung sind die Mittelwerte von potentieller und kinetischer Energie gleich groß. (Die potentielle Energie in der Ruhelage — mgl — ist hier nicht mitzuzählen.) Daher folgt aus (34.8):

$$\frac{\overline{p_\alpha^2}}{2ml^2} = \frac{mgl}{2}\overline{\alpha^2} = \frac{1}{2}(E + mgl).$$

Mit diesen Mittelwerten für $\overline{p_\alpha^2}$ und $\overline{\alpha^2}$ erhalten wir

$$\overline{K} = -\overline{\frac{\partial \mathcal{H}}{\partial l}} = \frac{1}{2l}(E + 3mgl).$$

Bei einer adiabatischen Änderung von l ist die am System geleistete Arbeit gleich $-\overline{K}\,dl$. (Bei einer *Verkürzung* des Fadens ist dl negativ!) Also wird:

$$dE = -\overline{K}\,dl = -\frac{E + 3mgl}{2l}\,dl.$$

Nach (34.10) ist also wirklich $d\Phi^* = 0$ bei der adiabatischen Änderung von l.

Im Hinblick auf Anwendungen in der Quantentheorie bemerken wir noch zu (34.9): Nennen wir $E + mgl = E_{Schw}$ die Schwingungsenergie unseres Pendels und beachten, daß $\nu = \frac{1}{2\pi}\sqrt{g/l}$ seine Schwingungsfrequenz ist, so lautet (34.9) einfach

$$\Phi^* = \frac{E_{Schw}}{\nu}.$$

„Der Quotient aus Energie und Frequenz bleibt bei der adiabatischen Änderung konstant."

§ 35. Die Division mit $N!$ und das richtige Phasenvolumen $\Phi(E, V, N)$.

a) Die Berechnung von Φ^* für das ideale Gas.

Wir beginnen mit der Berechnung von Φ^* für ein aus N Atomen bestehendes in ein Volumen V eingeschlossenes Gas. Seine Hamilton-Funktion lautet

$$\mathcal{H} = \sum_{j=1}^{3N} \frac{p_j^2}{2m} + W_{Wand}.$$

Im Integral

$$\Phi^* = \underset{\mathcal{H}<E}{\int\cdots\int} dx_1 \ldots dx_{3N}\, dp_1 \ldots dp_{3N}$$

liefert zunächst die Integration für jedes Tripel dx_j, dy_j, dz_j der Koordinaten den Wert V. Im ganzen erscheint also der Faktor V^N. Das Integral über die Impulse erstreckt sich über denjenigen Teil des $3N$-dimensionalen Impulsraumes, für welchen

$$\sum_{j=1}^{3N} p_j^2 \leq 2mE$$

ist. Das ist eine $3N$-dimensionale Kugel vom Radius $\sqrt{2mE}$. Deren Volumen ist $A_{3N}(2mE)^{3N/2}$. Dabei ist A_{3N} das Volumen der $3N$-dimensionalen Einheitskugel. Mit dem in § 35d) gegebenen Wert von A_{3N} wird also

$$\Phi^* = A_{3N}(2mE)^{3N/2} V^N = \left\{\frac{4\pi m E}{3N} e\right\}^{3N/2} V^N \tag{35.1}$$

und

$$k \ln \Phi^* = \frac{3N}{2} k \ln E + Nk \ln V + \frac{3Nk}{2}\ln(2m) + k \ln A_{3N}. \tag{35.2}$$

Von E und V hängen nur die beiden ersten Summanden ab. Setzen wir vorläufig $S = k\ln\Phi^*$, so haben wir die für das einatomige Gas geläufigen Resultate:

$$\frac{\partial S}{\partial E} = \frac{\frac{3}{2}Nk}{E} = \frac{1}{T} \quad \text{und} \quad \frac{\partial S}{\partial V} = \frac{Nk}{V} = \frac{p}{T}.$$

Hinsichtlich der Abhängigkeit der Entropie von E und V könnten wir also mit $k \ln \Phi^*$ als Entropie zufrieden sein. Dagegen versagt diese Definition, wenn wir auch die N-Abhängigkeit von S richtig wiedergeben wollen. Die Abhängigkeit der Entropie von der Teilchenzahl haben wir bereits in § 10 diskutiert an Hand der Tatsache, daß die Entropie eines das Volumen V erfüllenden Gases sich nicht ändert, wenn man dieses Volumen durch Einschieben einer Scheidewand in zwei Teilvolumina, etwa V_1 und V_2, unterteilt. Diese Tatsache zwang zu der Forderung, daß in dem Ausdruck (10.3) $S(T, V) = N(c_v \ln T + k \ln V + C)$ die Größe C von N abhängen muß in der Gestalt $C = -k \ln N + \sigma$, wo nunmehr σ auch von N unabhängig ist.

Wir betrachten nun die Änderung, welche das Phasenvolumen Φ^* durch das Herausziehen der erwähnten Scheidewand erfährt. Vorher befanden sich etwa N_1 bestimmte Moleküle in V_1 und N_2 Moleküle in V_2. Nach dem Herausziehen der Wand kann irgendeines der N_1 Moleküle mit einem der N_2 Moleküle seinen Platz vertauschen. Das gibt jedesmal einen neuen Punkt im Γ-Raum. Da es im ganzen $N!/N_1!\,N_2!$ verschiedene Möglichkeiten gibt, aus N Atomen N_1 herauszugreifen, so hat sich Φ^* um eben diesen Faktor vergrößert. Diese unerwünschte Vergrößerung kommt dadurch zustande, daß wir im Γ-Raum immer dann einen neuen Punkt erhalten, wenn wir die Koordinaten und Impulse von irgend zwei gleichen Teilchen vertauschen. Will man also das Aufblähen des Phasenvolumens bei Beseitigung der Trennwand vermeiden, so muß man sich zu der Verabredung entschließen, allen denjenigen Punkten, welche durch Vertauschen von zwei gleichen Atomen auseinander hervorgehen, den gleichen Zustand zuzuordnen. Durch beliebige Vertauschung von N-Atomen erhält man aber, von einem Punkt im Γ-Raum ausgehend, $N!$ verschiedene Punkte. Durch die genannte Verabredung schrumpft also Φ^* auf den $N!$-ten Teil zusammen. Damit haben wir vermieden, daß die Beseitigung der Trennwand eine Vergrößerung des Phasenvolumens zur Folge hat, da ja jetzt der Austausch von zwei Teilchen keinen neuen Punkt in dem so reduzierten Phasenvolumen liefert. Ersetzen wir dementsprechend Φ^* durch $\Phi^*/N!$, so wird dadurch die Entropie um $-k \ln N! \approx -kN \ln N$ verkleinert. Das war aber gerade der Summand, durch den wir in § 10 die N-Abhängigkeit der Entropie in Ordnung gebracht haben.

b) Die allgemeine Definition von $\Phi\,(E, V, N_1, N_2, \ldots)$.

Wir haben oben die Notwendigkeit einer Division durch $N!$ an dem speziellen Fall eines idealen Gases erörtert. Tatsächlich ist das Resultat sehr viel allgemeiner. Die Behinderung des Austausches von gleichen Teilchen zwischen zwei im Gleichgewicht befindlichen Systemen bedeutet nämlich niemals eine Änderung der Entropie; sie darf also auch keinen wesentlichen Einfluß auf dasjenige Phasenvolumen Φ haben, für welches die Relation $S = k \ln \Phi$ gelten soll. Enthält weiterhin das System mehrere Teilchensorten $N_1, N_2, \ldots$ mit $N_1 + N_2 + \cdots = N$, so hat man durch $N_1!\,N_2! \cdots$ zu dividieren.

Nachdem wir so Φ^* durch $\Phi^*/\Pi N_j!$ ersetzt haben, beseitigen wir noch einen der Definition $S = k \ln \Phi$ anhaftenden Schönheitsfehler. Unter dem Logarithmus sollte stets eine dimensionslose Zahl stehen. Nun hat $\mathrm{d}x\,\mathrm{d}p$ die Dimension der PLANCKschen Konstante h. Dividieren wir also Φ^* auch noch durch h^{3N}, so erhalten wir eine dimensionslose Zahl. Im Rahmen der klassischen Theorie ist diese Division eine reine Liebhaberei. Erst später in der Quantentheorie wird sie sich als bedeutungsvoll erweisen. Wir führen sie jetzt schon ein, damit wir im weiteren Verlauf an der Definition von Φ keine Änderungen mehr anzubringen haben.

Wir definieren also endgültig für ein aus $N_1, N_2, \ldots$ unter sich gleichen Atomen bestehendes System

$$\Phi(E, V, N_1, N_2, \ldots) = \frac{1}{\prod_j h^{3N_j} N_j!} \int \cdots \int_{\mathcal{H}<E} \mathrm{d}p_i \, \mathrm{d}q_i. \tag{35.3}$$

c) Die Entropie des idealen Gases.

Dividieren wir somit den in (35.1) erhaltenen Wert von Φ^* durch $h^{3N} N!$, so erhalten wir mit $N! \approx N^N e^{-N}$ endgültig für das ideale Gas

$$\Phi(E, V, N) = \frac{1}{h^{3N}} \left(\frac{4\pi m E}{3N}\right)^{3N/2} \left(\frac{V}{N}\right)^N e^{5N/2}. \tag{35.4}$$

Dieser Ausdruck gestattet eine ungemein einfache Schreibweise: Nach dem Gleichverteilungssatz ist $E = 3NkT/2$. Außerdem setzen wir das Atomvolumen $V/N = v$. Schließlich führen wir noch die sog. „DE-BROGLIE-Wellenlänge"

$$\lambda = \frac{h}{\sqrt{2\pi m k T}} \tag{35.5}$$

ein. Nach der Quantentheorie ist ja einem Teilchen vom Impuls p eine Wellenlänge h/p zugeordnet. Andererseits ist seine kinetische Energie u gleich $p^2/2m$, also seine Wellenlänge $h/\sqrt{2mu}$. Wegen $u \approx 3kT/2$ ist also (bis auf einen Faktor der Größenordnung 1) die in (35.5) eingeführte Größe etwa die Wellenlänge, welche einem Teilchen der Masse m bei der Temperatur T nach der Quantentheorie zuzuordnen ist. Mit den so eingeführten Größen wird aus (35.4)

$$\Phi = \left\{\frac{v}{\lambda^3} e^{5/2}\right\}^N \tag{35.6}$$

und die Entropie

$$S = k \ln \Phi = k N \left\{\ln \frac{v}{\lambda^3} + \frac{5}{2}\right\}. \tag{35.7}$$

Im Rahmen der hier behandelten klassischen Theorie hat λ nur die Bedeutung einer bequemen Abkürzung: v/λ^3 ist ja einfach die Anzahl der dem einzelnen Atom zur Verfügung stehenden „DE-BROGLIE-Volumina". Zugleich lassen sich aber an der Schreibweise (35.7) die Grenzen der klassischen Theorie höchst einfach angeben: (35.7) ist nur richtig, solange $v \gg \lambda^3$ ist. Das wird sich später in der Theorie der Gasentartung automatisch ergeben. Aber schon jetzt läßt sich diese Einschränkung qualitativ begründen: Der Ort eines Teilchens der kinetischen Energie $3kT/2$ ist nur mit der Genauigkeit λ definiert. Er ist über eine Strecke von dieser Größenordnung ausgeschmiert. Andererseits ist $v^{1/3}$ der mittlere Abstand von zwei Atomen. Man kann daher im Sinne der klassischen Theorie nur dann von diskreten Atomen sprechen, wenn $v^{1/3} \gg \lambda$ ist. Das ist aber gerade die angegebene Gültigkeitsgrenze von (35.7).

Für praktische Anwendungen hat man in (35.7) den Wert (35.5) für λ einzusetzen. Dann erhält man[1]:

$$S = k N \left\{\frac{3}{2} \ln T + \ln v + \ln \frac{(2\pi m k)^{3/2}}{h^3} + \frac{5}{2}\right\}. \tag{35.8}$$

Daraus erhält man für die früher eingeführte Entropiekonstante (§ 10) den Wert

$$\sigma = k \left\{\ln \frac{(2\pi m k)^{3/2}}{h^3} + \frac{5}{2}\right\}, \tag{35.9}$$

welcher in der theoretischen Berechnung von Dampfdrucken (§ 15) und chemischen Gleichgewichten (§ 21) von Bedeutung ist.

---

[1] TETRODE, H.: Ann. Physik (4.) **38**, 434 (1912); (4.) **39**, 255 (1912). — SACKUR, O.: Ann. Physik (4.) **40**, 67 u. 87 (1913).

d) Das Volumen der ν-dimensionalen Kugel.

Das Volumen der ν-dimensionalen Hyperkugel ergibt sich durch folgende Überlegung[1]: Es ist

$$\int\limits_{-\infty}^{+\infty} e^{-(x_1^2+x_2^2+\cdots+x_\nu^2)}\,\mathrm{d}x_1\ldots\mathrm{d}x_\nu=\left\{\int\limits_{-\infty}^{+\infty} e^{-x^2}\mathrm{d}x\right\}^\nu=\pi^{\nu/2}. \tag{35.10}$$

Andererseits wird aus diesem Integral nach Einführung von Polarkoordinaten (wir beschränken uns im folgenden auf gerade ν, da wir sonst die Γ-Funktion einführen müßten)

$$\int\limits_0^\infty e^{-r^2} r^{\nu-1}\,\Omega_\nu\,\mathrm{d}r=\frac{1}{2}\,\Omega_\nu\int\limits_0^\infty e^{-t}\,t^{(\nu-2)/2}\,\mathrm{d}t=\frac{1}{2}\,\Omega_\nu\,(\nu/2-1)!, \tag{35.11}$$

wo Ω_ν die Oberfläche der ν-dimensionalen Einheitskugel ist. Durch Gleichsetzen von (35.10) und (35.11) folgt

$$\Omega_\nu=\frac{2\,\pi^{\nu/2}}{(\nu/2-1)!}.$$

Das Volumen V_ν ergibt sich durch Integration von $\Omega_\nu R^{\nu-1}$ über R zu

$$V_\nu=A_\nu R^\nu=\frac{\pi^{\nu/2}}{(\nu/2)!}R^\nu.$$

Unter Benutzung der STIRLING-Formel $\nu!\approx\nu^\nu e^{-\nu}$ erhalten wir

$$A_{3N}=\left(\frac{2\,\pi\,e}{3\,N}\right)^{\frac{3N}{2}}.$$

Dieser Wert wurde in (35.1) eingesetzt.

D. Die kanonische Gesamtheit.

§ 36. Zwei Systeme in Berührung.

Wir betrachten jetzt zwei nebeneinanderliegende Systeme, welche durch folgende Angaben gekennzeichnet seien:

	Erstes System	Zweites System
Energie	E_1	E_2
Koordinaten, Impulse	$q_1,\ldots,p_f$	$Q_1,\ldots,P_F$
HAMILTON-Funktion	$\mathcal{H}_1(q_1,\ldots,p_f)$	$\mathcal{H}_2(Q_1,\ldots,P_F)$

Solange beide Systeme völlig getrennt sind, ist die HAMILTON-Funktion der ganzen Anordnung $\mathcal{H}=\mathcal{H}_1+\mathcal{H}_2$. Sobald jedoch zwischen beiden ein Kontakt, also die Möglichkeit eines Energieaustausches besteht, ist $\mathcal{H}$ zu ergänzen durch eine Wechselwirkungsenergie h:

$$\mathcal{H}=\mathcal{H}_1(q_1,\ldots,p_f)+\mathcal{H}_2(Q_1,\ldots,P_F)+h(q_1,\ldots,P_F),$$

welche ermöglicht, daß die Bewegungen beider Systeme sich gegenseitig beeinflussen. Dieser Zerlegung von $\mathcal{H}$ entspricht eine Zerlegung der Energie

$$E=E_1+E_2+\varepsilon.$$

Obwohl die Existenz von ε für den Mechanismus des Austausches entscheidend ist, soll ε doch so klein sein, daß sein Betrag gegenüber E_1 und E_2 vernachlässigt werden kann.

[1] Vgl. COURANT: Differential- und Integralrechnung II, 2. Auflage, Springer 1931, S. 247.

Nunmehr betrachten wir die beiden in solcher Weise sich berührenden Systeme als Elemente einer mikrokanonischen Gesamtheit in einem Γ-Raum von $2f + 2F$ Dimensionen. Das innerhalb der Schale $E \leq \mathcal{H}_1 + \mathcal{H}_2 \leq E + \delta E$ liegende Volumelement $\mathrm{d}q_1 \ldots \mathrm{d}P_F$ ist dann direkt proportional der Wahrscheinlichkeit, die Koordinaten und Impulse beider Systeme in diesem Intervall zu finden.

Wenn wir uns nur für die auf das erste System bezüglichen Wahrscheinlichkeiten interessieren, so haben wir über die mit der Fragestellung verträglichen Koordinaten des zweiten zu integrieren. Bei Vorgabe von $q_1 \ldots p_f$ steht dem zweiten System noch der durch $E - \mathcal{H}_1 \leq \mathcal{H}_2 \leq E + \delta E - \mathcal{H}_1$ definierte Ausschnitt der gesamten mikrokanonischen Verteilung zur Verfügung. Damit wird die Wahrscheinlichkeit $W(q_1, \ldots, p_f)\mathrm{d}q_1 \ldots \mathrm{d}p_f$ dafür, das erste System im Intervall $\mathrm{d}q_1 \ldots \mathrm{d}p_f$ zu finden

$$W(q_1, \ldots, p_f)\,\mathrm{d}q_1 \ldots \mathrm{d}p_f = \mathrm{const}\cdot \mathrm{d}q_1 \ldots \mathrm{d}p_f \underset{E-\mathcal{H}_1 \leq \mathcal{H}_2 \leq E+\delta E-\mathcal{H}_1}{\int \cdots \int} \mathrm{d}Q_1 \ldots \mathrm{d}P_f. \quad (36.1\,\mathrm{a})$$

oder

$$W(q_1, \ldots, p_f)\,\mathrm{d}q_1 \ldots \mathrm{d}p_f = \mathrm{const}\cdot \mathrm{d}q_1 \ldots \mathrm{d}p_f\, \omega_2^*\,(E - \mathcal{H}_1)\,\delta E\,, \quad (36.1\,\mathrm{b})$$

wobei ω_2^* die in § 34b) definierte Ableitung des Phasenvolumens Φ_2^* nach der Energie bedeutet. ω_2^* und ω_2 unterscheiden sich aber bei unserer Fragestellung nur um einen konstanten Faktor (die Teilchenzahlen N_1 und N_2 ändern sich nicht!) Daher ist auch

$$W(q_1, \ldots, p_f)\,\mathrm{d}q_1 \ldots \mathrm{d}p_f = \mathrm{const}\cdot \mathrm{d}q_1 \ldots \mathrm{d}p_f\, \omega_2\,(E - \mathcal{H}_1)\,\delta E\,. \quad (36.1\,\mathrm{c})$$

Für die Wahrscheinlichkeit, E_1 im Intervall von E_1 bis $E_1 + \mathrm{d}E_1$ zu finden, ergibt sich daraus durch Integration über die Schale $E_1 \leq \mathcal{H}_1(q_1, \ldots, p_f) \leq E_1 + \delta E_1$:

$$W(E_1)\,\delta E_1 = \mathrm{const}\cdot \omega_1(E_1)\,\omega_2\,(E - E_1)\,\delta E_1\,. \quad (36.2)$$

Der konstante Faktor in (36.1) und (36.2) ist jedesmal dadurch bestimmt, daß das Integral über alle Wahrscheinlichkeiten gleich 1 sein muß.

Wenn es sich bei den Teilsystemen um makroskopische Körper handelt, so erwarten wir, daß sich im Gleichgewicht die verfügbare Gesamtenergie E in einer ganz bestimmten Weise auf die beiden Körper verteilt, und zwar so, daß ihre Temperaturen gleich werden. Unsere Wahrscheinlichkeitsfunktion (36.2) müßte dann für einen bestimmten Wert von $E_1 = \tilde{E}_1$ ein so ungeheuer steiles Maximum besitzen, daß andere Werte praktisch nicht vorkommen. Das trifft nun in der Tat zu.

Ein typischer Fall, welcher diese Steilheit des Maximums der Funktion $W(E_1)$ einfach erkennen läßt, ist etwa

$$W(E_1) = E_1^{\nu_1}(E - E_1)^{\nu_2}\,,$$

wie er bei idealen Gasen vorliegt (§ 35c). Es genügt im Augenblick zu wissen, daß ν_1 und ν_2 die Größenordnung der LOSCHMIDTschen Konstante haben. Dann ist

$$\ln W(E_1) = \nu_1 \ln E_1 + \nu_2 \ln(E - E_1)$$

mit dem Maximum bei $\tilde{E}_1 = \dfrac{E\,\nu_1}{\nu_1 + \nu_2}$. Zur Abkürzung sei $\tilde{E}_2 = E - E_1 = \dfrac{E\,\nu_2}{\nu_1 + \nu_2}$. Setzt man $E_1 = \tilde{E}_1 + \eta$, so wird

$$\ln W(\tilde{E}_1 + \eta) = \nu_1 \ln \tilde{E}_1 + \nu_1 \ln\left(1 + \frac{\eta}{\tilde{E}_1}\right) + \nu_2 \ln \tilde{E}_2 + \nu_2 \ln\left(1 - \frac{\eta}{\tilde{E}_2}\right).$$

Bis auf eine von η unabhängige Größe C folgt bei Entwicklung nach Potenzen von η:

$$\ln W(\tilde{E}_1 + \eta) = C - \frac{\eta^2}{2}\,\frac{\nu_1 + \nu_2}{\tilde{E}_1\,\tilde{E}_2}\,,$$

also

$$W(\tilde{E}_1 + \eta) = W(\tilde{E}_1)\, e^{-\frac{\eta^2(\nu_1+\nu_2)}{2\tilde{E}_1\tilde{E}_2}}$$

Zur Berechnung der relativen Schwankung von E_1 schreiben wir dieses Resultat in der Form

$$w(\eta) = c\, e^{-\frac{1}{2}\left(\frac{\eta}{\tilde{E}_1}\right)^2(\nu_1+\nu_2)\frac{\nu_1}{\nu_2}}.$$

Für das Schwankungsquadrat der relativen Abweichung ergibt sich danach

$$\overline{\left(\frac{\eta}{\tilde{E}_1}\right)^2} = \frac{1}{\nu_1+\nu_2}\frac{\nu_2}{\nu_1}.$$

Der wahrscheinlichste Wert $\tilde{E}_1$ von E_1 ergibt sich nach (36.2) aus

$$\frac{\partial}{\partial E_1}\{\omega_1(E_1)\,\omega_2(E-E_1)\} = 0,$$

oder durch Auflösung der Gleichung

$$\left(\frac{\partial \ln \omega_1(E_1)}{\partial E_1}\right)_{E_1=\tilde{E}_1} = \left(\frac{\partial \ln \omega_2(E_2)}{\partial E_2}\right)_{E_2=\tilde{E}_2}. \tag{36.3}$$

Andererseits erwarten wir, daß im Fall der Berührung die Temperaturen der Systeme gleich sind. Somit legt (36.3) die Vermutung nahe,

$$S = k \ln\omega; \qquad \frac{\partial(k\ln\omega)}{\partial E} = \frac{1}{T} \tag{36.4}$$

zu setzen, in scheinbarem Widerspruch zu unserem früheren Resultat (35.7), (33.4)

$$S = k\ln\Phi; \qquad \frac{\partial(k\ln\Phi)}{\partial E} = \frac{1}{T}. \tag{36.5}$$

Kontrollieren wir diesen Widerspruch für den Fall des idealen Gases (35.4) mit

$$\Phi = C E^{\frac{3N}{2}}; \qquad \omega = \frac{3N}{2} C E^{\frac{3N}{2}-1}.$$

Wir erhalten, wenn wir für beide Ansätze $\partial S/\partial E = 1/T$ setzen,

$$\frac{\partial(k\ln\Phi)}{\partial E} = \frac{\frac{3}{2}Nk}{E} = \frac{1}{T} \qquad \text{und} \qquad \frac{\partial(k\ln\omega)}{\partial E} = \frac{(\frac{3}{2}N-1)k}{E} = \frac{1}{T},$$

also $E = 3NkT/2$ im ersten, $E = (3N/2-1)kT$ im zweiten Fall. Für sehr große N werden beide Aussagen praktisch gleich. In beiden Fällen wird

$$\lim_{N\to\infty}\left(\frac{E}{N}\right) = \frac{3}{2}kT. \tag{36.6}$$

In diesem Limes besteht also zwischen den beiden Aussagen (36.5) und (35.4) überhaupt kein Unterschied mehr. Dasselbe gilt für den Grenzwert von $\ln\Phi$ und $\ln\omega$:

$$\ln\Phi = \frac{3N}{2}\ln E + \ln C; \qquad \ln\omega = \left(\frac{3N}{2}-1\right)\ln E + \ln C + \ln\frac{3N}{2}.$$

Wieder wird

$$\lim_{N\to\infty}\left(\frac{\ln\Phi}{N}\right) = \lim_{N\to\infty}\left(\frac{\ln\omega}{N}\right).$$

Dieses Ergebnis ist eine Folge der in § 31d geschilderten höchst überraschenden Eigenschaft des Raumes von sehr vielen Dimensionen.

Man erkennt daran, wie es möglich ist, daß im Fall ungeheuer vieler Dimensionen (10^{23}) das *ganze Phasenvolumen Φ dem Volumen einer infinitesimalen Oberflächenschicht $\omega\,\delta E$ gleichwertig* ist. Hat andererseits ein isolierter Körper nur wenige Freiheitsgrade (ein isoliertes Gasatom), so hat er zwar eine feste Energie. Es hat aber keinen Sinn, ihm eine Temperatur zuzuschreiben. Er hat keinerlei Ähnlichkeit mit einem „warmen Körper". Ein solcher kann geradezu dadurch charakterisiert werden, daß bei ihm die Definitionen (36.4) und (36.5) für T gleichwertig sind, so daß die Frage, welche der beiden Definitionen die richtige ist, keinen Sinn hat.

§ 37. Die kanonische Gesamtheit.

a) Das zweite System ist sehr groß gegen das erste.

In § 36 hatten wir bei der Behandlung von zwei sich berührenden Systemen die Wahrscheinlichkeit dafür gefunden, das „erste" System im Element $dq_1 \ldots dp_f$ seines Γ-Raumes zu finden. Wir wollen jetzt annehmen, das zweite System sei ungeheuer groß gegen das erste. Dann wird auch der Wert von $\mathcal{H}_1(q_1, \ldots, p_f)$ praktisch immer klein gegen E sein. Wir könnten also auf die Idee kommen, ω_2 nach Potenzen von $\mathcal{H}_1$ zu entwickeln und bei der ersten Potenz von $\mathcal{H}_1$ abzubrechen. Ein solches Verfahren kann nur sinnvoll sein, solange das in $\mathcal{H}_1$ quadratische Glied klein gegen das lineare ist. Prüfen wir die Situation an dem typischen Fall von $\omega(E-\mathcal{H}_1) = (E-\mathcal{H}_1)^\nu$; ν ist ungeheuer groß. Entwicklung nach Potenzen von $\mathcal{H}_1$ gibt:

$$\omega = E^\nu\left\{1 - \nu\frac{\mathcal{H}_1}{E} + \frac{\nu(\nu-1)}{2}\frac{\mathcal{H}_1^2}{E^2} + \cdots\right\}.$$

Damit das zweite Glied klein gegen das erste wird, müßte $\mathcal{H}_1 \ll \frac{2}{\nu-1} E$ sein, d. h. also, $\mathcal{H}_1$ müßte wesentlich kleiner sein als die Energie *eines* Freiheitsgrades. Diese Bedingung würde eine unerträgliche Einschränkung für die Brauchbarkeit der Formeln bedeuten. Wir wählen den Ausweg, nicht ω, sondern $\ln\omega$ zu entwickeln. Dafür erhalten wir:

$$\ln(E-\mathcal{H}_1)^\nu = \ln E^\nu + \nu\ln\left(1-\frac{\mathcal{H}_1}{E}\right) = \ln E^\nu - \nu\left\{\frac{\mathcal{H}_1}{E} + \frac{1}{2}\left(\frac{\mathcal{H}_1}{E}\right)^2 + \cdots\right\}.$$

Hier wird das quadratische Glied schon klein gegen das lineare, wenn nur $\mathcal{H}_1 \ll E$ ist. Und das haben wir ja ohnehin vorausgesetzt.

Bei diesem Verfahren erhalten wir in (36.1)

$$\ln\omega_2(E-\mathcal{H}_1) = \ln\omega_2(E) - \left(\frac{\partial\ln\omega_2(E_2)}{\partial E_2}\right)_{E_2=E}\mathcal{H}_1(q_1, \ldots, p_f).$$

Nun ist aber nach (36.4)

$$\frac{\partial\ln\omega_2}{\partial E} = \frac{1}{kT},$$

also wird aus (36.1 c)

$$\boxed{W(q_1, \ldots, p_f)\,dq_1 \ldots dp_f = C\,e^{-\frac{\mathcal{H}_1(q_1, \ldots, p_f)}{kT}}\,dq_1 \ldots dp_f.} \qquad (37.1)$$

In C haben wir alle von $q_1, \ldots, p_f$ nicht abhängigen Faktoren zusammengefaßt. In gleicher Weise erhält man aus (36.2):

$$\boxed{W(E_1)\,dE_1 = C\,\omega_1(E_1)\,e^{-\frac{E_1}{kT}}\,dE_1} \qquad (37.2)$$

für die Wahrscheinlichkeit, die Energie des ersten Systems im Intervall dE_1 zu finden. (37.1) *und* (37.2) *bilden den Ausgangspunkt fast aller Anwendungen. Man kann sie ohne Übertreibung für die wichtigsten Formeln der ganzen statistischen Mechanik erklären.* Aus der Herleitung von (37.1) und (37.2) geht hervor, daß die darin stehende Temperatur T eine Eigenschaft des großen Systems (System 2) ist. Sie ist die einzige Größe des Systems 2, welche in das statistische Verhalten des kleinen Systems eingeht. Das System 2 wirkt als „Thermostat". Über die Größe des kleinen Systems sind bei der Ableitung keinerlei Voraussetzungen gemacht. Es kann z. B. auch aus einem einzelnen Atom bestehen.

b) Definition der kanonischen Gesamtheit.

Der Mittelwert irgendeiner Phasenfunktion $f(q_1, \ldots, p_f)$ des „kleinen" Systems ist gemäß (37.1), wobei wir von nun ab den Index 1 an der HAMILTON-Funktion weglassen

$$\overline{f(q_1, \ldots, p_f)} = \frac{\int f(q_1, \ldots, p_f)\, e^{-\frac{\mathcal{H}}{kT}}\, dq_1 \ldots dp_f}{\int e^{-\frac{\mathcal{H}}{kT}}\, dq_1 \ldots dp_f}. \qquad (37.3)$$

Wir hatten oben eine mikrokanonische Gesamtheit von Systemen im Γ-Raum definiert durch Angabe der Dichtefunktion.

$$\text{Mikrokanonische Gesamtheit} \ldots \varrho(q, p) = \begin{cases} 1 & \text{für } E < \mathcal{H} < E + \delta E \\ 0 & \text{sonst} \end{cases}$$

Wir definieren nunmehr die *kanonische Gesamtheit* durch

$$\text{kanonische Gesamtheit} \ldots \varrho(q, p) = e^{-\frac{\mathcal{H}(q_1, \ldots, p_f)}{kT}}. \qquad (37.4)$$

(37.3) bedeutet also einen Mittelwert über die kanonische Gesamtheit. Die kanonische Gesamtheit ist ebenso wie die mikrokanonische nach § 31 b stationär, da die Dichte nur von $\mathcal{H}$ abhängt.

c) Zwei primitive Anwendungen von (37.1).

1. MAXWELLsche Geschwindigkeitsverteilung und barometrische Höhenformel. Besteht das kleine System aus nur einem Atom in einem Kraftfeld der potentiellen Energie $\varphi(x, y, z)$, so besagt (37.1),

$$W(p_x, p_y, p_z;\ x, y, z)\, dp_x\, dp_y\, dp_z\, dx\, dy\, dz$$
$$= C\, e^{-\frac{\frac{1}{2m}(p_x^2+p_y^2+p_z^2)+\varphi(x, y, z)}{kT}}\, dp_x\, dp_y\, dp_z\, dx\, dy\, dz. \qquad (37.5)$$

Interessiert man sich für die Geschwindigkeitsverteilung, nicht aber für den Ort, so hat man nach Integration über x, y, z:

$$W(p_x, p_y, p_z)\, dp_x\, dp_y\, dp_z = C\, e^{-\frac{p_x^2+p_y^2+p_z^2}{2mkT}}\, dp_x\, dp_y\, dp_z. \qquad (37.5\,\text{a})$$

Das ist die MAXWELLsche *Geschwindigkeitsverteilung.*

Fragt man umgekehrt nach der Ortsverteilung, so resultiert:

$$W(x, y, z)\, dx\, dy\, dz = C\, e^{-\frac{\varphi(x, y, z)}{kT}}\, dx\, dy\, dz. \qquad (37.5\,\text{b})$$

Speziell im Schwerefeld der Erde ist $\varphi = mgx$, wenn die x-Richtung senkrecht nach oben gezählt wird. (37.5 b) geht dann über in die *barometrische Höhenformel* (s. a. § 27). Wir werden (37.5 b) gelegentlich auch bei anderen Formen von φ als barometrische Höhenformel bezeichnen.

2. Der Gleichverteilungssatz. Für den Mittelwert von $p_1 \frac{\partial \mathcal{H}}{\partial p_1}$ folgt aus (37.3):

$$\overline{p_1 \frac{\partial \mathcal{H}}{\partial p_1}} = \frac{\int p_1 \frac{\partial \mathcal{H}}{\partial p_1} e^{-\frac{\mathcal{H}}{kT}} \mathrm{d}q_1 \ldots \mathrm{d}p_f}{\int e^{-\frac{\mathcal{H}}{kT}} \mathrm{d}q_1 \ldots \mathrm{d}p_f}.$$

Beachtet man, daß

$$\frac{\partial \mathcal{H}}{\partial p_1} e^{-\frac{\mathcal{H}}{kT}} = -kT \frac{\partial}{\partial p_1} e^{-\frac{\mathcal{H}}{kT}}$$

ist, so liefert eine partielle Integration nach p_1 sogleich:

$$\overline{p_1 \frac{\partial \mathcal{H}}{\partial p_1}} = kT,$$

also das bereits von der mikrokanonischen Verteilung (§ 33) her bekannte Resultat.

§ 38. Makroskopische Körper.

a) Die Schärfe der kanonischen Verteilung.

Die Thermodynamik beginnt mit der Behauptung, daß, abgesehen von anderen Variablen, die Energie U eines Körpers eine Funktion der Temperatur T sei. Bereits diese primitive Aussage ist bei unserer statistischen Behandlung **nicht** zutreffend. Wir haben hier nach den bisherigen Resultaten zwei Möglichkeiten. Entweder wir betrachten das isolierte System. Dann hat seine Energie einen festen, zeitlich nicht veränderlichen Wert (mikrokanonische Gesamtheit). Wir können zwar dem System auch eine Temperatur zuschreiben, haben dabei aber die Unsicherheit, ob wir $\frac{1}{kT}$ durch $\frac{\partial \ln \Phi}{\partial E}$ oder $\frac{\partial \ln \omega}{\partial E}$ definieren sollen. Oder aber wir schreiben seine Temperatur vor, d. h., wir setzen das System in einen Thermostaten. Dann können wir über seine Energie nur die durch (37.2) formulierte Wahrscheinlichkeitsaussage der kanonischen Gesamtheit machen. In diesem Sinne sind E und T geradezu komplementäre Größen insofern, als eine exakte Vorgabe der einen Größe eine genaue Kenntnis der anderen unmöglich macht. Um einen Einblick in die Unschärfe bei gegebener Temperatur zu gewinnen, berechnen wir das mittlere Schwankungsquadrat der durch (37.2) gegebenen Energieverteilung. Das gelingt in überraschend einfacher und allgemeiner Weise: Nach (37.2) und (37.3) ist der Mittelwert der Energie

$$\overline{E} = \frac{\int E\,\omega(E)\,e^{-\frac{E}{kT}} \mathrm{d}E}{\int \omega(E)\,e^{-\frac{E}{kT}} \mathrm{d}E}. \tag{38.1}$$

Wir berechnen daraus die Wärmekapazität $\gamma = \frac{\mathrm{d}\overline{E}}{\mathrm{d}T}$ des Systems durch einfaches Differenzieren nach T. (Beachte, daß T sowohl im Zähler wie auch im Nenner auftritt!) Das Ergebnis ist:

$$\gamma \equiv \frac{\mathrm{d}\overline{E}}{\mathrm{d}T} = \frac{1}{kT^2}\left(\overline{E^2} - \overline{E}^2\right). \tag{38.2}$$

Da wir uns nur für die Größenordnung der Unsicherheit interessieren, wollen wir γ als temperaturunabhängig ansehen. Dann ist $\overline{E} = \gamma T$. Für das relative Schwankungsquadrat haben wir dann:

$$\frac{\overline{E^2} - \overline{E}^2}{\overline{E}^2} = \frac{\gamma k T^2}{\gamma^2 T^2} = \frac{k}{\gamma}. \tag{38.3}$$

Hier steht auf der rechten Seite das Verhältnis der Wärmekapazität eines einzelnen Atoms zu der eines makroskopischen Körpers, also eine Zahl von der Größenordnung $\frac{1}{N}$, wenn der Körper aus N Atomen besteht. Dieses Resultat konnte nur dadurch entstehen, daß die Funktion $\omega(E)\,e^{-E/kT}$ in der Nähe von $E = \overline{E}$ ein derart steiles Maximum hat, daß andere Werte von E praktisch überhaupt nicht vorkommen. Erst in diesem Sinne ist die Energie $U = \overline{E}$ eine eindeutig definierte Funktion der Temperatur.

Ein instruktives Beispiel bietet wieder das ideale Gas mit $\omega(E) = C E$. Die Funktion $f(E) = E^\nu e^{-E/kT}$ hat ihr Maximum für $E = \nu k T$. Setzt man allgemein $E = x \nu k T$, so wird

$$f(E) = \left(\frac{\nu k T}{e}\right)^\nu (x e^{1-x})^\nu.$$

$x e^{1-x}$ ist gleich 1 für $x = 1$, sonst für positive x kleiner als 1. Die ungeheuer große Potenz dieser Größe sorgt für ein unvorstellbar scharfes Maximum. Man kann diese Schärfe leicht quantitativ fassen: Mit $x = 1 + \xi$ wird bei kleinem ξ

$$x e^{1-x} = (1 + \xi)(1 - \xi + \tfrac{1}{2}\xi^2 - \cdots) = 1 - \tfrac{1}{2}\xi^2 \pm \cdots,$$

also

$$(x e^{1-x})^\nu \approx e^{-\frac{\nu}{2}\xi^2}.$$

Nur, wenn die in (37.2) erklärte Wahrscheinlichkeitsfunktion ein derart extremes Verhalten zeigt, kann unser System als Bild eines makroskopischen Körpers angesehen werden.

Hängt $\mathcal{H}$ noch von einem Parameter a (vgl. § 34a) ab (z. B. Volumen oder Magnetfeld), so hat der Mittelwert $\overline{\frac{\partial \mathcal{H}}{\partial a}}$ meist eine wichtige Bedeutung. Im Falle des Volumens V ist er gleich dem negativen Druck:

$$\overline{\frac{\partial \mathcal{H}}{\partial V}} = -p.$$

Bei einem homogenen, in der z-Richtung wirkenden Magnetfeld H_z wird

$$\overline{\frac{\partial \mathcal{H}}{\partial \mathsf{H}_z}} = -M_z,$$

wo M_z die z-Komponente des magnetischen Moments bedeutet. Wir beschränken uns vorerst auf den Spezialfall, daß V der Parameter ist.

Mit $\mathcal{H}$ wird auch die Wahrscheinlichkeit W in Gl. (37.1) eine Funktion des Parameters V:

$$W(q_1, \ldots, p_f)\,\mathrm{d}q_1 \ldots \mathrm{d}p_f = C\, e^{-\frac{\mathcal{H}(q_1, \ldots, p_f, V)}{kT}}\,\mathrm{d}q_1 \ldots \mathrm{d}p_f.$$

Daraus folgt z. B. für die Mittelwerte der Energie $\overline{E} = \overline{\mathcal{H}}$ und des Druckes $p = -\overline{\frac{\partial \mathcal{H}}{\partial V}}$:

$$\overline{E} = \frac{\int \mathcal{H} e^{-\frac{\mathcal{H}}{kT}}\,\mathrm{d}q_1 \ldots \mathrm{d}p_f}{\int e^{-\frac{\mathcal{H}}{kT}}\,\mathrm{d}q_1 \ldots \mathrm{d}p_f} \quad \text{und} \quad p = -\frac{\int \frac{\partial \mathcal{H}}{\partial V} e^{-\frac{\mathcal{H}}{kT}}\,\mathrm{d}q_1 \ldots \mathrm{d}p_f}{\int e^{-\frac{\mathcal{H}}{kT}}\,\mathrm{d}q_1 \ldots \mathrm{d}p_f}. \tag{38.4}$$

b) Das Zustandsintegral.

Nun kommt die für alles Weitere entscheidende Bemerkung, daß nämlich in den Formeln für $\overline{E}$ und p im Zähler ein Differentialquotient des Nenners steht. Wir wollen diese Bemerkung präzisieren, indem wir zunächst das „Zustandsintegral"

$$Z(T, V) = C\int e^{-\frac{\mathcal{H}(q_1, \ldots, p_f, V)}{kT}}\, dq_1 \ldots dp_f \tag{38.5}$$

definieren, wo C eine im Augenblick unwesentliche Konstante bedeutet.

Mit der in (38.5) erklärten Funktion Z von T und V nehmen die Gln. (38.4) die Gestalt an

$$\overline{E} = kT^2 \frac{\partial \ln Z}{\partial T} \qquad \text{und} \qquad p = kT \frac{\partial \ln Z}{\partial V}.$$

Die Differentialeigenschaften von Z sind also erklärt durch

$$\frac{\partial \ln Z}{\partial T} = \frac{\overline{E}}{kT^2} \qquad \text{und} \qquad \frac{\partial \ln Z}{\partial V} = \frac{p}{kT}.$$

Suchen wir in Tab. 3 (§ 19) nach einer thermodynamischen Funktion mit den gleichen Differentialeigenschaften wie $\ln Z$, so finden wir, daß das bei $-\frac{F}{kT}$ der Fall ist. Dabei ist $F = E - TS$ die freie Energie, für welche $dF = -S\,dT - p\,dV$ gilt. Danach wird nämlich

$$d\left(-\frac{F}{kT}\right) = \frac{F}{kT^2}\,dT + \frac{S}{kT}\,dT + \frac{p}{kT}\,dV = \frac{E}{kT^2}\,dT + \frac{p}{kT}\,dV.$$

Wenn wir den Unterschied zwischen $\overline{E}$ in der Statistik und der inneren Energie E bzw. U in der Thermodynamik ignorieren, so sind wir berechtigt, unserm System eine freie Energie

$$F(T, V) = -kT \ln Z \tag{38.6}$$

zuzuschreiben.

Eine mit (38.5) gleichwertige Form des Zustandsintegrals erhalten wir, wenn wir die Integration über die Schalen $\omega^*(E)\,dE$ des Γ-Raumes ausführen. Innerhalb dieser Schalen hat der Integrand den konstanten Wert $e^{-E/kT}$, so daß wir erhalten:

$$Z(T, V) = C\int \omega^*(E, V)\, e^{-\frac{E}{kT}}\, dE \tag{38.7}$$

mit

$$\omega^*(E, V)\,dE = \int_{E<\mathcal{H}(q,p,V)<E+dE} \cdots \int dq_1 \ldots dp_f.$$

Nunmehr verfügen wir über die noch offene Konstante C in ähnlicher Weise, wie wir es oben beim Phasenvolumen Φ ausführlich diskutiert haben: Damit in der Beziehung (38.6) für die freie Energie nicht nur die Abhängigkeit von T und V, sondern — im Fall des aus N gleichen Teilchen bestehenden Systems — diejenige von N richtig dargestellt wird, setzen wir C proportional zu $\frac{1}{N!}$. Damit weiterhin Z dimensionslos werde, setzen wir endgültig

$$C = \frac{1}{h^{3N} N!}.$$

(Enthält das System $N_1, N_2, \ldots, N_j$ verschiedene Teilchen, so ist $h^{3N} N!$ zu ersetzen durch $\prod_j h^{3N_j} N_j!$.) Damit haben wir für Z die Schreibweisen:

$$Z(T, V, N) = \frac{1}{h^{3N} N!}\int \cdots \int e^{-\frac{\mathcal{H}(p, q, V)}{kT}}\, dq_1 \ldots dp_{3N} \tag{38.8}$$

oder auch

$$Z(T, V, N) = \int_0^\infty \omega(E, V, N) e^{-\frac{E}{kT}} \,\mathrm{d}E\,, \tag{38.8a}$$

wo $\omega(E, V, N)$ (im Gegensatz zu ω^*) sich auf das reduzierte Phasenvolumen (§ 35) bezieht.

c) Die Zustandssumme der Quantentheorie.

Die beiden Formeln (38.8) und (38.8a) sind mathematisch identisch. Die zweite Form verdient den Vorzug, wenn wir einen Vergleich mit der quantentheoretischen Zustandssumme vornehmen. Obwohl diese erst in einem späteren Abschnitt ihre Begründung finden kann, sei sie doch im Interesse der Übersicht gleich hier ohne Beweis angegeben: Seien $E_1, E_2, \ldots, E_j$ die nicht mehr entarteten quantentheoretischen Energieniveaus des Systems (also die Eigenwerte des Hamilton-Operators), so ist die Zustandssumme erklärt durch:

$$Z = \sum_j e^{-\frac{E_j}{kT}}. \tag{38.8b}$$

Liegen die Eigenwerte hinreichend dicht und nennt man $\tilde{\omega}(E, V, N)\,\mathrm{d}E$ die Anzahl der Eigenwerte im Intervall E bis $E + \mathrm{d}E$, so wird (38.8b) identisch mit

$$Z = \int \tilde{\omega}(E, V, N) e^{-\frac{E}{kT}} \,\mathrm{d}E\,. \tag{38.8c}$$

Abgesehen von der verschiedenen Erklärung von ω und $\tilde{\omega}$ ist die quantentheoretische Formel (38.8c) identisch mit der klassischen Formel (38.8a). Tatsächlich werden wir wiederholt Gelegenheit haben, zu sehen, daß in denjenigen Fällen, in denen die Anwendung der klassischen Mechanik gerechtfertigt ist, die Formel (38.8c) exakt in (38.8a) übergeht.

Die nun folgenden allgemeinen Betrachtungen gelten daher — soweit über ω nicht speziell verfügt wird — sowohl für die klassische wie auch für die Quantenstatistik.

d) Ersetzen des Zustandsintegrals durch den Höchstwert des Integranden.

Wir nehmen an, daß durch

$$Z = \int \omega(E)\, e^{-\frac{E}{kT}} \,\mathrm{d}E\,; \qquad F = -kT \ln Z \tag{38.9}$$

das Verhalten eines makroskopischen Körpers beschrieben sei. Dann muß zu einer gegebenen Temperatur auch eine bestimmte Energie gehören. Das verlangt aber, daß die Wahrscheinlichkeitsfunktion $\omega(E)e^{-E/kT}$ an einer bestimmten Stelle $E = \tilde{E}$ ein ungeheuer scharfes Maximum besitzt, derart, daß andere E-Werte praktisch nicht vorkommen. Wir wollen uns überzeugen, daß unter diesen Umständen bei der Bildung von $\ln Z$ das ganze Integral einfach durch den Höchstwert des Integranden ersetzt werden darf, daß also:

$$\ln Z \approx \ln \omega(\tilde{E}) - \frac{\tilde{E}}{kT}, \tag{38.10}$$

wobei $\tilde{E}$ erklärt ist durch die Maximumsbedingung:

$$\left\{\frac{\partial}{\partial E}\left(\omega(E)\, e^{-\frac{E}{kT}}\right)\right\}_{E=\tilde{E}} = 0\,,$$

welche sich schreiben läßt

$$\left(\frac{\partial \ln \omega(E)}{\partial E}\right)_{E=\tilde{E}} = \frac{1}{kT}\,. \tag{38.11}$$

Erst wenn der Übergang von (38.9) zu (38.10) gestattet ist, wird der Zusammenhang mit den thermodynamischen Funktionen evident. (38.10) geht nach Multiplikation mit $-kT$ unmittelbar über in

$$F = E - TS,$$

wenn $\tilde{E}$ durch E und $k \ln \omega(\tilde{E})$ durch S ersetzt wird, während die Maximumsbedingung (38.11) identisch mit der durch

$$\frac{\partial S}{\partial E} = \frac{1}{T}$$

gegebenen Verknüpfung von Energie und Temperatur ist.

Es bleibt noch übrig, den Ersatz von (38.9) durch (38.10) zu rechtfertigen. Aus (38.2) kennen wir bereits das mittlere Schwankungsquadrat der Energie:

$$\overline{(E - \overline{E})^2} = k T^2 \gamma \quad \text{mit} \quad \gamma = \frac{\mathrm{d}\overline{E}}{\mathrm{d}T}.$$

In der Umgebung des Maximums wird also $\omega(E)\, e^{-E/kT}$ etwa verlaufen wie

$$\omega(E)\, e^{-\frac{E}{kT}} \approx \omega(\tilde{E})\, e^{-\frac{\tilde{E}}{kT}}\, e^{-\frac{(E-\tilde{E})^2}{2kT^2\gamma}},$$

wo $\tilde{E}$ die Stelle des Maximums bezeichnet. Hier läßt sich die Integration über E elementar ausführen. Man erhält:

$$Z = \omega(\tilde{E})\, e^{-\frac{\tilde{E}}{kT}} \sqrt{2\pi k T^2 \gamma}$$

und

$$\ln Z = \ln \omega(\tilde{E}) - \frac{\tilde{E}}{kT} + \frac{1}{2} \ln 2\pi k T^2 + \frac{1}{2} \ln \gamma,$$

nach Division mit N also:

$$\frac{\ln Z}{N} = \frac{\ln \omega(\tilde{E})}{N} - \frac{1}{kT}\frac{\tilde{E}}{N} + \frac{\frac{1}{2}\ln 2\pi k T^2}{N} + \frac{1}{2}\frac{\ln \gamma}{N}. \tag{38.12}$$

Im Limes $N \to \infty$ bleiben rechter Hand nur die beiden ersten Summanden endlich, während die beiden restlichen gegen Null gehen. Wir dürfen sie also im Fall sehr großer N einfach fortlassen, wie oben in (38.10) behauptet wurde.

e) Beziehung zur mikrokanonischen Gesamtheit.

Als Systemdichte ϱ im Phasenraum hatten wir oben eingeführt:

I. $\varrho = 1$ für $E < \mathcal{H} < E + \delta E$, sonst 0, als mikrokanonische Gesamtheit,

II. $\varrho = e^{-\mathcal{H}/kT}$ als kanonische Gesamtheit.

Die beiden Gesamtheiten entsprechen gänzlich verschiedenen physikalischen Situationen. Bei I war die Energie E gegeben (isoliertes System), bei II dagegen die Temperatur (Kontakt mit einem „Thermostaten"). Dementsprechend sehen sie auch gänzlich verschieden aus, da Vorgabe der Energie und Vorgabe der Temperatur alternativ sind. Beim Übergang zu makroskopischen Körpern sahen wir, daß bei gegebener Temperatur T die Energie nur äußerst wenig um ihren Mittelwert $\overline{E}$ schwankt. In diesem Falle müssen also die beiden Gesamtheiten praktisch gleichwertig werden. Das ist in der Tat der Fall. Schreiben wir nämlich die Dichtefunktion als Funktion von E derart, daß $\varrho(E)\,\mathrm{d}E$ die im Intervall $\mathrm{d}E$ liegende Zahl von Systemen angibt, so lautet II:

II'. $$\varrho(E)\,\mathrm{d}E = \omega(E)\, e^{-\frac{E}{kT}}\,\mathrm{d}E.$$

Wenn nun $\omega(E)e^{-\frac{E}{kT}}$ ein so scharfes Maximum bei $\overline{E}$ hat, wie wir das oben gesehen haben, so kann II′ als praktisch gleichwertig mit I angesehen werden, wenn man über kT so verfügt, daß

$$\frac{\partial}{\partial E}\left\{\omega(E)\,e^{-\frac{E}{kT}}\right\} = 0$$

ist.

Der Leser wird bemerkt haben, daß das Rechnen mit der Dichtefunktion II wesentlich bequemer ist als dasjenige mit der unstetigen Funktion I. Dementsprechend wird in manchen Darstellungen die kanonische Gesamtheit als ein rein rechnerisches Hilfsmittel zum Rechnen mit der mikrokanonischen Gesamtheit eingeführt, ohne daß man explizit von der Temperatur redet. Man ersetzt die Funktion I durch $\omega(E)e^{-E/\Theta}$, nennt Θ den „Modul“ der Verteilung, welcher durch $\frac{\partial \ln \omega}{\partial E} = \frac{1}{\Theta}$ definiert wird. Alsdann werden die Mittelwerte über die mikrokanonische Gesamtheit I ersetzt durch die mit dem Modul Θ versehenen kanonischen Mittelwerte. Dies Verfahren ist zwar als Rechenmethode einwandfrei. Es ist aber auf makroskopische Systeme beschränkt und verdeckt die grundsätzliche Verschiedenheit der den beiden Gesamtheiten zugrunde liegenden physikalischen Gegebenheiten.

E. Zwei weitere Gesamtheiten.

§ 39. Die freie Enthalpie.

a) Verschiedene experimentelle Anordnungen.

Wir haben oben gesehen, wie man, ausgehend von der vorgelegten experimentellen Situation, in natürlicher Weise beim abgeschlossenen System auf die Entropie $S(E, V, N) = k \ln\omega$ geführt wird, dagegen im Fall des thermischen Kontaktes mit einem Thermostaten auf die freie Energie

$$F(T, V, N) = -kT \ln \int \omega\, e^{-\frac{E}{kT}}\, \mathrm{d}E\,.$$

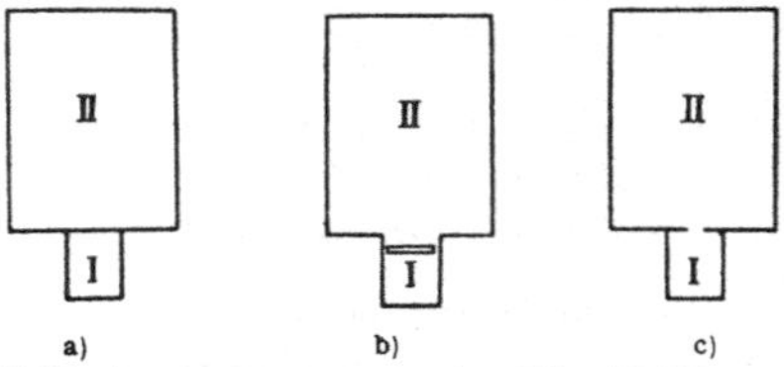

Wir wollen nun an Hand der schematischen Skizze zwei weitere experimentelle Situationen ins Auge fassen.

II I a) II I b) II I c)

Abb. 66. Anordnungen zur experimentellen Realisierung verschiedener Gesamtheiten des „kleinen“ Systems I. a) Nur thermischer Kontakt mit II. Gegeben T, V und N (kanonische Gesamtheit). b) Bewegliche Wand zwischen I und II. Gegeben sind T, p und N. c) Feste, aber für Teilchen durchlässige Wand. Gegeben sind T, V und μ (großkanonische Gesamtheit).

Die Anordnung a) bezieht sich auf den bereits behandelten Fall, in welchem das „kleine“ System I, für welches wir uns interessieren, durch eine feste, wärmedurchlässige Wand mit dem großen System (II) verbunden ist. In diesem Paragraphen behandeln wir die Anordnung b). Die Anordnung c) folgt in § 40. In b) ist die Wand ebenfalls wärmedurchlässig, sie soll aber beweglich sein, indem sie z. B. als dichtschließender Stempel in einer zylindrischen Verbindung zwischen I und II gleiten kann oder aber als Gummimembran beliebige Verformungen gestattet. In b) ist also sowohl E_1 wie auch das Volumen V_1 von I einer Statistik unterworfen, während N_1 fest vorgegeben ist. In der Anordnung c) dagegen soll die wärmedurchlässige Wand zwar starr sein, sie enthalte aber eine oder mehrere Bohrungen, derart, daß ein Teilchenaustausch zwischen I und II erfolgen kann. In c) ist also V_1 fest vorgegeben, dagegen sind N_1 und E_1 nur statistisch zu erfassen. Es wäre nicht sinnvoll, eine Kombination von b) und c) (Wand beweglich *und* perforiert) zu untersuchen. Denn dann könnte von einer stabilen Lage der Wand offenbar keine Rede sein.

Wir gehen nun zur quantitativen Behandlung des Falles b) über, wie er durch Überlegungen der §§ 37 und 38 vorgezeichnet ist.

b) Die Wand ist beweglich.

Da das System I + II abgeschlossen ist, muß stets $E_1 + E_2 = E$ und $V_1 + V_2 = V$ sein. Dieselbe Überlegung[1], welche oben zu (36.2) geführt hat, liefert nunmehr die Wahrscheinlichkeit dafür, daß E_1 im Intervall $\mathrm{d}E_1$ und gleichzeitig V_1 im Intervall $\mathrm{d}V_1$ liegt. Bis auf einen Normierungsfaktor C wird

$$W(E_1, V_1)\,\mathrm{d}E_1\,\mathrm{d}V_1 = C\,\omega_1(E_1, V_1)\,\omega_2(E - E_1, V - V_1)\,\mathrm{d}E_1\,\mathrm{d}V_1\,. \tag{39.1}$$

Die wahrscheinlichsten Werte von E_1 und V_1 sind diejenigen, welche W zum Maximum machen. Sie sind also bestimmt durch:

$$\left(\frac{\partial \ln \omega}{\partial E}\right)_1 = \left(\frac{\partial \ln \omega}{\partial E}\right)_2 \quad \text{und} \quad \left(\frac{\partial \ln \omega}{\partial V}\right)_1 = \left(\frac{\partial \ln \omega}{\partial V}\right)_2.$$

Die erste Gleichung bringt die Gleichheit der Temperatur, die zweite diejenige des Druckes zum Ausdruck. Denn wegen $k \ln \omega = S$ ist ja

$$\frac{\partial \ln \omega}{\partial E} = \frac{1}{k T} \quad \text{und} \quad \frac{\partial \ln \omega}{\partial V} = \frac{p}{k T}\,. \tag{39.2}$$

Nun wiederholt sich die Betrachtung von § 37. Das System II sei ungeheuer groß gegenüber I, so daß praktisch immer $E_1 \ll E$ und $V_1 \ll V$ ist. Dann können wir $\ln \omega_2$ in (39.1) nach Potenzen von E_1 und V_1 entwickeln:

$$\ln \omega_2(E - E_1, V - V_1) = \ln \omega_2(E, V) - \frac{\partial \ln \omega_2}{\partial E} E_1 - \frac{\partial \ln \omega_2}{\partial V} V_1.$$

Führen wir hier gemäß (39.2) Temperatur und Druck des großen Systems II ein, so wird aus (39.1):

$$W(E_1, V_1)\,\mathrm{d}E_1\,\mathrm{d}V_1 = C'\,\omega_1(E_1, V_1)\,e^{-\frac{E_1 + p V_1}{k T}}\,\mathrm{d}E_1\,\mathrm{d}V_1\,. \tag{39.3}$$

Von den Eigenschaften des großen Systems sind hier nur die beiden Größen T und p übriggeblieben. Wir werden weiterhin in der Behandlung von (39.3) den Index 1 fortlassen, da wir uns nur für das „kleine" System interessieren. Ähnlich wie oben erhalten wir aus (39.3) die Mittelwerte $\overline{E}$ und $\overline{V}$ für das System II.

$$\overline{E} + p\overline{V} = \frac{\int (E + p V)\,\omega(E, V)\,e^{-\frac{E+pV}{kT}}\,\mathrm{d}E\,\mathrm{d}V}{\int \omega(E\,V)\,e^{-\frac{E+pV}{kT}}\,\mathrm{d}E\,\mathrm{d}V} = k T^2 \frac{\partial}{\partial T} \ln \int \omega(E, V)\,e^{-\frac{E+pV}{kT}}\,\mathrm{d}E\,\mathrm{d}V$$

und (39.4)

$$\overline{V} = \frac{\int V\,\omega(E, V)\,e^{-\frac{E+pV}{kT}}\,\mathrm{d}E\,\mathrm{d}V}{\int \omega(E)\,e^{-\frac{E+pV}{kT}}\,\mathrm{d}E\,\mathrm{d}V} = -k T \frac{\partial}{\partial p} \ln \int \omega(E, V)\,e^{-\frac{E+pV}{kT}}\,\mathrm{d}E\,\mathrm{d}V\,.$$

Wenn nun die Funktion (39.3) sowohl für E_1 wie auch für V_1 ein so scharfes Maximum besitzt, daß wir praktisch immer die Werte $\overline{E}$ und $\overline{V}$ finden werden, so kann man $\overline{E}$ und $\overline{V}$ als Energie und Volumen von I schlechthin bezeichnen. In diesem Fall wird aber (39.4) vergleichbar mit den Differentialbeziehungen

[1] Bei der Ableitung von (39.1) hat man den Stempel als Bestandteil der Gesamtheit aufzufassen. Die mikrokanonische Gesamtheit I + II enthält daher die Koordinaten des Stempels.

der freien Enthalpie $G(T, p, N)$. Setzen wir nämlich:

$$G(T, p, N) = -kT \ln \iint \omega(E, V)\, e^{-\frac{E+pV}{kT}}\, \mathrm{d}E\, \mathrm{d}V, \tag{39.5}$$

so lautet (39.4): $\quad E + pV = kT^2 \frac{\partial}{\partial T}\left(-\frac{G}{kT}\right) \quad$ und $\quad V = \frac{\partial G}{\partial p}$.

Für $G = E - TS + pV$ gilt andererseits: $\mathrm{d}G = -S\mathrm{d}T + V\mathrm{d}p + \mu\,\mathrm{d}N$, also

$$\mathrm{d}\left(-\frac{G}{kT}\right) = \frac{G}{kT^2}\mathrm{d}T - \frac{\mathrm{d}G}{kT} = \frac{E+pV}{kT^2}\mathrm{d}T - \frac{V}{kT}\mathrm{d}p - \frac{\mu}{kT}\mathrm{d}N.$$

Damit haben wir gezeigt, daß durch (39.5) wirklich die freie Enthalpie gegeben ist. Unter Einführung des in (38.8a) erklärten Zustandsintegrals kann man statt (39.5) auch schreiben:

$$G(T, p, N) = -kT \ln \int Z(T, V, N)\, e^{-\frac{pV}{kT}}\, \mathrm{d}V. \tag{39.5a}$$

c) Volumenschwankungen.

Die Frage, ob (39.3) wirklich ein so steiles Maximum besitzt, wie es zur Gültigkeit von (39.5) soeben verlangt wurde, wurde hinsichtlich der Energie bereits oben in § 38a beantwortet. Hinsichtlich des Volumens folgt in ähnlicher Weise aus (39.4) durch nochmaliges Differenzieren nach p in einfacher Weise:

$-\frac{\partial \overline{V}}{\partial p} = \frac{1}{kT}\left(\overline{V^2} - \overline{V}^2\right)$, also für das mittlere relative Schwankungsquadrat

$$\frac{\overline{V^2} - \overline{V}^2}{\overline{V}^2} = \frac{kT}{\overline{V}^2}\left(-\frac{\partial \overline{V}}{\partial p}\right) \tag{39.6}$$

oder auch unter Einführung des Kompressionsmoduls $K = -\overline{V}\frac{\partial p}{\partial V}$

$$\frac{\overline{V^2} - \overline{V}^2}{\overline{V}^2} = \frac{kT}{\overline{V}K}. \tag{39.6a}$$

Die rechte Seite läßt sich lesen als Quotient aus zwei Drucken: $kT/\overline{V}$ ist der Druck, den ein einziges freies Gasatom im Volumen $\overline{V}$ ausüben würde, während K ebenfalls die Dimension eines Druckes hat und im allgemeinen aus Tabellen zu entnehmen ist. Im Spezialfall eines idealen Gases mit $p = NkT/V$ und $-V\partial p/\partial V = p$ erhalten wir natürlich das bekannte Resultat

$$\frac{\overline{V^2} - \overline{V}^2}{\overline{V}^2} = \frac{1}{N}.$$

Bei einem makroskopischen Körper steht also in (39.6) rechts im allgemeinen eine ungeheuer kleine Zahl. Allerdings gibt es hier bedeutsame Ausnahmen. Besteht z. B. I aus einem kondensierbaren Gas und ist p zufällig gleich dem Dampfdruck des Kondensats, so ist das Volumen V_1 in der Anordnung b) weitgehend unbestimmt, da ja ein beliebiger Bruchteil von I kondensiert werden kann. In diesem Fall ist die Abhängigkeit des Volumens $\overline{V}_1$ vom Druck durchaus singulär: Bei einer minimalen Erhöhung von p muß alles Gas kondensieren, bei einer entsprechenden Erniedrigung muß alles Kondensat verdampfen. $\partial\overline{V}/\partial p$ wird also unendlich groß und dementsprechend auch die Schwankung (39.6) des Volumens.

Wenn wir von derartigen Fällen (Phasenumwandlungen) absehen, dürfen wir wie oben im Fall der Zustandssumme beim makroskopischen Körper das

Integral in (39.5) durch den Höchstwert des Integranden ersetzen. Dann erhalten wir unmittelbar:

$$G(T,p,N) = -kT\ln\omega(\tilde{E},\tilde{V},N) + \tilde{E} + p\tilde{V}, \tag{39.7}$$

wo $\tilde{E}(T,p,N)$ und $\tilde{V}(T,p,N)$ erklärt sind durch die Maximumsbedingungen [vgl. (39.2)]

$$T\frac{\partial k\ln\omega}{\partial\tilde{E}} = 1 \qquad \text{und} \qquad T\frac{\partial k\ln\omega}{\partial\tilde{V}} = p.$$

Mit $k\ln\omega = S$ sind das wieder die bekannten Ergebnisse.

§ 40. Die großkanonische Gesamtheit (T, V, μ gegeben).

Im Sinne der Anordnung c) in der Abb. 66 sollen jetzt die Systeme I und II durch eine starre, wärmedurchlässige Wand gegeneinander abgegrenzt sein, welche überdies ein kleines Loch enthält, durch welches Teilchen hindurchtreten können. Wir beschränken uns hier auf den Fall, daß die Systeme I und II nur eine Teilchensorte enthalten. Im Falle mehrerer Teilchensorten ist es möglich, daß die Wand nur für bestimmte Teilchensorten durchlässig ist (semipermeable Membran).

Diese Anordnung veranlaßt uns, nochmals auf die im § 35b begründete Division durch $N!$, d. h. den Übergang von ω^* zu ω zurückzukommen. Denken wir uns zunächst das Loch in der Wand geschlossen. Dann haben wir genau die in § 35b geschilderte Situation. Mit der alten Bedeutung von

$$\Omega^*\,\delta E = \int_{E<\mathcal{H}<E+\delta E}\!\!\cdots\int \mathrm{d}q_1\ldots\mathrm{d}p_{3N}$$

wird das von den Hyperflächen $\mathcal{H} = E$ und $\mathcal{H} = E + \delta E$ eingeschlossene Volumen des abgeschlossenen Systems I + II

$$\Omega^*(E,N)\,\delta E = \int_{0\le E_1\le E} \omega_1^*(E_1,N_1)\,\omega_2^*(E-E_1,N-N_1)\,\mathrm{d}E_1\,\delta E. \tag{40.1}$$

Denn der Beitrag aller Konfigurationen, in denen I eine zwischen E_1 und $E_1 + \mathrm{d}E_1$ liegende Energie besitzt, ist ja:

$$\omega_1^*(E_1,N_1)\,\omega_2^*(E-E_1,N-N_1)\,\mathrm{d}E_1\,\delta E. \tag{40.2}$$

Nunmehr öffnen wir das Loch. Dadurch verändern wir das Gesamtsystem in grundlegender Weise. Jetzt stellt (40.1) lediglich denjenigen Beitrag zur Mikroschale dar, für den die Energie I zwischen E_1 und $E_1 + \mathrm{d}E_1$ liegt und gerade N_1 bestimmte, z. B. die ersten N_1 der durchnumerierten N Teilchen sich in I befinden. Nach Öffnen des Loches tritt also der Beitrag $N!/N_1!(N-N_1)!$ mal auf. Das ist die Zahl der Möglichkeiten, N_1 Teilchen aus N herauszugreifen. Man sieht, wie das Volumen (40.1) sich kaleidoskopartig vervielfacht und die Mikroschale sich entsprechend aufbläht: Nach Öffnen des Loches haben wir an Stelle von (40.1)

$$\Omega^*(E,N)\,\delta E = \int\sum_{N_1}\frac{N!}{N_1!\,(N-N_1)!}\,\omega_1^*(E_1,N_1)\,\omega_2^*(E-E_1,N-N_1)\,\mathrm{d}E_1\,\delta E.$$

Definieren wir daher wie in § 35b

$$\Omega(E,N) = \frac{1}{h^{3N}N!}\,\Omega^*(E,N) \qquad \text{und} \qquad \omega_1(E_1,N_1) = \frac{\omega^*(E_1,N_1)}{h^{3N_1}N_1!} \quad \text{usw.},$$

so haben wir jetzt

$$\Omega(E,N) = \sum_{N_1}\int_{E_1}\omega_1(E_1,N_1)\,\omega_2(E-E_1,N-N_1)\,\mathrm{d}E_1$$

auch für den Fall des Teilchenaustausches zwischen I und II.

Nach dieser Abschweifung haben wir in der Anordnung Abb. 66c (§ 39) für die Wahrscheinlichkeit, im System I die Energie im Intervall $\mathrm{d}E_1$ und die Teilchenzahl N_1 zu finden:

$$W(E_1, N_1)\,\mathrm{d}E_1 = C\,\omega_1(E_1, N_1)\,\omega_2(E - E_1, N - N_1)\,\mathrm{d}E_1\,. \qquad (40.3)$$

Nun geht das Weitere ganz analog zu § 39. Die wahrscheinlichsten Werte von E_1 und N_1 sind gegeben durch:

$$\left(\frac{\partial \ln\omega}{\partial E}\right)_1 = \left(\frac{\partial \ln\omega}{\partial E}\right)_2 \quad \text{und} \quad \left(\frac{\partial \ln\omega}{\partial N}\right)_1 = \left(\frac{\partial \ln\omega}{\partial N}\right)_2\,. \qquad (40.4)$$

Der letztere Ausdruck ist uns bereits früher begegnet. In § 19 hatten wir durch

$$\frac{\partial S}{\partial N} = -\frac{\mu}{T}$$

das chemische Potential μ eingeführt. Also ist

$$\frac{\partial \ln\omega}{\partial N} = -\frac{\mu}{k\,T}\,.$$

Die Gln. (40.4) besagen also: Im wahrscheinlichsten Zustand haben Temperatur T und Potential μ in beiden Systemen den gleichen Wert.

Wieder sei jetzt I *sehr klein gegen* II. Dann wird

$$\ln\omega_2(E - E_1, N - N_1) = \ln\omega_2(E, N) - \frac{\partial \ln\omega_2}{\partial E} E_1 - \frac{\partial \ln\omega_2}{\partial N} N_1\,.$$

Indem wir fortan wieder die Indizes 1 fortlassen, haben wir nach (40.3) für das kleine System:

$$W(E, N)\,\mathrm{d}E = C\,\omega(E, V, N)\,e^{-\frac{E-\mu N}{kT}}\,\mathrm{d}E\,, \qquad (40.5)$$

wo T und μ Eigenschaften des großen Systems II sind. Dieses wirkt zugleich als Thermostat und als Vorratsflasche.

Die Gesamtheit der Systeme, welche gemäß der Funktion (40.5) verteilt sind, nennt man die *großkanonische Gesamtheit* (*grand canonical ensemble*). Darin sind T, V, μ fest gegebene Zahlen. Die großkanonische Gesamtheit ist identisch mit der Gesamtheit der Zustände, welche vom System I der Anordnung Abb. 66c (§ 39) im Laufe der Zeit durchlaufen werden.

Die über die großkanonische Gesamtheit genommenen Mittelwerte von E, N, p ergeben sich wieder durch Differenzieren einer geeigneten Abart der Zustandssumme. Setzen wir nämlich:

$$J(T, V, \mu) \doteq -kT \ln \sum_N \int_E \omega(E, V, N)\,e^{-\frac{E-\mu N}{kT}}\,\mathrm{d}E\,, \qquad (40.6)$$

so hat das so erklärte J die gleichen Differentialeigenschaften wie die früher in § 19 eingeführte Funktion gleichen Namens

$$J = E - TS - \mu N\,.$$

Tatsächlich ergibt sich diese Gleichung unmittelbar aus (40.6), wenn man sich wieder auf den Höchstwert des Integranden beschränkt. Für das Differential $\mathrm{d}J$ von J folgt aus der Thermodynamik:

$$\mathrm{d}J = -S\,\mathrm{d}T - p\,\mathrm{d}V - N\,\mathrm{d}\mu\,.$$

Tatsächlich entnimmt man aus (40.6) zusammen mit (40.5):

$$\frac{\partial J}{\partial T} = \frac{J}{T} - \frac{\bar{E} - \mu\bar{N}}{T} = -S\,; \qquad \frac{\partial J}{\partial \mu} = -\bar{N}\,; \qquad \frac{\partial J}{\partial V} = -p\,.$$

(Bei der Berechnung von $\frac{\partial J}{\partial V}$ beachte man, daß $\frac{\partial\omega}{\partial V} = \omega\frac{\partial \ln\omega}{\partial V} = \omega\frac{p}{k\,T}$ ist.)

Die durch (40.5) vermittelten statistischen Zusammenhänge werden wesentlich durchsichtiger, wenn man — wie in § 19 — die Abkürzungen

$$\beta = \frac{1}{kT} \quad \text{und} \quad \alpha = -\frac{\mu}{kT}$$

einführt und $-\frac{J}{kT} = \Psi(\beta, V, \alpha)$ erklärt durch

$$\Psi(\beta, V, \alpha) = \ln \sum_N \int_E \omega(E, V, N)\, e^{-\beta E - \alpha N}\, \mathrm{d}E\,. \tag{40.7}$$

Alsdann lauten die großkanonischen Mittelwerte:

$$\frac{\partial \Psi}{\partial \beta} = -\overline{E}; \quad \frac{\partial \Psi}{\partial \alpha} = -\overline{N}; \quad \frac{\partial \Psi}{\partial V} = \frac{p}{kT}, \tag{40.8}$$

also

$$\mathrm{d}\Psi = -\overline{E}\,\mathrm{d}\beta + \frac{p}{kT}\,\mathrm{d}V - \overline{N}\,\mathrm{d}\alpha\,.$$

Durch nochmaliges Differenzieren nach β bzw. α erhält man in einfachster Weise die quadratischen Schwankungen:

$$\frac{\partial^2 \Psi}{\partial \beta^2} = \overline{E^2} - \overline{E}^2 \quad \text{und} \quad \frac{\partial^2 \Psi}{\partial \alpha^2} = \overline{N^2} - \overline{N}^2\,. \tag{40.9}$$

Für viele Anwendungen wird sich die in (40.7) erklärte Funktion Ψ als besonders zweckmäßig erweisen.

§ 41. Zusammenfassung.

Zunächst sei betont, daß die allgemeinen Resultate der letzten Paragraphen auch in der Quantentheorie gültig bleiben, wenn man nur wie in § 38c das Phasenvolumen $\omega\,\mathrm{d}E$ als Zahl der in $\mathrm{d}E$ fallenden Eigenwerte des Energieoperators definiert[1].

Wir haben in den letzten Paragraphen die von der Statistik gelieferten Ausdrücke für die wichtigsten thermodynamischen Funktionen kennengelernt. Sie ergaben sich naturgemäß aus der Analyse verschiedener physikalischer Situationen. Insbesondere erhielten wir:

1. Für ein abgeschlossenes System mit gegebenen Werten von E, V und N die

$$\text{Entropie } S(E, V, N) = -k \ln \omega(E, V, N)\,.$$

2. Für ein System mit gegebenem Volumen V im Kontakt mit einem Thermostaten der Temperatur T die

$$\text{Freie Energie } F(T, V, N) = -kT \ln \int \omega(E, V, N)\, e^{-\frac{E}{kT}}\, \mathrm{d}E\,.$$

3. Für ein System unter gegebenem Druck p im Thermostaten der Temperatur T die

$$\text{Freie Enthalpie } G(T, p, N) = -kT \ln \int \omega(E, V, N)\, e^{-\frac{E + pV}{kT}}\, \mathrm{d}E\, \mathrm{d}V.$$

4. Für ein System im Teilchenaustausch mit einem Reservoir der Temperatur T, in dem die Teilchen das chemische Potential μ besitzen:

$$J(T, V, \mu) = -kT \ln \sum_N \int_E \omega(E, V, N)\, e^{-\frac{E - \mu N}{kT}}\, \mathrm{d}E$$

bzw.

$$\Psi(\beta, V, \alpha) = \ln \sum_N \int_E \omega(E, V, N)\, e^{-(\beta E + \alpha N)}\, \mathrm{d}E\,.$$

All diese Größen erscheinen hier als Funktionen derjenigen Variablen, welche wir früher (in § 19) als „natürliche" bezeichnet haben. Dieser Begriff der natür-

[1] Bei der zur freien Enthalpie gehörigen Verteilung, die das Volumen veränderlich läßt, wo der Stempel also mit zur Gesamtheit zählt (FN 1, S. 131), ist allerdings vorausgesetzt, daß der Stempel makroskopisch ist, also klassisch behandelt werden kann.

lichen Variablen erfährt durch die Statistik eine tiefere Begründung. Aus der Herleitung der statistischen Formeln zur Beschreibung der in Abb. 66 (§ 39) dargestellten physikalischen Situationen geht hervor, daß diese *natürlichen Variablen identisch sind mit denjenigen, welche jeweils experimentell vorgegeben sind*, während die Statistik für die übrigen Größen, wie z. B. $\overline{V} = \left(\frac{\partial G}{\partial p}\right)_T$ zunächst nur Erwartungswerte gibt. Ein voller Anschluß an die Thermodynamik liegt erst dann vor, wenn die in den obigen Formeln auftretenden Integranden bzw. Summanden ein so steiles Maximum besitzen, daß man die Integrale durch den Höchstwert des Integranden ersetzen kann. In diesem Fall werden die Wahrscheinlichkeitsaussagen zu exakten Angaben. Dann sind die verschiedenen oben abgeleiteten Funktionen mathematisch gleichwertig, insofern, als man aus jeder von ihnen mit Hilfe der partiellen Ableitungen alle anderen Zustandsgrößen berechnen kann. Dann ist es lediglich eine Frage der rechnerischen Bequemlichkeit, welche von ihnen man bevorzugt.

III. Quantenstatistik.

§ 42. Vorwegnahme einiger Resultate.

Die in den nächsten Paragraphen dargestellte Quantenstatistik[1] führt auf eine wichtige Aussage, welche wir schon jetzt angeben. Das am häufigsten benutzte Resultat lautet:

Es seien $E_1, E_2, \ldots, E_j, \ldots$ die Eigenwerte des Energieoperators, d. h. in einer oberflächlichen Ausdrucksweise „die möglichen Energiewerte“. Ist ein Eigenwert entartet, so ist er in dieser Liste so oft hinzuschreiben, wie sein Entartungsgrad angibt. Befindet sich dieses System in einem Bad von der Temperatur T, so ist:

$$W_j = \frac{e^{-\frac{E_j}{kT}}}{\sum_j e^{-\frac{E_j}{kT}}} \tag{42.1}$$

die Wahrscheinlichkeit dafür, daß das System die Energie E_j besitzt. Genauer sollte man sagen: Die Wahrscheinlichkeit dafür, daß bei einer Energiemessung das System in dem zu E_j gehörigen Zustand gefunden wird. Bei der Anwendung auf makroskopische Messungen interessieren wir uns in der Regel aber gar nicht für diese Einzelwerte der Energie, sondern nur dafür, ob etwa die Energie in einem Intervall E bis $E + \mathrm{d}E$ liegt. Nennen wir

$$\omega(E)\,\mathrm{d}E = \text{Zahl der Eigenwerte } E_j \text{ im Intervall } \mathrm{d}E\,, \tag{42.2}$$

so folgt aus (42.1) sogleich

$$W(E)\,\mathrm{d}E = \frac{\omega(E)\, e^{-\frac{E}{kT}}\,\mathrm{d}E}{\int \omega(E)\, e^{-\frac{E}{kT}}\,\mathrm{d}E} \tag{42.3}$$

für die Wahrscheinlichkeit, das System im Energieintervall $\mathrm{d}E$ zu finden. Die Formel (42.3) ermöglicht bereits, viele der in II enthaltenen Ergebnisse der klassischen Statistik unmittelbar zu übernehmen. Man hat lediglich das dort

[1] Nachstehend ist für das hermitische skalare Produkt zweier Funktionen f und g die Abkürzung (f, g) gebraucht. Ferner bedeutet ein nach oben gesetzter Stern: „konjugiert komplex“.

erklärte differentielle Phasenvolumen $\omega(E)\,\mathrm{d}E$ durch die in (42.2) definierte Dichte der Energieniveaus zu ersetzen. Man erkennt insbesondere, daß durch (42.3) eine „kanonische Gesamtheit“ beschrieben wird.

Für die Zustandssumme folgt aus (42.1) unmittelbar der exakte Ausdruck

$$Z = \sum_j e^{-\frac{E_j}{kT}} \tag{42.4}$$

oder auch, wenn es gestattet ist, die Dichte $\omega(E)\,\mathrm{d}E$ der Eigenwerte einzuführen:

$$Z = \int \omega(E)\, e^{-\frac{E}{kT}}\,\mathrm{d}E\,. \tag{42.4a}$$

[Die Möglichkeit des Überganges von (42.4) nach (42.4a) wird später (§ 54) bei Behandlung der Entartung eines Bose-Gases noch genauer untersucht.]

(42.4) gestattet eine für manche Anwendungen zweckmäßige Umformung: Sind $\varphi_1, \cdots, \varphi_j$ die zu den Eigenwerten E_j gehörigen Eigenfunktionen des Hamilton-Operators $\mathcal{H}$, also

$$\mathcal{H}\varphi_j = E_j\varphi_j\,,$$

so ist (42.4) identisch mit

$$Z = \sum_j \left(\varphi_j, e^{-\frac{\mathcal{H}}{kT}}\varphi_j\right), \tag{42.5}$$

denn es ist $e^{-\frac{\mathcal{H}}{kT}}\varphi_j = e^{-\frac{E_j}{kT}}\varphi_j$ und $(\varphi_j, \varphi_j) = 1$.

Merkwürdigerweise gilt (42.5) auch dann, wenn man die φ_j durch ein *beliebiges anderes* vollständiges normiertes Orthogonalsystem, etwa $\chi_1, \ldots, \chi_r, \ldots$ ersetzt:

$$Z = \sum_r \left(\chi_r, e^{-\frac{\mathcal{H}}{kT}}\chi_r\right). \tag{42.6}$$

Zum Beweis entwickle man die χ_r nach den φ_j: $\chi_r = \sum_j V_{jr}\varphi_j$.

Dabei ist die Matrix V_{jr} unitär, wenn sowohl die φ_j wie auch die χ_r orthogonal, vollständig und normiert sind ($\sum_r V_{kr}^* V_{jr} = \delta_{kj}$).

$$\sum_r \left(\chi_r, e^{-\frac{\mathcal{H}}{kT}}\chi_r\right) = \sum_{r,j,l}\left(V_{lr}\varphi_l, e^{-\frac{\mathcal{H}}{kT}} V_{jr}\varphi_j\right).$$

Wegen $e^{-\frac{\mathcal{H}}{kT}}\varphi_j = e^{-\frac{E_j}{kT}}\varphi_j$ und $(\varphi_l, \varphi_j) = \delta_{lj}$ bleibt also, wie oben behauptet:

$$\sum_j \left(\sum_r V_{jr}^* V_{jr}\right) e^{-\frac{E_j}{kT}} = \sum_j e^{-\frac{E_j}{kT}}$$

Die Einfachheit der Aussagen (42.1) bzw. (42.3) steht in umgekehrtem Verhältnis zu der Schwierigkeit, sie aus den Grundlagen der Quantentheorie heraus in begrifflich sauberer Weise zu begründen. Aus diesem Grunde haben wir sie an die Spitze dieses Abschnittes gestellt. Die nachstehende Begründung ist für den nur an den Anwendungen interessierten Leser weitgehend entbehrlich.

§ 43. Erinnerung an die Quantentheorie.

a) Die Schrödinger-Gleichung.

Wir beginnen mit der zeitabhängigen Schrödinger-Gleichung, welche die zeitliche Änderung eines Zustandes ψ beschreibt. Ist $\mathcal{H}$ der — stets hermitische — Hamilton-Operator, so gilt

$$-\frac{\hbar}{i}\dot{\psi} = \mathcal{H}\psi\,. \tag{43.1}$$

Wenn $\mathcal{H}$ nicht explizit von der Zeit abhängt, so wird diese Gleichung allgemein integriert durch

$$\psi(t) = e^{-\frac{i}{\hbar}\mathcal{H}t}\,\psi(0)\,. \tag{43.2}$$

Mit dem unitären Operator

$$U(t) = e^{-\frac{i}{\hbar}\mathcal{H}t}$$

also auch

$$\psi(t) = U\,\psi(0)\,. \tag{43.2a}$$

Ist $\varphi_1, \ldots, \varphi_j, \ldots$ irgendein vollständiges Orthogonalsystem, so kann man $U\varphi_j$ nach eben diesem Orthogonalsystem entwickeln:

$$U\,\varphi_j = \sum_r U_{rj}\,\varphi_r\,.$$

Die Größe

$$U_{kj} = (\varphi_k, U\,\varphi_j)$$

ist im allgemeinen komplex, ihr Absolutquadrat $|U_{kj}|^2$ ist die Wahrscheinlichkeit dafür, das System im Zustand k zu finden, wenn es zur Zeit 0 mit Sicherheit im Zustand j war.

Die Unitarität von U führt für die Matrixdarstellung auf

$$\sum_j U_{jr}\,U^*_{jk} = \delta_{rk}$$

oder auch

$$U\,U^+ = U^+U = 1\,,$$

wenn man die Matrixelemente des zu U „adjungierten" Operators U^+ erklärt durch

$$(U^+)_{jk} = U^*_{kj}\,.$$

Die zeitliche Änderung einer beliebigen Funktion ψ läßt sich beschreiben durch diejenige ihrer Entwicklungskoeffizienten nach den φ_j, also etwa

$$\psi(t) = \sum_j \alpha_j(t)\,\varphi_j\,. \tag{43.3}$$

Andererseits folgt aus

$$\psi(0) = \sum_r \alpha_r(0)\,\varphi_r$$

auch

$$\psi(t) = \sum_{r,j} \alpha_r(0)\,U_{jr}\,\varphi_j\,.$$

Mithin gilt

$$\alpha_j(t) = \sum_r U_{jr}(t)\,\alpha_r(0)\,. \tag{43.4}$$

Diese Umschreibung der SCHRÖDINGER-Gleichung wird uns in § 44 bei der Behandlung von Gemischen von Nutzen sein.

b) Zeitliche Änderung eines Parameters.

Der HAMILTON-Operator möge einen von einem Parameter a abhängigen Bestandteil $V(a)$ enthalten. Beispiele für a sind: Das Volumen des Kastens, in dem ein Gas eingesperrt ist, oder ein auf das System wirkendes Magnetfeld. Dann sind natürlich die Eigenwerte E_ν und die Eigenfunktionen φ_ν Funktionen von a, also

$$\{\mathcal{H}_0 + V(a)\}\,\varphi_\nu(a) = E_\nu(a)\,\varphi_\nu(a)\,. \tag{43.5}$$

Wir interessieren uns zunächst für die Abhängigkeit der Eigenwerte $E_\nu(a)$ von a. Differenzieren von (43.5) ergibt

$$\frac{\partial V}{\partial a}\varphi_\nu + \{\mathcal{H}_0 + V\}\frac{\partial \varphi_\nu}{\partial a} = \frac{\partial E_\nu}{\partial a}\varphi_\nu + E_\nu\frac{\partial \varphi_\nu}{\partial a}.$$

Skalare Multiplikation mit φ_μ ergibt ($\mathcal{H} + V$ ist hermitisch):

$$\left(\frac{\partial V}{\partial a}\right)_{\mu\nu} = \frac{\partial E_\nu}{\partial a}\delta_{\mu\nu} + (E_\nu - E_\mu)\left(\varphi_\mu, \frac{\partial \varphi_\nu}{\partial a}\right). \tag{43.5a}$$

Daraus folgt für $\nu = \mu$:

$$\frac{\partial E_\nu}{\partial a} = \left(\frac{\partial V}{\partial a}\right)_{\nu\nu}. \tag{43.6}$$

„Bei einer Änderung von a um δa ist die Erhöhung $\delta a\, \partial E_\nu/\partial a$ des ν-ten Eigenwertes gleich der bei dieser Änderung am System geleisteten Arbeit." — Wir notieren noch, daß nach (43.5a) für $\nu \neq \mu$

$$\left(\varphi_\mu, \frac{\partial \varphi_\nu}{\partial a}\right) = \frac{\left(\frac{\partial V}{\partial a}\right)_{\mu\nu}}{E_\nu - E_\mu} \tag{43.6a}$$

sein muß.

Nun kommt die wichtige physikalische Frage: Welche Änderung erfährt die Energie des in φ_ν befindlichen Systems, wenn wir den Parameter a durch einen entsprechenden Eingriff ändern? Wenn das System bei diesem Eingriff im Zustand ν verbleiben, die Energie also von $E_\nu(a)$ in $E_\nu(a + \delta a)$ übergehen würde, dann wäre nach (43.6) $\delta a\, \partial E_\nu/\partial a$ tatsächlich gleich dem Erwartungswert der am System geleisteten Arbeit. Die Frage ist aber gerade, ob nicht infolge der Änderung von a ganz andere Zustände angeregt werden, so daß unser System gar nicht im Zustand ν bleibt. In diesem Fall bleibt zwar (43.6) als Aussage über die Verschiebung des Termschemas bestehen, ohne jedoch etwas über das wirkliche Verhalten anzugeben. Wir werden sehen, daß es entscheidend auf die Geschwindigkeit ankommt, mit welcher die Änderung von a vorgenommen wird. Nur bei sehr langsamer Änderung ist $\delta a\, \partial E_\nu/\partial a$ wirklich die Energiezunahme des Systems.

Zu dem Zweck haben wir die SCHRÖDINGER-Gleichung

$$\{\mathcal{H}_0 + V(a)\}\psi = -\frac{\hbar}{i}\dot\psi \tag{43.7}$$

bei zeitlich veränderlichem a zu integrieren. Dazu entwickeln wir ψ nach den momentanen Eigenfunktionen $\varphi_\nu(a)$ des Operators $\{\mathcal{H}_0 + V(a)\}$:

$$\psi = \sum_\nu c_\nu(t)\,\varphi_\nu(a). \tag{43.8}$$

Da a von t abhängt, wird jetzt

$$\dot\psi = \sum_\nu\left(\dot c_\nu\varphi_\nu + c_\nu\frac{\partial\varphi_\nu}{\partial a}\dot a\right).$$

Daraus folgt gemäß (43.7)

$$\sum_\nu c_\nu(t)\,E_\nu\varphi_\nu(a) = -\frac{\hbar}{i}\sum_\nu\left(\dot c_\nu\varphi_\nu + c_\nu\frac{\partial\varphi_\nu}{\partial a}\dot a\right)$$

und daraus nach Multiplikation mit φ_μ und unter Benutzung von (43.6a)

$$\dot c_\mu = -\frac{i\,E_\mu}{\hbar}c_\mu - \dot a\sum_{\mu\neq\nu} c_\nu\frac{\left(\frac{\partial V}{\partial a}\right)_{\mu\nu}}{E_\nu - E_\mu}. \tag{43.9}$$

Dabei haben wir rechter Hand den Summanden $c_\mu(\varphi_\mu, \partial\varphi_\mu/\partial a)$ fortgelassen. Wegen der stets vorausgesetzten Normierung $(\varphi_\mu, \varphi_\mu) = 1$ kann er höchstens einen Beitrag zur Phase, nicht aber zum Betrag von c_μ liefern. Bei der noch verbleibenden Summe über $\mu \neq \nu$ setzen wir voraus, daß im Fall der Entartung ($E_\mu = E_\nu$) zur Darstellung des zu E_ν gehörigen Eigenraumes solche Vektoren $\varphi_{\nu_1}, \ldots, \varphi_{\nu_s}$ gewählt sind, für die das Matrixelement

$$\left(\frac{\partial V}{\partial a}\right)_{\nu_s, \nu_{s'}} = 0 \quad \text{für} \quad s \neq s'$$

wird. Bekanntlich ist eine solche Wahl immer möglich. Zur Integration von (43.9) nehmen wir an, zur Zeit $t = 0$ sei nur ein Niveau — etwa E_0 — angeregt, also $c_0(0) = 1$. Sehen wir die übrigen c_ν als klein gegen c_0 an und ignorieren wir in (43.9) die mit der Änderung von a verbundene schwache Zeitabhängigkeit der E_μ, so erhalten wir bei dem üblichen Näherungsverfahren:

$$\text{Erste Näherung:} \; c_0(t) = e^{-\frac{i}{\hbar} E_0 t}; \qquad c_\mu = 0 \quad \text{für} \quad \mu \neq 0.$$

$$\text{Zweite Näherung:} \; c_\mu(t) = e^{-\frac{i}{\hbar} E_\mu t} \, \dot{a} \, \frac{\left(\frac{\partial V}{\partial a}\right)_{\mu 0}}{E_\mu - E_0} \, \frac{e^{\frac{i}{\hbar}(E_\mu - E_0)t} - 1}{\frac{i}{\hbar}(E_\mu - E_0)}.$$

Hinsichtlich der Zeitabhängigkeit von a nehmen wir jetzt an: a soll mit konstanter Geschwindigkeit $\dot{a}$ während der Zeit t_0 von a um δa erhöht werden. Dann ist $\dot{a}\, t_0 = \delta a$. Erweitern wir also in der Gleichung für $c_\mu(t_0)$ die rechte Seite mit t_0 und bilden das Absolutquadrat, so erhalten wir mit der Abkürzung

$$\vartheta = \frac{(E_\mu - E_0)\, t_0}{2\hbar}:$$

$$|c_\mu(t_0)|^2 = \left\{ \frac{\left(\frac{\partial V}{\partial a}\right)_{\mu 0} \delta a}{E_\mu - E_0} \right\}^2 \frac{\sin^2 \vartheta}{\vartheta^2}.$$

Das ist die Wahrscheinlichkeit dafür, daß bei der in t_0 vorgenommenen Änderung des Parameters a ein Übergang von E_0 nach E_μ erfolgt. In dem erhaltenen Ausdruck ist nun der zweite Faktor $\sin^2\vartheta/\vartheta^2$ von t_0 abhängig. Er ist praktisch gleich Null, wenn $t_0 \gg 2\hbar/(E_\mu - E_0)$ ist. In diesem Fall gibt also $(\partial E_\nu/\partial a)\, \delta a$ nach (43.6) die am System geleistete Arbeit an.

§ 44. Das Gemisch oder die statistische Gesamtheit.

a) Definition und Zeitabhängigkeit des Gemisches.

In der klassischen statistischen Mechanik haben wir gesehen, wie man die exakte Beschreibung eines makroskopischen Körpers (das wäre z. B. die Angabe aller p_j und q_j als Funktionen der Zeit) ersetzt durch Mittelwerte über eine zweckmäßig gewählte Dichteverteilung im Γ-Raum, d. h. also:

Anstatt des einen vorgelegten Systems betrachtet man eine große Anzahl gleichartiger Systeme und identifiziert die an diesen berechneten Mittelwerte mit den entsprechenden Werten des vorgelegten Systems.

Einer analogen Situation begegnen wir in der Quantentheorie. Eine im Sinne der Quantentheorie exakte Beschreibung bestände in der Angabe einer ganz bestimmten ψ-Funktion und deren zeitlicher Entwicklung gemäß Gl. (43.1). Diese Angabe ersetzen wir durch Betrachtung einer großen Anzahl von Systemen, von denen sich jedes einzelne gemäß (43.8) entwickelt, und durch die Forderung, daß die makroskopisch interessierenden Größen durch die Mittelwerte über diese Systeme gegeben sind. Die Gesamtheit dieser Systeme nennen wir ein Gemisch.

In Durchführung dieses Programms legen wir der Beschreibung des Gemisches ein bestimmtes vollständiges normiertes Orthogonalsystem $\varphi_1, \varphi_2, \ldots, \varphi_j, \ldots$ zugrunde. Der einzelne Index j steht hier schematisch für ungeheuer viele Quantenzahlen, welche nötig sind, um einen Zustand eindeutig festzulegen. Man beachte, daß bereits bei einem einzelnen H-Atom zur Festlegung des Elektronenzustands vier Quantenzahlen erforderlich sind, etwa die Zahlen n, l, m, s, entsprechend Energie, Drehimpuls l, Komponente m von l in z-Richtung und Spinquantenzahl s. So wird also der eine Index j in unserem makroskopischen System als Repräsentant für f Quantenzahlen stehen, wo f von der Größenordnung der Zahl der Freiheitsgrade ist.

Nunmehr beschreiben wir unser Gemisch dadurch, daß wir angeben, wie viele der N Partner des Gemisches sich in den einzelnen Quantenzuständen befinden. Es mögen sich etwa

$$\begin{array}{l} N_1 \text{ Systeme im Zustand } \varphi_1 \\ N_2 \text{ Systeme im Zustand } \varphi_2 \\ \vdots \\ N_j \text{ Systeme im Zustand } \varphi_j \\ \vdots \end{array} \tag{44.1}$$

befinden mit: $\sum_j N_j = N$. Mit der Abkürzung

$$w_r = \frac{N_r}{N}; \qquad \sum_r w_r = 1 \tag{44.2}$$

kann man auch sagen: w_r ist die Wahrscheinlichkeit, bei einer geeigneten (idealen) Messung am vorgelegten System den Zustand φ_r zu finden.

Wir stellen die Hypothese auf, daß die am vorgelegten System meßbaren makroskopischen Größen gleich dem Mittelwert über die entsprechenden Größen des Gemisches (44.1) sind. Wir bemerken sogleich, daß die einzelnen Zahlen w_r nahezu bedeutungslos sind, da die Meßungenauigkeit eine Kontrolle der einzelnen w_r unmöglich macht.

Wir können z. B. die Ungenauigkeit dieser Messung durch eine sehr große Zahl σ kennzeichnen, in dem Sinne, daß $\varphi_{r-\sigma}$ und $\varphi_{r+\sigma}$ praktisch nicht unterscheidbar sind. Dann sind auch alle Gemische, für welche nur die Mittelwerte

$$\overline{w_r} = \frac{1}{2\sigma+1} \sum_{s=-\sigma}^{s=+\sigma} w_{r+s} \tag{44.3}$$

den gleichen Wert haben, für die makroskopischen Aussagen gleichwertig. Nur derartige Mittelwerte des Gemisches (44.1) können daher praktische Bedeutung haben. Es steht uns demnach frei, die zunächst durch (44.1) und (44.2) erhaltenen völlig unregelmäßigen Zahlenfolgen der w_r durch eine Folge w'_r zu ersetzen, bei welcher für $|s| \ll \sigma$ nahezu $w'_{r+s} = w'_r$ ist. Nach diesen Bemerkungen betrachten wir die Konsequenzen des Ansatzes (44.1).

Zunächst fragen wir nach der zeitlichen Änderung des durch (44.1) gekennzeichneten Gemisches. Diese Frage ist nach § 43 sofort zu beantworten. Durch den HAMILTON-Operator $\mathcal{H}$ und den unitären Operator $U(t) = \exp(-i\mathcal{H}t/\hbar)$ geht der Zustand φ_r in der Zeit t über in den neuen Zustand

$$U\varphi_r = \sum_l U_{lr}\varphi_l, \tag{44.4}$$

wo das Matrixelement U_{lr} erklärt ist durch $U_{lr} = (\varphi_l, U\varphi_r)$. Für jedes der N_r Systeme von (44.1) besteht also, wenn die ursprüngliche Messung zur Zeit t

wiederholt wird, die Wahrscheinlichkeit $|U_{lr}(t)|^2$ dafür, das System im Zustand φ_l zu finden. Für die ganze Gesamtheit besteht also die Wahrscheinlichkeit:

$$w_l(t) = \sum_r w_r(0)\,|U_{lr}(t)|^2 \tag{44.5}$$

dafür, zur Zeit t den Zustand φ_l zu finden. Wenn wir von (44.5) die mit $w_l(0)$ multiplizierte Gleichung $1 = \sum_r |U_{lr}|^2$ (U ist ja unitär!) subtrahieren, so resultiert

$$w_l(t) - w_l(0) = \sum_r |U_{lr}(t)|^2 (w_r(0) - w_l(0)). \tag{44.6}$$

Damit haben wir eine vollständige Beschreibung für die in der Zeit von 0 bis t vor sich gehende Änderung unseres Gemisches (44.1), falls es während dieser Zeit nicht durch Messungen gestört wird.

Statt (44.6) kann man auch schreiben

$$N_l(t) - N_l(0) = \sum_r |U_{lr}(t)|^2 (N_r(0) - N_l(0)). \tag{44.7}$$

Man kann (44.7) dahin interpretieren, daß von den zur Zeit $t = 0$ vorhandenen $N_r(0)$ Systemen gerade $N_r(0)|U_{lr}(t)|^2$ in den Zustand φ_l übergegangen sind. Oder auch: Für ein in φ_r befindliches System besteht die Wahrscheinlichkeit $|U_{lr}(t)|^2$ für einen Übergang in den Zustand φ_l (während der Zeit t) Eine wirkliche Berechnung der $|U_{lr}(t)|^2$ soll im nächsten Abschnitt versucht werden. Unabhängig davon liest man aber aus (44.7) unmittelbar ab: Wenn für alle Zustände $\varphi_1, \ldots, \varphi_r$ mit nicht verschwindendem Matrixelement U_{rl} die entsprechenden $N_l(0)$ und $N_r(0)$ unter sich gleich sind, dann ist das Gemisch (44.1) stationär. Dann ist nämlich nach (44.7) auch $N_r(t) = N_r(0)$. Daß diese Gleichverteilung im Laufe der Zeit auch wirklich angestrebt wird, wenn die $|U_{lr}(t)|^2$ für $l \neq r$ mit wachsendem t zunehmen, ist der wesentliche Inhalt des H-Theorems. Es wird uns in § 45 beschäftigen.

b) Die Methode der unbestimmten Phasen[1].

Wir beschreiben ein quantenmechanisches System durch die Entwicklungskoeffizienten a_ν nach einem fest gewählten Orthogonalsystem φ_ν, also

$$\psi = \sum_\nu a_\nu(t)\,\varphi_\nu .$$

Die $a_\nu(t)$ lassen sich aus den $a_\nu(0)$ nach (43.4) sogleich angeben:

$$a_\mu(t) = \sum_\nu U_{\mu\nu}\,a_\nu(0) .$$

Die Wahrscheinlichkeit, das System zur Zeit t im Zustand φ_μ zu finden, wird also

$$w_\mu = |a_\mu(t)|^2 = \sum_{\nu,\lambda} U_{\mu\nu}\,U^*_{\mu\lambda}\,a_\nu(0)\,a^*_\lambda(0) .$$

Nun führen wir die *statistische Annahme* ein: Von den Amplituden a_ν sollen zur Zeit $t = 0$ nur die Beträge $|a_\nu|$, nicht aber die Phasen bekannt sein. Wir setzen also $a_\nu = \sqrt{w_\nu}\,e^{i\delta_\nu}$ mit den reellen positiven Zahlen w_ν, welche (für $t = 0$) fest gegeben seien, dagegen mit völlig unbekannten δ_ν. Als Gemisch betrachte ich eine große Anzahl von Systemen, bei welchen die w_ν alle den gleichen Wert haben, die Phasen δ_ν aber unregelmäßig schwanken, so daß bei einer durch $\overline{\overline{\quad}}$ angedeuteten Mittelung über dieses Gemisch gilt:

$$\overline{\overline{a_\nu(0)\,a^*_\lambda(0)}} = \sqrt{w_\nu w_\lambda}\;\overline{\overline{e^{i(\delta_\nu-\delta_\lambda)}}} = \sqrt{w_\nu(0)\,w_\lambda(0)}\;\delta_{\nu\lambda} .$$

[1] Vgl. hierzu N. G. VAN KAMPEN: Physica **20**, 603 (1954), Fortschritte der Physik **4**, 405 (1956).

Bei dieser Mittelung verschwinden also alle gemischten Produkte in den $a_\nu(0)\,a_\lambda^*(0)$ und es bleibt einfach das alte Resultat

$$\overline{w_\mu} = \sum_\lambda |U_{\mu\lambda}|^2\, w_\lambda(0)\,.$$

Dieses Verfahren ist für die Rechnung immens bequem. Es läßt sich damit begründen, daß die Größen w_ν und δ_ν in dem Sinne komplementär sind, daß die Messung der einen (nämlich der w_ν) eine etwa vorher vorhandene gewonnene Kenntnis der anderen (nämlich der δ_ν) völlig zerstört.

c) Die Berechnung der Übergangswahrscheinlichkeiten $|U_{lr}(t)|^2$.

Als Basisvektoren φ_r unseres Systems wählen wir die Eigenvektoren eines hermitischen Operators $\mathcal{H}_0$:

$$\mathcal{H}_0\,\varphi_r = E_r\,\varphi_r\,.$$

Die Eigenwerte E_r sind im allgemeinen ungeheuer stark entartet, so daß zur Festlegung eines Zustandes neben r noch eine große Zahl von weiteren Quantenzahlen $\varkappa_1, \varkappa_2, \ldots$ erforderlich sind. Wir wollen im nachstehenden diese zusätzlichen Zahlen symbolisch in einer Zahl $\varkappa$ zusammenfassen. Lateinische Indizes, $l, r, \ldots$ sollen sich auf die Energie, griechische Indizes, $\varkappa, \varkappa', \sigma, \ldots$ auf die übrigen Quantenzahlen beziehen. Also wird

$$\mathcal{H}_0\,\varphi_{r\varkappa} = E_r\,\varphi_{r\varkappa} \qquad \text{für alle } \varkappa\,. \tag{44.8}$$

Der Hamilton-Operator $\mathcal{H}$ sei „beinahe" gleich $\mathcal{H}_0$, d. h. es gelte

$$\mathcal{H} = \mathcal{H}_0 + V,$$

wo der Operator V eine gegen $\mathcal{H}_0$ sehr kleine Störung bedeutet. Die Einführung dieser Störung ist unbedingt nötig, damit in unserer statistischen Gesamtheit überhaupt etwas passiert. Wären nämlich unsere $\varphi_{r\varkappa}$ exakte Eigenfunktionen zum Hamilton-Operator, so würde ein $\varphi_{r\varkappa}$ in der Zeit t übergehen in

$$e^{-\frac{i}{\hbar}E_r t}\,\varphi_{r\varkappa}\,,$$

und damit wäre $w_{r\varkappa}$ zeitunabhängig. Ein geläufiges Beispiel für einen solchen Störoperator bildet die übliche Behandlung eines idealen (d. h. sehr verdünnten) Gases, dessen Energie praktisch nur aus der kinetischen Energie der einzelnen Moleküle besteht. In diesem Fall wäre $\mathcal{H}_0$ die kinetische Energie, V dagegen die potentielle Energie der gegenseitigen Wechselwirkung. Hier ist der Betrag von V stets verschwindend klein gegenüber demjenigen von $\mathcal{H}_0$. Trotzdem sorgt allein V dafür, daß Zusammenstöße zwischen den Molekülen und damit Änderungen der Geschwindigkeitsverteilung erfolgen. Ein anderes Beispiel bietet die Behandlung des Paramagnetismus eines verdünnten Gases. Jedes Gasatom präzediert um die Richtung des Magnetfeldes als Achse, ohne daß die in Feldrichtung liegende Komponente seines magnetischen Momentes sich dabei ändert. Eine solche Änderung kann erst durch die magnetische Wechselwirkung der Atome untereinander erfolgen, welche damit für diesen Fall die Rolle von V übernimmt.

Wir wollen uns mit dieser — nicht unbedingt befriedigenden — Begründung der Störung V begnügen. Wir haben nunmehr zur Auswertung von (44.6) den Operator

$$U = e^{-\frac{i}{\hbar}(\mathcal{H}_0 + V)t}$$

zu berechnen. U ist identisch mit

$$U = \sum_{\nu=0}^{\infty} \frac{1}{\nu!} \left\{ -\frac{i}{\hbar} (\mathcal{H}_0 + V) t \right\}^{\nu}. \tag{44.9}$$

Für das Weitere ist die Nichtvertauschbarkeit der Operatoren $\mathcal{H}_0$ und V entscheidend. Man hat z. B. zu rechnen:

$$(\mathcal{H}_0 + V)^3 = (\mathcal{H}_0 + V)(\mathcal{H}_0 + V)(\mathcal{H}_0 + V) = \mathcal{H}_0^3 + \mathcal{H}_0^2 V + \mathcal{H}_0 V \mathcal{H}_0 + V \mathcal{H}_0^2$$
$$+ \text{ Glieder mit höheren Potenzen von } V.$$

Begnügen wir uns mit den in V linearen Gliedern, so erhalten wir

$$(\mathcal{H}_0 + V)^{\nu} = \mathcal{H}_0^{\nu} + \sum_{\mu=0}^{\nu-1} \mathcal{H}_0^{\nu-1-\mu} V \mathcal{H}_0^{\mu}.$$

Das auf die Basisvektoren $\varphi_{r\varkappa}$ bezogene Matrixelement wird damit

$$(\mathcal{H}_0 + V)^{\nu}_{r\varkappa, s\sigma} = (\mathcal{H}_0^{\nu})_{r\varkappa, s\sigma} + \sum_{\mu=0}^{\nu-1} \sum_{r', r'', \varkappa', \varkappa''} (\mathcal{H}_0^{\nu-1-\mu})_{r\varkappa, r'\varkappa'} V_{r'\varkappa', r''\varkappa''} (\mathcal{H}_0^{\mu})_{r''\varkappa'', s\sigma}.$$

Nun wird wegen (44.8)

$$(\mathcal{H}_0^{\nu})_{r\varkappa, s\sigma} = E_r^{\nu} \delta_{rs} \delta_{\varkappa\sigma}.$$

Bei der oben vorgeschriebenen Summation über $r', r'', \varkappa', \varkappa''$ bleibt also allein der Summand mit $r' = r$, $\varkappa' = \varkappa$ sowie $r'' = s$, $\varkappa'' = \sigma$ übrig, so daß wir erhalten

$$(\mathcal{H}_0 + V)^{\nu}_{r\varkappa, s\sigma} = E_r^{\nu} \delta_{rs} \delta_{\varkappa\sigma} + V_{r\varkappa, s\sigma} \sum_{\mu=0}^{\nu-1} E_r^{\nu-\mu-1} E_s^{\mu}.$$

Die Summe rechter Hand hat einen einfachen Wert: Es ist

$$\sum_{\mu=0}^{\nu-1} E_r^{\nu-\mu-1} E_s^{\mu} = \frac{E_r^{\nu} - E_s^{\nu}}{E_r - E_s}.$$

In der in V linearen Näherung wird damit (44.9)

$$U_{r\varkappa, s\sigma}(t) = e^{-\frac{i}{\hbar} E_r t} \delta_{rs} \delta_{\varkappa\sigma} + V_{r\varkappa, s\sigma} \frac{e^{-\frac{i}{\hbar} E_r t} - e^{-\frac{i}{\hbar} E_s t}}{E_r - E_s}.$$

Für $(r, \varkappa) \neq (s, \sigma)$ [nur solche Elemente treten in (44.6) auf] wird also

$$|U_{r\varkappa, s\sigma}(t)|^2 = |V_{r\varkappa, s\sigma}|^2 \frac{4 \sin^2 \left(\frac{E_r - E_s}{2\hbar} t \right)}{(E_r - E_s)^2}.$$

Damit lautet (44.6) für die Wahrscheinlichkeit des Zustandes $r, \varkappa$:

$$w_{r\varkappa}(t) - w_{r\varkappa}(0) = \sum_{s, \sigma} |V_{r\varkappa, s\sigma}|^2 \frac{4 \sin^2 \left(\frac{E_r - E_s}{2\hbar} t \right)}{(E_r - E_s)^2} \left(w_{s\sigma}(0) - w_{r\varkappa}(0) \right). \tag{44.10}$$

Hinsichtlich der Summation über s bemerken wir: Für eine fest gewählte Zeit t ist der die E_s enthaltende Resonanzfaktor nur in einem Bereich

$$|E_r - E_s| < \frac{2\hbar}{t}$$

wesentlich von Null verschieden. Wir wollen nun annehmen, t sei so groß, daß $2\hbar/t$ wesentlich kleiner ist als jede Ungenauigkeit ε der makroskopischen Energiemessung. Gleichzeitig soll t so klein sein, daß sich $w_{r\varkappa}$ während dieser Zeit erst wenig geändert hat. Ferner nehmen wir an, daß die Gesamtheit $w_{s\sigma}$ wie auch das

Matrixelement $V_{r\varkappa,\, s\sigma}$ von dem auf die Energie bezüglichen Index s nur so schwach abhängen, daß bei ihnen in dem durch die Breite $|E_r - E_s| \ll \varepsilon$ gekennzeichneten Bereich der Index s durch r ersetzt werden darf. Dann enthält in (44.10) nur noch der Resonanzfaktor den Index s.

Bezeichnen wir mit $\varrho(E)\,\mathrm{d}E$ die Zahl der im Intervall $\mathrm{d}E$ liegenden Eigenwerte (d. h. der linear unabhängigen Eigenfunktionen mit Eigenwerten zwischen E und $E + \mathrm{d}E$), so läßt sich die Summation über s ausführen:

$$\sum_s \frac{4\sin^2(E_r - E_s)\,t/2\hbar}{(E_r - E_s)^2} = \int \frac{4\sin^2(E_r - E)\,t/2\hbar}{(E_r - E)^2}\,\varrho(E)\,\mathrm{d}E\,.$$

Wieder können wir hier $\varrho(E)$ durch seinen Wert $\varrho(E_r)$ an der Resonanzstelle ersetzen. Mit der Integrationsvariablen $(E_r - E)\,t/2\hbar = x$ wird dann die in Frage stehende Summe

$$\varrho(E_r)\int \frac{4\sin^2 x}{(2\hbar\, x/t)^2}\,\frac{2\hbar}{t}\,\mathrm{d}x = \varrho(E_r)\,\frac{2t}{\hbar}\int_{-\infty}^{+\infty}\frac{\sin^2 x}{x^2}\,\mathrm{d}x = t\,\varrho(E_r)\,\frac{2\pi}{\hbar}\,.$$

Damit erhält (44.10) die Gestalt

$$\frac{w_{r\varkappa}(t) - w_{r\varkappa}(0)}{t} = \sum_\sigma |V_{r\varkappa,r\sigma}|^2\,\varrho(E_r)\,\frac{2\pi}{\hbar}\,(w_{r\sigma}(0) - w_{r\varkappa}(0))\,.$$

Mit der Abkürzung $\qquad \lambda_{\varkappa\sigma}^{(r)} = |V_{r\varkappa,r\sigma}|^2\,\varrho(E_r)\,\frac{2\pi}{\hbar}$

haben wir also

$$\frac{\mathrm{d}w_{r\varkappa}}{\mathrm{d}t} = \sum_\sigma \lambda_{\varkappa\sigma}^{(r)}(w_{r\sigma}(0) - w_{r\varkappa}(0))\,. \tag{44.11}$$

Also bedeutet die in $\varkappa$ und σ symmetrische Größe $\lambda_{\varkappa\sigma}^{(r)}$ die Wahrscheinlichkeit dafür, daß ein im Zustand $\varkappa$ bzw. σ befindliches System der Energie E_r in der Zeit $\mathrm{d}t$ in den Zustand σ bzw. $\varkappa$ übergeht.

Für den Aufbau der Thermodynamik werden wir später von (44.11) benötigen, daß die Größen $\lambda_{\varkappa\sigma}^{(r)}$ nicht negativ sind, daß sie symmetrisch in den Indizes $\varkappa$ und σ sind und daß sie innerhalb der Meßungenauigkeit nur Übergänge zwischen Zuständen gleicher ungestörter Energie vermitteln.

§ 45. Die Entropie des thermisch isolierten Systems.

a) Das H-Theorem und die mikrokanonische Gesamtheit[1].

An einem isolierten System sei die Energie E im makroskopischen Sinne, d. h mit einer Ungenauigkeit δE, bekannt. Dann wird sein statistisches Verhalten entsprechend Gl. (44.2) beschrieben durch ein Gemisch mit den Wahrscheinlichkeiten $w_{r\varkappa}$, wobei r sich auf die Energie, $\varkappa$ auf alle übrigen zur völligen Festlegung eines Quantenzustandes $\varphi_{r\varkappa}$ geeigneten Größen bezieht. $w_{r\varkappa}$ ist nur von Null verschieden, wenn bezüglich r stets $E < E_r < E + \delta E$ erfüllt ist. Wir wissen aus (44.11), daß das Gemisch

$$w_{r\varkappa} = \frac{N_{r\varkappa}}{N} = \text{Wahrscheinlichkeit für } \varphi_{r\varkappa}$$

sich mit der Zeit nicht ändert, wenn $\quad \frac{\mathrm{d}w_{r\varkappa}}{\mathrm{d}t} = \sum_\sigma \lambda_{\varkappa\sigma}^{(r)}(w_{r\sigma}(0) - w_{r\varkappa}(0)) = 0$

ist, also $w_{r\varkappa} = w_{r\sigma}$ für alle $r, \varkappa, \sigma$, für die $\lambda_{\varkappa\sigma}^{(r)}$ von Null verschieden ist. Das H-Theorem behauptet, daß im Laufe der Zeit diese Gleichverteilung auch wirk-

[1] Vgl. hierzu P. T. Landsberg: Physic. Rev. **96**, 1420 (1954) und die dort genannten Arbeiten.

lich angestrebt wird. Beim Beweis lassen wir den auf die Energie bezüglichen Index r fort (wir bleiben ja innerhalb der Energieschale δE) und schreiben

$$\frac{d w_\varkappa}{d t} = \sum_\sigma \lambda_{\varkappa\sigma} (w_\sigma - w_\varkappa)\,; \quad \lambda_{\varkappa\sigma} = \lambda_{\sigma\varkappa} \geq 0\,. \tag{45.1}$$

Um zu zeigen, daß durch diese Gleichung wirklich ein in zeitlicher Hinsicht einsinniger Ablauf beschrieben wird, betrachten wir die zeitliche Änderung der Größe

$$H = \sum_\varkappa w_\varkappa \ln w_\varkappa\,. \tag{45.2}$$

Wegen $\frac{d}{dt} \sum_\varkappa w_\varkappa = 0$ ist $\frac{dH}{dt} = \sum_\varkappa \ln w_\varkappa \left(\frac{d w_\varkappa}{dt}\right)$.

Nach (45.1) also

$$\frac{dH}{dt} = \sum_{\varkappa,\sigma} \lambda_{\varkappa\sigma} (w_\sigma - w_\varkappa) \ln w_\varkappa\,.$$

Wegen der Symmetrie von $\lambda_{\varkappa\sigma}$ liefert eine Vertauschung der Summationsindizes

$$\frac{dH}{dt} = -\sum_{\varkappa,\sigma} \lambda_{\varkappa\sigma} (w_\sigma - w_\varkappa) \ln w_\sigma\,.$$

Addition der beiden letzten Gleichungen gibt

$$\frac{dH}{dt} = -\frac{1}{2} \sum_{\varkappa,\sigma} \lambda_{\varkappa\sigma} (w_\sigma - w_\varkappa) (\ln w_\sigma - \ln w_\varkappa)\,.$$

Hier stehen rechts nur positive Summanden. H nimmt also monoton ab, solange für irgend zwei Zustände $\varphi_\varkappa$ und φ_σ mit $\lambda_{\varkappa\sigma} \neq 0$ noch $w_\varkappa \neq w_\sigma$ ist. Diesen Satz nennt man das *H-Theorem*. Dem thermischen Gleichgewicht eines isolierten, makroskopischen Systems entspricht also ein Gemisch, in welchem alle mit der Vorgabe $E < E_r < E + \delta E$ verträglichen und durch Übergänge erreichbaren einfachen Quantenzustände *gleich häufig* vertreten sind. Ein solches Gemisch nennen wir eine mikrokanonische Gesamtheit.

Wir notieren noch den Minimalwert, welchem H zustrebt. z sei die Zahl der im Intervall δE liegenden linear unabhängigen Zustände. Dann ist im Gleichgewicht offenbar

$$w_\varkappa = \frac{1}{z} \qquad \text{für alle } \varkappa\,. \tag{45.3}$$

(Es muß ja stets $\sum_\varkappa w_\varkappa = 1$ sein.) Also ist der Grenzwert von H nach (45.2)

$$H_0 = z \frac{1}{z} \ln \frac{1}{z} = -\ln z\,. \tag{45.4}$$

Der direkte Nachweis, daß H_0 wirklich der kleinste Wert ist, den H annimmt, kann in folgender Weise geführt werden. Setzen wir in (45.2)

$$w_\varkappa = \frac{1}{z} P_\varkappa\,,$$

so haben wir zu zeigen, daß die Differenz

$$D = \sum_{\varkappa=1}^{z} \left\{\frac{P_\varkappa}{z} \ln \frac{P_\varkappa}{z} - \frac{1}{z} \ln \frac{1}{z}\right\}$$

für alle Zahlenfolgen $P_\varkappa$, welche der Bedingung

$$0 \leq P_\varkappa < z \qquad \text{und} \qquad \sum_{\varkappa=1}^{z} P_\varkappa = z$$

genügen, positiv und für $P_\varkappa = 1$ (alle $\varkappa$) Null wird. Aus der zweiten Bedingung folgt

$$D = \frac{1}{z} \sum_{\varkappa=1}^{z} P_\varkappa \ln P_\varkappa .$$

Da $\sum_\varkappa (1 - P_\varkappa) = 0$ ist, so wird auch

$$D = \frac{1}{z} \sum_\varkappa P_\varkappa \left(\ln P_\varkappa + \frac{1}{P_\varkappa} - 1 \right).$$

Mit $1/P_\varkappa = x_\varkappa$ haben wir daher

$$H - H_0 = D = \frac{1}{z} \sum_\varkappa \frac{1}{x_\varkappa} (x_\varkappa - 1 - \ln x_\varkappa) . \qquad (45.5)$$

Hier ist in der Tat für positive $x_\varkappa$ jeder Summand einzeln positiv. Denn die Gerade $y = x - 1$ verläuft im Gebiet positiver x stets oberhalb der Kurve $y = \ln x$. Also ist D nur dann gleich Null, wenn alle $P_\varkappa$ einzeln gleich 1 sind.

In der Thermodynamik hat die Entropie S die Eigenschaft, bei einem abgeschlossenen System monoton zuzunehmen. Es liegt daher nahe, eine Verknüpfung zwischen der in (45.2) erklärten Größe und der Entropie zu vermuten, am einfachsten in der Form

$$S = -k H . \qquad (45.6)$$

(Der Proportionalitätsfaktor k wird sich später als die Boltzmannsche Konstante herausstellen.)

b) Das quantentheoretische „Phasenvolumen“ Φ (E, a) und die Entropie.

Wir beginnen mit einer formalen, vom Vorhergehenden unabhängigen Betrachtung. Ein System mit dem Hamilton-Operator $\mathcal{H}(a)$ (a ist ein Parameter wie z. B. Volumen oder Magnetfeld) möge die Eigenwerte

$$E_1, \ldots, E_j, \ldots; \qquad (E_j \leq E_{j+1}) \qquad (45.7)$$

besitzen. Im Fall der Entartung ist in dieser Liste jeder Eigenwert so oft hinzuschreiben, wie sein Entartungsgrad angibt. Wir definieren nun

$\Phi(E, a) =$ Anzahl der unterhalb E liegenden Eigenwerte der Liste (45.7)

und

$\omega(E, a)\,\delta E = \frac{\partial \Phi}{\partial E}\,\delta E =$ Anzahl der im Intervall von E bis $E + \delta E$ liegenden Eigenwerte. (45.8)

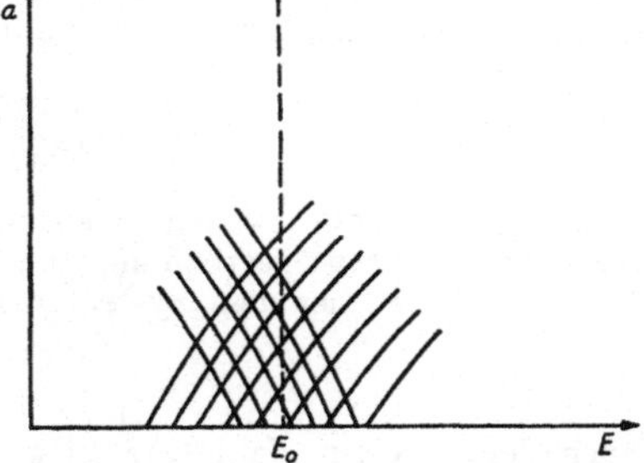

Abb. 67. Änderung einiger Energiewerte bei Änderung eines Parameters a. Zur Berechnung von $\partial\Phi/\partial a$ bei festem $E = E_0$.

Uns interessiert die partielle Ableitung $\partial\Phi/\partial a$ bei festem E. Wir markieren in einem E—a-Koordinatensystem (Abb. 67) auf der E-Abszisse die einzelnen Eigenwerte E_j. Bei einer Änderung von a ändert sich E_j um $(\partial E_j/\partial a)\,\delta a$. In der Abbildung sind schematisch die „Bahnkurven“ einiger E_j-Werte angedeutet. $\Phi(E, a)$ nimmt also mit wachsendem a um alle diejenigen E_j-Werte ab, welche die bei E eingetragene, gestrichelte Vertikale von links nach rechts durchsetzen und nimmt um diejenigen zu, die von rechts nach links hindurchtreten. Wir fassen die E_j so in Gruppen zusammen, daß $\partial E_j/\partial a$ für alle Terme einer Gruppe angenähert denselben Wert hat. Es ist nicht so, daß diese Gruppen etwa den

E_j-Werten in kleinen Intervallen auf der E-Achse entsprechen, sondern $\partial E_j/\partial a$ kann für benachbarte Werte von j stark verschieden sein, sogar verschiedene Vorzeichen haben.

Innerhalb jeder Gruppe γ kann man auf der E-Skala den Bereich abgrenzen, der bei einer Veränderung von a um δa durch die Vertikale in E hindurchtritt. Da hier die lineare Näherung genügt, ist die Länge dieses Bereiches

$$\Delta E_\gamma = \left(\frac{\partial E_j}{\partial a}\right)_\gamma \delta a$$

($\Delta E_\gamma < 0$ bedeutet, der Bereich liegt rechts von E). $z_\gamma \Delta E_\gamma$ sei die Zahl der Eigenwerte der Gruppe γ in ΔE_γ. z_γ selbst bedeutet also die Dichte der Terme der Sorte γ auf der E-Skala. Mithin ist $\sum_\gamma z_\gamma = \omega(E)$. Der mikrokanonische Mittelwert von $\partial E_j/\partial a$ ist daher

$$\overline{\left(\frac{\partial E_j}{\partial a}\right)} = \frac{1}{\omega(E)} \sum_\gamma z_\gamma \left(\frac{\partial E_j}{\partial a}\right)_\gamma .$$

Damit ist die Änderung von Φ durch folgende Bilanzgleichung gegeben

$$\frac{\partial \Phi}{\partial a}\,\delta a = -\sum_\gamma z_\gamma \Delta E_\gamma = -\delta a \sum_\gamma z_\gamma \left(\frac{\partial E_j}{\partial a}\right)_\gamma = -\omega(E)\,\overline{\left(\frac{\partial E_j}{\partial a}\right)}\,\delta a .$$

Im ganzen haben wir somit für eine differentielle Änderung von $\Phi(E, a)$:

$$\mathrm{d}\Phi = \omega\left(\mathrm{d}E - \overline{\left(\frac{\partial E_j}{\partial a}\right)}\,\mathrm{d}a\right). \tag{45.9}$$

Das ist zunächst ein rein mathematisches Ergebnis. Aus (45.9) wird eine Aussage über das Verhalten eines makroskopischen Körpers, wenn die Änderung von a so langsam erfolgt, daß erstens beim einzelnen Eigenwert die Änderung von E_j gleich der geleisteten Arbeit ist und daß darüber hinaus während der Änderung von a das System praktisch die mikrokanonische Gesamtheit durchlaufen hat. Dann ist

$$\overline{\left(\frac{\partial E_j}{\partial a}\right)}\,\delta a = \delta A$$

gleich der an dem System geleisteten Arbeit. Im ersten Hauptsatz ist der Überschuß der Energieerhöhung über die am System geleistete Arbeit, nämlich $\mathrm{d}E - \delta A$, gleich der dem System zugeführten Wärme δQ, also

$$\frac{\mathrm{d}\Phi}{\omega} = \delta Q .$$

Nach dem zweiten Hauptsatz ist andererseits $\delta Q = T\,\mathrm{d}S$. Wir erwarten also eine Verknüpfung

$$T\,\mathrm{d}S = \frac{\mathrm{d}\Phi}{\frac{\partial \Phi}{\partial E}}. \tag{45.10}$$

Φ kann als Entropie selbst nicht in Frage kommen. Fassen wir nämlich zwei völlig getrennte Systeme (1) und (2) mit den Energien $E^{(1)}$ und $E^{(2)}$ ins Auge, so ist die Entropie S beider Systeme zusammen $S = S_1 + S_2$. Bei der zu Φ führenden Abzählung der Eigenwerte des Gesamtsystems haben wir alle Zustände des Gesamtsystems zu zählen, deren Energie kleiner als $E^{(1)} + E^{(2)}$ ist. Ein einzelner Zustand dieses Gesamtsystems ist aber gegeben durch $\varphi_\varkappa^{(1)} \varphi_\lambda^{(2)}$, wenn $\varphi_\varkappa^{(1)}$ bzw. $\varphi_\lambda^{(2)}$ irgendwelche Zustände von (1) mit $E_\varkappa < E^{(1)}$, bzw. von (2) mit $E_\lambda < E^{(2)}$ sind. Die Zahl der möglichen Kombinationen von (1) und (2) ist offenbar gleich dem Produkt der Anzahlen von $\varkappa$ mit denjenigen der λ. Also wird

$$\Phi = \Phi_1 \Phi_2 .$$

Die gesuchte Verknüpfung von Φ und S kann also nur lauten

$$S(E, a) = k \ln \Phi(E, a), \tag{45.11}$$

mit einer vorerst unbestimmten universellen Konstanten k. Nun ist nach (45.10)

$$\frac{\mathrm{d}\Phi}{\frac{\partial \Phi}{\partial E}} \equiv \frac{\mathrm{d}(k \ln \Phi)}{\frac{\partial (k \ln \Phi)}{\partial E}} = \frac{\mathrm{d}S}{\frac{1}{T}}. \tag{45.12}$$

Mit diesen Festsetzungen erhält (45.9) die aus der Thermodynamik geläufige Gestalt

$$\mathrm{d}S = \frac{\mathrm{d}E - \delta A}{T}. \tag{45.13}$$

Die Erweiterung auf den Fall mehrerer Parameter $a_1, a_2, \ldots$ liegt auf der Hand. Die in (45.11) eingeführte Konstante k kann erst durch Festlegung einer bestimmten Temperaturzählung festgelegt werden.

Die in (45.12) vorgeschlagene Deutung der Entropie steht zunächst im Widerspruch zu dem auf Grund des H-Theorems vermuteten Ausdruck (45.6). [Beachte, daß z in (45.4) gleich $\omega(E) \cdot \delta E$ ist und damit im Gleichgewicht $S = -kH_0$ nach (45.6) bis auf eine additive Konstante gleich $k \cdot \ln \omega(E)$ wird.] Die Situation ist hier die gleiche wie in der klassischen Statistik (§ 36). Für den Fall, daß wir es mit einem makroskopischen Körper zu tun haben, sind beide Formeln gleichwertig. Im nächsten Abschnitt über die kanonische Gesamtheit werden wir wieder auf (45.5) geführt werden.

§ 46. Die kanonische Gesamtheit.

a) Zwei Systeme in Berührung.

Ähnlich wie in der klassischen Statistik (§ 36) betrachten wir ein aus zwei Systemen zusammengesetztes abgeschlossenes System. Die beiden Teilsysteme sollen in einem so schwachen Kontakt miteinander stehen, daß die Gesamtenergie E als Summe von $E^{(1)} + E^{(2)}$ der Energien der Teilsysteme geschrieben werden kann.

Kennzeichnen wir die (nicht mehr entarteten) Zustände des ersten Systems durch kleine Buchstaben $j, r, \ldots$, diejenigen des zweiten durch $J, K, \ldots$, so ist ein Zustand des ganzen Systems gegeben durch

$$\psi_j \psi_J \quad \text{mit der Energie } E_{jJ} = E_j^{(1)} + E_J^{(2)}.$$

Nach den Resultaten des § 45 kommen in dem das ganze System beschreibenden Gemisch alle Zustände (j, J), für welche $E_j^{(1)} + E_J^{(2)}$ im Intervall E bis $E + \delta E$ liegt, gleich häufig vor. Fragen wir speziell nach denjenigen Zuständen, in welchen j einen festen Wert r hat, so hat man über alle diejenigen J zu summieren, für welche

$$E - E_r^{(1)} < E_J^{(2)} < E - E_r^{(1)} + \delta E$$

gilt. Das sind aber gerade

$$\omega^{(2)}(E - E_r^{(1)})\, \delta E$$

Zustände des Gesamtsystems. Somit wird die Wahrscheinlichkeit dafür, das erste System im Zustand r zu finden, gegeben durch

$$w_r = \frac{\omega^{(2)}(E - E_r^{(1)})\, \delta E}{\sum\limits_l \omega^{(2)}(E - E_l^{(1)})\, \delta E}. \tag{46.1}$$

Summieren wir über alle im Intervall E_1 bis $E_1 + \mathrm{d}E_1$ liegenden Zustände des ersten Systems, so folgt aus (46.1) sogleich

$$w(E_1)\,\mathrm{d}E_1 = \text{const}\,\omega^{(1)}(E_1)\,\omega^{(2)}(E - E_1)\,\mathrm{d}E_1\,\delta E. \tag{46.2}$$

Der wahrscheinlichste Wert von E_1 ist durch das Maximum der rechts stehenden Funktion gegeben. Für ihn ist also:

$$\left(\frac{\partial \ln \omega}{\partial E}\right)_1 = \left(\frac{\partial \ln \omega}{\partial E}\right)_2.$$

Andererseits ist für das thermische Gleichgewicht von zwei makraskopischen, sich berührenden Systemen die Gleichheit der Temperaturen charakteristisch. Wie in der klassischen Statistik (§ 36) veranlaßt uns daher unser letztes Ergebnis zu dem Schluß:

$$\frac{\partial k \ln \omega}{\partial E} = \frac{1}{T}; \quad \text{also} \quad S = k \ln \omega. \tag{46.3}$$

Dieser Entropieausdruck ist wieder in Übereinstimmung mit dem auf Grund des H-Theorems vermuteten Wert (45.5). Die *kanonische Gesamtheit* folgt aus (46.1) in der aus der klassischen Statistik bekannten Weise: Ist das zweite System ungeheuer groß gegen das erste, so wird in (46.1) auch $E_r^{(1)}$ praktisch immer sehr klein sein gegenüber E. Wie früher (§ 37) dargelegt wurde, ist es nicht sinnvoll, $\omega^{(2)}(E - E_r^{(1)})$ zu entwickeln. Vielmehr entwickle man [wir lassen den oberen Index (1) weg]

$$\ln \omega^{(2)}(E - E_r) = \ln \omega^{(2)}(E) - \frac{\partial \ln \omega^{(2)}}{\partial E} E_r.$$

Unter Einführung der Temperatur nach (46.3) wird damit aus (46.1)

$$w_r = \frac{e^{-E_r/kT}}{\sum\limits_l e^{-E_l/kT}}. \tag{46.4}$$

Das ist aber genau die in § 42 angekündigte kanonische Gesamtheit.

b) Viele gleiche Systeme in gegenseitigem thermischen Kontakt.

Dieser Abschnitt wird nur die Resultate von a) bestätigen. Er ist jedoch in methodischer Hinsicht von Interesse.

Als abgeschlossenes System im Sinne von § 45a betrachten wir jetzt ein „Hypersystem", bestehend aus N gleichen Exemplaren des einen vorgelegten physikalischen Systems. N sei eine ungeheuer große Zahl. Im Gegensatz zu den früher behandelten Gemischen sollen die einzelnen Exemplare jedoch in *thermischem Kontakt* miteinander stehen in dem Sinne, daß sie zwar Energie austauschen können, daß aber die Wechselwirkungsenergie verschwindend klein ist gegenüber der Energie der isoliert gedachten Systeme.

Sind nun — im Sinne von § 42 — $E_1, E_2, \ldots, E_j, \ldots$ die nicht mehr entarteten Energieniveaus eines Einzelsystems und bedeutet N_j die Anzahl der Einzelsysteme der Energie E_j, so muß stets

$$\sum_j N_j = N \quad \text{und} \quad \sum_j E_j N_j = E \tag{46.5}$$

sein, wobei E die Energie des abgeschlossenen Hypersystems bedeutet. Ein Zustand des Hypersystems im Sinne der Quantentheorie wird beschrieben, indem man das Energieniveau jedes einzelnen Systems angibt. Zu jeder Zahlenfolge $N_1, \ldots, N_j, \ldots$ gehören daher

$$W = \frac{N!}{N_1!\,N_2!\cdots N_j!\cdots} \tag{46.6}$$

verschiedene Zustände des Hypersystems. Also ist W proportional zur Wahrscheinlichkeit, eine bestimmte, mit (46.5) verträgliche Zahlenfolge der N_j zu finden. Durch Summation über alle möglichen derartigen Zahlenfolgen erhält man die Gesamtzahl Ω der mit der Vorgabe von E und N verträglichen Zustände des Hypersystems:

$$\Omega(E,N) = \sum_{N_1,\ldots,N_j\ldots}^{(E,N)} \frac{N!}{N_1!\,N_2!\cdots N_j!\cdots}. \tag{46.7}$$

Hier bedeutet das Symbol (E, N) über dem Summenzeichen, daß die Summe nur über die mit den Bedingungen (46.5) verträglichen Zahlenfolgen $N_1, \ldots, N_j, \ldots$ zu erstrecken ist.

Es sei nachdrücklich betont, daß jedes der Systeme bereits ein makroskopisches System ist. Die Systeme liegen räumlich nebeneinander und können als getrennte Individuen angesehen und numeriert werden. Die Formeln dieses Abschnitts werden falsch, wenn man z. B. ein ideales Gas als Hypersystem und die einzelnen Gasatome als „Systeme" interpretiert. Das galt in den Zeiten der älteren statistischen Mechanik (Boltzmann) noch als zulässig, ist aber nach der Quantentheorie und den Erfahrungen über die Gasentartung nicht mehr erlaubt.

Die Ergebnisse von § 45 berechtigen uns zu der Vermutung, daß wir aus (46.7) die Entropie S und die Temperatur des Hypersystems erhalten durch

$$S = k \ln \Omega \quad \text{und} \quad \frac{1}{kT} = \frac{\partial \ln \Omega}{\partial E}. \tag{46.8}$$

Nebenbei sei auf die enge Verknüpfung der Wahrscheinlichkeit W in (46.6) mit der beim H-Theorem in § 45a eingeführten Größe

$$H = \sum_j w_j \ln w_j$$

hingewiesen. Aus (46.6) folgt nämlich mit der Stirlingschen Formel

$$\ln W = N \ln N - \sum_j N_j \ln N_j.$$

Setzt man hier $N_j = w_j N$ mit $\sum_j w_j = 1$, so wird

$$\ln W = -N \sum_j w_j \ln w_j.$$

Zum Zweck einer unmittelbaren Anwendung von (46.6) berechnen wir den Mittelwert $\overline{N}_r$ der Anzahl von Einzelsystemen im Zustand E_r. Aus (46.6) folgt zunächst

$$\overline{N}_r = \frac{\sum\limits_{N_1, N_2, \ldots}^{(E,N)} N_r \dfrac{N!}{N_1!\,N_2!\cdots N_r!\cdots}}{\sum\limits^{(E,N)} \dfrac{N!}{N_1!\,N_2!\cdots N_r!\cdots}}.$$

Der Zähler gestattet folgende Umformung: Setzt man $N-1 = N'$, $N_1 = N_1', \ldots$ usw., aber $N_r - 1 = N_r'$, so wird der Zähler

$$N \sum \frac{N'!}{N_1'!\cdots N_r'!\cdots},$$

wobei nunmehr auf Grund von (46.5) die Summe zu erstrecken ist über alle Folgen $N_1', \ldots, N_r'$ mit

$$\sum_j N_j' = N - 1 \quad \text{und} \quad \sum_j E_j N_j' = E - E_r.$$

Mit der in (46.7) erklärten Funktion $\Omega(E, N)$ erhalten wir also noch ohne Vernachlässigung

$$\overline{N}_r = N\frac{\Omega(E-E_r, N-1)}{\Omega(E, N)}. \tag{46.9}$$

Wir entwickeln für $E \gg E_r$ und $N \gg 1$ den Logarithmus des Zählers

$$\ln\Omega(E-E_r, N-1) = \ln\Omega(E, N) - \frac{\partial\ln\Omega}{\partial E}E_r - \frac{\partial\ln\Omega}{\partial N}.$$

Damit wird

$$\overline{N}_r = N e^{-\frac{\partial\ln\Omega}{\partial N} - \frac{\partial\ln\Omega}{\partial E}E_r} \tag{46.10}$$

Für große Werte von N streuen die N_r-Werte nur wenig um den Mittelwert (46.9). Wir überzeugen uns davon, indem wir noch

$$\overline{N_r^2} = \frac{\sum N_r^2 \frac{N!}{N_1!\cdots N_r!\cdots}}{\sum \frac{N!}{N_1!\cdots N_r!\cdots}}$$

berechnen; mit den vorhin erklärten $N' = N-1$; $N'_j = N_j$ für $j \neq r$ und $N'_r = N_r - 1$ wird der Zähler gleich

$$N \cdot \sum^{(E-E_r, N-1)} (N'_r + 1)\frac{N'!}{N'_1!\cdots N'_r!\cdots}.$$

Er zerfällt in die beiden Summanden

$$N\Omega(E-E_r, N-1) + N\sum N'_r \frac{N'!}{N'_1!\cdots N'_r!\cdots}.$$

Nunmehr setzen wir $N'-1 = N''$; $N'_r - 1 = N''_r$; $N'_j = N''_j$ für $j \neq r$ und erhalten

$$N\Omega(E-E_r, N-1) + N(N-1)\,\Omega(E-2E_r, N-2).$$

Setzt man hier $N-1 \approx N$ und benutzt auch für $\Omega(E-2E_r, N-2)$ die obige logarithmische Entwicklung, so resultiert

$$\overline{N_r^2} = \overline{N}_r + \overline{N}_r^2.$$

Die relative Schwankung wird also

$$\frac{\overline{N_r^2} - \overline{N}_r^2}{\overline{N}_r^2} = \frac{1}{\overline{N}_r}, \tag{46.11}$$

wie von vornherein zu vermuten war. In diesem Sinne hat bei großem N die Größe N_r praktisch immer den Wert (46.10).

Das Resultat (46.11) wird nachher von Bedeutung sein, wenn wir als Ersatz für den Mittelwert $\overline{N}_r$ den wahrscheinlichsten Wert von N_r berechnen werden.

Mit dem Ansatz (46.8) für die Temperatur und mit $\overline{N}_r/N = w_r$ folgt aus (46.10) wiederum das alte Resultat (46.4)

$$w_r = \frac{e^{-E_r/kT}}{\sum\limits_l e^{-E_l/kT}} \tag{46.12}$$

für die Wahrscheinlichkeit, ein willkürlich herausgegriffenes Teilsystem im „Zustand“ E_r zu finden. *Die Einzelsysteme unseres Hypersystems bilden eine kanonische Gesamtheit.*

(46.12) gestattet zwei Lesarten: Entweder man betrachtet die Gesamtheit der N makrophysikalischen Systeme mit der Wahrscheinlichkeitsverteilung (46.12) als Abbild für das thermische Verhalten *eines* Systems mit gegebener Temperatur („Gibbssches Ensemble" vgl. § 32a). Oder aber man richtet seine Aufmerksamkeit nur auf eines der Einzelsysteme. Dann spielen die übrigen $N-1$ Systeme zusammen die Rolle eines Wärmebades. Dann gibt w_r bei Beobachtung über eine längere Zeit den Bruchteil der Zeit an, während welcher sich das hervorgehobene System in dem Zustand r aufhält.

Die Berechnung der in (46.7) erklärten Funktion $\Omega(E, N)$ ist ein Problem, das in dieser oder ähnlicher Form in der Statistik immer wieder auftritt. Wir wollen daher zwei typische Verfahren zur Berechnung von Ω angeben, nämlich die Sattelpunktsmethode und die Methode der Lagrangeschen Parameter.

c) Die Sattelpunktsmethode[1].

Zum Zwecke einer einfachen Darstellung machen wir zwei physikalisch unerhebliche Annahmen: Erstens sollen nur endlich viele Energieniveaus $E_1, \ldots, E_j, \ldots, E_s$ existieren und zweitens sollen alle E_j ganze Zahlen sein. Die zweite Annahme erscheint zunächst als eine ungeheuer weitgehende Einschränkung. Physikalisch läßt sie sich durch Wahl einer hinreichend kleinen Energieeinheit beliebig genau realisieren. Sind die E_j etwa „auf fünf Stellen hinter dem Komma" gegeben, so genügt eine 100000mal kleinere Einheit der Energie. Zu beachten ist dabei noch, daß wir es bei einem abgeschlossenen System stets mit einem diskreten Energiespektrum zu tun haben.

Nunmehr entwickeln wir die Funktion $f(z) = (z^{E_1} + \cdots + z^{E_s})^N$ in ein Polynom in z:

$$f(z) = (\sum_j z^{E_j})^N \equiv \sum_{N_1, \ldots, N_s}^{(N)} \frac{N!}{N_1! \cdots N_j! \cdots N_s!} z^{\sum N_j E_j}. \tag{46.13}$$

Die Summe ist hier über alle Zahlenfolgen $N_1, \ldots, N_s$ zu erstrecken, für welche $\sum_j N_j = N$ ist, welche also der ersten Bedingung (46.5) genügen. Zudem bemerken wir, daß alle Zahlenfolgen (und nur diese), welche der Bedingung $\sum_j E_j N_j = E$ genügen, zu einem Faktor z^E in dem obigen Polynom Veranlassung geben. $\Omega(E, N)$ ist also gerade der Faktor von z^E in der Reihenentwicklung von $f(z)$. Fassen wir daher z als komplexe Variable auf, so wird nach einem elementaren Satz der Funktionentheorie

$$\Omega(E, N) = \frac{1}{2\pi i} \oint \frac{f(z)}{z^{E+1}} \, dz, \tag{46.14}$$

wobei als Integrationsweg eine den Ursprung einmal in positivem Sinne umlaufende geschlossene Kurve zu wählen ist. Den Integranden in (46.14) können wir auch schreiben

$$\frac{f(z)}{z^{E+1}} = \exp\left\{N \ln \sum_j z^{E_j} - (E+1) \ln z\right\}. \tag{46.15}$$

Die Funktion (46.15) wird auf der reellen z-Achse unendlich für $z \to 0$ und $z \to \infty$. Dazwischen hat sie ein scharfes Minimum an einer Stelle $z = z_0$, welche gegeben ist durch

$$\left[\frac{\partial}{\partial z}\left\{N \ln \sum_j z^{E_j} - (E+1) \ln z\right\}\right]_{z=z_0} = 0. \tag{46.16}$$

[1] Ausführliche Behandlung s. R. Fowler: Statistical Mechanics. Cambridge 1936.

Bei gegebenem E und N ist also z_0 implizit erklärt durch (wir ignorieren von nun an die 1 neben E):

$$E = N \frac{\sum_j E_j z_0^{E_j}}{\sum_j z_0^{E_j}}. \tag{46.17}$$

Nunmehr wählen wir als Integrationsweg in (46.14) in der komplexen Ebene den Kreis mit dem Radius z_0 um den Ursprung. Auf diesem Wege hat der Integrand ein steiles Maximum an der Stelle $z = z_0$. Bei großen Werten von N ist — wie hier nicht weiter nachgerechnet werden soll — dieses Maximum so steil, daß man bei der Berechnung von $\ln \Omega$ das Integral durch den Maximalwert des Integranden ersetzen kann. Wir unterdrücken hier eine explizite Begründung und notieren als Resultat:

$$\ln \Omega(E, N) = N \ln \sum_j z_0^{E_j} - E \ln z_0. \tag{46.18}$$

Damit nun $k \ln \Omega$ die Entropie sei, muß $\partial \ln \Omega / \partial E = 1/kT$ sein.

Die Ableitung von (46.18) nach E ist aber höchst einfach, da ja wegen (46.17) die Ableitung nach z_0 verschwindet. Also bleibt einfach

$$-\ln z_0 = \frac{1}{kT} \quad \text{oder} \quad z_0 = e^{-\frac{1}{kT}}. \tag{46.19}$$

(46.18) bezieht sich noch auf das Hypersystem von N gleichen Systemen. Dividieren wir daher durch N und bezeichnen mit

$$s = \frac{k \ln \Omega}{N}$$

die Entropie und mit

$$u = \frac{E}{N}$$

die Energie eines Einzelsystems, so folgt mit (46.19) aus (46.18)

$$s = k \ln \sum_j e^{-E_j/kT} + \frac{u}{T}$$

oder auch

$$u - Ts = -kT \ln \sum_j e^{-E_j/kT}.$$

In der Thermodynamik ist aber $u - Ts$ gleich der freien Energie F. Wir erhalten also das bekannte Resultat [vgl. (38.6)].

$$F = -kT \ln Z. \tag{46.20}$$

$Z = \sum_j e^{-E_j/kT}$ ist die in § 38 eingeführte Zustandssumme.

d) Die Methode der Lagrangeschen Parameter.

Bei dieser Methode versuchen wir gar nicht, die Summe

$$\Omega(E, N) = \sum_{N_1, \ldots, N_s}^{(E, N)} W(N_1, \ldots, N_s)$$

auszuwerten. Auf Grund der in (46.11) gezeigten Schärfe der Wahrscheinlichkeitsfunktion W erwarten wir, daß in der obigen Summe nur diejenigen Zahlenfolgen $N_1, N_2, \ldots$ wesentlich sind, welche in der Nähe derjenigen Folge liegen, die W zum Maximum macht. Es zeigt sich darüber hinaus, daß man bei der

Berechnung von $\ln \Omega$ sich allein auf diesen Summanden W_{max} beschränken kann, also

$$\ln \Omega = \ln W_{max} \tag{46.21}$$

setzen darf. Zur Berechnung von W_{max} haben wir die *wahrscheinlichste Folge* $N_1, N_2, \ldots$ zu berechnen, nämlich diejenige, welche die Größe

$$\ln W = N(\ln N - 1) - \sum_j (N_j \ln N_j - N_j) \tag{46.22}$$

zum Maximum macht, wobei die N_j noch den Nebenbedingungen (46.5):

$$\sum_j N_j = N; \qquad \sum_j E_j N_j = E \tag{46.23}$$

zu genügen haben.

Wir befreien uns von diesen Nebenbedingungen nach der Methode von LAGRANGE, indem wir zwei Parameter α und β einführen und nach dem Maximum von

$$R = \ln W - \alpha \sum_j N_j - \beta \sum_j E_j N_j \tag{46.24}$$

fragen. Nachher sind die Werte von α und β aus den Bedingungen (46.23) zu ermitteln. Die Rechnung ist überaus einfach: Aus $\partial R/\partial N_j = 0$ folgt sogleich

$$N_j = e^{-\alpha - \beta E_j}. \tag{46.25}$$

Die α und β als Funktionen von E und N sind also implizit gegeben durch

$$N = e^{-\alpha} \sum_j e^{-\beta E_j}; \qquad E = e^{-\alpha} \sum_j E_j e^{-\beta E_j}. \tag{46.26}$$

Daraus folgt für die Energie *eines* Systems

$$\frac{E}{N} = \frac{\sum E_j e^{-\beta E_j}}{\sum e^{-\beta E_j}}. \tag{46.27}$$

Zur Berechnung von $\ln W_{max}$ haben wir die wahrscheinlichsten Werte (46.25) für die N_j in (46.22) einzusetzen. Das gibt zunächst:

$$\ln W_{max} = N \ln N + \sum_j e^{-\alpha - \beta E_j} (\alpha + \beta E_j).$$

Das ist wegen (46.26) gleich

$$N \ln N + \alpha N + \beta E.$$

Entnimmt man hier α aus der ersten Gl. (46.26)

$$\alpha = -\ln N + \ln \sum_j e^{-\beta E_j},$$

so haben wir

$$\ln W_{max} = N \ln \sum_j e^{-\beta E_j} + \beta E. \tag{46.28}$$

Die partielle Ableitung der rechten Seite nach β ist wegen (46.27) gleich Null. Ist also $k \ln W_{max}$ die Entropie, so wird

$$\frac{\partial \ln W_{max}}{\partial E} = \beta = \frac{1}{kT}.$$

Bis auf die Bezeichnung $e^{-\beta}$ an Stelle von z_0 ist (46.28) mit dem aus der Sattelpunktsmethode gewonnenen Wert (46.18) für $\ln \Omega$ identisch.

IV. Ideale und reale Gase.

A. Ideales Gas und Gasentartung.

§ 47. Zustandsintegral und Zustandssumme für ein Teilchen.

Unter einem idealen Gas verstehen wir ein System von vielen gleichen Teilchen, deren gegenseitige Energie im Mittel so klein ist, daß wir sie gegenüber der Energie der einzelnen, isoliert gedachten Teilchen vernachlässigen können. Zur Vorbereitung behandeln wir zunächst den denkbar einfachsten Fall, nämlich *ein* Gasatom in einem würfelförmigen Kasten der Kantenlänge l. Wir wollen sein klassisches Zustandsintegral und seine quantentheoretische Zustandssumme berechnen.

In *klassischer Behandlung* ist die HAMILTON-Funktion

$$\mathcal{H} = \frac{1}{2m}(p_x^2 + p_y^2 + p_z^2) + W_{Wand}.$$

Daraus ergibt sich (vgl. § 38b)

$$Z_{kl} = \frac{1}{h^3} \int\int e^{-\frac{1}{kT}\left(\frac{p_x^2+p_y^2+p_z^2}{2m} + W_{Wand}\right)} \mathrm{d}p_x\,\mathrm{d}p_y\,\mathrm{d}p_z\,\mathrm{d}x\,\mathrm{d}y\,\mathrm{d}z\,.$$

Von den sechs Integrationsvariablen laufen die p_x, p_y, p_z unabhängig voneinander von $-\infty$ bis $+\infty$, bei den x, y, z genügt wegen W_{Wand} das Intervall 0 bis l. Also wird mit $V = l^3$

$$Z_{kl} = \left\{\frac{\sqrt{2\pi m kT}}{h}\right\}^3 V = V/\lambda^3, \tag{47.1}$$

wobei λ als die zu T gehörige DE-BROGLIE-Wellenlänge definiert ist (vgl. § 35c):

$$\lambda = \frac{h}{\sqrt{2\pi m kT}}\,.$$

In der *quantentheoretischen Behandlung* haben wir nach der in § 42 gegebenen und in § 46 näher begründeten Vorschrift

$$Z_{qu} = \sum_j e^{-\frac{\varepsilon_j}{kT}},$$

wo ε_j die Eigenwerte der SCHRÖDINGER-Gleichung für ein freies Teilchen

$$-\frac{\hbar^2}{2m}\Delta\varphi_j = \varepsilon_j \varphi_j \tag{47.2}$$

sind. Die φ_j müssen überdies noch den Randbedingungen genügen, in unserem Fall (damit berücksichtigen wir W_{Wand}): $\varphi = 0$ am Rand, d. h. für $x = 0$, $x = l$; $y = 0$, $y = l$; $z = 0$, $z = l$. Eine Lösung, welche diese Bedingungen befriedigt und normiert ist, lautet

$$\varphi_j = \frac{\sqrt{8}}{l^{3/2}} \sin\frac{\pi}{l}\nu_1 \cdot x \sin\frac{\pi}{l}\nu_2 y \cdot \sin\frac{\pi}{l}\nu_3 z \tag{47.3}$$

mit beliebigen positiven ganzen Zahlen ν_1, ν_2, ν_3. (Vorzeichenwechsel der ν_j würde nur das Vorzeichen der φ_j ändern, also keinen neuen Zustand beschreiben.) Zu dem angegebenen φ_j gehört der Eigenwert

$$\varepsilon_j = \frac{\hbar^2}{2m}\frac{\pi^2}{l^2}(\nu_1^2 + \nu_2^2 + \nu_3^2)\,; \qquad \nu_1, \nu_2, \nu_3 = 1, 2, 3, \ldots.$$

Die Summation erfolgt über alle ν_1, ν_2, ν_3 von 1 bis ∞. Damit erhalten wir

$$Z_{qu} = \left\{\sum_{\nu=1}^{\infty} e^{-\frac{\hbar^2}{2mkT}\frac{\pi^2}{l^2}\nu^2}\right\}^3. \tag{47.4}$$

Bei hinreichend hoher Temperatur ($l \gg \lambda$) dürfen wir die Summation durch eine Integration ersetzen: Wegen

$$\int_0^\infty e^{-\frac{\nu^2}{\alpha}} \mathrm{d}\nu = \frac{1}{2}\sqrt{\pi\alpha}$$

folgt dann wieder (47.1)

$$Z_{qu} \approx \left\{\frac{1}{2}\frac{\sqrt{2\pi mkT}}{\hbar}\frac{l}{\pi}\right\}^3 = \frac{V}{\lambda^3}. \tag{47.4a}$$

(Beachte $2\pi\hbar = h$.)

Für die Rechnung ist es häufig bequemer, die Bedingung „$\varphi = 0$ am Rand" zu ersetzen durch die andere: *φ ist periodisch mit der Periode l*, d. h. es soll für beliebige ganze Zahlen a, b, c gelten

$$\varphi(x + a\,l,\ y + b\,l,\ z + c\,l) = \varphi(x, y, z)\,.$$

Nunmehr benutzt man als Grundlösung von (47.2) die „ebene Welle"

$$\varphi_{\mathfrak{k}} = \frac{1}{l^{3/2}} e^{i(\mathfrak{k}\mathfrak{r})} \quad \text{mit} \quad \varepsilon_{\mathfrak{k}} = \frac{\hbar^2 k^2}{2m} \quad \text{und} \quad k = |\mathfrak{k}|\,. \tag{47.5}$$

Die Periodizitätsbedingung läßt für die Komponenten von $\mathfrak{k}$ nur die Werte $k_x = \frac{2\pi}{l}\mu_1$; $k_y = \frac{2\pi}{l}\mu_2$; $k_z = \frac{2\pi}{l}\mu_3$ zu mit ganzen positiven oder negativen Zahlen μ_1, μ_2, μ_3. Damit wird

$$\varepsilon_j = \frac{\hbar^2}{2m}\left(\frac{2\pi}{l}\right)^2 (\mu_1^2 + \mu_2^2 + \mu_3^2); \qquad \mu_1, \mu_2, \mu_3 = 0, \pm 1, \pm 2, \ldots. \tag{47.5a}$$

Statt (47.4) erhält man jetzt

$$Z_{qu} = \left\{\sum_{\mu=-\infty}^{+\infty} e^{-\frac{\hbar^2}{2mkT}\left(\frac{2\pi}{l}\right)^2 \mu^2}\right\}^3.$$

Gegenüber (47.4) steht im Exponenten 2π an Stelle von π. Außerdem läuft die Summe jetzt von $-\infty$ bis $+\infty$. Ersetzt man wieder $\sum_\mu$ durch $\int_{-\infty}^{+\infty} \mathrm{d}\mu$, so erhält man auch hier den Ausdruck (47.4a).

Wenn man den Übergang von der Summe zum Integral an der Zustandssumme gleich allgemein ausführt, wird

$$Z_{qu} \approx \int z(\varepsilon)\, e^{-\frac{\varepsilon}{kT}} \mathrm{d}\varepsilon\,, \tag{47.6}$$

wo nun $z(\varepsilon)\mathrm{d}\varepsilon$ die Zahl der Energieniveaus im Intervall $\mathrm{d}\varepsilon$ angibt. Nach (47.5) ist aber angenähert

$$\frac{4\pi}{3}\left\{\frac{2m\varepsilon}{h^2} l^2\right\}^{3/2}$$

die Zahl der Niveaus mit einer unterhalb ε liegenden Energie. Also wird

$$z(\varepsilon)\,\mathrm{d}\varepsilon = 2\pi\frac{(2m)^{3/2}}{h^3} V\sqrt{\varepsilon}\,\mathrm{d}\varepsilon\,. \tag{47.7}$$

Wegen

$$\int_0^\infty \sqrt{\varepsilon}\, e^{-\frac{\varepsilon}{kT}} \mathrm{d}\varepsilon = (kT)^{3/2}\frac{\sqrt{\pi}}{2}$$

kommen wir wieder auf (47.4a) zurück.

§ 48. N gleiche Teilchen ohne Wechselwirkung.

Die *klassische Theorie* liefert für ein aus *N gleichen Teilchen* bestehendes Gas nach (38.8) sogleich

$$Z_{kl} = \frac{1}{N!\,h^{3N}} \int \cdots \int e^{-\frac{1}{kT}\left(\frac{p_1^2 + \cdots + p_{3N}^2}{2m} + W_{Wand}\right)} \mathrm{d}p_1 \ldots \mathrm{d}p_{3N}\,\mathrm{d}q_1 \ldots \mathrm{d}q_{3N}\,.$$

Wieder lassen sich die Integrationen unabhängig voneinander durchführen. Mit $l^3 = V$ erhalten wir an Stelle von (47.1)

$$Z_{kl} = \frac{1}{N!}\left\{\frac{\sqrt{2\pi m k T}^{\,3}}{h^3} V\right\}^N.$$

Für $N \gg 1$ wird mit der Stirling-Formel ($N! \approx N^N e^{-N}$):

$$Z_{kl}(T, V, N) = e^N \left\{\frac{\sqrt{2\pi m k T}^{\,3}}{h^3} \frac{V}{N}\right\}^N = e^N \left\{\frac{V}{\lambda^3 N}\right\}^N. \tag{48.1}$$

Bildet man hiermit die freie Energie $F = -kT \ln Z$, so erhält man z. B. für die Entropie $S = -\partial F/\partial T$ mit $v = V/N$ den schon früher (35.7) angegebenen Wert

$$S_{kl} = k N \left\{\ln \frac{v}{\lambda^3} + \frac{5}{2}\right\}. \tag{48.2}$$

In der *Quantentheorie* erfordert die Berücksichtigung des Pauli-Prinzips eine einschneidende Änderung gegenüber der klassischen Behandlung. Es besagt:

Ein System bestehe aus N gleichen einfachen Partikeln. „Einfache Partikel" sind im folgenden Elektronen, Protonen und Neutronen. Die Koordinaten eines Teilchens (Nr. j) kennzeichnen wir durch einen Buchstaben x_j, welcher also eine Zusammenfassung der drei Ortskoordinaten *und der Spinkoordinate* symbolisiert. Jeder Zustand

$$\psi(x_1, x_2, \ldots, x_N)$$

(im Sinne der Quantentheorie) hat dann die Eigenschaft, daß er bei Vertauschung von irgend zwei x_j und x_k in $-\psi$ übergeht. Enthält das System mehrere Sorten von einfachen Partikeln, so gilt allgemein: „Die ψ-Funktion wechselt ihr Vorzeichen bei der Vertauschung von zwei gleichen einfachen Partikeln."

Wir wollen dieses Prinzip auf Atome anwenden, die aus zwei einfachen Partikeln zusammengesetzt sind, etwa ein Proton und ein Elektron im H-Atom. Dann haben wir ψ zunächst als Funktion der Koordinaten der einzelnen Partikel hinzuschreiben, also etwa mit x_1 für das Proton und x_1' für das Elektron des ersten H-Atoms usw., im ganzen für N H-Atome also $\psi(x_1, x_1'; x_2, x_2'; \ldots; x_N, x_N')$. Vertauschen der beiden H-Atome Nr. 1 und Nr. 2 bedeutet jetzt Vertauschen von x_1 mit x_2 und gleichzeitig von x_1' mit x_2'. Dabei wechselt ψ zweimal sein Vorzeichen, es bleibt also im ganzen ungeändert. Daraus entspringt die allgemeine Regel: Eine ψ-Funktion von N gleichen Teilchen bleibt bei der Vertauschung von zwei Teilchen ungeändert, wenn das einzelne Teilchen eine gerade Anzahl von einfachen Partikeln enthält (Bose-Einstein-Statistik). Dagegen wechselt ψ bei dieser Vertauschung sein Vorzeichen, wenn die Anzahl der „einfachen Partikel" im Teilchen ungerade ist. Wichtige Spezialfälle sind: Elektronen als einfache Teilchen folgen der Fermi-Statistik. ^{4}He-Atome enthalten 2 Protonen, 2 Neutronen, 2 Elektronen, haben also Bose-Statistik. Dagegen hat das Isotop ^{3}He nur 1 Neutron, folgt also der Fermi-Statistik.

Die SCHRÖDINGER-Gleichung für ein System aus N gleichen Teilchen ohne gegenseitige Wechselwirkung lautet:

$$(\mathcal{H}_1 + \mathcal{H}_2 + \cdots \mathcal{H}_N)\, \psi(x_1, \ldots, x_N) = E\, \psi(x_1, \ldots, x_N). \tag{48.3}$$

Die einzelnen $\mathcal{H}_1, \mathcal{H}_2, \ldots$ unterscheiden sich nur darin, daß sie jeweils auf das im Index $1, 2, \ldots$ hervorgehobene Teilchen wirken. Das zu einem einzelnen $\mathcal{H}_j$ gehörige Eigenwertproblem sei gelöst. Dann kennen wir in

$$\mathcal{H}_j\, \varphi_r(x_j) = \varepsilon_r\, \varphi_r(x_j)\,; \qquad r = 1, 2, 3, \ldots$$

die Eigenwerte ε_r und Eigenfunktionen $\varphi_r(x_j)$. Alsdann wird (48.3) gelöst durch

$$\psi(x_1, x_2, \ldots, x_N) = \varphi_{\alpha_1}(x_1)\, \varphi_{\alpha_2}(x_2) \cdots \varphi_{\alpha_N}(x_N), \tag{48.4}$$

wo nun die $\alpha_1, \alpha_2, \ldots, \alpha_N$ irgendwelche der Zahlen $r = 1, 2, \ldots$ bedeuten. Kommt unter den α_j ein spezielles r gerade n_r-mal vor, so gehört zu dem so gewählten ψ der Eigenwert

$$E = \sum_r n_r \varepsilon_r \qquad \text{mit} \qquad \sum_r n_r = N. \tag{48.4 a}$$

Unsere Lösung (48.4) genügt noch nicht der Symmetrieforderung, nach welcher — je nach der für die Teilchen geltenden Statistik — $\psi(x_1, x_2, \ldots, x_N)$ bei Vertauschung von irgend zwei x_j und x_k sich entweder nicht ändern oder sein Vorzeichen wechseln soll. Andererseits erhalten wir nach (48.4) bei solchen Vertauschungen immer neue Eigenfunktionen zum gleichen Eigenwert (48.4a). Die richtigen Linearkombinationen dieser Eigenfunktionen lauten nun bei

$$\text{BOSE-}\textit{Statistik:}\ \psi_{\text{BOSE}} = \frac{1}{(N!\, n_1!\, n_2! \cdots)^{1/2}} \sum_P \mathrm{P}\, \varphi_{\alpha_1}(x_1)\, \varphi_{\alpha_2}(x_2) \cdots \varphi_{\alpha_N}(x_N). \tag{48.5}$$

Hier bedeutet P irgendeine Permutation der Argumente $x_1, x_2, \ldots, x_N$. Zu summieren ist über alle möglichen $N!$ Permutationen. Der Faktor $(N!\, n_1!\, n_2! \cdots)^{1/2}$ sorgt dafür, daß ψ normiert ist, wenn die einzelnen $\varphi_{\alpha_j}(x)$ normiert und orthogonal sind. Das heißt: Aus

$$\int \varphi^*_{\alpha_j} \varphi_{\alpha_k}\, \mathrm{d}x = \delta_{\alpha_j \alpha_k} \qquad \text{folgt} \qquad \int \cdots \int |\psi(x_1, \ldots, x_N)|^2\, \mathrm{d}x_1 \ldots \mathrm{d}x_N = 1.$$

Bei der FERMI-*Statistik* lautet die richtige Linearkombination in der von SLATER angegebenen Determinantenform

$$\text{FERMI-}\textit{Statistik:}\ \psi_{\text{FERMI}} = \frac{1}{(N!)^{1/2}} \begin{vmatrix} \varphi_{\alpha_1}(x_1) & \varphi_{\alpha_2}(x_1) & \ldots & \varphi_{\alpha_N}(x_1) \\ \varphi_{\alpha_1}(x_2) & \varphi_{\alpha_2}(x_2) & \ldots & \varphi_{\alpha_N}(x_2) \\ \vdots & & & \end{vmatrix} \tag{48.6}$$

Man sieht bei dieser Schreibweise unmittelbar, daß ψ_{FERMI} sein Vorzeichen bei Vertauschen von irgend zwei der x_j wechselt und daß $\psi_{\text{FERMI}} = 0$ wird, wenn irgend zwei der φ_{α_j} unter sich gleich sind. Das heißt aber, daß bei der FERMI-Statistik nur die Besetzungszahlen $n_r = 0$ und $n_r = 1$ vorkommen. Bedeutungsvoll für das Weitere ist nicht so sehr die spezielle Gestalt von ψ_{BOSE} und ψ_{FERMI}, als vielmehr die Einsicht, daß in jedem Fall zu dem Eigenwert $E = \sum_r n_r \varepsilon_r$ nur *eine* ψ-Funktion gehört, daß also dieser Eigenwert nicht mehr entartet ist.

Ein Zustand des Gesamtsystems ist somit eindeutig festgelegt durch die Zahlenfolge der Besetzungszahlen n_r nach dem Schema

$$\begin{matrix} \varepsilon_1 & \varepsilon_2 & \ldots & \varepsilon_j \ldots \\ n_1 & n_2 & \ldots & n_j \ldots \end{matrix} \tag{48.7}$$

Energie und Teilchenzahl dieses Zustandes sind

$$E = \sum_r n_r \varepsilon_r \qquad \text{und} \qquad N = \sum_r n_r.$$

Die zugelassenen Zahlenwerte der n_r sind:

BOSE-Statistik: $n_r = 0, 1, 2, 3, \ldots$; FERMI-Statistik: $n_r = 0$ oder 1.

Wir fragen nach den thermodynamischen Eigenschaften der idealen BOSE- und FERMI-Gase sowie nach den mittleren Besetzungszahlen $\overline{n}_j$ der Niveaus ε_j im thermischen Gleichgewicht und ihren mittleren Schwankungsquadraten. Dabei benutzen wir drei verschiedene Methoden, die drei physikalischen Situationen entsprechen:

a) Das System ist isoliert. Vorgegeben sind Energie E und Teilchenzahl N. Berechnung der Entropie $S(E, N, V)$ (§ 49).

b) Das System ist in Kontakt mit einem Thermostaten. Vorgegeben sind Temperatur und Teilchenzahl N. Berechnung der freien Energie $F(T, N, V)$ (§ 50).

c) Das System ist in Kontakt mit einem Thermostaten und in Verbindung mit einer Vorratsflasche. Gegeben sind Temperatur T und chemisches Potential μ. Berechnung von $J(T, \mu, V) = -kT\Psi$ (§ 51).

In allen Fällen ist das Volumen vorgegeben. Es wird zunächst diejenige thermodynamische Funktion berechnet, deren natürliche Variable die jeweils vorgegebenen Größen sind. Alle anderen thermodynamischen Funktionen lassen sich dann daraus ableiten (§ 19).

Im vorliegenden Fall ist die Methode c) die einfachste und bequemste. Obwohl es sich um andere physikalische Situationen handelt, stimmen die Ergebnisse von a) und b) weitgehend mit c) überein, in Ausnahmefällen jedoch nicht, dann muß natürlich die jeweils vorliegende Situation berücksichtigt werden.

§ 49. Das System ist isoliert.

Ein geradliniges Vorgehen würde auf die Berechnung des „Phasenvolumens" $\Phi(E, V, N)$ abzielen, das ist die Anzahl derjenigen Zahlenfolgen $n_1, n_2, \ldots,$ für welche $\sum_r n_r = N$ und $\sum_r \varepsilon_r n_r \leq E$ ist. Eine entsprechende Rechnung wurde bei FOWLER und GUGGENHEIM[1] durchgeführt. Wir gehen nicht weiter darauf ein.

Wir behandeln das Problem im Anschluß an die erste Bearbeitung der Gasentartung durch EINSTEIN[2]. Danach verzichten wir darauf, die Mittelwerte $\overline{n}_r$ zu ermitteln. Statt dessen berechnen wir die *wahrscheinlichsten* Werte der n_r, die wir mit $\tilde{n}_r$ bezeichnen werden. Diese wahrscheinlichsten Werte sind aber nur dann von Interesse, wenn sie mit den Mittelwerten praktisch übereinstimmen, wenn also die Streuung verschwindend klein ist. Davon ist aber bei den in (48.7) erklärten n_r keine Rede, wie wir später zeigen werden. Will man trotzdem mit der wahrscheinlichsten Verteilung rechnen, so ist man gleich am Anfang zu einer für die statistische Methode höchst charakteristischen Abänderung der Fragestellung genötigt:

Wir fassen jeweils eine sehr große Anzahl g_r von benachbarten Energieniveaus zusammen und rechnen so, als ob sie alle die gleiche Energie η_r hätten. An Stelle von (48.7) haben wir dann das Schema

$$\begin{array}{ll} \eta_1, \eta_2, \ldots, \eta_r, \ldots & \text{Energieniveau,} \\ g_1, g_2, \ldots, g_r, \ldots & \text{Entartung,} \\ \nu_1, \nu_2, \ldots, \nu_r, \ldots & \text{Besetzungszahl,} \end{array} \tag{49.3}$$

wobei wieder stets

$$\sum_r \nu_r \eta_r = E \quad \text{und} \quad \sum_r \nu_r = N \tag{49.4}$$

[1] FOWLER, R., u. E. A. GUGGENHEIM: Statistical Thermodynamics, Kap. II. Cambridge 1952.

[2] S.-B. preuß. Akad. Wiss., physik.-math. Kl. **22**, 261 (1924); **23**, 3 (1925).

sein soll. Eigentlich müßte man hier wieder ein Energieintervall $E, \ldots, E + \delta E$ einführen, jedoch wird das Ergebnis davon nicht beeinflußt. Während die Situation (48.7) genau *einen* Zustand des Gesamtsystems beschreibt, umfaßt die Situation (49.3) noch ungeheuer viele Zustände vom Typus (48.7), und zwar ist die Wahrscheinlichkeit, eine durch die Zahlenfolge $\nu_1, \nu_2, \ldots, \nu_r, \ldots$ beschriebene Situation zu finden, proportional zur Anzahl der Zustände (48.7), welche mit ihr verträglich sind, denn alle diese Zustände sind nach § 45a gleich wahrscheinlich. Wir bezeichnen diese Anzahl mit

$$W(\nu_1, \nu_2, \ldots, \nu_r, \ldots). \tag{49.5}$$

Ihre Berechnung ist unsere nächste Aufgabe. Wir ermitteln dazu die Zahl der verschiedenen Möglichkeiten, ν_r Teilchen auf g_r „Zellen“ zu verteilen. Im Fall der FERMI-*Statistik* (jede der g_r Zellen enthält 0 oder 1 Teilchen) erhält man sogleich $\frac{g_r!}{\nu_r!\,(g_r - \nu_r)!}$. Denn das ist die Zahl der Möglichkeiten, aus g_r Zellen gerade ν_r Zellen herauszugreifen, in welche man ein Teilchen hineinlegt. Im Fall der BOSE-Statistik führt folgendes Verfahren zum Ziel. Man nehme für jede Zelle und für jedes Teilchen einen Zettel, kennzeichne die auf die Zellen bezüglichen Zettel mit $A_1, A_2, \ldots, A_{g_r}$, die auf die Teilchen bezüglichen mit $B_1, B_2, \ldots, B_{\nu_r}$. Den Zettel A_1 lege man zur Seite und tue die restlichen $g_r + \nu_r - 1$ Zettel in eine Urne. Nunmehr ziehe man diese Zettel nacheinander aus der Urne heraus und lege sie der Reihe nach rechts neben den Zettel A_1. Man erhält dann ein Bild wie

$$A_1, B_2, B_6, A_5, B_3, A_3, A_4, B_1, \ldots.$$

Dieses Bild interpretieren wir so, daß in einer Zelle diejenigen Teilchen liegen, deren Zettel rechts an den entsprechenden A-Zettel anschließen, also etwa die Teilchen 2 und 6 in Zelle 1, das Teilchen 3 in Zelle 5, kein Teilchen in Zelle 3 usw. Offenbar gibt es $(g_r + \nu_r - 1)!$ solche Anordnungen. Wir erhalten aber keinen neuen Zustand, wenn wir nur irgendwelche der ν_r Teilchen unter sich vertauschen, desgleichen, wenn wir irgendwelche der $(g_r - 1)$ A-Zettel (mitsamt den anschließenden B-Zetteln) vertauschen. Im ganzen ist also die Situation g_r, ν_r auf $\frac{(g_r + \nu_r - 1)!}{\nu_r!\,(g_r - 1)!}$ verschiedene Weisen zu realisieren. Damit erhalten wir endlich, wenn wir die Zahlen der Zustände für alle r miteinander multiplizieren, die Anzahlen:

$$\begin{aligned} W_{\text{BOSE}}(\nu_1, \nu_2, \ldots) &= \prod_r \frac{(g_r + \nu_r - 1)!}{\nu_r!\,(g_r - 1)!}, \\ W_{\text{FERMI}}(\nu_1, \nu_2, \ldots) &= \prod_r \frac{g_r!}{\nu_r!\,(g_r - \nu_r)!}. \end{aligned} \tag{49.6}$$

Die wahrscheinlichste Zahlenfolge $\tilde{\nu}_r$ ist diejenige, welche unter Einhaltung der Nebenbedingungen (49.4) $W(\nu_1, \nu_2, \ldots)$ zum Maximum macht. Von diesen Nebenbedingungen befreien wir uns in üblicher Weise mit Hilfe zweier LAGRANGEscher Parameter α und β, indem wir das Maximum der Funktion

$$R = \ln W - \beta \sum_r \eta_r \nu_r - \alpha \sum_r \nu_r \tag{49.7}$$

aufsuchen und nachträglich die Parameter α und β so bestimmen, daß (49.4) erfüllt ist. Wenn wir in (49.6) nach der Bildung des Logarithmus die 1 neben g_r vernachlässigen und die STIRLINGsche Formel anwenden (bei einem stark entarteten FERMI-Gas ist die Anwendung der STIRLING-Formel bedenklich, da $g_r \approx \nu_r$ ist), haben wir

$$R_{\text{BOSE}} = \sum_r \{(g_r + \nu_r) \ln (g_r + \nu_r) - \nu_r \ln \nu_r - g_r \ln g_r - \beta \eta_r \nu_r - \alpha \nu_r\}, \tag{49.8}$$

$$R_{\text{FERMI}} = \sum_r \{g_r \ln g_r - \nu_r \ln \nu_r - (g_r - \nu_r) \ln (g_r - \nu_r) - \beta \eta_r \nu_r - \alpha \nu_r\}.$$

Nunmehr erhalten wir das Maximum von R aus $\frac{\partial R}{\partial \nu_r} = 0$, also

$$\ln \frac{g_r + \nu_r}{\nu_r} - \beta \eta_r - \alpha = 0 \qquad \text{bei BOSE-Statistik,}$$

$$\ln \frac{g_r - \nu_r}{\nu_r} - \beta \eta_r - \alpha = 0 \qquad \text{bei FERMI-Statistik.}$$

Auflösung nach ν_r ergibt als wahrscheinlichste Verteilung

$$\begin{aligned} &\text{BOSE-Statistik} \quad \tilde{\nu}_r = \frac{g_r}{e^{\beta \eta_r + \alpha} - 1}, \\ &\text{FERMI-Statistik} \quad \tilde{\nu}_r = \frac{g_r}{e^{\beta \eta_r + \alpha} + 1}. \end{aligned} \tag{49.9}$$

Denkt man sich hier die Parameter α und β mittels $E = \sum_r \tilde{\nu}_r \eta_r$ und $N = \sum_r \tilde{\nu}_r$ durch E und N ausgedrückt, so sind auch die $\tilde{\nu}_r(E, N)$ im Sinne der Fragestellung bekannt.

Der Maximalwert R_m, den R mit den wahrscheinlichsten Werten (49.9) der ν_r annimmt, folgt aus (49.8) nach elementarer Rechnung zu

$$\begin{aligned} (R_m)_{\text{BOSE}} &= -\sum_r g_r \ln (1 - e^{-\beta \eta_r - \alpha}), \\ (R_m)_{\text{FERMI}} &= \sum_r g_r \ln (1 + e^{-\beta \eta_r - \alpha}). \end{aligned} \tag{49.10}$$

R_m ist identisch mit der später einzuführenden Funktion $\Psi(\alpha, \beta)$.

Die Funktionen R_m und W_m haben folgende thermodynamische Bedeutung: Nach den allgemeinen Betrachtungen des § 45b ist die Entropie gegeben durch

$$S = k \ln (\omega (E)\, \delta E),$$

wo $\omega(E)\delta E$ die Anzahl der dem isolierten System zugänglichen Zustände bedeutet. Diese Anzahl ist gegeben durch

$$\omega (E)\, \delta E = \sum_{\nu_1, \nu_2, \ldots}^{(E,N)} W(\nu_1, \nu_2, \ldots, \nu_r, \ldots). \tag{49.11}$$

Die Summe geht über alle $(\nu_1, \nu_2, \ldots, \nu_r, \ldots)$, für die $\sum_r \nu_r = N$ und $\sum_r \nu_r \eta_r = E$ (genauer $E \leq \sum \nu_r \eta_r \leq E + \delta E$) gilt.

Wenn das bei $\nu_r = \tilde{\nu}_r$ liegende Maximum von W hinreichend scharf ist, so darf man die Summe durch ihren größten Summanden ersetzen und erhält

$$S(E, N) = k \ln W(\tilde{\nu}_1, \tilde{\nu}_2, \ldots, \tilde{\nu}_r, \ldots) = k \ln W_m. \tag{49.12}$$

Betrachten wir in (49.7) die Maximalwerte R_m und die $\tilde{\nu}_r$ als Funktionen von α und β, so folgt wegen $\frac{\partial R_m}{\partial \tilde{\nu}_r} = 0$ $(r = 1, 2, 3, \ldots)$:

$$\frac{\partial R_m}{\partial \beta} = -E \quad \text{und} \quad \frac{\partial R_m}{\partial \alpha} = -N. \tag{49.13}$$

Wählt man andererseits E und N als Variable in (49.7), faßt also α und β als Funktionen von E und N auf, so liefert (49.7) beim Differenzieren nach E:

$$\frac{\partial R_m}{\partial \alpha} \frac{\partial \alpha}{\partial E} + \frac{\partial R_m}{\partial \beta} \frac{\partial \beta}{\partial E} = \frac{\partial \ln W_m}{\partial E} - \beta - E \frac{\partial \beta}{\partial E} - N \frac{\partial \alpha}{\partial E}.$$

Mit Rücksicht auf (49.13) wird also

$$\frac{\partial \ln W_m}{\partial E} = \beta \quad \text{und in ähnlicher Weise} \quad \frac{\partial \ln W_m}{\partial N} = \alpha. \tag{49.14}$$

Andererseits gilt für die Entropie allgemein

$$\frac{\partial S}{\partial E} = \frac{1}{T} \quad \text{und} \quad \frac{\partial S}{\partial N} = -\frac{\mu}{T}.$$

Durch (49.12) und (49.14) gewinnen somit die LAGRANGEschen Parameter α und β ihre thermodynamische Bedeutung

$$\beta = \frac{1}{kT}; \quad \alpha = -\frac{\mu}{kT}. \tag{49.15}$$

Eine andere Betrachtungsweise führt direkt auf die Mittelwerte $\bar{\nu}_j$ der durch (49.3) und (49.4) gegebenen Situation. Mit der in (49.5) erklärten und in (49.6) spezifizierten Funktion $W(\nu_1, \nu_2, \nu_3, \ldots)$ ist nämlich

$$\bar{\nu}_j(E,N) = \frac{\sum\limits_{\nu_1,\nu_2,\ldots}^{(E,N)} \nu_j W(\nu_1,\nu_2,\ldots)}{\sum\limits_{\nu_1,\nu_2,\ldots}^{(E,N)} W(\nu_1,\nu_2,\ldots)}.$$

Wir führen ein

$$\Omega(E,N) = \sum_{\nu_1,\nu_2,\ldots}^{(E,N)} W(\nu_1,\nu_2,\ldots).$$

Dann hat nach (49.11) $k \ln \Omega = S(E,N)$ die Bedeutung der Entropie. Nach (49.6) wird der Zähler im obigen Ausdruck für $\bar{\nu}_j$:

Bei BOSE-Statistik: $\sum\limits_{\nu_1,\nu_2,\ldots}^{(E,N)} \frac{(g_j+\nu_j-1)!}{(\nu_j-1)!\,(g_j-1)!} \prod\limits_{r\neq j} \frac{(g_r+\nu_r-1)!}{\nu_r!\,(g_r-1)!}.$

Bei FERMI-Statistik: $\sum\limits_{\nu_1,\nu_2,\ldots}^{(E,N)} \frac{g_j!}{(\nu_j-1)!\,(g_j-\nu_j)!} \prod\limits_{r\neq j} \frac{g_r!}{\nu_r!\,(g_r-\nu_r)!}.$

Wir setzen nunmehr

$$\nu_r = \nu_r' \text{ für } r \neq j; \text{ aber für } r = j\text{: } \nu_j - 1 = \nu_j'.$$

Dann wird

$$\frac{(g_j+\nu_j-1)!}{(\nu_j-1)!\,(g_j-1)!} = (g_j+\nu_j')\frac{(g_j+\nu_j'-1)!}{\nu_j'!\,(g_j-1)!}$$

und

$$\frac{g_j!}{(\nu_j-1)!\,(g_j-\nu_j)!} = (g_j-\nu_j')\frac{g_j!}{\nu_j'!\,(g_j-\nu_j')!}.$$

Die zweiten Faktoren der rechten Seiten können nun in die Produkte aufgenommen werden, so daß „$r \neq j$" wegfällt.

Die ν_r' müssen wegen (49.4) die Bedingungen

$$\sum_r \nu_r' = N-1 \quad \text{und} \quad \sum_r \eta_r \nu_r' = E - \eta_j$$

erfüllen, also wird

$$\sum_{\nu_1',\nu_2',\ldots}^{(E-\eta_j,N-1)} \prod_r \frac{(g_r+\nu_r'-1)!}{\nu_r'!\,(g_r-1)!} = \Omega(E-\eta_j, N-1).$$

Damit wird (bei BOSE-Statistik)

$$\bar{\nu}_j(E,N) = g_j \frac{\Omega(E-\eta_j, N-1)}{\Omega(E,N)} + \frac{\sum\limits_{\nu_1',\ldots}^{(E-\eta_j,N-1)} \nu_j' \prod\limits_r \frac{(g_r+\nu_r'-1)!}{\nu_r'!\,(g_r-1)!}}{\Omega(E,N)}.$$

Erweitern wir den zweiten Summanden mit $\Omega(E-\eta_j, N-1)$, so wird noch streng

$$\bar{\nu}_j(E,N) = \{g_j + \bar{\nu}_j(E-\eta_j, N-1)\}\frac{\Omega(E-\eta_j, N-1)}{\Omega(E,N)}.$$

Da sicher $\eta_j \ll E$ und $1 \ll N$ ist, dürfen wir entwickeln:

$$\ln\Omega(E-\eta_j, N-1) = \ln\Omega(E,N) - \frac{\partial\ln\Omega}{\partial E}\eta_j - \frac{\partial\ln\Omega}{\partial N}.$$

Wegen der thermodynamischen Bedeutung von Ω ist aber

$$\frac{\partial\ln\Omega}{\partial E} = \beta \quad \text{und} \quad \frac{\partial\ln\Omega}{\partial N} = \alpha.$$

Ferner dürfen wir in guter Näherung annehmen, daß $\bar{\nu}_j(E-\eta_j, N-1) \approx \bar{\nu}_j(E,N)$ ist. Dann haben wir aber

$$\bar{\nu}_j = (g_j + \bar{\nu}_j)\, e^{-\beta\eta_j-\alpha} \quad \text{bei Bose-Statistik}$$

und entsprechend

$$\bar{\nu}_j = (g_j - \bar{\nu}_j)\, e^{-\beta\eta_j-\alpha} \quad \text{bei Fermi-Statistik.}$$

Diese Mittelwerte sind aber mit den wahrscheinlichsten Werten (49.9) identisch!

Schließlich untersuchen wir noch die Streuung der ν_r-Werte auf Grund der durch (49.6) gegebenen Häufigkeitsfunktion. Zu dem Zweck setzen wir $\nu_r = \tilde{\nu}_r + s_r$, wobei wegen (49.4) die Abweichungen s_r von den wahrscheinlichsten Werten die Bedingungen $\sum_r s_r = 0$ und $\sum_r \eta_r s_r = 0$ erfüllen müssen. Wir betrachten die s_r als klein gegen $\tilde{\nu}_r$. Bei Entwicklung von $\ln W$ haben wir dann

$$\ln W(\tilde{\nu}_1 + s_1, \tilde{\nu}_2 + s_2, \ldots) = \ln W(\tilde{\nu}_1, \tilde{\nu}_2, \ldots) + \sum_r \left(\frac{\partial\ln W}{\partial\nu_r}\right)_{\tilde{\nu}_r} s_r + \frac{1}{2}\sum_r \left(\frac{\partial^2\ln W}{\partial\nu_r^2}\right)_{\tilde{\nu}_r} s_r^2 + \cdots.$$

(Gemischte Ableitungen $\frac{\partial^2}{\partial\nu_r\,\partial\nu_j}$ treten nicht auf!)

Das in den s_r lineare Glied verschwindet, so sind ja die $\tilde{\nu}_r$ definiert. Mit den Werten (49.6) für W (wir streichen wieder die 1 neben g_r) wird also (wir schreiben das Argument von W abgekürzt):

Bei Bose-Statistik: $\quad \ln W(\tilde{\nu} + s) = \ln W(\tilde{\nu}) + \frac{1}{2}\sum_r \left\{\frac{1}{g_r + \tilde{\nu}_r} - \frac{1}{\tilde{\nu}_r}\right\} s_r^2.$

Bei Fermi-Statistik: $\quad \ln W(\tilde{\nu} + s) = \ln W(\tilde{\nu}) + \frac{1}{2}\sum_r \left\{-\frac{1}{(g_r - \tilde{\nu}_r)} - \frac{1}{\tilde{\nu}_r}\right\} s_r^2$

oder auch

$$W(\tilde{\nu} + s) = W(\tilde{\nu}) \prod_r e^{-\frac{s_r^2}{2a_r}}.$$

Dabei steht a_r zur Abkürzung für

$$a_r = \frac{-1}{\frac{1}{g_r + \tilde{\nu}_r} - \frac{1}{\tilde{\nu}_r}} = \frac{g_r\tilde{\nu}_r + \tilde{\nu}_r^2}{g_r} = \tilde{\nu}_r + \frac{\tilde{\nu}_r^2}{g_r} \quad \text{(Bose-Statistik),}$$

$$a_r = \frac{1}{\frac{1}{g_r - \tilde{\nu}_r} + \frac{1}{\tilde{\nu}_r}} = \frac{g_r\tilde{\nu}_r - \tilde{\nu}_r^2}{g_r} = \tilde{\nu}_r - \frac{\tilde{\nu}_r^2}{g_r} \quad \text{(Fermi-Statistik).}$$

Für das relative Schwankungsquadrat haben wir somit $\frac{a_r}{\tilde{\nu}_r^2}$, also

$$\overline{\left(\frac{s_r}{\tilde{\nu}_r}\right)^2} = \frac{1}{\tilde{\nu}_r} + \frac{1}{g_r} \quad \text{(Bose-Statistik),}$$

$$\overline{\left(\frac{s_r}{\tilde{\nu}_r}\right)^2} = \frac{1}{\tilde{\nu}_r} - \frac{1}{g_r} \quad \text{(Fermi-Statistik).}$$

Wenn also sowohl die g_r wie auch die $\tilde{\nu}_r$ hinreichend große Zahlen sind, werden die relativen Abweichungen von den wahrscheinlichsten Werten so klein, daß die letzteren als Ersatz für die Mittelwerte dienen können.

§ 50. Das System ist im Thermostaten.

Auch diesen Fall haben wir früher schon allgemein behandelt (§ 46). Dort untersuchten wir ein Hypersystem von sehr vielen makroskopischen Systemen und fanden nach verschiedenen Methoden, daß zunächst die Zustandssumme

$$Z(T,N,V) = \sum_j e^{-E_j/kT}$$

berechnet werden muß. Mit

$$F(T,N,V) = -kT\ln Z$$

folgt die freie Energie, aus der dann alle anderen thermodynamischen Funktionen hergeleitet werden können. In unserem Falle ist das aus sehr vielen Teilchen bestehende ideale Gas das System. Seine Energieterme E_j sind gegeben durch

$$E_j = \sum n_r \varepsilon_r.$$

Jeder Zustand j des Systems ist gekennzeichnet durch Angabe der Reihe von Besetzungszahlen $n_1, n_2, \ldots, n_r, \ldots$ mit $\sum n_r = N$; also ist

$$Z = \sum_{n_1, n_2, \ldots}^{(N)} e^{-\beta(n_1\varepsilon_1 + n_2\varepsilon_2 + \cdots)}; \quad \beta = \frac{1}{kT}. \tag{50.1}$$

Die Summe erstreckt sich über alle Ziffernbilder $(n_1, n_2, \ldots)$, die mit $\sum n_r = N$ verträglich sind. Aus Z folgen auch die Mittelwerte der Besetzungszahlen

$$\bar{n}_r = -kT\frac{\partial \ln Z}{\partial \varepsilon_r}. \tag{50.2}$$

Die Auswertung der Summe (50.1) wird erheblich durch die Nebenbedingung erschwert. Wir verwenden wieder die Methode von Darwin und Fowler, die hier aber mit anderer physikalischer Bedeutung auftritt als in dem früheren § 46.

Wir wollen Z exakt durch ein Integral in der komplexen Ebene ausdrücken. Dazu betrachten wir die Funktion

$$f(x) = \sum_{N=0}^{\infty} Z(T,N)\, x^N. \tag{50.3}$$

Setzt man $x^N = x^{n_1+n_2+\cdots}$, so wird

$$Z(T,N)\,x^N = \sum_{n_1, n_2, \ldots}^{(N)} \prod_r (x\,e^{-\beta\varepsilon_r})^{n_r}.$$

Summation über N in (50.3) bedeutet jetzt, daß wir über *alle* n_r — unabhängig voneinander — zu summieren haben. Also wird

$$f(x) = \prod_r \left\{\sum_{n_r} (x\,e^{-\beta\varepsilon_r})^{n_r}\right\}.$$

Die Summe läßt sich jetzt ausführen, und zwar bei Bose-Statistik von 0 bis ∞, bei Fermi-Statistik über $n_r = 0$ und $n_r = 1$. Also wird

$$\begin{aligned} &\text{Bose-Statistik:} \quad && f(x) = \prod_r \frac{1}{1 - x\,e^{-\beta\varepsilon_r}}, \\ &\text{Fermi-Statistik:} \quad && f(x) = \prod_r (1 + x\,e^{-\beta\varepsilon_r}). \end{aligned} \tag{50.4}$$

Nunmehr folgt nach dem Residuensatz der Funktionentheorie aus (50.3)

$$Z(T,N) = \frac{1}{2\pi i}\oint \frac{f(x)}{x^{N+1}}\,\mathrm{d}x, \tag{50.5}$$

wobei der Integrationsweg den Nullpunkt der komplexen x-Ebene einmal umlaufen muß, jedoch keine singuläre Stelle der Funktion $f(x)$ umschließen darf. Wir schreiben Z in der Form

$$Z(T,N) = \frac{1}{2\pi i}\oint e^{\ln f(x) - (N+1)\ln x}\,\mathrm{d}x. \tag{50.5a}$$

Die näherungsweise Auswertung dieses Integrals gelingt nach der Sattelpunktsmethode (s. a. § 46c): Der Integrand hat auf der reellen positiven x-Achse ein Minimum an der Stelle $x = x_0$. Ersetzen wir, weil $N \gg 1$ ist, $N+1$ durch N, so ist x_0 durch

$$\left(\frac{\partial \ln f(x)}{\partial x} - \frac{N}{x}\right)_{x=x_0} = 0 \tag{50.6}$$

gegeben.

Nunmehr wählt man als Integrationsweg den Kreis um den Nullpunkt mit x_0 als Radius ($x = x_0 e^{i\varphi}$), setzt also $\mathrm{d}x = ix\,\mathrm{d}\varphi$. Auf diesem Kreis hat der Integrand bei $\varphi = 0$ ein so steiles Maximum, daß man sich für große Werte von N bei der Bildung von $\ln Z$ auf den Höchstwert des Integranden beschränken darf. (Wegen einer exakten Begründung sei auf die Literatur verwiesen.) Ersetzen wir wieder $N+1$ durch N, so haben wir

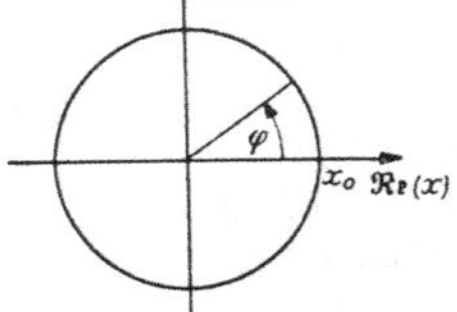

Abb. 68. Zur Berechnung des Integrals (50.5a).

$$\ln Z = (\ln f(x) - N\ln x)_{x=x_0}. \tag{50.7}$$

Aus dieser Gleichung folgt bereits die thermodynamische Bedeutung von x_0. Es ist

$$\frac{\partial \ln Z}{\partial N} = -\ln x_0.$$

[Beachte, daß die Ableitung von $\ln Z$ nach x wegen (50.6) verschwindet!] Ferner war $F = -kT\ln Z$ und $\frac{\partial F}{\partial N} = \mu$ das chemische Potential (vgl. § 19). Also ist $\ln x_0 = \mu/kT$ oder mit $\mu = -kT\alpha$ (49.15)

$$x_0 = e^{-\alpha}. \tag{50.8}$$

Setzen wir nun in (50.7) f aus (50.4) ein und benutzen (50.8), so folgt für

$$\begin{aligned} &\text{Bose-Statistik:} && \ln Z = -\sum_r \ln(1 - e^{-\beta\varepsilon_r - \alpha}) + N\alpha. \\ &\text{Fermi-Statistik:} && \ln Z = \sum_r \ln(1 + e^{-\beta\varepsilon_r - \alpha}) + N\alpha. \end{aligned} \tag{50.9}$$

Zur Bestimmung von α gehen wir von der Definitionsgleichung für x_0 aus (50.6). Wegen (50.7) können wir auch $\frac{\partial \ln Z}{\partial x_0} = 0$ und mit (50.8)

$$\frac{\partial \ln Z}{\partial \alpha} = 0 \quad \text{oder} \quad N = \sum_r \frac{1}{e^{\beta\varepsilon_r + \alpha} \mp 1} \tag{50.10}$$

schreiben. N, β, ε_r sind vorgegeben, α kann im Prinzip aus dieser Gleichung bestimmt werden.

Wir berechnen noch die Mittelwerte der n_j aus (50.2) und finden in Übereinstimmung mit (49.9)

$$\overline{n}_r = \frac{1}{e^{\beta\varepsilon_r + \alpha} \mp 1}. \tag{50.11}$$

(50.10) besagt also einfach $\sum_r \overline{n}_r = N$.

Aus der freien Energie folgt für die Energie unseres Systems

$$\overline{E} = -T^2 \frac{\partial(F/T)}{\partial T} = -\frac{\partial \ln Z}{\partial \beta} = \sum_r \frac{\varepsilon_r}{e^{\beta\varepsilon_r+\alpha} \mp 1}. \tag{50.12}$$

Die rechte Seite kann man auch schreiben $\sum_r \varepsilon_r \overline{n}_r$, es handelt sich also um den Mittelwert der Energie des Systems bei vorgegebenem T, N, V. Man erkennt dies auch, wenn man in (50.12) für Z den Wert (50.1) einsetzt:

$$\overline{E} = -\frac{\partial \ln Z}{\partial \beta} = \frac{\sum_j E_j e^{-E_j/kT}}{Z}.$$

Eine Beschreibung der Schwankungen führen wir nicht durch. In fast allen Fällen ergeben sich dieselben Werte wie bei der im nächsten Paragraphen vorliegenden Situation[1].

§ 51. Die großkanonische Gesamtheit.

(T und μ gegeben. Thermostat und Vorratsflasche.)

Das Verhalten des Systems wird in diesem Fall durch die großkanonische Gesamtheit beschrieben, nach welcher

$$W(E_j, N) = e^{-\frac{E_j}{kT} + \frac{\mu N}{kT}}$$

die relative Wahrscheinlichkeit dafür ist, die Energie E_j und die Teilchenzahl N zu finden. Dieser Ausdruck ist identisch mit $\exp\left(-\sum_r (\varepsilon_r - \mu) n_r / kT\right)$, also wird

$$W(n_1, n_2, \ldots) = \left(e^{-\frac{\varepsilon_1-\mu}{kT}}\right)^{n_1} \left(e^{-\frac{\varepsilon_2-\mu}{kT}}\right)^{n_2} \ldots$$

die relative Wahrscheinlichkeit, die Zahlen $n_1, n_2, \ldots$ zu finden. Bei dieser physikalischen Anordnung ist somit die Statistik der $n_1, n_2, \ldots$ nicht gekoppelt. Wir haben

$$w(n_j) = \frac{e^{-(\beta\varepsilon_j+\alpha)n_j}}{\sum_{n_j} e^{-(\beta\varepsilon_j+\alpha)n_j}} \tag{51.1}$$

als Wahrscheinlichkeit dafür, daß n_j Teilchen die Energie ε_j besitzen. Natürlich läuft bei BOSE-Statistik die Summe über alle n_j von 0 bis ∞, bei FERMI-Statistik nur über $n_j = 0$ und $n_j = 1$. Der Mittelwert $\overline{n_j}$ ist

$$\overline{n_j} = \frac{\sum_{n_j} n_j e^{-(\beta\varepsilon_j+\alpha)n_j}}{\sum_{n_j} e^{-(\beta\varepsilon_j+\alpha)n_j}} = -\frac{\partial}{\partial\alpha} \ln \sum_{n_j} e^{-(\beta\varepsilon_j+\alpha)n_j}. \tag{51.2}$$

Nun ist

bei BOSE-Statistik: $\sum_{n_j} e^{-(\beta\varepsilon_j+\alpha)n_j} = \frac{1}{1 - e^{-(\beta\varepsilon_j+\alpha)}}$,

bei FERMI-Statistik: $\sum_{n_j} e^{-(\beta\varepsilon_j+\alpha)n_j} = 1 + e^{-(\beta\varepsilon_j+\alpha)}$.

Weiterhin sieht man, daß $-\frac{\partial \overline{n_j}}{\partial\alpha} = \overline{n_j^2} - \overline{n_j}^2$ ist. Damit haben wir

bei BOSE-Statistik:

$$\overline{n_j} = \frac{1}{e^{\beta\varepsilon_j+\alpha} - 1},$$

$$\frac{\overline{n_j^2} - \overline{n_j}^2}{\overline{n_j}^2} = \frac{1}{\overline{n_j}} + 1, \tag{51.3a}$$

[1] Für den Fall der BOSE-Kondensation treten bei der DARWIN-FOWLERschen Methode Schwierigkeiten auf, die z. B. von DINGLE [Adv. Phys. 1, 111 (1952), insbes. S. 128f.] diskutiert werden. Vgl. auch P. T. LANDSBERG: Cambr. Phil. Soc. 50, 65 (1954).

bei FERMI-Statistik:
$$\bar{n}_j = \frac{1}{e^{\beta\varepsilon_j+\alpha}+1}, \qquad \frac{\overline{n_j^2}-\bar{n}_j^2}{\bar{n}_j^2} = \frac{1}{\bar{n}_j} - 1. \tag{51.3b}$$

Damit haben wir die Formel (49.9), (50.11) für die Besetzung der Energieniveaus aufs neue abgeleitet. Trotzdem erblicken wir in dieser Ableitung — abgesehen von ihrer Kürze — einen wesentlichen Fortschritt gegenüber den vorhergehenden. Dort wurden die Größen α und β zunächst als farblose mathematische Hilfsgrößen (LAGRANGEsche Parameter bzw. Radius eines Kreises in der komplexen Ebene) eingeführt. Erst hinterher konnten wir — mehr oder weniger mühsam — ihre physikalische Bedeutung erkennen. Bei der letzten Ableitung dagegen wurden α und β von vornherein durch Temperatur und chemisches Potential des Vorratsbehälters in die physikalische Situation eingeführt. Dementsprechend sind auch die $\bar{n}_j$ in (51.3a) und (51.3b) exakte Ausdrücke für die Mittelwerte in dieser Situation, während die entsprechenden Formeln in den vorhergehenden Abschnitten nur durch Näherungsmethoden abgeleitet werden konnten, deren Berechtigung nicht immer leicht zu beurteilen ist.

Aus Formel (51.1) lesen wir ab, daß für ein BOSE-Gas der wahrscheinlichste Wert $\tilde{n}_j$ stets gleich Null ist, weil α bei unserer Zählung der ε_j nur positive Werte annehmen kann (der tiefste Wert ist $\varepsilon_1 = 0$, und $\bar{n}_1$ in (51.3a) muß jedenfalls positiv sein). Hingegen kann α bei einem entarteten FERMI-Gas auch negativ werden. Dann ist die größte Besetzungszahl, nämlich 1, am wahrscheinlichsten, wenn $\varepsilon_j < \mu = -\alpha kT$, und $\tilde{n}_j = 0$, wenn $\varepsilon_j > \mu$. Schon wenn ε_j mehr als einige kT kleiner als μ ist, wird $\bar{n}_j$ beinahe 1 und die Schwankungen sind nach (51.3b) sehr klein, so daß es verständlich ist, daß der wahrscheinlichste Wert und der Mittelwert praktisch gleich sind.

Das thermische Verhalten wird beherrscht von der „großen Zustandssumme"
$$e^{\Psi} = \sum_j \sum_N e^{-\frac{E_j - \mu N}{kT}}.$$
Ihre Berechnung haben wir tatsächlich bereits im vorigen Abschnitt durchgeführt. Wir haben dort in (50.3) und (50.4) lediglich x durch $e^{\frac{\mu}{kT}}$ zu ersetzen. Mit $\frac{1}{kT} = \beta$ und $-\frac{\mu}{kT} = \alpha$ haben wir also nach (50.4) unmittelbar
$$\begin{aligned} \Psi(\alpha,\beta) &= -\sum_r \ln(1 - e^{-\beta\varepsilon_r-\alpha}) \quad \text{bei BOSE-Statistik,} \\ \Psi(\alpha,\beta) &= \sum_r \ln(1 + e^{-\beta\varepsilon_r-\alpha}) \quad \text{bei FERMI-Statistik.} \end{aligned} \tag{51.4}$$
Wir bilden
$$d\Psi = \frac{\partial\Psi}{\partial\beta}d\beta + \frac{\partial\Psi}{\partial\alpha}d\alpha + \frac{\partial\Psi}{\partial V}dV$$
$$\frac{\partial\Psi}{\partial V} = \frac{p}{kT}; \quad -\frac{\partial\Psi}{\partial\beta} = \sum_r \frac{\varepsilon_r}{e^{\beta\varepsilon_r+\alpha}\mp 1} = \bar{E}; \quad -\frac{\partial\Psi}{\partial\alpha} = \sum_r \frac{1}{e^{\beta\varepsilon_r+\alpha}\mp 1} = \bar{N}. \tag{51.5}$$

Wenn wir für den Fall, daß die Schwankungen hinreichend klein sind, $\bar{E}$ und $\bar{N}$ einfach als Energie E und Atomzahl N unseres Systems ansehen, so wird
$$d\Psi = -E\,d\beta - N\,d\alpha + \frac{p}{kT}dV = \frac{E-\mu N}{kT^2}dT + \frac{N}{kT}d\mu + \frac{p}{kT}dV = -d\left(\frac{J}{kT}\right),$$
$$dJ = -S\,dT - p\,dV - N\,d\mu; \qquad J(T,\mu,V) = E - TS - \mu N = -kT\Psi.$$
Damit haben wir den Anschluß an die in § 19 eingeführten Funktionen Ψ und J gewonnen.

§ 52. Der Grenzfall großer Verdünnung.

Dieser ist nach (51.5) dann gegeben, wenn $e^{-\alpha} \ll 1$ ist. Dann können wir in (51.4) den Logarithmus entwickeln:

$$\ln(1 + e^{-\beta\varepsilon - \alpha}) \approx e^{-\alpha} e^{-\beta\varepsilon}$$

und erhalten sowohl für die Bose- wie auch für die Fermi-Statistik

$$\Psi(\alpha, \beta) = e^{-\alpha} \sum_r e^{-\beta\varepsilon_r}. \tag{52.1}$$

Für den Fall eines in ein Volumen V eingeschlossenen Gases haben wir diese Summe bereits berechnet (47.4a). Wir erhalten

$$\Psi(\alpha, \beta) = e^{-\alpha} V \left(\frac{2\pi m}{\beta}\right)^{3/2} \frac{1}{h^3} = e^{-\alpha} \frac{V}{\lambda^3}.$$

Daraus ergeben sich sofort die altbekannten Eigenschaften des idealen Gases:

$$N = -\frac{\partial\Psi}{\partial\alpha} = \Psi; \qquad E = -\frac{\partial\Psi}{\partial\beta} = \frac{3}{2}\frac{1}{\beta}\Psi = \frac{3}{2} N k T; \qquad \frac{p}{kT} = \frac{\partial\Psi}{\partial V} = \frac{N}{V}.$$

Außerdem wird

$$\alpha = \ln\left(\frac{V}{N\lambda^3}\right). \tag{52.2}$$

Ferner wird die Entropie S (vgl. §§ 19 u. 40)

$$\frac{S}{k} = \Psi + \beta E + \alpha N.$$

Mit $\Psi = N$; $\beta E = \frac{3}{2} N$ und dem angegebenen Wert von α:

$$\frac{S}{k} = N\left\{\frac{5}{2} + \ln\frac{V}{N\lambda^3}\right\}.$$

Die Bedingung $e^{-\alpha} \ll 1$ ist aber gleichbedeutend mit $\frac{V}{N\lambda^3} \gg 1$. Das Gas verhält sich also wie ein ideales Gas der klassischen Theorie, wenn der mittlere Abstand $\left(\frac{V}{N}\right)^{1/3}$ zwischen benachbarten Teilchen groß ist gegen die zur Temperatur T gehörige de-Broglie-Wellenlänge λ (vgl. § 35c).

Bei *mäßiger Verdünnung* erwarten wir eine schwache Abweichung vom idealen Verhalten. Um dies zu übersehen, haben wir bei der Entwicklung des Logarithmus in (51.4) noch das quadratische Glied mitzunehmen, also

$$\ln(1 + e^{-\beta\varepsilon_r} e^{-\alpha}) \approx e^{-\alpha} e^{-\beta\varepsilon_r} - \tfrac{1}{2} e^{-2\alpha} e^{-2\beta\varepsilon_r}.$$

Damit wird

$$\Psi = V \frac{(2\pi m kT)^{3/2}}{h^3} \left\{e^{-\alpha} \pm \frac{e^{-2\alpha}}{2^{5/2}}\right\} \qquad \begin{array}{l} + \text{ für Bose-Statistik}, \\ - \text{ für Fermi-Statistik}. \end{array}$$

Mit $N = -\frac{\partial\Psi}{\partial\alpha}$ und $\frac{p}{kT} = \frac{\partial\Psi}{\partial V}$ erhält man leicht

$$\frac{p}{kT} = \frac{N}{V}\left(1 \mp \frac{\lambda^3 N}{4\sqrt{2}\, V}\right) \qquad \begin{array}{l} - \text{ für Bose-Statistik}, \\ + \text{ für Fermi-Statistik}. \end{array} \tag{52.3}$$

Wenn man den von der Entartung herrührenden Zusatzterm in dieser Zustandsgleichung der *idealen* Bose- und Fermi-Gase mit den Abweichungen vergleicht, die durch die *Wechselwirkung* der Teilchen eines klassischen Gases hervorgerufen werden, so findet man, daß für ein ideales Fermi-Gas die Korrektur sich wie eine Abstoßung der Teilchen auswirkt, für ein Bose-Gas hingegen wie eine Anziehung.

Wir wollen nun feststellen, ob die Zusatzglieder neben denen der VAN DER WAALSschen Gleichung bemerkbar sind. V_M ist das Molvolumen, wir benutzen die Näherung (13.4)

$$p = \frac{RT}{V_M}\left[1 + \frac{1}{V_M}\left(b - \frac{a}{RT}\right)\right]$$

und schreiben (52.3) daher auch für ein Mol (L = LOSCHMIDTsche Konstante)

$$p = \frac{RT}{V_M}\left[1 \mp \frac{1}{V_M}\frac{\lambda^3 L}{4\sqrt{2}}\right].$$

Relativ günstig ist die Situation bei He. Aus Tab. 1 (§ 13) entnehmen wir $a = 0{,}03 \cdot 10^6$ Atm $\cdot$ cm^6 $\cdot$ Mol^{-2} und $b = 23{,}5$ cm^3 Mol^{-1}. Für $T = 300°$ K ist die VAN-DER-WAALS-Korrektur $\left(b - \frac{a}{RT}\right) = 23{,}5 - 1{,}2 = 22{,}3$ cm^3 Mol^{-1}, die BOSE-Korrektur hingegen $-1{,}3 \cdot 10^{-2}$ cm^3 Mol^{-1} ($\lambda = 5 \cdot 10^{-9}$ cm). Bei tiefen Temperaturen ändert die VAN-DER-WAALS-Korrektur ihr Vorzeichen, wird aber schnell wieder erheblich größer als die BOSE-Korrektur. Für $T = 5°$ K beträgt sie bereits -50 cm^3 Mol^{-1}, während die BOSE-Korrektur nur auf $-6{,}3$ cm^3 Mol^{-1} angestiegen ist.

Wir erkennen aus diesen Zahlen, daß die von der Entartung hervorgerufenen Abweichungen durch die zwischenmolekularen Kräfte völlig verdeckt werden.

Bei großen Werten von α werden die mittleren Besetzungszahlen $\bar{n}_r$ im Schema (48.7) sehr klein gegen 1. Die einzelnen n_r sind meistens gleich Null, nur selten gleich 1 und praktisch nie gleich 2. Es ist verständlich, daß dann der Unterschied zwischen der FERMI- und der BOSE-Statistik bedeutungslos wird.

Bei der nun folgenden Diskussion unserer Ergebnisse für kleine Werte von α zeigt sich ein so verschiedenes Verhalten zwischen FERMI- und BOSE-Gas, daß wir die beiden Fälle zweckmäßig getrennt behandeln.

§ 53. Das FERMI-Gas.

a) Allgemeine Behandlung.

Im Hinblick auf die Anwendung bei Metallelektronen interessieren wir uns insbesondere für den Fall starker Entartung. Dieser liegt vor, wenn $-\alpha \gg 1$ ist, also mit dem chemischen Potential:

$$\alpha = -\frac{\mu}{kT} \quad \text{und} \quad \mu \gg kT.$$

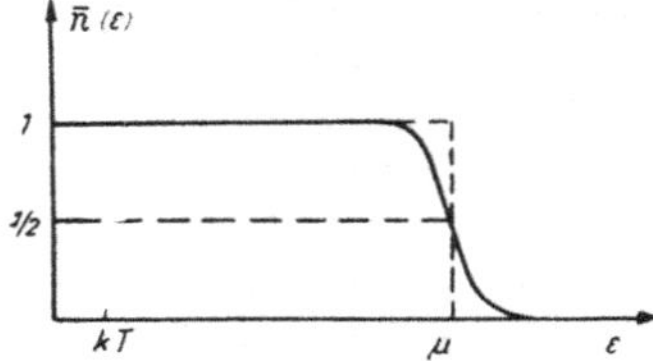

Abb. 69. Die Besetzungszahl $\bar{n}(\varepsilon)$ in der FERMI-Statistik.

Die Besetzungszahl des Niveaus ε_j ist

$$\bar{n}_j = \frac{1}{e^{\frac{\varepsilon_j - \mu}{kT}} + 1}.$$

Der Verlauf der mittleren Besetzungszahlen $n(\varepsilon)$ als Funktion der Energie ε ist in Abb. 69 für $\mu \gg kT$ dargestellt. $\bar{n}$ ist $\frac{1}{2}$ für $\varepsilon = \mu$. Innerhalb eines Intervalls der Größenordnung kT in der Umgebung von μ geht $\bar{n}$ gegen 1 für abnehmende und gegen Null für wachsende ε. Bei gegebener Elektronenzahl N und der Dichtefunktion $z(\varepsilon)$ der ε_j-Werte ist μ durch N bestimmt vermöge der Relation

$$N = \int_0^\infty \frac{z(\varepsilon)\, d\varepsilon}{e^{\frac{\varepsilon - \mu}{kT}} + 1}. \tag{53.1}$$

Speziell bei $T = 0$ hat μ den Wert μ_0, welcher durch

$$N = \int_0^{\mu_0} z(\varepsilon)\,d\varepsilon \tag{53.1a}$$

festgelegt ist. Mit den in (47.7) gegebenen und (wegen des Elektronen-Spins!) mit zwei multiplizierten Werten von $z(\varepsilon)$ erhält man

$$N = \frac{8\pi}{3}\left\{\frac{\sqrt{2m\mu_0}}{h}\right\}^3 V.$$

Andererseits wird bei $T = 0$:

$$E_0 = \int_0^{\mu_0} \varepsilon\, z(\varepsilon)\,d\varepsilon = \frac{3}{5}\mu_0 N. \tag{53.2}$$

Also beträgt die mittlere Nullpunktsenergie eines Elektrons

$$\left(\frac{E}{N}\right)_{T=0} = \frac{3}{5}\mu_0. \tag{53.2a}$$

Die zu μ_0 gehörige DE-BROGLIE-Wellenlänge ist

$$\frac{h}{\sqrt{2m\mu_0}} = \left(\frac{8\pi}{3}\right)^{1/3}\left(\frac{V}{N}\right)^{1/3}, \tag{53.3}$$

also von der Größenordnung des mittleren Elektronenabstandes.

Zur weiteren Diskussion wollen wir die in (51.4) erklärte Funktion Ψ wirklich berechnen. Mit $\alpha = -\mu\beta$ und der Dichte $z(\varepsilon)\,d\varepsilon$ wird

$$\Psi = \int_0^\infty z(\varepsilon)\ln(1 + e^{-\beta(\varepsilon-\mu)})\,d\varepsilon. \tag{53.4}$$

Wir unterteilen das $\int_0^\infty$ in die Abschnitte $\int_0^\mu$ und $\int_\mu^\infty$ und setzen im ersten Abschnitt $\varepsilon = \mu - x$, im zweiten dagegen $\varepsilon = \mu + x$. Dann wird

$$\Psi = \int_0^\mu z(\mu - x)\ln(1 + e^{\beta x})\,dx + \int_0^\infty z(\mu + x)\ln(1 + e^{-\beta x})\,dx.$$

Im ersten Integral setzen wir $(1 + e^{\beta x}) = e^{\beta x}(1 + e^{-\beta x})$:

$$\Psi = \int_0^\mu z(\mu - x)\,\beta x\,dx + \int_0^\mu z(\mu - x)\ln(1 + e^{-\beta x})\,dx + \int_0^\infty z(\mu + x)\ln(1 + e^{-\beta x})\,dx.$$

Die beiden letzten Integranden sind nur für kleine x $(x \lesssim kT)$ wesentlich von Null verschieden. Mit $\mu \gg kT$ dürfen wir im zweiten Integral die obere Grenze μ durch ∞ ersetzen und in beiden Integralen $z(\mu \mp x)$ nach Potenzen von x entwickeln. Damit wird

$$\Psi = \beta\int_0^\mu z(\mu - x)\,x\,dx + 2z(\mu)\int_0^\infty \ln(1 + e^{-\beta x})dx + 2\frac{z''(\mu)}{2!}\int_0^\infty x^2\ln(1 + e^{-\beta x})\,dx + \cdots.$$

Die beiden Integrale lassen sich einfach auswerten. Durch partielle Integration erhält man

$$\int_0^\infty \ln(1 + e^{-\beta x})\,dx = \frac{1}{\beta}\int_0^\infty \frac{y}{1 + e^y}\,dy = \frac{1}{\beta}\left\{1 - \frac{1}{2^2} + \frac{1}{3^2} - + \cdots\right\} = \frac{1}{\beta}\frac{\pi^2}{12},$$

$$\int_0^\infty x^2\ln(1 + e^{-\beta x})\,dx = \frac{1}{\beta^3}\frac{1}{3}\int_0^\infty \frac{y^3}{1 + e^y}\,dy = \frac{1}{\beta^3}\frac{1}{3}\,3!\left(1 - \frac{1}{2^4} + \frac{1}{3^4}\cdots\right) = \frac{1}{\beta^3}\frac{7\pi^4}{360}.$$

Für die erste Näherung können wir jedoch das dritte Integral fortlassen. Setzen wir im ersten Integral wieder $\mu - x = \varepsilon$ ein, so haben wir schließlich

$$\Psi = \beta\{\mu \int_0^\mu z(\varepsilon)\, d\varepsilon - \int_0^\mu \varepsilon z(\varepsilon)\, d\varepsilon\} + z(\mu)\frac{\pi^2}{6}\frac{1}{\beta}. \tag{53.5}$$

Zur Auswertung von (51.4) ist zu beachten, daß ja $\mu = -\frac{\alpha}{\beta}$ ist. Wir berechnen

$$N = -\frac{\partial \Psi}{\partial \alpha} = \frac{1}{\beta}\frac{\partial \Psi}{\partial \mu}$$

und

$$E = -\left(\frac{\partial \Psi}{\partial \beta}\right)_\alpha = -\left(\frac{\partial \Psi}{\partial \beta}\right)_\mu - \left(\frac{\partial \Psi}{\partial \mu}\right)_\beta \frac{\partial \mu}{\partial \beta} = -\left(\frac{\partial \Psi}{\partial \beta}\right)_\mu + \mu N$$

und erhalten

$$N = \int_0^\mu z(\varepsilon)\, d\varepsilon + z'(\mu)\frac{\pi^2}{6}\frac{1}{\beta^2},$$

$$E = \int_0^\mu \varepsilon z(\varepsilon)\, d\varepsilon + \mu\,(N - \int_0^\mu z(\varepsilon)\, d\varepsilon) + z(\mu)\frac{\pi^2}{6}\frac{1}{\beta^2}.$$

Wir interessieren uns insbesondere für den Fall, daß μ in der Nähe von μ_0 (53.1a) liegt. Dann wird in der Gleichung für N bei unserer Näherung

$$\int_0^\mu z(\varepsilon)\, d\varepsilon = \int_0^{\mu_0} z(\varepsilon)\, d\varepsilon + (\mu - \mu_0)\, z(\mu_0),$$

also

$$N - \int_0^\mu z(\varepsilon)\, d\varepsilon = -(\mu - \mu_0)\, z(\mu_0).$$

Andererseits wird im Ausdruck für E

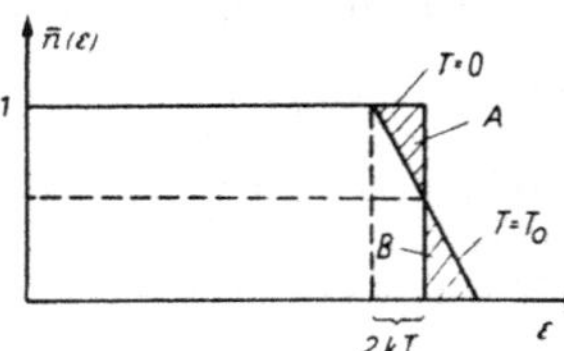

Abb. 70. Zur groben Abschätzung der T-Abhängigkeit des FERMI-Gases.

$$\int_0^\mu \varepsilon z(\varepsilon)\, d\varepsilon = \int_0^{\mu_0} \varepsilon z(\varepsilon)\, d\varepsilon + \mu_0 z(\mu_0)\,(\mu - \mu_0).$$

Damit erhalten wir

$$E \approx E_0 + z(\mu_0)\frac{\pi^2}{6}(kT)^2. \tag{53.6}$$

Ein Resultat dieser Art war bereits nach der Kurve $\bar{n}(\varepsilon)$ in Abb. 69 zu erwarten: Wie man an der groben Skizze (Abb. 70) sieht, besteht der Übergang von $T = 0$ bis $T = T_0$ darin, daß die in der Fläche A liegenden Teilchen in die Fläche B gelangen, also im Mittel etwa um kT angehoben werden. Die Zahl dieser Teilchen ist aber in der Größenordnung $z(\mu_0)kT$, so daß im ganzen ein Energiezuwachs von etwa $z(\mu_0)(kT)^2$ herauskommt.

b) Anwendung auf Metallelektronen.

1. Spezifische Wärme. Für den Fall freier Elektronen ist (47.7)

$$z(\varepsilon) = C\varepsilon^{1/2} \quad \text{mit} \quad C = 4\pi\frac{(2m)^{3/2}}{h^3}V.$$

Dann ist

$$N = \int_0^{\mu_0} z(\varepsilon)\, d\varepsilon = \tfrac{2}{3}\mu_0^{3/2}C,$$

also

$$\frac{z(\mu_0)}{N} = \frac{3}{2\mu_0}.$$

Nach (53.6) wird also die Energie je Elektron

$$\frac{E}{N} = \frac{3}{5}\mu_0 + \frac{\pi^2}{4}\frac{(kT)^2}{\mu_0}. \tag{53.7}$$

Daraus folgt für den Beitrag der freien Elektronen zur spezifischen Wärme der zuerst von SOMMERFELD angegebene Wert

$$c_v = k\frac{\pi^2}{2}\frac{kT}{\mu_0}. \tag{53.8}$$

Ein Vergleich zwischen dem theoretischen Wert für den Elektronenanteil der spezifischen Wärme und den Experimenten[1] ist aus verschiedenen Gründen schwierig. Zunächst muß der Gitteranteil abgetrennt werden. Man beschränkt sich auf tiefe Temperaturen[2] und setzt ihn proportional zu T^3, muß aber berücksichtigen, daß nach neueren Ergebnissen das „wahre T^3-Gesetz" erst bei Temperaturen von einigen $^\circ$ K vorliegt (§ 65). Dann benötigt man die „Anzahl der freien Elektronen pro Atom", die man zwar bei den Alkalimetallen sicherlich etwa gleich 1 setzen kann, jedoch ist der Wert in komplizierten Fällen unsicher. Schließlich entnimmt man aus der quantenmechanischen Verbesserung des SOMMERFELDschen Modells, daß an Stelle der Termdichte $z(\varepsilon)$ der freien Elektronen an der FERMI-Grenze der tatsächliche Wert der Termdichte einzusetzen ist, eine Größe, die manchmal beträchtlich von der ersten abweicht.

Da der Einfluß der genannten Effekte nicht genau zu übersehen ist, kann man gegenwärtig nur feststellen, daß die Theorie Absolutwert und Temperaturabhängigkeit des Elektronenanteils der spezifischen Wärme zwar ungefähr richtig angibt, eine quantitative Bestätigung aber noch aussteht.

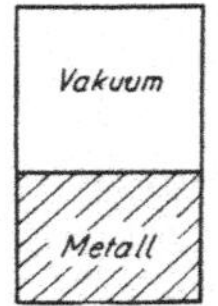

Abb. 71. Metall mit angrenzendem Dampfraum.

2. Der Dampfdruck der Metallelektronen. Ein abgeschlossener Hohlraum sei zu einem Teil vom Metall erfüllt. Wir fragen nach der Elektronendichte n_d (= Zahl pro cm^3) im Vakuum. Dazu nehmen wir an, daß die aus dem Metall austretenden Elektronen eine Energie χ zu überwinden haben. Ist also wie bisher ε die kinetische Energie, so hat ein Elektron im Dampfraum die Energie $\varepsilon + \chi$. Das chemische Potential μ muß im Dampfraum und im Metall im Gleichgewicht denselben Wert haben (§§ 20 u. 22). Nach (53.1) gilt somit im Dampfraum:

$$n_d = 4\pi\frac{(2m)^{3/2}}{h^3}\int_0^\infty \frac{\sqrt{\varepsilon}\,d\varepsilon}{e^{\beta(\varepsilon+\chi-\mu)}+1},$$

im Metall dagegen

$$n_m = 4\pi\frac{(2m)^{3/2}}{h^3}\int_0^\infty \frac{\sqrt{\varepsilon}\,d\varepsilon}{e^{\beta(\varepsilon-\mu)}+1}.$$

Damit die Elektronen überhaupt im Metall zusammengehalten werden, muß χ wesentlich oberhalb μ liegen, also muß nicht nur $\beta\mu \gg 1$ sein, sondern auch $\beta(\chi-\mu) \gg 1$. Daher kann man bei n_d die 1 im Nenner des Integranden vernachlässigen und erhält

$$n_d = \frac{4\pi(2m)^{3/2}}{h^3}e^{-\frac{\chi-\mu}{kT}}(kT)^{3/2}\frac{\sqrt{\pi}}{2} = 2\frac{\sqrt{2\pi m k T}^3}{h^3}e^{-\frac{\chi-\mu}{kT}}. \tag{53.9}$$

[1] Einen Bericht über die experimentelle Situation gibt MCDONALD: Progress in Metal Physics **3**, 42 (1952).

[2] CLUSIUS u. SCHACHINGER: Z. Naturforsch. **2a**, 90 (1947) konnten den Elektronenanteil bei Pd auch bei höheren Temperaturen (bis 1000° K) verfolgen.

Wie zu erwarten war, tritt hier $\chi-\mu$ als Austrittsarbeit im Exponenten auf. Die Gl. (53.9) wird häufig benutzt, um die Stromdichte j_s der Glühelektronen zu berechnen, indem man annimmt, daß die Zahl der aus dem Metall austretenden Elektronen gleich der Zahl der Dampfelektronen ist, welche im Gleichgewicht auf das Metall auftreffen. Diese ist gleich $n_d \frac{1}{2} \overline{|v_x|}$, wenn v_x die x-Komponente der Geschwindigkeit der Dampfelektronen ist. Da die Dichte der Elektronen im Dampfraum sehr klein ist, kann $\overline{|v_x|}$ nach der klassischen Statistik berechnet werden. Nach der kinetischen Gastheorie ist dann $\overline{|v_x|} = \sqrt{\frac{2kT}{\pi m}}$. Mit (53.9) wird damit die Dichte des Emissionsstromes

$$j_s = \frac{1}{2} e\, n\, \overline{|v_x|} = e\,\frac{4\pi m}{h^3}(kT)^2 e^{-\frac{\chi-\mu}{kT}}.$$

Das ist die bekannte und oft benutzte Formel von RICHARDSON-DUSHMAN.

§ 54. Das BOSE-Gas[1].

a) Allgemeine Behandlung.

Hier ist nach (51.4)

$$\Psi(\alpha,\beta,N) = -\sum_r \ln\{1-e^{-(\beta\varepsilon_r+\alpha)}\}. \tag{54.1}$$

Es ist zweckmäßig, den Logarithmus zu entwickeln:

$$\Psi = \sum_r \sum_{l=1}^{\infty} \frac{1}{l} e^{-l(\beta\varepsilon_r+\alpha)}.$$

Vertauschen wir die Summationsfolge und bezeichnen

$$f_l = \sum_r e^{-l\beta\varepsilon_r}, \tag{54.2}$$

so wird

$$\Psi = \sum_{l=1}^{\infty} \frac{1}{l} f_l\, e^{-l\alpha}. \tag{54.3}$$

Ersetzt man zur Berechnung von f_l die $\sum_r$ wieder durch ein Integral, so erhält man mit (47.7)

$$z(\varepsilon)\,d\varepsilon = \frac{2\pi(2m)^{3/2}}{h^3} V\sqrt{\varepsilon}\,d\varepsilon: \tag{54.4}$$

$$f_l = \int_0^\infty z(\varepsilon)\, e^{-l\beta\varepsilon}\, d\varepsilon = \frac{V}{\lambda^3}\frac{1}{l^{3/2}}; \quad \text{mit} \quad \lambda = \frac{h}{\sqrt{2\pi m k T}}. \tag{54.5}$$

Also

$$\Psi = \frac{V}{\lambda^3} \sum_{l=1}^{\infty} \frac{e^{-\alpha l}}{l^{5/2}} \quad \text{(vorläufig)}. \tag{54.6a}$$

Der erste Summand ($l = 1$) allein gibt den oben diskutierten Fall des verdünnten Gases. Aus dem errechneten Ψ folgt

$$\overline{N} = -\frac{\partial\Psi}{\partial\alpha} = \frac{V}{\lambda^3} \sum_{l=1}^{\infty} \frac{e^{-\alpha l}}{l^{3/2}}.$$

Untersuchen wir nach dieser Formel die Abhängigkeit der Zahl $\overline{N}$ von α, so gibt

[1] Vgl. dazu R. BECKER: Z. Physik 128, 120 (1950).

es eine Überraschung von großer Tragweite. Wir tragen $\overline{N}$ über $e^{-\alpha}$ auf (Abb. 72): Für kleine Werte von $e^{-\alpha}$ wird einfach $\overline{N} = \frac{V}{\lambda^3} e^{-\alpha}$. Mit wachsendem $e^{-\alpha}$ wächst N beschleunigt an, bis es bei $e^{-\alpha} = 1$ den Wert $N^* = \frac{V}{\lambda^3} \sum l^{-3/2} = \frac{V}{\lambda^3}\, 2{,}61$ erreicht. Für größere Werte von $e^{-\alpha}$, also für negative α, divergiert die Summe, so daß N^* einen Grenzwert darstellt, welcher scheinbar nicht überschritten werden kann. Tatsächlich ist dieses merkwürdige Verhalten durch eine Unaufmerksamkeit bei der obigen Ableitung entstanden. Betrachten wir den Ausdruck (54.1) für Ψ. Wir haben bei unserer Abzählung den tiefsten Wert der Energie ε_1 gleich Null gesetzt. Also lautet (54.1):

$$\Psi = -\ln(1 - e^{-\alpha}) - \ln(1 - e^{-\beta\varepsilon_2 - \alpha}) - \cdots$$

Beim Übergang zum Integral mittels $z(\varepsilon) \sim \sqrt{\varepsilon}$ ist aber der erste Summand ($\varepsilon = 0$) in Fortfall gekommen, während er doch gerade im Limes $\alpha \to 0$ gegen ∞ strebt und die Summe aller restlichen Glieder beliebig stark übersteigt. Daher müssen wir ihn zu dem oben als vorläufig bezeichneten Ausdruck für Ψ hinzufügen und haben damit

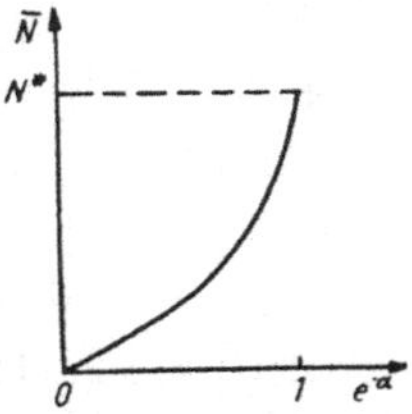

Abb. 72. Die Teilchenzahl $\overline{N}$ beim Bose-Gas über $e^{-\alpha}$: Die Kurve hört auf bei $\overline{N} = V/\lambda^3 \cdot 2{,}61$.

$$\Psi = -\ln(1 - e^{-\alpha}) + \frac{V}{\lambda^3} \sum_{l=1}^{\infty} \frac{e^{-\alpha l}}{l^{5/2}} \tag{54.6}$$

und daraus

$$\overline{N} = -\frac{\partial \Psi}{\partial \alpha} = \frac{1}{e^{\alpha} - 1} + \frac{V}{\lambda^3} \sum_{l=1}^{\infty} \frac{e^{-\alpha l}}{l^{3/2}}, \tag{54.7a}$$

$$\overline{E} = -\frac{\partial \Psi}{\partial \beta} = \frac{3}{2} kT \frac{V}{\lambda^3} \sum_{l=1}^{\infty} \frac{e^{-\alpha l}}{l^{5/2}}, \tag{54.7b}$$

$$\frac{p}{kT} = \frac{\partial \Psi}{\partial V} = \frac{1}{\lambda^3} \sum_{l=1}^{\infty} \frac{e^{-\alpha l}}{l^{5/2}}. \tag{54.7c}$$

Durch den neuen Ausdruck für $\overline{N}$ ist die in Abb. 72 dargestellte mathematische Schwierigkeit völlig behoben. Im Limes $\alpha \to 0$ geht jetzt — vermöge des neuen Summanden — $\overline{N}$ in aller Schönheit stetig gegen ∞ (Abb. 73). Allerdings in einer praktisch höchst merkwürdigen Weise: $\overline{N}$ ist stets eine ungeheuer große Zahl, sagen wir 10^{20}. Demgegenüber ist $\frac{1}{e^{\alpha} - 1}$ verschwindend klein, solange α wesentlich größer als $\frac{1}{N} \approx 10^{-20}$ ist. Dieses Glied macht sich also nur im Gebiet von etwa $10^{-19} > \alpha > 0$ bemerkbar und bewirkt innerhalb dieses Intervalls einen Anstieg von $\overline{N} = N^*$ auf $\overline{N} = \infty$, welcher praktisch von einem senkrechten Anstieg bei $\alpha = 0$ nicht zu unterscheiden ist. Mit $\alpha = 0$ ist also jeder Wert von $N > N^*$ verträglich. Und zwar befinden sich dann $\overline{N} - N^* = \overline{N}_0$ Atome im Zustand kleinster Energie $\varepsilon_1 = 0$. Nach (54.7b) und (54.7c) liefern diese Atome keinen Beitrag zur Gesamtenergie E und keinen Beitrag zum Druck p. Es liegt nahe, gegen (54.6) einen Einwand zu erheben: Wenn man schon in der Reihe (54.1) den ersten Summanden explizit berücksichtigt,

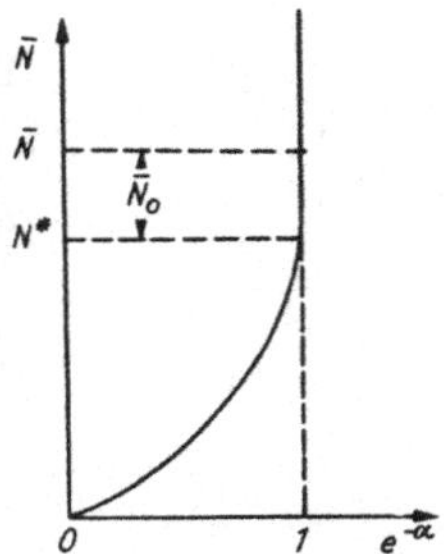

Abb. 73. Die Fortsetzung der Kurve von Abb. 73 durch Berücksichtigung des Niveaus $\varepsilon = 0$.

warum dann nicht auch den zweiten und dritten? Wir wollen diesen Einwand entkräften. Hinzufügen des zweiten Summanden würde in (54.7a) liefern

$$\overline{N} = \frac{1}{e^{\alpha} - 1} + \frac{1}{e^{\beta \varepsilon_2 + \alpha} - 1} + \frac{V}{\lambda^3} \sum_{l=1}^{\infty} \frac{e^{-\alpha l}}{l^{3/2}} .$$

Nur bei sehr kleinen Werten von α und $\beta \varepsilon_2$ sind die beiden ersten Summanden neben dem dritten merklich. Sie lauten also

$$\frac{1}{\alpha} + \frac{1}{\beta \varepsilon_2 + \alpha} .$$

Nach (47.5a) hat ε_2, das erste angeregte Niveau (mit $\mu_1 = 1$, $\mu_2 = \mu_3 = 0$) den Wert $\varepsilon_2 = \frac{h^2}{2m} \frac{4\pi^2}{l^2}$, mit $l^2 = V^{2/3} = (vN)^{2/3}$ wird also

$$\beta \varepsilon_2 = \frac{h^2}{2mkT} \frac{1}{(vN)^{2/3}} = \left(\frac{\lambda^3}{v}\right)^{2/3} \frac{1}{N^{2/3}} .$$

In dem uns interessierenden Bereich ist aber $\frac{\lambda^3}{v}$ von der Größenordnung 1, und α von der Größenordnung $\frac{1}{N}$. In roher Abschätzung wird also

$$\frac{1}{\beta \varepsilon_2 + \alpha} \approx \frac{1}{\frac{1}{N^{2/3}} + \frac{1}{N}} \approx N^{2/3},$$

während $\frac{1}{\alpha} \sim N$. In dem Gebiet also, in welchem die beiden konkurrierenden Summanden überhaupt wesentlich werden, ist der zweite um den Faktor $N^{-1/3} \approx 10^{-7}$ kleiner als der erste. Damit ist der Ansatz (54.6), d. h. das Herausziehen des tiefsten Energieniveaus allein, gerechtfertigt.

b) Die Kondensation des idealen Bose-Gases.

Die physikalische Bedeutung der merkwürdigen $N(\alpha)$-Kurve in Abb. 73 wird klarer, wenn wir auf die apparative Anordnung (Abb. 74) zurückgehen, welche bei der Ableitung von $\Psi(\alpha, \beta, N)$ benutzt wurde: Ein großes Reservoir (II) (Vorratsflasche!) ist in Verbindung mit einem kleinen Reservoir (I), dem unsere Aufmerksamkeit gilt. Wir ergänzen diese Vorkehrung noch durch ein Kraftfeld, so daß die Atome in II noch eine potentielle Energie χ gegenüber denen in I haben. Höhenunterschiede innerhalb I oder II sollen also keine Rolle spielen. Das Schwerefeld der Erde (mit $\chi = mgd$) wäre ein denkbares Beispiel. Unter diesen Umständen gilt nach (54 7a)

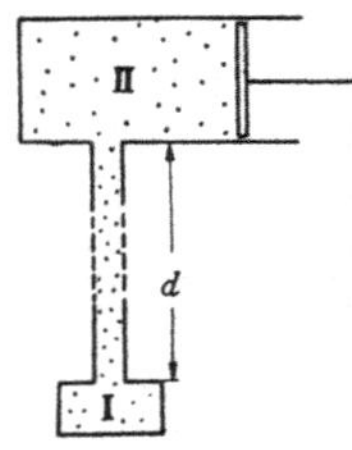

Abb. 74. Kondensation des idealen Bose-Gases im Schwerefeld.

$$\left.\begin{aligned} &\text{in II:} \quad \left(\frac{N}{V}\right)_2 = \frac{1}{\lambda^3} \sum_{l=1}^{\infty} \frac{e^{-(\alpha+\beta\chi) l}}{l^{3/2}} , \\ &\text{in I:} \quad \overline{N} = \frac{1}{e^{\alpha} - 1} + \frac{V_1}{\lambda^3} \sum_{l=1}^{\infty} \frac{e^{-\alpha l}}{l^{3/2}} . \end{aligned}\right\} \tag{54.8}$$

Wenn $\beta\chi$ hinreichend groß ist, so verhält sich die Substanz in II für $\alpha \gg 0$ wie ein ideales Gas:

$$\left(\frac{N}{V}\right)_2 = \frac{1}{\lambda^3} e^{-\beta\chi} e^{-\alpha} = \left(\frac{p}{kT}\right)_2 .$$

Durch Einschieben eines Stempels in das Gefäß II kann man $\left(\frac{N}{V}\right)_2$ vergrößern und dabei α auf den Wert 0 bringen, ohne daß innerhalb II etwas Abnormes passiert. Wenn der Wert $\alpha = 0$ fast erreicht ist, so befinden sich in I gerade $N^* = 2{,}61 \frac{V_1}{\lambda^3}$ Atome. Wenn man nun mit dem Hineinschieben des Stempels in II fortfährt, so ist es unmöglich, den Wert $\alpha = 0$ exakt zu erreichen. Vielmehr bleibt der Druck sowohl in II wie auch in I konstant. Nur werden dauernd Atome von II nach I befördert, wo sie lediglich zur Auffüllung des Nullniveaus der Energie dienen. Das so beschriebene Verhalten unseres Gases aber ist dasselbe wie dasjenige eines kondensierbaren realen Gases (etwa Wasserdampf), vgl. § 59. Wenn man in II anstatt unseres BOSE-Gases Wasserdampf isotherm verdichtet, so wird man eine Drucksteigerung nur beobachten bis zu dem Augenblick, in welchem in I die Sättigung erreicht ist. Von da ab wird der zusätzlich in I hineingedrückte Wasserdampf zu flüssigem Wasser kondensieren, wobei der Druck in I konstant gleich dem Sättigungsdampfdruck ist. Man hat danach ein Recht zu sagen: Die $N_0 = N - N^*$ im Nullniveau befindlichen Atome bilden eine neue, kondensierte Phase mit der zugehörigen Dichte des gesättigten Dampfes $\frac{N^*}{V} = \frac{2{,}61}{\lambda^3}$.

Die Gln. (54.7) erhalten eine besonders einfache Gestalt, wenn man die Abkürzung

$$N_l = \frac{V}{\lambda^3} \frac{e^{-\alpha l}}{l^{5/2}}; \qquad N_0 = \frac{1}{e^\alpha - 1} \tag{54.9}$$

einführt. Dann wird

$$\overline{N} = N_0 + \sum_{l=1}^{\infty} l\, N_l; \qquad \overline{E} = \frac{3}{2} kT \sum_{l=1}^{\infty} N_l; \qquad \frac{p}{kT} = \frac{1}{V} \sum_{l=1}^{\infty} N_l. \tag{54.10}$$

Nennt man N_l die „Zahl der Tröpfchen mit l Atomen", so gibt jedes dieser Tröpfchen zu E und p den gleichen Betrag, wie ihn in der klassischen Gastheorie ein Atom liefern würde.

Für die genannte Deutung der Zahl N_l lassen sich zwei weitere Argumente angeben, nämlich die barometrische Höhenformel und die Dichteschwankung. Die *Höhenverteilung* der Tröpfchen ist bereits in (54.8) enthalten: Befinden sich zwei durch ein Rohr verbundene Gefäße übereinander, so daß ein Atom im oberen Gefäß die potentielle Energie $\chi = mgh$ (h = Höhe!) gegenüber dem unteren Gefäß hat, so ist „oben" $\beta\varepsilon_r + \alpha$ zu ersetzen durch $\beta\varepsilon_r + \beta\chi + \alpha$, d. h., α ist um $\beta\chi = \frac{mgh}{kT}$ zu vergrößern. Damit liefert aber (54.9) für die Konzentration $\frac{N_l}{V}$ der l—n Tröpfchen

$$(n_l)_h = (n_l)_0\, e^{-\frac{mgh}{kT} l} = (n_l)_0\, e^{-\frac{(ml)gh}{kT}},$$

d. h., die Tröpfchen verhalten sich wirklich so wie Gebilde von der Masse (lm). Gleichzeitig sieht man, daß die Kondensation nur „ganz unten" in dem Gefäß tiefster potentieller Energie erfolgt.

Für das Schwankungsquadrat der in unserem System (man denke an das mit einem Reservoir II in Teilchenaustausch befindliche kleine System I) enthaltenen Teilchen gilt (48.8) und (48.9)

$$\overline{N^2} - \overline{N}^2 = -\frac{\partial \overline{N}}{\partial \alpha},$$

also mit (54.7a):

$$\overline{N^2} - \overline{N}^2 = \frac{e^\alpha}{(e^\alpha - 1)^2} + \frac{V}{\lambda^3} \sum_{l=1}^{\infty} \frac{e^{-\alpha l}}{l^{1/2}}$$

Nach (54.9) wird somit

$$\overline{N^2} - \overline{N}^2 = N_0 + N_0^2 + \sum_{l=1}^{\infty} l^2 N_l \tag{54.11}$$

Für N unabhängige Atome würde man statt dessen $\overline{N^2} - \overline{N}^2 = \overline{N} = N_0 + \sum_l l N_l$ erwarten. Wir zeigen, daß (54.11) gerade eine Folge der Tröpfchenbildung ist. Zu dem Zweck betrachten wir ein sehr großes Gefäß vom Volumen V', welches N_l' Tröpfchen mit l Atomen ($l = 1, 2, 3, \ldots$) enthält. Wir grenzen innerhalb V' ein kleines Volumen V ab. Mit $V/V' = p$ ist die Wahrscheinlichkeit, in V gerade $N_1, N_2, \ldots$ Tröpfchen mit $1, 2, \ldots$ Atomen zu finden,

$$W(N_1, N_2, \ldots) = \prod_j \binom{N_j'}{N_j} p_j^{N_j} (1 - p_j)^{N_j' - N_j}.$$

Für das Folgende ist nur wichtig, daß W die Gestalt hat

$$W(N_1, N_2, \ldots) = \prod_j W(N_j).$$

Daraus folgt die statistische Unabhängigkeit verschiedener N_j in der Form

$$\overline{N_j N_k} = \overline{N}_j \overline{N}_k \qquad \text{für } j \neq k.$$

Nun ist doch

$$\overline{N} = \sum_l l \overline{N}_l \qquad \text{und} \qquad \overline{N^2} = \overline{\left(\sum_l l N_l\right)^2} = \sum_{l,k} l k \overline{N_l N_k}.$$

Wegen der statistischen Unabhängigkeit ist daher

$$\overline{N^2} = \sum_{l,k} l k \overline{N}_l \overline{N}_k (1 - \delta_{lk}) + \sum_l l^2 \overline{N_l^2}$$

oder

$$\overline{N^2} = \overline{N}^2 - \sum_l l^2 \overline{N}_l^2 + \sum_l l^2 \overline{N_l^2}.$$

Nun gilt für die einzelne Tröpfchensorte stets $\overline{N_l^2} - \overline{N}_l^2 = \overline{N}_l$. Damit haben wir

$$\overline{N^2} - \overline{N}^2 = \sum_{l=1}^{\infty} l^2 \overline{N}_l. \tag{54.11a}$$

Damit sind wir oberhalb des Sättigungsgebietes in voller Übereinstimmung mit (54.11). Im Sättigungsgebiet ist stets $N_0 \ll N_0^2$, so daß wir den Summanden N_0 in (54.11) jedenfalls streichen. Alsdann könnte man beim Vergleich mit der soeben gewonnenen statistischen Formel sagen: Wir haben im Volumen V durchschnittlich $\overline{N}_l$ Tröpfchen mit l Atomen ($l = 1, 2, 3, \ldots$) sowie *ein* Tröpfchen mit N_0 Atomen ($\overline{N}_{N_0} = 1$).

Diese Aussage ist etwas bedenklich, da ja in der großkanonischen Gesamtheit N_0 völlig unbestimmt bleibt. Sie wird uns bei der Betrachtung realer Gase insofern wieder begegnen, als dort die kondensierte Phase ebenfalls als Riesentröpfchen auftritt.

Die beschriebene und von Einstein entdeckte Kondensation des idealen Bose-Gases könnte bedeutungslos erscheinen, da ja ein ideales Gas nicht existiert und da bei den in Frage kommenden Dichten die Wechselwirkungsenergie der Atome eine entscheidende Rolle spielt. Eine befriedigende Berücksichtigung dieser Energie ist bisher nicht gelungen. Die Vernachlässigung der gegenseitigen Abstoßung der Atome hat z. B. zur Folge, daß nach (54.7c) die kondensierten N_0 Atome keinen Beitrag zum Druck liefern, so daß man ihnen auch kein eigenes Volumen zuschreiben kann.

Trotzdem ist die beschriebene Kondensation in zweierlei Hinsicht von Interesse. Zunächst als ein einfaches Gedankenmodell einer Phasenumwandlung überhaupt. Die oben beschriebene Analogie mit der Kondensation von Wasserdampf erfährt, wie wir im folgenden Paragraphen sehen werden, durch die MAYERsche Behandlung der realen Gase eine wesentliche Vertiefung. Darüber hinaus läßt sich noch zeigen, daß eine Phasenumwandlung in der statistischen Behandlung stets durch ein singuläres Verhalten der großen Zustandssumme $\Psi(\alpha, \beta)$ hinsichtlich der α-Abhängigkeit gekennzeichnet ist Insbesondere dadurch, daß $\frac{\partial^2 \Psi}{\partial \alpha^2}$ unendlich groß und damit die Teilchenzahl völlig unbestimmt wird.

Neben dieser Analogie erhält diese Entartung speziell bei Helium eine besondere Bedeutung durch eine auf F. LONDON[1] zurückgehende Behandlung der abnormen Eigenschaften, welche man beim flüssigen Helium unterhalb des λ-Punktes bei 2,19° K beobachtet. Man kann einem großen Teil der Beobachtungen gerecht werden, wenn man annimmt, daß das flüssige He unterhalb dieser Temperatur aus zwei Phasen besteht, einer superfluiden s-Phase und einer normalen n-Phase und daß die s-Phase durch eine EINSTEIN-Kondensation entsteht von der Art, wie sie oben am idealen BOSE-Gas beschrieben wurde. Eine strenge Begründung für diese Auffassung steht zwar noch aus. Als starke Stützen muß man aber den Umstand ansehen, daß beim Isotop ^{3}He, welches der FERMI-Statistik folgt, keine Superfluidität aufzutreten scheint. Weiterhin ist ein numerisches Resultat von LONDON sehr bestechend: Nach (54.6) ist beim BOSE-Gas der Beginn der Entartung dann zu erwarten, wenn bei gegebener Dichte $\frac{N}{V}$ die Temperatur den durch

$$\frac{N}{V} = \frac{\sqrt{2\pi m k T_0}^3}{h^3} \cdot 2{,}61$$

gegebenen Wert unterschreitet. Setzt man hier für $\frac{N}{V}$ die empirische Dichte des flüssigen Heliums ein, so erhält man $T_0 = 3{,}13°$ K, was in der Größenordnung überraschend gut mit dem beobachteten Wert 2,19° K übereinstimmt.

B. Die realen Gase und die Kondensation.

§ 55. Berechnung der Zustandssumme.

Wir behandeln in diesem Abschnitt ein Verfahren zur Behandlung realer Gase und ihrer Kondensation, welches auf J. E. MAYER[2] zurückgeht. Wenn auch die quantitative Durchführung noch nicht befriedigend gelungen ist, so liefert doch dieses Verfahren ein qualitatives Verständnis für die Kondensation als Phänomen innerhalb der statistischen Mechanik.

Wir beschreiben in einfachster Weise die Wechselwirkung zweier Gasmoleküle durch eine nur von ihrem gegenseitigen Abstand r abhängige potentielle Energie $v(r)$. Sie muß qualitativ den in Abb. 75a skizzierten Verlauf haben. $v(r)$ soll für $r \to \infty$ gegen Null gehen $\left(\text{etwa wie } -\frac{1}{r^6}\right)$. Für große Abstände $(r > r')$ soll eine Anziehung, für $r < r'$ eine Abstoßung wirken. Diese soll bei sehr kleinen r-Werten ungeheuer stark werden. Wir behandeln dieses Gas nach der klassischen statistischen Mechanik. Mit der HAMILTON-Funktion

$$\mathcal{H} = \frac{1}{2m}(\mathfrak{p}_1^2 + \cdots + \mathfrak{p}_N^2) + v(r_{12}) + v(r_{13}) + v(r_{23}) + \cdots + W_{Wand} \qquad (55.1)$$

---

[1] LONDON, F.: Phys. Rev. **54**, 947 (1938).

[2] Vgl. J. E. MAYER u. M. GOEPPERT-MAYER: Statistical Mechanics, New York **1948**, und F. KUHRT: Z. Physik **131**, 185 (1951).

wollen wir das Zustandsintegral (38.8)

$$Z(T, V, N) = \frac{1}{h^{3N} N!} \int \cdots \int e^{-\frac{\mathcal{H}}{kT}} d\mathfrak{p}_1 \ldots d\mathfrak{p}_N \, d\mathfrak{r}_1 \ldots d\mathfrak{r}_N \tag{55.2}$$

berechnen. W_{Wand} berücksichtigen wir durch geeignete Integrationsgrenzen für die $\mathfrak{r}_1 \ldots \mathfrak{r}_N$. Die Integration über die Impulse läßt sich sogleich ausführen. Mit $\lambda = \frac{h}{\sqrt{2\pi m k T}}$ bleibt also

$$Z = \frac{1}{\lambda^{3N} N!} \int \cdots \int e^{-\frac{1}{kT} \sum\limits_{1 \leq i < j \leq N} v(r_{ij})} d\mathfrak{r}_1 \ldots d\mathfrak{r}_N . \tag{55.2a}$$

Der Mayersche Kunstgriff besteht nun darin, an Stelle der $v(r_{ij})$ die Größen

$$f(r_{ij}) = e^{-\frac{v(r_{ij})}{kT}} - 1 \tag{55.3}$$

einzuführen. Der Verlauf der Funktion $f(r)$ ist in der Abb. 75b qualitativ dargestellt: In der Nähe von $r = 0$ ist $f(r) = -1$. Für $v(r) = 0$ wird auch $f(r) = 0$. Für $r = r'$ hat $f(r)$ ein positives Maximum, welches um so höher liegt, je tiefer die Temperatur ist. Für große r geht $f(r)$ gegen Null.

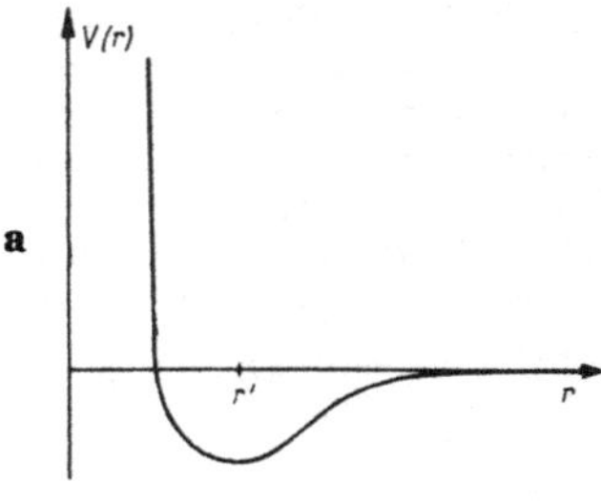

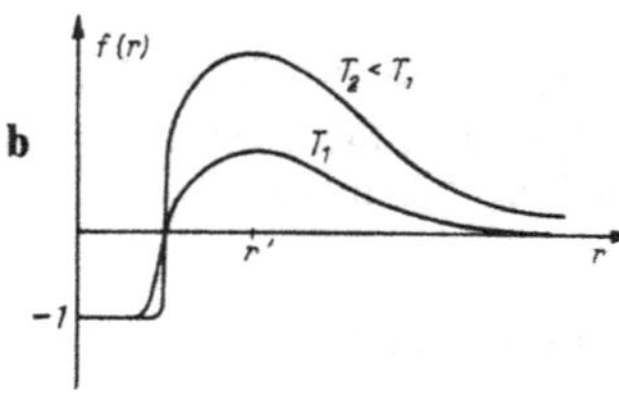

Abb. 75a. Die potentielle Energie $v(r)$ zweier Moleküle. b. Die Funktion $f(r) = e^{-v/kT} - 1$ für zwei Temperaturen.

Mit (55.3) wird der Integrand in (55.2a)

$$(1 + f(r_{12}))\,(1 + f(r_{13}))\,(1 + f(r_{23}))\,(\cdots) \cdots (\cdots).$$

Ausmultiplizieren des Produktes liefert, wenn wir f_{ij} an Stelle von $f(r_{ij})$ schreiben,

$$\{1 + \sum_{i<j} f_{ij} + \sum_{\substack{i<j \\ i'<j'}} f_{ij} f_{i'j'} + \cdots\}. \tag{55.4}$$

Bei der nun folgenden Integration über $\mathfrak{r}_1, \ldots, \mathfrak{r}_N$ liefert die 1 den Wert V^N. Einer der nächsten Summanden (etwa f_{12}) liefert zunächst

$$V^{N-2} \int f(r_{12})\, d\mathfrak{r}_1\, d\mathfrak{r}_2 .$$

Führen wir hier die Integration nach $\mathfrak{r}_2$ (bei festem $\mathfrak{r}_1$) aus, so ist der Integrand nur in der Nähe von $\mathfrak{r}_1$ wesentlich von Null verschieden, so daß das — später mit $2b_2$ bezeichnete — Integral

$$\int f(r_{12})\, d\mathfrak{r}_2 = \int f(r)\, 4\pi r^2\, dr$$

von $\mathfrak{r}_1$ nicht abhängt. Der Summand f_{12} liefert also den Beitrag

$$V^{N-1} \int_0^\infty f(r)\, 4\pi r^2\, dr .$$

Für einen Spezialfall sei $b_2 = \frac{1}{2} \int_0^\infty f(r) 4\pi r^2\, dr$ explizit angegeben. Wenn der Verlauf des Potentials derart ist, daß wir für $r < 2r_0$ eine sehr harte Abstoßung (r_0 ist der Radius eines kugelförmig gedachten Moleküls), für $r > 2r_0$ eine — im Vergleich zu kT — schwache Anziehung haben, so wird

$$f(r) \approx -1 \qquad \text{für} \quad r < 2r_0 ,$$

$$f(r) \approx -\frac{v(r)}{kT} \qquad \text{für} \quad r > 2r_0 \qquad\qquad (v(r) \text{ ist } < 0).$$

Damit resultiert

$$b_2 = -\frac{1}{2}\cdot\frac{4\pi}{3}(2\,r_0)^3 - \frac{1}{2\,kT}\int\limits_{2r_0}^{\infty} v(r)\,4\pi r^2\,\mathrm{d}r\,. \tag{55.5}$$

Der erste Summand ist gleich $-4v_0$, wenn v_0 das Eigenvolumen des Moleküls bedeutet. Wir werden diese Formel nachher zur Deutung der VAN DER WAALSschen Koeffizienten a und b benötigen. Für b_2 ist charakteristisch, daß die abstoßenden Kräfte im allgemeinen einen negativen Beitrag, die anziehenden dagegen einen positiven und mit abnehmender Temperatur zunehmenden Beitrag liefern.

Um die Summe (55.4) allgemein zu behandeln, fassen wir einen einzelnen Summanden ins Auge und ordnen ihm eine bildmäßige Beschreibung zu, die wir etwa am Fall $N = 7$ erläutern wollen. Der hervorgehobene Summand sei $f_{23}f_{35}f_{67}$. Wir machen in der Zeichenebene für jedes der N Moleküle einen Punkt und verbinden diejenigen Punkte, welche in einem der f_{ik} unseres Summanden zusammengefaßt sind, durch einen Strich. Dadurch werden die drei Punkte 2, 3, 5 unter sich verbunden, sowie die Punkte 6 und 7. Jedem derartigen Bild ist ein Summand aus (55.4) umkehrbar eindeutig zugeordnet. Insbesondere liefert jeder Summand eine Aufteilung der N Bildpunkte in „zusammenhängende Komplexe", in unserem Fall

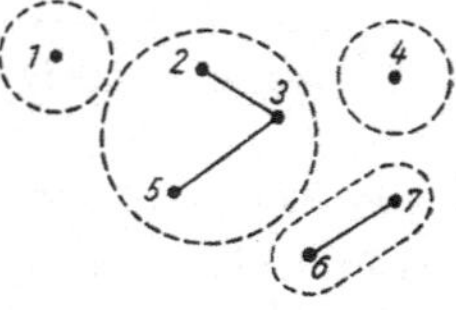

Abb. 76. Schema zur Bildung eines Zweier- und eines Dreierkomplexes bei sieben Molekülen.

$$(1)\;(4)\;(f_{23}\,f_{35})\;(f_{67})\,.$$

Die isolierten Moleküle (1) und (4) liefern nur den Faktor 1. Wegen der oben geschilderten kurzen Reichweite der $f(r_{ik})$ trägt jeder Komplex einen Faktor V zum Integral bei. Nunmehr greifen wir aus (55.4) z. B. alle diejenigen Summanden heraus, welche den Komplex $f_{23}\,f_{35}$ gemeinsam haben, sonst aber die Indizes 2, 3, 5 nicht mehr enthalten. Deren Summe hat also die Gestalt

$$f_{23}\,f_{35}\{\cdots + \cdots + \cdots\}\,.$$

Eine Verbindung der drei Moleküle 2, 3, 5 kann auf vier verschiedene Weisen bewerkstelligt werden, nämlich nach dem Schema Abb. 77.

Abb. 77. Vier verschiedene Möglichkeiten zur Bildung eines Dreierkomplexes.

Wir verfahren mit den drei verbleibenden Komplexen in der gleichen Weise und erhalten

$$f_{23}\,f_{25}\{\cdots + \cdots + \cdots\},$$
$$f_{25}\,f_{35}\{\cdots + \cdots + \cdots\},$$
$$f_{23}\,f_{25}\,f_{35}\{\cdots + \cdots + \cdots\}.$$

Die geschweiften Klammern in den vier so hingeschriebenen Ausdrücken sind identisch und enthalten die Indizes 2, 3, 5 nicht mehr. Wir addieren die vier Ausdrücke. Mit der geschweiften Klammer verfahren wir in gleicher Weise, indem wir z. B. alle diejenigen Summanden heraussuchen, welche den Faktor f_{67}, sonst aber die Indizes 6 und 7 nicht mehr enthalten. Dann erhalten wir einen Summanden

$$\{f_{23}\,f_{35} + \cdots + \cdots + \cdots\}\,f_{67}\{+ \cdots + \cdots\},$$

wo die $\{\cdots\}$ nunmehr auch die Indizes 6 und 7 nicht mehr enthält, usw. Bezeichnen wir noch abkürzend etwa

$$f_{23} f_{35} + f_{23} f_{25} + f_{25} f_{35} + f_{23} f_{25} f_{35} = \sum_{\substack{ZK \\ 235}} (\Pi f_{ik}),$$

wobei ZK bedeutet: zusammenhängender Komplex von 2, 3, 5, so erhalten wir schließlich einen Summanden der Gestalt

$$\sum_{\substack{ZK \\ i_1 i_2 i_3}} (\Pi f_{ik}) \sum_{\substack{ZK \\ i_4 i_5}} \Pi (f_{ik}) \sum_{\substack{ZK \\ i_6 i_7 i_8 i_9}} (\Pi f_{ik}) \cdots. \tag{55.6}$$

Er enthalte im ganzen

m_1 Einzelmoleküle (das sind diejenigen, deren Index überhaupt nicht vorkommt),

m_2 Komplexe von zwei Molekülen (isolierte f_{ik}, deren Indizes sonst nicht vertreten sind),

$\vdots$ (55.6a)

m_l Komplexe von l Molekülen.

Die Zahlenfolge der m_l werden wir als eine Konfiguration bezeichnen. Stets muß $\sum\limits_l l m_l = N$ sein.

Wir definieren nun die Integrale

$$\begin{aligned} b_1 &= 1, \\ b_2 &= \frac{1}{2!\,V} \int f_{12}\, d\mathfrak{r}_1\, d\mathfrak{r}_2, \\ b_3 &= \frac{1}{3!\,V} \iint \{f_{12} f_{23} + f_{13} f_{23} + f_{13} f_{12} + f_{12} f_{23} f_{13}\}\, d\mathfrak{r}_1\, d\mathfrak{r}_2\, d\mathfrak{r}_3 \\ &\vdots \\ b_l &= \frac{1}{l!\,V} \int \cdots \int \{f_{12} f_{23} \cdots f_{l-1,l} + \cdots\}\, d\mathfrak{r}_1 \cdots d\mathfrak{r}_l \\ &= \frac{1}{l!\,V} \int \cdots \int \{ \sum_{\substack{ZK \\ 1,2,\ldots,l}} \Pi f_{ik}\}\, d\mathfrak{r}_1 \cdots d\mathfrak{r}_l. \end{aligned} \tag{55.7}$$

Der Nenner $l!$ wird sich sogleich als zweckmäßig erweisen. Das Volumen V wurde im Nenner hinzugefügt, damit die so definierten b_l (für nicht zu große l und für große V) vom Volumen unabhängig werden.

Die Auswertung dieser *Cluster*-Integrale bildet das eigentliche Problem dieser Methode. Sie gelang nur für die ersten b_l-Koeffizienten (bis zu b_4) in einer Dissertation von HARRISON[1]. Andererseits gelang es KUHRT[2], die asymptotischen Werte für sehr großes l auf meßbare Eigenschaften der flüssigen Phase zurückzuführen. Wir können hier auf die Einzelheiten dieser Berechnung nicht eingehen. Die folgenden Ausführungen haben daher auch nur den Charakter einer qualitativen Orientierung.

Die im folgenden benutzte Annahme, daß die in (55.7) definierten b_l vom Volumen nicht abhängen, erweist sich als unbedenklich, solange man es mit ungesättigtem Dampf zu tun hat, weil dann die b_l mit sehr großen l-Werten keine Rolle spielen. Sobald aber die Kondensation beginnt, werden gerade die b_l mit ungeheuer großen l-Werten entscheidend. Die endliche Reichweite der f_{ik} hat aber zur Folge, daß die Ausdehnung eines Komplexes von l Atomen bei großem

[1] HARRISON: John Hopkins Univ. 1938.

[2] KUHRT: Z. Physik **131**, 185 (1951).

l die Größenordnung von V erreicht. Alsdann muß auch b_l eine Funktion von V werden, also $b_l = b_l(V)$. Rechnet man statt dessen mit $b_l(\infty)$, so muß man bei der Kondensation auf Trugschlüsse vorbereitet sein.

Mit (55.7) wird der Beitrag eines Summanden der Art (55.6), (55.6a) zum Zustandsintegral (55.2a):

$$\frac{1}{\lambda^{3N}} \frac{1}{N!} \prod_l (V l!\, b_l)^{m_l}.$$

Nun haben wir zu ermitteln, wie oft dieser durch (55.6a) charakterisierte Summand auftritt. Dazu müssen wir abzählen, auf wieviel verschiedene Weisen man die N Moleküle zu Komplexen mit $m_1, m_2, \ldots, m_l$ Molekülen zusammenfassen kann. Ein Beispiel sei gegeben durch

$$\underbrace{\overset{1}{\circ}\ \ \overset{2}{\circ}}_{m_1 = 2} \qquad \underbrace{\overset{3}{\circ}\overset{4}{\circ}\ \ \overset{5}{\circ}\overset{6}{\circ}\ \ \overset{7}{\circ}\overset{8}{\circ}}_{m_2 = 3} \qquad \underbrace{\overset{9}{\circ}\overset{10}{\circ}\overset{11}{\circ}\ \ \overset{12}{\circ}\overset{13}{\circ}\overset{14}{\circ}}_{m_3 = 2}$$

Von den $N!$ möglichen Permutationen der N Moleküle erhält man keine neue Aufteilung, wenn man die beiden Komplexe m_1 oder die drei Komplexe m_2 unter sich vertauscht. Ferner gibt es nichts Neues, wenn man z. B. die Moleküle 9, 10, 11 innerhalb eines Dreierkomplexes unter sich vertauscht, also tritt der obige Summand gerade mit dem Faktor

$$\frac{N!}{\prod_l (l!)^{m_l} m_l!}$$

auf, so daß die spezielle Konfiguration (55.6a) den Beitrag

$$\frac{1}{\lambda^{3N}} \prod_l \frac{(V b_l)^{m_l}}{m_l!}$$

zum Zustandsintegral liefert.

Schließlich haben wir noch über alle mit $\sum_l l m_l = N$ verträglichen Zahlenfolgen zu summieren und erhalten endlich

$$Z(T, V, N) = \frac{1}{\lambda^{3N}} \sum \prod_l \frac{(V b_l)^{m_l}}{m l!}\,; \ \sum \text{ über alle } m_1, m_l, \cdots \text{ mit } \sum l\, m_l = N. \tag{55.8}$$

Neben der Berechnung der b_l bildet die Auswertung dieser Summe das Kernproblem der Theorie. Einen direkten Angriff auf ihre Berechnung machten Born u. Fuchs[1], denen es gelang, den Ausdruck (55.8) in ein geschlossenes Integral in der komplexen Zahlenebene umzuformen und dieses mit den Mitteln der Funktionentheorie und speziell der Sattelpunktsmethode zu diskutieren.

Wir begnügen uns mit zwei rechnerisch einfacheren Methoden, welche die wesentlichsten Züge hervortreten lassen; das ist 1. die Methode der wahrscheinlichsten Konfiguration und 2. die Methode der großkanonischen Gesamtheit.

Bei der ersten Methode würde man nach dem größten Summanden in (55.8) fragen, d. h. nach derjenigen Konfiguration $\tilde{m}_l$, welche bei der Nebenbedingung $\sum l m_l = N$ die Größe $\prod_l \frac{(V b_l)^{m_l}}{m_l!}$ zum Maximum macht. Man erwartet, daß dieses Maximum so scharf ist, daß man sich bei der Berechnung der freien Energie $F = -kT \ln Z$ auf diesen einen Summanden beschränken kann. Dieses Verfahren ist aber nur sinnvoll, wenn alle b_l positive Größen sind. Das ist eben keineswegs der Fall.

[1] Born, M., u. K. Fuchs: Proc. Roy. Soc. [London], Ser. A **166**, 391 (1938).

Zur Diskussion von (55.8) verwenden wir die großkanonische Gesamtheit, indem wir die auch früher benutzte Funktion $\Psi(\alpha, \beta, V)$ einführen, welche durch

$$e^{\Psi} = \sum_{N=0}^{\infty} Z(T, V, N)\, e^{-\alpha N} \tag{55.9}$$

erklärt war. Wie durch einen Zauberstab ist damit die Schwierigkeit, welche in (55.8) die Nebenbedingung mit sich bringt, verschwunden. Setzt man nämlich $e^{-\alpha N} = e^{-\alpha \sum_l l m_l}$, so bedeutet die Summation über N, daß man nunmehr über die m_l unabhängig von 0 bis ∞ summieren kann. Mit (55.8) wird also

$$e^{\Psi} = \sum_{m_1, \ldots} \prod_l \left(\frac{V b_l e^{-\alpha l}}{\lambda^{3l}}\right)^{m_l} \frac{1}{m_l!}. \tag{55.9a}$$

Nun gibt die Summe über ein einzelnes m_l einfach $\exp\left(\frac{V b_l e^{-\alpha l}}{\lambda^{3l}}\right)$. Also haben wir streng

$$\Psi = \sum_{l=1}^{\infty} \frac{V b_l}{\lambda^{3l}} e^{-\alpha l}. \tag{55.10}$$

Diese Gleichung beschreibt die Situation in einem kleinen System (I), welches mit dem großen Reservoir (II) in Teilchenaustausch steht (Abb. 78). Und zwar gibt $-\frac{\partial \Psi}{\partial \alpha} = \overline{N}$ die mittlere Teilchenzahl in (I) und

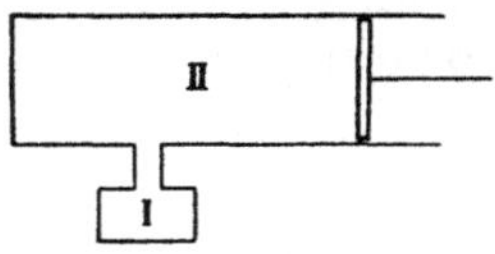

Abb. 78. Schema zur großkanonischen Gesamtheit.

$$-\frac{\partial^2 \Psi}{\partial \alpha^2} = \overline{N^2} - \overline{N}^2 \tag{55.11}$$

das mittlere Schwankungsquadrat von N. Solange die relative Schwankung im Limes $N \to \infty$ zu Null wird, haben wir in (I) das übliche Verhalten einer einheitlichen Substanz. Dann ist wegen (55.11) die Teilchenzahl als Funktion von α praktisch festgelegt. Wir werden nachher sehen, daß es einen bestimmten Wert $\alpha = \alpha^*$ geben muß, bei welchem die Schwankungen von N über alle Grenzen wachsen. Das ist zu erwarten, wenn die Dichte $\frac{N}{V}$ in (I) die Dichte des gesättigten Dampfes erreicht. Alsdann kann im Gleichgewicht eine unbestimmte Menge Flüssigkeit in (I) vorhanden sein. $\frac{N}{V}$ kann also irgendwo zwischen der Dichte des gesättigten Dampfes und der Dichte der Flüssigkeit liegen.

§ 56. Das Gebiet des ungesättigten Dampfes.

Hier wird die Größe

$$Z(T, V, N)\, e^{-\alpha N},$$

welche ja die relative Wahrscheinlichkeit für N Atome in (I) angibt, bei einem bestimmten $\tilde{N}$ ein so steiles Maximum haben, daß bei der Berechnung von $\Psi = \ln \sum_N Z e^{-\alpha N}$ nur der größte Summand wesentlich ist, daß also

$$\Psi(\alpha, \beta, V) \approx (\ln Z)_{N=\tilde{N}} - \alpha \tilde{N},$$

wo nun $\tilde{N}$ durch die Maximumsbedingung

$$\left(\frac{\partial \ln Z}{\partial N}\right)_{N=\tilde{N}} - \alpha = 0 \tag{56.1}$$

festgelegt wird. In diesem Fall läßt sich auch das Zustandsintegral $Z(T, N, V)$ leicht angeben: Es wird

$$\ln Z(T, \tilde{N}, V) = \Psi(T, \alpha, V) + \alpha \tilde{N}. \tag{56.2}$$

wo nunmehr α als Funktion von $\tilde{N}$ dadurch erklärt ist, daß die partielle Ableitung der rechten Seite nach α verschwindet, also

$$\frac{\partial \Psi}{\partial \alpha} + \tilde{N} = 0 .$$

Aus Gl. (55.10) folgt

$$N = -\frac{\partial \Psi}{\partial \alpha} = \sum_{l=1}^{\infty} \frac{l V b_l}{\lambda^{3l}} e^{-\alpha l} \tag{56.3}$$

und aus (40.8)

$$\frac{p}{kT} = \frac{\partial \Psi}{\partial V} = \sum_{l=1}^{\infty} \frac{b_l}{\lambda^{3l}} e^{-\alpha l} . \tag{56.4}$$

Hier haben wir angenommen, daß die b_l vom Volumen nicht abhängen, d. h., wir haben $b_l(V)$ durch $b_l(\infty)$ ersetzt. Ähnlich wie früher beim BOSE-Gas geben wir den letzten Gleichungen die folgende Lesart: Wir nennen

$$m_l = \frac{V b_l}{\lambda^{3l}} e^{-\alpha l} = V b_l x^l \quad \text{mit} \quad x = \frac{e^{-\alpha}}{\lambda^3} \tag{56.5}$$

die Zahl der Tröpfchen mit l Atomen. Dann lauten die beiden letzten Gleichungen

$$N = \sum_l l\, m_l \qquad \text{und} \qquad \frac{p}{kT} = \frac{\sum m_l}{V} . \tag{56.6}$$

Danach wirkt hinsichtlich des Druckes jedes der in (56.5) erklärten „Tröpfchen" wie ein freies Gasatom. Eine weitere Rechtfertigung der Auffassung (56.5) bietet die Betrachtung der barometrischen Höhenverteilung der Tröpfchen sowie die Dichteschwankungen, wie sie beim BOSE-Gas in § 54 durchgeführt wurde. Die Anschaulichkeit wird wesentlich beeinträchtigt durch die Tatsache, daß die b_l und damit die m_l auch negativ werden können.

Zur Illustration dieses Umstandes wollen wir eine primitive Anwendung von (56.4) durchführen, nämlich die Berechnung der VAN DER WAALSschen Konstanten a und b in der Zustandsgleichung

$$p = \frac{RT}{V_M - b} - \frac{a}{V_M^2} ,$$

welche bei Entwicklung nach Potenzen von $\frac{1}{V_M}$ übergeht in

$$p = \frac{RT}{V_M} + \frac{RTb - a}{V_M^2} .$$

Zum Vergleich dieser bei mäßigen Verdünnungen brauchbaren Gleichung mit (56.4) nehmen wir an, daß im verdünnten Zustand neben einfachen Molekülen nur Zweierkomplexe zu berücksichtigen sind (höhere Komplexe würden höhere Potenzen von $\frac{1}{V_M}$ liefern). Dann wird aus (56.6)

$$N = m_1 + 2\, m_2 \qquad \text{und} \qquad \frac{p}{kT} = \frac{m_1 + m_2}{V} .$$

Es wird weiterhin nach (56.5)

$$m_1 = V x \qquad \text{und} \qquad m_2 = V b_2 x^2 ,$$

also

$$\frac{N}{V} = x + 2\, b_2 x^2 \qquad \text{und} \qquad \frac{p}{kT} = x + b_2 x^2 .$$

Im verdünnten Zustand ($b_2 x \ll 1$) gibt die Auflösung der ersten Gleichung nach x:

$$x = \frac{N}{V} - 2\, b_2 \frac{N^2}{V^2}$$

Also wird

$$\frac{m_1}{V} = \frac{N}{V} - 2\,b_2\frac{N^2}{V^2} \qquad \text{und} \qquad \frac{m_2}{V} = b_2\frac{N^2}{V^2}.$$

Bei negativem b_2 wird also m_1 größer als N, während m_2 negativ wird. Für den Druck p erhalten wir

$$p = \frac{N\,k\,T}{V} - \frac{k\,T\,N^2\,b_2}{V^2}.$$

Mit dem speziellen Wert (55.5) des zweiten *Cluster*-Integrals wird

$$-\,k\,T\,N^2\,b_2 = N\,k\,T\;4\,N\,v_0 + \frac{N^2}{2}\int\limits_{2r_0}^{\infty} v(r)\,4\,\pi\,r^2\,\mathrm{d}r.$$

Wählen wir speziell für N die LOSCHMIDTsche Konstante, so soll die rechte Seite gleich $(R\,T\,b - a)$ sein. Also bedeutet $b = 4\,N\,v_0$ das vierfache Eigenvolumen der Moleküle (vgl. § 29). Ferner wird

$$\frac{a}{V} = -\frac{N}{2}\int\limits_{2r_0}^{\infty} v(r)\,\frac{N}{V}\,4\,\pi\,r^2\,\mathrm{d}r.$$

Hier ist $\frac{N}{V}\,4\pi\,r^2\,\mathrm{d}r$ die Zahl der Moleküle in der Schale $\mathrm{d}r$, das Integral also die potentielle Energie eines Moleküls in bezug auf alle übrigen. Also ist $-\frac{a}{V}$ gleich der ganzen potentiellen Energie des Gases, wie es von der Thermodynamik verlangt wird (12.5a).

Sobald auch die höheren $b_l\,(b_3, b_4, \ldots)$ bekannt sind, kann man in ähnlicher Weise auch die höheren Virialkoeffizienten A_ν der Zustandsgleichung

$$p = \frac{R\,T}{V} + \frac{1}{V}\sum_\nu \frac{A_\nu}{V^\nu}$$

aus (56.5) und (56.6) berechnen. Diese Berechnung gestaltet sich besonders elegant durch Einführung der sog. irreduziblen *Cluster*-Integrale, auf die wir hier aber nicht weiter eingehen wollen.

§ 57. Die Kondensation.

Das vorstehende Verfahren zur Berechnung der Zustandsgleichung versagt, wenn die Teilchenzahl N einen gewissen kritischen Wert (wir nennen ihn N^*) überschreitet. Zur Erklärung der alsdann auftretenden Situation behandeln wir den Fall, daß wir eine gegebene Zahl N von Molekülen in einem Volumen V unterbringen. Uns interessiert die Zahl m_l der Tröpfchen mit l Molekülen. Nach (56.5) und (56.6) ist diese gegeben durch

$$m_l = V\,b_l\,x^l, \tag{57.1}$$

wobei x durch N festgelegt ist gemäß

$$N = \sum_l l\,m_l = V\sum_{l=1}^{\infty} l\,b_l\,x^l. \tag{57.2}$$

Wenn nun die Reihe (57.2) einen Konvergenzradius x^* besitzt, derart, daß sie für x^* gerade noch konvergiert und hier einen Wert

$$N^* = V\sum_l l\,b_l\,x^{*l}$$

für N liefert, so versagt unsere oben durchgeführte Rechnung offenbar, wenn N größer als N^* wird. Beachten wir nun, daß ja N vorgegeben ist, daß also unmöglich ein Tröpfchen mit mehr als N Molekülen entstehen kann, so muß $m_l = 0$

sein für $l > N$. Wir sind also auch berechtigt, die unendliche Reihe (57.2) zu ersetzen durch ein Polynom

$$\frac{N}{V} = \sum_{l=1}^{N'} l\, b_l\, x^l . \qquad (57.2\text{a})$$

Übrigens kommt es für das Weitere auf den Zahlenwert N' der oberen Grenze gar nicht an. Es genügt, daß dort eine endliche, wenn auch ungeheuer große Zahl steht. Damit hat sich die mathematische Situation radikal verschoben: Anstatt durch eine unendliche Reihe haben wir jetzt N/V durch ein Polynom in x ausgedrückt, bei welchem keine Konvergenzschwierigkeiten existieren. Insbesondere gehört zu jedem N/V ein endlicher Wert von x. Aber diese Verknüpfung von N und x ist von sehr merkwürdiger Art. Zu ihrer Diskussion brauchen wir zunächst einen Ansatz für die b_l. J. E. MAYER setzt als rohe Näherung mit zwei von l unabhängigen Konstanten B und w

$$b_l = B \frac{w^l}{l^{5/2}} .$$

(Nach der gründlichen Untersuchung von KUHRT sollte man eine wesentlich andere l-Abhängigkeit, etwa wie $l^4 w^l e^{-\text{const.}\, l^{2/3}}$ erwarten. Bei dem qualitativen Charakter der nachfolgenden Diskussion ist dieser Unterschied für uns nicht wesentlich.)

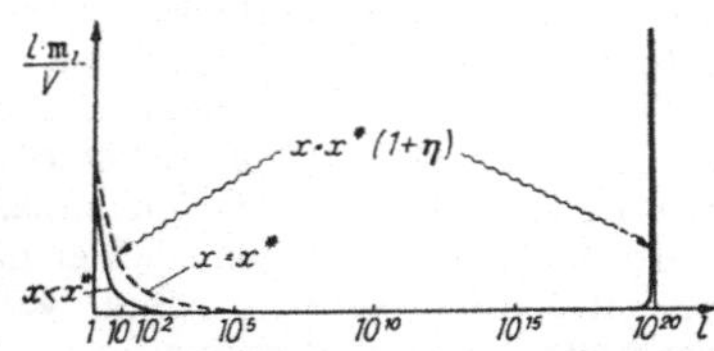

Abb. 79. Die Zahl der in l-er Tröpfchen vereinigten Moleküle als Funktion von l für verschiedene Werte von $x = e^{-\alpha}/\lambda^3$. Eine Überschreitung von x^* ist praktisch unmöglich (Sättigung).

Mit diesem b_l wird also

$$\frac{N}{V} = B \sum_{l=1}^{N'} \frac{(w\,x)^l}{l^{3/2}} \quad \text{und} \quad \frac{m_l}{V} = B \frac{(w\,x)^l}{l^{5/2}} .$$

Wir betrachten die Größe $\frac{l\, m_l}{V} = B \frac{(w\,x)^l}{l^{3/2}}$, das ist die Konzentration der in l-er Tröpfchen vereinigten Moleküle, in Abhängigkeit von l. Sie ist in der schematischen Skizze Abb. 79 zum Ausdruck gebracht. Nennen wir $x^* = \frac{1}{w}$ den Konvergenzradius der bis $l = \infty$ erstreckten Summe, so haben wir für $x < x^*$ einen mit wachsendem l schnell abfallenden Verlauf. Noch bei $x = x^*$ haben wir praktisch nur kleine Tröpfchen und die Konzentration

$$\frac{N^*}{V} = B \sum_l \frac{1}{l^{3/2}} = B \cdot 2{,}61 .$$

Wenn wir jetzt N über N^* hinaus erhöhen, so muß natürlich $x > x^*$ werden. Wir zeigen nun, daß für jedes vernünftige N diese Überschreitung von x^* so ungeheuer klein ist, daß wir praktisch $x = x^*$ für jedes $N > N^*$ setzen können. Setzen wir nämlich mit der kleinen Zahl η: $x = x^*(1+\eta)$, also $wx = 1 + \eta$, so wird die Zahl der in l-er Tröpfchen eingebauten Moleküle je cm³:

$$\frac{l\, m_l}{V} = B \frac{(1+\eta)^l}{l^{3/2}} = B \frac{e^{\eta\, l}}{l^{3/2}} .$$

Wählen wir etwa $\eta = 10^{-12}$, so wird die Tröpfchenzahl bis zu $l = 10^6$ praktisch überhaupt nicht beeinflußt. Dagegen wird für ein Riesentröpfchen $\eta l = 10^8$ $(l = 10^{20})$

$$\frac{l\, m_l}{V} \approx B \frac{e^{(10^8)}}{10^{30}} \approx B \frac{10^{0{,}43 \cdot 10^8}}{10^{30}}$$

also unvorstellbar groß. Bereits bei einer Überschreitung von x^* um 10^{-10} Prozent würden also allein die Tröpfchen mit $l = 10^{20}$ mehr Moleküle enthalten, als im

Weltall zur Verfügung stehen! Für die Verteilung der Moleküle im Fall $N > N^*$ haben wir damit folgendes Bild: Bis zu Tröpfchen der Größenordnung $l = 10^6$ ist die Verteilung „exakt“ dieselbe wie bei $N = N^*$. Alle über N^* hinausgehenden Moleküle werden in Riesentröpfchen mit $l \approx 10^{20}$ eingebaut. Im Rahmen dieser rohen Überlegung hat es keinen Sinn, darüber hinaus nach der Verteilung innerhalb der Riesentröpfchen zu fragen. Es genügt uns, sie als richtiges makroskopisches Kondensat von flüssiger Materie zu erkennen und zu sehen, daß $\frac{N^*}{V}$ die von der Menge der flüssigen Phase unabhängige Dichte des gesättigten Dampfes bedeutet. Man wird bemerken, daß dieses Resultat weitgehend unabhängig ist von der speziellen analytischen Gestalt der b_l sowie von der Art, in welcher man die Summe in (57.2) für extrem große l-Werte abschneidet. Dieser Erfolg des MAYERschen Ansatzes ist deswegen so hoch zu bewerten, weil hier zunächst von einer Existenz der flüssigen Phase überhaupt nicht die Rede war. Diese tritt wirklich erst als Konsequenz der statistischen Theorie in der aus Abb. 80 unmittelbar ersichtlichen Weise auf.

Wir überzeugen uns noch, daß der durch N^* festgelegte Dampfdruck tatsächlich die CLAUSIUS-CLAPEYRON-Gleichung (15.2) befriedigt. Dabei brauchen wir über die b_l keine speziellen Annahmen einzuführen; hinsichtlich des Dampfes wollen wir aber annehmen, daß er noch als ideales Gas behandelt werden kann. Diese Annahme ist nicht nötig (vgl. J. E. MAYER und vor allem KUHRT), sie erleichtert aber die Rechnung.

Nach (57.2) ist $N = V \sum_l l b_l x^l$. Der Konvergenzradius x^* dieser bis $l = \infty$ erstreckten Reihe ist

$$\frac{1}{x^*} = \lim_{\nu \to \infty} (\nu b_\nu)^{\frac{1}{\nu}}. \tag{57.3}$$

Der Druck p ist nach (56.4) $p = kT \sum_l b_l x^l$. Solange der Dampf als ideales Gas betrachtet werden kann, dürfen wir diese Reihe bei $l = 1$ abbrechen. Damit wird der Druck des gesättigten Dampfes einfach

$$p = kT\,x^*, \quad \text{also} \quad \frac{\mathrm{d} \ln p}{\mathrm{d} T} = \frac{1}{T} + \frac{\mathrm{d} \ln x^*}{\mathrm{d} T}. \tag{57.4}$$

Nach (57.3) ist $\ln x^* = \lim_{\nu \to \infty} \left\{ -\frac{1}{\nu} \ln(\nu b_\nu) \right\}$, also

$$\frac{\mathrm{d} \ln x^*}{\mathrm{d} T} = \lim_{\nu \to \infty} \left\{ -\frac{1}{\nu b_\nu} \frac{\mathrm{d} b_\nu}{\mathrm{d} T} \right\}. \tag{57.4a}$$

Um diesen Ausdruck zu interpretieren, berechnen wir die Energie nach (40.8) aus $E = -\frac{\partial \Psi}{\partial \beta}$. Dabei entnehmen wir aus (55.10):

$$\Psi = \sum_l \frac{V b_l}{\lambda^{3l}} e^{-\alpha l} = \sum_l V b_l x^l = \sum_l m_l.$$

Differenzieren nach $\beta = 1/kT$ bei festem α und V ergibt

$$E = \sum_l \left\{ \frac{3}{2} kT\,l m_l + kT^2 V \frac{\mathrm{d} b_l}{\mathrm{d} T} x^l \right\}.$$

Ein einzelner Summand ist die in allen m_l Tröpfchen von l Molekülen enthaltene Energie. Uns interessiert die auf ein Molekül in einem Tröpfchen von $l = \nu$ Molekülen entfallende Energie ε. Dazu haben wir den Summanden mit $l = \nu$ durch $\nu m_\nu = V \nu b_\nu x^\nu$ zu dividieren:

$$\varepsilon_\nu = \frac{3}{2} kT + kT^2 \frac{1}{\nu b_\nu} \frac{\mathrm{d} b_\nu}{\mathrm{d} T}.$$

$\frac{d b_\nu}{d T}$ ist im allgemeinen negativ, wie bereits aus der qualitativen Skizze Abb. 75b der $f(r)$-Werte hervorgeht. Mit

$$\eta_\nu = -k T^2 \frac{1}{\nu b_\nu} \frac{d b_\nu}{d T} \quad \text{folgt} \quad \varepsilon_\nu = \frac{3}{2} k T - \eta_\nu .$$

η_ν hat die Bedeutung einer mittleren Bindungsenergie der Flüssigkeitsmoleküle bei der Tröpfchenbildung. Wir betrachten nun den Grenzfall sehr großer Tröpfchen, d. h. $\nu \to \infty$. Ein Vergleich mit (57.4a) lehrt, daß

$$\frac{d \ln x^*}{d T} = \frac{\eta_\infty}{k T^2}$$

ist. Damit gilt nach (57.4) für die Dampfdruckkurve

$$\frac{d \ln p}{d T} = \frac{k T + \eta_\infty}{k T^2} .$$

Im Zähler steht in der Tat die bei der reversiblen Verdampfung je Molekül aufzuwendende Wärme η_∞ für die Abtrennung eines Moleküls aus der Flüssigkeit und kT für die äußere Arbeit. — Der Angelpunkt dieser Überlegung ist die Formel (57.3) für den Konvergenzradius, welche hier unmittelbare physikalische Bedeutung gewinnt.

§ 58. Die flüssige Phase.

Das in Abb. 80 dargestellte p—v-Diagramm gibt den Verlauf einer Isotherme, wie sie allgemein bei einer kondensierbaren Substanz beobachtet wird:

Bei Abnahme des Volumens haben wir von A bis B die reine Dampfphase, von B bis C (bei konstantem Druck, d. h. dem Dampfdruck) eine Mischung von Dampf und Flüssigkeit, von C bis D schließlich reine Flüssigkeit. Die Mayersche Theorie in der vorliegenden Form liefert in einer grundsätzlich sehr befriedigenden Weise den Knick bei B, also den Verlauf von A über B bis etwa B'. (Vgl. dazu das oben geschilderte Auftreten von Riesentropfen bei Unterschreitung von V_B.) Sie liefert aber keine befriedigende Beschreibung für den bei C einsetzenden Wiederanstieg des Druckes, während man doch erwarten sollte, daß die Funktion

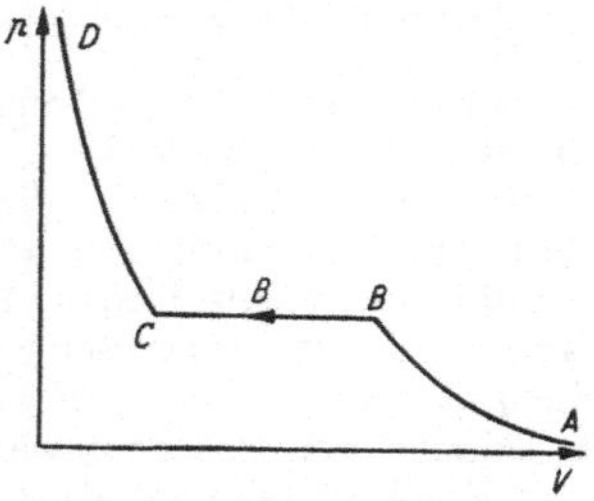

Abb. 80. Eine Isotherme im p—V-Diagramm.

$$\Psi = V \sum_{l=1}^{\infty} \frac{b_l}{\lambda^{3l}} e^{-\alpha l}$$

auch diesen Teil richtig liefern würde, wenn man nur die b_l [definiert durch die Gl. (55.7)] besser berechnen könnte. Wir haben bisher so gerechnet, als ob die b_l alle positiv und vom Volumen unabhängig wären. Das mochte (für tiefe Temperaturen) gestattet sein, solange die Ausdehnung der Tröpfchen klein gegenüber dem Volumen war. Im Punkte C haben wir aber, wenn man überhaupt von Tröpfchen reden will, nur noch ein das ganze Volumen ausfüllendes Tröpfchen. Daß überdies die b_l bei jeder Temperatur auch negative Werte annehmen, folgt aus der noch strengen Gleichung für das Zustandsintegral (55.8)

$$Z(T, V, N) = \frac{1}{\lambda^{3N}} \sum_{\Sigma l m_l = N} \prod_l \frac{(V b_l)^{m_l}}{m_l!} .$$

Stellen wir uns nämlich die Moleküle als harte Kugeln vor, so wird Z exakt gleich Null, wenn N einen Wert $M = \frac{V}{v_0}$ überschreitet, wobei v_0 das dem einzelnen Molekül bei dichtester Packung zur Verfügung stehende Volumen bedeutet. (Denn Z enthält ja den Faktor $\exp[-\beta(v(r_{12}) + v(r_{13}) + \ldots)]$ und bei harten Kugeln wird $v(r)$ unendlich, sobald etwa $r_{12} < 2r_0$ (Abb. 75a) wird.) Also müssen auch die b_l so beschaffen sein, daß die obenstehende Summe für alle $N > M$ gleich Null wird. Das ist nur möglich, wenn viele der b_l negativ sind.

Eine in diesem Sinn befriedigende Abschätzung der b_l liegt bisher nicht vor. Wir begnügen uns daher mit einer Vermutung, wie $\Psi(\alpha)$ aussehen müßte, wenn jene Berechnung gelungen wäre. Setzen wir wieder $x = e^{-\alpha}/\lambda^3$, so sollte (55.10)

$$\Psi(T, x) = V \sum_{l=1}^{\infty} b_l(V)\, x^l \tag{58.1}$$

etwa den folgenden Verlauf haben (Abb. 81b):

Es ist ja $N = x\frac{\partial \Psi}{\partial x}$ die Zahl der im kleinen System I der Abb. 78 vorhandenen Moleküle. Die Größe x ist im wesentlichen proportional zum Druck im „großen System" II der Anordnung Abb. 78. Die Steigung von Ψ gibt die Anzahl der in I vorhandenen Moleküle. Also muß $\Psi(x)$ einen Knick haben bei $x = x^*$. Und zwar geben die Ableitungen $x\frac{\partial \Psi}{\partial x}$ vor dem Knick die Dichte des gesättigten Dampfes, hinter dem Knick dagegen die Dichte der Flüssigkeit. Nunmehr erkennt man die Unzulänglichkeit unserer früheren Darstellung: Wir haben im Gebiet $x < x^*$ (58.1) ersetzt durch

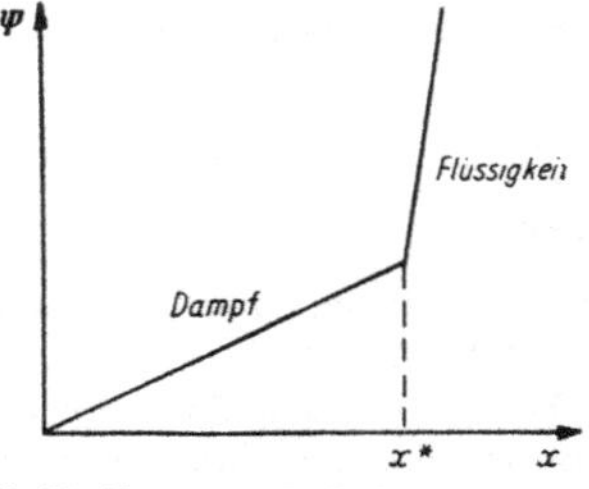

Abb. 81. Vermuteter Verlauf von Ψ in (58.1) als Funktion von x.

$$\Psi = V \sum_{l=1}^{\infty} b_l(\infty)\, x^l . \tag{58.1a}$$

Das war in der Tat gerechtfertigt, da für $x < x^*$ nur relativ kleine Tröpfchen auftreten, bei denen $b_l(V) \approx b_l(\infty)$ ist. Somit kann in diesem Bereich (58.1a) als brauchbarer Ersatz für (58.1) dienen. Ob die Reihe (58.1) mit den richtigen $b_l(V)$ wirklich auch für $x > x^*$ konvergiert und den gewünschten Verlauf nimmt, ist bisher nicht entschieden. In diesem Zusammenhang sei auf eine Studie von Yang und Lee[1] verwiesen. Die in Abb. 81 schematisch wiedergegebene Abhängigkeit der Funktion Ψ vom chemischen Potential, also von α, ist typisch für jede Art von Phasenumwandlung. Eine solche ist stets gekennzeichnet durch einen Knick in der $\Psi(\alpha)$-Kurve, d. h. durch eine Stelle, an welcher $\partial^2\Psi/\partial\alpha^2$ und damit die Schwankung der Teilchenzahl unendlich groß wird. Diese Tatsache wird z. B. von A. Münster[2] ausführlich diskutiert.

§ 59. Die Analogie zwischen dem idealen Bose-Gas und dem realen Gas.

In den beiden Abschnitten A und B hat sich eine merkwürdige Ähnlichkeit der Beschreibung des idealen Bose-Gases einerseits und des — klassisch behandelten — realen Gases andererseits herausgestellt. Tatsächlich fanden wir für die Funktion $\Psi(\beta, \alpha, V)$:

$$\text{Ideales Bose-Gas} \quad \Psi = \frac{V}{\lambda^3} \sum_l \frac{e^{-\alpha l}}{l^{5/2}}, \tag{54.6a}$$

[1] Yang, C. N., u. T. D. Lee: Phys. Rev. **87**, 404, 410 (1952).

[2] Münster, A.: Z. Physik **136**, 179 (1953).

dagegen nach J. E. MAYER für ein

$$\text{reales Gas} \qquad \Psi = V \sum_l \frac{b_l}{\lambda^{3l}} e^{-\alpha l}. \tag{55.10}$$

Angesichts dieser Formeln kann man sagen: Das ideale BOSE-Gas verhält sich wie ein klassisches reales Gas, in welchem die *Cluster*-Integrale den Wert

$$b_l = \frac{\lambda^{3(l-1)}}{l^{5/2}} \tag{59.1}$$

besitzen.

Wir wollen diesen merkwürdigen Tatbestand im Anschluß an KAHN u. UHLENBECK[1] noch von einer anderen Seite her beleuchten. Dazu gehen wir aus von der allgemeinen Form (52.2a) des klassischen Zustandsintegrals

$$Z = \frac{1}{\lambda^{3N} N!} \int \cdots \int e^{-\frac{\Sigma v(r_{ik})}{kT}} d\mathfrak{r}_1 \ldots d\mathfrak{r}_N. \tag{59.2}$$

Hier können wir

$$W(\mathfrak{r}_1, \ldots, \mathfrak{r}_N)\, d\mathfrak{r}_1 \ldots d\mathfrak{r}_N = e^{-\frac{\Sigma v(r_{ik})}{kT}} d\mathfrak{r}_1 \ldots d\mathfrak{r}_N \tag{59.2a}$$

interpretieren als Wahrscheinlichkeit dafür, die einzelnen Teilchen im Intervall $d\mathfrak{r}_1 \ldots d\mathfrak{r}_N$ anzutreffen.

Wir werden zeigen, daß man beim idealen BOSE-Gas die Zustandssumme

$$(Z)_{\text{BOSE}} = \sum_j e^{-\frac{E_j}{kT}} \tag{59.3}$$

ebenfalls in der Form

$$Z = \frac{1}{\lambda^{3N} N!} \int \cdots \int W(\mathfrak{r}_1, \ldots, \mathfrak{r}_N)\, d\mathfrak{r}_1 \ldots d\mathfrak{r}_N \tag{59.3a}$$

schreiben kann. Obwohl hier von einer potentiellen Energie nicht die Rede ist, wird doch das $W(\mathfrak{r}_1, \ldots, \mathfrak{r}_N)$ eine — durch die BOSE-Statistik bewirkte — Tendenz der Teilchen zu Tröpfchenbildung beschreiben, welche im klassischen Fall nur als Folge einer in (55.1) formulierten energetischen Wechselwirkung auftritt

Unsere Aufgabe ist also, ausgehend von (59.3), die in (59.2a) angegebene Funktion $W(\mathfrak{r}_1, \ldots, \mathfrak{r}_N)$ zu ermitteln.

Sind $\psi_j(\mathfrak{r}_1, \ldots, \mathfrak{r}_N)$ die normierten Eigenfunktionen des HAMILTON-Operators zum Eigenwert E_j, so ist (59.3) identisch mit

$$Z = \sum_j e^{-\frac{E_j}{kT}} \int \psi_j^* \psi_j\, d\mathfrak{r}_1 \ldots d\mathfrak{r}_N.$$

Vertauschen der Reihenfolge von Summation und Integration gibt auch

$$Z = \int \cdots \int \left\{ \sum_j e^{-\frac{E_j}{kT}} \psi_j^* \psi_j \right\} d\mathfrak{r}_1 \ldots d\mathfrak{r}_N.$$

Der Integrand wird auch als „Slatersumme" bezeichnet.

Damit haben wir bereits die Form (59.3a) erreicht, wenn wir setzen

$$W(\mathfrak{r}_1, \ldots, \mathfrak{r}_N) = \lambda^{3N} N! \sum_j e^{-\frac{E_j}{kT}} \psi_j^* \psi_j. \tag{59.4}$$

Die $\psi_j(\mathfrak{r}_1, \ldots, \mathfrak{r}_N)$ schreiben wir als Produkte von Ein-Teilchen-Funktionen $\varphi_{\mathfrak{k}}(\mathfrak{r}) = e^{i(\mathfrak{k}\mathfrak{r})}$. Wir verlangen Periodizität im Volumen $V = L^3$, dann sind die

[1] KAHN, B., u. G. E. UHLENBECK: Physica 5, 399 (1938). Vgl. auch G. LEIBFRIED: Z. Physik 128, 133 (1950).

erlaubten $\mathfrak{k}$-Werte mit den ganzen Zahlen ν_1, ν_2, ν_3 gegeben durch (§ 47)

$$,, k_y, k_z = \frac{2\pi}{L}(\nu_1, \nu_2, \nu_3) . \tag{59.5}$$

Die Zahl der im Interval $d\mathfrak{k} = dk_x dk_y dk_z$ liegenden erlaubten $\mathfrak{k}$-Werte ist also gleich

$$\frac{V}{(2\pi)^3} d\mathfrak{k} . \tag{59.5a}$$

Nun kennzeichnen wir einen durch den Index j in (59.4) symbolisierten Zustand durch Ausbreitungsvektoren

$$\mathfrak{K}_1, \mathfrak{K}_2, \ldots, \mathfrak{K}_l, \ldots, \mathfrak{K}_N . \tag{59.6}$$

Jedes dieser $\mathfrak{K}_l$ bedeutet einen der — unendlich vielen — nach (59.5) erlaubten $\mathfrak{k}$-Werte: $\mathfrak{k}_1, \ldots, \mathfrak{k}_s, \ldots$; es möge unter den $\mathfrak{K}_l$ in (59.6)

$$\begin{matrix} n_1\text{-mal der Vektor } \mathfrak{k}_1 , \\ \vdots \quad \vdots \quad \vdots \quad \vdots \\ n_s\text{-mal der Vektor } \mathfrak{k}_s \end{matrix} \tag{59.6a}$$

vorkommen.

Die zu den $\mathfrak{K}_l$ gehörige Energie E_j ist

$$E_j = \sum_l \frac{\hbar^2}{2m} \mathfrak{K}_l^2 . \tag{59.7}$$

Eine Eigenfunktion zu dieser Energie wäre

$$e^{i(\mathfrak{K}_1 \mathfrak{r}_1)} e^{i(\mathfrak{K}_2 \mathfrak{r}_2)} \ldots e^{i(\mathfrak{K}_N \mathfrak{r}_N)} = e^{i \sum_l (\mathfrak{K}_l \mathfrak{r}_l)} .$$

Diese ist aber weder symmetrisch in den $\mathfrak{r}_l$ noch ist sie normiert. Wir erreichen beides, wenn wir setzen [vgl. (48.5)]

$$\psi_j = \frac{1}{\sqrt{V^N} \sqrt{N!\, n_1!\, n_2! \ldots}} \sum_P e^{i \sum_l (\mathfrak{K}_l \mathfrak{r}_{P_l})} . \tag{59.8}$$

P bedeutet eine Permutation der Größen $\mathfrak{r}_1, \mathfrak{r}_2, \ldots, \mathfrak{r}_N$. $\mathfrak{r}_{P_l}$ ist dasjenige $\mathfrak{r}$, welches bei dieser Permutation an die Stelle von $\mathfrak{r}_l$ tritt. (59.8) enthält $N!$ Summanden, die jedoch *nicht* alle paarweise orthogonal sind, da ja bei denjenigen Permutationen, welche nur die $\mathfrak{r}$-Faktoren von unter sich gleichen $\mathfrak{K}_l$ vertauschen, keine neuen Funktionen entstehen. Daher die Division mit $(\prod_s n_s!)^{1/2}$, welche dafür sorgt, daß wirklich

$$\int \cdots \int \psi_j^* (\mathfrak{r}_1, \ldots, \mathfrak{r}_N)\, \psi_j (\mathfrak{r}_1, \ldots, \mathfrak{r}_N)\, d\mathfrak{r}_1 \ldots d\mathfrak{r}_N = 1$$

wird. Nach (59.8) wird

$$\psi_j^* \psi_j = \frac{1}{V^N N! \prod_s n_s!} \sum_P \sum_{P'} e^{i \sum_l \mathfrak{K}_l \left(\mathfrak{r}_{P'_l} - \mathfrak{r}_{P_l}\right)} ,$$

wo P' ebenfalls eine Permutation bedeutet. Nunmehr wird nach (59.4)

$$W(\mathfrak{r}_1, \ldots, \mathfrak{r}_N) = \lambda^{3N} \frac{1}{V^N} \sum_{n_1, n_2, \ldots} \frac{1}{\prod_s n_s!} \sum_P \sum_{P'} e^{\sum_{l=1}^{N} \left\{ i \mathfrak{K}_l \left(\mathfrak{r}_{P_l} - \mathfrak{r}_{P'_l}\right) - \frac{\hbar^2 \beta}{2m} \mathfrak{K}_l^2 \right\}}$$

Wenn wir hier jedes einzelne $\mathfrak{K}_l$ — unabhängig von den übrigen — alle Werte der erlaubten $\mathfrak{k}_s$ durchlaufen lassen, so erhalten wir stets einen in dem Schema (59.6a) der $n_1, n_2, \ldots$ vertretenen Zustand. Jedoch tritt dabei jeder derartige

Zustand gerade $\frac{N!}{\prod_s n_s!}$ mal auf. Bei der unabhängigen Summation müssen wir also jeden Term vorher mit $\frac{\prod_s n_s!}{N!}$ multiplizieren. Damit hebt sich das lästige $\prod_s n_s!$ zum Glück wieder heraus.

Weiterhin ist es gestattet, die $\sum_{P'}$ durch den Faktor $N!$ zu ersetzen. Alsdann wird

$$W(\mathfrak{r}_1, \ldots, \mathfrak{r}_N) = \lambda^{3N} \frac{1}{V^N} \sum_P \prod_{l=1}^{N} \sum_{\mathfrak{k}} e^{i\mathfrak{k}(\mathfrak{r}_{P_l} - \mathfrak{r}_l) - \frac{\hbar^2 \beta}{2m}\mathfrak{k}^2}.$$

Nunmehr ersetzen wir die $\sum_{\mathfrak{k}}$ mittels (59.5a) durch $\frac{V}{(2\pi)^3}\int d\mathfrak{k}$. Dann wird

$$\sum_{\mathfrak{k}} e^{i\mathfrak{k}(\mathfrak{r}_{P_l} - \mathfrak{r}_l) - \frac{\hbar^2 \beta}{2m}\mathfrak{k}^2} = \frac{V}{\lambda^3} e^{-\frac{\pi}{\lambda^2}(\mathfrak{r}_{P_l} - \mathfrak{r}_l)^2}.$$

Somit wird schließlich

$$W(\mathfrak{r}_1, \ldots, \mathfrak{r}_N) = \sum_P e^{-\frac{\pi}{\lambda^2} \sum_{l=1}^{N} (\mathfrak{r}_{P_l} - \mathfrak{r}_l)^2}. \tag{59.9}$$

Das ist die in (59.4) angekündigte Wahrscheinlichkeitsfunktion für die räumliche Verteilung.

Zur vollständigen Berechnung der Zustandssumme (59.3) haben wir W noch über die $\mathfrak{r}$ zu integrieren. Zu dem Zweck fassen wir den Exponenten in (59.9) für eine willkürlich herausgegriffene Permutation für den Fall $N = 9$ näher ins Auge:

$$\begin{array}{c|cccc|cc|cc|c} \mathfrak{r} & 1 & 2 & 3 & 4 & 5 & 6 & 7 & 8 & 9 \\ \hline \mathfrak{r}_P & 3 & 4 & 2 & 1 & 6 & 5 & 8 & 7 & 9 \end{array}. \tag{59.10}$$

Hier stehen unter den Zahlen 1 bis 9 diejenigen, welche durch die Permutation an ihren Platz treten. Schreiben wir r_{ik}^2 an Stelle von $(\mathfrak{r}_i - \mathfrak{r}_k)^2$, so wird der Exponent in (59.9) mit dieser speziellen Permutation

$$= -\frac{\pi}{\lambda^2}\left\{\underbrace{r_{13}^2 + r_{24}^2 + r_{32}^2 + r_{41}^2} + \underbrace{r_{56}^2 + r_{65}^2} + \underbrace{r_{78}^2 + r_{87}^2}\right\}.$$

Das Integral $\int W d\mathfrak{r}_1 \ldots d\mathfrak{r}_9$ zerfällt hier in vier Faktoren, nämlich

$$\int e^{-\frac{\pi}{\lambda^2}(r_{13}^2 + r_{21}^2 + r_{32}^2 + r_{41}^2)} d\mathfrak{r}_1 d\mathfrak{r}_2 d\mathfrak{r}_3 d\mathfrak{r}_4 \times$$
$$\times \int e^{-\frac{\pi}{\lambda^2}(r_{56}^2 + r_{65}^2)} d\mathfrak{r}_5 d\mathfrak{r}_6 \int e^{-\frac{\pi}{\lambda^2}(r_{78}^2 + r_{87}^2)} d\mathfrak{r}_7 d\mathfrak{r}_8 \int d\mathfrak{r}_9 .$$

Man sagt auch, unsere Permutation besteht aus mehreren Zyklen, und zwar aus einem Zyklus von vier Elementen, zwei Zyklen von zwei Elementen und einem Zyklus von einem Element. Bezeichnen wir mit A_l den Beitrag eines Zyklus von l Elementen, nämlich

$$A_l = \int e^{-\frac{\pi^2}{\lambda^2}(r_{12}^2 + r_{23}^2 + \cdots + r_{l1}^2)} d\mathfrak{r}_1 \ldots d\mathfrak{r}_l, \tag{59.11}$$

so wird der Beitrag der hervorgehobenen Permutation (59.10) zu $\int W d\mathfrak{r}_1 \ldots d\mathfrak{r}_9$ gleich

$$A_4 A_2^2 A_1 .$$

Der allgemeine Ausdruck für einen der in (59.9) auftretenden Summanden wird daher

$$\prod_l (A_l)^{m_l} \qquad \text{mit} \qquad \sum_l l\, m_l = N .$$

Dabei ist m_l die Anzahl der in P enthaltenen Zyklen mit l Elementen. Somit folgt aus (59.9)

$$\int W \, d\mathfrak{r}_1 \ldots d\mathfrak{r}_N = \sum_{\sum_l l m_l = N} S_{m_1,\ldots,m_l\ldots} \prod_l (A_l)^{m_l}. \tag{59.12}$$

Dabei ist $S_{m_1, m_2, \ldots}$ = Anzahl der Permutationen mit m_l Zyklen von l Elementen ($l = 1, 2, \ldots$). Die $\sum$ ist alsdann über alle Zahlenfolgen m_l mit $\sum_l l m_l = N$ zu erstrecken. Zur Auswertung haben wir noch A_l und $S_{m_1, m_2, \ldots}$ zu berechnen. Bei der Berechnung von A_l beachten wir, daß der Integrand nur dann wesentlich von Null verschieden ist, wenn die Abstände r_{12}, r_{23}, usw. die DE-BROGLIE-Wellenlänge nicht wesentlich überschreiten. Bei großem V dürfen wir daher die Integrationen hinsichtlich $d\mathfrak{r}_1, \ldots, d\mathfrak{r}_{l-1}$ von $-\infty$ bis $+\infty$ erstrecken. Alsdann liefert die Integration nach $d\mathfrak{r}_l$ einfach einen Faktor V. Die Auswertung gibt

$$A_l = \frac{V \lambda^{3l}}{l^{3/2} \lambda^3}. \tag{59.12a}$$

Zur Berechnung von $S_{m1, m2, \ldots}$ betrachten wir noch einmal das Beispiel (59.10).

1. Aus (59.10) bekommt man eine gleichwertige Zykleneinteilung, wenn man die *Anordnung innerhalb der Zyklen* ändert. So hat man die Wahl, unter die 1 eine 2 oder 3 oder 4 zu schreiben. Das gibt $3 \cdot 2 \cdot 1 = (4-1)!$. Im ganzen hat man also einen Faktor $\prod_l [(l-1)!]^{m_l}$.

2. Man kann die in verschiedenen Zyklen enthaltenen Zahlen untereinander austauschen. Das gibt den Faktor

$$\frac{N!}{\prod_l (l!)^{m_l}}.$$

3. In 2. hat man jedoch eine Vertauschung gleichlanger Zyklen unter sich als neue Fälle gezählt. Also hat man noch durch $\prod_l m_l!$ zu dividieren.

Damit hat man schließlich

$$S_{m_1,\ldots,m_l} = \frac{N!}{\prod_l l^{m_l} m_l!}. \tag{59.12b}$$

Zur Kontrolle von (59.12b) kann man sich überzeugen, daß tatsächlich

$$\sum_{\sum_l l m_l = N} S_{m_1,\ldots,m_l} = N! \qquad \text{oder} \qquad \sum_{\sum_l l m_l = N} \prod_l \frac{1}{l^{m_l} m_l!} = 1$$

ist. Zu dem Zweck betrachte man

$$G(x) = \sum_{\text{alle } m_l} \prod_l \frac{x^{l \cdot m_l}}{l^{m_l} m_l!}$$

als Potenzreihe von x. Dann ist zu zeigen, daß der Faktor von x^N gleich 1 wird, daß also, da ja N in $G(x)$ gar nicht auftritt,

$$G(x) = 1 + x + x^2 + x^3 + \cdots = \frac{1}{1-x}$$

ist. In der Tat ist

$$G(x) = \prod_l e^{\frac{x^l}{l}} = e^{\sum \frac{x}{l}} = e^{-\ln(1-x)} = \frac{1}{1-x}.$$

Mit (59.12a) und (59.12b) wird nunmehr aus (59.12)

$$\int W\,d\mathfrak{r}_1 \ldots d\mathfrak{r}_N = N! \sum_{\substack{\Sigma l m_l = N \\ l}} \prod_l \left(\frac{V\lambda^{3l}}{l^{5/2}\lambda^3}\right)^{m_l} \frac{1}{m_l!}\,.$$

(Kontrolle: Bei extremer Verdünnung wird $m_1 = N$, alle anderen $m_l = 0$. Dann wird $\int W d\mathfrak{r}_1 \ldots d\mathfrak{r}_N = V^N$.) Nach (59.3a) wird jetzt

$$Z = \frac{1}{\lambda^{3N}} \sum_{\substack{\Sigma m_l l = N \\ l}} \prod_l \left(\frac{V\lambda^{3l}}{l^{5/2}\lambda^3}\right)^{m_l} \frac{1}{m_l!}\,.$$

Z wird also tatsächlich mit dem Ausdruck (55.8) der J. E. MAYERschen Theorie identisch, wenn wir darin

$$b_l = \frac{\lambda^{3(l-1)}}{l^{5/2}}$$

setzen. Das ist aber die bereits in (59.1) angegebene Beziehung.

§ 60. Die Keimbildung[1].

a) Allgemeines.

In der Lehre vom thermischen Gleichgewicht wird gezeigt, daß zwei Phasen im Gleichgewicht nebeneinander bestehen können, wenn ihre chemischen Potentiale gleich sind. So können Flüssigkeit und Dampf nur bei einem bestimmten, von T abhängigen Druck, eben dem Druck des gesättigten Dampfes, nebeneinander bestehen.

Eine ganz andere Frage ist diejenige nach der *Entstehung* der zweiten Phase, wenn bei Erreichung der Gleichgewichtsbedingung zunächst nur eine Phase vorhanden ist. Für den Fall des übersättigten Dampfes haben wir auf die hier auftretende Schwierigkeit bereits in § 13, speziell an Hand der Abb. 23, sowie in § 22 hingewiesen. Die Kondensation innerhalb des Dampfes muß damit anfangen, daß sich zunächst kleine Tröpfchen bilden. Der Dampfdruck eines Tröpfchens ist aber um so größer, je kleiner das Tröpfchen ist, so daß bei einer gegebenen Übersättigung nur solche Tröpfchen wachsen können, deren Radius r einen bestimmten Wert $r_\varkappa$ überschreitet. Alle Tröpfchen mit kleinerem r haben die Tendenz, wieder zu verdampfen. Der Index $\varkappa$ bedeute die Zahl der Moleküle im kritischen Tröpfchen.

Wir erinnern zunächst an den in § 22 gegebenen Ausdruck für den Dampfdruck p_ν eines aus ν Molekülen bestehenden Tröpfchens:

$$\ln\frac{p_\nu}{p_\infty} = \frac{2\sigma v_0}{kT r_\nu} \tag{60.1}$$

oder auch

$$\ln\frac{p_\nu}{p_\infty} = \frac{2\sigma O_\nu}{3kT\nu}, \tag{60.2}$$

denn es gilt $\frac{v_0}{r_\nu} = \frac{4\pi r_\nu^3}{3\nu r_\nu} = \frac{O_\nu}{3\nu}$, wobei $O_\nu = 4\pi r_\nu^2$ die Oberfläche eines Tröpfchens aus ν Molekülen ist. O_ν ist proportional zu $\nu^{2/3}$.

---

[1] Vgl. dazu insbesondere M. VOLMER: Kinetik der Phasenbildung. Verlag Th. Steinkopff Dresden 1939.

Ist nun speziell p der Druck des übersättigten Dampfes, so definieren wir die Übersättigung x durch

$$x = \ln \frac{p}{p_\infty}. \tag{60.3}$$

Der zu gegebenem x gehörige Radius $r_\varkappa$ des kritischen Tröpfchens (oder des Keimes) ist nach (60.2) bestimmt durch

$$x = \frac{2\sigma v_0}{kT r_\varkappa}. \tag{60.4}$$

Eine Kondensation des übersättigten Dampfes kann nur erfolgen, wenn zunächst durch eine mit einer Entropieabnahme verbundene Schwankungserscheinung ein Keim entstanden ist. Die Häufigkeit dieser Keimbildung ist entscheidend dafür, ob bei gegebener Übersättigung eine Keimbildung (d. h. die Bildung eines Nebels) zu erwarten ist oder nicht. Es wird sich ergeben, daß diese Häufigkeit in sehr empfindlicher Weise von der Übersättigung x abhängt, derart, daß innerhalb eines relativ engen Bereiches von x die ganze Skala von „fast niemals" bis zu „ungeheuer häufig" durchlaufen wird. Man hat danach ein Recht, von einem kritischen Wert der Übersättigung zu sprechen.

b) Eine rohe Abschätzung.

Bereits eine rohe Abschätzung wird uns wesentliche Züge des Phänomens erkennen lassen. Der Zusammenhang zwischen Entropie und Wahrscheinlichkeit läßt uns vermuten, daß die Keimbildungshäufigkeit J proportional zu $\exp\left(-\frac{S}{k}\right)$ ist, wenn S die mit der Bildung eines Keims verbundene Entropieabnahme bedeutet. Um diese zu ermitteln, berechnen wir zunächst die Arbeit A, welche man aufwenden muß, um in reversibler Weise im Dampfraum (Druck p) ein Tröpfchen vom Radius $r_\varkappa$ zu erzeugen. Die Erzeugung kann in vier Schritten erfolgen:

1. Entnahme von $\varkappa$ Molekülen aus dem Dampfraum,
2. Expansion von p auf p_∞,
3. Kondensation auf einer ebenen Flüssigkeitsoberfläche,
4. Bildung eines Tröpfchens der Oberfläche $O_\varkappa$.

Die Beiträge der Schritte 1. und 3. kompensieren sich gegenseitig. Es bleiben von 2. und 4. die Beiträge

$$A = -\varkappa kT \ln \frac{p}{p_\infty} + \sigma O_\varkappa .$$

Nach (60.2) ist der erste Summand gleich $-\frac{2}{3}\sigma O_\varkappa$, so daß im ganzen bleibt

$$A = \tfrac{1}{3}\sigma O_\varkappa . \tag{60.5}$$

Damit die Energie des Systems vor und nach der Bildung des Tröpfchens die gleiche sei, muß ihm bei dem geschilderten Prozeß die Wärme $Q = A$ entzogen werden. Die gesuchte Entropieabnahme beträgt also $S = \frac{1}{3}\frac{\sigma O_\varkappa}{T}$. Für die Keimbildungshäufigkeit J erwarten wir somit einen Ausdruck der Form

$$J = K e^{-\frac{\sigma O_\varkappa}{3kT}}, \tag{60.6}$$

wo der Faktor K natürlich noch weitgehend unbestimmt ist. Der die ganze Theorie beherrschende Exponent

$$B = \frac{\sigma O_\varkappa}{3kT} \tag{60.7}$$

hängt in überraschend einfacher Weise mit der Übersättigung x zusammen. Setzt man nämlich in $O_\varkappa = 4\pi r_\varkappa^2$ den aus (60.4) folgenden Wert $r_\varkappa = \frac{2\sigma v_0}{kT\,x}$ ein, so ergibt sich

$$B = \frac{16\pi}{3} \frac{\sigma^3 v_0^2}{(kT)^3} \frac{1}{x^2}. \tag{60.7a}$$

Speziell für Wasser ist $\sigma = 75$ dyn/cm und $v_0 = 18/(6 \cdot 10^{23})$ cm^3. Für $T = 275°$ K wird

$$B = \frac{115}{x^2}. \tag{60.7b}$$

Man erkennt an dem BOLTZMANN-Faktor

$$e^{-\frac{115}{x^2}} = 10^{-\frac{50}{x^2}}$$

die ungeheuer starke Abhängigkeit der Keimbildung J von der Übersättigung x. Eine Änderung von x um 1% bewirkt bereits einen Faktor 10 in der Keimbildungshäufigkeit. Um unseren Ansatz (60.6) weiter zu diskutieren, müssen wir uns zu einer Vermutung über die Größenordnung von K entschließen. Dazu betrachten wir in naiver Weise die Keimbildung als eine Art Lotteriespiel, bei welchem wir jeden Zusammenstoß zwischen zwei Molekülen als Ansatz zu einer Keimbildung ansehen und den BOLTZMANN-Faktor als Gewinnchance betrachten, d. h. als Wahrscheinlichkeit dafür, daß ein Zusammenstoß wirklich zur Keimbildung führt. K müßte bei dieser Auffassung gleich der Zahl der gaskinetischen Zusammenstöße je sec und cm^3 sein. Bei Atmosphärendruck ist die sekundliche Stoßzahl eines Moleküls etwa 10^{10} sec^{-1}. Mit 10^{19} Molekülen im cm^3 wäre also $K = 10^{29}$. Bei einem Sättigungsdruck von $^1/_{100}$ Atm hätten wir demnach $K \approx 10^{25}$. Mit den in (60.7b) notierten speziellen Werten für Wasser liefert (60.6) als Keimbildungshäufigkeit

$$J(x) \approx 10^{25\left(1-\frac{2}{x^2}\right)} \text{cm}^{-3}\,\text{sec}^{-1}. \tag{60.8}$$

Die kritische Übersättigung muß in der Nähe von $J(x) = 1$ liegen, d. h. etwa bei $x^2 = 2$, also $\ln\frac{p}{p_\infty} = 1{,}41$, entsprechend $p/p_\infty = 4{,}12$.

Wir hätten also — bei Abwesenheit von Störungen durch Staubpartikel u. dgl. — erst bei etwa 4facher Übersättigung spontane Keimbildung zu erwarten. Das entspricht tatsächlich der experimentellen Beobachtung. Man bestätigt an (60.8) leicht, daß für $x^2 = 2{,}2$ bzw. $x^2 = 1{,}8$ bereits $J(x) \approx 10^3$ bzw. 10^{-3} zu erwarten wäre.

c) Kinetik der Keimbildung[1].

Zum Zweck einer kinetischen Behandlung müssen wir zunächst eine der Rechnung zugängliche experimentelle Anordnung wählen, in welcher die Keimbildungshäufigkeit bei einem stationären Vorgang gezählt werden kann. In einem abgegrenzten Volumen des übersättigten Dampfes seien Tröpfchen verschiedener Größe vorhanden. n_ν sei die Zahl der Tröpfchen mit ν Molekülen ($\nu = 1, 2, \ldots, l, \ldots, \varkappa, \ldots, s$). Speziell sei $\varkappa$ die Molekülzahl der kritischen Tröpfchen. Um die völlige Kondensation des Dampfes an Tröpfchen mit $\nu > \varkappa$ zu verhindern, soll jedes Tröpfchen, welches die Größe $\nu = s$ erreicht hat, aus dem Dampfraum herausgefischt und gezählt werden. Auf die genaue Größe von s wird es für die Rechnung nicht ankommen. Nur muß $s > \varkappa$ sein. Gleichzeitig wird die entspre-

[1] BECKER, R., u. W. DÖRING: Ann. Physik (5.) **24**, 719 (1935). — KUHRT, F.: Z. Physik **131**, 205 (1951).

chende Molekülzahl — in Form von Einzelmolekülen — dem ins Auge gefaßten Volumen wieder zugeführt. Damit haben wir einen durchaus stationären Zustand erreicht. Die Zahl der sekundlich herausgefischten s-Tröpfchen nennen wir die Keimbildungshäufigkeit J. Ein hervorgehobenes Tröpfchen von ν Molekülen soll seine Molekülzahl nur dadurch ändern können, daß es entweder ein einzelnes Molekül einfängt (Übergang $\nu \to \nu + 1$) oder daß ein Molekül von seiner Oberfläche verdampft (Übergang $\nu \to \nu - 1$). Nunmehr bezeichnen wir

n_ν Zahl der Tröpfchen mit ν Molekülen,

O_ν die um die molekulare Wirkungssphäre vergrößerte *Oberfläche* eines solchen Tröpfchens,

$w_I\,dt$ die Zahl der aus dem Dampfraum in der Zeit dt auf die Flächeneinheit kondensierenden Moleküle,

$w_\nu\,dt$ die von einem Tröpfchen mit ν Molekülen in der Zeit dt von der Flächeneinheit verdampfenden Moleküle.

Dann muß im stationären Zustand gelten

$$J = n_\nu w_I O_\nu - n_{\nu+1} w_{\nu+1} O_\nu \quad \text{für alle } \nu\,. \tag{60.9}$$

Setzen wir noch

$$w_\nu = g_\nu w_I\,,$$

so wird auch

$$\frac{J}{w_I O_\nu} = n_\nu - g_{\nu+1} n_{\nu+1}\,.$$

Jetzt schreibt man diese Gleichungen, beginnend mit $\nu = l$, untereinander, also

$$\left.\begin{aligned} \frac{J}{w_I O_l} &= n_l - g_{l+1} n_{l+1}\,,\\ \frac{J}{w_I O_{l+1}} &= n_{l+1} - g_{l+2} n_{l+2}\,,\\ &\cdots\cdots\cdots\cdots\\ \frac{J}{w_I O_{s-1}} &= n_{s-1} - g_s n_s\,. \end{aligned}\right\} \tag{60.10}$$

Bei unserm vorhin beschriebenen Modell war dauernd $n_s = 0$. Wir eliminieren nun aus unsern Gleichungen alle $n_{l+1}, n_{l+2}, \ldots$ indem wir die zweite Gleichung mit g_{l+1}, die dritte mit $g_{l+1} g_{l+2}$ multiplizieren usw. und alle Gleichungen addieren. Dann erhalten wir

$$\left.\begin{aligned} J\left(1 + \frac{O_l}{O_{l+1}} g_{l+1} + \cdots + \frac{O_l}{O_\nu} g_{l+1} g_{l+2} \cdots g_\nu + \cdots \frac{O_l}{O_{s-1}} g_{l+1} g_{l+2} \cdots g_{s-1}\right)\\ = w_I O_l n_l\,. \end{aligned}\right\} \tag{60.11}$$

Hier steht rechts die sekundliche Zahl von Zusammenstößen der l-er Tröpfchen mit einfachen Gasmolekülen. Der Faktor bei J ist also das Reziproke der Wahrscheinlichkeit dafür, daß ein solcher Zusammenstoß zur Keimbildung führt. Nun ist $g_\nu = w_\nu/w_I$ gleich dem Verhältnis des Dampfdrucks eines Tröpfchens mit ν Molekülen zum gegebenen Dampfdruck. Dieser ist aber seinerseits gleich dem Dampfdruck des kritischen Tröpfchens mit $\nu = \varkappa$. Also wird

$$g_\nu = \frac{p_\nu}{p} = \frac{p_\nu}{p_\infty}\,\frac{p_\infty}{p} = e^{\frac{2\sigma O_\nu}{3kT\nu} - \frac{2\sigma O_\varkappa}{3kT\varkappa}}. \tag{60.12}$$

Bei der Berechnung von $\prod\limits_{l+1}^{\nu} g_\mu$ tritt im Exponenten $\sum\limits_\nu \frac{O_\nu}{\nu}$ auf. Da O_ν proportional zu $\nu^{2/3}$ ist, erhält man bei Ersatz von $\sum\limits_\nu$ durch $\int d\nu$:

$$\prod_{l+1}^{\nu} g_\mu = e^{\frac{\sigma(O_\mu - O_l)}{kT} - (\nu - l)\frac{2\sigma O_\varkappa}{3kT\varkappa}}.$$

Mit $O_\nu = O_\varkappa (\nu/\varkappa)^{2/3}$ und Abspaltung eines von ν unabhängigen Faktors resultiert mit der in (60.7) eingeführten Größe B

$$\prod_{l+1}^{\nu} g_\mu = e^{B\left(-3\left(\frac{l}{\varkappa}\right)^{2/3}+2\frac{l}{\varkappa}\right)} e^{B\left(3\left(\frac{\nu}{\varkappa}\right)^{2/3}-2\left(\frac{\nu}{\varkappa}\right)\right)}.$$

Setzen wir $\left(\frac{\nu}{\varkappa}\right)^{1/3} = 1 + u$, so wird

$$3\left(\frac{\nu}{\varkappa}\right)^{2/3} - 2\left(\frac{\nu}{\varkappa}\right) = 1 - 3u^2 - 2u^3$$

also

$$\prod_{l+1}^{\nu} g_\mu = e^{B\left(1-3\left(\frac{l}{\varkappa}\right)^{2/3}+2\frac{l}{\varkappa}\right)} e^{-3Bu^2},$$

wobei wir das Glied mit u^3 fortgelassen haben, da doch nur kleine Werte von u wesentliche Beiträge zum Resultat liefern. Nach (60.11) haben wir jetzt noch die Größen

$$\frac{O_l}{O_\nu} \prod_{l+1}^{\nu} g_\mu \quad \text{für} \quad \nu = l \quad \text{bis} \quad \nu = s - 1$$

zu summieren. Wir ersetzen diese Summe durch ein Integral. Dabei beachten wir:

$$\frac{O_l}{O_\nu} d\nu = \frac{l^{2/3}}{\nu^{2/3}} d\nu = 3 l^{2/3} \varkappa^{1/3} du.$$

Die Integration über u können wir ohne Bedenken von $-\infty$ bis $+\infty$ erstrecken. Für J erhalten wir damit aus (60.11)

$$J = w_I n_l O_l \cdot \frac{1}{3} l^{-2/3} \varkappa^{-1/3} \sqrt{\frac{3B}{\pi}} e^{-B\left(1-3\left(\frac{l}{\varkappa}\right)^{2/3}+2\frac{l}{\varkappa}\right)}. \tag{60.13}$$

Zur weiteren Diskussion brauchen wir noch die Zahl n_l der Tröpfchen mit l Molekülen, von denen wir ja bei unserer Summation in dem Schema (60.10) ausgingen. Das einfachste wäre natürlich, $l = 1$ zu setzen, dann hat $w_I n_1 O_1$ die Bedeutung der gaskinetischen Zusammenstöße, welche wir oben mit K bezeichnet haben. Im Exponenten kann man dann $\frac{l}{\varkappa}$ als klein gegen 1 ignorieren ($\varkappa$ ist bei Wasser etwa gleich 100). Der verbleibende Faktor $\frac{1}{3}\varkappa^{-1/3}\sqrt{\frac{3B}{\pi}}$ schließlich ist für den Wert der kritischen Übersättigung bedeutungslos, so daß wir in gewissem Sinne die Vermutung (60.6) und die dort gegebene zahlenmäßige Abschätzung (60.8) gerechtfertigt haben.

Tatsächlich ist es höchst bedenklich, unsere Berechnung mit $l = 1$ zu beginnen. Man müßte doch l mindestens so groß wählen, daß es einen Sinn hat, von einer Oberflächenspannung zu reden. Davon kann aber für „Tröpfchen" mit nur ganz wenigen Molekülen nicht die Rede sein. Eine korrektere Diskussion von (60.13) verlangt daher, daß man — etwa im Anschluß an die in § 57 behandelte Mayersche Theorie — einen Ausdruck für n_l berechnet und diesen in (60.13) einsetzt. Danach darf natürlich die willkürlich gewählte Zahl l im Ausdruck für J nicht mehr vorkommen. Die entsprechende Rechnung wurde von Kuhrt durchgeführt. Dabei machte er die Entdeckung, daß die — auch von uns — benutzte Form (60.2) der Thomsonschen Gleichung nicht exakt richtig ist, sondern durch

$$\ln \frac{p_\nu}{p_\infty} = \frac{2}{3} \frac{\sigma O_\nu}{kT\nu} - \frac{4}{\nu} \tag{60.14}$$

zu ersetzen ist. Bei der üblichen Begründung von (60.2) geht der Zusatz $-\frac{4}{v}$ dadurch verloren, daß man das Tröpfchen nicht als ein im Gas schwebendes Riesenmolekül, sondern als ruhendes makroskopisches Gebilde zu behandeln pflegt.

V. Der feste Körper.

A. Kalorische Eigenschaften.

§ 61. Klassische Behandlung.

Bei der Beschreibung des physikalischen Verhaltens von Kristallen kann man immer von einem leicht übersehbaren idealen Grenzfall ausgehen. Dieser ideale Kristall besteht aus einer regelmäßigen Anordnung von ruhenden Atomen in einem Kristallgitter. Jedes Atom ist auf seinem Gitterpunkt fixiert. Die durch Temperaturbewegung oder elastische Beanspruchungen erzeugten Verschiebungen benachbarter Atome sind klein gegen ihren Abstand. Der Zusammenhalt des festen Körpers und die Einzelheiten des Kristallbaus werden durch die Anziehungskräfte der Atome bestimmt. Im allgemeinen fallen diese Kräfte so schnell mit der Entfernung ab, daß nur die Wechselwirkung nahe benachbarter Atome eine wesentliche Rolle spielt. Im idealen Zustand ist die potentielle Energie zwischen den Atomen des Kristalls ein Minimum.

Zur Beschreibung der Atomlagen verwenden wir die drei (kartesischen) Komponenten der Verschiebungen q_λ der Atome aus der idealen Lage. Einem aus N Atomen bestehenden Kristall sind dann $3N$ Koordinaten $q_1, q_2, \ldots, q_{3N}$ zugeordnet. Die potentielle Energie Φ des Kristalls hängt von allen $3N$ Koordinaten ab. Der ideale Zustand (Gleichgewichtslage) ist dann dadurch definiert, daß die potentielle Energie ein Minimum hat. Die kinetische Energie ist durch $E_{kin} = \sum_{\lambda=1}^{3N} \frac{M}{2} \dot{q}_\lambda^2$ gegeben, wenn die beteiligten Atome alle die gleiche Masse M haben, was wir hier der Einfachheit halber voraussetzen wollen. Damit wird dann die Hamilton-Funktion

$$\mathcal{H} = \sum_{\lambda=1}^{3N} \frac{1}{2M} p_\lambda^2 + \Phi(q_1, \ldots, q_{3N}) . \tag{61.1}$$

Dabei sind die $p_\lambda = M\dot{q}_\lambda$ die zu den q_λ kanonisch konjugierten Impulse. Die potentielle Energie ist eine zunächst nicht näher bekannte Funktion der Koordinaten. Wir wissen von ihr nur, daß die ersten Ableitungen nach den Koordinaten sämtlich verschwinden, da der ideale Zustand durch das Minimum von Φ definiert ist. Ferner wissen wir, daß die thermischen Verschiebungen der Atome aus der Gleichgewichtslage klein gegenüber der Gitterkonstanten sind, also nur kleine Werte von q_λ interessieren[1]. So liegt es nahe, die potentielle Energie nach den Koordinaten zu entwickeln. Der konstante Term dieser Entwicklung ist die Energie des Kristalls im idealen Zustand. Durch geeignete Normierung des Potentials kann er zum Verschwinden gebracht werden. Im übrigen spielt dieser

[1] Die Gleichgewichtslage ist nur bis auf eine Verschiebung und Drehung des ganzen Kristalls definiert. Bei der folgenden Behandlung denke man sich den Kristall zur Vermeidung von Schwerpunktsbewegung und Rotation an drei Punkten (zusätzlichen Atomen) fixiert.

konstante Term für die Bewegungsgleichung keine Rolle. Der lineare Term verschwindet ebenfalls, da wir vom Minimum der potentiellen Energie ausgegangen sind. Der erste nichtverschwindende Beitrag ist das in den Koordinaten quadratische Entwicklungsglied

$$\Phi = \tfrac{1}{2} \sum_{\nu,\mu=1}^{3N} \Phi_{\nu\mu} q_\nu q_\mu \quad \text{mit} \quad \Phi_{\nu\mu} = \Phi_{\mu\nu} = \left.\frac{\partial^2 \Phi}{\partial q_\nu \partial q_\mu}\right|_{\text{alle } q_\lambda = 0}, \tag{61.2}$$

wobei die Koeffizienten dieser Entwicklung die zweiten Ableitungen von Φ in der Gleichgewichtslage sind. In dieser Näherung ist die potentielle Energie wie auch die HAMILTON-Funktion eine homogen quadratische Funktion der Koordinaten

$$\mathcal{H} = \sum_{\lambda=1}^{3N} \frac{1}{2M} p_\lambda^2 + \sum_{\nu,\mu=1}^{3N} \tfrac{1}{2} \Phi_{\nu\mu} q_\nu q_\mu . \tag{61.1a}$$

Die Wahrscheinlichkeitsverteilung für Impulse und Koordinaten ist dann

$$W(p_1, \ldots, q_{3N})\, \mathrm{d}p_1 \ldots\ldots \mathrm{d}q_{3N} = \text{const}\, e^{-\beta\mathcal{H}}\, \mathrm{d}p_1 \ldots\ldots \mathrm{d}q_{3N} \tag{61.3}$$

und das Zustandsintegral (38.8)

$$Z = \frac{1}{h^{3N} N!} \int_{-\infty}^{+\infty} \cdots \int e^{-\beta\mathcal{H}}\, \mathrm{d}p_1 \ldots\ldots \mathrm{d}q_{3N} \quad \text{mit} \quad \beta = \frac{1}{kT}. \tag{61.4}$$

Die Näherung (61.1a) ist nur für kleine thermische Verschiebungen berechtigt. Ist die Temperaturbewegung aber in diesem Sinne klein, so kann der Integrationsbereich der Koordinaten ohne wesentlichen Fehler von $-\infty$ bis $+\infty$ erstreckt werden. Denn die Bereiche, in denen die Näherung versagt, liefern nur einen zu vernachlässigenden Beitrag.

Ohne jede Rechnung kann man nun das wichtigste Ergebnis der klassischen statistischen Mechanik über den Energieinhalt eines Kristalls herleiten. Nach dem Gleichverteilungssatz (§ 33a) ist

$$\overline{p_\lambda \frac{\partial \mathcal{H}}{\partial p_\lambda}} = \overline{q_\lambda \frac{\partial \mathcal{H}}{\partial q_\lambda}} = kT .$$

Da $\mathcal{H}$ eine homogen quadratische Funktion in Impulsen *und* Koordinaten ist:

$$\sum_{\lambda=1}^{3N} \left(p_\lambda \frac{\partial \mathcal{H}}{\partial p_\lambda} + q_\lambda \frac{\partial \mathcal{H}}{\partial q_\lambda} \right) = 2\mathcal{H}; \qquad \overline{\mathcal{H}} = 3NkT ,$$

so ist die mittlere thermische Energie des Kristalls $3NkT$. Kinetische und potentielle Energie liefern jeweils den gleichen Beitrag zur Gesamtenergie. Die spezifische Wärme pro Atom wäre danach unabhängig von der Temperatur gleich $3k$. Das ist das DULONG-PETITsche Gesetz (1818). Bei den meisten Kristallen ist das DULONG-PETITsche Gesetz bei Zimmertemperatur gut gefüllt. Abweichungen, die bei höheren Temperaturen auftreten, sind durch die Ungültigkeit der verwandten Näherung begründet. Hier werden die thermischen Bewegungen schon so groß, daß man auch die höheren Entwicklungsglieder der potentiellen Energie berücksichtigen muß. Vom Standpunkt der klassischen Mechanik sind dagegen die Abweichungen bei tiefen Temperaturen völlig unverständlich, denn gerade hier sollte wegen der verschwindenden thermischen Bewegung die Näherung besonders gut sein. Man beobachtet aber zu tieferen Temperaturen hin einen allmählichen Abfall der spezifischen Wärme auf einen verschwindenden Wert am absoluten Nullpunkt der Temperatur. Diese Abweichungen können erst durch die Quantentheorie erklärt werden.

Die hier verwandte Beschreibung zeigt auch, daß eine andere wichtige thermische Größe nicht mit erfaßt wird. Der Mittelwert der Verschiebung irgendeines Atoms verschwindet. Der ideale Gleichgewichtszustand, von dem wir ausgegangen sind, ändert sich im Mittel nicht. Die Gitterkonstanten ändern sich nicht, der Kristall zeigt keine thermische Ausdehnung. Man kann diesen Sachverhalt leicht erkennen, wenn man in der Definitionsgleichung für $\overline{q_\lambda}$

$$\overline{q_\lambda} = \frac{\int e^{-\beta \mathcal{H}} q_\lambda \, \mathrm{d}p_1 \ldots \mathrm{d}q_{3N}}{\int e^{-\beta \mathcal{H}} \mathrm{d}p_1 \ldots \mathrm{d}q_{3N}} \tag{61.5}$$

in dem Integral des Zählers eine Variablentransformation $q_\nu \to -q_\nu$ aller Variablen vornimmt. Dann erhält man das gleiche Integral mit negativem Vorzeichen, also ist $\overline{q_\lambda} = -\overline{q_\lambda} = 0$. Die thermische Ausdehnung kann auch erst durch Berücksichtigung der höheren Entwicklungsglieder der potentiellen Energie erklärt werden. Wir wollen aber im folgenden von solchen feineren Effekten wie der thermischen Ausdehnung absehen und nur die weiteren Konsequenzen der Näherung (61.2) verfolgen.

Die Mechanik des festen Körpers ist in der obigen Näherung mathematisch außerordentlich einfach. Die einfachsten Lösungen der Bewegungsgleichung

$$M\ddot{q}_\nu = -\frac{\partial}{\partial q_\nu} \sum_{\lambda,\mu=1}^{3N} \tfrac{1}{2} \Phi_{\lambda\mu} q_\lambda q_\mu, \tag{61.6a}$$

$$M\ddot{q}_\nu = -\sum_{\mu=1}^{3N} \Phi_{\nu\mu} q_\mu \tag{61.6b}$$

sind Schwingungen, bei denen alle Atome mit der gleichen Frequenz ω um ihre Ruhelage schwingen. Mit einem solchen Ansatz

$$q_\nu = a_\nu e^{-i\omega t} \qquad (\text{oder} \quad a_\nu \cos\omega t \quad \text{oder} \quad a_\nu \sin\omega t) \tag{61.7}$$

wird aus den Bewegungsgleichungen (61.6b) ein lineares Gleichungssystem:

$$\sum_{\mu=1}^{3N} \Phi_{\nu\mu} a_\mu = M\omega^2 a_\nu. \tag{61.8}$$

Dieses Gleichungssystem besitzt nur dann eine nichttriviale Lösung, wenn seine Determinante verschwindet.

$$|\Phi_{\nu\mu} - M\omega^2 \delta_{\nu\mu}| = 0. \tag{61.9}$$

Aus dieser Gleichung der Ordnung $3N$ für ω^2 erhält man $3N$ Frequenzen ω_σ, die Eigenfrequenzen des Systems[1]. Jeder Frequenz ω_σ ist ein Satz von $a_\nu^{(\sigma)}$-Werten[2] zugeordnet, bei denen aber noch eine multiplikative Konstante frei verfügbar ist. Diese Konstante wählt man zweckmäßig so, daß die Quadratsumme $\sum_{\nu=1}^{3N} a_\nu^{(\sigma)} a_\nu^{(\sigma)}$ gleich 1 wird. Ferner kann man die $a_\nu^{(\sigma)}$ so wählen, daß die folgenden Relationen erfüllt sind[3]:

$$\sum_{\nu=1}^{3N} a_\nu^{(\sigma)} a_\nu^{(\sigma')} = \delta_{\sigma\sigma'}, \tag{61.10a}$$

$$\sum_{\sigma=1}^{3N} a_\nu^{(\sigma)} a_{\nu'}^{(\sigma)} = \delta_{\nu\nu'}. \tag{61.10b}$$

---

[1] Das sieht zunächst ganz hoffnungslos aus. Man kann aber die Gl. (61.9) bei Kristallen so weitgehend reduzieren, daß man meist nur Gleichungen 3. Grades zu lösen hat.

[2] Die $a_\nu^{(\sigma)}$ geben die Schwingungsformen an.

[3] Das folgt aus der allgemeinen Theorie der linearen Gleichungen. Wenn man den Sachverhalt in einem Raume von $3N$ Dimensionen beschreiben will, so ist $a_\nu^{(\sigma)}$ bei festem σ Vektorkomponente in diesem Raum. Die $a_\nu^{(\sigma)}$ bilden eine orthogonale Matrix, die $3N$ Vektoren mit verschiedenen σ-Werten bilden ein normiertes, orthogonales System von Basisvektoren.

Aus

$$\sum_{\mu=1}^{3N} \Phi_{\nu\mu}\, a_\mu^{(\sigma)} = M\,\omega_\sigma^2\, a_\nu^{(\sigma)} \tag{61.8a}$$

folgt nach Multiplikation mit $a_\nu^{(\sigma)}$, Summation über σ, ν und mit (61.10b)

$$\sum_{\nu=1}^{3N} \Phi_{\nu\nu} = M \sum_{\sigma=1}^{3N} \omega_\sigma^2 . \tag{61.11}$$

Ähnliche Beziehungen findet man für $\sum_\sigma \omega_\sigma^{2n}$. Diese Größen kann man direkt aus den $\Phi_{\nu\mu}$ ermitteln, ohne (61.9) zu lösen.

Führt man nun neue Koordinaten ein

$$Q_\sigma = \sum_{\nu=1}^{3N} a_\nu^{(\sigma)}\, q_\nu , \tag{61.12}$$

so ist wegen (61.10) die Umkehrung

$$q_\nu = \sum_{\sigma=1}^{3N} a_\nu^{(\sigma)} Q_\sigma . \tag{61.12a}$$

In den neuen Koordinaten wird die kinetische Energie

$$E_{kin} = \sum_{\sigma=1}^{3N} \tfrac{1}{2} M \dot{Q}_\sigma^2 , \tag{61.13}$$

die potentielle Energie

$$\Phi = \sum_{\sigma=1}^{3N} \tfrac{1}{2} M\,\omega_\sigma^2\, Q_\sigma^2 , \tag{61.13a}$$

die Bewegungsgleichung

$$M \ddot{Q}_\sigma = -M\,\omega_\sigma^2\, Q_\sigma , \tag{61.13b}$$

und die Hamilton-Funktion

$$\mathcal{H} = \sum_{\sigma=1}^{3N} \left\{ \frac{1}{2M} P_\sigma^2 + \frac{1}{2} M\,\omega_\sigma^2\, Q_\sigma^2 \right\} \quad \text{mit} \quad P_\sigma = M \dot{Q}_\sigma . \tag{61.13c}$$

Die Beziehungen (61.13) und (61.13a) erhält man durch Einsetzen von q_ν bzw. $\dot{q}_\nu$ nach (61.12a) in die ursprünglichen Ausdrücke für kinetische und potentielle Energie unter Ausnutzung der Beziehungen (61.10).

§ 62. Quantentheoretische Behandlung und Übersicht.

Der entscheidende Punkt ist nun, daß die ganze Mechanik des Systems nach den Gln. (61.13) zerlegt ist in ein System von $3N$ unabhängigen linearen Oszillatoren, deren Frequenzen die Eigenfrequenzen ω_σ sind. In der klassischen Theorie liefert jeder der Oszillatoren einen Beitrag kT zur Energie, und wir erhalten wieder das alte Ergebnis. Jetzt kann man aber leicht den Übergang zur Quantentheorie vollziehen. Die Quantentheorie eines linearen Oszillators ist ja sehr einfach, man kann seine Energiewerte und die Zustandssumme sofort angeben. Die Eigenwerte eines linearen Oszillators sind

$$\varepsilon_n = \hbar\omega(n + 1/2), \qquad n = 0, 1, 2, \ldots, \tag{62.1}$$

wo ω seine Frequenz ist. Die Eigenwerte des ganzen Systems sind dann

$$E_j = E_{n_1 \ldots n_\sigma \ldots} = \sum_\sigma \hbar\omega_\sigma(n_\sigma + 1/2). \tag{62.1a}$$

Die Zustandsumme ist mit $\beta = 1/kT$

$$\begin{aligned} Z &= \sum_{n_1=0}^{\infty} \ldots \sum_{n_\sigma=0}^{\infty} \ldots e^{-\beta E_{n_1 \ldots n_\sigma \ldots}} = \prod_\sigma \sum_{n=0}^{\infty} e^{-\beta\hbar\omega_\sigma(n+1/2)} \\ &= \prod_\sigma \frac{e^{-\beta\hbar\omega_\sigma/2}}{1 - e^{-\beta\hbar\omega_\sigma}}; \end{aligned} \tag{62.1b}$$

mit $\bar{E} = -\partial \ln Z/\partial\beta$ erhalten wir die mittlere Energie

$$\bar{E} = \sum_{\sigma=1}^{3N} \hbar\omega_\sigma\{\bar{n}_\sigma + 1/2\}; \qquad \bar{n}_\sigma = \frac{1}{e^{\beta\hbar\omega_\sigma} - 1}. \tag{62.2}$$

$\bar{n}_\sigma$ ist die mittlere Besetzungszahl. Abgesehen von der Nullpunktsenergie $E_0 = \sum_\sigma \hbar\omega_\sigma/2$, ist (62.1a) der Darstellung der Energie bei BOSE-Statistik (48.7) sehr ähnlich. Es gibt aber zwei wichtige Unterschiede: 1. Bei der BOSE-Statistik in (48.7) war die Summe $\sum n_r = N$ durch die Zahl der anwesenden Teilchen im System begrenzt; hier aber ist $\sum n_\sigma$ unbegrenzt. Deswegen enthält die mittlere Besetzungszahl $\bar{n}_\sigma$ auch nicht das chemische Potential α wie in der BOSE-Statistik in § 48 und § 54. 2. Die Zahl der Energie-Terme $\varepsilon_\sigma = \hbar\omega_\sigma$ ist endlich und gleich der Zahl der Freiheitsgrade im System ($3N$). Üblicherweise bezeichnet man die Elementaranregung, $n_\sigma = 1$, als „Quasi-Teilchen" und nennt es ein Phonon (σ-Phonon). Diese Phononen gehorchen der BOSE-Statistik und ihre Zahl $\sum n_\sigma$ ist unbegrenzt. Es muß aber betont werden, daß dieses nichts zu tun hat mit der Statistik der Teilchen (Atome, Ionen), die das Gitter bilden. Deren Statistik beeinflußt das Verhalten des Kristalls aber nicht, weil die einzelnen Teilchen gut in der Nähe ihrer Gleichgewichtslagen lokalisiert sind. Wenn wir z.B. die Atome als unterscheidbar ansehen (BOLTZMANN-Statistik), hätten wir in Z einen Faktor $1/N!$ hinzuzufügen; dieser Faktor wird aber genau aufgehoben, wenn wir beachten, daß jeder Term (62.1a) wegen der $N!$ Möglichkeiten, die Atome auf die verschiedenen Gitterplätze zu verteilen, $N!$-fach entartet wäre.

Ein einzelner Term in (62.2)

$$\varepsilon(\omega, T) = \hbar\omega[\bar{n}(\omega, T) + 1/2]; \qquad \bar{n}(\omega, T) = \frac{1}{e^{\beta\hbar\omega} - 1} \tag{62.2a}$$

ist die mittlere thermische Energie eines Oszillators der Frequenz ω.

Bei Kristallen makroskopischer Abmessungen liegen die Eigenfrequenzen ω_σ im allgemeinen sehr dicht. Es ist dann zweckmäßig, eine spektrale Verteilung $z(\omega)\,d\omega$ der Frequenzen zu definieren, die angibt, wie viele Eigenfrequenzen in dem Frequenzintervall $(\omega, \omega + d\omega)$ vorhanden sind. Damit kann man den Energieinhalt des Kristalls auch durch

$$\overline{E}(T) = \int \varepsilon(\omega, T)\, z(\omega)\, \mathrm{d}\omega \tag{62.2b}$$

ausdrücken. Welche der beiden Formulierungen (62.2, 2b) man vorzieht, ist lediglich eine Frage der Zweckmäßigkeit.

Zur Berechnung der kalorischen Eigenschaften benötigt man demnach aus der Mechanik nur die spektrale Verteilung, nicht dagegen die Kenntnis der einzelnen Eigenfrequenzen. Die mechanische Aufgabe besteht also aus zwei Teilen, zunächst muß man sich aus atomistischen oder sonstigen Daten die Entwicklungskoeffizienten $\Phi_{\nu\mu}$ beschaffen; aus diesen müssen dann die Frequenzen bzw. das Spektrum berechnet werden.

Die erste Erklärung für die Abweichungen vom DULONG-PETITschen Gesetz bei tiefen Temperaturen wurde von EINSTEIN (1907) gegeben. EINSTEIN stellte sich vor, daß jedes Atom eines Kristalls näherungsweise als unabhängig behandelt werden kann. Diese Schwingungen eines Atoms kann man dann etwa dadurch beschreiben, daß man seine Nachbarn festhält. Dann ist das betreffende Atom elastisch an seine Ruhelage gebunden und entspricht einem räumlichen Oszillator mit drei Eigenfrequenzen. In einfachen kubischen Gittern sind diese drei Frequenzen gleich. Das Atom ist damit drei linearen Oszillatoren der Frequenz ω_E äquivalent. Da man für jedes Atom die gleiche Betrachtung durchführen kann, so ist nunmehr die thermische Energie

$$\overline{E} = 3N\varepsilon(\omega_E, T) = 3N\left\{\frac{\hbar\omega_E}{2} + \frac{\hbar\omega_E}{e^{\frac{\hbar\omega_E}{kT}} - 1}\right\} \tag{62.3}$$

und die spezifische Wärme pro Teilchen $c_v = \dfrac{\partial(\overline{E}/N)}{\partial T}$

$$c_v = 3k\,\frac{e^{\frac{\hbar\omega_E}{kT}}}{\left(e^{\frac{\hbar\omega_E}{kT}} - 1\right)^2}\left(\frac{\hbar\omega_E}{kT}\right)^2. \tag{62.4}$$

Man kann dieses Resultat auch beschreiben durch eine Angabe über die spektrale Verteilung. Die spektrale Verteilung ist nach der EINSTEINschen Annahme monochromatisch, sie ist eine Funktion, die nur an der Stelle $\omega = \omega_E$ von Null verschieden ist. Das Integral über das Spektrum ist immer gleich der gesamten Zahl von Eigenfrequenzen $3N$ Diesen Tatbestand kann man unter Verwendung der DIRACschen δ-Funktion (§ 33b) so ausdrücken:

$$z(\omega)\,\mathrm{d}\omega = 3N\delta(\omega - \omega_E)\,\mathrm{d}\omega. \tag{62.5}$$

In Abb. 82a sind Spektrum, Energieinhalt und spezifische Wärme eines Kristalls nach dem EINSTEIN-Modell dargestellt. Zur Charakterisierung des thermischen Verhaltens definiert man zweckmäßig eine charakteristische Temperatur Θ_E durch $\hbar\omega_E = k\Theta_E$. Für Temperaturen oberhalb Θ_E bekommt man das klassische Verhalten. Für Temperaturen unterhalb Θ_E frieren die Oszillationen allmählich ein, die spezifische Wärme nimmt zu $T = 0$ hin exponentiell ab[1].

Energieinhalt und spezifische Wärme sind:

[1] Die Verhältnisse liegen hier genau so wie bei der Behandlung der spezifischen Wärme zweiatomiger Moleküle, bei denen der Beitrag der Schwingung in Richtung der Kernverbindungslinie unterhalb einer charakteristischen Temperatur einfach einfriert (§ 4d).

$$\overline{E} = \frac{3}{2} Nk\Theta_E + \frac{3Nk\Theta_E}{e^{\Theta_E/T} - 1}, \tag{62.3a}$$

$$c_v^E = 3k \frac{e^{\Theta_E/T}}{(e^{\Theta_E/T} - 1)^2} \left(\frac{\Theta_E}{T}\right)^2. \tag{62.4a}$$

Die spezifische Wärme hängt nur von dem Verhältnis Θ_E/T ab.

Das EINSTEIN-Modell liefert zusammen mit den Erkenntnissen der Quantentheorie ein qualitativ richtiges Bild des Verlaufs der spezifischen Wärme. Quantitativ ist die Übereinstimmung mit den Meßergebnissen nicht befriedigend. Nach Ausweis der Experimente verläuft die spezifische Wärme bei tiefen Temperaturen proportional zu T^3, während sie nach (62.4a) einen nahezu exponentiellen Verlauf zeigt. Von diesem groben Modell kann man auch gar nicht verlangen, daß die spezifische Wärme quantitativ richtig wiedergegeben wird. Die feineren Züge des Temperaturverlaufs können erst durch eine Berücksichtigung des wirklichen Spektrums der Eigenschwingungen geliefert werden.

Die Berechnung des Spektrums ist eine Aufgabe der Gittertheorie der Kristalle. Diese Aufgabe ist zuerst durch BORN und v. KÁRMÁN (1913) in Angriff genommen worden, sie wird in den nächsten Paragraphen an einfachen Beispielen erläutert werden. Etwa zur gleichen Zeit wurde durch DEBYE ein außerordentlich einfaches Verfahren zur näherungsweisen Bestimmung des Spektrums angegeben. DEBYE ging von dem Gedanken aus, daß man einen Teil der Gitterschwingungen schon kennt: die elastischen Schwingungen des Kristalls. Diese Schwingungen gehören zu sehr kleinen Frequenzen. Sie sind Schallwellen mit Wellenlängen, die sehr groß gegen die Gitterkonstante sind. Für solche Schwingungen kann man die Frequenzen und das Spektrum mit den Hilfsmitteln der Elastizitätstheorie leicht ermitteln. Aus den elastischen Konstanten des Kristalls kann also der Verlauf des Spektrums für kleine Frequenzen bereits berechnet werden. Es stellt sich heraus, daß die spektrale Verteilung proportional zum Quadrat der Frequenz ist. Die Proportionalitätskonstante hängt nur von den elastischen Daten des Materials ab. In § 64 wird die Berechnung des elastischen Spektrums vorgeführt. DEBYE nun hat angenommen, daß man den Verlauf für kleine Frequenzen auf höhere Frequenzen hin extrapolieren kann. Da man aber weiß, daß das Spektrum genau $3N$ Eigenschwingungen enthält, so muß die elastische Verteilung bei einer Grenzfrequenz abgeschnitten werden. Die Abschneidefrequenz ist so gewählt, daß die Zahl der Eigenfrequenzen $3N$ wird. Das DEBYE-Spektrum hat also die folgende Form

$$z(\omega)\,\mathrm{d}\omega = 3N \frac{3\omega^2}{\omega_D^3} \mathrm{d}\omega \quad \text{für} \quad 0 \leq \omega \leq \omega_D, \tag{62.6}$$

wobei ω_D allein aus elastischen Größen berechnet wird. Mit dieser Näherung wird also die thermische Energie

$$\overline{E} = 3N \int_0^{\omega_D} \left\{\frac{\hbar\omega}{2} + \frac{\hbar\omega}{e^{\hbar\omega/kT} - 1}\right\} \frac{3\omega^2}{\omega_D^3} \mathrm{d}\omega \tag{62.7}$$

und die spezifische Wärme

$$c_v^D = 3k \int_0^{\omega_D} \frac{e^{\hbar\omega/kT}}{(e^{\hbar\omega/kT} - 1)^2} \left(\frac{\hbar\omega}{kT}\right)^2 \frac{3\omega^2}{\omega_D^3} \mathrm{d}\omega. \tag{62.8}$$

Die charakteristische Temperatur Θ_D ist hier durch $\hbar\omega_D = k\Theta_D$ gegeben. Substitution $\frac{\hbar\omega}{kT} = \eta$ liefert

$$\bar{E} = \frac{9}{8} N k \Theta_D + 9 N k T \left(\frac{T}{\Theta_D}\right)^3 \int\limits_0^{\Theta_D/T} \frac{\eta^3 \, d\eta}{e^\eta - 1}, \tag{62.7a}$$

$$c_v^D = 9 k \left(\frac{T}{\Theta_D}\right)^3 \int\limits_0^{\Theta_D/T} \frac{\eta^4 e^\eta}{(e^\eta - 1)^2} d\eta. \tag{62.8a}$$

Die spezifische Wärme hängt wieder nur von dem Verhältnis Θ_D/T ab.

Bei tiefen Temperaturen $\Theta_D/T \gg 1$ kann die obere Grenze des Integrals bis unendlich erstreckt werden, und man erhält[1]

$$\bar{E} = \frac{9}{8} N k \Theta_D + 9 N k T \left(\frac{T}{\Theta_D}\right)^3 \frac{\pi^4}{15}, \tag{62.7b}$$

$$c_v^D = 9 k \left(\frac{T}{\Theta_D}\right)^3 \frac{4\pi^4}{15}. \tag{62.8b}$$

Für tiefe Temperaturen erhält man einen zu T^3 proportionalen Verlauf der spezifischen Wärme, bei hohen Temperaturen ($T \gg \Theta_D$) wieder den klassischen Wert $3k$. Der Verlauf im ganzen Temperaturgebiet nach der Debyeschen Näherung stimmt auch sonst mit den Experimenten ausgezeichnet überein. Die Tabelle 5 zeigt einen Vergleich von experimentellen und berechneten Θ-Werten. Abb. 83 zeigt den Verlauf der spezifischen Wärme im ganzen Temperaturgebiet mit eingetragenen experimentellen Meßpunkten. Da die Theorie nur eine einzige verfügbare Konstante Θ_D enthält, so sollten sich die spezifischen Wärmen verschiedener Substanzen alle zur Deckung bringen lassen, wenn man über T/Θ_D aufträgt. Erst später hat sich auf Grund genauerer experimenteller Messungen herausgestellt, daß man zur Erklärung feinerer Einzelheiten auf das Spektrum der Gittertheorie zurückgreifen muß. In Abb. 82b sind Spektrum, Energie und spezifische Wärme des Debyeschen Ansatzes dargestellt. Gleichzeitig sind noch zum Vergleich ein aus der Gittertheorie berechnetes Spektrum und die daraus folgenden thermischen Daten gezeichnet (Abb. 82c). Obwohl beide Spektren ziemlich verschieden sind, so ist dieser Unterschied in den spezifischen Wärmen nicht sehr deutlich ausgeprägt. Diese Unterschiede herauszupräparieren, ist die gewählte Darstellung nicht ausreichend.

Tabelle 5.

Substanz	Θ_{exp}	Θ_D aus elastischen Daten bei Zimmertemp.	Θ_D aus elastischen Daten bei tiefen Temp.
Fe	453	461	—
Al	398	402	488
Ag	215	214	235
Pb	88	73	—
Cu	315	332	344

Um die Annäherung der spezifischen Wärme an den klassischen Wert bei hohen Temperaturen zu untersuchen, entwickelt man am besten $\varepsilon(\omega, T)$ in der allgemeinen Darstellung (2) oder (2b). Für $kT \gg \hbar\omega$ ist

[1] $\int\limits_0^\infty \frac{\eta^3 \, d\eta}{e^\eta - 1} = \frac{\pi^4}{15}$.

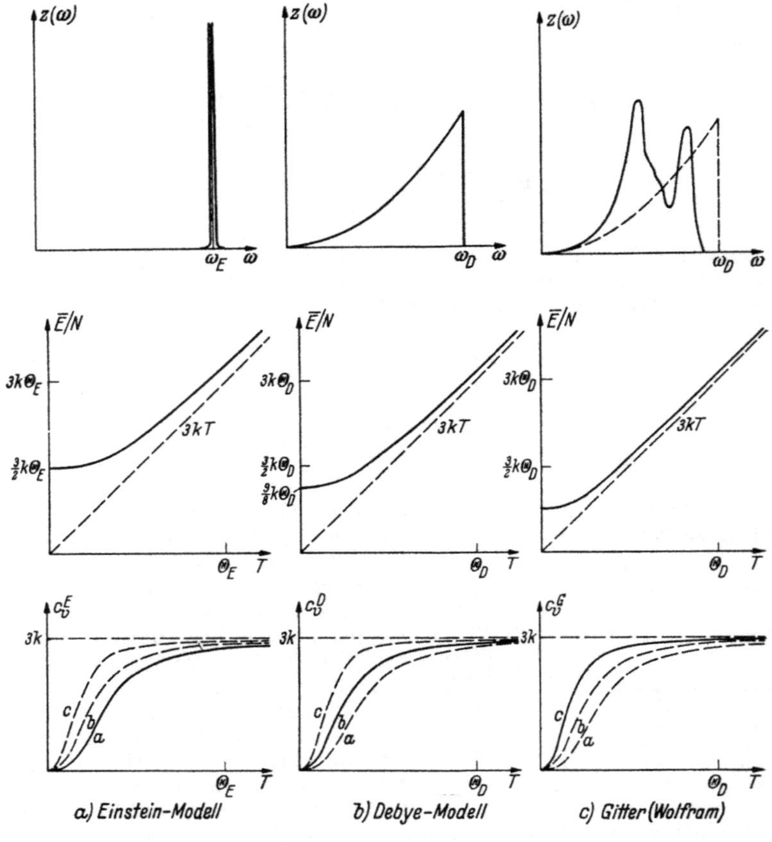

Abb. 82. Spektrum $z(\omega)$, Energieinhalt $\overline{E}/N$ und spezifische Wärme c_v. Nach EINSTEIN (a), nach DEBYE (b) und nach der Gittertheorie (c). Zum besseren Vergleich sind bei der spezifischen Wärme jeweils alle 3 Kurven gezeichnet. Man kann c_v^D mit c_v^G weitgehend zur Deckung bringen, wenn man einen etwas kleineren Θ_D-Wert wählt.

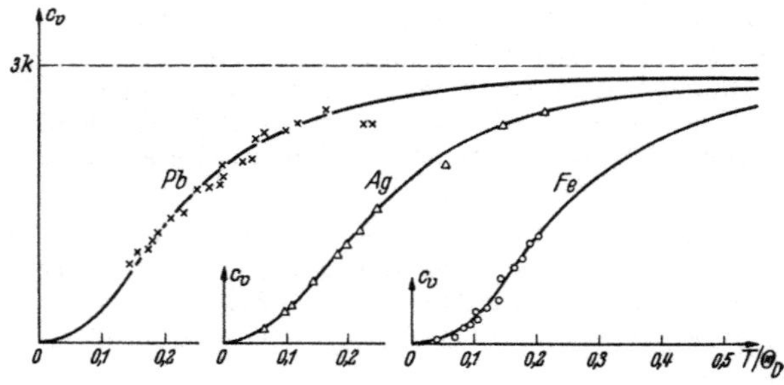

Abb. 83. Spezifische Wärme von Blei, Silber und Eisen aufgetragen über T/Θ_D. Die benutzten Θ_D-Werte sind für Blei 88° K, für Silber 215° K und für Eisen 453° K.

$$\begin{aligned} \varepsilon(\omega, T) &= kT\left\{1 + \frac{1}{12}\left(\frac{\hbar\omega}{kT}\right)^2 - \frac{1}{720}\left(\frac{\hbar\omega}{kT}\right)^4 \cdots\right\}, \\ \frac{\partial\varepsilon}{\partial T} &= k\left\{1 - \frac{1}{12}\left(\frac{\hbar\omega}{kT}\right)^2 + \frac{1}{240}\left(\frac{\hbar\omega}{kT}\right)^4 \cdots\right\}, \end{aligned} \tag{62.9}$$

und daher wird die spezifische Wärme pro Atom für hohe Temperaturen

$$c_v = 3k\left\{1 - \frac{1}{12}\left(\frac{\hbar}{kT}\right)^2 \frac{\int \omega^2 z(\omega)\,\mathrm{d}\omega}{3N} + \frac{1}{240}\left(\frac{\hbar}{kT}\right)^4 \frac{\int \omega^4 z(\omega)\,\mathrm{d}\omega}{3N} \cdots\right\}. \tag{62.10}$$

Wenn man die Mittelwerte über die spektrale Verteilung $\overline{\omega^{2n}}$ einführt:

$$\overline{\omega^{2n}} = \frac{1}{3N}\int \omega^{2n} z(\omega)\,\mathrm{d}\omega = \frac{1}{3N}\sum_{\sigma=1}^{3N} \omega_\sigma^{2n}, \tag{62.11}$$

so kann man für hohe Temperaturen die spezifische Wärme in der Form

$$c_v = 3k\left\{1 - \frac{1}{12}\frac{\hbar^2\,\overline{\omega^2}}{(kT)^2} \cdots\right\} \tag{62.10a}$$

schreiben[1].

Kennt man die Koeffizienten der Entwicklung des Potentials, dann kann man nach Gl. (61.11) $\overline{\omega^2}$ sofort ermitteln. Wir werden in den nächsten Abschnitten sehen, wie diese Fragestellung behandelt werden kann. Aus den Spektren der Abb. 82 erkennt man, daß der richtige, gittertheoretische Wert von $\overline{\omega^2}$ erheblich kleiner sein wird als der entsprechende Wert des Debyeschen Spektrums. Die Grenzfrequenzen beider Spektren stimmen zwar annähernd überein, aber das Gitterspektrum ist im ganzen mehr bei kleineren Frequenzen konzentriert. Die Abweichungen vom klassischen Wert bei hohen Temperaturen sind unter Berücksichtigung des wahren Spektrums kleiner als nach dem Debyeschen Ansatz. Bei tiefen Temperaturen dagegen müssen Gittertheorie und Debyesche Theorie das gleiche Resultat liefern. Denn dann spielen nur noch die kleinen Frequenzen eine wesentliche Rolle, und hier stimmen Gitterspektrum und elastisches Spektrum exakt überein.

Wir haben bisher an Hand der thermischen Energie nur die spezifische Wärme diskutiert. Dabei spielt der konstante Term, der durch den Summanden $\hbar\omega/2$ in der Energie des Planckschen Oszillators geliefert wird, gar keine Rolle. Diese „Nullpunktsenergie" ist ebenfalls ein typisch quantenmechanischer Effekt. Er besagt, daß die klassische Vorstellung eines idealen Gitters am absoluten Nullpunkt mit ruhenden Atomen auf den Gitterplätzen revidiert werden muß. Auf Grund der Konkurrenz zwischen kinetischer und potentieller Energie in der quantenmechanischen Beschreibung stellt sich am absoluten Nullpunkt der quantenmechanische Grundzustand des Systems so ein, daß die Summe aus kinetischer und potentieller Energie ein Minimum hat. Die Verhältnisse sind im Grunde vollständig identisch mit denen *eines* linearen Oszillators. Wenn die Lagen

[1] Die — zuerst von H. Thirring [Phys. Z. **14**, 867 (1913)] angegebene — Entwicklung (62.9) konvergiert für $\frac{\hbar\omega}{kT} < 2\pi$. Die Darstellung (62.10a) ist daher in einem relativ großen Temperaturbereich zutreffend (etwa für $T \geq \Theta_D/3$). Wenn man das thermische Verhalten durch eine einzige Einstein-Frequenz ω_E möglichst gut beschreiben will, so wählt man zweckmäßig $\omega_E = \sqrt{\overline{\omega^2}}$. Nur bei tiefen Temperaturen ist diese Darstellung schlecht.

der Atome nahezu scharf gegeben wären, so würde man zur Beschreibung dieses Zustandes einen hohen Anteil an kinetischer Energie mit in Kauf nehmen müssen. Zur Beschreibung eines nahezu ruhenden Atoms muß man eine große Verschmierung der Lage zulassen, also eine Erhöhung an potentieller Energie[1]. Die Lagen der Atome sind also auch am absoluten Nullpunkt nicht scharf definiert. Ein Maß für diese Nullpunktsunruhe ist die Nullpunktsenergie. Vergleicht man sie mit der thermischen Energie $3NkT$ bei hohen Temperaturen, so sieht man, daß die Nullpunktsenergie nach (62.7b) durchaus vergleichbar mit der thermischen Energie ist, denn die charakteristischen Temperaturen liegen alle in der Größenordnung von einigen Hundert °K. Die Größenordnung der relativen Schwankungen in der Entfernung benachbarter Atome im Gitter sind auch am absoluten Nullpunkt etwa 5%. Jedenfalls sollte man sich klarmachen, daß diese Schwankungen sehr viel größer sind als die Abstandsänderungen, die man bei normalen elastischen Beanspruchungen erzeugen kann.

§ 63. Die lineare Kette.

Zur Erläuterung des allgemeinen mathematischen Schemas behandeln wir die lineare Kette als einfachstes Beispiel. Wir betrachten eine lineare Anordnung von Massenpunkten der Masse m, die mit Federn der Federkonstanten f verbunden sind. Die Länge der ungespannten Feder sei a. Dann sind die Gleichgewichtslagen der Kette na. Die wirkliche Lage des Atoms Nr. n sei $X_n = na + q_n$.

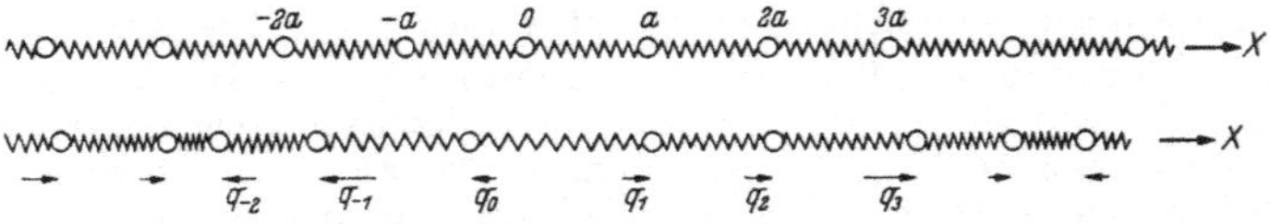

-2a -a 0 a 2a 3a X

X

q_{-2} q_{-1} q_0 q_1 q_2 q_3

Abb. 84. Lineare Kette mit Federbindungen in der Ruhelage und im verspannten Zustand.

Dabei sind die Größen q_n die Verschiebungen der Atome aus der Gleichgewichtslage (Abb. 84). Somit wird die potentielle Energie dieser Kette[2]

$$\Phi = \tfrac{1}{2} \sum_n f (q_{n+1} - q_n)^2 \tag{63.1}$$

$$\Phi = \tfrac{1}{2} \sum_{n,l} \Phi_{nl}\, q_n q_l \quad \text{mit} \quad \Phi_{nl} = \Phi_{(n-l)} = \begin{cases} 2f & \text{für } n-l=0 \\ -f & \text{für } |n-l|=1 \\ 0 & \text{sonst.} \end{cases} \tag{63.1a}$$

Sie ist bereits rein quadratisch in den Verschiebungen, so daß eine Entwicklung nach den Verschiebungen nicht mehr notwendig ist. Die Bewegungsgleichung wird

$$m\ddot{q}_n = -\frac{\partial \Phi}{\partial q_n} = -f(2q_n - q_{n-1} - q_{n+1}), \tag{63.2}$$

$$m\ddot{q}_n = -\sum_l \Phi_{nl}\, q_l. \tag{63.2a}$$

---

[1] Die Quantentheorie liefert für das mittlere Schwankungsquadrat von Impuls $\overline{(\Delta p)^2}$ und Koordinate $\overline{(\Delta q)^2}$ die Unschärferelation $\overline{(\Delta p)^2}\,\overline{(\Delta q)^2} \geq \hbar^2/4$. Beim Oszillator verschwinden die Mittelwerte $\overline{p}$, $\overline{q}$, also $\overline{p^2}\,\overline{q^2} \geq \hbar^2/4$. Die mittlere kinetische Energie ist $\varepsilon_{kin} = \frac{\overline{p^2}}{2M} = \frac{\hbar^2}{8M\overline{q^2}}$ für den optimalen Fall, daß in der Unschärferelation das Gleichheitszeichen gilt. Im tiefsten quantentheoretisch zulässigen Zustand hat die mittlere Energie $\varepsilon = \frac{\hbar^2}{8M\overline{q^2}} + \frac{M\omega^2}{2}\overline{q^2}$ ihren Minimalwert bei $\overline{q^2} = \frac{\hbar}{2M\omega}$; $\varepsilon = \frac{1}{2}\hbar\omega$.

[2] Neben der speziellen Formulierung steht immer noch die allgemeine Formulierung, damit man sieht, wie der allgemeine Fall behandelt werden kann. Schon im einfachsten räumlichen Gitter ist es bequemer, die allgemeine Formulierung zu benutzen.

Zunächst behandeln wir die Eigenschwingungen der unendlich langen Kette, damit wir uns nicht um Randbedingungen zu kümmern brauchen. Wir suchen also solche Schwingungen der Kette, bei denen alle Atome mit der gleichen Frequenz um ihre Ruhelage schwingen. Man erwartet, daß die Schwingungen der Kette die Form von Wellen

$$q_n = a_n e^{-i\omega t}, \tag{63.3}$$

$$q_n = a_0 e^{i(kan-\omega t)} \tag{63.3a}$$

haben[1].

Die Frequenz ist damit eine Funktion von k, nämlich nach Gl. (63.2)

$$m\omega_k^2 = f(2 - e^{-ika} - e^{+ika}) = 4f\sin^2\frac{ka}{2} \tag{63.4}$$

bzw. nach Gl. (63.2a)

$$m\omega_k^2 = \sum_l \Phi_{(n-l)} e^{-ika(n-l)} = \sum_{l'} \Phi_{(l')} e^{-ikal'}. \tag{63.4a}$$

Die Eigenschwingungen (63.3) haben die Form von Wellen, welche sich durch die Kette bewegen. Realteil und Imaginärteil von (63.3) sind die möglichen reellen Schwingungsformen. Der Wertebereich von k ist beschränkt. Das erkennt man an der Form (63.3a) der Eigenschwingung. Wenn man nämlich k durch $k + \frac{2\pi}{a}\nu$ mit ganzzahligem ν ersetzt, erhält man die gleiche Eigenschwingung. Die Schwingungsform und die Frequenz ändern sich nicht. Man muß demnach k auf ein Intervall der Länge $\frac{2\pi}{a}$ begrenzen, um eine eindeutige Zuordnung der k-Werte zu den Eigenschwingungen zu bekommen. Dabei ist es gleichgültig, an welcher Stelle das k-Intervall liegt, da die Eigenschwingungen nach (63.4) und (63.4a) periodisch in k mit der Periode $2\pi/a$ sind. Wir wählen zur Darstellung das Intervall $-\pi/a < k \leq \pi/a$.

Bisher haben wir die unendlich lange Kette behandelt. Wir benötigen aber die Lösungen für eine Kette aus N Atomen, weil wir das Spektrum der Kette berechnen wollen. So könnte man zum Beispiel eine Kette aus N Atomen behandeln, bei der zwei zusätzliche Atome an den beiden Enden festgehalten werden (gegebenes „Volumen"). Bei der linearen Kette läßt sich diese Randbedingung noch leicht befriedigen, im räumlichen Fall ist eine Berücksichtigung der entsprechenden Randbedingung hoffnungslos kompliziert. Wir wollen daher bei der linearen Kette zur Berechnung des Spektrums von N Atomen eine Randbedingung wählen, die auch im räumlichen Gitter verwandt werden kann. Das ist

---

[1] Auf diesen Ansatz wird man durch die folgende Überlegung geführt:
Setzt man (63.3) in die Bewegungsgleichung (63.2a) ein, so erhält man

$$m\omega^2 a_n = \sum_l \Phi_{nl} a_l.$$

Da $\Phi_{nl} = \Phi_{(n-l)}$ nur von $n-l$ abhängt, so ist mit a_n auch a_{n+h} eine Lösung dieser Gleichung mit beliebigem ganzen h. Das heißt also: Ist (63.3) eine Eigenschwingung, a_n also eine Lösung, so ist auch

$$q_n = a_{n+h} e^{-i\omega t}$$

eine Eigenschwingung zur gleichen Eigenfrequenz. Wenn es nur eine Schwingungsform zu dieser Eigenfrequenz gibt, so darf sich a_n von a_{n+h} nur um einen Faktor unterscheiden; also für $h = 1$:

$$a_{n+1} = C a_n \quad \text{für alle } n, \quad \text{oder} \quad a_n = C^n a_0.$$

Der Faktor C muß den Betrag 1 haben, da andernfalls die Amplituden in großen Entfernungen beliebig anwachsen würden, daher:

$$C = e^{ika}.$$

die Randbedingung der Periodizität. Wir fordern, daß die Vorgänge in der unendlichen Kette die Periode Na haben sollen: $q_{n+N} = q_n$. Auf diese Weise bekommt man N Freiheitsgrade, da die Verschiebungen $q_1, q_2, \ldots, q_{N-1}, q_N$, die Schwingungen bereits vollständig beschreiben[1]. Man kann nachweisen, daß das auf diese Weise berechnete Spektrum der Eigenschwingungen für große Zahlen N identisch mit dem Spektrum der Kette von N Atomen bei festgehaltenen Enden ist[2]. Die Form des Spektrums hängt ganz allgemein bei großen Zahlen N gar nicht von den Randbedingungen ab, die an den Enden der Kette berücksichtigt werden müssen. Die Forderung der Periodizität

$$q_n = q_{n+N}; \qquad e^{ika(n+N)} = e^{ikan} \quad \text{für alle } n \tag{63.5}$$

kann nur durch eine spezielle Auswahl von k-Werten erfüllt werden:

$$k\,a\,N = 2\pi\nu \quad \text{mit ganzem } \nu. \tag{63.6}$$

Wegen der Beschränkung der k-Werte auf das Intervall $-\pi/a < k \leq \pi/a$ kommen also nur

$$k = \frac{2\pi}{N a}\nu; \quad \nu = -(N/2-1), \ldots, -1, 0, 1, \ldots (N/2-1), N/2 \tag{63.7}$$

in Frage. Dabei ist der Einfachheit halber angenommen, daß N gerade ist. Die Anzahl der durch (63.7) erfaßten Werte ist gerade N. Zu jedem k gehört nach (63.4) oder (63.4a) eine bestimmte Eigenfrequenz. So erhält man die N Eigenfrequenzen des Systems offenbar auf folgende Weise. Man trägt $\omega(k)$ als Funktion von k auf. Dabei wollen wir annehmen, daß die Frequenzen positiv sind:

$$\omega(k) = 2\sqrt{\frac{f}{m}}\left|\sin\frac{k a}{2}\right|. \tag{63.8}$$

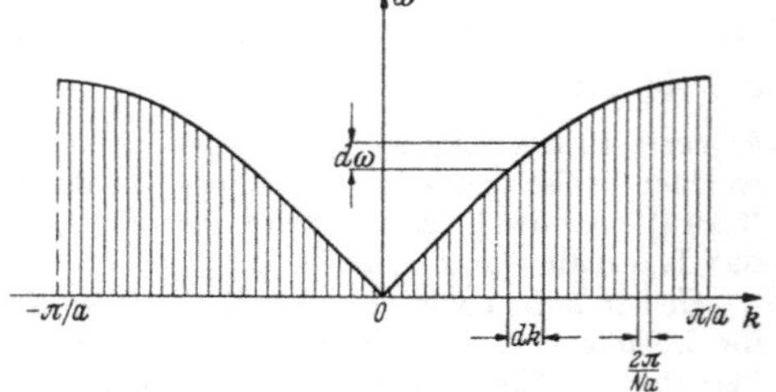

Abb. 85. Zusammenhang zwischen ω und k bei der linearen Kette. Die Vertikalen verbinden die möglichen k-Werte mit den zugeordneten Eigenfrequenzen.

Dann unterteilt man die k-Achse in gleichmäßige Abschnitte nach (63.7) und ermittelt so die zugehörigen Eigenfrequenzen (Abb. 85). Ist die Zahl N sehr groß, so ist die Unterteilung der k-Werte sehr fein. Die Zahl der Frequenzen in einem Intervall $(k, k + \mathrm{d}k)$ ist offenbar

$$z(k)\,\mathrm{d}k = \frac{N a}{2\pi}\,\mathrm{d}k. \tag{63.9}$$

Die Zahl der Eigenfrequenzen im Intervall $(\omega, \omega + \mathrm{d}\omega)$ ist dann

$$z(\omega)\,\mathrm{d}\omega = 2\,z(k)\,\mathrm{d}k \qquad k \geq 0, \tag{63.10}$$

wenn man sich nun auf positive k beschränkt, da zu $+k$ und $-k$ die gleiche Eigenfrequenz gehört. Unter Ausnutzung der Beziehung (63.8) wird dann endlich

$$z(\omega) = \frac{2\,z(k)}{\left(\frac{\mathrm{d}\omega}{\mathrm{d}k}\right)}; \qquad z(\omega) = \frac{2N}{\pi}\frac{1}{\sqrt{\omega_m^2 - \omega^2}}. \tag{63.11}$$

---

[1] Die Bedingung kann man sich dadurch veranschaulichen, daß man eine Kette von N Atomen zu einem Ring schließt.

[2] Born, M., u. K. Huang: Dynamical Theory of Crystal Lattices (International Series of Monographs on Physics, Oxford 1954).

Dabei ist $\omega_m = 2\sqrt{f/m}$ die höchste Frequenz. Die spektrale Verteilung (Abb. 87) ist umgekehrt proportional zur Neigung der Kurve $\omega(k)$. Das Spektrum hat eine unendliche Spitze bei ω_m. Das Integral über die spektrale Verteilung liefert die gesamte Anzahl N der Eigenschwingungen.

Die Abb. 86 zeigt eine Anzahl typischer Schwingungsformen der Kette mit speziellen k-Werten. Bei der Grenzschwingung ($k = \pi/a$; $e^{ikan} = (-1)^n$) haben benachbarte Gitterbausteine entgegengesetzt gleiche Amplitude. Wenn man das lineare Gitter in zwei Teilgitter des Abstandes $2a$ unterteilt, so schwingen diese beiden Teilgitter mit gleicher Amplitude gegeneinander. Die Mitten der einzelnen Federn bewegen sich bei dieser Schwingung nicht. Jedes Atom bewegt sich so, als ob die beiden benachbarten Federn in der Mitte fest wären. Die Federkonstante

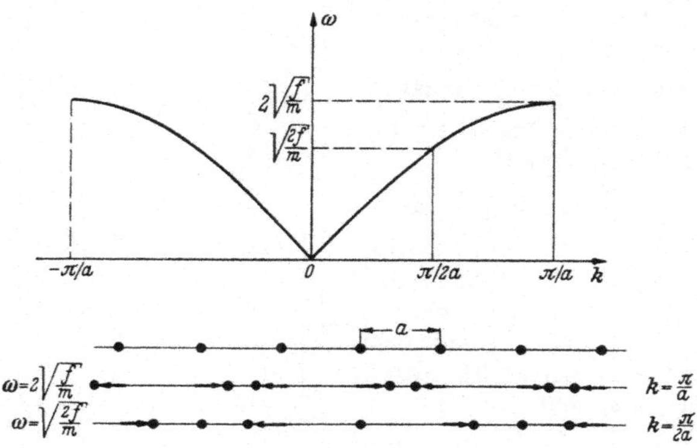

Abb. 86. Schwingungsformen der Kette für spezielle k-Werte.

einer Feder der halben Länge ist aber $2f$, daher ist $\omega^2 = 4f/m$, da für die Schwingung jeweils zwei Federn berücksichtigt werden müssen. Ein anderer typischer Fall ist $k = \pi/2a$. Schreibt man die Schwingung für diesen k-Wert in reeller Form: $q_n = \cos kan \cos\omega t = \cos\frac{\pi n}{2}\cos\omega t$, so sieht man, daß hier nur ein Teilgitter schwingt ($n = 0, \pm 2, \pm 4, \ldots$), während das andere fest bleibt. Jeder einzelne schwingende Massenpunkt bewegt sich also so, als ob er zwischen zwei festgehaltenen Nachbarn schwingen würde. Also ist: $\omega^2 = 2f/m$.

Für sehr kleine k-Werte ($ka \ll 1$) sind die Amplituden benachbarter Atome nahezu gleich. Die Verschiebungen können in diesem Falle durch eine langsam veränderliche kontinuierliche Funktion des Ortes beschrieben werden

$$q(X) = e^{i(kX - \omega t)}, \qquad (63.12)$$

wobei $q(na) = q_n$ die Verschiebungen des Atoms Nr. n angibt. Das ist der elastische Grenzfall. Durch die Schwingungen (63.12) werden die elastischen Wellen der Kette beschrieben, wobei $\omega/k = c$ offenbar die Schallgeschwindigkeit ist, mit der sich die Wellen fortpflanzen. Im elastischen Gebiet ist der Zusammenhang zwischen Frequenz und „Ausbreitungsvektor" k der Schallwellen nach (63.8)

$$\omega = \omega_m \frac{|k|\,a}{2}. \qquad (63.13)$$

Die Frequenz ist proportional zu k, die Schallgeschwindigkeit ist demnach

$$\omega/|k| = \omega_m\, a/2 = a\sqrt{f/m} = c. \qquad (63.14)$$

An dieser Stelle kann man auch leicht erkennen, wie man aus der Angabe der Schallgeschwindigkeit den Anfangsteil des Spektrums berechnen kann, ohne näher auf die Gitterstruktur der Kette einzugehen. Da man weiß, daß die Eigenschwingungen die Form von Schallwellen nach (63.12) haben und außerdem die Beziehung zwischen ω und k kennt, so kann man wieder die Forderung der Periodizität mit der Länge $L = Na$ stellen und gelangt wieder auf die Gln. (63.7) für die möglichen k-Werte[1]. Auch die anderen Gleichungen können übernommen werden, und in (63.11) kann für $\frac{d\omega}{dk}$ die Schallgeschwindigkeit eingesetzt werden. Das liefert für das elastische Spektrum[2]

$$z_{el}(\omega)\, d\omega = \frac{N a}{\pi c}\, d\omega = \frac{2N}{\pi\, \omega_m}\, d\omega\,. \tag{63.15}$$

Vergleicht man das mit dem wirklichen Gitterspektrum nach (63.11), so erkennt man, daß z_{el} gerade dem konstanten Anfangsteil des Gitterspektrums entspricht

$$\left(\omega \ll \omega_m;\ z = \frac{2N}{\pi\, \omega_m}\right).$$

Die elastische Theorie ersetzt also den wirklichen Verlauf $\omega(k)$ durch die Gerade $\omega = ck$. Die Abschneidefrequenz liegt jeweils bei $k = \pi/a$.

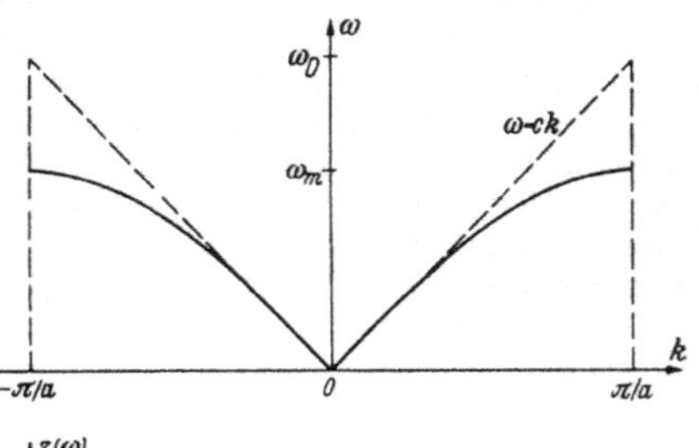

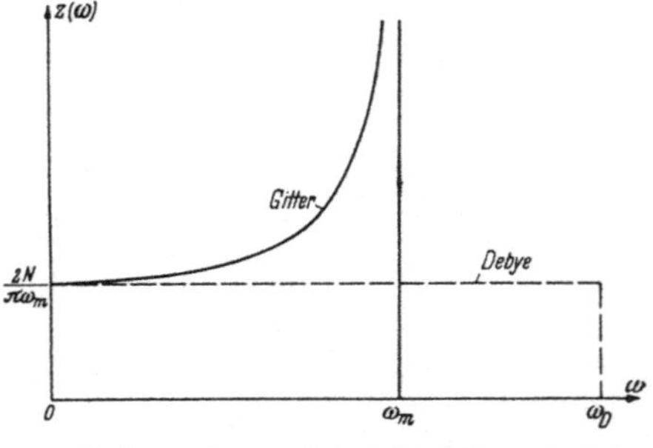

Abb. 87. Gitterspektrum und elastisches Spektrum der Kette. Die elastische spektrale Verteilung stimmt mit dem Gitterspektrum bei kleinen Frequenzen überein. Soll das elastische Spektrum ebenso viele Frequenzen enthalten wie das Gitterspektrum, so muß es bei der Frequenz ω_D abgeschnitten werden.

So sieht man, daß sich der elastische Verlauf gerade im Bereich höherer Frequenzen oder kleiner Wellenlängen doch erheblich von dem wahren Verlauf unterscheiden kann. Der Einfluß der Gitterstruktur hat ganz allgemein die Tendenz, die elastisch berechneten Frequenzen zu kleineren Frequenzwerten zu verschieben. Die DEBYEsche Abschneidefrequenz und die höchste Gitterfrequenz unterscheiden sich um einen Faktor $\pi/2$, so daß das elastische Spektrum sich zu viel höheren Frequenzwerten erstreckt (Abb. 87).

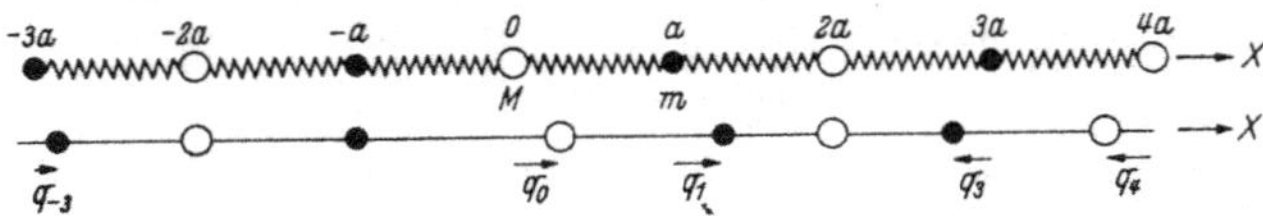

Abb. 88. Lineare Kette mit zwei verschiedenen Massen.

Besonders lehrreich ist die Behandlung der linearen Kette mit zwei Atomen verschiedener Massen M und m ($M \geqq m$) (Abb. 88). Die Atomlagen bei un-

[1] Die k-Werte sind aber *nicht* auf das Intervall $2\pi/a$ beschränkt. Diese Begrenzung kommt erst dadurch zustande, daß man nur die N tiefsten Werte mitnimmt, damit die Zahl der Eigenschwingungen gleich der Anzahl der Atome wird.

[2] Daß die elastische spektrale Verteilung hier gerade konstant ist, liegt an den Besonderheiten der linearen Anordnung.

gespannten Federn seien wieder durch na gegeben. An den Stellen $2na$ befinden sich Atome der Masse M, in $(2n+1)a$ Atome der Masse m. Wir behandeln also die gleiche Anordnung wie oben, nur daß jetzt die Atome abwechselnd die Massen M und m haben. Die Bewegungsgleichungen

$$\begin{aligned} M\ddot{q}_{2n} &= -f\{2q_{2n} - q_{2n+1} - q_{2n-1}\}, \\ m\ddot{q}_{2n+1} &= -f\{2q_{2n+1} - q_{2n} - q_{2n+2}\} \end{aligned} \tag{63.16}$$

können wieder mit dem bewährten Ansatz

$$\begin{aligned} q_{2n} &= A\,e^{ik2an-i\omega t}, \\ q_{2n+1} &= B\,e^{ik(2n+1)a-i\omega t} \end{aligned} \tag{63.17}$$

gelöst werden. Dabei müssen die Amplituden für die verschiedenen Atomsorten (A, B) als verschieden angenommen werden. Der Wertebereich von k ist hier auf das Intervall $-\pi/2a < k \leqq \pi/2a$ beschränkt, da das Gitter die Periode $2a$ besitzt. Fordern wir als Randbedingung Periodizität der Lösungen mit der Periode $2aN$, so sind also die möglichen Werte von k

$$k = \frac{\pi}{Na}l; \qquad l = -(N/2-1), \ldots, -1, 0, 1, \ldots, (N/2-1), N/2. \tag{63.18}$$

Die Anzahl dieser Werte ist N, die Zahl der Atome jeder Sorte im Periodizitätsintervall $2a\,N$ ist ebenfalls N. Man erhält aber durch Einsetzen von (63.17) und (63.16) zur Bestimmung von ω^2 ein Gleichungssystem

$$\begin{aligned} M\omega^2 A &= 2fA - 2f\cos ka\cdot B, \\ m\omega^2 B &= 2fB - 2f\cos ka\cdot A, \end{aligned} \tag{63.19}$$

dessen Determinante verschwinden muß.

$$(M\omega^2 - 2f)(m\omega^2 - 2f) - 4f^2\cos^2 ka = 0. \tag{63.20}$$

Diese quadratische Gleichung für ω^2 liefert zu jedem k zwei Eigenfrequenzen

$$\omega_-^2 = \frac{f}{Mm}\left\{M + m - \sqrt{M^2 + m^2 + 2mM\cos 2ka}\right\}, \tag{63.21}$$

$$\omega_+^2 = \frac{f}{Mm}\left\{M + m + \sqrt{M^2 + m^2 + 2mM\cos 2ka}\right\}. \tag{63.22}$$

Insgesamt erhält man also $2N$ Eigenfrequenzen, also genau soviel Frequenzen wie die Zahl der Atome im Periodizitätsintervall $2aN$. Das Amplitudenverhältnis erhält man aus (63.19) zu

$$\frac{A}{B} = -\frac{\frac{2f}{M}\cos ka}{\omega^2 - 2f/M} = -\frac{\omega^2 - 2f/m}{\frac{2f}{m}\cos ka}. \tag{63.23}$$

Die Zuordnung von ω zu k unterteilt sich in zwei Zweige (Abb. 89). Zum „akustischen" Zweig (ω_-) gehören die kleineren Frequenzen, die benachbarten Atome schwingen gleichphasig ($A/B > 0$); die kleinen Frequenzen entsprechen elastischen (akustischen) Schwingungen der Kette. Im „optischen" Zweig[1] (ω_+) schwingen benachbarte Atome mit entgegengesetzter Amplitude ($A/B < 0$), seine Frequenzen liegen höher als die des akustischen Zweiges.

Besonders aufschlußreich sind hier die Fälle (Abb. 89):

a) $k = 0$, $\omega_+^2 = 2f\dfrac{M+m}{Mm}$, $A/B = -m/M$. Beide Teilgitter schwingen starr gegeneinander. Das entspricht genau der Grenzschwingung des einatomigen

[1] Die Schwingungen des optischen Zweiges, insbesondere die Umgebung von $k = 0$, geben Veranlassung zu optischen Phänomenen.

Gitters mit gleichen Massen, nur daß hier die Amplituden benachbarter Atome verschiedenen Betrag haben.

b) $k = \frac{\pi}{2a}$, $\omega_+^2 = 2f/m$, $A = 0$. Das Teilgitter der schweren Massen bewegt sich nicht, die benachbarten Atome des Teilgitters m schwingen mit entgegengesetzter Amplitude. Die Frequenz $\omega^2 = 2f/m$ berechnet sich so, als ob Atome der Masse m zwischen zwei festen Punkten schwingen würden.

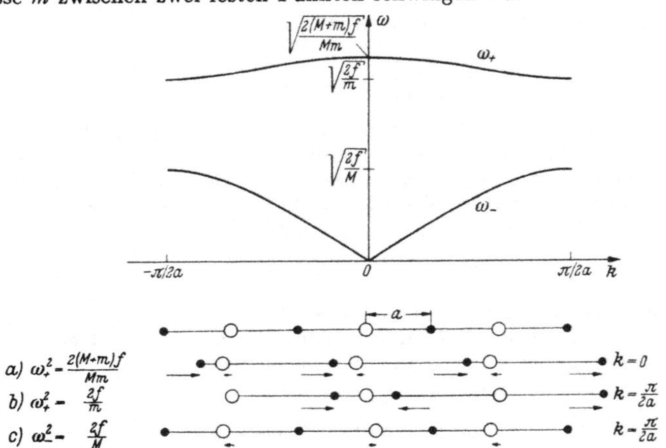

Abb. 89. Spektrum und Schwingungsformen der zweiatomigen linearen Kette mit einem Massenverhältnis $M : m = 4 : 1$. Im optischen Zweig (ω_+) ist $\omega_+^2 > \frac{2f}{m}$, dann ist nach (63.23) $A/B < 0$. Im akustischen Zweig (ω_-) ist $\omega_-^2 < 2f/M$, dann ist nach (63.23) $A/B > 0$. Die Schwingungsformen (a, b, c) zu 3 speziellen k-Werten sind im Text erläutert.

c) $k = \frac{\pi}{2a}$, $\omega_-^2 = 2f/M$, $B = 0$. Bei dieser Schwingung steht das Teilgitter m, während die benachbarten Atome der Masse M im Gegentakt schwingen.

Abb. 90a zeigt den Verlauf von $\omega(k)$ für gleiche Massen

$$\begin{aligned} \omega_+^2(k) &= (4f/M)\cos^2 k a/2, \\ \omega_-^2(k) &= (4f/M)\sin^2 k a/2. \end{aligned} \tag{63.24}$$

Dieser Verlauf ist identisch mit dem, der bei der einatomigen linearen Kette gewonnen wurde, nur ist hier durch die Unterscheidung der beiden Teilgitter die Einteilung des k-Intervalls künstlich geändert. Die k-Werte nach (63.17) liegen doppelt so dicht wie nach (63.7), da wir hier $2N$ Atome der Masse M behandeln. Abb. 90b zeigt den Verlauf für sehr große Massendifferenzen ($M \gg m$). Hier kann man die Wurzel in (63.21), (63.22) entwickeln[1]

$$\begin{aligned} &\omega_-^2 \approx (2f/M)\sin^2 k a; && \omega_- = \sqrt{2f/M}\,|\sin k a|; \\ &\omega_+^2 = (2f/m)\left\{1 + \frac{m}{M}\cos^2 k a\right\}; && \omega_+ = \sqrt{2f/m}\left\{1 + \frac{m}{2M}\cos^2 k a\right\}. \end{aligned} \tag{63.25}$$

Die beiden Zweige verlaufen weit getrennt.

[1] Der akustische Zweig hat die gleiche Form wie bei der einatomaren Kette, bei welcher die Massen M durch Federn der Länge $2a$ verbunden sind. Die kleinen Massen spielen bei diesen Schwingungen keine Rolle. So muß man auf die Formel (63.4a) zurückkommen, wenn man dort a durch $2a$ ersetzt und f durch $f/2$, denn eine doppelt so lange Feder besitzt die halbe Federkonstante.

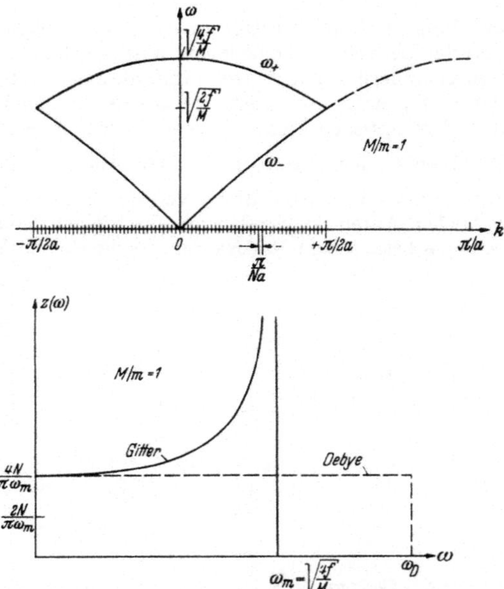

Abb. 90a. Gitterspektrum und DEBYEsches Spektrum bei gleichen Massen ($M = m$).

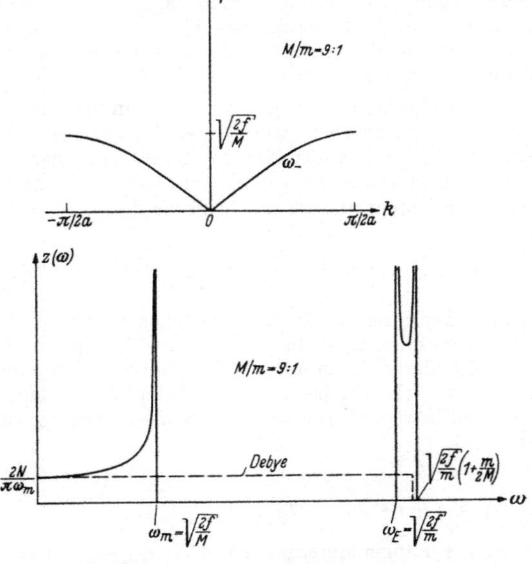

Abb. 90b. Gitterspektrum und DEBYEsches Spektrum für $M : m = 9 : 1$.

Die spektrale Verteilung (Abb. 90b) erhält man auf die gleiche Weise wie bei der einatomigen Kette. Bei sehr verschiedenen Massen erhält man auch im Spektrum zwei weit auseinanderliegende Verteilungsfunktionen (Abb. 90c). Der akustische Zweig liefert das gleiche Spektrum, wie wir es für den Fall gleicher Massen erhalten hatten. Der optische Zweig dagegen ist fast monochromatisch. Die Frequenzen des optischen Zweiges liegen symmetrisch zu $\omega = \sqrt{2f/m}\left(1+\frac{m}{4M}\right)$ und das Frequenzintervall hat die relative Breite von $m/2M$ nach (63.25). Hier kann man also den optischen Anteil des Spektrums durch einen EINSTEIN-Term (62.5) mit der Frequenz ω_E beschreiben. Im Raumgitter liegen die Verhältnisse

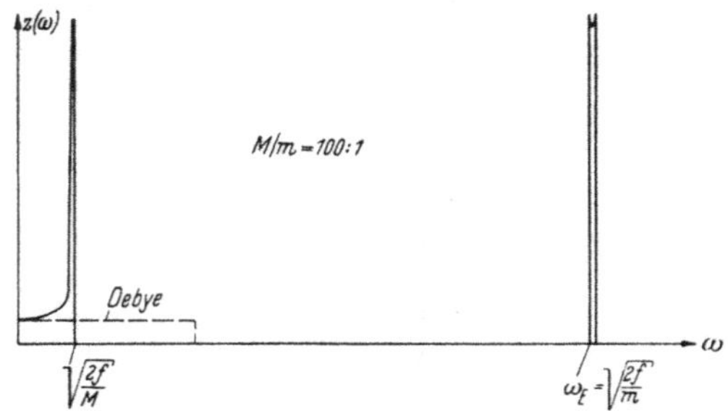

Abb. 90c. Gitterspektrum und DEBYEsches Spektrum für $M:m = 100:1$. Bei großem Massenverhältnis ist das DEBYEsche Spektrum keine gute Näherung mehr. Vielmehr können die Frequenzen des optischen Zweiges praktisch durch eine einzige Frequenz ω_E ersetzt werden.

ähnlich. Bei Gittern, die aus Bausteinen sehr verschiedener Masse bestehen, kann man nur den akustischen Zweig näherungsweise nach dem DEBYEschen Verfahren beschreiben, den optischen Zweig könnte man dagegen durch einen EINSTEIN-Term berücksichtigen (z. B. bei Lithiumjodid mit einem Massenverhältnis von 127: 7). Die Beschreibung der gesamten spektralen Verteilung durch die DEBYEsche Näherung allein ist in diesem Falle sehr schlecht.

Die lineare Kette kann als einfaches Beispiel zur Berechnung von Volumen-Schwankungen dienen, die hier natürlich Längen-Schwankungen sind. Für diesen Zweck führen wir einen „Druck“ P ein, der hier die Dimension einer Kraft hat. Diese Kraft wirkt auf die Endatome einer endlichen Kette aus den Atomen $0, 1, 2, \ldots N-1$. Sie kann im Potential berücksichtigt werden:

$$\Phi = \Phi_h + P(q_{N-1} - q_0); \quad \text{hier ist} \quad \Phi_h = \sum_{n=0}^{N-2} (f/2)(q_{n+1} - q_n)^2$$

das Potential der harmonischen Bindung. In der klassischen Theorie ist die Wahrscheinlichkeitsdichte der Verschiebungen durch $W = C e^{-\beta\Phi}$ gegeben. Die Lage des Massenschwerpunktes ist hierbei undefiniert. Wir können uns vorstellen, daß er entweder fest ist oder auf ein großes endliches Intervall, in dem sich die Kette wie ein Riesenmolekül bewegt, beschränkt ist. Seine Bewegung ist für das folgende uninteressant.

Das Zustandsintegral

$$Z(\beta, P) = \int e^{-\beta\mathcal{H}}\, dq_0 \ldots dq_{N-1}\, dp_0 \ldots dp_{N-1}$$

hängt von β und P ab; die Längenänderung ist $\delta L = q_{n-1} - q_0$. Die Gesamtlänge $L = N\mathrm{a} + \delta L$. Die mittlere Längenänderung folgt mit $G = -kT \ln Z$ aus

$$\overline{\delta L} = -\frac{\partial \ln Z}{\beta\, \partial P} = -kT\frac{\partial \ln Z}{\partial P} = \frac{\partial G}{\partial P}$$

und das mittlere Schwankungsquadrat

$$\overline{\delta L^2} - \overline{\delta L}^2 = \frac{\partial^2 \ln Z}{\beta^2\, \mathrm{d}P^2} = -kT\frac{\partial^2 G}{\partial P^2} = -kT\frac{\partial}{\partial P}\overline{\delta L}.$$

Das Potential G hat dieselbe Bedeutung wie in § 39b, so daß die dortigen Gleichungen angewendet werden können. Zur Berechnung der P-Abhängigkeit von G setzen wir $q_n = -n P/f + \tilde{q}_n$ und erhalten für Φ

$$\Phi = \sum_{n=0}^{N-2} (f/2)(\tilde{q}_{n+1} - \tilde{q}_n)^2 - (N-1)P^2/2f = \Phi_h(\ldots \tilde{q}_n \ldots) - (N-1)P^2/2f$$

Φ hat dieselbe Form wie in der harmonischen Näherung; deshalb ist das Zustandsintegral $Z = Z_h \cdot \exp\{\beta(N-1)P^2/2f\}$ mit $Z_h = Z(\beta, P=0)$.
Entsprechend ist $G = G_h(T) - (N-1)P^2/2f$ und damit

$$\overline{\delta L} = -\frac{N-1}{f}P; \qquad \overline{\delta L^2} - \overline{\delta L}^2 = kT\cdot\frac{N-1}{f}.$$

Die erste Gleichung beschreibt das elastische Verhalten, welches in der harmonischen Näherung nicht von der Temperatur abhängt. Die zweite Gleichung gibt die Längenschwankung an, die in der harmonischen Näherung nicht vom Druck abhängt und gleich der Schwankung einer freien Kette ($P = O$)[1] sein sollte. Diese Resultate bleiben in der Quantentheorie gültig, weil die Frequenzen von $\Phi_h(\ldots q_n \ldots)$ und die von $\Phi_h(\ldots \tilde{q}_n \ldots.)$ dieselben sind. Die quantenmechanischen Energien sind, abgesehen von der additiven Energie $-(N-1)P^2/2f$, unverändert. Wie wir jedoch in § 39 bemerkt haben, bedeutet die Einführung eines Druckes P ein makroskopisches Element in dem physikalischen Sachverhalt. Deshalb können wir nicht erwarten, daß die obigen Resultate für eine freie Kette gültig bleiben, wenn wir quantenmechanische Effekte berücksichtigen. Die Schwingungen einer freien Kette können durch eine passende Kombination von Lösungen ($\pm k$) der unendlichen Kette erhalten werden. Sie sind[2]

$$q_n = \sqrt{\frac{2}{N}}\cos\frac{\pi\nu}{N}(n + 1/2)\cdot\cos\omega(k)t, \qquad n = 0, 1, \ldots N-1,$$

$$k = \pi\nu/Na, \qquad \nu = 1, 2, \ldots N-1.$$

Dies ist eine Lösung der unendlichen Kette, bei der $q_{-1} = q_0$ und $q_{N-1} = q_N$ ist. Die Federn zwischen -1 und 0 sowie zwischen $N-1$ und N sind nicht gespannt, was einer freien Kette von Atomen entspricht. Mit $a_n^{(\nu)} = \sqrt{2/N}\cdot\cos\frac{\pi\nu}{N}(n + 1/2)$ kann man die unabhängig schwingenden Normalkoordinaten $Q_\nu = \sum_n a_n^{(\nu)} q_n$ und $q_n = \sum_\nu a_n^{(\nu)} Q_\nu$ einführen und erhält ($\sum_\nu'$ bedeutet Summe über ungerade ν!)

---

[1] Für eine freie Kette ist das Ergebnis $\overline{\delta L^2} = (N-1)\,kT/f$ gerade die Summe der Schwankungen kT/f der $N-1$ Federn.

[2] Der Fall $\nu = 0$ entspricht der Schwerpunktskoordinate und muß gesondert behandelt werden.

$$q_{N-1} - q_0 = \sum_\nu (a_{N-1}^{(\nu)} - a_0^{(\nu)}) Q_\nu = \sqrt{\frac{2}{N}} \sum_\nu{}' 2\, Q_\nu \cos\frac{\pi\nu}{2N}.$$

Die Normalkoordinaten Q_ν sind unabhängig verteilt, die einzelnen Verteilungen sind GAUSSisch[1] wobei die Mittelwerte potentieller und kinetischer Energie gleich sind: $\varepsilon(\omega_\nu, T) = M\omega_\nu^2 \overline{Q_\nu^2}$. Mit $\overline{Q_\nu} = 0$ erhalten wir $\overline{\delta L} = 0$ und

$$\overline{\delta L^2} = \frac{8}{N} \sum_\nu{}' \overline{Q_\nu^2} \cos^2\frac{\pi\nu}{2N} = \frac{8}{NM\omega_m^2} \sum_\nu{}' \frac{\cos^2 \pi\nu/2N}{\sin^2 \pi\nu/2N} \cdot \varepsilon(\omega_\nu, T),$$

weil $\omega_\nu = \omega_m \cdot \sin k_\nu a/2 = 2\sqrt{f/m} \cdot \sin\frac{\pi\nu}{2N}$. Wir diskutieren dieses Ergebnis für hohe Temperaturen ($\varepsilon = kT$) und für $T = 0\,(\varepsilon = \hbar\omega/2)$. Bei hohen Temperaturen ist

$$\overline{\delta L^2} = \frac{2kT}{Nf} \cdot \sum_\nu{}' \operatorname{ctg}\frac{2\pi\nu}{2N},$$

es geben nur kleine ν-Werte wesentliche Beiträge und wir erhalten mit

$$\operatorname{ctg}^2\frac{\pi\nu}{2N} \approx 4N^2/\pi^2\nu^2, \qquad \sum_\nu^{N-1}{}' \frac{1}{\nu^2} \approx \sum_\nu^{\infty}{}' \frac{1}{\nu^2} = \frac{\pi^2}{8}$$

das klassische Ergebnis $\overline{\delta L^2} = NkT/f$. Für tiefe Temperaturen ist

$$\overline{\delta L^2} = \frac{4\hbar}{NM\omega_m} \cdot \sum_\nu^{N-1}{}' \frac{\cos^2 \pi\nu/2N}{\sin \pi\nu/2N},$$

was nicht verschwindet, sondern sich einem endlichen Wert nähert. Wir können wieder die Entwicklung für kleine ν nehmen und erhalten für große N mit

$$\sum_\nu^{N-1}{}' \frac{1}{\nu} \approx \frac{1}{2} \ln N/2 \approx \frac{1}{2} \ln N \qquad \overline{\delta L^2} \approx \frac{4\hbar}{\pi M\omega_m} \ln N;$$

dies Ergebnis zeigt, daß die klassische Gleichung für diesen Fall nicht gilt. Es muß aber bemerkt werden, daß die lineare Kette für Schwankungen interatomarer Abstände ein ziemlich spezielles Beispiel darstellt. Das klassische Schwankungsquadrat ist proportional zum Abstand N. Dies gilt nicht für den dreidimensionalen Kristall, bei dem die Schwankungen unabhängig vom Abstand werden und immer in der Größenordnung der Schwankungen des nächsten-Nachbar-Abstandes bleiben. Infolgedessen muß man vorsichtig sein, wenn man Resultate von der linearen Kette auf einen dreidimensionalen Kristall übertragen will.

§ 64. Schwingungen des Raumgitters.

Bei der Behandlung des Raumgitters beschränken wir uns auf ein kubisch primitives Gitter mit der Gitterkonstanten a (Abb. 91a—c). Die Atomlagen in diesem Gitter sind im Gleichgewichtszustand gegeben durch

$$\mathfrak{R}^{\mathfrak{m}} = a\,\mathfrak{m}, \quad \text{wobei} \quad \mathfrak{m} = (m_1, m_2, m_3) \tag{64.1}$$

ein Vektor ist, der nur ganzzahlige Komponenten besitzt. Zur Behandlung der Schwingungen stellen wir uns vor, daß die nächsten Nachbarn dieses Gitters

[1] BLOCH, F.: Z. Physik 74, 295 (1932).

(6 Nachbarn mit Abstand a) durch Federn f verbunden sind, während die 12 übernächsten Nachbarn (Abstand $\sqrt{2}\,a$) durch Federn mit der Federkonstanten f' gekoppelt sein sollen[1]. Die Verschiebungen des Atoms $\mathfrak{m}$ aus der Ruhelage bezeichnen wir durch den Vektor $\mathfrak{q}^{\mathfrak{m}}$, die drei Komponenten dieser Vektoren in die drei Koordinatenrichtungen mit $q_i^{\mathfrak{m}}$ ($i = 1, 2, 3$ oder $i = x, y, z$). Mit diesen Bezeichnungen ist die quadratische Entwicklung der potentiellen Energie

$$\Phi = \tfrac{1}{2} \sum_{\substack{\mathfrak{m},\mathfrak{n}\\ i,l}} \Phi_{i\,l}^{\mathfrak{m}\,\mathfrak{n}}\, q_i^{\mathfrak{m}}\, q_l^{\mathfrak{n}} \tag{64.2}$$

und die Bewegungsgleichung

$$M\, \ddot{q}_i^{\mathfrak{m}} = - \sum_{\mathfrak{n},l} \Phi_{i\,l}^{\mathfrak{m}\,\mathfrak{n}}\, q_l^{\mathfrak{n}}\,. \tag{64.3}$$

Die Koeffizienten der Entwicklung der potentiellen Energie haben eine sehr anschauliche Bedeutung, die man am besten aus der Bewegungsgleichung erkennt. $-\Phi_{i\,l}^{\mathfrak{m}\,\mathfrak{n}}\, s$ ist die Kraft auf das Atom Nr. $\mathfrak{m}$ in Richtung i, wenn das Atom Nr. $\mathfrak{n}$ in Richtung l um die Strecke s verschoben wird, während alle anderen Atome in der Ruhelage verbleiben. Daher kann man nun die Koeffizienten mit den an-

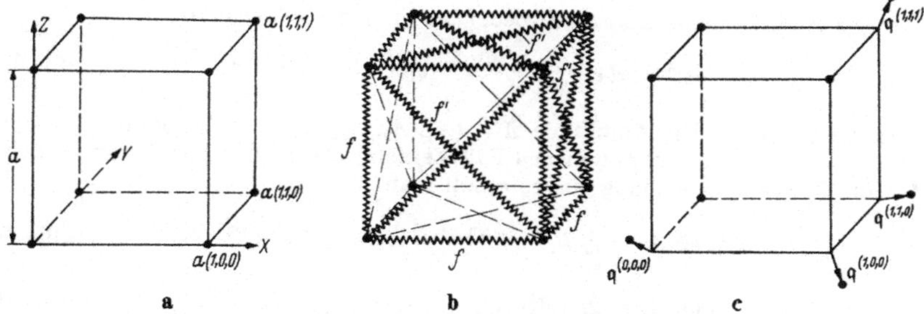

Abb. 91 a—c. a) Elementarzelle und Atomlagen im kubisch primitiven Gitter der Gitterkonstante a. b) Die Atome des Gitters sind durch Federn f zwischen nächsten Nachbarn und Federn f' zwischen übernächsten Nachbarn verbunden. c) Zur Definition der Verschiebungen $\mathfrak{q}$.

genommenen Federverbindungen sehr leicht ermitteln (Abb. 92). Betrachten wir zwei Atome $\mathfrak{m}$ und $\mathfrak{n}$ und verschieben Atom Nr. $\mathfrak{n}$ in Richtung l um s, so hat die Kraft auf $\mathfrak{m}$ bei kleinen Verschiebungen s die Richtung der Verbindung der beiden Atome. Der Betrag der Kraft ist gleich der Projektion der Verschiebung auf die Verbindungslinie, multipliziert mit der dazugehörigen Federkonstanten $f^{|\mathfrak{m}-\mathfrak{n}|}$, die nur vom Betrage $|\mathfrak{m}-\mathfrak{n}|$, also vom Abstand der Atome, abhängt.

$$\Phi_{i\,l}^{\mathfrak{m}\,\mathfrak{n}} = - f^{|\mathfrak{m}-\mathfrak{n}|}\, \frac{(\mathfrak{m}-\mathfrak{n})_i}{|\mathfrak{m}-\mathfrak{n}|}\, \frac{(\mathfrak{m}-\mathfrak{n})_l}{|\mathfrak{m}-\mathfrak{n}|} \quad \text{für} \quad \mathfrak{m} \neq \mathfrak{n}. \tag{64.4}$$

Abb. 92. Zur Berechnung der Kraft auf das Atom $\mathfrak{n}$ in $\mathfrak{R}^{\mathfrak{n}}$, wenn das Atom $\mathfrak{m}$ in $\mathfrak{R}^{\mathfrak{m}}$ um $\mathfrak{s}$ verschoben wird. Nur, wenn die Verschiebung $\mathfrak{s}$ eine Komponente in Richtung der Verbindungslinie hat, tritt eine Kraft auf.

Diese Definition gilt nur für $\mathfrak{m} \neq \mathfrak{n}$. Den Koeffizienten $\Phi_{i\,l}^{\mathfrak{m}\,\mathfrak{m}}$ ermittelt man aus der Kraft auf das Atom $\mathfrak{m}$, wenn man nur dieses aus seiner Ruhelage verschiebt und das Restgitter festhält. $\Phi_{i\,l}^{\mathfrak{m}\,\mathfrak{m}}$ ist mit den Koeffizienten (64.4) unmittelbar verknüpft. Denn wenn alle Atome

[1] Eine Federbindung nur zu den nächsten Nachbarn ergibt kein stabiles Gitter.

die gleiche Verschiebung $q_l^{\mathfrak{n}} = s_l$ unabhängig von $\mathfrak{n}$ ausführen, dürfen auch keine Kräfte in der Bewegungsgleichung auftreten. Danach muß also

$$\sum_{\mathfrak{n}} \Phi_{i\,l}^{\mathfrak{m}\,\mathfrak{n}} = 0 \tag{64.5}$$

oder auch

$$\Phi_{i\,l}^{\mathfrak{m}\,\mathfrak{m}} = - \sum_{\mathfrak{n}(\neq\mathfrak{m})} \Phi_{i\,l}^{\mathfrak{m}\,\mathfrak{n}} \tag{64.5a}$$

erfüllt sein. Die $\Phi_{i\,l}^{\mathfrak{m}\,\mathfrak{n}}$ hängen nur von $\mathfrak{m}-\mathfrak{n}$ ab. Daher ist es in (64.5a) gleichgültig, ob man über alle $\mathfrak{n}(\neq \mathfrak{m})$ oder alle $\mathfrak{n}-\mathfrak{m}(\neq 0)$ summiert:

$$\Phi_{i\,l}^{\mathfrak{m}\,\mathfrak{m}} = - \sum_{\mathfrak{n}(\neq 0)} \Phi_{i\,l}^{0\,\mathfrak{n}} = \Phi_{i\,l}^{0\,0}. \tag{64.5b}$$

Natürlich ist $\Phi_{i\,l}^{\mathfrak{m}\,\mathfrak{m}}$ unabhängig von $\mathfrak{m}$. Bei Federbindungen nach (64.4) ist

$$\Phi_{i\,l}^{\mathfrak{m}\,\mathfrak{m}} = \sum_{\mathfrak{n}(\neq 0)} f^{|\mathfrak{n}|} \frac{n_i\, n_l}{\mathfrak{n}^2}. \tag{64.5c}$$

Die Eigenfrequenzen können wieder durch einen Wellenansatz

$$\mathfrak{q}^{\mathfrak{m}} = \mathfrak{A}\, e^{i(\mathfrak{k}\mathfrak{R}^{\mathfrak{m}} - \omega t)}; \qquad q_i^{\mathfrak{m}} = A_i\, e^{i(\mathfrak{k}\mathfrak{R}^{\mathfrak{m}} - \omega t)} \tag{64.6}$$

ermittelt werden. Die Amplitude $\mathfrak{A} = (A_1, A_2, A_3)$ und der Ausbreitungsvektor $\mathfrak{k} = (k_1, k_2, k_3)$ sind im räumlichen Fall Vektoren. Geht man mit diesem Ansatz in die Bewegungsgleichung ein, so erhält man

$$M\,\omega^2 A_i = \sum_{\mathfrak{n},l} \Phi_{i\,l}^{\mathfrak{m}\,\mathfrak{n}}\, e^{i\mathfrak{k}(\mathfrak{R}^{\mathfrak{n}} - \mathfrak{R}^{\mathfrak{m}})} A_l = \sum_{\mathfrak{n},l} \Phi_{i\,l}^{0\,\mathfrak{n}}\, e^{i\mathfrak{k}\mathfrak{R}^{\mathfrak{n}}} A_l\,, \tag{64.7}$$

$$M\,\omega^2 A_i = \sum_{l} t_{i\,l}(\mathfrak{k})\, A_l; \qquad t_{i\,l}(\mathfrak{k}) = \sum_{\mathfrak{n}} \Phi_{i\,l}^{0\,\mathfrak{n}}\, e^{i\mathfrak{k}\mathfrak{R}^{\mathfrak{n}}}\,, \tag{64.7a}$$

ein lineares Gleichungssystem mit einer symmetrischen dreidimensionalen Matrix t_{il}, die selbst noch vom Ausbreitungsvektor $\mathfrak{k}$ abhängt. Zu jedem Vektor $\mathfrak{k}$ erhält man drei Frequenzen $\omega^{(j)}(\mathfrak{k})$ und drei Vektoren $\mathfrak{A}^{(j)}$, welche die Form der Schwingung festlegen. Da $\mathfrak{k}$-Werte, die sich in einer Komponenten um ein Vielfaches von $\frac{2\pi}{a}$ unterscheiden, nach (64.6) wieder die gleiche Schwingung liefern, so gelten die Beschränkungen, die den k-Werten des linearen Gitters auferlegt wurden, jetzt für alle drei Komponenten von $\mathfrak{k}$.

$$\begin{aligned} -\frac{\pi}{a} &< k_x \leq \frac{\pi}{a}, \\ -\frac{\pi}{a} &< k_y \leq \frac{\pi}{a}, \\ -\frac{\pi}{a} &< k_z \leq \frac{\pi}{a}. \end{aligned} \tag{64.8}$$

Die Vektoren $\mathfrak{k}$ sind demnach auf einen Würfel der Kantenlänge $\frac{2\pi}{a}$ um den Nullpunkt im Raume der $\mathfrak{k}$ beschränkt. Zur Abzählung der Eigenschwingungen verlangen wir räumliche Periodizität in den drei Koordinatenrichtungen mit der Periode $n a$. Wir teilen also das Gitter in kubische Volumina des Inhalts $n^3 a^3$

ein und fordern, daß in all diesen Volumenelementen die Schwingungen sich periodisch wiederholen. Da das Volumen pro Atom a^3 ist, so enthält das Periodizitätsvolumen $N = n^3$ Atome. Die durch die periodische Randbedingung ausgezeichneten Werte von $\mathfrak{k}$ sind wie im linearen Gitter

$$k_i = \frac{2\pi}{n\,a} m_i; \qquad m_i = -\left(\frac{n}{2} - 1\right), \ldots, -1, 0, +1, \ldots, \left(\frac{n}{2} - 1\right), \frac{n}{2}. \tag{64.9}$$

Jede Komponente k_i durchläuft gerade n Werte. Die Gesamtzahl der möglichen $\mathfrak{k}$ ist daher $n^3 = N$. Zu jedem $\mathfrak{k}$ gehören drei Eigenfrequenzen. Insgesamt bekommt man $3N$ Eigenfrequenzen, was wieder mit der Anzahl $3N$ der unabhängigen Koordinaten übereinstimmt.

Die Determinante des Gleichungssystems (64.7a) muß verschwinden:

$$\left|t_{il}(\mathfrak{k}) - M\,\omega^2\,\delta_{il}\right| = 0\,. \tag{64.10}$$

Diese Bedingung liefert eine kubische Gleichung für die drei Eigenfrequenzen, die zu $\mathfrak{k}$ gehören. Im allgemeinen müssen die Lösungen dieser Gleichungen numerisch ermittelt werden. Nur wenn der Ausbreitungsvektor in speziellen Raumrichtungen liegt, zerfällt die Gl. (64.10) in mehrere leicht lösbare Gleichungen. Um das zu sehen, muß man zunächst die Komponenten der Matrix t_{il} ermitteln. Mit (64.4) wird wegen (64.5b) und (64.5c)

$$t_{il}(\mathfrak{k}) = \sum_{\mathfrak{n}} \Phi_{il}^{0\,\mathfrak{n}}\, e^{i\mathfrak{k}\mathfrak{R}^{\mathfrak{n}}} = \sum_{\mathfrak{n}(\neq 0)} \Phi_{il}^{0\,\mathfrak{n}} \left(e^{i\mathfrak{k}\mathfrak{R}^{\mathfrak{n}}} - 1\right), \tag{64.11}$$

$$t_{il}(\mathfrak{k}) = \sum_{\mathfrak{n}(\neq 0)} f^{|\mathfrak{n}|}\, \frac{n_i\, n_l}{\mathfrak{n}^2} \left(1 - e^{i\mathfrak{k}\mathfrak{R}^{\mathfrak{n}}}\right). \tag{64.11a}$$

Die Summe (64.11a) ist zu erstrecken über die Nachbarn des Ursprungs, für welche die Federbindungen von Null verschieden sind ($f^{|1,0,0|} = f$, $f^{|1,1,0|} = f'$ usw.). Bei der Berechnung etwa von t_{11} kommen von den nächsten Nachbarn mit der Feder f nur die beiden Atome mit $\mathfrak{n} = (1, 0, 0)$ und $\mathfrak{n} = (-1, 0, 0)$ in Frage, da die anderen nächsten Nachbarn eine verschwindende x-Komponente besitzen. Von den 12 übernächsten Nachbarn liefern nur die acht mit nichtverschwindender x-Komponente einen Beitrag. Die Summation läßt sich leicht ausführen und ergibt

$$t_{11}(\mathfrak{k}) = 4\,f \sin^2 \frac{k_1 a}{2} + 2\,f' \{2 - \cos k_1 a\,(\cos k_2 a + \cos k_3 a)\}\,. \tag{64.12}$$

Die anderen Diagonalglieder von t_{il} erhält man durch zyklische Vertauschung. Bei den Nichtdiagonalgliedern liefern die nächsten Nachbarn gar keinen Beitrag. Man erhält

$$t_{12} = t_{21}(\mathfrak{k}) = 2\,f' \sin k_1 a \sin k_2 a\,. \tag{64.13}$$

Die anderen Komponenten folgen wieder durch zyklische Vertauschung.

Für drei spezielle Richtungen des Ausbreitungsvektors sind in der nachstehenden Tabelle 6 die Matrizen t_{il}, die Polarisationsvektoren $\mathfrak{A}$ und die Eigenfrequenzen dargestellt. Aus den angegebenen Werten für t_{il} erkennt man jeweils leicht, daß die Gleichung $\sum_l t_{il} A_l = M\omega^2 A_i$ erfüllt ist. Abb. 93 zeigt den Verlauf $\omega(\mathfrak{k})$ für die verschiedenen Richtungen mit $f = f'$. In diesen drei Richtungen sind die Polarisationsvektoren immer parallel oder senkrecht zu $\mathfrak{k}$. Die Schwingungsform mit $\mathfrak{A} \parallel \mathfrak{k}$ heißt longitudinal, bei den transversalen Schwingungen steht $\mathfrak{A}$ senkrecht auf $\mathfrak{k}$. In Richtung der Raumdiagonalen und der kubischen Achse haben die beiden transversalen Schwingungen zudem die gleiche Frequenz. Dann ist jede transversale Schwingung mit beliebigem $\mathfrak{A} \perp \mathfrak{k}$ eine Eigenschwingung. In Richtung der Flächendiagonale liegen die drei Polarisationen dagegen vollkommen fest, alle drei Frequenzen sind voneinander verschieden. In einer Spalte der Tabelle ist der jeweilige Wert der Schallgeschwindigkeit c angegeben. Für sehr kleine Werte von $\mathfrak{k}$ kann man $\mathfrak{q}^m$ durch ein langsam veränderliches Verschiebungsfeld $\mathfrak{q}(\mathfrak{R})$ mit $\mathfrak{q}^m = \mathfrak{q}(\mathfrak{R}^m)$ ersetzen. Die Eigenschwingungen haben dann die Form

$$\mathfrak{q}(\mathfrak{R}) = \mathfrak{A}\, e^{i(\mathfrak{k}\mathfrak{R} - \omega t)} \tag{64.14}$$

von ebenen Schallwellen, die in Richtung $\mathfrak{k}$ den Kristall durchlaufen. Bei kleinen Werten von $\mathfrak{k}$ ist die Frequenz proportional zu $|\mathfrak{k}|$, und $\frac{\omega}{|\mathfrak{k}|}$ ist die Schallgeschwindigkeit. Sie ist für longitudinale und transversale Wellen verschieden. Außerdem hängt sie bei Kristallen noch von der Ausbreitungsrichtung ab, was man an einem Vergleich der einzelnen Schallgeschwindigkeiten in der Tabelle erkennen kann. Will man ein elastisch isotropes Medium beschreiben, so kann man dies durch geeignete Wahl der beiden Federbindungen erreichen. Man erkennt schon an den Werten der Tabelle, daß mit $f = f'$ jeweils alle longitudinalen und alle transversalen Schallgeschwindigkeiten unter sich gleich groß werden. Man kann leicht nachweisen, daß diese Bedingung wirklich elastische Isotropie bedeutet.

Tabelle 6.

a) $\mathfrak{k}$ in Richtung einer Achse $\mathfrak{k} = (\varkappa, 0, 0)$

$$t = \begin{Bmatrix} \alpha & 0 & 0 \\ 0 & \beta & 0 \\ 0 & 0 & \beta \end{Bmatrix}; \qquad \alpha = (4f + 8f')\sin^2\frac{\varkappa a}{2}; \qquad \beta = 4f'\sin^2\frac{\varkappa a}{2}$$

$\mathfrak{A}$	$M\omega^2$	$c^2 = \omega^2/k^2$	Schwingungsform
$(1, 0, 0)$	$\alpha = (4f + 8f')\sin^2\frac{\varkappa a}{2}$	$\frac{f + 2f'}{M} a^2$	longitudinal
$(0, 1, 0)$, $(0, 0, 1)$	$\beta = 4f'\sin^2\frac{\varkappa a}{2}$	$\frac{f'}{M} a^2$	transversal

b) $\mathfrak{k}$ in Richtung der Raumdiagonale $\mathfrak{k} = (\varkappa, \varkappa, \varkappa)$

$$t = \begin{Bmatrix} \alpha & \gamma & \gamma \\ \gamma & \alpha & \gamma \\ \gamma & \gamma & \alpha \end{Bmatrix}; \qquad \alpha = 4f\sin^2\frac{\varkappa a}{2} + 4f'\sin^2\varkappa a; \qquad \gamma = 2f'\sin^2\varkappa a$$

$\mathfrak{A}$	$M\omega^2$	$c^2 = \omega^2/k^2$	Schwingungsform
(1, 1, 1)	$\alpha + 2\gamma = 4f\sin^2\frac{\varkappa a}{2} + 8f'\sin^2\varkappa a$	$\frac{f+8f'}{M}\frac{a^2}{3}$	longitudinal
(1, −1, 0) (1, 0, −1)	$\alpha - \gamma = 4f\sin^2\frac{\varkappa a}{2} + 2f'\sin^2\varkappa a$	$\frac{f+2f'}{M}\frac{a^2}{3}$	transversal

c) $\mathfrak{k}$ *in Richtung der Flächendiagonale* $\mathfrak{k} = (\varkappa, 0, \varkappa)$

$$t = \begin{Bmatrix} \alpha & 0 & \gamma \\ 0 & \beta & 0 \\ \gamma & 0 & \alpha \end{Bmatrix}; \quad \alpha = (4f + 4f')\sin^2\frac{\varkappa a}{2} + 2f'\sin^2\varkappa a; \quad \beta = 8f'\sin^2\frac{\varkappa a}{2}; \quad \gamma = 2f'\sin^2\varkappa a$$

$\mathfrak{A}$	$M\omega^2$	$c^2 = \omega^2/k^2$	Schwingungsform
(1, 0, 1)	$\alpha + \gamma = (4f + 4f')\sin^2\frac{\varkappa a}{2} + 4f'\sin^2\varkappa a$	$\frac{f+5f'}{M}\frac{a^2}{2}$	longitudinal
(0, 1, 0)	$\beta = 8f'\sin^2\frac{\varkappa a}{2}$	$\frac{2f'}{M}\frac{a^2}{2}$	transversal
(1, 0, −1)	$\alpha - \gamma = (4f + 4f')\sin^2\frac{\varkappa a}{2}$	$\frac{f+f'}{M}\frac{a^2}{2}$	transversal

Für kleine $\mathfrak{k}$ kann man nämlich (64.12) und (64.13) entwickeln und mit $f = f'$ wird

$$t_{il}(\mathfrak{k}) = f a^2 k^2 \delta_{il} + 2 f a^2 k_i k_l. \qquad (64.15)$$

Gl. (64.7a) schreibt man damit am besten in vektorieller Form

$$\sum t_{il} A_l = M\omega^2 A_i; \qquad f a^2 k^2 \mathfrak{A} + 2 f a^2 k (\mathfrak{k}\mathfrak{A}) = M\omega^2 \mathfrak{A}. \qquad (64.16)$$

Aus dieser Darstellung erkennt man leicht, daß die Gleichung gelöst wird durch $\mathfrak{A} \parallel \mathfrak{k}$ (longitudinale Polarisation) mit

$$M\omega_l^2 = 3 f a^2 k^2 \qquad \text{und} \qquad c_l = \frac{\omega_l}{k} = \left\{\frac{3 f a^2}{M}\right\}^{1/2} \qquad (64.17\,\text{a})$$

und durch beliebige $\mathfrak{A}$ senkrecht zu $\mathfrak{k}$ (transversale Polarisation) mit

$$M\omega_t^2 = f a^2 k^2 \qquad \text{und} \qquad c_t = \frac{\omega_t}{k} = \left\{\frac{f a^2}{M}\right\}^{1/2}. \qquad (64.17\,\text{b})$$

Zu jeder Richtung $\mathfrak{k}$ erhält man eine longitudinale und zwei transversale Schwingungen. Die Frequenzen hängen nur vom Betrage und nicht von der Richtung des Ausbreitungsvektors ab. Bei den transversalen Schwingungen steht $\mathfrak{A}$ senkrecht zu $\mathfrak{k}$, ist im übrigen aber beliebig. Das stimmt mit den Verhältnissen in einem elastisch isotropen Medium überein[1].

Bei Isotropie ist es leicht, das elastische Spektrum der DEBYEschen Theorie zu berechnen. Die Dichte der Punkte im Raume der k_i ist nach (64.9) $\left(\frac{n\,a}{2\,\pi}\right)^3 = \frac{V}{(2\,\pi)^3}$, wenn $V = n^3 a^3 = N a^3$ das Volumen des Kristalls ist. In einer Kugelschale

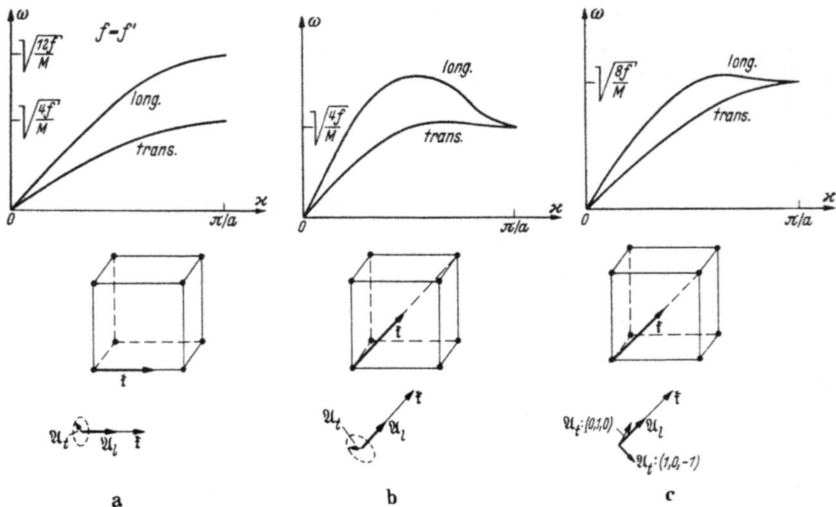

Abb. 93. Abhängigkeit der Frequenz ω vom Ausbreitungsvektor $\mathfrak{k}$ in speziellen Fällen nach Tabelle 6 (für $f = f'$)
a) $\mathfrak{k}$ in Richtung einer Würfelkante: $\mathfrak{k} = (\varkappa, 0, 0)$,
b) $\mathfrak{k}$ in Richtung einer Raumdiagonalen: $\mathfrak{k} = (\varkappa, \varkappa, \varkappa)$,
c) $\mathfrak{k}$ in Richtung einer Flächendiagonalen: $\mathfrak{k} = (\varkappa, 0, \varkappa)$.
In a und b haben die beiden Transversalwellen die gleiche Frequenz; $\mathfrak{A}$ kann daher ein beliebiger Vektor $\perp \mathfrak{k}$ sein. Im Fall c sind die beiden transversalen Frequenzen im allgemeinen verschieden und die Polarisationen liegen fest. Setzt man $f = f'$, so sind auch hier die beiden transversalen Frequenzen gleich groß.

zwischen k und $k + \mathrm{d}k$ liegen somit $\frac{V}{(2\pi)^3} 4\pi k^2 \mathrm{d}k$ mögliche $\mathfrak{k}$-Werte. Bei den longitudinalen Schwingungen ist $\omega_l = c_l k$. Daher ist die spektrale Verteilung der longitudinalen Komponente

$$z_l(\omega)\,\mathrm{d}\omega = \frac{V}{(2\,\pi)^3} \frac{4\,\pi}{c_l^3} \omega^2\,\mathrm{d}\omega\,. \tag{64.18a}$$

Die spektrale Verteilung der Transversalschwingungen erhält man genau so

$$z_t(\omega)\,\mathrm{d}\omega = \frac{V}{(2\,\pi)^3} \frac{4\,\pi}{c_t^3} 2\,\omega^2\,\mathrm{d}\omega\,. \tag{64.18b}$$

[1] Auf diese Weise erhält man auch den Zusammenhang mit den elastischen Konstanten (Schubmodul G und Elastizitätsmodul E). Mit der Dichte $\varrho = \frac{M}{a^3}$ ist: $G = \varrho\, c_t^2 = \frac{f}{a}$ und $E = \varrho\, c_l^2 = \frac{3\,f}{a}$.

Der Faktor 2 rührt daher, daß es zu jedem $\mathfrak{k}$ zwei unabhängige Transversalwellen gibt. Das gesamte elastische Spektrum wird so

$$z_{el}(\omega) = z_l + z_t = \frac{V}{2\pi^2}\left\{\frac{1}{c_l^3} + \frac{2}{c_t^3}\right\}\omega^2. \quad (64.19)$$

Die DEBYEsche Abschneidefrequenz ω_D erhält man durch die Forderung, daß $\int_0^{\omega_D} z_{el}(\omega)\,d\omega = 3N$ sein soll, zu

$$\frac{1}{\omega_D^3} = \frac{V}{18N\pi^2}\left\{\frac{1}{c_l^3} + \frac{2}{c_t^3}\right\}; \qquad \omega_D \cong 4{,}3\sqrt{\frac{f}{M}}. \quad (64.20)$$

Abb. 94 zeigt das elastische Spektrum nach DEBYE und das dazugehörige primitiv abgeschätzte Gitterspektrum. Die höchste Frequenz des DEBYE-Spektrums liegt doch schon wesentlich höher als die höchsten Gitterfrequenzen, die in den behandelten Beispielen auftreten. Da $c_l\,(c_l \cong \sqrt{3}\,c_t)$ in unserem Beispiel wesentlich größer ist als c_t, so kann man den longitudinalen Beitrag zum elastischen Spektrum praktisch vernachlässigen. Dann entspricht ω_D einer transversalen Schallwelle, deren Wellenlänge $\frac{2\pi c_t}{\omega_D}$ von der Größenordnung der Gitterkonstante ist. Dieses Verhalten findet man qualitativ auch bei den meisten anderen Substanzen. Die longitudinale Schallgeschwindigkeit ist häufig wesentlich größer als die transversale (bei den elastisch annähernd isotropen Metallen Wolfram und Aluminium ist $c_l \cong 2\,c_t$). Im elastischen Spektrum spielen dann die longitudinalen Beiträge nur eine untergeordnete Rolle. Die DEBYE-Frequenz und die höchste Frequenz der Gitterschwingungen sind aber nicht allzusehr voneinander verschieden, so daß das extrapolierte elastische Spektrum doch eine ganz gute Näherung darstellt.

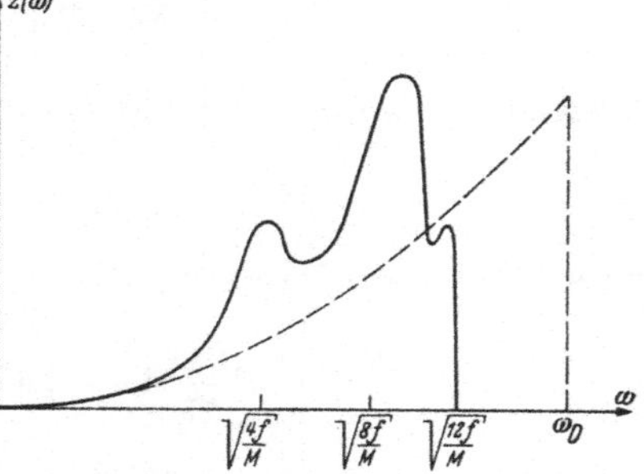

Abb. 94. Gitterspektrum und DEBYEsches Spektrum des kubisch primitiven Gitters bei gleichen Federbindungen zwischen nächsten und übernächsten Nachbarn ($f = f'$). Das Gitterspektrum wurde aus den in Abb. 93 abgebildeten Kurven abgeschätzt.

Die Gitterspektren werden meist in der folgenden Weise ermittelt. Man legt ein Periodizitätsvolumen zugrunde, welches so klein ist, daß die Anzahl der zu lösenden kubischen Gleichungen (64.10) noch erträglich ist, andererseits aber auch so groß, daß das Spektrum schon eine gute Näherung für makroskopische Abmessungen darstellt. Bei kubischen Kristallen reduziert sich die Zahl der zu lösenden Gleichungen noch weitgehend, da es im allgemeinen wegen der Kristallsymmetrie zu einer kubischen Gleichung ($\mathfrak{k}$) noch 48 andere mit den gleichen Eigenfrequenzen gibt. Man kommt im allgemeinen mit der Lösung von etwa 100 kubischen Gleichungen aus (die Zahl der Atome in Periodizitätsvolumen ist dann etwa 5000).

Wenn man die Kräfte zwischen den Atomen des Gitters kennt, so können die Entwicklungskoeffizienten $\Phi_{i\ l}^{m\ n}$ unmittelbar berechnet werden. Das ist aber im allgemeinen nicht der Fall. Vielmehr beschränkt man sich, so wie wir es hier getan haben, meist auf Wechselwirkung zwischen nahe benachbarten Atomen, da die Wechselwirkung schnell mit der Entfernung abnimmt. Die Zahl der unabhängigen

$\Phi_{i\,l}^{\mathfrak{m}\,\mathfrak{n}}$ wird dann so klein, daß man sie durch experimentelle Daten z. B. durch die elastischen Größen (Schallgeschwindigkeiten) allein ausdrücken kann.

Für den Verlauf bei hohen Temperaturen ist $\overline{\omega^2}$ die entscheidende Größe. Man erhält sie nach (61.11), indem man $\frac{\Phi_{i\,i}^{\mathfrak{m}\,\mathfrak{m}}}{3\,N\,M}$ über alle $\mathfrak{m}$-Werte im Periodizitätsvolumen und über i summiert. Da die $\Phi_{i\,i}^{\mathfrak{m}\,\mathfrak{m}} = \Phi_{i\,i}^{0\,0}$ aber alle gleich groß sind, so ist

$$\overline{\omega^2} = \frac{1}{3\,M} \sum_i \Phi_{i\,i}^{0\,0} = -\frac{1}{3\,M} \sum_{\substack{\mathfrak{n}(\neq 0)\\ i}} \Phi_{i\,i}^{0\,\mathfrak{n}}, \tag{64.21}$$

und mit den Werten von $\Phi_{i\,i}^{0\,\mathfrak{n}}$ nach (64.4)

$$-\sum_i \Phi_{i\,i}^{0\,\mathfrak{n}} = f^{|\mathfrak{n}|} \tag{64.21 a}$$

wird

$$\overline{\omega^2} = \frac{1}{3\,M} \sum_{\mathfrak{n}(\neq 0)} f^{|\mathfrak{n}|} = \frac{6\,f + 12\,f'}{3\,M}. \tag{64.21 b}$$

Bei elastischer Isotropie ($f = f'$) ist dann

$$\overline{\omega^2} = \frac{6\,f}{M}. \tag{64.21 c}$$

In der Debyeschen Theorie ist

$$\overline{\omega^2}^D = \int_0^{\omega_D} \omega^2 \frac{3\,\omega^2}{\omega_D^3} \mathrm{d}\omega = \tfrac{3}{5}\,\omega_D^2; \qquad \overline{\omega^2}^D \cong 11\,\frac{f}{M}. \tag{64.22}$$

Der richtige gittertheoretische Wert unterscheidet sich von dem Wert des Debyeschen Ansatzes doch schon ganz erheblich. Die Einmündung der spezifischen Wärme in den klassischen Wert bei hohen Temperaturen wird also durch das elastische Spektrum nicht besonders gut wiedergegeben.

Die Bose-Verteilung der Phononen (Gitterschwingungen) ist nach Gl. (62.2a) eine Verteilung, bei der die Zahl der Quasi-Teilchen keine Erhaltungsgröße ist. Für sie trifft die in Gl. (26.19) gegebene Diskussion zu, vorausgesetzt, daß für die Quasi-Teilchen ein lokales Gleichgewicht mit lokaler „Impuls-“ und Energie-Erhaltung vorliegt. Wir können hier nicht diskutieren, wann diese Bedingungen erfüllt sind (vgl. Spezialliteratur über Phononen, speziell über anharmonische Effekte). Es gibt aber Substanzen, in denen die Ausbreitung des 2. Schalls bei tiefen Temperaturen beobachtet wurde (flüssiges He, NaJ). Für die in (26.20) auftretenden Konstanten a, b, d ergibt sich mit der Verteilung (62.2a) in Debyescher Näherung (vgl. Gl. (64.17) bis (64.20))

$$a = 1/3; \quad b = 4/3; \quad d = \frac{4 \sum_\sigma (1/c_\sigma)^5}{3 \sum_\sigma (1/c_\sigma)^3} \Rightarrow \frac{4}{3\,c_\sigma^2}.$$

c_σ sind die verschiedenen Schallgeschwindigkeiten (c_l, c_t in (64.18)). Nehmen wir sie als gleich an, resultiert der letzte Term. Die Geschwindigkeit des 2. Schalls (Energie-, Temperaturwellen nach (26.22)) ist dann

$$c_{\mathrm{II}}^2 = a\,b/d = c_\sigma^2/3.$$

§ 65. Diskussion des Verlaufs der spezifischen Wärme.

Zur Darstellung des experimentellen Verlaufs der spezifischen Wärme von Kristallen geht man meistens in folgender Weise vor. Da die Debyesche Theorie in erster Näherung den Verlauf der spezifischen Wärme recht gut beschreibt, so vergleicht man die experimentellen Werte $c_v(T)$ mit denen der Debyeschen Theorie $c_v^D(\Theta/T)$ und bestimmt diejenige charakteristische Temperatur Θ, für welche

$$c_v(T) = c_v^D(\Theta/T) \tag{65.1}$$

ist. Wäre die Debyesche Theorie streng richtig, so wäre Θ konstant. Die Abweichungen machen sich dadurch bemerkbar, daß nunmehr $\Theta(T)$ eine Funktion der Temperatur wird. Man trage also nach Abb. 95 in ein Netz von Debyeschen Kurven, die zu verschiedenen Θ-Werten gehören, den experimentellen Verlauf ein und bestimme jeweils die zu einer bestimmten Temperatur T gehörende Debye-Temperatur. Diese Auftragung ist sehr viel empfindlicher und genauer, als wenn man c_v direkt gegen die Temperatur aufträgt.

Die experimentellen Ergebnisse lassen sich qualitativ in zwei Gruppen unterteilen. Bei der ersten Gruppe (I in Abb. 95) liegt der Θ-Wert bei hohen Temperaturen (Θ_∞) unterhalb des Wertes $\Theta(0)$ für $T = 0$. Dieser Gruppe gehören die meisten Metalle an. Die zweite Gruppe (II in Abb. 95) zeigt genau das entgegengesetzte Verhalten ($\Theta_\infty > \Theta(0)$). Zu ihr gehören z. B. die Alkalien (Li, Na, K). **Als Beispiel ist der experimentelle Verlauf für Wolfram (Gruppe I) und Lithium (Gruppe II) in Abb. 96 und 97 dargestellt. Man sieht, daß die Unterschiede ganz beträchtlich sind. Diese Abweichungen von der Debyeschen Theorie sind der Einfluß des wirklichen Gitterspektrums.**

Man kann nun qualitativ und quantitativ sofort sehen, welche Größe für die Bestimmung von Θ_∞ entscheidend ist. Zunächst ist ganz allgemein nach (62.10a) für hohe Temperaturen

$$c_v = 3k\left\{1 - \frac{1}{12}\frac{\hbar^2\overline{\omega^2}}{(kT)^2}\right\}. \tag{65.2}$$

Nach der Debyeschen Theorie ist $\overline{\omega^2}^D = \frac{3}{5}\omega_D^2$ und daher

$$c_v^D = 3k\left\{1 - \frac{1}{12}\frac{\hbar^2\overline{\omega^2}^D}{(kT)^2}\right\} = 3k\left\{1 - \frac{1}{20}\frac{\Theta^2}{T^2}\right\}. \tag{65.3}$$

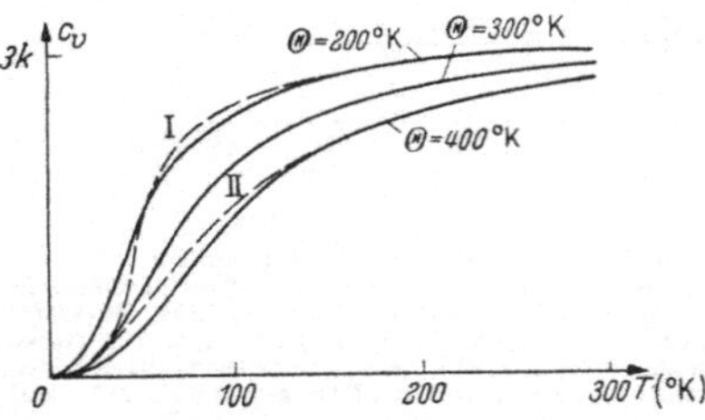

Abb. 95a. Spezifische Wärme nach Debye für charakteristische Temperaturen 200° K, 300° K und 400° K. Gestrichelt eingezeichnet (I und II) sind „experimentelle" spezifische Wärmen.

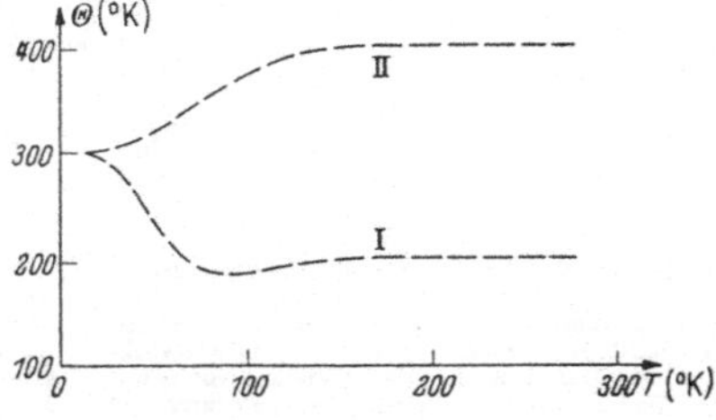

Abb. 95b. Θ in Abhängigkeit von der Temperatur für die spezifischen Wärmen nach I und II.

Durch Vergleich der richtigen spezifischen Wärme mit $\overline{\omega^2}$ nach der Gittertheorie und der DEBYEschen Näherung bekommt man Θ_∞ zu

$$\Theta_\infty^2 = \frac{5\,\hbar^2\,\overline{\omega^2}}{3\,k^2} \quad \text{oder} \quad \frac{\Theta_\infty^2}{\Theta^2(0)} = \frac{\overline{\omega^2}}{\overline{\omega^2}^D}, \tag{65.4}$$

denn der Wert von $\Theta(0) = \frac{\hbar\,\omega_D}{k}$ nach der DEBYEschen Theorie ist für tiefe Temperaturen sicher richtig. Dort spielen nur die kleinen, elastischen Frequenzen eine Rolle, und diese sind im elastischen Spektrum richtig erfaßt. Die Größen $\overline{\omega^2}$ entscheiden den Verlauf bei hohen Temperaturen. Ist $\overline{\omega^2} < \overline{\omega^2}^D$, so gehört die betreffende Substanz zur Gruppe I, ist $\omega^2 > \overline{\omega^2}^D$, so gehört sie zur Gruppe II. Kennt man das gittertheoretische Spektrum, so kann man sofort qualitativ sehen, wie Θ mit der Temperatur verläuft. Bei der Behandlung des kubisch primitiven Gitters haben wir bereits gesehen, daß der gittertheoretische Wert für $\overline{\omega^2}$ um etwa

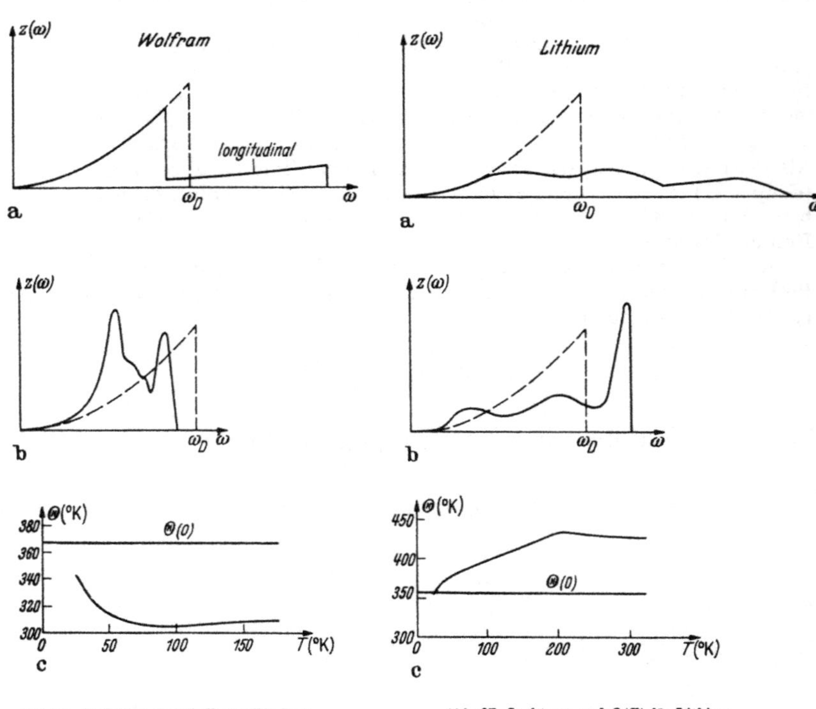

Abb. 96. Spektrum und $\Theta(T)$ für Wolfram.
a) Elastisches Spektrum bei getrennter Behandlung der transversalen und longitudinalen Schwingungen (gestrichelt DEBYEsches Spektrum). b) Gitterspektrum und DEBYE-Spektrum. c) Verlauf von Θ mit der Temperatur. Bei tiefen Temperaturen ist $\Theta = \Theta_D = \Theta(0)$; bei hohen Temperaturen ist $\Theta < \Theta_D$, da $\overline{\omega^2}$, gebildet mit der spektralen Verteilung des Gitters, kleiner ist als $\overline{\omega^2}^D$ nach dem DEBYE-Spektrum.

Abb. 97. Spektrum und $\Theta(T)$ für Lithium.
a) Elastisches Spektrum bei getrennter Behandlung der einzelnen Schwingungen [nach K. FUCHS: Proc. Roy. Soc. A **157**, 444 (1936)] im Vergleich zum DEBYE-Spektrum (gestrichelt). Die starke elastische Anisotropie bewirkt eine Verschiebung nach hohen Frequenzen. b) Gitterspektrum und DEBYE-Spektrum. c) Verlauf von Θ mit der Temperatur. $\overline{\omega^2}$ ist größer als $\overline{\omega^2}^D$, also ist Θ für hohe Temperaturen größer als die DEBYE-Temperatur $\Theta_D = \Theta(0)$.

einen Faktor 2 kleiner ist als der entsprechende DEBYEsche Wert. Hier wäre also Θ_∞ um etwa 40% kleiner als $\Theta(0)$. Das ist der normale Verlauf für Substanzen der Gruppe I. Abb. 96b und 97b zeigen die berechneten Gitterspektren für Wolfram und Lithium. Beide Gitter sind raumzentriert. Die Darstellungen sind auf gleiches ω_D bezogen, damit man besser vergleichen kann. Aus den Spektren kann man auch ohne weitere Rechnung qualitativ erkennen, daß Wolfram zur ersten Gruppe $\left(\overline{\omega^2} < \overline{\omega^2}^D\right)$ und Lithium zur zweiten Gruppe $\left(\overline{\omega^2} > \overline{\omega^2}^D\right)$ gehört.

Die Unterschiede der Spektren von Wolfram und Lithium lassen sich leicht qualitativ deuten. Dazu müssen wir uns aber erst noch etwas näher mit dem DEBYEschen Ansatz befassen. Die DEBYEsche Näherung berücksichtigt nur die pauschale spektrale Verteilung der elastischen Schwingungen und schneidet den longitudinalen und transversalen Anteil bei einer gemeinsamen Frequenz ω_D ab. Tatsächlich ist dieses Verfahren aber inkonsequent. Denn bei der Berechnung der Gitterschwingungen haben wir gelernt, daß es N Ausbreitungsvektoren gibt und daß zu jedem dieser Ausbreitungsvektoren drei Polarisationen gehören. Wenn man also schon an longitudinalen und transversalen Schwingungen festhalten will[1], so gibt es insgesamt N longitudinale und $2N$ transversale Eigenschwingungen. Man müßte demnach, um es besser zu machen, die spektrale Verteilung der longitudinalen und transversalen Wellen getrennt behandeln und für jede Sorte eine eigene Abschneidefrequenz einführen. Ein auf diese Weise ermitteltes Spektrum zeigt Abb. 96a für ein Verhältnis $c_l/c_t = 2$, wie es bei Wolfram vorliegt. Mit diesem Spektrum würde $\overline{\omega^2}$ um einen Faktor 2 größer sein als $\overline{\omega^2}^D$, Θ_∞ wäre also größer als $\Theta(0)$. Bei einem Vergleich mit dem Gitterspektrum erkennt man, daß diese „Verbesserung" des DEBYEschen Ansatzes tatsächlich eine Verschlechterung ist. Die Inkonsequenz der DEBYEschen Annahme ist der tiefere Grund für den Erfolg dieser Theorie. Denn bei der gemeinsamen Behandlung der longitudinalen und transversalen Anteile fällt die gemeinsame Abschneidefrequenz nahezu mit der maximalen Frequenz der Transversalkomponente zusammen. Die hohen Frequenzen der longitudinalen Schwingungen werden praktisch vernachlässigt. Der Einfluß der Gitterstruktur hat aber gleichfalls die Tendenz, die elastisch berechneten Frequenzen zu verkleinern. Man kann sich das Gitterspektrum von Wolfram durch Verschiebung des elastischen Spektrums der Abb. 96a zu kleineren Frequenzwerten hin zustande gekommen denken. Dabei werden durch den Einfluß des Gitters die hohen Frequenzen mehr verschoben als die kleinen. Das erste Maximum des Wolframspektrums würde dann der maximalen Frequenz der Transversalschwingungen, das zweite, kleinere Maximum der maximalen Frequenz der Longitudinalschwingungen in Abb. 96a entsprechen. Durch die Vernachlässigung der hohen Frequenzen in der DEBYEschen Theorie wird dieser Einfluß des Gitters zum Teil berücksichtigt.

Ist die longitudinale Schallgeschwindigkeit sehr groß gegen die transversale, so liegt die longitudinale Abschneidefrequenz sehr hoch im Vergleich zur DEBYE-Frequenz. Dann reicht der Gittereinfluß nicht mehr aus, um die Frequenzen so weit zu verkleinern, daß $\overline{\omega^2}$ kleiner als $\overline{\omega^2}^D$ wird. Jede starke Streuung der Schallgeschwindigkeiten hat die Tendenz $\overline{\omega^2}$ im Vergleich zu $\overline{\omega^2}^D$ zu vergrößern. Den gleichen Einfluß hat dann eine starke elastische Anisotropie, denn das bedeutet

[1] Man muß sich aber klarmachen, daß auch bei elastischer Isotropie bei größeren $\mathfrak{k}$-Werten die Gitterschwingungen im allgemeinen nicht mehr reine Longitudinal- oder Transversalschwingungen sind.

ebenfalls eine große Streuung der Schallgeschwindigkeiten. Beim Zusammenwirken von Gittereinfluß und Anisotropie kommt es nun darauf an, welcher Einfluß überwiegt. Bei sehr starker Anisotropie[1] wie bei Lithium liegen die maximalen Frequenzen des Gitters bei höheren Werten als ω_D. Stark anisotrope Kristalle gehören demnach zu Gruppe II.

Da bei tiefen Temperaturen nur die kleinen Frequenzen noch Beiträge zu der spezifischen Wärme liefern, so ist für sehr tiefe Temperaturen die spezifische Wärme nach der DEBYEschen Theorie streng richtig. Sie verläuft dort proportional zu T^3. Die Abschneidefrequenz sollte nach Möglichkeit aus den elastischen Daten bei $T = 0$ ermittelt werden. Der Verlauf der spezifischen Wärme, der aus den elastischen Daten allein schon streng ermittelt werden kann, spielt sich aber in einem Bereich von wenigen Grad über $T = 0$ ab, wo sich die spezifische Wärme der Metallelektronen schon stark bemerkbar macht. Nach der DEBYEschen Theorie sollte er näherungsweise schon ab etwa $\Theta_D/2$ gültig sein; und dieser Verlauf wird bei den Messungen auch festgestellt. Dieses experimentelle T^3-Gesetz der spezifischen Wärme wird dadurch vorgetäuscht, daß für höhere Temperaturen $\Theta(T)$ wieder von T unabhängig wird: Bei Wolfram z. B. ist Θ ab etwa 50° K wieder konstant gleich Θ_∞. Der experimentelle Verlauf bei mäßig niedrigen Temperaturen kann somit nach der DEBYEschen Theorie beschrieben werden, wenn man für Θ_D die Größe Θ_∞ einsetzt. Θ_∞ kann aber aus den elastischen Daten allein gar nicht bestimmt werden, sondern nur aus der Gittertheorie. Θ_∞ liegt im allgemeinen tiefer als $\Theta(0) = \Theta_D$. Daher ist es auch verständlich,

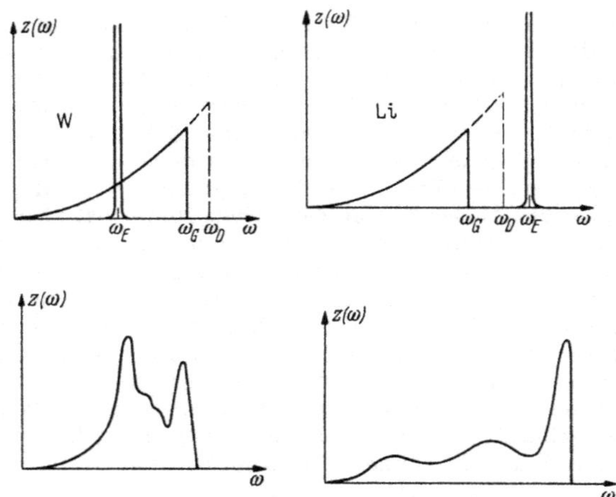

Abb. 98. Gitterspektrum und Annäherung durch DEBYE- und EINSTEIN-Terme.
a) Wolfram, b) Lithium. Der monochromatische EINSTEIN-Term liegt gerade an der Stelle, wo die beiden Gitterspektren eine starke Anhäufung von Frequenzen zeigen.

daß man unter Annahme des DEBYEschen Ansatzes bessere Θ-Werte erhält, wenn man zur Bestimmung von Θ_D nicht die elastischen Daten am absoluten Nullpunkt, sondern bei Zimmertemperatur benutzt. Denn die Schallgeschwindigkeiten

[1] Bei den Alkalien unterscheiden sich die Schubmoduln für verschiedene Scherbeanspruchungen maximal um einen Faktor 10.

nehmen mit zunehmender Temperatur ab, man erhält damit kleinere charakteristische Temperaturen und damit auch eine bessere Annäherung an den experimentellen Verlauf, der durch Θ_∞ wiedergegeben wird.

Eine Verbesserung des DEBYEschen Ansatzes durch die getrennte Berücksichtigung von longitudinalen und transversalen Schwingungen ist nach den obigen Erläuterungen offenbar nicht möglich. Man kann aber unter Zuhilfenahme der Gittertheorie leicht eine Verbesserung erreichen. Geht man von dem Gesichtspunkt aus, den Verlauf der spezifischen Wärme möglichst gut näherungsweise zu beschreiben, dann bietet sich der folgende Weg. Der Verlauf bei tiefen Temperaturen wird durch das elastische Spektrum richtig beschrieben. Den Verlauf bei hohen Temperaturen entscheiden die Größen $\overline{\omega^2}$ und $\overline{\omega^4}$ (62.10), die man aus der Gittertheorie verhältnismäßig leicht ermitteln kann, wenn die Entwicklungskoeffizienten der potentiellen Energie bekannt sind. Infolgedessen liegt es nahe, einen näherungsweisen Ansatz für eine spektrale Verteilung mit den folgenden Forderungen zu versuchen. Die Gesamtzahl der Eigenschwingungen ist $3N$, der Anfangsteil der Verteilung wird durch $z_{el}(\omega)$ wiedergegeben, ferner sollen sowohl $\overline{\omega^2}$ als auch $\overline{\omega^4}$ die richtigen gittertheoretischen Werte besitzen. Hat man ein solches Spektrum ermittelt, so wird die spezifische Wärme jedenfalls bei hohen und tiefen Temperaturen richtig beschrieben, und der Verlauf im Zwischengebiet wird näherungsweise richtig sein. Ein Spektrum dieser Art kann man nun sehr leicht angeben[1]. Zu diesem Zweck setzt man die spektrale Verteilung zusammen aus zwei Anteilen, einem elastischen Anteil, der aber nicht mehr an der Stelle ω_D, sondern bei einer kleineren Frequenz ω_G abgeschnitten wird. Zusätzlich berücksichtigt man einen EINSTEIN-Term mit der Frequenz ω_E und einer Anzahl von $3N_E$ Eigenfrequenzen. Die drei Forderungen der Normierung des Spektrums auf $3N$ sowie der richtigen Darstellung von $\overline{\omega^2}$ und $\overline{\omega^4}$ legen dann gerade die drei verfügbaren Parameter ω_G, ω_E und N_E fest. (ω_D ist durch die elastischen Daten bestimmt.) Das Spektrum hat die Form (Abb. 98)

$$z(\omega) = 3N\left\{\frac{3\,\omega^2}{\omega_D^3}\,\alpha(\omega) + \frac{N_E}{N}\,\delta(\omega-\omega_E)\right\}, \text{ mit } \alpha(\omega) = \begin{matrix} 1 \text{ für } 0 \leq \omega \leq \omega_G. \\ 0 \text{ sonst} \end{matrix} \tag{65.5}$$

Der Verlauf der spezifischen Wärme wird durch

$$c_v(T) = 3k\left\{\left(1-\frac{N_E}{N}\right)c_v^D(\Theta_G/T) + \frac{N_E}{N}\,c_v^E(\Theta_E/T)\right\} \tag{65.6}$$

wiedergegeben. Dabei ist $\hbar\omega_G = k\Theta_G$ und $\hbar\omega_E = k\Theta_E$. Diese Darstellung hat den weiteren Vorteil, daß man numerische Auswertungen weitgehend vermeidet. Die Bestimmung von $\overline{\omega^2}$ und $\overline{\omega^4}$ aus den Gitterdaten ist verhältnismäßig einfach, die Berechnung von ω_G, ω_E und N_E bereitet ebenfalls keine großen Schwierigkeiten. Die unangenehmste Aufgabe ist hier die Bestimmung von ω_D, also die Berechnung des elastischen Spektrums für anisotrope Kristalle. Die in (65.6) auftretenden Funktionen sind überdies tabelliert. Will man die spezifische Wärme

[1] LEIBFRIED, G., u. W. BRENIG: Z. Physik **134**, 451 (1953).

aus der Gittertheorie ermitteln, so muß man zunächst das Spektrum bestimmen und muß dann noch die Integration über die spektrale Verteilung numerisch ausführen. Das hier beschriebene Verfahren ist eine konsequente Weiterführung

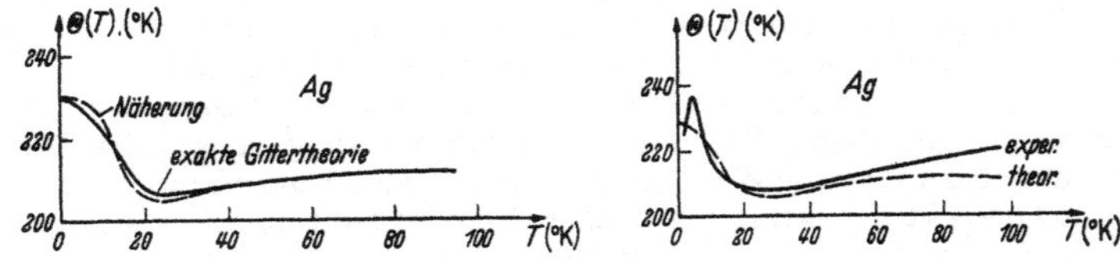

Abb. 99. $\Theta(T)$-Kurven für Silber.
Vergleich der Näherung durch DEBYE- und EINSTEIN-Terme a) mit der exakten Gittertheorie, b) mit dem experimentellen Verlauf.

des DEBYEschen Ansatzes. Es ist sogar geeignet, die spezifische Wärme von Gittern mit Atomen verschiedener Masse näherungsweise zu beschreiben, wozu der DEBYEsche Ansatz nicht in der Lage ist[1].

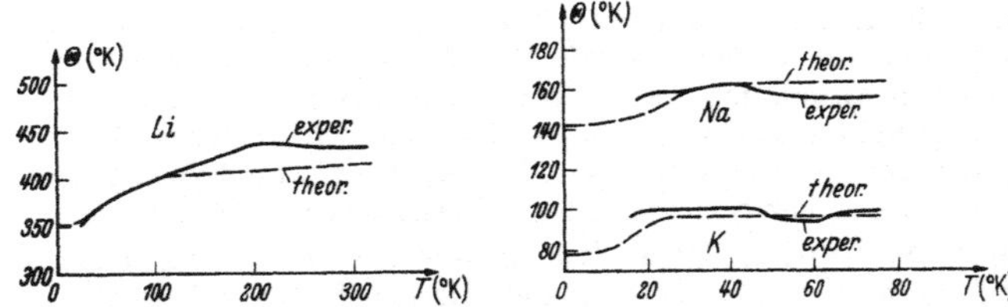

Abb. 100. Theoretische und experimentelle $\Theta(T)$-Kurven.
Der theoretische Verlauf ist nach den Daten der Tabelle 7 durch DEBYE- und EINSTEIN-Terme dargestellt.
a) Lithium, b) Natrium und Kalium.

Die nachfolgende Tabelle gibt die Parameter für ein solches aus DEBYE- und EINSTEIN-Termen zusammengesetztes Spektrum für einige Substanzen der Gruppe I und II (Gruppe I: $\Theta_E < \Theta_D$; Gruppe II: $\Theta_E > \Theta_D$). Die Abb. 99 und 100 zeigen einen Vergleich des experimentellen Verlaufs der spezifischen Wärme mit dem exakten gittertheoretisch berechneten und dem näherungsweise durch (65.6) wiedergegebenen Verlauf.

Tabelle 7.

	Substanz	Θ_D	Θ_G	Θ_E	N_E/N
Gruppe I	Li	354	290	400	0,453
	Na	143	120	165	0,4
	K	77	66	104	0,53
Gruppe II	W	367	321	193	0,33
	Al	400	340	211	0,39

[1] Führt man dieses Verfahren z. B. an der zweiatomigen linearen Kette mit sehr verschiedenen Massen durch, so liegt der EINSTEIN-Term genau an der Stelle des optischen Zweiges und enthält die Anzahl der zum optischen Zweig zugeordneten Frequenzen. Der DEBYE-Term ist mit normaler DEBYEscher Näherung für den akustischen Zweig identisch.

B. Ordnung und Unordnung im Kristallgitter.

§ 66. Einleitung und Übersicht.

Eine Reihe von physikalischen Fragen läßt sich grundsätzlich nach folgendem Schema behandeln: In einem Kristallgitter mögen zwei verschiedene Möglichkeiten zur Besetzung des einzelnen Gitterpunkts bestehen. Wir fragen nach derjenigen Besetzung, welche bei gegebener Temperatur zu erwarten ist. Wir geben sogleich zwei Beispiele für diese Art der Fragestellung:

a) Mischkristalle[1]. Der Kristall sei ein Mischkristall, bestehend aus Atomen der Sorte A und der Sorte B. Eine statistisch regellose Verteilung dieser Atome über die Gitterplätze ist nur dann zu erwarten, wenn die Bindung von A an A ebenso stark ist wie diejenige von A an B.

Wenn dagegen A an B stärker gebunden ist als A an A, so wird jedes A-Atom die Tendenz haben, sich möglichst mit B-Atomen zu umgeben. Sind speziell gleichviel A- und B-Atome vorhanden und stellen wir uns das Gitter als Schachbrett vor, so bekommen wir als energetisch günstigste Lage diejenige, bei welcher die weißen Felder von A und die schwarzen Felder von B besetzt sind. Wir nennen eine solche Anordnung eine *Überstruktur*. Eine Überstruktur wird häufig beobachtet. Der am besten untersuchte Fall ist die Legierung Gold-Kupfer, welche sowohl bei 25% wie auch bei 50% Cu eine regelmäßige Atomanordnung zeigt.

Wenn dagegen die Bindung von A an A fester ist als diejenige von A an B, so wird sich jedes A vorzugsweise mit A-Atomen umgeben. In der Legierung werden Inseln auftreten, welche vorzugsweise A-Atome enthalten neben entsprechenden B-Inseln. Dieses Phänomen ist als *Ausscheidung* ebenfalls häufig beobachtet.

b) Magnetismus. In schematisierender Weise kann man den Ferromagnetismus beschreiben, indem man jedem Atom des Gitters einen Spin zuschreibt, welcher entweder nach rechts (r) oder nach links (l) gerichtet ist.

Eine Neigung zur spontanen Magnetisierung wird dann vorhanden sein, wenn die Parallelstellung benachbarter Spins energetisch bevorzugt ist, wenn also — in der oben benutzten Ausdrucksweise — ein r-Spin die Tendenz hat, sich vorzugsweise mit r-Spins zu umgeben. Im entgegengesetzten Fall einer stärkeren (r)—(l)-Bindung erwarten wir das Phänomen des Antiferromagnetismus. In den abzuleitenden Formeln erwarten wir somit eine Verwandtschaft zwischen Ferromagnetismus und Ausscheidung auf der einen, Antiferromagnetismus und Überstruktur auf der andern Seite. Grundsätzliche Unterschiede gegenüber den Mischkristallen bestehen darin, daß bei diesen die Zahl der A- und B-Atome von vornherein fest gegeben ist, während beim Magnetismus sich ein r-Spin in einen l-Spin umwandeln kann. Außerdem können wir durch ein nach rechts wirkendes Magnetfeld eine allgemeine energetische Bevorzugung der r-Spins realisieren.

Um zu einer übersichtlichen Beschreibung dieser Phänomene zu gelangen, nehmen wir von vornherein an, daß jedes Atom nur mit seinen nächsten Nachbarn in Wechselwirkung steht. Verbinden wir also — wie es in Abb. 101 für den Fall des ebenen quadratischen Gitters angedeutet ist — jedes Atom mit jedem nächsten Nachbarn durch einen Bindungsstrich, so repräsentiert jeder Strich eine „ en-

[1] Nix, F. C., u. W. Shockley: Rev. Mod. Phys. **10**, 1 (1938).

dung", welcher eine bestimmte, von der Besetzung seiner Endpunkte abhängige Energie zukommt. Wir bezeichnen nun mit

$\nu_{AA}, \nu_{BB}, \nu_{AB}$ die Zahl der Bindungen vom Typus $A-A$, $B-B$ und $A-B$

und mit

$\varphi_{AA}, \varphi_{BB}, \varphi_{AB}$ die Energie einer entsprechenden Bindung.

Mit diesen Annahmen wird bei einer gegebenen Anordnung der Atome die potentielle Energie unseres Gitters

$$E = \nu_{AA}\varphi_{AA} + \nu_{BB}\varphi_{BB} + \nu_{AB}\varphi_{AB}. \tag{66.1}$$

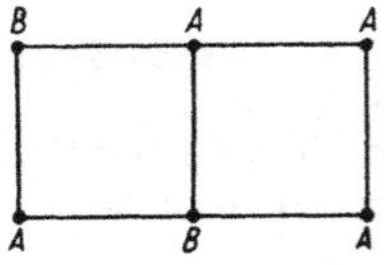

Abb. 101. Ausschnitt aus einem ebenen quadratischen Gitter mit A- und B-Atomen. In der Abbildung ist $\nu_{AB} = 5$; $\nu_{AA} = 2$; $\nu_{BB} = 0$.

Dieser Ausdruck gestattet eine vereinfachte Schreibweise: Ist nämlich n_A die Zahl A-Atome, n_B die Zahl der B-Atome und z die Zahl der nächsten Nachbarn (z ist zugleich die Zahl der Bindungsstriche, die von einem Atom ausgehen), so ist offenbar

$$z\,n_A = \nu_{AB} + 2\nu_{AA} \quad \text{und} \quad z\,n_B = \nu_{AB} + 2\nu_{BB}.$$

Denn $z n_A$ ist die Gesamtzahl der von A-Atomen ausgehenden Bindungen. Unter diesen finden wir jede $A-B$-Bindung einmal, während jede $A-A$-Bindung zweimal gezählt wird.

Eliminiert man mit diesen Relationen die ν_{AA} und ν_{BB} aus (66.1), so wird

$$E = \nu_{AB}\left(\varphi_{AB} - \tfrac{1}{2}(\varphi_{AA} + \varphi_{BB})\right) + \tfrac{1}{2} z\,(n_A\varphi_{AA} + n_B\varphi_{BB}).$$

Uns wird insbesondere die Abhängigkeit der Energie von der Verteilung der Atome über die Gitterplätze, d. h. von der Zahl ν_{AB} der $A-B$-Bindungen interessieren. Der zweite Summand im Ausdruck für E ist aber von dieser Verteilung unabhängig, er enthält nur die Zahlen n_A und n_B. Wenn überdies, wie es beim Ferromagnetismus der Fall ist, $\varphi_{AA} = \varphi_{BB}$ wird, so enthält er nur die Summe $n_A + n_B$, also eine Konstante. Daher beschränken wir uns auf den ersten Summanden, den wir in der Form

$$E = \nu_{AB}\varphi; \qquad \varphi = \varphi_{AB} - \tfrac{1}{2}(\varphi_{AA} + \varphi_{BB}) \tag{66.1a}$$

schreiben können. Die so eingeführte Energie φ gibt an, um wieviel die Bindungsenergie zwischen ungleichen Nachbarn höher liegt als zwischen gleichen. Je nach dem Vorzeichen von φ erwarten wir nach der einleitenden Übersicht:

φ *negativ*: Ungleiche Nachbarn bevorzugt, also Überstruktur bzw. Antiferromagnetismus.

φ *positiv*: Gleiche Nachbarn bevorzugt, also Ausscheidung oder Ferromagnetismus.

Wenn — im Fall des Magnetismus — noch ein Magnetfeld H in der r-Richtung wirkt, so ist (66.1a) noch um die Energie der Spins gegen dieses Feld zu ergänzen. Bedeutet μ das magnetische Moment eines Spins und deuten wir n_a = Zahl der r-Spins, n_b = Zahl der l-Spins, so wird

$$E = \nu_{AB}\,\varphi - \mu\,\mathsf{H}\,(n_a - n_b). \tag{66.1b}$$

§ 67. Der statistische Ansatz.

Wir haben jetzt die Aufgabe, den von der Anordnung der Teilchen abhängigen Teil der Energie (66.1a) bzw. (66.1b) in die Zustandssumme einzubauen. In unserer bisherigen Behandlung des festen Körpers bestand dessen Energie lediglich aus kinetischer Energie und derjenigen potentiellen Energie, welche mit kleinen gegenseitigen Verrückungen der Atome verknüpft ist, welche wir als „elastische" Energie E_{el} bezeichnen können. Mit der Anordnungsenergie $E(\nu_{AB})$ haben wir also im ganzen als Energie

$$E_{kin} + E_{el} + E(\nu_{AB}).$$

Das Zustandsintegral kann man jetzt in folgender Weise schreiben:

$$Z = \sum_{\text{alle Anordnungen}} e^{-\frac{E(\nu_{AB})}{kT}} \int \cdots \int e^{-\frac{E_{kin}+E_{el}}{kT}} d\mathfrak{r}_1 \ldots d\mathfrak{r}_n, \tag{67.1}$$

wobei nun das Integral so zu verstehen ist, daß die Ortskoordinaten $\mathfrak{r}_1, \ldots, \mathfrak{r}_n$ nur geringen Verrückungen um die Gleichgewichtslagen $\mathfrak{r}_j^{(0)}$ unterworfen sind bei *fester Anordnung* dieser Lagen. Dieses Integral ist dann mit $\exp(-E(\nu_{AB})/kT)$ zu multiplizieren und danach die Summe über alle Anordnungen auszuführen. Wenn nun das Integral seinerseits von der Anordnung der Atome nicht abhängt, so können wir es vor das Summenzeichen stellen, so daß das Zustandsintegral neben der Größe

$$Q = \sum_{\text{alle Anordnungen}} e^{-\frac{E(\nu_{AB})}{kT}} \tag{67.2}$$

nur einen von der Anordnung unabhängigen Faktor enthält. Hinsichtlich aller auf die Anordnung bezüglichen Fragen genügt es also, anstatt des vollen Zustandsintegrals allein die Größe Q zu betrachten. Das werden wir im folgenden tun.

Dies Verfahren ist im Bereich der klassischen Physik berechtigt, solange die unter dem Integral auftretende Größe E_{el} wirklich nur die potentielle Energie der elastischen Schwingungen enthält. Es ist aber durchaus möglich, daß E_{el} noch einen statischen, von der Anordnung abhängigen Anteil enthält. Wenn z. B. die Radien der mit A und B bezeichneten Atome wesentlich verschieden sind, so können beträchtliche elastische Verspannungen auftreten, wenn etwa eine an A angereicherte Insel in ein B-reiches Material eingebettet ist. Dann wäre die Energie der statischen Verspannung zu der von uns allein betrachteten Energie $E(\nu_{AB})$ hinzuzufügen. Ebensogut kann das Spektrum und damit der entsprechende Anteil des Zustandsintegrals von der Anordnung abhängen.

Wenn wir im Ausdruck für Q alle Anordnungen mit gleichem ν_{AB} zusammenfassen, so wird

$$Q = \sum_{\nu_{AB}} G(\nu_{AB})\, e^{-\frac{E(\nu_{AB})}{kT}}. \tag{67.3}$$

Der Faktor $G(\nu_{AB})$ gibt an, auf wieviel verschiedene Weisen man die n_A Atome A und n_B Atome B so auf die $n_A + n_B$ Gitterplätze verteilen kann, daß gerade ν_{AB} Bindungen vom Typus A—B vorhanden sind. Schließlich ist noch über alle möglichen Zahlen ν_{AB} zu summieren. Die Berechnung der Zahl $G(\nu_{AB})$ ist das Zentralproblem aller in diesem Abschnitt behandelten Phänomene. Seine allgemeine Lösung stieß auf bisher nicht überwundene mathematische Schwierigkeiten. Nur in einzelnen — praktisch nicht realisierten — Fällen gelang eine strenge Behandlung (lineare Kette und ebenes Gitter). Wir kommen darauf später zurück.

Man ist daher zur weiteren Behandlung auf Näherungsmethoden angewiesen, von denen einige in ihren Grundzügen im folgenden behandelt werden sollen. Die gröbste und einfachste Näherung ist gekennzeichnet durch die Namen P. Weiss (im Fall des Ferromagnetismus) und Bragg-Williams (im Fall der Überstruktur). Sie gibt bereits ein qualitativ oft recht brauchbares Bild. Wir werden alsdann (§ 71) auf die von Bethe vorgeschlagene Verbesserung eingehen und schließlich (§ 72) etwas von den Ansätzen zu einer strengen Behandlung sprechen.

§ 68. Überstruktur (φ negativ, $\varphi = -\varphi'$).

(Nah- und Fernordnung.)

Wir beschränken uns auf eine binäre Legierung, welche gleichviel A- und B-Atome enthält. $n_A = n_B = n/2$. Wir sprechen von einer vollständigen Ordnung, wenn jedes A-Atom nur B-Nachbarn hat oder — im Bilde eines Schachbretts — wenn sich alle A-Atome auf weißen und alle B-Atome auf schwarzen Feldern befinden. Wir suchen nach einem quantitativen Maß der Ordnung für den Fall, daß die Ordnung nicht vollständig ist. Dafür bieten sich zwei Möglichkeiten dar, die wir als Nahordnung (σ) und Fernordnung (s) bezeichnen.

a) Nahordnung σ. Wir interessieren uns für die Nachbarschaft der A-Atome. Ist z die Zahl der nächsten Nachbarn, so ist $nz/2$ die Zahl aller Bindungen. Bei völliger Ordnung wären nur A—B-Bindungen vorhanden, also $\nu_{AB} = nz/2$. Bei unvollständiger Ordnung sei nur der Bruchteil q eine A—B-Bindung, also

$$\nu_{AB} = \tfrac{1}{2} n z q. \tag{68.1}$$

q ist zugleich die Wahrscheinlichkeit dafür, daß ein Nachbar eines willkürlich herausgegriffenen A-Atoms ein B-Atom ist. q ist gleich 1 bei völliger Ordnung und gleich 1/2 bei rein statistischer Anordnung. Wir definieren daher als Nahordnung die Größe

$$\sigma = 2q - 1, \quad \text{also} \quad q = \frac{\sigma + 1}{2}. \tag{68.2}$$

$\sigma = 1$ ist ideale Ordnung, $\sigma = 0$ völlige Unordnung. Nach (66.1a) ist zugleich mit σ auch die Energie $E = \nu_{AB}\varphi$ bekannt. Es wird nämlich

$$\nu_{AB} = \tfrac{1}{4} n z \sigma + \tfrac{1}{4} n z .$$

Für unsere Zwecke ist die von der Anordnung unabhängige Größe $nz/4$ unwesentlich. Also ist mit

$$E = \tfrac{1}{4} n z \varphi \sigma \tag{68.3}$$

die Energie als Funktion der Nahordnung bekannt. Unsere Zustandssumme lautet also jetzt

$$Q = \sum_{\sigma} G(\sigma)\, e^{+\frac{n z \varphi' \sigma}{4kT}}, \tag{68.4}$$

wo die streng nicht lösbare Aufgabe in der Berechnung von $G(\sigma)$ besteht.

b) Die Fernordnung s. Wir kennzeichnen die Gitterplätze durch α bzw. β derart, daß bei vollständiger Ordnung alle α-Plätze von A-Atomen und alle β-Plätze von B-Atomen besetzt sind. „A gehört auf α, B auf β." Wir nennen nun — bei unvollständiger Ordnung — p die Wahrscheinlichkeit dafür, auf einem willkürlich herausgegriffenen α-Platz ein A-Atom zu finden. Wieder ist bei vollständiger Ordnung $p = 1$ (oder $p = 0$), bei statistischer Unordnung $p = 1/2$. Daher definieren wir als Fernordnung s:

$$s = 2p - 1, \quad \text{also} \quad p = \frac{s + 1}{2}. \tag{68.5}$$

Gehen wir mit diesen Definitionen zu unserer Formel (68.4) zurück, so bestand dort die — unlösbare — Aufgabe darin, die Zahl G als Funktion der Nahordnung σ zu berechnen. Nun ist aber statt dessen eine Zahl $G(s)$ leicht anzugeben, denn das ist die Zahl der mit einer gegebenen Fernordnung s verträglichen Atomanordnungen. Es bestehen offenbar $\binom{\frac{1}{2}n}{\frac{1}{2}np}$ verschiedene Möglichkeiten[1], $np/2$ Atome A auf $n/2$ Plätze α zu verteilen und $\binom{\frac{1}{2}n}{\frac{1}{2}n(1-p)}$ Möglichkeiten, die restlichen $n(1-p)/2$ auf den $n/2$ Plätzen β anzuordnen.

Im ganzen wird also

$$G(s) = \binom{\frac{1}{2}n}{\frac{1}{2}np}\binom{\frac{1}{2}n}{\frac{1}{2}n(1-p)}.$$

Mit der Fernordnung $s = 2p - 1$ also

$$G(s) = \binom{\frac{1}{2}n}{\frac{1}{4}n(1+s)}^2. \tag{68.6}$$

Strenggenommen ist dieser Ausdruck für $G(s)$ ohne Interesse, da ja zu ein und demselben Wert von s die verschiedensten Werte von σ und damit auch gänzlich verschiedene Werte der Energie gehören. Ein drastischer Fall dieser Art entsteht z. B., wenn in einer Hälfte eines Kristalls nur A-Atome auf α sitzen, in der anderen Hälfte dagegen nur B-Atome auf α. In diesem Fall ist offenbar die Fernordnung $s = 0$, während die Nahordnung σ praktisch gleich 1 ist.

Die Lösung von Bragg-Williams erhalten wir, unter Außerachtlassung derartig extremer Fälle, durch die Annahme, daß wir näherungsweise jedem s ein σ zuordnen können, und zwar dasjenige, welches im statistischen Mittel zu s gehört. Alsdann haben wir folgende Situation: Ein auf α sitzendes A-Atom ist von z Plätzen β umgeben. Von diesen ist im Mittel über alle Anordnungen mit gegebenem s der Bruchteil p von B-Atomen besetzt, also hat ein A-Atom auf α im Mittel pz Nachbarn der Sorte B. Die Zahl der auf α sitzenden A-Atome ist aber $Np/2$, also finden wir $Nzp^2/2$ Bindungen $A—B$ mit A auf α. Ebenso ergeben sich $Nz(1-p)^2/2$ Bindungen $A—B$ mit A auf β. Im ganzen haben wir also $\nu_{AB} = Nz(p^2 + (1-p)^2)/2$, oder mit $p = (s+1)/2$:

$$\nu_{AB} = \tfrac{1}{4} N z (1 + s^2).$$

Andererseits ist auf Grund der Definition von σ in (68.2)

$$\nu_{AB} = \tfrac{1}{4} N z (1 + \sigma).$$

Für die mittlere, zu s gehörige Nahordnung $\bar{\sigma}$ haben wir daher

$$\bar{\sigma} = s^2. \tag{68.7}$$

Man sieht sogleich, daß die Näherung (68.7) im Falle $s = 0$ zu ganz falschen Resultaten führen kann. Denn auch ohne Fernordnung wird stets eine Tendenz zur Nahordnung vorhanden sein. Wir rechnen vorerst mit (68.7) weiter, indem wir (67.2) ersetzen durch

$$Q = \sum_s G(s)\, e^{\frac{1}{4}\frac{nz\varphi'}{kT}s^2}. \tag{68.8}$$

Hier gibt der einzelne Summand die Wahrscheinlichkeit für ein bestimmtes s. Den wahrscheinlichsten Wert von s erhalten wir also aus

$$\frac{\partial}{\partial s}\left\{\ln G(s) + \frac{1}{4}\frac{nz\varphi'}{kT}s^2\right\} = 0. \tag{68.8a}$$

Mit Stirlings Formel folgt aus (68.6)

$$\ln G = n\ln 2 - \frac{n}{2}\{(1+s)\ln(1+s) + (1-s)\ln(1-s)\}.$$

---

[1] Hier ist angenommen, daß die Atome nicht unterscheidbar sind. Andernfalls würde immer der zusätzliche (konstante!) Faktor $n_A!\, n_B!$ auftreten, der das Resultat aber nicht beeinflußt.

Wie es sein muß, wird

$$\begin{aligned} &\text{für} \quad s = 1 \qquad \ln G = 0\,, \\ &\text{für} \quad s = 0 \qquad \ln G = n \ln 2\,. \end{aligned} \tag{68.8 b}$$

Die Ableitung von $\ln G$ ist

$$\frac{d \ln G}{ds} = -\frac{n}{2} \ln \frac{1+s}{1-s}.$$

Für die wahrscheinlichste Fernordnung erhalten wir somit aus (68.8a)

$$\ln \frac{1+s}{1-s} = \frac{z\,\varphi'}{kT}\,s$$

oder

$$s = \mathfrak{Tg}\left(\frac{z\,\varphi'}{2\,kT}\,s\right). \tag{68.9}$$

Eine Gleichung dieser Form wird uns mit erstaunlicher Hartnäckigkeit in diesem Kapitel immer wieder begegnen. Sowohl die Ausscheidung wie auch der

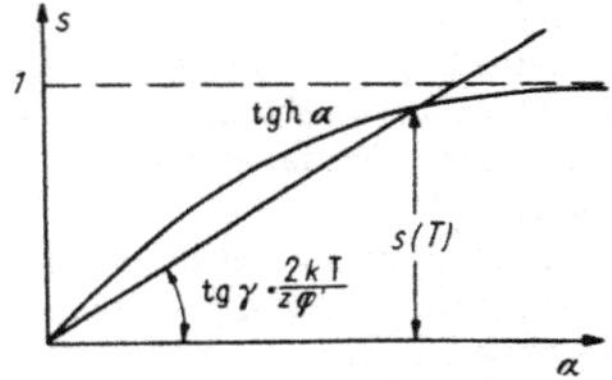

Abb. 102. Die graphische Lösung der Gl. (68.9) mit Hilfe der Parameterdarstellung (68.9a).

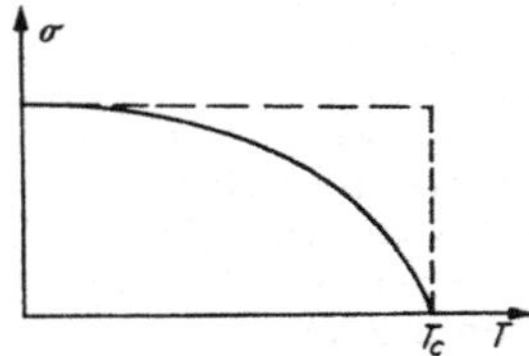

Abb. 103. Die Nahordnung σ als Funktion der Temperatur.

Ferromagnetismus werden — mit einer abgeänderten Bedeutung der Buchstaben s und φ' — in erster Näherung durch sie beschrieben.

Die durch (68.9) implizit gegebene Funktion $s(T)$ ist mittels einer graphischen Darstellung leicht zu übersehen. Mit Hilfe des Parameters

$$\alpha = \frac{z\,\varphi'}{2\,kT}\,s$$

erhalten wir aus (68.9) *zwei* Gleichungen für s als Funktion von α:

$$\begin{aligned} s &= \mathfrak{Tg}\,\alpha\,, \\ s &= \frac{2\,kT}{z\,\varphi'}\,\alpha\,. \end{aligned} \tag{68.9 a}$$

In dem s—α-Diagramm der Abb. 102 ergibt sich s als Ordinate des Schnittpunkts der beiden Kurven (68.9a), nämlich der Kurve $\mathfrak{Tg}\,\alpha$ und der unter dem Winkel $\gamma = \operatorname{arc\,tg}(2kT/z\,\varphi')$ durch den Ursprung gezeichneten Geraden. Mit wachsender Temperatur dreht sich diese Gerade um den Ursprung unter Abnahme von s. Bei einer kritischen Temperatur T_c, nämlich bei

$$kT_c = \frac{z\,\varphi'}{2}, \tag{68.10}$$

wird $s = 0$. Auf diese Weise können wir graphisch $s(T)$ und damit auch die für die Energie maßgebende Nahordnung $\bar{\sigma} = s^2$ ermitteln (Abb. 103).

In der *Nähe von* T_c, d. h. für kleine Werte von s und α, folgt aus der ersten Gl. (68.9a): $s = \alpha - \frac{1}{3}\alpha^3$. Setzt man hier α gemäß seiner Bedeutung ($\alpha = s\,T_c/T$) ein, so resultiert also

$$s^2 = 3\left(\frac{T}{T_c}\right)^3 \left(\frac{T_c}{T} - 1\right) = 3\,\frac{T^2(T_c - T)}{T_c^3} \approx 3\,\frac{T_c - T}{T_c}.$$

Dagegen wird in der Nähe von $T = 0$ ja $\alpha \gg 1$ und $s \approx 1$, nämlich $s \approx 1 - e^{-2\alpha} \approx 1 - \exp(z\varphi'/kT)$. Die Ordnung nähert sich also bei tiefen Temperaturen exponentiell dem Wert 1.

Die experimentelle Prüfung dieses Resultats kann durch Messung der spezifischen Wärme erfolgen:

Bei Erwärmung unserer Legierung um $\mathrm{d}T$ hat man neben der gewöhnlichen Wärmezufuhr (etwa $3R\,\mathrm{d}T$) noch eine zusätzliche Wärme für die Vergrößerung der Unordnung aufzuwenden, also etwa nach (68.3) ein zusätzliches $c_v = -(nz\varphi'/4)\,\mathrm{d}\sigma/\mathrm{d}T$. Mit dem oben gegebenen Verlauf von $\sigma(T)$ erhält man also für den „Unordnungsanteil" der spezifischen Wärme etwa den in Abb. 104 skizzierten Verlauf. Wir sprechen weiterhin nur von diesem Anteil der spezifischen Wärme. Wie oben bemerkt wurde, ist von einer besseren Statistik zu erwarten, daß auch oberhalb von T_c noch eine Nahordnung existiert. Diese muß in der c_v-Kurve dadurch zum Ausdruck kommen, daß auch für $T > T_c$ noch Wärme zum Zerstören der Nahordnung aufzuwenden ist. Für c_v ist etwa der in der Abb. 104 punktierte Verlauf zu erwarten. Wir sehen im Augenblick von dieser Verfeinerung ab.

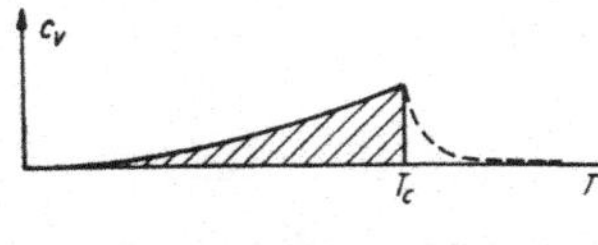

Abb. 104. Der Unordnungsanteil der spezifischen Wärme.

Über die c_v-Kurve können wir ohne detaillierte Rechnung drei Aussagen machen, nämlich eine über den Sprung von c_v bei $T = T_c$, eine weitere über den Flächeninhalt $\int_0^{T_c} c_v \mathrm{d}T$ und eine weitere über den Entropiezuwachs $\int_0^{T_c} (c_v/T)\,\mathrm{d}T$.

Für den Sprung folgt aus der obigen Formel für das Verhalten in der Nähe von T_c: $(\mathrm{d}\sigma/\mathrm{d}T)_{T=T_c} = -3/T_c$, wegen (68.10) wird also

$$(c_v)_{T\to T_c} = \frac{nz\varphi'}{4}\frac{3}{T_c} = n\frac{3}{2}k,$$

also $3R/2$ für ein Mol. Das ist die Höhe des bei $T = T_c$ zu erwartenden Sprunges.

Die Fläche unter der c_v-Kurve ist unmittelbar gegeben durch $\int_0^{T_c} c_v \mathrm{d}T = nz\varphi'/4$. Tatsächlich hat man, ausgehend von der vollständigen Ordnung bei $T = 0$, bei jedem der $n/2$ Atome A die Hälfte seiner Nachbarn durch B-Atome zu ersetzen, um die statistische Unordnung bei $T > T_c$ zu erreichen. Man bemerke, daß die über den Bereich von $T = 0$ bis $T = T_c$ gemittelte spezifische Wärme gerade 1/3 des Sprunges bei $T = T_c$ beträgt.

Sodann fragen wir nach der Entropiezunahme. Bei einer Erwärmung um $\mathrm{d}T$ ist $\mathrm{d}S$ der Entropiezuwachs

$$\mathrm{d}S = \frac{c_v}{T}\mathrm{d}T = \frac{1}{T}\frac{\partial E}{\partial T}\mathrm{d}T.$$

Schreiben wir allgemein $E = E(s)$, so wird ein Summand in (68.8)

$$G(s)\,e^{-\frac{E(s)}{kT}},$$

wobei nach (68.8a) $s(T)$ gegeben wird durch

$$\frac{\mathrm{d}}{\mathrm{d}s}\ln G(s) - \frac{1}{kT}\frac{\mathrm{d}E(s)}{\mathrm{d}s} = 0.$$

Nun ist, da E nur von s abhängt, auch

$$\frac{c_v}{T}\mathrm{d}T = \frac{1}{T}\frac{\mathrm{d}E}{\mathrm{d}s}\frac{\mathrm{d}s}{\mathrm{d}T}\mathrm{d}T = \frac{1}{T}\frac{\mathrm{d}E}{\mathrm{d}s}\mathrm{d}s.$$

Nach der vorhergehenden Definitionsgleichung für $s(T)$ wird also

$$\frac{c_v}{T}\,\mathrm{d}T = \frac{\partial}{\partial s}(k\ln G(s))\,\mathrm{d}s = \mathrm{d}(k\ln G)\,.$$

$k\ln G$ ist also tatsächlich die Unordnungsentropie.

Mit dem Wert (68.8b) für $\ln G$ haben wir als Entropiezuwachs bei der Erwärmung

$$\int_0^{T_0}\frac{c_v}{T}\,\mathrm{d}T = (k\ln G)_{s=0} - (k\ln G)_{s=1} = n\,k\ln 2\,.$$

Das ist der auch in anderen Zusammenhängen oft auftretende Wert für die „Mischungsentropie".

Natürlich ist dies Ergebnis nur ein spezieller Fall des Zusammenhangs zwischen freier Energie und Zustandssumme: Ersetzt man in

$$F = -kT\ln\sum_s G(s)\,e^{-\frac{E(s)}{kT}}$$

die Summe durch den größten Summanden, so hat man unmittelbar

$$F = -kT\ln G + E, \quad \text{bzw.} \quad S = k\ln G.$$

§ 69. Ausscheidung (φ positiv).

Bei vielen Legierungen beobachtet man, daß ihre Schmelze bei Abkühlung unter die Erstarrungstemperatur zunächst in ein statistisches Gemisch der Komponenten übergeht, daß aber dieses Gemisch bei weiterer Abkühlung in mehrere Phasen verschiedener Zusammensetzung zerfällt. Besteht etwa die Legierung aus den Komponenten A und B, so zerfällt sie bei Unterschreitung einer charakteristischen „Ausscheidungstemperatur" in eine A-reiche und eine B-reiche Phase. Im Schema unserer einleitenden Übersicht ist dieses Verhalten dann zu erwarten, wenn jedes A-Atom die Tendenz hat, sich möglichst mit A-Atomen zu umgeben, wenn also die Größe $\varphi = \varphi_{AB} - \frac{1}{2}(\varphi_{AA} + \varphi_{BB})$ positiv ist. Um die jetzt zu erwartende Ausscheidung zu beschreiben, machen wir zunächst wieder eine sehr rohe Annahme statistischer Art. Wir nehmen an, daß in jeder der Phasen, welche bei der Ausscheidung entstehen, die Atome statistisch, d. h. völlig unregelmäßig auf die Gitterplätze verteilt sind. Wir ignorieren also die Tatsache, daß auch innerhalb einer Phase stets eine Bevorzugung von gleichen Nachbarn zu erwarten ist.

Wir betrachten zunächst die Energie $E = \nu_{AB}\varphi$ *einer* Phase, welche zum Bruchteil γ aus A-Atomen bestehe:

$$\begin{aligned} n_A &= \gamma\, n\,, \\ n_B &= (1-\gamma)\, n\,. \end{aligned} \tag{69.1}$$

Bei statistischer Unordnung wird jetzt

$$\nu_{AB} = z\,n\,\gamma\,(1-\gamma)\,.$$

Denn von den $zn\gamma$ Bindungen, welche von den A-Atomen ausgehen, führt der Bruchteil $1-\gamma$ zu einem B-Atom. Die Energie wird also $E = n\varphi z\gamma(1-\gamma)$. Die Anzahl $G(\gamma)$ der Möglichkeiten, die γn Atome A auf die n Gitterplätze zu verteilen, ist

$$G(\gamma) = \binom{n}{\gamma n}.$$

Damit reduziert sich die Größe Q auf $G(\gamma)\exp(-nz\varphi\gamma(1-\gamma)/kT)$ und der von φ abhängige Teil der freien Energie auf

$$F = -kT\left\{\ln G - \frac{nz\varphi\gamma(1-\gamma)}{kT}\right\}.$$

Mit der STIRLINGschen Formel für G wird daraus

$$F = kT\,n\,f(\gamma),$$

mit

$$f(\gamma) = \left(\gamma\ln\gamma + (1-\gamma)\ln(1-\gamma) + \frac{z\varphi}{kT}\gamma(1-\gamma)\right). \tag{69.2}$$

Nunmehr nehmen wir an, daß die durch n und γ gekennzeichnete Legierung in zwei Phasen mit den Molekülzahlen n_1 bzw. n_2 von der Zusammensetzung γ_1 bzw. γ_2 zerfällt.

Dabei muß stets

$$\begin{aligned} n_1 + n_2 &= n, \\ n_1\gamma_1 + n_2\gamma_2 &= n\gamma \end{aligned} \tag{69.3}$$

sein. Nach diesem Zerfall haben wir die freie Energie

$$F(n_1\gamma_1, n_2\gamma_2) = kT\{n_1 f(\gamma_1) + n_2 f(\gamma_2)\}. \tag{69.4}$$

Wir suchen $n_1, n_2, \gamma_1, \gamma_2$ so zu bestimmen, daß (69.4) mit den Nebenbedingungen (69.3) möglichst klein werde. Mit den LAGRANGEschen Parametern λ und μ haben wir das Minimum von

$$n_1 f(\gamma_1) + n_2 f(\gamma_2) + \lambda(n_1 + n_2) + \mu(n_1\gamma_1 + n_2\gamma_2)$$

hinsichtlich der vier Variablen aufzusuchen. Das gibt, wenn wir die Bezeichnung $f' = \mathrm{d}f/\mathrm{d}\gamma$ einführen,

$$\begin{aligned} f(\gamma_1) + \lambda + \mu\gamma_1 &= 0, \\ f(\gamma_2) + \lambda + \mu\gamma_2 &= 0, \\ f'(\gamma_1) + \mu &= 0, \\ f'(\gamma_2) + \mu &= 0. \end{aligned}$$

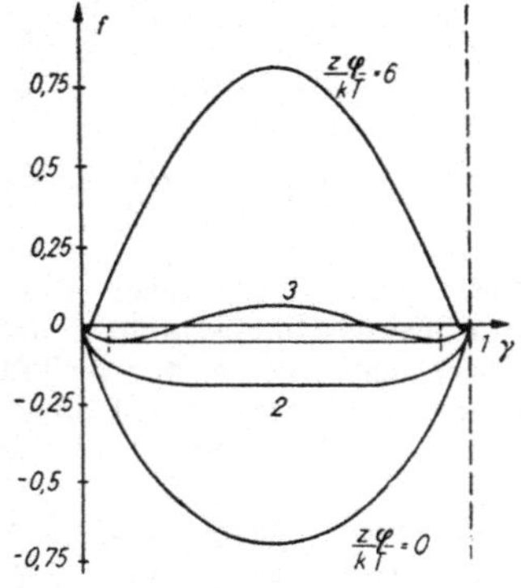

Abb. 105. Abhängigkeit der durch nkT dividierten freien Energie vom Mol-Bruch γ der A-Atome für verschiedene Werte von $z\varphi/kT$ [Gl. (69.2)].

Elimination von λ und μ gibt die beiden Gleichungen

$$f'(\gamma_1) = f'(\gamma_2)$$

und

$$f(\gamma_1) - f(\gamma_2) = f'(\gamma_1)(\gamma_1 - \gamma_2). \tag{69.5}$$

Zur Diskussion dieses Resultats brauchen wir den Verlauf der Funktion $f(\gamma)$ für verschiedene Werte von $z\varphi/kT$. Er ist in Abb. 105 dargestellt. Für $z\varphi/kT < 2$ hat $f(\gamma)$ ein Minimum bei $\gamma = 1/2$. Wächst $z\varphi/kT$ über den Wert 2, so spaltet sich dieses Minimum in zwei Minima auf, welche mit weiter wachsenden Werten immer mehr an den Rand rücken. Nun besagen unsere Gln. (69.5):

Markiert man auf einer $f(\gamma)$-Kurve die einem Gleichgewicht entsprechenden Punkte γ_1 und γ_2, so muß die Verbindungsgerade dieser beiden Punkte die Kurve in beiden Punkten berühren. Bei dem symmetrischen Verlauf unserer $f(\gamma)$-Kurven erfüllen nur die beiden Minima der Kurve diese Bedingung. Also sind γ_1 und γ_2 beide gegeben durch $\partial f/\partial\gamma = 0$ oder

$$\ln\frac{\gamma}{1-\gamma} + \frac{z\varphi}{kT}(1-2\gamma) = 0.$$

Man sieht, daß mit γ_1 auch $1-\gamma_1$ eine Lösung dieser Gleichung ist. Es ist zweckmäßig, die Zusammensetzung durch die Größe

$$\eta = 1 - 2\gamma$$

zu beschreiben. Dann bedeutet $\eta = 0$ die 50%ige Mischung, $\eta = 1$ bzw. -1 dagegen reines A bzw. reines B. Die Gleichgewichtsbedingung lautet damit

$$\ln\frac{1+\eta}{1-\eta} = \frac{z\varphi}{kT}\eta$$

oder

$$\eta = \mathfrak{Tg}\left(\frac{z\varphi}{2kT}\eta\right). \tag{69.6}$$

Das ist exakt dieselbe Gleichung für η, welche wir oben in (68.9) für die Fernordnung s im Fall der Überstruktur diskutiert haben.

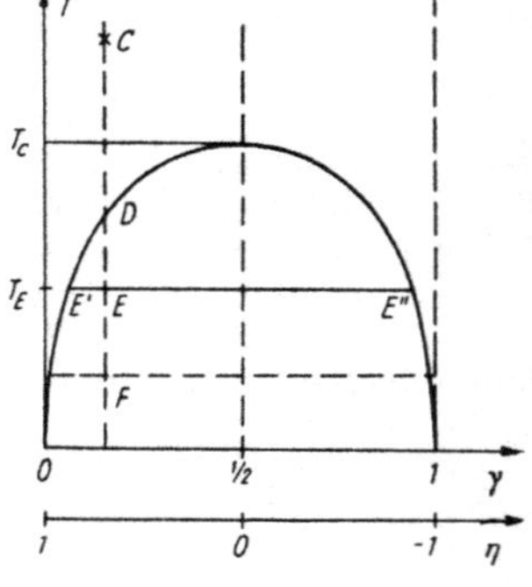

Abb. 106. Ideales Zustandsdiagramm der binären Legierung AB.

In Abb. 106 ist nach (69.6) T als Funktion von η bzw. γ aufgetragen. Zu jeder Temperatur unterhalb $T_c = z\varphi/2k$ gehören zwei Werte von γ der so erhaltenen „Grenzkurve", welche die Gleichgewichtskonzentration der beiden Phasen angeben. Dicht unterhalb T_c (bei kleinen Werten von η) hat die Grenzkurve den Verlauf

$$kT \approx \frac{z\varphi}{2}\left(1 - \frac{1}{3}\eta^2\right) = kT_c\left(1 - \frac{1}{3}\eta^2\right).$$

Aus der Grenzkurve liest man für einen Mischkristall gegebener Zusammensetzung γ bei hinreichend langsamer Abkühlung folgendes Verhalten ab:

Oberhalb der „Ausscheidungskurve" in Abb. 106 ist der Mischkristall $A + B$ stabil. Kühlt man einen Mischkristall von der durch den Punkt C gegebenen Temperatur und Zusammensetzung ab, so wird er beim Durchschreiten der Grenzkurve (Punkt D) instabil. Bei der durch E gegebenen Temperatur zerfällt er in zwei durch die Punkte E' und E'' gekennzeichnete Phasen. E' ist an A, E'' an B angereichert. Je tiefer die Temperatur, um so reiner sind im thermischen Gleichgewicht die beiden Phasen.

Ob dieses Gleichgewicht wirklich erreicht wird, ist eine Frage der Reaktionsgeschwindigkeit. Diese ist bei Zimmertemperatur praktisch gleich Null. Entspricht — in Abb. 106 — F etwa der Zimmertemperatur, so kann man die Legierung durch schnelles Abkühlen in den Zustand F bringen, welcher nicht dem thermischen Gleichgewicht entspricht. Durch kurzzeitiges Erwärmen um etwa 300° C auf E kann man die Ausscheidung einleiten, sie aber jederzeit durch Abkühlen wieder unterbrechen. So ergab sich die Möglichkeit, die einzelnen Stadien der Ausscheidung und deren Einfluß auf die technologischen Eigenschaften gründlich zu untersuchen. Es zeigte sich, daß gerade die ersten — mikroskopisch noch kaum sichtbaren — Stadien oft mit einer wesentlichen Härtesteigerung verbunden sind. Auf diesem Effekt beruht z. B. die Qualität des Duralumins und vieler anderer Leichtmetallegierungen.

§ 70. Ferromagnetismus.

a) Allgemeines. Das Phänomen des Ferromagnetismus läßt sich nach dem Schema der vorhergehenden Paragraphen behandeln, wenn man ihm das folgende, die Wirklichkeit sehr stark vereinfachende Modell zugrunde legt:

1. Das Ferromagnetikum enthält an jedem Gitterpunkt ein Spin-Elektron mit dem magnetischen Moment $\mu_0 = \hbar e/2mc$.

2. Bei Anwesenheit eines etwa nach rechts gerichteten Magnetfeldes H ist der einzelne Spin entweder nach rechts (in Richtung von H) oder nach links (entgegengesetzt zu H) gerichtet.

3. Die Wechselwirkungsenergie besteht nur zwischen benachbarten Spins. Und zwar sei bei einem Paar von Spins φ die Arbeit, welche man aufwenden muß, um das Paar aus der energetisch bevorzugten Parallelstellung in die Antiparallelstellung überzuführen.

Das so gekennzeichnete Modell wird in der Literatur häufig als ISING-*Modell* bezeichnet. Seine Unzulänglichkeit besteht zunächst in der Annahme 1, da bei keinem wirklichen Ferromagnetikum die Zahl der wirksamen Spin-Elektronen mit derjenigen der Atome übereinstimmt. Wesentlich schwerwiegender sind die Einwände gegen die Annahme 2, die man mit einer Art von Pseudo-Quantentheorie zu begründen pflegt[1].

Zur ersten orientierenden Behandlung fügen wir zu den Annahmen noch eine weitere hinzu:

4. Die r- und l-Spins sind rein statistisch über das Gitter verteilt.

Tatsächlich werden sich — als Folge der Annahme 3 — in der Umgebung eines r-Spins stets mehr r-Spins befinden, als dem statistischen Mittel entspricht. Wir werden versuchen, diesem Umstand in § 71 Rechnung zu tragen. Die Annahme 4 ist die gleiche, wie wir sie oben bei der Ausscheidung eingeführt haben. Mit ihr gestaltet sich die weitere Behandlung überaus einfach.

b) Die Zustandssumme beim ISING-Modell. Wir ordnen jedem Atom eine Zahl ν zu, welche entweder $+1$ oder -1 sein kann, je nachdem ob sein Spin nach rechts (r) oder nach links (l) gerichtet ist. Der Zustand des Systems wird somit beschrieben durch die Folge der Zahlen $\nu_1, \nu_2, \nu_k, \ldots, \nu_n$. Wir nennen ferner:

$n_r =$ Zahl der r-Spins; $n_l =$ Zahl der l-Spins; $n_r + n_l = n$. Offenbar ist dann $\sum\limits_{j=1}^{n} \nu_j = n_r - n_l$; der Mittelwert η der ν_j ist also

$$\eta = \frac{1}{n} \sum \nu_j = \frac{n_r - n_l}{n} = \frac{2n_r - n}{n}. \tag{70.1}$$

[1] Tatsächlich verlangt die Quantentheorie eine Beschreibung des Spins durch die zweireihigen PAULI-Matrizen $\sigma_x, \sigma_y, \sigma_z$, zusammengefaßt in dem Spin-Vektor $\vec{\sigma}$. Sind $\vec{\sigma_i}$ und $\vec{\sigma_k}$ die auf den i-ten und k-ten Spin bezogenen Matrizen, so hätte man auszugehen von dem HAMILTON-Operator

$$\mathcal{H} = -\sum_{i,k} \tfrac{1}{4} \varphi_{ik} (\vec{\sigma_i}\, \vec{\sigma_k}) - \mu_0 \Big(\mathfrak{H}, \sum_i (\vec{\sigma_i})\Big)$$

und dessen Eigenwerte aufzusuchen. Nimmt man an, was zum mindesten sinnvoll ist, daß φ_{ik} nur für nächste Nachbarn von Null verschieden ist und hier überall den gleichen Wert φ hat, so wäre als HAMILTON-Operator

$$\mathcal{H} = -\tfrac{1}{4} \varphi \sum_{\substack{i,k \\ \text{(nächste Nachbarn)}}} (\vec{\sigma_i}\, \vec{\sigma_k}) - \mu_0 \Big(\mathfrak{H}, \sum_i \vec{\sigma_i}\Big)$$

zu verwenden. Beim ISING-Modell ersetzt man in grober Weise den Operator $\mathcal{H}$ durch die Energie selbst, indem man den Matrix-Vektor $\vec{\sigma}$ durch einen gewöhnlichen Einheitsvektor $\vec{\mathfrak{s}}$ ersetzt und diesem überdies die Bedingung auferlegt, daß er nur die beiden Richtungen $+\mathfrak{H}$ und $-\mathfrak{H}$ haben kann. Alsdann sind die Skalarprodukte $\vec{\sigma_i}\, \vec{\sigma_k}$ entweder $+1$ oder -1.

Daraus folgt auch

$$n_r = \frac{1+\eta}{2} n \quad \text{und} \quad n_l = \frac{1-\eta}{2} n .$$

Ist $M = \mu_0 \sum \nu_j$ die in der r-Richtung gemessene Magnetisierung und $M_\infty = \mu_0 n$ die Sättigung, bei der alle Spins in gleicher Richtung stehen, so ist η gleich der „relativen Magnetisierung", nämlich

$$\eta = \frac{M}{M_\infty} . \tag{70.1a}$$

Die Energie zweier benachbarter Spins (i und k) ist nach der Annahme 3 gleich $-\varphi \nu_i \nu_k/2$. Sie ist gleich $-\varphi/2$ für Parallelstellung ($\nu_i = \nu_k$) und gleich $\varphi/2$ für Antiparallelstellung ($\nu_i = -\nu_k$).

Die Energie des ganzen, aus n Atomen bestehenden Systems ist dann bei Anwesenheit eines nach r gerichteten Magnetfeldes H

$$E = -\frac{\varphi}{4} \sum_{i=1}^{n} \nu_i \sum_{k \text{ in } R_i} \nu_k - \mu_0 \mathsf{H} \sum_{i=1}^{n} \nu_i . \tag{70.2}$$

Darin bedeutet $\sum\limits_{k \text{ in } R_i}$, daß die Summation über alle nächsten Nachbarn des Atoms i auszuführen ist. R_i bedeutet „Ring i", das sind diejenigen Atome, welche das Atom i als nächste Nachbarn umgeben.

Der Faktor $\frac{1}{4}$ (nicht $\frac{1}{2}$!) rührt daher, daß bei der Summation jede Bindung (i, k) zweimal vorkommt. Aus (70.2) folgt als Zustandssumme (mit $\beta = 1/kT$)

$$Z = \sum_{\nu_1, \nu_2, \ldots, \nu_j = +1 \text{ und } -1} e^{-\beta E(\nu_1, \ldots, \nu_n)} , \tag{70.2a}$$

wobei über alle ν_j unabhängig voneinander zu summieren ist. Z enthält also 2^n Summanden. Wir werden in § 72 diese Summation für den Fall der linearen Kette ausführen. Für den Fall des ebenen Gitters wurde sie von Onsager geleistet. Für das räumliche Gitter war sie bisher nicht möglich.

Zum Zwecke einer ersten Näherung führen wir jetzt die Annahme 4 von der rein statistischen Verteilung der Spins über das Gitter ein. Diese besagt, daß die in (70.2) auftretende $\sum\limits_{k \text{ in } R_i} \nu_k$ im Mittel unabhängig von ν_i ist, also unabhängig davon, ob im Zentrum des Ringes ein r- oder ein l-Spin sitzt. Dann ist der mittlere Wert eines ν_k im Ring einfach gleich η, somit

$$\sum_{k \text{ in } R_i} \nu_k = z\,\eta$$

(z ist die Zahl der nächsten Nachbarn). Da weiterhin $\sum\limits_{i=1}^{n} \nu_i = n\,\eta$, so wird

$$E = -\frac{\varphi z}{4} n \eta^2 - \mu_0 \mathsf{H}\, n\, \eta ; \qquad \left(\eta = \frac{2 n_r - n}{n}\right) . \tag{70.3}$$

E erscheint als eine Funktion von n_r allein. Nun läßt sich ein bestimmtes n_r auf $\binom{n}{n_r}$ verschiedene Weisen realisieren; wir haben also als Zustandssumme

$$Z = \sum_{n_r=0}^{n} \binom{n}{n_r} e^{-\beta E(n_r)} . \tag{70.3a}$$

Der wahrscheinlichste Wert von n_r ist derjenige, welcher den größten Summanden liefert, welcher also die Größe

$$-n_r \ln n_r - (n - n_r) \ln (n - n_r) - \beta E(n_r)$$

zum Maximum macht. Man findet unmittelbar (mit $n_l = n - n_r$)

$$\ln \frac{n_l}{n_r} = \beta \frac{\mathrm{d} E(n_r)}{\mathrm{d} n_r} . \tag{70.4}$$

Nach (70.1) ist $n_l/n_r = (1-\eta)/(1+\eta)$. Außerdem ist $\mathrm{d}E/\mathrm{d}n_r = (\mathrm{d}E/\mathrm{d}\eta)\cdot(2/n)$; somit haben wir in

$$\ln\frac{1-\eta}{1+\eta} = -2\beta\left(\frac{\varphi z}{2}\eta + \mu_0 \mathsf{H}\right) \tag{70.4a}$$

eine Gleichung für η als Funktion von T und H.

c) Beschränkung der Betrachtung auf nur ein Atom. In (70.3a) haben wir Z für das ganze System ermittelt. Das Resultat (70.4) legt folgende Überlegung nahe: Die Ableitung $\mathrm{d}E/\mathrm{d}n_r$ ist der Zuwachs der Energie bei Erhöhung von n_r um 1 und gleichzeitiger Erniedrigung von n_l um 1. Bedeuten also ε_r bzw. ε_l die Energie eines r- bzw. eines l-Spins, so ist

$$\frac{\mathrm{d}E}{\mathrm{d}n_r} = \varepsilon_r - \varepsilon_l.$$

Damit lautet (70.4)

$$\ln\frac{n_l}{n_r} = \beta(\varepsilon_r - \varepsilon_l) \tag{70.5}$$

oder

$$\frac{n_l}{n_r} = \frac{e^{-\beta\varepsilon_l}}{e^{-\beta\varepsilon_r}}.$$

Unabhängig von der vorhergehenden Rechnung hätte man dieses Resultat auch so gewinnen können:

Ich betrachte einen Spin („Zentralatom") unter der Einwirkung seiner Nachbarn und des Feldes H. Hat der Spin die r-Richtung, so ist

$$\varepsilon_r = -\frac{\varphi}{2}\sum_R \nu_k - \mu_0 \mathsf{H}.$$

Mit unserem statistischen Ansatz $\sum_R \nu_k = z\eta$ wird also

$$\varepsilon_r = -\left(\frac{\varphi z}{2}\eta + \mu_0 \mathsf{H}\right)$$

und entsprechend

$$\varepsilon_l = \left(\frac{\varphi z}{2}\eta + \mu_0 \mathsf{H}\right).$$

Für die Wahrscheinlichkeiten w_r bzw. w_l dafür, den Spin in der r- bzw. l-Stellung zu finden, gilt also

$$\frac{w_l}{w_r} = \frac{e^{-\beta\varepsilon_l}}{e^{-\beta\varepsilon_r}} = e^{-2\beta\left(\frac{\varphi z}{2}\eta+\mu_0\mathsf{H}\right)}.$$

Andererseits muß für das Zentralatom dieselbe Statistik gelten wie für jedes Ringatom, also muß sein:

$$\frac{w_l}{w_r} = \frac{n_l}{n_r} = \frac{1-\eta}{1+\eta}.$$

Damit haben wir, ohne auf die Statistik des ganzen Körpers einzugehen, unser Resultat (70.4a) aus der Betrachtung nur eines Atoms wiedergewonnen.

Zur Diskussion der durch (70.4a) gegebenen Funktion $\eta(\mathsf{H}, T)$ schreiben wir diese Gleichung in der Form

$$\eta = \mathfrak{Tg}\left(\left[\frac{\varphi z}{2}\eta + \mu_0 \mathsf{H}\right]\Big/ kT\right). \tag{70.6}$$

Wir setzen das Argument des $\mathfrak{Tg}$ gleich α und haben damit die berühmte Parameterdarstellung

$$\begin{aligned} \eta &= \mathfrak{Tg}\,\alpha, \\ \eta &= \alpha\frac{2kT}{\varphi z} - \frac{2\mu_0}{\varphi z}\mathsf{H}. \end{aligned} \tag{70.7}$$

Mit der CURIE-Temperatur Θ, definiert durch

$$k\Theta = \frac{\varphi z}{2}, \tag{70.8}$$

lautet die letzte Gleichung

$$\eta = \alpha \frac{T}{\Theta} - \frac{\mu_0 \mathsf{H}}{k\Theta}. \tag{70.9}$$

Damit ergibt sich die durch Abb. 107 dargestellte Konstruktion in der η—α-Ebene: η liegt erstens auf der Kurve I; $\eta = \mathfrak{Tg}\,\alpha$ und zweitens auf der Geraden II, welche durch den Punkt $\alpha = 0$, $\eta = -\mu_0 \mathsf{H}/k\Theta$ unter dem durch $\operatorname{tg}\gamma = T/\Theta$ gegebenen Winkel γ gegen die x-Achse geneigt ist. η ist somit gleich dem Abstand des Schnittpunktes B von der α-Achse.

Bei dieser Darstellung ist zu beachten, daß die Größe $\mu_0 \mathsf{H}/k\Theta$ praktisch immer sehr klein gegen 1 ist. Setzt man nämlich für μ_0 ein BOHRsches Magneton ein, so wäre $\mu_0 \mathsf{H}/k\Theta = 1$ für $\mathsf{H} = 15000$ Oersted und für $\Theta = 1^\circ$ K. Nun hat Θ für Eisen und Nickel die Größenordnung 1000° K; damit wäre jener Bruch selbst für $\mathsf{H} = 150000$ Oersted erst gleich $\frac{1}{100}$!

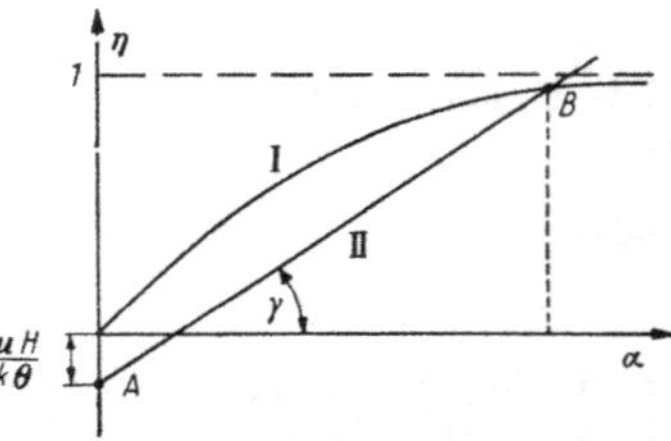

Abb. 107. Graphische Bestimmung von $\eta = M/M_\infty$ als Funktion von T und H mit der Parameterdarstellung (70.7). Zur Berechnung von η_s siehe auch Abb. 102.

Aus unserer Abb. 107 entnehmen wir für die T- und H-Abhängigkeit von η: Eine Änderung von T entspricht einer Drehung der Geraden II um den Punkt A, eine Änderung von H dagegen einer Parallelverschiebung der Geraden II. Bei tiefen Temperaturen ($T \ll \Theta$) ist η nahezu unabhängig von H gleich der auch für $\mathsf{H} = 0$ gültigen spontanen Magnetisierung η_s. Erst wenn T in die Nähe von Θ kommt und vor allem für $T > \Theta$, wird η wesentlich von H abhängen. Im letzteren Fall werden sowohl η wie auch α klein gegen 1.

Alsdann reduziert sich die erste Gl. (70.7) auf $\eta = \alpha$, die Gl. (70.9) wird also $\eta = \eta T/\Theta - \mu_0 \mathsf{H}/k\Theta$ oder

$$\eta = \frac{\mu_0 \mathsf{H}}{k(T-\Theta)}.$$

Für $T > \Theta$ haben wir also eine mit H proportionale Magnetisierung. Die auf ein Spin-Elektron bezogene Suszeptibilität, definiert durch $\chi = M/n\mathsf{H}$, wird mit $M = \eta M_\infty = \eta n \mu_0$

$$\chi = \frac{\mu_0^2}{k(T-\Theta)}. \tag{70.9}$$

Das ist das bekannte CURIE-WEISSsche Gesetz.

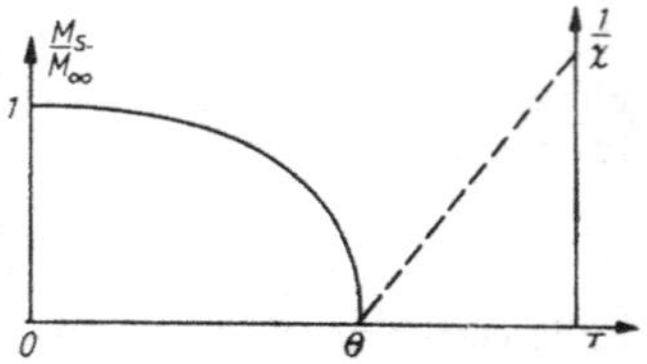

Abb. 108. Über der Temperatur ist für $T < \Theta$ die spontane Magnetisierung M_s/M_∞, für $T > \Theta$ die reziproke Suszeptibilität $1/\chi$ aufgetragen.

Man pflegt diese Ergebnisse nach dem Schema der Abb. 108 zur Anschauung zu bringen, daß man über der T-Achse für $T < \Theta$ die relative Magnetisierung $\eta = M_s/M_\infty$ aufträgt, über $T > \Theta$ dagegen die reziproke Suszeptibilität $1/\chi$.

d) Die Beziehung zur WEISSschen Theorie. Die soeben gewonnenen Formeln wurden im wesentlichen bereits von PIERRE WEISS auf Grund folgender Idee gewonnen:

Die LANGEVINsche Formel[1] $M/M_\infty = \mathfrak{Tg}(\mu_0 \mathsf{H}/kT)$ zur Beschreibung des Paramagnetismus liefert stets nur einen sehr kleinen Wert von M/M_∞. Um die im Vergleich damit sehr große Magnetisierbarkeit von ferromagnetischen Sub-

[1] Das ist (70.6) ohne Spinwechselwirkung ($\varphi = 0$).

stanzen zu beschreiben, machte WEISS die Annahme, daß die Wirkung des äußeren Feldes H durch eine bereits vorhandene Magnetisierung unterstützt wird, daß also das Feld H in LANGEVINs Formel zu ersetzen sei durch

$$\mathsf{H} \to \mathsf{H} + WM \tag{70.10}$$

(M sei hier das magnetische Moment der Volumeneinheit). Die Zahl W heißt „WEISSscher Faktor". Eine theoretische Begründung für diesen Ansatz wurde damals nicht versucht[1]. Mit diesem Ansatz geht die LANGEVINsche Formel über in

$$\frac{M}{M_\infty} = \mathfrak{Tg}\,\frac{\mu_0(\mathsf{H} + WM)}{kT}. \tag{70.11}$$

Diese Formel ist aber mit unserer Formel (70.6) identisch, wenn man setzt

$$\mu_0 WM = \frac{\varphi z}{2}\frac{M}{M_\infty} \qquad \text{oder} \qquad \mu_0 WM_\infty = \frac{\varphi z}{2}. \tag{70.12}$$

φz ist auf Grund der Definition von φ die Arbeit, welche aufzuwenden ist, um bei vollständiger Sättigung einen einzelnen Spin in die Gegenrichtung zu drehen. Also hat WM_∞ die Bedeutung eines „inneren" Feldes H', gegen welches man dabei das magnetische Moment μ_0 drehen muß. Mit der CURIE-Temperatur Θ ist dieses innere Feld verknüpft durch $\mu_0 WM_\infty = k\Theta$. Der für die Konstruktion in Abb. 107 wichtige Abschnitt O—A auf der negativen Ordinatenachse ist also $\mu_0\mathsf{H}/k\Theta = \mathsf{H}/WM_\infty$, d. h. der Quotient aus dem äußeren Feld H und dem WEISSschen inneren Feld bei Sättigung.

§ 71. Die BETHEsche Näherung beim ISING-Modell[2].

Wir haben in § 70a bei der Behandlung des Ferromagnetismus die Annahme 4 eingeführt, nach welcher die r- und l-Spins statistisch über das Gitter verteilt sind, und damit genau die alte WEISSsche Formel (70.11) gefunden.

Betrachten wir wieder einen willkürlich herausgegriffenen Gitterpunkt als Zentrum und seine z nächsten Nachbarn als Ring, so bedeutet jene Annahme, daß die mittlere Zahl $\bar{\nu}$ der l-Spins im Ring unabhängig davon ist, ob im Zentrum ein r- oder ein l-Spin sitzt. Ein Schritt zur Verbesserung besteht darin, daß man das Zentrum mitsamt dem Ring der statistischen Behandlung unterwirft unter der Annahme, daß nun die Umgebung des Ringes, d. h. also speziell die übernächsten Nachbarn des Zentrums, im Mittel von der Situation im Ring unabhängig sind. Wir wollen annehmen, daß die Atome des Ringes keine nächsten Nachbarn sind (z. B. raumzentriertes Gitter).

Zur Durchführung haben wir zunächst die Energie für jede mögliche Situation im Ring anzugeben. Sie setzt sich aus folgenden Beiträgen zusammen:

1. φ = Energie zwischen zwei ungleichen Nachbarn.
2. Bei Anwesenheit eines nach rechts gerichteten äußeren Feldes H_0

$$2\mu_0\mathsf{H}_0 = \text{Energie eines } l\text{-Spins gegen } \mathsf{H}_0.$$

3. Den Einfluß der Umgebung auf die Spins im Ring beschreiben wir durch ein vorerst unbekanntes, „inneres" Feld H' in dem Sinne, daß

$$2\mu_0\mathsf{H}' = \text{Energie eines } l\text{-Spins im Ring gegen } \mathsf{H}'$$

bedeutet. Andere Energien sollen nicht auftreten. Wir kennzeichnen durch (r, ν) eine Situation, bei welcher ein r-Spin im Zentrum sitzt und ν l-Spins im

[1] Durch die Quantentheorie wird der WEISSsche Faktor grundsätzlich als Wirkung der Austauschkräfte verständlich. Vgl. dazu etwa HEISENBERG: Z. Physik **49**, 619 (1928). SOMMERFELD u. BETHE: Handbuch der Physik, 2. Aufl., XXIV, 2, sowie die Tagungsberichte in Rev. Mod. Phys. **25** (1953), speziell S. 199 u. 220.

[2] WEISS, P. R.: Phys. Rev. **74**, 1493 (1948).

Ring sind. Entsprechend bedeute (l, ν): Ein l-Spin im Zentrum und ν l-Spins im Ring. Die zugehörigen Energien sind:

$$\begin{aligned} E(r, \nu) &= \varphi \nu + 2\mu_0 \mathsf{H}_0 \nu + 2\mu_0 \mathsf{H}' \nu, \\ E(l, \nu) &= \varphi(z - \nu) + 2\mu_0 \mathsf{H}_0(\nu + 1) + 2\mu_0 \mathsf{H}' \nu. \end{aligned} \tag{71.1}$$

(Beachte, daß H_0 auch auf das Zentrum wirkt, H' dagegen nur auf die Ringatome.)

Bei der Berechnung der Wahrscheinlichkeiten nach dem Schema

$$w = C \exp(-E/kT)$$

haben wir zu beachten, daß die Situation ν l-Spins im Ring auf $\binom{z}{\nu}$ verschiedene Weisen realisiert werden kann. Bezeichnen wir zur Abkürzung

$$x = e^{-\frac{\varphi}{kT}}; \quad y = e^{-\frac{2\mu_0 \mathsf{H}_0}{kT}}; \quad \varepsilon = e^{-\frac{2\mu_0 \mathsf{H}'}{kT}}, \tag{71.2}$$

so wird daher mit einem Normierungsfaktor C

$$w(r, \nu) = C\binom{z}{\nu} x^\nu y^\nu \varepsilon^\nu \quad \text{und} \quad w(l, \nu) = C\binom{z}{\nu} x^{z-\nu} y^{\nu+1} \varepsilon^\nu.$$

Daraus folgt für die Wahrscheinlichkeiten p_r bzw. p_l dafür, im Zentrum einen r- bzw. l-Spin zu finden:

$$\begin{aligned} p_r &= \sum_{\nu=0}^{z} w(r, \nu) = C(1 + x y \varepsilon)^z, \\ p_l &= \sum_{\nu=0}^{z} w(l, \nu) = C(x + y \varepsilon)^z y. \end{aligned} \tag{71.3}$$

Ferner berechnen wir die mittlere Zahl $\bar{\nu}$ der l-Spins im Ring. Sie ist gegeben durch

$$\bar{\nu} = \sum_{\nu=0}^{z} \nu\, w(r, \nu) + \sum_{\nu=0}^{z} \nu\, w(l, \nu).$$

Nun gilt sowohl für $w(r, \nu)$ wie auch für $w(l, \nu)$:

$$\nu\, w(r, \nu) = \varepsilon \frac{\partial}{\partial \varepsilon} w(r, \nu) \quad \text{und} \quad \nu\, w(l, \nu) = \varepsilon \frac{\partial}{\partial \varepsilon} w(l, \nu).$$

Die zur Bildung von $\bar{\nu}$ erforderliche Summation können wir jetzt unter den Differentialquotienten ausführen, also wird

$$\bar{\nu} = C \varepsilon \frac{\partial}{\partial \varepsilon} [(1 + x y \varepsilon)^z + (x + y \varepsilon)^z y].$$

$\bar{\nu}/z$ ist die Wahrscheinlichkeit dafür, daß ein zufällig herausgegriffener Spin des Ringes ein l-Spin ist. Wir finden dafür

$$\frac{\bar{\nu}}{z} = C\{\varepsilon x y (1 + x y \varepsilon)^{z-1} + \varepsilon y^2 (x + y \varepsilon)^{z-1}\}. \tag{71.4}$$

Nun kommt der entscheidende Trick des Verfahrens:

Der Zentralspin und irgendein Spin des Ringes sind ja physikalisch durchaus gleichberechtigt. Die Wahrscheinlichkeiten, sie als l-Spins anzutreffen, müssen also die gleichen sein, d. h. es muß gelten $p_l = \bar{\nu}/z$ oder nach Kürzung durch Cy:

$$(x + y \varepsilon)^z = \varepsilon x (1 + x y \varepsilon)^{z-1} + \varepsilon y (x + y \varepsilon)^{z-1}.$$

Durch diese Gleichung ist ε, also das hypothetische innere Feld H' implizit als Funktion von x und y gegeben. Zum Glück läßt sie sich wesentlich vereinfachen. Zunächst kann man sie in die Form bringen

$$(x + y\,\varepsilon) = \varepsilon^{\frac{1}{z-1}} (1 + x\,y\,\varepsilon)\,. \tag{71.5}$$

Daraus folgt

$$x = \frac{\varepsilon^{\frac{1}{z-1}} - \varepsilon\,y}{1 - y\,\varepsilon^{\frac{z}{z-1}}}\,.$$

Nach Erweiterung dieses Bruches mit $y^{-1/2}\ \varepsilon^{-z/2(z-1)}$ wird

$$x = \frac{y^{-1/2}\,\varepsilon^{-\frac{z-2}{2(z-1)}} - y^{1/2}\,\varepsilon^{\frac{z-2}{2(z-1)}}}{y^{-1/2}\,\varepsilon^{-\frac{z}{2(z-1)}} - y^{1/2}\,\varepsilon^{\frac{z}{2(z-1)}}}\,.$$

Setzt man hier aus (71.2) die Werte von x, y und ε ein und bezeichnet

$$h = \frac{\mu_0\,\mathsf{H}_0}{kT} \qquad \text{und} \qquad \delta = \frac{\mu_0\,\mathsf{H}'}{(z-1)\,kT}\,, \tag{71.6}$$

so wird

$$\boxed{x \equiv e^{-\frac{\varphi}{kT}} = \frac{\mathfrak{Sin}\,[(z-2)\,\delta + h]}{\mathfrak{Sin}\,[z\,\delta + h]}}\,. \tag{71.7}$$

Dazu hat man für die relative Magnetisierung $M/M_\infty = (p_r - p_l)/(p_r + p_l)$. Mit den Werten (71.3) für p_r und p_l sowie mit der Gl. (71.5) folg+ daraus

$$\frac{M}{M_\infty} = \frac{1 - \varepsilon^{\frac{z}{z-1}}\,y}{1 + \varepsilon^{\frac{z}{z-1}}\,y}\,.$$

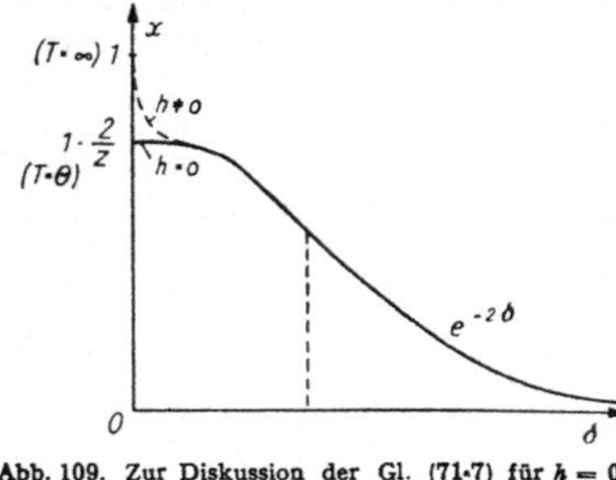

Abb. 109. Zur Diskussion der Gl. (71·7) für $h = 0$ und $h \neq 0$.

Nach Erweiterung mit $\eta^{-1/2}\,\varepsilon^{-z/2(z-1)}$ und Einführung der Größen h und δ wird daraus

$$\boxed{\frac{M}{M_\infty} = \mathfrak{Tg}\,(z\,\delta + h)\,.} \tag{71.8}$$

Durch (71.7) ist grundsätzlich δ als Funktion von T und H_0 gegeben und damit auch M/M_∞ als Funktion der gleichen Variablen.

Wir diskutieren zunächst Gl. (71.7) für den Fall h gleich Null. (Wir wissen ja, daß h praktisch immer klein gegen 1 ist.) Alsdann wird für kleine Werte von δ, wie man durch Entwicklung des Sinus bestätigt:

$$x = (1 - 2/z)\,(1 - 2\,\delta^2\,(z-1)/3) \qquad \text{für} \qquad \delta \ll 1\,.$$

Wird dagegen δ wesentlich größer als 1, so gilt in guter Näherung

$$x = e^{-2\delta} \qquad \text{für} \qquad \delta \gg 1\,.$$

Für $x > 1 - 2/z$ erhalten wir ein eindeutiges Verhalten nur, wenn wir zunächst h endlich annehmen. Alsdann folgt aus (71.7) für kleine Werte von δ und h bei Beschränkung auf die lineare Näherung

$$x = \frac{(z-2)\delta + h}{z\delta + h} \tag{71.9}$$

oder

$$h(1-x) = z\,\delta\left(x - \left(1 - \frac{2}{z}\right)\right).$$

Daraus folgt für $x > 1 - 2/z$ im Limes $h \to 0$ streng $\delta = 0$, so daß der ganze Verlauf von δ durch die bei $1 - 2/z$ geknickte Kurve gegeben ist. Für $h \neq 0$ haben wir statt dessen die gestrichelte, glatte Kurve zu erwarten. (Zur Diskussion in der Umgebung von $x = 1 - 2/z$ hätte man den Sinus bis zu Gliedern 3. Ordnung zu entwickeln.) Man beachte, daß die Ordinate unserer Abbildung als verzerrte Temperaturskala angesehen werden kann ($T = 0$ für $x = 0$ und $T \to \infty$ für $x \to 1$). Die Stelle $x = 1 - 2/z$, an der das innere Feld verschwindet, entspricht offenbar der Curie-Temperatur Θ, also wird

$$e^{-\frac{\varphi}{k\Theta}} = 1 - \frac{2}{z} \qquad \text{oder} \qquad \frac{\varphi}{k\Theta} = -\ln\left(1 - \frac{2}{z}\right).$$

Bei Entwicklung nach Potenzen von $1/z$ folgt

$$\frac{z\varphi}{2k\Theta} = 1 + \frac{1}{z} \pm \cdots, \tag{71.10}$$

wo wir für eine erste Orientierung das $1/z$ auf der rechten Seite streichen können.

Bei *tiefen Temperaturen* ($T \ll \Theta$) wird in (71.8) das Argument des Tangens groß gegen 1. Also gilt näherungsweise

$$\frac{M}{M_\infty} \approx 1 - e^{-2(z\delta + h)}.$$

Andererseits gilt in diesem Gebiet $\exp(-\varphi/kT) = \exp(-2\delta)$, also $z\delta = z\varphi/2kT = \Theta/T$. Für die Magnetisierung bei tiefen Temperaturen erhalten wir also

$$\frac{M}{M_\infty} = 1 - e^{-\left(\frac{2\Theta}{T} + \frac{2\mu_0 H_0}{kT}\right)}.$$

Bei hohen Temperaturen ($T > \Theta$) werden δ und h sehr klein, also nach (71.8)

$$\frac{M}{M_\infty} = z\,\delta + h.$$

Mit dem Wert (71.9) für $z\delta$ folgt daraus

$$\frac{M}{M_\infty} = \frac{2\delta}{1-x} = \frac{h}{\frac{z}{2}\left(x - \left(1 - \frac{2}{z}\right)\right)}$$

oder

$$h\frac{M_\infty}{M} = 1 - \frac{z}{2}(1-x).$$

Für große z und $T > \Theta$ ist in $x = \exp(-\varphi/kT)$ der Exponent klein gegen 1, also

$$1 - x = \frac{\varphi}{kT} - \frac{1}{2}\left(\frac{\varphi}{kT}\right)^2.$$

Nach (71.10) wird aber

$$\frac{z}{2}\frac{\varphi}{kT} = \frac{\Theta}{T}\left(1 + \frac{1}{z}\right) \qquad \text{und} \qquad \frac{z}{4}\left(\frac{\varphi}{kT}\right)^2 = \frac{\Theta^2}{T^2}\frac{1}{z},$$

also

$$\frac{M_\infty}{M}h = 1 - \frac{\Theta}{T}\left(1 + \frac{1}{z}\right) + \frac{1}{z}\left(\frac{\Theta}{T}\right)^2.$$

Mit dem Wert (71.6) für h wird

$$\frac{M_\infty}{M} \mathsf{H}_0 = \frac{k}{\mu_0}\left[T - \Theta\left(1 + \frac{1}{z}\right) + \frac{1}{z}\frac{\Theta^2}{T}\right].$$

Für die auf einen Spin bezogene Suszeptibilität $\chi = M/n\,\mathsf{H}_0$ haben wir damit

$$\frac{1}{\chi} = \frac{k}{\mu_0^2}\left[T - \Theta\left(1 + \frac{1}{z}\right) + \frac{1}{z}\frac{\Theta^2}{T}\right]. \tag{71.11}$$

Gegenüber der Darstellung in Abb. 108 ergibt sich damit folgender Verlauf für $1/\chi$.

Für *sehr* hohe Temperaturen wird $1/\chi \approx (T - \Theta(1 + 1/z))$. Das ist eine CURIE-WEISSsche Gerade, jedoch mit einem „Paramagnetischen CURIE-Punkt" bei $T = \Theta(1 + 1/z)$. Bei Annäherung an $T = \Theta$ krümmt sich die $1/\chi$-Kurve von der asymptotischen Geraden weg, um bei $T = \Theta$ den Wert Null zu erreichen. Für *sehr kleine* Werte von $T - \Theta$ findet man leicht $1/\chi = k(T - \Theta)\,(1 - 1/z)/\mu_0^2$ oder

$$\chi = \frac{\mu_0^2}{k(T - \Theta)}\left(1 + \frac{1}{z}\right)$$

für

$$T - \Theta \ll \Theta\,. \tag{71.12}$$

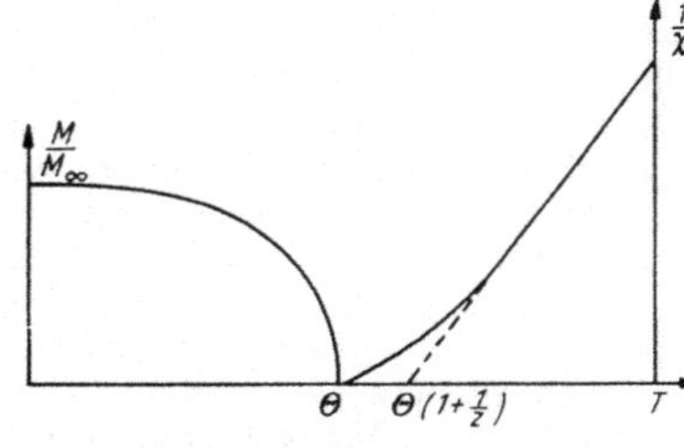

Abb. 110. Die Krümmung der $1/\chi$-Kurve in der Nähe von Θ. Der ferromagnetische CURIE-Punkt Θ und der paramagnetische $\Theta(1 + 1/z)$.

Ein in diesem Sinne gekrümmter Verlauf der $1/\chi$—T-Kurve entspricht durchaus den Beobachtungen, wenn auch der Unterschied zwischen den beiden CURIE-Punkten meist merklich kleiner als Θ/z gefunden wurde.

Die Nahordnung oberhalb der CURIE-Temperatur. In den einfachen Behandlungen von P. WEISS bzw. BRAGG-WILLIAMS werden sehr einschränkende Annahmen hinsichtlich der Anordnung gemacht: Bei der Überstruktur wurde die Relation $\bar{\sigma} = s^2$ zwischen Nahordnung σ und Fernordnung s eingeführt, beim Ausscheidungsproblem und beim Ferromagnetismus wurde angenommen, daß die homogenen Phasen aus einer rein statistischen Mischung bestehen. Diese Annahme führte zu einem Sprung der spezifischen Wärme oberhalb der CURIE-Temperatur. Die für $T > \Theta$ tatsächlich noch bestehende Nahordnung können wir im Fall des Ferromagnetismus aus unseren Formeln (71.3) und (71.4) in der BETHEschen Näherung leicht entnehmen, indem wir die mittlere Zahl $\bar{\nu}$ für l-Spins im Ring für den Fall ermitteln, daß im Zentrum ebenfalls ein l-Spin sitzt. Man findet unmittelbar aus (71.3) und (71.4)

$$\bar{\nu} = \frac{\sum\limits_{\nu} \nu\, w(l, \nu)}{\sum\limits_{\nu} w(l, \nu)} = z\,\frac{\varepsilon y}{(x + \varepsilon y)}\,.$$

Für $T > \Theta$ und $\mathsf{H}_0 = 0$ wird $\varepsilon = y = 1$. Mit $x = \exp(-\varphi/kT)$ erhalten wir also

$$\frac{\bar{\nu}}{z} = \frac{1}{1 + e^{-\varphi/kT}}\,,$$

während bei statistischer Anordnung $\bar{\nu}/z = 1/2$ sein sollte. Setzt man nach (71.10) $\varphi/k \approx 2\Theta/z$ und entwickelt nach Potenzen von $1/z$, so erhält man näherungsweise

$$\frac{\bar{\nu}}{z} \approx \frac{1}{2}\left(1 + \frac{1}{z}\frac{\Theta}{T}\right) \qquad \text{für} \qquad T > \Theta\,.$$

Unmittelbar oberhalb der CURIE-Temperatur beträgt die relative Abweichung von der statistischen Verteilung gerade $1/z$.

Denselben Wert fanden wir oben in (71.12) für die relative Abweichung der Suszeptibilität vom primitiven CURIE-WEISSschen Gesetz dicht oberhalb Θ.

§ 72. Das lineare und ebene Gitter nach der Matrizenmethode[1].

a) Das lineare Gitter.

Anstatt des räumlich ausgedehnten Gitters soll zunächst die lineare Kette behandelt werden, und zwar wieder unter Zugrundelegung des ISING-Modells: An jedem Gitterpunkt ein r- oder ein l-Spin, dazu ein in r-Richtung wirkendes Magnetfeld. Zwischen zwei benachbarten Spins existiere wieder ein Unterschied der „Bindungsenergie" von der Größe φ, indem die Energie für Antiparallelstellung um φ größer ist als für Parallelstellung. Wir werden dieses Problem bei der linearen Kette (jeder Gitterpunkt hat nur zwei Nachbarn) streng lösen, und zwar nach einer Methode, deren Verallgemeinerung es ONSAGER ermöglichte, auch das ebene Gitter streng zu behandeln. Da weder die lineare Kette noch das ebene Gitter in der Natur realisiert sind, ist den Resultaten keine unmittelbare physikalische Bedeutung beizumessen. Die bei deren Gewinnung verwandten Methoden sind aber einerseits in mathematischer Hinsicht reizvoll, andererseits kann man hoffen, aus ihnen Fingerzeige auch für eine strengere Behandlung des räumlichen Gitters zu gewinnen. Wir beschränken uns hier darauf, die äußerst einfache Behandlung der linearen Kette vorzuführen, um an ihr den Nutzen der Matrizenrechnung für dieses statistische Problem aufzuzeigen.

Wir numerieren die N-Punkte der Kette mit $1, 2, \ldots, j, \ldots, N$. Zur Vereinfachung der Rechnung denken wir uns die Kette zum Ring geschlossen, so daß auf den N-ten Spin wieder der erste folgt. Wenn N groß gegen 1 ist, können durch die Schließung des Ringes höchstens gewisse Randeffekte verfälscht werden. Für diese werden wir uns hier nicht interessieren.

Wir kennzeichnen nun den Zustand unserer Kette durch eine Folge von N Zahlen $\nu_1, \nu_2, \ldots, \nu_N$, welche sämtlich $+1$ oder -1 sein sollen, und zwar ist $\nu_j = 1$, wenn der Spin Nr. j ein r-Spin ist, dagegen $\nu_j = -1$, wenn j ein l-Spin ist.

Die Bindungsenergie zwischen den Spins Nr. 1 und 2 ist dann gleich $-\varphi \nu_1 \nu_2/2$. Denn es ist $\nu_1 \nu_2 = +1$ für Parallelstellung, $\nu_1 \nu_2 = -1$ für Antiparallelstellung. Die Energie des j-ten Spins gegen das Magnetfeld H ist $-\mu_0 \mathsf{H} \nu_j$.

Die Energie des Zustandes $\nu_1, \ldots, \nu_N$ ist also

$$E = -\frac{\varphi}{2}(\nu_1 \nu_2 + \nu_2 \nu_3 + \cdots + \nu_N \nu_1) - \mu_0 \mathsf{H}(\nu_1 + \nu_2 + \cdots + \nu_N),$$

$$E = -\left[\left(\frac{\varphi}{2}\nu_1 \nu_2 + \frac{\mu_0 \mathsf{H}}{2}(\nu_1 + \nu_2)\right) + \left(\frac{\varphi}{2}\nu_2 \nu_3 + \frac{\mu_0 \mathsf{H}}{2}(\nu_2 + \nu_3)\right) + \cdots\right].$$

Die Zustandssumme Z lautet:

$$Z = \sum_{\nu_1, \nu_2, \ldots, \nu_N} e^{-\frac{E}{kT}}.$$

Unter Einführung der symmetrischen zweireihigen Matrix $\mathfrak{B} = \begin{pmatrix} B_{++} & B_{+-} \\ B_{-+} & B_{--} \end{pmatrix}$ mit

$$B_{\nu_1, \nu_2} = e^{\frac{1}{2kT}(\varphi \nu_1 \nu_2 + \mu_0 \mathsf{H}(\nu_1 + \nu_2))} \quad \text{usw.}$$

[1] Vgl. etwa G. H. WANNIER: Rev. Mod. Phys. **17**, 50 (1945).

lautet ein einzelner Summand in Z

$$B_{\nu_1\nu_2} B_{\nu_2\nu_3} B_{\nu_3\nu_4} \cdots B_{\nu_N\nu_1}.$$

Die bei der Berechnung von Z vorgeschriebene Summation über die Werte von $\nu_2, \nu_3, \ldots, \nu_N$ bedeutet jetzt die Produktbildung $\mathfrak{B}^N$. Die noch verbleibende Summation über ν_1 ist eine Summierung über die Diagonal-Elemente von $\mathfrak{B}^N$. Diese Bildung bezeichnet man als Spur, also

$$Z = \operatorname{Spur} \mathfrak{B}^N.$$

Bedeutet $\mathfrak{q}$ eine Matrix, welche $\mathfrak{B}$ auf Hauptachsen transformiert, also

$$\mathfrak{q}^{-1}\,\mathfrak{B}\,\mathfrak{q} = \begin{pmatrix} \lambda_1 & 0 \\ 0 & \lambda_2 \end{pmatrix},$$

so wird

$$\mathfrak{B}^N = \mathfrak{q} \begin{pmatrix} \lambda_1^N & 0 \\ 0 & \lambda_2^N \end{pmatrix} \mathfrak{q}^{-1}.$$

Nun ist allgemein für irgend zwei Matrizen $\mathfrak{U}$ und $\mathfrak{B}$: Spur $\mathfrak{U}\mathfrak{B}$ = Spur $\mathfrak{B}\mathfrak{U}$. Damit also

$$Z = \lambda_1^N + \lambda_2^N.$$

Ist nun $\lambda_1 > \lambda_2$ und N ungeheuer groß, so wird λ_2^N verschwindend klein gegen λ_1^N. Wir haben also das merkwürdige Resultat

$$Z = \lambda_1^N.$$

Die Zustandssumme ist einfach gleich der N-ten Potenz des größten Eigenwertes λ_1 der Matrix $\mathfrak{B}$. In unserem Fall lautet diese Matrix

$$\begin{pmatrix} B_{++} & B_{+-} \\ B_{-+} & B_{--} \end{pmatrix} = \begin{pmatrix} e^{\frac{1}{kT}\left(\frac{\varphi}{2} + \mu_0 \mathsf{H}\right)} & e^{-\frac{\varphi}{2kT}} \\ e^{-\frac{\varphi}{2kT}} & e^{\frac{1}{kT}\left(\frac{\varphi}{2} - \mu_0 \mathsf{H}\right)} \end{pmatrix}.$$

λ_1 und λ_2 sind die Wurzeln der quadratischen Gleichung (wir setzen abkürzend $\alpha = \varphi/2\,kT$; $\eta = \mu_0\,\mathsf{H}/kT$).

$$\begin{vmatrix} e^{\alpha+\eta} - \lambda & e^{-\alpha} \\ e^{-\alpha} & e^{\alpha-\eta} - \lambda \end{vmatrix} = 0.$$

Man findet leicht

$$\lambda_{1,2} = e^{\alpha}\operatorname{Cof}\eta \pm \sqrt{e^{2\alpha}\operatorname{Cof}^2\eta - 2\operatorname{Sin} 2\alpha} = e^{\alpha}\operatorname{Cof}\eta \pm \sqrt{e^{2\alpha}\operatorname{Sin}^2\eta + e^{-2\alpha}}.$$

Für den Logarithmus der Zustandssumme haben wir also

$$\ln Z = N\left[\alpha + \ln\left\{\operatorname{Cof}\eta + \sqrt{\operatorname{Sin}^2\eta + e^{-4\alpha}}\right\}\right],$$

$$\alpha = \frac{\varphi}{2kT}; \qquad \eta = \frac{\mu\,\mathsf{H}}{kT}.$$

$\partial \ln Z/\partial\eta$ gibt den Mittelwert von $\nu_1 + \nu_2 + \cdots + \nu_N$. Durch Ausführen der Differentiation erhält man

$$\frac{M}{M_\infty} = \frac{1}{N}\frac{\partial \ln Z}{\partial \eta} = \frac{\operatorname{Sin}\eta}{\sqrt{\operatorname{Sin}^2\eta + e^{-4\alpha}}},$$

d. h. also die Magnetisierung in Abhängigkeit von T und H. Wegen einer Diskussion dieser Funktion sei auf die Literatur verwiesen[1]. Für sehr kleine Felder

[1] Becker, R., u. W. Döring: Ferromagnetismus. Berlin: Springer 1939.

($\eta \ll 1$) hat man

$$\frac{M}{M_\infty} = \frac{\mu_0 \mathsf{H}}{k\,T}\, e^{\frac{\varphi}{k\,T}}\,.$$

Also für die auf einen Spin bezogene reziproke Suszeptibilität (es ist $\chi = M/N\mathsf{H}$)

$$\frac{1}{\chi} = \frac{k\,T}{\mu_0^2}\, e^{-\frac{\varphi}{k\,T}} \approx \frac{k}{\mu_0^2}\left[T - \frac{\varphi}{k}\right].$$

Die Nahordnung der linearen Kette ohne Magnetfeld ($\eta = 0$). Setzen wir in den obigen Formeln $\eta = 0$, so wird

$$\mathfrak{B} = \begin{pmatrix} e^{\alpha} & e^{-\alpha} \\ e^{-\alpha} & e^{\alpha} \end{pmatrix}$$

und

$$\lambda_1 = e^{\alpha} + e^{-\alpha}\,; \qquad \lambda_2 = e^{\alpha} - e^{-\alpha}$$

sowie

$$Z = \lambda_1^N\,.$$

Der Mittelwert $\overline{\nu_1\nu_2 + \nu_2\nu_3 + \cdots + \nu_N\nu_1}$ ist gleich $\partial\ln Z/\partial\alpha$. Nun sind alle Nachbarprodukte statistisch gleichberechtigt, so daß z. B. $\overline{\nu_1\nu_2} = (\partial\ln Z/\partial\alpha)/N$ wird. In unserem Fall ist $\partial\lambda_1/\partial\alpha = \lambda_2$, also wird

$$\overline{\nu_1\,\nu_2} = \frac{\lambda_2}{\lambda_1} = \mathfrak{Tg}\left(\frac{\varphi}{2\,k\,T}\right).$$

Das ist ein quantitativer Ausdruck für die Nachbarordnung. Der Grenzfall $\overline{\nu_1\nu_2} \to 1$ bedeutet Parallelstellung benachbarter Spins, $\overline{\nu_1\nu_2} = 0$ dagegen rein statistische Orientierung.

b) Das ebene Gitter.

Die soeben skizzierte Methode zur Behandlung der linearen Kette wurde von Onsager übertragen auf das ebene Gitter, für welches sich die Zustandssumme noch streng berechnen ließ[1].

Eine Übertragung auf das eigentlich interessierende räumliche Gitter ist anscheinend nicht durchführbar. Vgl. dazu etwa die Ansätze von Domb[2] und Newell und Montroll[3]. Es würde hier zu weit führen, auf diese geistreichen Betrachtungen im einzelnen einzugehen.

c) Negative Temperaturen.

Spin-Systeme können als einfachstes Beispiel zur Diskussion „negativer“ Temperaturen dienen. Wir illustrieren dies an einem Spin-System ohne Wechselwirkung zwischen den Spins. In diesem Fall sind nach (70.3)

$$E(\nu_1 \ldots \nu_N) = -\mu_0 H \sum_m \nu_m = -\mu_0 H(n_r - n_l) = -\mu_0 H(2n_r - n) \tag{72.1}$$

die exakten Eigenwerte. Die Gesamtzahl der Eigenwerte ist 2^n. Die Energien (72.1) erstrecken sich über ein endliches Intervall von $-\mu_0 H n$ (alle Spins in Feld-

---

[1] Onsager, L.: Physic. Rev. **65**, 117 (1944); Kaufmann, B.: Physic. Rev. **76**, 1232 (1949); Kac, M., u. J. C. Ward: Physic. Rev. **88**, 1332 (1952).

[2] Domb, C.: Proc. Roy. Soc. [London] **196**, 36 (1949); **199**, 199 (1949); **207**, 343 (1951); **210**, 125 (1952).

[3] Newell, G. F., u. E. W. Montroll: Rev. Mod. Phys. **25**, 353 (1953).

richtung) bis $\mu_0 H n$ (alle Spins antiparallel zu H). Der Abstand benachbarter Energieniveaus ist $2\mu_0 H$, was einer Änderung einer Zahl ν_m von -1 nach $+1$ entspricht. Die Entartung eines Energieniveaus ist $\binom{n}{n_r}$, die Dichte des Energieniveaus ist

$$\omega(E) = \binom{n}{n_r} \frac{1}{2\mu_0 H}. \tag{72.2}$$

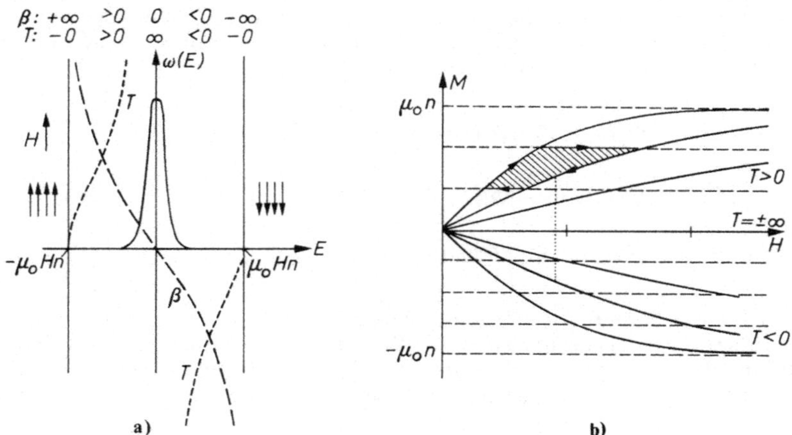

Negative Temperaturen. a) Die Dichte $\omega(E)$ der Energieniveaus für n Spins in einem Magnetfeld sowie β bzw. T als Funktion von E. b) $M-H$-Diagramm des Spin-Systems, ——— Isothermen, – – – Adiabaten. Das schraffierte Gebiet gibt einen möglichen CARNOT-Zyklus an. Die Linie $M=0$ ist Isotherme *und* Adiabate. Die punktierte Linie bezeichnet den Übergang in dem Experiment von PURCELL und POUND.

Abb. 110a zeigt ω als Funktion von E. Nach der allgemeinen Diskussion in § 46 erwarten wir, daß

$$S = k \ln \omega \quad \text{und} \quad \beta = \frac{1}{kT} = \frac{\partial \ln \omega}{\partial E} \tag{72.3}$$

ist. Die Magnetisierung wird

$$M/M_\infty = \mathfrak{Tg}\, \beta\, \mu_0 H. \tag{72.4}$$

Dies entspricht den Wahrscheinlichkeiten

$$w_l = \frac{e^{-\beta \mu_0 H}}{e^{-\beta \mu_0 H} + e^{\beta \mu_0 H}}; \quad w_r = \frac{e^{\beta \mu_0 H}}{e^{-\beta \mu_0 H} + e^{\beta \mu_0 H}} \tag{72.5}$$

für einen einzelnen Spin ($\overline{\nu_m} = w_r - w_l = \mathfrak{Tg}\, \beta\, \mu_0 H$). Offensichtlich ist es sinnvoll, dann von negativen Werten für β bzw. T zu sprechen, wenn $E > 0$, wenn die Spins vorzugsweise nach links orientiert sind, sich also in einer energetisch ungünstigen Orientierung befinden. Abb. 110a zeigt ebenfalls β als Funktion von E.

In § 46 haben wir gesehen, daß in makroskopischen Systemen die Entropie auch durch

$$S = k \ln \Phi \quad \text{mit} \quad \Phi(E) = \int_{-\mu_0 H n}^{E} \omega(E')\, \mathrm{d}E'; \quad \beta = \frac{\partial \ln \Phi}{\partial E} \tag{72.6}$$

definiert werden kann; wir wissen, daß das Phasenvolumen Φ adiabatisch invariant ist. Mit der Definition (72.6) für die Entropie sind β und T immer positiv, da Φ mit E monoton wächst. Für große n kann man leicht sehen, daß (72.3) und (72.6) für $E < 0$ dieselbe Temperatur definieren (außer für „Temperaturen" nahe Null, wo der Abstand des Energieniveaus von Bedeutung ist und $\omega(E)$ nicht als glatte Funktion von E angesehen werden kann). Es sieht zunächst so aus, als ob man nicht gleichzeitig (72.3) benutzen und adiabatische Invarianz aufrechterhalten kann. Wir haben in diesem Fall aber *zwei* adiabatische Invarianten. Die zweite Invariante ist die Gesamtzahl 2^n der Zustände. Deshalb können wir ein anderes invariantes Phasenvolumen durch

$$\begin{aligned} \tilde{\Phi}(E) &= 2^n - \Phi(E) = \int_E^{\mu_0 H n} \omega(E')\,\mathrm{d}E' \quad \text{für } E \geqq 0, \\ \tilde{\Phi}(E=0) &= \Phi(E=0) = 2^{n-1} \end{aligned} \tag{72.7}$$

definieren und $\Phi(E)$ für $E \leqq 0$ und $\tilde{\Phi}(E)$ für $E \geqq 0$ verwenden.

Mit dieser Definition des Phasenvolumens stimmt $\ln \omega$ mit ln (Phasenvolumen) im ganzen Energiebereich überein. Die Definition (72.3) hat den weiteren Vorteil, daß die Beziehung zwischen Entropie und „Unkenntnis" aufrechterhalten bleibt, daß die Entropie nämlich proportional zur Zahl der Zustände in der „Energieschale" $(E, \delta E)$ ist.

Eine weitere Diskrepanz scheint in bezug auf den CARNOTschen Wirkungsgrad zu bestehen, der für zwei Reservoire, eins mit positiver und eins mit negativer Temperatur, größer als Eins werden würde. Es ist aber leicht einzusehen, daß dieser Einwand nicht stichhaltig ist. Abb. 110b zeigt ein $M-H$-Diagramm. Die Isothermen sind durch (72.4) und die Adiabaten durch $M =$ konstant oder $E =$ konstant gegeben. Abb. 110b zeigt auch einen möglichen CARNOT-Zyklus. CARNOT-Zyklen zwischen positiven und negativen Temperaturen können jedoch nicht durchgeführt werden, da die beiden Bereiche durch $M = 0$ getrennt sind, welches sowohl eine Isotherme $(T = \pm \infty)$ als auch eine Adiabate ist. Deshalb sind die Temperaturskalen für $M > 0$ und $M < 0$ unabhängig voneinander; die Wahl negativer Temperaturen für $M < 0$ ist aber sehr viel bequemer.

Obgleich dieses Beispiel ziemlich akademisch ist, kann es doch experimentell realisiert werden. PURCELL and POUND[1] haben dies zuerst in einem Kern-Resonanz-Experiment gezeigt, in dem sie die Kernspins von Li^7 in LiF verwendeten. Die Kernspins sind nur schwach an das Gitter gekoppelt und können für Zeiten von einigen Sekunden als unabhängiges (Teil-)System angesehen werden. Wenn man bei vorgegebener Magnetisierung bei normaler Temperatur T das Magnetfeld so schnell umkehrt, daß die Spins nicht folgen können (Umkehrzeit $\ll$ Periode der Spin-Präzession), ändert die Magnetisierung relativ zum Feld ihr Vorzeichen; das ist ein Zustand, dem die Temperatur $-T$ zugeordnet ist (Abb. 110b). Durch die Wechselwirkung mit dem Gitter geht die Magnetisierung allmählich (in mehreren Minuten) von $-M$ auf ihren alten Wert M zurück, d.h. die Temperatur ändert sich von $-T$ über $T = \pm \infty$ nach T. Es sei aber betont, daß sich negative Temperaturen im allgemeinen nur in Teilsystemen, die in ein anderes System

[1] PURCELL and POUND: Phys. Rev. **81**, 279 (1951).

eingebettet sind, realisieren lassen. Einer Messung mit einem Gasthermometer sind sie nicht zugänglich.

Negative (Besetzungs-)Temperaturen treten auch beim Laser auf, bei dem die Besetzung energetisch höherer Niveaus größer ist als die Besetzung der niederenergetischen Niveaus. Sie können in allen (Teil-)Systemen realisiert werden, in denen die Energie eine untere *und* obere Grenze besitzt.

d) Landau-Theorie und Renormierungs-Gruppe.

Ordnung und Unordnung sowie magnetische Phänomene, wie sie in den §68–72 besprochen wurden, sind spezielle Beispiele für das Auftreten des Festkörpers in verschiedenen Phasen. Andere Beispiele sind die Übergänge zwischen ferro- und paraelektrischen Zuständen, oder der Übergang Supraleiter–Normalleiter usw. Daneben gibt es aber auch Phasen, die sich nur im Kristallaufbau(-symmetrie) unterscheiden, wobei vor allem die Eigenschaften solcher Systeme in der Umgebung des Phasenumwandlungspunktes (Phasengrenze) interessant sind. Dabei beobachtet man oft Singularitäten, z. B. in der Suszeptibilität (Curie-Weiss-Gesetz, Gl. (70.9)).

Phasengrenzkurven für Phasenübergänge, die mit einer latenten Wärme verbunden sind (Q bzw. $\Delta Q \neq 0$), werden durch die Clausius-Clapeyron-Gleichung (15.1) beschrieben (Phasenübergänge 1. Ordnung nach Ehrenfest). Dabei sind p und V durch entsprechende Größen (z. B. bei magnetischen Systemen durch H und M) zu ersetzen. Ist $\Delta Q = 0$, so sprechen wir von Übergängen höherer Ordnung. Es treten dann Unstetigkeiten in höheren Ableitungen des chemischen Potentials μ nach T auf.

Die Klassifizierung der Phasenübergänge nach Ordnungen hat sich als unzweckmäßig herausgestellt, z. B. auch deshalb, weil logarithmische Singularitäten auftreten. Man beobachtet bei einem Phasenübergang aber auch die Änderung einer gewissen Ordnung, besonders deutlich bei magnetischen Systemen: in der einen Phase haben die magnetischen Momente eine Vorzugsrichtung (Ordnung, ferromagnetischer Zustand), in der anderen sind sie regellos verteilt (weniger Ordnung, paramagnetischer Zustand). Zur Beschreibung des Phasenüberganges bietet sich deshalb ein Ordnungsparameter (z. B. die spontane Magnetisierung, siehe Tabelle 8) an, nach dem man die Übergänge klassifiziert:

1) unstetige Änderung des Ordnungsparameters bei einer Temperatur T_0: Übergang 1. Ordnung
2) stetiges Verschwinden des Ordnungsparameters bei einer festen Temperatur T_c: Übergang höherer Ordnung; T_c heißt kritische Temperatur;
3) stetiges Verschwinden des Ordnungsparameters, ausgeschmiert über einen Temperaturbereich: unscharfer Übergang, Übergang kontinuierlicher Ordnung.

Die Relevanz des Ordnungsparameters legt es nahe, nach den Symmetrie-Änderungen bei Phasenübergängen zu fragen. In den meisten Fällen besitzt die bei tieferen Temperaturen stabilere Phase weniger Symmetrien als die bei höheren Temperaturen stabile Phase. Beim Phasenübergang wird die Symmetrie „gebrochen". Es macht einen Unterschied, ob die in der weniger symmetrischen „kondensierten" Phase gebrochene Symmetriegruppe eine Gruppe diskreter (z. B. Spiegelung) oder kontinuierlicher (z. B. Translation, Rotation) Transformationen ist. Bei letzteren existieren in der weniger symmetrischen Phase Anregungen $\hbar\omega(q)$ mit $\lim_{q\to 0}\omega(q) = 0$, die einer Translation, Rotation usw. des Kristalls entsprechen (vgl. Tabelle 8). Solche Anregungen sind z. B. Phononen (Gitterschwingungen, §64), Magnonen (Spinwellen), 2. Schall (§26g) u. a. Allgemeine Aussagen darüber macht das Goldstone-Theorem, welches wir hier nicht weiter diskutieren können. Übt man an

Tabelle 8. Phasenübergänge und ihre Parameter.

Phasen		in der weniger symm. gebrochene Symmetr.	Ordnungsparameter q	konjug. Feld $\mathcal{F}$	verallgemeinerte Suszeptibilität	kritische (weiche) Anregungen	
weniger symm.	mehr symm.					$T>T_c$	$T>T_c$
flüssig	gasförmig	Spiegel-Symmetrie	Dichte $n-n_c$	chem. Potential $\mu-\mu_c$	Kompressibilität $n^2\kappa_T=\partial n/\partial\mu$	Dichteschwankung	Dichteschwankung
Ordnung	Unordnung		Konzentration	$\mu_A-\mu_B$			
Ausscheidung	Gemisch						
kristallin kristallin	flüssig gasförmig	(kont.) Translationssymm.	FOURIER-Komp. der Dichte ϱ_k für $K=2\pi Bm$	periodisches Potential bzw. longitud. Feld f_K	Kompressibilität $\varrho_K^2\cdot\kappa=\partial\varrho_K/\partial f_K$	Phonon	Dichteschwankung
ferromagnetisch	paramagnetisch	Rotationssymm. der magn. Momente	Magnetisierung $\vec{M}$	magn. Feld $\vec{H},\vec{B}$	magn. Suszeptibilität $\chi_m=\partial M/\partial H$	Magnon	Spin-Diffusion
antiferromagn.	paramagnetisch		Untergitter-Magnetisierung $\vec{M}_v$	„Hilfsfeld“			
ferroelektrisch	paraelektrisch	strukturelle Symm.	Polarisation $\vec{P}$	elektr. Feld $\vec{E}$	elektr. Suszeptibilität $\chi_e=\partial P/\partial E$	TO-Phonon	TO-Phonon
antiferroelektrisch	paraelektrisch		Untergitter Polarisation $\vec{P}_v$	„Hilfsfeld“			
Supraleiter	Normalleiter	Eich-(Teilchen-) Symm.	Energielücke bzw. Zustandsfkt. $\psi(r)$ bzw. *BCS*-Operatoren	„Phase“ ϕ, nicht physikalisch	$\chi=\partial\langle\psi\rangle/\partial\phi$		
Suprafüssigkeit	Normalflüssigkeit					2. Schall	Wärme-Diffusion
nematische Flüss.	isotrop-flüssig	Rotations-Symm. d. Molek. Orient.	mittl. Orient. $\langle n_i n_k\rangle-\frac{1}{3}\delta_{ik}$	Momenten-Tensor p_{jl}	$\chi=\partial\langle nn\rangle/\partial p$	Orient. Wellen	Orient. Diffusion

einem weniger symmetrischen Gleichgewichtszustand eine gebrochene Symmetrieoperation aus, so geht der Zustand in einen gleichberechtigten über (solange kein symmetriebrechendes Feld eingeschaltet ist). Quantenmechanisch bedeutet dies, daß der HAMILTON-Operator des Systems mehr Symmetrien besitzt als der Zustand; in dem Dichteoperator $\varrho(H)$ kommen alle gleichberechtigten Zustände mit gleichem Gewicht vor, das System ist in der weniger symmetrischen Phase hochgradig entartet. Die Entartung kann durch eine kleine unsymmetrische Störung (symmetriebrechendes Feld) aufgehoben werden.

Wir wollen hier nur die Phasenübergänge höherer Ordnung mit kritischem Punkt betrachten. Phänomenologisch werden sie im Rahmen der Landau-Theorie gut beschrieben, wenn man auch ihre Grenzen nicht übersehen darf (vgl. unten).

Mit Landau nimmt man an, daß die Freie Energie F nach dem Ordnungsparameter q, wenigstens in der Nähe der Phasengrenze, entwickelt werden kann:

$$F(q, T) = F_0 + a_1 q + \tfrac{1}{2} a_2 q^2 + \tfrac{1}{3} a_3 q^3 + \tfrac{1}{4} a_4 q^4 + \cdots \tag{72.8}$$

F kann noch von weiteren Parametern abhängen; die Koeffizienten $a_\nu(T)$ hängen von der Temperatur und evtl. weiteren Parametern ab. F_0 und a_1 können Null gesetzt werden, da dies durch geeignete Umdefinitionen von F, q und eventuell dem konjugierten Feld immer möglich ist, so daß[1]

$$F(q, T) = \tfrac{1}{2} a_2 q^2 + \tfrac{1}{3} a_3 q^3 + \tfrac{1}{4} a_4 q^4 + \tfrac{1}{5} a_5 q^5 + \cdots$$

ist. Das zu q konjugierte Feld $\mathcal{F}$ (verallgemeinerte Kraft) ist durch

$$\mathcal{F} = \left(\frac{\partial F}{\partial q}\right)_T = a_2 q + a_3 q^2 + a_4 q^3 + a_5 q^4 + \cdots \tag{72.9}$$

definiert. Der Gleichgewichtszustand ist das Minimum der Freien Energie, also $\mathcal{F} = 0$ bei verschwindendem äußeren Feld.

Soll jetzt der Gleichgewichtszustand mit

$$\begin{aligned} q &= 0 \quad \text{für } T > T_c, \\ q &\neq 0 \quad \text{für } T < T_c \end{aligned}$$

existieren, so muß $F(q)$ entsprechende Minima bei $q = 0$ bzw. $q \neq 0$ besitzen.

Wir wollen nur den Fall näher betrachten, bei dem die ungeraden Potenzen im Ordnungsparameter, wenigstens in einer gewissen Umgebung des Umwandlungspunktes, nicht auftreten, also $a_{2\nu+1}(T) = 0$ ist. Bei magnetischen Systemen gilt z.B. bei Zeitumkehr $q \to -q$ (q: Magnetisierung). Da aber F invariant bleiben muß, müssen ungerade Potenzen verschwinden. Für allgemeinere Symmetrie-Überlegungen verweisen wir auf die Literatur (LANDAU, KREY). Mit $a_{2\nu+1} = 0$ besitzt das System bezüglich des skalaren Ordnungsparameters Inversionssymmetrie. Das ist in vielen Systemen der Fall (Ferromagnet, Ferroelektrikum; flüssig-gasförmig, aber nur am kritischen Punkt).

Es sei $a_4(T) > 0$; das System ist stabil, höhere Potenzen in q können vernachlässigt werden. Die freie Energie ist in Abb. 110c dargestellt. Für $a_2 < 0$ gibt es einen Gleichgewichtszustand mit spontaner Ordnung q_s, die mit $a_2 = 0$ stetig verschwin-

---

[1] Ist der Ordnungsparameter ein Vektor $\vec{q}$ (etwa Magnetisierung), sind die Koeffizienten a_ν Tensoren ν-ter Stufe. Die Diskussion muß dann entsprechend verallgemeinert werden, ohne daß sich prinzipiell etwas ändert.

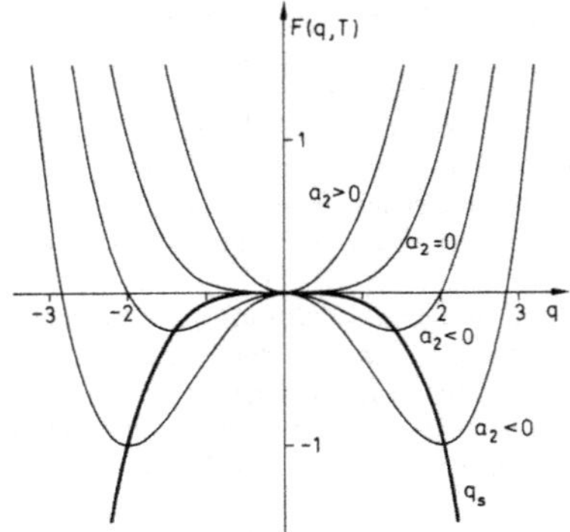

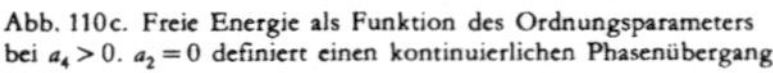
Abb. 110c. Freie Energie als Funktion des Ordnungsparameters bei $a_4>0$. $a_2=0$ definiert einen kontinuierlichen Phasenübergang.

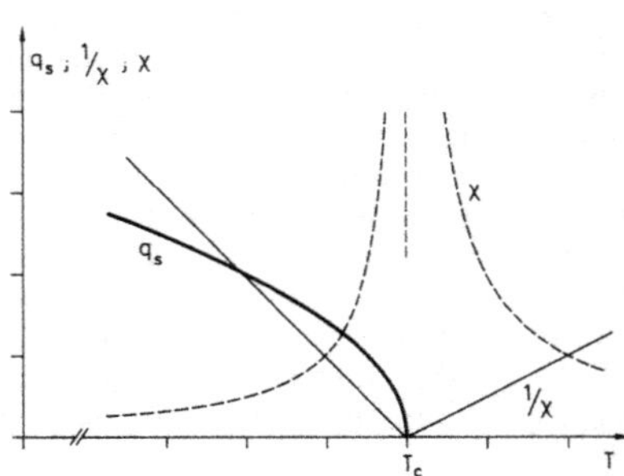

Abb. 110d. Spontaner Ordnungsparameter und Suszeptibilität als Funktion der Temperatur für einen kontinuierlichen Phasenübergang.

det. Für $a_2>0$ gibt es nur noch ein Gleichgewicht mit $q=0$. Bezeichnen wir die kritische Umwandlungstemperatur mit T_c, so sind mit[1]

$$a_2=\frac{1}{C}(T-T_c) \tag{72.10}$$

(LANDAUsche Annahme) die obigen Bedingungen erfüllt. Da q_s stetig verschwindet, handelt es sich hier um einen Phasenübergang höherer Ordnung. Mit (72.9 und 72.10) lassen sich Ordnungsparameter und isotherme Suszeptibilität $\chi=\partial q/\partial\mathscr{F}|_{\mathscr{F}=0}$ im Gleichgewichtszustand leicht berechnen[2]:

$$\begin{aligned} q_s^2&=-\frac{a_2}{a_4}=\frac{1}{C a_4}\cdot(T_c-T); \qquad & \chi&=-\frac{1}{2a_2}=\frac{C}{2(T_c-T)}, \qquad & T&<T_c \\ q_s^2&=0; & \chi&=\frac{1}{a_2}=\frac{C}{T-T_c}, & T&>T_c \end{aligned} \tag{72.11}$$

d.h. für die Suszeptibilität gilt ein CURIE-WEISS-Gesetz; da ein solches bei vielen Übergängen gefunden wurde, ist damit auch die LANDAUsche Annahme gerechtfertigt (siehe Abb. 110d). Allerdings ist die LANDAU-Annahme nur gültig, solange die thermodynamischen Schwankungen des Ordnungsparameters, die die LANDAU-Theorie nicht berücksichtigt, klein gegen die thermischen Mittelwerte sind,

$$\langle q-\langle q\rangle\rangle^2 \ll \langle q\rangle^2 \tag{72.11a}$$

(vgl. weiter unten).

Man kann die obigen Aussagen für Ferromagneten z.B. leicht direkt überprüfen, wenn man von den in §70 diskutierten Ansätzen ausgeht. Es gibt zwei stabile Ordnungszustände mit $\pm|q_s|$.

Ist dagegen $a_4(T)<0$, so muß in der Umgebung des Überganges $a_6(T)>0$ sein, damit das System stabil ist. Das führt dann auf einen Übergang 1. Ordnung, ebenso wie das Auftreten ungerader Potenzen von q, z.B. wenn in (72.8 und 72.9) $a_3\neq 0$ ist.

---

[1] Die Freie Energie ist $F=U-TS$; d.h. aber a_2 hat die von LANDAU angegebene Form, wenn U und S in der Umgebung von T_c nur schwach von T abhängen: $T_c=U_c/S_c$.

[2] Es wird hierbei angenommen, daß sich a_4 bei $T\sim T_c$ nur wenig mit T ändert.

In (72.11) hatten wir festgestellt, daß alle Größen bei einem stetigen Phasenübergang in der Umgebung von $T=T_c$ Funktionen von $|T-T_c|$ sind. Die Potenz dieser Abhängigkeit bezeichnet man als kritischen Exponenten. Wir erhalten so

$$q_s=\begin{cases}\sqrt{\dfrac{T_c-T}{Ca_4}}\sim(T_c-T)^{\beta} & T<T_c\\ 0 & T\geqq T_c\end{cases}\tag{72.12}$$

$$\boxed{\beta=1/2}$$

$$\chi^{-1}=\begin{cases}\dfrac{2}{C}(T_c-T)\sim(T_c-T)^{\gamma'} & T<T_c\\ \dfrac{1}{C}(T-T_c)\sim(T-T_c)^{\gamma} & T>T_c\end{cases}\tag{72.13}$$

$$\boxed{\gamma=\gamma'=1}\,.$$

Für die Entropie ergibt sich mit $S=-(\partial F/\partial T)_{q_s}$ und $S_0=-(\partial F/\partial T)_{q=0}$

$$S-S_0=\begin{cases}-\dfrac{T_c-T}{2a_4C^2}\sim(T_c-T)^{\zeta} & T<T_c\\ 0 & T>T_c\end{cases}$$

$$\boxed{\zeta=1}\,.$$

Ferner folgt für die Differenz der spezifischen Wärmen bei konstantem Feld $C_{\mathscr{F}}$ und bei konstantem Ordnungsparameter C_q mit

$$a_{\mathscr{F}}=\left(\frac{\partial q}{\partial T}\right)_{\mathscr{F}=0}=\begin{cases}-\dfrac{1}{2\sqrt{Ca_4(T_c-T)}}\,; & T<T_c\\ 0; & T>T_c\end{cases}\tag{72.14}$$

aus der allgemeinen Formel (siehe z. B. Gl. (4.3))

$$C_{\mathscr{F}}-C_q=T\alpha^2\chi^{-1}=\begin{cases}\dfrac{T}{2a_4C^2}\sim(T_c-T)^{-\alpha'}; & T<T_c\\ 0\sim(T-T_c)^{-\alpha}; & T>T_c\end{cases}\tag{72.15}$$

$$\boxed{\alpha=\alpha'=0}\,.$$

Schließlich gilt auf der kritischen Isotherme $T=T_c$, d. h. $a_2(T_c)=0$ nach (72.9)

$$\mathscr{F}=a_4q^3\sim q^{\delta}\tag{72.16}$$

$$\boxed{\delta=3}\,.$$

Die kritischen Exponenten sind nicht unabhängig voneinander. Es folgt z. B. aus (72.15) für $T<T_c$ ganz allgemein

$$\alpha'+2\beta+\gamma'=2.\tag{72.17}$$

Solche Beziehungen nennt man Skalengesetze. Viele dieser Skalengesetze folgen aus der Skalen-Hypothese: Die Freie Enthalpie $G(T, \mathscr{F})$ ist eine verallgemeinerte homogene Funktion, die der Bedingung

$$G(\lambda^a(T-T_c);\ \lambda^b \mathscr{F}) = \lambda G(T-T_c;\ \mathscr{F}) \tag{72.18}$$

genügt. a und b werden Skalenparameter genannt. Alle kritischen Exponenten lassen sich durch a und b darstellen. Auf die Ableitung der Skalengesetze im einzelnen wollen wir nicht eingehen. Es gilt

$$\begin{aligned} \alpha &= \alpha' & \gamma &= \gamma' \\ \alpha+\beta(\delta+1) &= 2 & (2-\alpha)\zeta+1 &= (1-\alpha)\,\delta \\ \gamma(\delta+1) &= (2-\alpha)(\delta-1); & \gamma &= \beta(\delta-1). \\ \delta(2-\alpha-\gamma) &= 2-\alpha+\gamma; \end{aligned} \tag{72.19}$$

Allgemeiner gültige Aussagen über kritische Exponenten folgen als Ungleichungen, z. B. aus Stabilitätsbetrachtungen. Damit ein System stabil ist, müssen z. B. die Entropie maximal, die Freie Energie minimal sein. Daraus folgen Aussagen über das Verhalten von spezifischen Wärmen, Suszeptibilität usw. in Form von Ungleichungen. Da es sich hierbei um Gleichgewichtsaussagen handelt, spricht man von statischen Skalengesetzen (wegen der dynamischen Skalengesetze siehe weiter unten).

Die LANDAU-Theorie beschreibt die Phasenübergänge phänomenologisch recht gut. Andererseits darf man aber nicht übersehen, daß insbesondere bei immer weiterer Annäherung an den kritischen Punkt Diskrepanzen auftreten. Wir stellen hier einige Einwände gegen die LANDAU-Theorie, wie sie oben skizziert wurde, zusammen.

1) Es wird stillschweigend vorausgesetzt, daß eine Entwicklung nach dem Ordnungsparameter möglich ist und daß die Entwicklungskoeffizienten „vernünftige" Funktionen von T und vielleicht noch anderer Parameter sind, daß also keine Singularitäten in der Entwicklung vorkommen. Eine Begründung läßt sich nur durch einen Vergleich mit experimentellen Aussagen geben. Letztere rechtfertigen den Ansatz (72.8) für makroskopische Systeme.

2) Am Phasenübergang treten im System Schwankungserscheinungen auf, die es nicht mehr erlauben, von einem Ordnungsparameter des Systems zu sprechen. In (72.8) ist dann ein äußeres Feld $h(\vec{x})$ zu berücksichtigen, das an den Ordnungsparameter ankoppelt. Ferner ist dann auch $\operatorname{grad} q \neq 0$ und an die Stelle von (72.8) tritt das Funktional

$$G[q] = \int d^3\vec{x}\,\{g_0 + \tfrac{1}{2}a_2 q^2(\vec{x}) + \tfrac{1}{2}a_0[\operatorname{grad} q(\vec{x})]^2 + \tfrac{1}{4}a_4 q^4(\vec{x}) - h(\vec{x})\cdot q(\vec{x})\} \tag{72.8a}$$

für die freie Enthalpie (vgl. auch (72.25)). Damit lassen sich Schwankungen und Schwankungskorrelationen $\langle q^2\rangle - \langle q\rangle^2$ und $\langle q(r)\,q(0)\rangle - \langle q\rangle^2$ des Ordnungsparameters berechnen (ORNSTEIN-ZERNICKE 1914 für Flüssig-Gas-Übergänge). Schwankungen sind natürlich nur über einen gewissen Bereich korreliert, der aber bei Annäherung an den kritischen Punkt T_c zunimmt und bei T_c schließlich divergiert. Es gibt also eine Korrelationslänge ξ, die zur Beschreibung des kritischen Verhaltens die einzige relevante Länge und gleichzeitig die größte Länge ist. Andere Maße, z. B. interatomare Abstände, dürfen am Phasenübergang keine Rolle spielen. Auf Grund der Skalenhypothese muß sich nun ξ in der Umgebung von T_c wie $|T-T_c|^{-\nu}$, $\nu>0$ verhalten und dieses Verhalten von ξ bestimmt das dominierende Temperaturverhalten aller physikalischen Größen bei T_c. Alle Größen hängen von $T-T_c$ nur über ξ ab, was wiederum auf Aussagen wie in (72.19) zurückführt.

Betrachten wir z.B. die Dichte der Freien Energie $f(\xi)$, die bei Volumänderung in $\alpha^d f(\xi)$ übergeht (d: Dimension des Systems). Dann ist also

$$f(\xi/\alpha) = \alpha^d f(\xi),$$

und da α beliebig ist, können wir $\alpha = \xi$ wählen, also

$$f(\xi) = \xi^{-d} f(1) \sim (T - T_c)^{\nu d},$$

d.h. die Freie Energie hat den kritischen Exponenten νd.

Für die Schwankungen läßt sich, ähnlich wie es in §74 für Volumen- und Temperaturschwankungen gemacht wird, eine makroskopische thermodynamische Beziehung mit der Response-Funktion, der Suszeptibilität χ herleiten (in §74 Kompressibilität bzw. spez. Wärme). Dieser Zusammenhang wird als Fluktuations-Dissipations-Theorem bezeichnet (Haken, Landau, Krey):

$$\langle q(\vec{x})\, q(0)\rangle - \langle q\rangle^2 = kT\chi(\vec{x}, T). \tag{72.20}$$

Hier ist angenommen, daß das äußere Feld $h(\vec{x})$ räumlich variiert und damit auch der Ordnungsparameter $q(\vec{x})$. Für räumlich periodische Felder ist es zweckmäßig, zu den Fourier-Komponenten überzugehen, also z.B.

$$q(\vec{x}) = \frac{1}{(2\pi)^3} \int \tilde{q}_k\, e^{i\vec{k}\cdot\vec{x}} d^3\vec{k}$$

$$\langle q(r)\, q(0)\rangle - \langle q\rangle^2 = \frac{1}{(2\pi)^3} \int \langle|\tilde{q}_k|^2\rangle\, e^{i\vec{k}\cdot\vec{x}} d^3\vec{k}$$

zu setzen. Gl. (72.20) gilt auch im makroskopischen Limes (langwelliger Grenzfall $k \to 0$), welcher der 0-ten Fourier-Komponenten entspricht:

$$\langle|\tilde{q}_{k=0}|^2\rangle = kT\chi(T, k=0). \tag{72.21}$$

Ornstein und Zernike (und nach ihnen viele andere, vgl. auch (72.25)) haben gezeigt, daß in der Umgebung des Überganges flüssig-gasförmig die $\vec{k}$-Abhängigkeit der Fourier-Komponenten durch

$$\langle|\tilde{q}_k|^2\rangle \approx \frac{kT/a_0}{1/\xi^2 + k^2} \tag{72.22}$$

beschrieben wird, was wegen der Universalität für alle Systeme gilt. ξ ist der Bereich der Schwankungen, also die Korrelationslänge. Durch Vergleich von (72.21) und (72.22) im Limes $k \to 0$, $T \to T_c$ ergibt sich mit (72.13)

$$\xi^2 = a_0 \cdot \chi = \frac{a_0 C}{T - T_c}; \qquad T > T_c. \tag{72.23}$$

Mit (72.22) ergibt sich für die Schwankungs-Korrelation im Ortsraum

$$\langle q(\vec{x})\, q(0)\rangle - \langle q\rangle^2 = \frac{kT}{4\pi a_0} \cdot \frac{e^{-r/\xi}}{r}, \tag{72.24}$$

was noch einmal die Korrelationslänge als Reichweite der Schwankungs-Korrelation verdeutlicht. Für die kritischen Indizes $\xi^{-1} \sim (T - T_c)^\nu$ bzw. $(T_c - T)^{\nu'}$ ergibt sich aus (72.23), (72.13) $\nu = \nu' = 1/2$.

Aus (72.20 und 11a) ergibt sich auch das Ginzburg-Kriterium für die Gültigkeit der Landau-Theorie, nämlich

$$kT\chi \ll \langle q\rangle^2.$$

Wegen der Schwankungen und den bei ihrer Berechnung verwendeten Annahmen, lassen sich drei Bereiche unterscheiden:

i) makroskopisch-phänomenologischer Bereich:

$$k \lesssim 1/\xi \quad \text{oder} \quad r \gtrsim \xi$$

ii) kritischer Bereich

$$1/\xi \lesssim k \lesssim 1/l \quad \text{oder} \quad \xi \gtrsim r \gtrsim l$$

iii) mikroskopisch-atomistischer Bereich:

$$1/l \lesssim k \quad \text{oder} \quad l \gtrsim r,$$

l ist die Reichweite der atomaren Wechselwirkung, die für die „Kondensation" in der geordneten Phase verantwortlich ist. In (i) gilt die phänomenologische Thermodynamik und damit auch die LANDAU-Theorie, in (iii) muß die detaillierte Wechselwirkung berücksichtigt werden. Der kritische Bereich wächst mit $1/(T-T_c)$ an; das macht deutlich, daß die LANDAU-Theorie bei Annäherung an T_c versagt.

3) Das Versagen der LANDAU- bzw. der Molekularfeld-Theorien wird deutlich durch einen Vergleich der kritischen Exponenten dieser Theorien mit den gefundenen experimentellen Daten. Es zeigt sich nirgendwo eine vollkommene Übereinstimmung. Deutlich wird dies besonders, wenn man die kritischen Exponenten der Schwankungen und Korrelationen untersucht und die Skalengesetze entsprechend erweitert. In solchen Skalengesetzen tritt die Dimension d des Systems auf. Man stellt nun fest, daß eine Molekularfeld- bzw. LANDAU-Theorie nicht gelten kann, wenn $d=3$ (oder kleiner) ist. Allenfalls für $d \geqq 4$ kann eine Molekularfeldtheorie für $T \to T_c$ noch richtig sein.

Man kann versuchen, die Schwierigkeiten zu umgehen, indem man die Molekularfeld-Modelle durch bessere atomistische Modelle ersetzt (z.B. ISING-, HEISENBERG-Modell des Ferromagnetismus, vgl. §71, 72a, b). Dann bekommt man tatsächlich etwas bessere Werte für die kritischen Exponenten; eine völlige Übereinstimmung der experimentellen Daten für Phasenübergänge mit den Modellrechnungen hat man bis heute nicht erhalten.

Es sei noch kurz auf die dynamischen kritischen Exponenten und ihre Skalengesetze hingewiesen. Wenn Schwankungen im System wichtig werden, spielt auch die Zeitentwicklung der Abweichung vom Gleichgewicht eine Rolle. Diese kann man durch einen dynamischen Strukturfaktor beschreiben. In der Umgebung von $T-T_c$ zeigt dieser und eine ihm zugeordnete kritische Frequenz ω_c (Zeitkonstante der Schwankungen) ebenfalls kritisches Verhalten.

Die bisherige Diskussion resultiert in zwei Beobachtungen.

i) Der kritische Bereich ist durch die Korrelationslänge ξ bestimmt, die bei der kritischen Temperatur T_c unendlich ist. Das System ist bei T_c Skalen-invariant, d.h. wenn man den Längenmaßstab ändert, bleiben alle Observablen unverändert.

ii) Wenn das System wenig vom kritischen Punkt entfernt ist, d.h. $|T-T_c|/T_c \ll 1$, ist ξ endlich und ein Maß für die Brechung der Skalen-Invarianz.

Andererseits gibt es eine minimale Länge $\lambda_{\min}$, so daß die physikalischen Phänomene über Bereiche variieren, die groß gegen $\lambda_{\min}$ sind. Diese minimale Länge bestimmt andererseits auch die am Phasenübergang wesentlichen Parameter, z.B. die a_i in (72.8). Die Rolle von $\lambda_{\min}$ bzw. der ihr zugeordneten maximalen Wellenzahl $k_{\max}$ (Abschneide-Frequenz) ist also eine mehrfache.

i) Die Längenskala der relevanten physikalischen Observablen ist groß gegen λ_{min}.
ii) Die Parameter in den Gleichungen, die die physikalischen Vorgänge beschreiben sowie die Form dieser Gleichungen, sind mit Bezug auf λ_{min} gegeben.
iii) Die Parameter enthalten auch alle wesentlichen Informationen, die sich auf Bewegungen beziehen, die unterhalb λ_{min} stattfinden.

Wir betrachten zwei Beispiele, nämlich

1) ein mikroskopisches System, das Atom, für das wir

i) die Bewegungen der Elektronen beschreiben wollen, d. h. atomare Vorgänge mit der Längenskala a_B (BOHRscher Radius).
ii) λ_{min} ist in diesem Fall z. B. der Kerndurchmesser, so daß $a_B \gg \lambda_{min}$ ist.
iii) Die Bewegungen in den Kernen unterhalb λ_{min} gehen in die SCHRÖDINGER-Gleichung für die Elektronen nur über die Parameter Kernladung, Kernmomente usw. ein. Die Details der Kernbewegungen sind für die Elektronen uninteressant, nur die über Bereiche von λ_{min} gemittelten Größen sind relevant.

2) ein makroskopisches System, ein verdünntes Gas, für das wir

i) die Schallausbreitung für Wellenlänge $\lambda \gg \lambda_{min}$ beschreiben wollen.
ii) λ_{min} ist die mittlere freie Weglänge der Moleküle.
iii) Die Wellengleichung der Schallausbreitung enthält die Kompressibilität und (bei Dämpfung) die Viskosität. Beide enthalten Informationen über die Wechselwirkung der Moleküle in Bereichen unterhalb von λ_{min}.

Vom ersten Beispiel zum zweiten ändert sich λ_{min} von 10^{-12} cm zu etwa 10^{-4} cm und damit ändern sich die Form der Gleichungen und die Parameter sehr erheblich. Hieran schließt die Frage an, ob es möglich ist, die SCHRÖDINGER-Gleichung mit ihren Parametern kontinuierlich mit dem variierenden λ_{min} in die hydrodynamische Wellengleichung mit ihren neuen Parametern überzuführen. Diese Frage wird im vorliegenden Fall dadurch umgangen, daß man für jedes λ_{min} neue Gleichungen aufstellt. Das ist aber auch nicht immer möglich und so wurde zur Lösung dieser Frage die Renormierungsgruppen-Methode (WILSON 1971 u. a.) entwickelt. Um die wesentliche Idee zu erkennen, betrachten wir auf Gitterplätzen angeordnete Spins (z. B. ISING-Modell, § 71). Die Wechselwirkungskonstante (φ in § 71) ist für den Spinabstand = Gitterkonstante $\approx \lambda_{min}$ definiert. Wenn wir nun nur an Spin-Schwankungen interessiert sind, die über viel größere Bereiche als eine Gitterkonstante variieren, können wir eine Spindichte einführen, die einem Mittelwert von Spins über einen *Block* von der Größe λ_{min} entspricht. λ_{min} kann einigen oder auch einigen hundert Gitterkonstanten entsprechen, wenn es nur kleiner als die Längenskala ist, die uns interessiert. Die Parameter, die die Wechselwirkung zwischen den Blöcken beschreiben, hängen natürlich stark von λ_{min} ab, wobei (i)–(iii) von oben sinngemäß gelten. Dieses Verfahren läßt sich, je nach interessierender Längenskala, fortsetzen. Die Renormierungsgruppe ist nun ein Satz von Transformationen von solchen Wechselwirkungs-Parametern bei Änderungen von λ_{min} und eventuell anderen Größen.

Aus dem Beispiel geht hervor, daß offenbar stets die „kleineren Längen", d. h. kurzwelligeren Freiheitsgrade zu eliminieren (im Ortsraum Einführung von Blöcken mit größeren Längen) sind. Im $\vec{k}$-Raum bedeutet das die Elimination der großen k-Werte ($k > k_{max}$) durch entsprechende Integration.

Die Renormierungstransformation schließt unmittelbar an die oben erwähnten Skalen-Transformation an, die wir am Beispiel der Freien Energie erläutern wollen. Um räumliche Schwankungen berücksichtigen zu können, müssen wir eine räumliche Variation der Dichte der Freien Energie zulassen, d. h. wir ersetzen (72.8) durch (vgl. Gl. (72.8a))

$$f[q] = f_0 + \tfrac{1}{2} a_2 q^2(\vec{x}) + \tfrac{1}{2} a_0 [\operatorname{grad} q(\vec{x})]^2 + \tfrac{1}{4} a_4 q^4(\vec{x}). \tag{72.25}$$

Der Gradiententerm trägt der Schwankung Rechnung und liefert gerade (72.22). Nach FOURIER-Transformation und Integration über das Volumen eines d-dimensionalen Systems ergibt sich

$$\begin{aligned} F[q] = {} & V \int^{k_{\max}} \frac{d^d k}{(2\pi)^d} \left(\frac{1}{2} a_2 + \frac{1}{2} a_0 k^2\right) \tilde{q}_k \tilde{q}_{-k} \\ & + V^2 \cdot \frac{1}{4} a_4 \iiint \frac{d^d k_1}{(2\pi)^d} \frac{d^d k_2}{(2\pi)^d} \frac{d^d k_3}{(2\pi)^d} \tilde{q}_{k_1} \tilde{q}_{k_2} \tilde{q}_{k_3} \tilde{q}_{-k_1-k_2-k_3} \end{aligned} \tag{72.26}$$

mit einer maximalen Wellenzahl $k_{\max}$. Führen wir nun eine Skalen-Transformation mit

$$k \to k' = \alpha k; \qquad \tilde{q}_k \to \tilde{q}'_k = \beta \tilde{q}_k \tag{72.27}$$

durch, so müssen wir den Parametersatz $\mu = \{a_2, a_0, a_4, \ldots\}$ gemäß

$$\mu' = R(\alpha)\mu \tag{72.28}$$

transformieren, um $F[q']$ in gestrichenen Größen, aber unveränderter Form, zu erhalten. Im einzelnen ergibt sich

$$a'_2 = \frac{1}{\beta^2} a_2; \qquad a'_0 = \frac{1}{\alpha^2 \beta^2} a_0; \qquad a'_4 = \frac{1}{\alpha^d \beta^4} a_4;$$

$$V' = \frac{1}{\alpha^d} V.$$

Skalen-Invarianz für a_2 läßt sich demnach nur für $a_2 = a'_2 = 0$ erfüllen, also nach (72.10) nur am kritischen Punkt. $a_0 = a'_0$ läßt sich mit $\beta = 1/\alpha$ erfüllen, so daß

$$a'_4 = a_4 \cdot \alpha^{4-d}$$

bleibt; d. h. aber offenbar, daß strenge Skalen-Invarianz nur in 4 Dimensionen möglich ist. In drei Dimensionen gibt es keine einfache Skalen-Invarianz.

Die Schwierigkeiten rühren offensichtlich daher, daß wir alle Freiheitsgrade $\tilde{q}_k$ gleichermaßen skaliert haben. Für die $\tilde{q}_k$ mit großen k (kleinen Wellenlängen) können wir Skalen-Invarianz auch nicht erwarten. Da der Term 4. Ordnung in (72.26) alle $\tilde{q}_k$ mit $0 \leqq k \leqq k_{\max}$ koppelt, teilen wir die k-Werte in die Bereiche (I) $k_{\max} \geqq k \geqq k_{\max}/\alpha$ und (II) $k_{\max}/\alpha \geqq k \geqq 0$, wobei wir $\alpha > 1$ annehmen. Die Freiheitsgrade mit kleinen k (großen Wellenlängen, II) müssen sorgfältig behandelt werden, während die Freiheitsgrade mit größeren k-Werten (I) im kritischen Bereich nicht so wichtig sind und durch Integration eliminiert werden können. Eine solche Prozedur kann für alle relevanten Größen durchgeführt werden. Übrig bleibt z.B. eine neue effektive Freie Energie F_{eff} mit einer Abschneide-Wellenzahl $k_{\max}/\alpha$, die wir dann wie in (72.27) skalentransformieren können, wobei natürlich für F_{eff} nicht mehr $\beta = 1/\alpha$ gelten muß.
Die kombinierten Operationen

1) Integration über den Bereich (I) mit anschließender
2) Skalen-Transformation von Wellenzahlen *und* Feldgrößen (z. B. Ordnungsparameter $q(\vec{x})$)

bezeichnet man als Renormierungs-Transformation. Dabei ändern sich alle Größen $\mu = \{a_0, a_2, a_4 \text{ etc.}\}$ gemäß (72.28). Die Abschneide-Wellenzahl geht dabei von

$k_{\max}/\alpha$ auf $k_{\max}$ zurück. Die Menge aller Transformationen $R(\alpha)$ mit $1<\alpha<\infty$ heißt Renormierungsgruppe. Da eine Umkehr-Transformation offenbar nicht existiert, handelt es sich um eine Halbgruppe.

Die Zahl der Freiheitsgrade (der $\tilde{q}_k$) wird durch eine solche Transformation verkleinert, aber, wenn das System unendlich viele Freiheitsgrade hat (bei Phasenübergängen notwendig), bleiben auch unendlich viele Freiheitsgrade übrig. Aber der Parameter-Satz μ, der in den reduzierten Gleichungen auftritt, kann sich evtl. so ändern, daß nur relevante Parameter übrig bleiben und Skalen-invariant werden, daß also fortlaufende Renormierung auf einen Parameter-Satz mit der Eigenschaft

$$\mu^* = \lim_{n\to\infty} R(n\alpha) \qquad \text{mit} \qquad R(\alpha)\,\mu^* = \mu^* \tag{72.29}$$

führt. Diese Skalen-invariante Lösung wird als Fixpunkt der Renormierungs-Gruppe bezeichnet. Er bestimmt im wesentlichen die Physik in der Umgebung des kritischen Punktes und alle für den Übergang relevanten Größen. Um das etwas deutlicher zu sehen, nehmen wir an, daß durch fortlaufende Renormierung sich μ in der Nähe von μ^* nur noch wenig ändert, so daß wir für

$$R(\alpha)\,\mu \approx \mu^* + L\,\delta\mu \tag{72.30}$$

schreiben können, wobei L ein (nicht-hermitescher) linearer Operator ist, für den wir Eigenwerte und (nicht-orthogonale) Eigenvektoren finden können:

$$L(\alpha)\,e_i = \lambda_i(\alpha)\,e_i\,. \tag{72.31}$$

Wegen der Gruppeneigenschaft muß

$$\lambda_i(\alpha)\cdot\lambda_i(\alpha') = \lambda_i(\alpha\alpha')$$

gelten, also muß

$$\lambda_i(\alpha) = \alpha^{y_i} \tag{72.32}$$

mit konstanten y_i sein; $\delta\mu$ läßt sich nach den Eigenvektoren zerlegen, $\delta\mu = \sum_i c_i e_i$, so daß wir mit (72.31, 32) erhalten

$$R(\alpha)\,\mu \approx \mu^* + \sum_i c_i \alpha^{y_i} e_i\,. \tag{72.33}$$

Diese Gleichung ist noch nicht allzuviel wert. Es zeigt sich aber, daß, wenn nur gerade Potenzen des Ordnungsparameters in (72.8) z. B. vorkommen (vgl. Macenko) nur ein y_i, etwa $y_1>0$ ist und alle anderen negativ sind. Dann wächst bei der Renormierung $c_1 \to c_1' = c_1\alpha^{y_1}$ an, während alle anderen Koeffizienten abnehmen. Der zu e_1 gehörige Eigenvektor e_1 heißt relevant, die anderen irrelevant. Da aber $\alpha>1$, $y_1>0$ erreichen wir den Fixpunkt nur, wenn $c_1=0$ ist; identifizieren wir den Fixpunkt mit dem kritischen Punkt T_c (siehe oben), muß c_1 die Form

$$c_1 = \frac{1}{C}\,(T-T_c) \tag{72.34}$$

haben. Das ist die Landau'sche Vermutung, die durch die Renormierungs-Gruppe bestätigt wird. Ist $T \neq T_c$, $c_1 \neq 0$, kann ein Fixpunkt oder ein Skalen-invarianter Bereich nicht erreicht werden. Im Parameter-Raum kann eine „kritische Hyperfläche", die einer „kritischen Isothermen" (§13, Gl. (72.16)) entspricht, durch $(0, c_2e_2, c_3e_3, \ldots)$ definiert werden. Dann rutschen mit fortlaufender Renormierung alle Punkte auf der kritischen Fläche, ganz gleich wie die Ausgangsparameter gewählt wurden, gegen den Fixpunkt $\mu^* = (0, c_2^* e_2, c_3^* e_3 \ldots)$, während die Punkte außerhalb der kritischen Fläche von μ weglaufen können (universelles Verhalten).

Wir können hieran auch den Zusammenhang von Skalen-Invarianz und Universalität in den Phasenübergängen 2. Ordnung erkennen. Wenn wir mit einem bestimmten Parameter-Satz $\mu = \{a_2, a_4, a_0\}$ im Sinne der LANDAU-Theorie (72.25) starten, dann wandert μ unter der Renormierungs-Gruppe im Parameter-Raum umher und erreicht den Fixpunkt μ^* oder auch nicht. Die Fixpunkt-Lösung ist Skalen-invariant und kann nur bei $T = T_c$ erreicht werden. Wenn aber $c_1 = 0$ ist, sind wir auf der kritischen Fläche und erreichen den Fixpunkt unabhängig von den Anfangswerten der anderen Parameter $c_2, c_3, \ldots$. Wenn $c_1 \neq 0$ sehr klein ist, kontrolliert es allein die Abweichung des Systems von der Skalen-invarianten Lösung und ist ein Maß für die Brechung der Skalen-Invarianz. Offensichtlich muß die einzige wesentliche Länge, die Korrelations-Länge

$$\xi \sim c_1^{-\nu} \sim (T - T_c)^{-\nu} \tag{72.35}$$

sein. Für $T = T_c$ gibt es im System keine charakteristische Länge. Diese Aussagen, die unabhängig von der Spezifizierung irgendeines Systems sind, sind letztlich der Grund für die Universalität der Phasenübergänge 2. Ordnung.

Alle bisherigen Überlegungen beziehen sich auf Gleichgewichtszustände abgeschlossener Systeme. Man kann aber die vorstehenden Ansätze relativ leicht auf die Untersuchung von Nichtgleichgewichtssystemen (offenen Systemen) übertragen, wenigstens wenn die Abweichung vom Gleichgewicht nicht zu groß ist. Einige damit verbundene Aussagen über die Entropie-Produktion werden in §87–95 besprochen. Will man etwas über die zeitliche Änderung relevanter Größen erfahren, so nimmt man, ähnlich phänomenologisch wie in (72.8) bzw. (72.25) an, daß diese zeitliche Änderung der verallgemeinerten Kraft (72.9) proportional ist, also z.B. für den Ordnungsparameter

$$\tau \dot{q} = -\frac{\partial F}{\partial q} \quad \text{bzw.} \quad = -\frac{\delta F[q]}{\delta q(x)}, \quad \text{(Funktional-Ableitung)}. \tag{72.36}$$

Wir erhalten dann

$$\tau \dot{q}(t) = -a_2 q - a_4 q^3 + K(t) \quad \text{bzw.} \tag{72.37a}$$

$$\tau \dot{q}(\vec{x}, t) = -a_2 q(\vec{x}) - a_4 q^3(\vec{x}) + a_0 \Delta q(\vec{x}) + K(\vec{x}, t) \tag{72.37b}$$

(zeitabhängige GINZBURG-LANDAU-Gleichung), wobei $K(t)$ bzw. $K(\vec{x}, t)$ eine statistische, fluktuierende Kraft ist, die es erlaubt, statistische Schwankungen zu beschreiben (vgl. dazu auch §77, 78, 82, in denen die „verwandten" LANGEVIN- und FOKKER-PLANCK-Gleichungen besprochen werden). Der Term $a_0 \Delta q(\vec{x}, t)$ bedeutet eine „Diffusion" des Ordnungsparameters, während der erste Term wie in der LANDAU-Theorie einen „Phasenübergang" an der Stelle, wo a_2 sein Vorzeichen ändert, beschreibt und der zweite Term die Stabilität sichert. Einige Lösungen dieser Gleichungen werden in den §77–82 besprochen. Die Form der Gleichungen (72.37) ist dabei nicht so erheblich; es kann sich z. B. auch um ein gekoppeltes System diskreter Objekte handeln, also z. B. (N_i Teilchenzahlen einer Spezies i)

$$\tau \dot{N}_i = -a_i N_i + f_i(N_k) + K_i(t). \tag{72.37c}$$

Wichtig ist, daß in solchen Systemen einerseits zeitlich periodische Lösungen vorhanden sein können, daß es andererseits aber auch geordnete und ungeordnete Zustände als Lösungen gibt sowie die entsprechenden Phasenübergänge zwischen ihnen. Die Untersuchung solcher Systeme ist ein weiteres Anwendungsgebiet der modernen Physik (Stichworte sind Turbulenz, chaotisches Verhalten), das aber weit in andere Bereiche wie z.B. Biochemie (→ chemische Reaktionen), Biologie (→ Populationsdynamik, Selektion), Astrophysik (→ schwarze Löcher), auch in Sozial- und Wirtschaftswissenschaften hineinreicht. Diese in Nichtgleichgewichts- (offenen) Systemen auftretenden Phänomene werden unter dem Begriff Synergetik (σὺν-ἔργον: Zusammen-Arbeit) zusammengefaßt. Für die vielen Anwendungen und für eine ausführliche Darstellung dieses modernen Gebietes müssen wir auf die Literatur verweisen, insbesondere auf die ausführlichen Untersuchungen von H. Haken.

VI. Schwankungen und Brownsche Bewegung.

A. Entropie und Wahrscheinlichkeit.

§ 73. Der allgemeine Zusammenhang.

a) Die statistische Definition der Entropie.

In der *Thermodynamik* wird der Entropieunterschied zwischen zwei durch I und II gekennzeichneten Zuständen definiert durch

$$S_{II} - S_I = \left(\int_I^{II} \frac{\delta Q}{T}\right)_{rev} \tag{73.1}$$

δQ ist die dem System zugeführte Wärme. Dabei muß der Übergang von I nach II reversibel durchgeführt werden. Wenn — im Sinne der Quantentheorie — das tiefste Energieniveau nicht entartet ist und man für I den Zustand bei $T = 0$ wählt, kann man $S_I = 0$ setzen und einen Absolutwert der Entropie

$$S_{II} = \int_{T=0}^{II} \frac{\delta Q}{T} \tag{73.1a}$$

definieren.

In der *Statistik* haben wir früher folgendes gezeigt: Es sei $\omega(E, b_1, b_2, \ldots)\,\mathrm{d}E$ die Zahl der im Intervall E bis $E + \mathrm{d}E$ liegenden, nicht mehr entarteten Energieniveaus (in der Quantenstatistik) oder auch das in Einheiten h^f gemessene Volumen der mikrokanonischen Gesamtheit im $2f$-dimensionalen Γ-Raum (in der klassischen Statistik). Die $b_1, b_2, \ldots$ sind irgendwelche Parameter, wie Volumen oder Magnetfeld. Dann konnten wir zwei Größen angeben, welche im Fall $f \gg 1$ beide die Eigenschaft der makroskopischen durch (73.1) erklärten Entropie haben, nämlich

$$S = k \ln \int_{E' \leq E} \omega(E')\,\mathrm{d}E' \tag{73.2a}$$

oder

$$S = k \ln[\omega(E)\,\delta E]\,. \tag{73.2b}$$

Die Größe δE bedeutet in der klassischen Beschreibung die Dicke der mikrokanonischen Gesamtheit, in der Quantentheorie kann man sie als „Unschärfe" der Energiemessung interpretieren. Sie spielt zum Glück für das Weitere keine

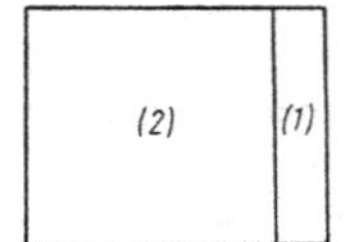

Abb. 111. Zwei Teilsysteme (*1*) und (*2*), welche zusammen ein abgeschlossenes System bilden.

Rolle. Wir haben sie in (73.2b) mitgeführt, weil ja unter dem Logarithmus nur eine unbenannte Zahl stehen darf.

Tatsächlich konnten wir zeigen: Bedeuten $B_j\,\mathrm{d}b_j$ die bei langsamer Änderung der Parameter b_j *am System geleistete Arbeit*, so folgt aus der Definition (73.2a)

$$\mathrm{d}S = \frac{\partial S}{\partial E}\Big(\mathrm{d}E - \sum_j B_j\,\mathrm{d}b_j\Big). \tag{73.3}$$

Das ist mit $\partial S/\partial E = 1/T$ gleichwertig mit der thermodynamischen Definition (73.1), da der Überschuß der Energieerhöhung $\mathrm{d}E$ über die am System geleistete Arbeit $\sum_j B_j\,\mathrm{d}b_j$ nur als zugeführte Wärme interpretiert werden kann.

Weiterhin zeigten wir: Sind zwei Systeme (1) und (2) miteinander in Berührung und fragen wir, wie ihre Gesamtenergie sich auf die beiden Systeme verteilt, so ist die *wahrscheinlichste Verteilung* dadurch gegeben, daß mit der in (73.2b) definierten Größe S gilt

$$\left(\frac{\partial S}{\partial E}\right)_{(1)} = \left(\frac{\partial S}{\partial E}\right)_{(2)},$$

also $1/T_1 = 1/T_2$. Die Frage, welche der beiden Definitionen denn nun die richtige sei, erübrigt sich dadurch, daß für ungeheuer große Werte von f, d. h. also für makroskopische Körper, beide Definitionen gleichwertig werden. Das kommt, wie wir in § 31d sahen, dadurch zustande, daß das Volumen eines $2f$-dimensionalen Bereichs bei extrem großen Werten von f „nur an seiner Oberfläche" liegt.

Ein schematisches Beispiel ist

$$\int_0^E \omega(E')\,\mathrm{d}E' = C\,E^N,$$

also

$$\omega(E) = C\,N\,E^{N-1}.$$

Damit wäre nach (73.2a)

$$S = k\,(\ln C + N \ln E),$$

nach (73.2b)

$$S = k\,(\ln C + (N-1)\ln E + \ln N + \ln \delta E).$$

Man sieht, daß die Größe S/N im Limes $N \to \infty$ in beiden Fällen den gleichen Wert hat.

Wir werden weiterhin die Definition (73.2b) bevorzugen. Ihre Brauchbarkeit für die Berechnung vieler Eigenschaften materieller Körper wurde in den Abschnitten II und III ausführlich dargelegt, so daß die Theorie mit dem Vorstehenden als prinzipiell abgeschlossen gelten könnte. Trotzdem empfindet man das dringende Bedürfnis nach einer allgemeinen Interpretation der Definition (73.2b). Wir wollen versuchen, dieser Empfindung entgegenzukommen.

b) Die Entropie als Maß unserer Unkenntnis.

Die Thermodynamik macht auf Grund einiger Zahlenangaben, wie Energie, Volumen usw., Aussagen über das Verhalten materieller Körper, welche aus ungeheuer vielen Atomen zusammengesetzt sind und von deren Bewegung wir im einzelnen fast gar nichts wissen. Dieser Unkenntnis tragen wir in der statistischen Mechanik dadurch Rechnung, daß wir sagen, das System sei irgendein Mitglied der durch die Unschärfeenergie δE gegebenen mikrokanonischen Gesamtheit. Das zugehörige Volumen $\omega(E)\delta E$ des Γ-Raumes ist also unmittelbar ein Maß unserer Unkenntnis.

In der schärferen Sprache der Quantentheorie ist $\omega(E)\delta E$ die Anzahl der nicht mehr entarteten Quantenzustände, welche in dem Energieintervall E bis $E+\delta E$ liegen. Von dem vorgelegten System wissen wir also nur, daß es irgendein Gemisch aus diesen $\omega(E)\delta E$ Zuständen ist. Es ist also durchaus sinnvoll, die Unkenntnis des atomaren Zustands des Systems eben durch die Zahl $\omega(E)\delta E$ zu messen und die Entropie (73.2b) eines abgeschlossenen Systems zu interpretieren als

$$S = k \ln(\text{Unkenntnis}).$$

c) Entropie und Wahrscheinlichkeit.

Eine weitverbreitete Darstellungsweise führt für die — im allgemeinen sehr große — Zahl $\omega(E)\delta E$, oder auch für $\int \omega(E)\,\mathrm{d}E$ den Buchstaben W ein und schreibt

$$S = k \ln W \tag{73.4}$$

und nennt W die „Wahrscheinlichkeit" des Zustandes. Diese Ausdrucksweise ist so lange leer, als man keine Definition des Wortes Wahrscheinlichkeit gibt. Gelegentlich findet man die Auffassung, W sei die thermodynamische Wahrscheinlichkeit, welche mit dem, was man sonst Wahrscheinlichkeit nennt, nichts zu tun hat, sondern einfach die Zahl der Realisierungsmöglichkeiten im Sinne der obigen Definitionen (73.2a) oder (73.2b) angibt. Bei dieser Lesart gibt (73.4) offenbar keine neue Einsicht, sondern nur eine neue — und häufig sehr irreführende — Nomenklatur, welcher wir uns nicht anschließen möchten.

Von der Wahrscheinlichkeit irgendeiner Größe a können wir nur dann reden, wenn diese Größe die Eigenschaft hat, daß sie innerhalb des gegebenen, durch E und die Parameter $b_1, b_2, \ldots$ gekennzeichneten Systems einer Änderung fähig ist, derart, daß $w(a)\mathrm{d}a$ die richtige Wahrscheinlichkeit bedeutet, a im Intervall a bis $a+\mathrm{d}a$ zu finden. Beispielsweise kann das abgeschlossene System aus zwei Teilsystemen (1) und (2) bestehen, welche Energie austauschen können oder von denen eines sich auf Kosten des anderen ausdehnen kann. In diesem Fall sind E_1 [die Energie des Teilsystems (1)] sowie V_1 [Volumen von (1)] Beispiele der oben allgemein als a bezeichneten Größe. In diesem Beispiel gilt natürlich stets

$$E_2 = E - E_1 \quad \text{und} \quad V_2 = V - V_1 .$$

Einen allgemeinen Ausdruck für $w(a)\mathrm{d}a$ finden wir auf folgende Weise:

Bedeutet in Abb. 112 die ganze umrandete Fläche symbolisch die ausgebreitete $\omega(E)$-Schale, jeder Punkt also einen entsprechenden Punkt im Γ-Raum, so entspricht jeder Punkt auch einem speziellen Zahlenwert der Größe a. Wir können somit die ganze $\omega(E)$-Fläche zerschnitten denken durch lauter „Linien", auf denen jeweils a konstant ist. Speziell sei $g(a)\mathrm{d}a$ der Teilbereich von ω, in welchem a zwischen a und $a+\mathrm{d}a$ liegt. Dann ist offenbar $\int g(a)\mathrm{d}a = \omega$. Die Aufenthaltswahrscheinlichkeit in einem Teilbereich von ω ist aber dem Phasenvolumen dieses Teilbereichs proportional, also ist

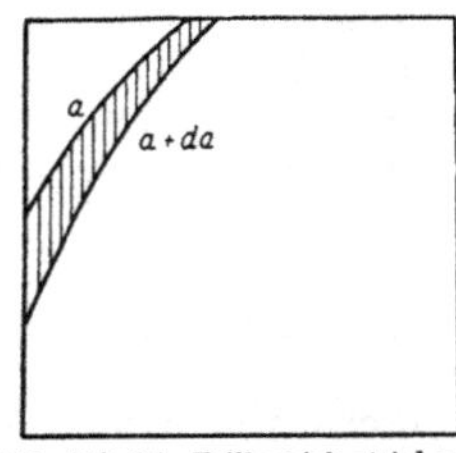

Abb. 112. Ein Teilbereich $g(a)\,\mathrm{d}a$ der mikrokanonischen Gesamtheit ω.

$$w(a)\,\mathrm{d}a = \frac{g(a)\,\mathrm{d}a}{\int g(a)\,\mathrm{d}a} \tag{73.5}$$

gerade die oben gefragte Wahrscheinlichkeit.

Nunmehr denken wir uns a fixiert und fragen nach der Entropie des Gesamtsystems bei gegebenem a. Diese Fixierung von a hat man sich zu dem Zweck durchaus materiell vorzustellen. In den obigen Beispielen etwa dadurch, daß man zur Fixierung von E_1 den thermischen Kontakt zwischen (1) und (2) aufhebt. Zur Fixierung von V_1 hat man das Teilsystem (1) durch einen festgehaltenen Stempel gegen die übrigen Teile des Systems abzugrenzen. Eine solche Fixierung von a bedeutet, daß in unserer ω-Ebene dem System nur noch die auf der Schnittkurve $a = \text{const}$ liegenden Phasenpunkte zur Verfügung stehen. (Man beachte, daß die „ω-Ebene" $2f-1$, die a-Kurve also $2f-2$ Dimensionen hat. Bei $f \approx 10^{20}$ ist also die Erniedrigung der Dimensionszahl um 1 praktisch bedeutungslos.) Wir dürfen daher dem System mit dem solcherweise fixierten Wert von a eine Entropie

$$S(a) = k \ln g(a) \tag{73.6}$$

zuschreiben, wobei die Entropie durchaus als makroskopische Größe im Sinn der Definition (73.1) aufzufassen ist.

Damit nimmt unsere Wahrscheinlichkeitsaussage endgültig die Gestalt an:

$$\boxed{w(a)\,\mathrm{d}a = \frac{e^{\frac{1}{k}S(a)}\,\mathrm{d}a}{\int e^{\frac{1}{k}S(a)}\,\mathrm{d}a}.} \tag{73.7}$$

Diese Verknüpfung zwischen Entropie und Wahrscheinlichkeit ist dadurch so bemerkenswert, daß sie — mit Ausnahme der BOLTZMANNschen Konstanten k — nur Aussagen über makroskopisch beobachtbare Größen enthält: $w(a)\mathrm{d}a$ kann man grundsätzlich durch Registrierung des zeitlichen Verlaufs der Größe a bestimmen, während $S(a)$ durch die üblichen reversiblen Operationen der Thermodynamik zu messen ist. Man bemerke, daß eine von a unabhängige additive Größe bei $S(a)$ auf die $w(a)\,\mathrm{d}a$ ohne Einfluß ist.

Einige Beispiele mögen die Bedeutung der fundamentalen Gl. (73.7) erläutern:

Das Torsionspendel. An einem Draht hänge ein materieller Körper, welcher um eine Ruhelage Torsionsschwingungen ausführen kann. φ sei der Winkelausschlag des Körpers. Wir fragen nach der Wahrscheinlichkeit $w(\varphi)\,\mathrm{d}\varphi$ für einen zwischen φ und $\varphi + \mathrm{d}\varphi$ liegenden Wert des Winkels. Zu dem Zweck haben wir in (73.7) $S(\varphi)$ zu ermitteln. Wir vergleichen makroskopisch die beiden Zustände $\varphi = 0$ und $\varphi \neq 0$, welche aber beide *die gleiche Energie E* haben sollen.

Ist D die Direktionskraft des Fadens, so haben wir die Arbeit $\frac{1}{2} D \varphi^2$ zu leisten, um an dem isolierten System den Ausschlag φ reversibel herzustellen. Nun soll aber der Endzustand (φ) die gleiche Energie besitzen wie der Ausgangszustand ($\varphi = 0$). Also müssen wir dem System die Energie $\frac{1}{2} D \varphi^2$ in Form von Wärme wieder entziehen. Damit haben wir nach (73.1)

$$S(\varphi) = -\frac{\frac{1}{2} D \varphi^2}{T},$$

nach (73.7) also

$$w(\varphi)\,\mathrm{d}\varphi = \mathrm{const}\; e^{-\frac{D\varphi^2}{2kT}}\,\mathrm{d}\varphi. \tag{73.8}$$

Daraus folgt für das quadratische Mittel

$$D\overline{\varphi^2} = kT.$$

Es sei daran erinnert, daß diese Relation es ermöglichte, durch Messung von $\overline{\varphi^2}$ die Boltzmann-Konstante k und damit die Loschmidtsche Konstante zu bestimmen (§ 75).

Die kanonische Gesamtheit. Das System bestehe wieder aus einem *kleinen* Teilsystem (1) und einem *großen* Teilsystem (2) im thermischen Kontakt. E_1 sei die „innere" Variable. Dann gilt für die Entropie des Gesamtsystems

$$S = S_1(E_1) + S_2(E - E_1). \tag{73.9}$$

Wenn $E_1 \ll E$ ist, so wird

$$S_2(E - E_1) = S_2(E) - \left(\frac{\partial S_2}{\partial E}\right)_{E_1=0} E_1 = S_2(E) - \frac{E_1}{T}.$$

Der von E_1 abhängige Teil von S lautet also

$$S(E_1) = S_1(E_1) - \frac{E_1}{T}. \tag{73.9a}$$

Nach (73.7) wird daher

$$w(E_1)\,\mathrm{d}E_1 = \mathrm{const}\; e^{\frac{1}{k}S_1(E_1)}\, e^{-\frac{E_1}{kT}}\,\mathrm{d}E_1.$$

Mit $S_1(E_1) = k \ln \omega_1(E_1)$ haben wir:

$$w(E_1)\,\mathrm{d}E_1 = \mathrm{const}\; e^{-\frac{E_1}{kT}}\,\omega_1(E_1)\,\mathrm{d}E_1. \tag{73.10}$$

Das ist aber genau die von der *kanonischen Gesamtheit* gelieferte Wahrscheinlichkeitsverteilung, welche oben in (37.2) ausführlich diskutiert wurde.

§ 74. Schwankungserscheinungen.

Aus der allgemeinen Formel

$$w(a)\,\mathrm{d}a = \mathrm{const}\; e^{\frac{1}{k}S(a)}\,\mathrm{d}a \tag{74.1}$$

ergeben sich die Schwankungserscheinungen im engeren Sinne, wenn die Größe a im thermischen Gleichgewicht gleich Null ist, d. h. wenn der Wert $a = 0$ einem Maximum der Entropie entspricht. In diesem Fall wird $(\partial S/\partial a)_{a=0} = 0$. Wir haben dann die für kleine a brauchbare Taylor-Entwicklung

$$S(a) = S(0) + \frac{1}{2}\left(\frac{\partial^2 S}{\partial a^2}\right)_0 a^2 \tag{74.2}$$

und damit

$$w(a)\,\mathrm{d}a = \mathrm{const}\; e^{\frac{1}{2k}\left(\frac{\partial^2 S}{\partial a^2}\right)_0 a^2}\,\mathrm{d}a\,. \tag{74.3}$$

Wir illustrieren diese Formel wieder am Beispiel der Energie E_1 eines kleinen Teilsystems. Ist E_1^0 die Energie des Teilsystems im Gleichgewicht, so folgt aus (73.9a) mit $E_1 = E_1^0 + u$

$$S(u) = S_1(E_1^0) + \left(\frac{\partial S_1}{\partial E_1}\right)_0 u + \frac{1}{2}\left(\frac{\partial^2 S_1}{\partial E_1^2}\right)_0 u^2 - \frac{E_1^0 + u}{T}\,,$$

$(\partial S/\partial u)_0 = 0$ verlangt $(\partial S_1/\partial E_1)_0 = 1/T$, wie zu erwarten war. Also bleibt für den von u abhängigen Teil von S

$$S(u) \to \frac{1}{2}\left(\frac{\partial^2 S_1}{\partial E_1^2}\right)_0 u^2\,,$$

wo nun die zweite Ableitung sich *nur* auf das Teilsystem (1) bezieht. Nun ist

$$\frac{\partial S_1}{\partial E_1} = \frac{1}{T}\,; \qquad \text{also}\ \frac{\partial^2 S_1}{\partial E_1^2} = -\frac{1}{T^2}\frac{\mathrm{d}T}{\mathrm{d}E_1}\,.$$

$\frac{\mathrm{d}E_1}{\mathrm{d}T} = C_v$ ist aber die Wärmekapazität des Systems (1), so daß

$$w(u)\,\mathrm{d}u = \mathrm{const}\; e^{-\frac{1}{2k}\frac{u^2}{T^2 C_v}}\,\mathrm{d}u \quad \text{ist}\,.$$

Setzen wir (zur Orientierung über die Größenordnung) $E_1^0 = TC_v$, so wird

$$w(u)\,\mathrm{d}u = \mathrm{const}\; e^{-\frac{C_v}{2k}\left(\frac{u}{E_1^0}\right)^2}\,\mathrm{d}u\,.$$

Für das relative Schwankungsquadrat haben wir damit

$$\overline{\left(\frac{u}{E_1^0}\right)^2} = \frac{k}{C_v} \approx \frac{1}{N}\,, \tag{74.4}$$

wo etwa N die Zahl der Atome im System (1) ist. Denn k ist (bis auf den Faktor 2/3) die Wärmekapazität eines Gasatoms, C_v diejenige des ganzen Körpers.

Bei der *Schwankung von mehreren Größen*, etwa a und b, erweitert sich unsere Wahrscheinlichkeitsformel zu

$$w(a, b) = \mathrm{const}\; e^{\frac{1}{k}S(a,b)}\,\mathrm{d}a\,\mathrm{d}b\,. \tag{74.5}$$

Wir wenden diese Formel an auf die gleichzeitige Schwankung von Energie und Volumen des Teilsystems (1). Wir setzen

$$E_1 = E_1^0 + u\,; \qquad V_1 = V_1^0 + v\,,$$
$$E_2 = E_2^0 - u\,; \qquad V_2 = V_2^0 - v\,,$$

wo nun E_1^0 und V_1^0 usw. die Gleichgewichtswerte bedeuten. Alsdann wird

$$S(u, v) = S_1(E_1^0 + u, V_1^0 + v) + S_2(E_2^0 - u, V_2^0 - v)\,.$$

Darin ist sowohl $(\partial S/\partial u)_0 = 0$ wie auch $(\partial S/\partial v)_0 = 0$.

Bei der Entwicklung nach u und v bis zu quadratischen Gliedern treten nur die zweiten Ableitungen auf. Diese werden aber, wenn das System (2) sehr groß gegen das System (1) ist, im zweiten System verschwindend klein. Bis auf einen von u und v unabhängigen Summanden wird also

$$S(u, v) \doteq \tfrac{1}{2}(A\,u^2 + B\,v^2 + 2\,C\,u\,v) \tag{74.6}$$

mit

$$A = S_{EE}\,; \qquad B = S_{VV}\,; \qquad C = S_{EV}\,. \tag{74.7}$$

Hier bedeuten z. B. $S_{EE} = (\partial^2 S_1/\partial E_1^2)$ usw.

Aus $dS = (dE + p\,dV)/T$ folgt $S_E = 1/T$ und $S_V = p/T$. Wir wollen das für die Anwendung von (74.6) oft lästige gemischte Glied $2Cuv$ beseitigen, indem wir an Stelle von u eine neue Variable τ einfühıen durch

$$u = \tau - \frac{C}{A}v. \tag{74.8}$$

Damit wird in der Tat

$$S(\tau, v) = \frac{1}{2}\left\{A\tau^2 + \left(B - \frac{C^2}{A}\right)v^2\right\}. \tag{74.9}$$

Wir diskutieren die physikalische Bedeutung der neuen Größen. Faßt man die Energie E und den Druck p als Funktionen von T und V auf, so wird

$$\frac{C}{A} = -\left(\frac{\partial E}{\partial V}\right)_T \tag{74.10}$$

und

$$B - \frac{C^2}{A} = \frac{1}{T}\left(\frac{\partial p}{\partial V}\right)_T. \tag{74.11}$$

Zum Beweis von (74.10): Aus (74.7) folgt

$$\frac{C}{A} = \frac{S_{EV}}{S_{EE}} = \frac{\left(\frac{\partial}{\partial E}\frac{p}{T}\right)_V}{\left(\frac{\partial}{\partial E}\frac{1}{T}\right)_V} = \left(\frac{d\,\frac{p}{T}}{d\,\frac{1}{T}}\right)_V = -T^2\left(\frac{1}{T}\left(\frac{\partial p}{\partial T}\right)_V - \frac{p}{T^2}\right)_V = -T^2\left(\frac{\partial}{\partial T}\frac{p}{T}\right)_V.$$

Aus der Integrabilität von

$$dS = \frac{1}{T}\left(\frac{\partial E}{\partial T}\right)_V dT + \left(\frac{1}{T}\left(\frac{\partial E}{\partial V}\right)_T + \frac{p}{T}\right)dV$$

folgt damit die Behauptung (74.10).

Zum Beweis von (74.11) fasse man die zunächst als Funktion von E und V gegebene Größe $S_V = p/T$ als Funktion von T und V auf. Dann wird $S_V = S_V(E(T, V), V)$, also

$$\left(\frac{\partial}{\partial V}S_V\right)_T = S_{VV} + S_{VE}\left(\frac{\partial E}{\partial V}\right)_T$$

oder

$$\left(\frac{\partial}{\partial V}\frac{p}{T}\right)_T = B - \frac{C^2}{A},$$

wie in (74.11) behauptet.

Die Bedeutung der in (74.8) eingeführten Größe τ erhalten wir jetzt durch Einführung der *Temperaturänderung* ϑ. Mit $E = E(T, V)$ wird die Energieänderung u:

$$u = E(T + \vartheta, V + v) - E(T, V) = \left(\frac{\partial E}{\partial T}\right)_V\vartheta + \left(\frac{\partial E}{\partial V}\right)_T v.$$

Nach (74.10) also

$$u = \left(\frac{\partial E}{\partial T}\right)_V\vartheta - \frac{C}{A}v.$$

Mithin hat τ in (74.8) die Bedeutung $\tau = C_v\vartheta$, wo C_v die bei konstantem Volumen gemessene Wärmekapazität bedeutet. Damit haben wir endlich

$$S(\vartheta, v) = -\frac{1}{2}\left(\frac{C_v}{T^2}\vartheta^2 - \frac{1}{T}\left(\frac{\partial p}{\partial V}\right)_T v^2\right).$$

Nach unserem Wahrscheinlichkeitsausdruck

$$w(\vartheta, v)\,d\vartheta\,dv = \text{const}\,e^{\frac{1}{k}S(\vartheta,v)}\,d\vartheta\,dv$$

schwanken also *Temperatur* und *Volumen* unabhängig voneinander. Und zwar wird im Mittel

$$\overline{\left(\frac{\vartheta}{T}\right)^2} = \frac{k}{C_v} \qquad \text{sowie} \qquad \overline{\left(\frac{v}{V}\right)^2} = \frac{kT}{V^2\left(-\frac{\partial p}{\partial V}\right)_T}.$$

Mit dem Kompressionsmodul $K = -V\partial p/\partial V$ wird auch

$$\overline{\left(\frac{v}{V}\right)^2} = \frac{kT}{VK}.$$

Beim idealen Gas ist $K = p$, also $\overline{(v/V)^2} = 1/N$, wie es sein muß.

B. Die BROWNsche Bewegung.

§ 75. Aussagen der allgemeinen Statistik.

Als BROWNsche Bewegung bezeichnet man die durch die „thermische Agitation" bedingte Bewegung eines Körpers. Dabei denkt man in der Regel an makroskopische Körper in dem Sinne, daß man die Bewegung des Körpers unmittelbar beobachten kann. Die thermische Bewegung einzelner Moleküle würde danach nicht unter die BROWNsche Bewegung fallen. Wie groß der Körper sein muß, damit man seine thermische Bewegung als BROWNsche Bewegung bezeichnet, ist jedoch eine Frage der Beobachtungstechnik. Andererseits ist bei größeren Körpern die thermische Bewegung, z. B. ihres Schwerpunktes, so klein, daß sie sich in der Regel der Beobachtung entzieht. So bleibt als wesentliches Anwendungsgebiet eine Suspension oder Emulsion von sehr kleinen, aber mikroskopisch doch noch sichtbaren Körpern.

Aus der Statistik können wir zunächst eine allgemeine Aussage entnehmen, den Gleichverteilungssatz (§ 33a): Bei einem Teilchen der Masse m gilt für die x-Komponente v_x der Geschwindigkeit des Schwerpunkts im thermischen Gleichgewicht

$$\tfrac{1}{2} m \overline{v_x^2} = \tfrac{1}{2} kT, \tag{75.1}$$

auch für die Teilchen einer Suspension.

Eine unmittelbare Kontrolle gerade dieser fundamentalen Aussagen durch direkte Ausmessung von v_x ist aber nicht möglich. Mißt man nämlich die Lagen $x(t)$ und $x(t+\tau)$ eines solchen Teilchens, wo τ eine zwar kleine, aber immerhin technisch meßbare Zeit bedeutet, so hat die Größe $w_\tau = \frac{x(t+\tau) - x(t)}{\tau}$ nur sehr wenig mit dem wahren v_x zu tun. Durch die Stöße der umgebenden Flüssigkeitsmoleküle wird v_x innerhalb τ noch so häufig geändert, daß der gemessene Mittelwert w_τ gar nichts über $\overline{v_x^2}$ aussagt. Zu zeigen, wie man trotzdem mit Hilfe von (75.1) zu quantitativen Resultaten gelangen kann, ist die Hauptaufgabe des nächsten Abschnitts.

Vorweg seien jedoch zwei andere Aussagen der Statistik angegeben, welche sich in hervorragender Weise bei experimentellen Nachprüfungen bewährt haben. Das sind die *barometrische Höhenformel* und die thermische Unruhe von *Galvanometerspiegeln*.

Nach der barometrischen Höhenformel müssen sich die Teilchen im Schwerefeld g der Erde gemäß

$$n(x) = n(0)\, e^{-\frac{m g x}{kT}} \tag{75.2}$$

verteilen. Dabei ist m der Überschuß der Teilchenmasse gegenüber derjenigen des verdrängten Flüssigkeitsvolumens. Durch Auszählung der Teilchen in verschiedenen Höhen erlaubt (75,2) eine Messung des Quotienten $\frac{m}{k}$. Gelingt es andererseits, m direkt zu messen, so erlaubt (75.2) eine Messung der BOLTZMANNschen Konstanten k und damit der LOSCHMIDTschen Konstante $L=\frac{R}{k}$. Diese Messungen wurden zuerst durch PERRIN[1] 1908 und später durch WESTGREN u. a. mit immer besserem Erfolg durchgeführt.

Eine Meßreihe von PERRIN ergab mit Kügelchen der Masse $M = 9{,}8 \cdot 10^{-15}$ g und der Dichte $\varrho = 1{,}35 \frac{\text{g}}{\text{cm}^3}$:

x (in μ)	Die mittleren Teilchenzahlen sind proportional zu	$\frac{n(x)}{n(x+25\,\mu)}$
0	200	
25	170	1,18
50	146	1,16
75	116	1,26
100	100	1,16

Im Wasser ist $m = M\left(1 - \frac{1}{\varrho}\right)$. Daraus folgt $kT = 360 \cdot 10^{-16}$ erg und $L = 6{,}7 \cdot 10^{23}$ Mol^{-1}.

Ein Galvanometerspiegel ist Bestandteil eines Torsionssystems. Ist φ der Winkelausschlag, so ist der von φ abhängige Teil der Gesamtenergie des Systems gegeben durch $\frac{\Theta}{2}\dot{\varphi}^2 + \frac{D}{2}\varphi^2$. Die Schwingungsdauer beträgt $\tau = \frac{1}{2\pi}\sqrt{\frac{\Theta}{D}}$ (Θ Trägheitsmoment, D Direktionskraft). Nach dem Gleichverteilungssatz ist

$$D\overline{\varphi^2} = kT. \tag{75.3}$$

Es ist KAPPLER[2] gelungen, φ wirklich zu messen und auf diesem Wege einen Wert für k zu erlangen.

An einem Quarzfaden von einigen cm Länge und etwa 10^{-5} cm Dicke hing ein Spiegelchen von 1 bis 2 mm². Die Direktionskraft der Anordnung betrug $D = 9{,}428 \cdot 10^{-9}$ g cm²sec^{-2}. Bei einer Temperatur von $T = 287{,}1°$ K wurde φ im ganzen 101 Stunden registriert und daraus $\overline{\varphi^2} = 4{,}178 \cdot 10^{-6}$ gefunden. Damit war

$$L = 6{,}059 \cdot 10^{23} \pm 1\,\%\,.$$

Über die Grenze der Meßgenauigkeit von Galvanometern, die durch die BROWNsche Bewegung bedingt ist, siehe KAPPLER[3].

§ 76. Beweglichkeit und Diffusion.

Makroskopisch kommt die Wechselwirkung von suspendierten Teilchen mit den sie umgebenden Flüssigkeitsmolekülen in zwei Effekten zum Ausdruck, die wir als *Beweglichkeit* und als *Diffusion* bezeichnen. Sie sind in folgender Weise definiert:

Ist v die x-Komponente der Geschwindigkeit eines Teilchens der Masse m, K die entsprechende Komponente einer konstanten, äußeren Kraft, so lautet die Bewegungsgleichung unter Berücksichtigung der Reibung $1/B$

$$m\dot{v} = -\frac{v}{B} + K. \tag{76.1}$$

Ist $v(0)$ für $t = 0$ gegeben, so lautet das Integral

$$v(t) = (v(0) - BK)\,e^{-\frac{t}{Bm}} + BK.$$

[1] PERRIN, J.: Comptes Rendus, Paris **146**, 967 (1908).
[2] KAPPLER, O.: Ann. Physik (5.) **11**, 233 (1931).
[3] KAPPLER, O.: Naturwiss. **27**, 649, 666 (1939).

Bm hat die Bedeutung einer Bremszeit. Für $t \gg mB$ wird v unabhängig von $v(0)$:

$$v = BK. \tag{76.2}$$

Die so erklärte *Beweglichkeit* B ist also die Proportionalitätskonstante, welche angibt, wie schnell sich ein Teilchen unter der Wirkung der Kraft K durch die Flüssigkeit bewegt.

Der andere makroskopische Effekt ist die *Diffusion*: Sind in der Flüssigkeit sehr viele Teilchen suspendiert, und zwar mit der örtlich variablen Teilchendichte $n(x, y, z)$, so hat die Diffusion die Tendenz, etwa vorhandene Dichteunterschiede auszugleichen vermöge einer Teilchenstromdichte

$$\mathfrak{j} = -D \operatorname{grad} n .$$

$(\mathfrak{j}\, d\mathfrak{f})\, dt$ ist die Zahl der Teilchen, welche in der Zeit dt durch ein Flächenelement $d\mathfrak{f}$ hindurchtreten. D heißt Diffusionskonstante. Die Erhaltung der Teilchenzahl verlangt

$$\operatorname{div} \mathfrak{j} + \frac{\partial n}{\partial t} = 0 .$$

Damit ergibt sich die Grundgleichung für die zeitliche Änderung von n:

$$\frac{\partial n}{\partial t} = D \Delta n .$$

Wir beschränken uns hier auf die eindimensionale Diffusion, d. h. n soll nur von einer Koordinate, etwa x, abhängen. Alsdann ist der Teilchenstrom

$$j = -D \frac{\partial n}{\partial x} \tag{76.3}$$

und

$$\frac{\partial n}{\partial t} = D \frac{\partial^2 n}{\partial x^2} . \tag{76.4}$$

Ein wichtiges Integral von (76.4) lautet

$$n(x, t) = N \frac{1}{\sqrt{4\pi D t}} e^{-\frac{x^2}{4Dt}} . \tag{76.5}$$

Es beschreibt das Auseinanderlaufen von N Teilchen, welche zur Zeit $t = 0$ bei $x = 0$ konzentriert waren. Für diese Teilchen folgt aus (76.5) das „*mittlere Verschiebungsquadrat*" $\overline{x^2}$ zur Zeit t, das ist der Mittelwert der Quadrate aller Verschiebungen x, welche die N Teilchen zur Zeit t erfahren haben. Nach (76.5) ist

$$\overline{x^2} = \frac{\int x^2 n \, dx}{\int n \, dx} = 2Dt . \tag{76.6}$$

Vom Standpunkt der makroskopischen Diffusion ist $\sqrt{\overline{x^2}}$ etwa die Breite, bis zu welcher die anfänglich konzentrierte Teilchenwolke zur Zeit t auseinandergelaufen ist. Gänzlich anders ist die Lesart von (76.6) in der mikroskopischen Betrachtungsweise, d. h. wenn wir die BROWNsche Bewegung der einzelnen Teilchen ins Auge fassen. Alsdann können wir, anstatt eine große Zahl von Teilchen während der Zeit t zu verfolgen, uns auf die Beobachtung eines einzelnen Teilchens beschränken und dessen Ort jeweils zu den äquidistanten Zeiten $0, t, 2t, \ldots, \nu t, \ldots, Nt$ messen. Sind etwa $x_0, x_1, x_2, \ldots, x_\nu$ die zu diesen Zeiten gemessenen x-Koordinaten des Teilchens, so sind die Größen $x_1 - x_0$, $x_2 - x_1, \ldots,$ $x_\nu - x_{\nu-1}$ die jeweils während der Zeit t zurückgelegten Wege. Bildet man deren Quadrate, so erhält man als mittleres Verschiebungsquadrat während der Zeit t

$$\overline{x^2} = \frac{1}{N} \sum_{\nu=1}^{N} (x_\nu - x_{\nu-1})^2 .$$

Im Limes sehr großer N muß wieder die Relation (76.6) gelten. Auf diese Weise kann man also die Diffusionskonstante D durch Beobachtung an einem einzelnen Teilchen messen! Wir sahen oben, daß es hoffnungslos ist, die momentane kinetische Energie $m v^2/2$ eines kolloidalen Teilchens aus der Registrierung seiner BROWNschen Bewegung zu entnehmen. Statt dessen führt die soeben erläuterte Messung von $\overline{x^2}$ an einem einzelnen Teilchen zu einer wohldefinierten und physikalisch sinnvollen Aussage über die BROWNsche Bewegung.

Angesichts der allgemeinen Bedeutung der Größe $\overline{x^2}$ mag es unbefriedigend erscheinen, daß wir seine Begründung an die spezielle Lösung (76.5) der Diffusionsgleichung knüpften. In der Tat können wir unmittelbar aus der Grundgleichung

$$j = -D\frac{\partial n}{\partial x}$$

das gleiche Resultat gewinnen: Bilden wir nämlich das Produkt $x j$ und beachten, daß $x\frac{\partial n}{\partial x} = \frac{\partial}{\partial x}(xn) - n$ ist, so erhalten wir bei Integration über den ganzen Raum

$$\int_{-\infty}^{+\infty} x j \, \mathrm{d}x = D \int_{-\infty}^{+\infty} n \, \mathrm{d}x .$$

(Dabei nehmen wir an, daß alle Teilchen im Endlichen liegen.) Ist nun $\bar{v}(x)$ die mittlere Geschwindigkeit der bei x liegenden Teilchen, so ist $j = n\bar{v}(x)$, also

$$\frac{\int_{-\infty}^{+\infty} x \bar{v}(x)\, n \, \mathrm{d}x}{\int_{-\infty}^{+\infty} n \, \mathrm{d}x} = D .$$

Da $n\,\mathrm{d}x$ die Zahl der im Intervall $\mathrm{d}x$ liegenden Teilchen ist, haben wir

$$\{x\,\bar{v}(x)\}_{\text{gemittelt über alle Teilchen}} = D . \tag{76.7}$$

Geht man von der räumlichen Gleichung

$$\mathfrak{j} = -D \operatorname{grad} n$$

aus, so erhält man statt (76.7) den Mittelwert des Skalarproduktes

$$\{\mathfrak{r}, \bar{\mathfrak{v}}(\mathfrak{r})\}_{\text{gemittelt über alle Teilchen}} = 3D . \tag{76.8}$$

Die durch die Diffusion gekennzeichnete Tendenz der Teilchen zum „Auseinanderlaufen" findet in (76.7) bzw. (76.8) einen höchst prägnanten Ausdruck: Die Geschwindigkeit der Teilchen hat eine Vorzugskomponente in Richtung des nach außen weisenden Ortsvektors $\mathfrak{r}$.

Nunmehr gehen wir zu einer radikalen Änderung in der Bedeutung von x über. Bisher waren x und t zwei unabhängige Koordinaten. Jetzt nennen wir $x_s(t)$ die Koordinate des Teilchens Nr. s zur Zeit t, also $\dot{x}_s$ seine Geschwindigkeit. Im ganzen seien N Teilchen vorhanden. Wir betrachten die Summe $\sum_{s=1}^{N} x_s \dot{x}_s$, indem wir zunächst über diejenigen Teilchen summieren, deren Koordinate x_s im Intervall x bis $x + \mathrm{d}x$ liegt. Das sind $n\,\mathrm{d}x$ Teilchen. Deren Beitrag zur obigen Summe ist $x \sum^* \dot{x}_s$, wobei $\sum^*$ über diese $n\,\mathrm{d}x$ Teilchen zu erstrecken ist. Offenbar ist

$$\sum{}^* \dot{x}_s = n \, \mathrm{d}x \, \bar{v}(x) ,$$

wo $\bar{v}(x)$ den Mittelwert von $\dot{x}_s$ für die bei $x = x_s$ liegenden Teilchen bedeutet. Damit haben wir die Identität

$$\sum_{s=1}^{N} x_s \dot{x}_s = \int_{-\infty}^{+\infty} x \bar{v}(x)\, n \, \mathrm{d}x = N (x \bar{v}(x))_{\text{Mittel über alle Teilchen}}$$

nach Gl. (76.7) also

$$\{x\,\dot{x}\}_{\text{Mittel über alle Teilchen}} = D\,.$$

Andererseits ist das mittlere Verschiebungsquadrat unserer N Teilchen in der Zeit t gegeben durch

$$\overline{x^2} = \frac{1}{N}\sum_{s=1}^{N}(x_s(t) - x_s(0))^2 \tag{76.9}$$

[$x_s(t) - x_s(0)$ ist ja die Verschiebung des Teilchens Nr. s]. Dessen zeitliche Änderung ist

$$\frac{\mathrm{d}}{\mathrm{d}t}\overline{x^2} = \frac{\mathrm{d}}{\mathrm{d}t}\left(\frac{1}{N}\sum_{s=1}^{N}x_s^2\right) - \frac{2}{N}\sum_{s=1}^{N}\dot{x}_s(t)\,x_s(0)$$

$$= 2\,\overline{(x\,\dot{x})} - \frac{2}{N}\sum_{s}\dot{x}_s(t)\,x_s(0)\,.$$

Hier ist der erste Summand gleich $2D$ und der zweite gleich Null. Betrachtet man nämlich diejenige Teilsumme, bei welcher die $x_s(0)$-Werte in unmittelbarer Nähe eines festen Ortes x liegen, so steht oben die mittlere Geschwindigkeit derjenigen Teilchen, welche sich zur Zeit $t = 0$ bei x befanden. Die muß aber — schon aus Gründen der Symmetrie — gleich Null sein. Damit haben wir allein aus der Definition $j = -D\frac{\partial n}{\partial x}$ heraus in recht allgemeiner Weise für die in (76.9) erklärte Größe $\overline{x^2}$ gefunden

$$\frac{\mathrm{d}\overline{x^2}}{\mathrm{d}t} = 2\,D\,, \qquad \text{also} \qquad \overline{x^2} = 2\,D\,t\,.$$

Zwischen den beiden soeben erklärten Größen D und B besteht nun die wichtige EINSTEINsche[1] Relation

$$D = B\,k\,T\,, \tag{76.10}$$

deren Begründung unsere nächste Aufgabe ist. Wir geben zunächst eine durch ihre Einfachheit bestechende, auf EINSTEIN zurückgehende Ableitung: Nach der barometrischen Höhenformel ist im Gleichgewicht die Änderung der Teilchendichte mit der Höhe x gegeben durch

$$\frac{\mathrm{d}n}{\mathrm{d}x} = -\frac{m\,g}{k\,T}\,n\,.$$

Wir fassen diese Höhenformel auf als Kompromiß zweier entgegengesetzt wirkender Tendenzen. Wegen der Schwerkraft möchten alle Teilchen zu Boden sinken, dagegen möchten sie sich wegen der Diffusion gleichmäßig über den Raum verteilen. Nehmen wir an, daß beide Tendenzen sich ungestört überlagern, so erwarten wir auf Grund der Schwerkraft mg eine nach abwärts gerichtete mittlere Geschwindigkeit Bmg und daher einen Teilchenstrom $Bmgn$ nach unten. Nach oben dagegen erwarten wir einen Diffusionsstrom $-D\frac{\mathrm{d}n}{\mathrm{d}x}$. Im Gleichgewicht müssen sich beide Ströme kompensieren, d. h., es muß gelten

$$-D\frac{\mathrm{d}n}{\mathrm{d}x} - n\,m\,g\,B = 0\,.$$

Das hierdurch gegebene Gefälle $\frac{\mathrm{d}n}{\mathrm{d}x}$ ist mit der obigen barometrischen Höhenformel nur dann in Übereinstimmung, wenn (76.10) erfüllt ist.

[1] EINSTEIN, A.: Ann. Physik **17**, 549 (1905) und **19**, 289 u. 371 (1906) sowie Ann. Physik **33**, 1096 (1910).

Wir wollen die Annahme einer einfachen Superposition der beiden Teilströme $D\frac{\mathrm{d}n}{\mathrm{d}x}$ und $nmgB$ in folgender Weise rechtfertigen: Es sei für ein hervorgehobenes Teilchen

$$\varphi(\xi)\,\mathrm{d}\xi \tag{76.11}$$

die Wahrscheinlichkeit dafür, daß sich seine x-Koordinate während der Zeit τ um einen zwischen ξ und $\xi + \mathrm{d}\xi$ liegenden Wert verschoben hat. Die Teilchen bewegen sich unabhängig voneinander, so daß $\varphi(\xi)$ von der Teilchendichte unabhängig ist. Mit dieser Funktion bedeuten

$$\bar{\xi} = \int_{-\infty}^{+\infty} \xi\,\varphi(\xi)\,\mathrm{d}\xi \quad \text{und} \quad \overline{\xi^2} = \int_{-\infty}^{+\infty} \xi^2\varphi(\xi)\,\mathrm{d}\xi \tag{76.12}$$

mittlere Verschiebung und mittleres Verschiebungsquadrat während der Zeit τ. Nun sei für eine bestimmte Zeit die Dichteverteilung $n(x)$ gegeben. Wir fragen nach der Teilchenzahl Z, welche auf Grund von (76.11) durch einen bei $x = 0$ liegenden Querschnitt je Flächeneinheit in Richtung positiver x hindurchtritt. Von den an einer Stelle x befindlichen Teilchen treten bei negativem x alle diejenigen Teilchen hindurch, deren Verschiebung zwischen $\xi = -x$ und $\xi = \infty$ liegt. Also treten von links nach rechts $\int_{-\infty}^{0} n(x)\,\mathrm{d}x \int_{-x}^{\infty} \varphi(\xi)\,\mathrm{d}\xi$ Teilchen hindurch. Von rechts nach links (also von Orten mit positivem x) treten entsprechend $\int_{0}^{\infty} n(x)\,\mathrm{d}x \int_{-\infty}^{-x} \varphi(\xi)\,\mathrm{d}\xi$ Teilchen hindurch. Im ganzen wird also

$$Z = \int_{-\infty}^{0} n(x)\,\mathrm{d}x \int_{-x}^{\infty} \varphi(\xi)\,\mathrm{d}\xi - \int_{0}^{\infty} n(x)\,\mathrm{d}x \int_{-\infty}^{-x} \varphi(\xi)\,\mathrm{d}\xi\,.$$

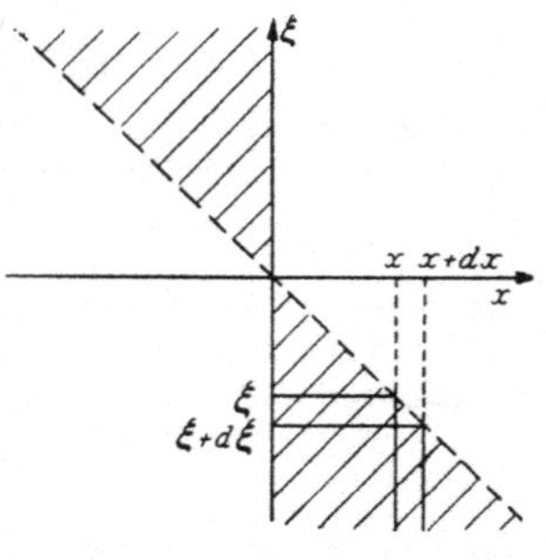

Abb. 113. Das Integrationsgebiet in der x—ξ-Ebene.

In der x—ξ-Ebene (Abb. 113) ist das Integrationsgebiet schraffiert.

Durch Umkehr der Integrationsfolge erhält man leicht

$$Z = \int_{-\infty}^{+\infty} \varphi(\xi)\,\mathrm{d}\xi \int_{-\xi}^{0} n(x)\,\mathrm{d}x\,.$$

Jetzt sei die Zeit τ so klein gewählt, daß $\varphi(\xi)$ nur für solche Strecken ξ wesentlich von Null verschieden ist, auf denen $n(x)$ sich nur wenig ändert. Dann dürfen wir im letzten Integral $n(x)$ entwickeln:

$$n(x) \approx n(0) + \left(\frac{\partial n}{\partial x}\right)_0 x\,,$$

also

$$\int_{-\xi}^{0} n(x)\,\mathrm{d}x = n(0)\,\xi - \frac{1}{2}\left(\frac{\partial n}{\partial x}\right)_0 \xi^2$$

und haben [vgl. (76.12)]:

$$Z = n(0)\,\bar{\xi} - \frac{1}{2}\left(\frac{\partial n}{\partial x}\right)_0 \overline{\xi^2}\,.$$

Der Teilchenstrom j ist die in der Zeiteinheit hindurchtretende Teilchenzahl, also

$$j = \frac{Z}{\tau} = n(0)\,\frac{\bar{\xi}}{\tau} - \left(\frac{\partial n}{\partial x}\right)_0 \frac{1}{2}\,\frac{\overline{\xi^2}}{\tau}\,.$$

Unter der Wirkung der Kraft $-mg$ ist die mittlere Verschiebung $\bar{\xi} = -mgB\tau$, ferner ist $\overline{\xi^2} = 2D\tau$. Damit haben wir — mit dem sehr allgemeinen Ansatz (76.11) — in der Tat die Überlagerung der beiden Teilströme

$$j = -n\,mgB - D\frac{\partial n}{\partial x},$$

welche den Ausgang unserer obigen Betrachtung bildete.

§ 77. Die LANGEVINsche Gleichung.

Wir haben oben die Relation $D = BkT$ dadurch gewonnen, daß wir für den stationären Zustand die Gültigkeit der barometrischen Höhenformel (75.2) forderten. Wir kommen nun zu denjenigen Überlegungen, welche unmittelbar vom Gleichverteilungssatz $\frac{m}{2}\overline{v_x^2} = \frac{1}{2}kT$ ausgehen. Dazu müssen wir wirklich die Bewegungsgleichung eines Teilchens ins Auge fassen. Dessen Schwerpunkt bewegt sich in der x-Richtung nach der Gleichung

$$m\dot{v} = K(t),$$

wo $K(t)$ die gesamte Kraftwirkung aller umgebenden Flüssigkeitsmoleküle enthält. An der Spitze aller folgenden Überlegungen steht nun die Zerlegung

$$K(t) = -\frac{1}{B}v + F(t). \tag{77.1}$$

Diese Zerlegung ist so gemeint: Mittelt man die Kraft über sehr viele Teilchen, welche alle die gleiche Geschwindigkeit v haben, so soll sich als Mittelwert die makroskopische Reibungskraft $-\frac{v}{B}$ ergeben. Bei dieser Mittelwertbildung wird also $\overline{F(t)} = 0$. Die Größe F enthält den unregelmäßigen (statistischen) Teil der Kraft, in welchem sich die beschleunigenden und bremsenden Anteile im Mittel kompensieren. Damit lautet die Bewegungsgleichung

$$m\dot{v} = -\frac{1}{B}v + F(t). \tag{77.2}$$

Nach dieser Gleichung würde die Bewegung ohne Mitwirkung des unregelmäßigen Teils $F(t)$ bald zur Ruhe kommen ($v = v_0\,e^{-\frac{t}{mB}}$; $mB =$ „Bremszeit"). Der unregelmäßige Teil $F(t)$ muß dafür sorgen, daß im Mittel die Relation $m\overline{v^2} = kT$ erhalten bleibt. Uns interessiert insbesondere der durch diese Bedingung geforderte Zusammenhang zwischen $F(t)$ und B. Zur Vereinfachung der Schreibweise setzen wir im folgenden

$$\frac{1}{mB} = \beta \quad \text{und} \quad \frac{1}{m}F(t) = A(t). \tag{77.3}$$

Damit lautet die Ausgangsgleichung für unsere folgenden Betrachtungen

$$\boxed{\dot{v} = -\beta\,v + A(t).} \tag{77.4}$$

Wir werden uns späterhin dafür interessieren, welche quantitativen Aussagen über die Zeitfunktion $A(t)$ man aus der Forderung

$$\overline{v^2} = \frac{kT}{m}$$

ableiten kann.

Vorher geben wir eine auf LANGEVIN zurückgehende Behandlung von (77.4), welche in geschickter Weise gerade die problematische Funktion $A(t)$ aus (77.4) eliminiert: Wir ersetzen in (77.4) v durch $\dot{x}$ und multiplizieren die ganze Gleichung mit x. Wegen $x\ddot{x} = \frac{\mathrm{d}}{\mathrm{d}t}(x\dot{x}) - \dot{x}^2$ erhalten wir

$$\frac{\mathrm{d}}{\mathrm{d}t}(x\dot{x}) - \dot{x}^2 = -\beta x\dot{x} + xA(t).$$

Bilden wir nun das Mittel über sehr viele Teilchen, so wird $\overline{\dot{x}^2} = \frac{kT}{m}$. Außerdem ist $\overline{xA(t)} = 0$. Mittelt man nämlich zunächst über die an einer Stelle x befindlichen Teilchen, so gilt für diese $\overline{A(t)} = 0$. Also ist auch $\overline{xA(t)}$ bei Mittelung über *alle* Teilchen gleich Null. Für die Größe $\overline{x\dot{x}}$ erhalten wir so die einfache Differentialgleichung

$$\frac{\mathrm{d}}{\mathrm{d}t}\overline{(x\dot{x})} + \beta\overline{x\dot{x}} = \frac{kT}{m}.$$

Mit einer Integrationskonstanten C lautet deren Lösung

$$\overline{x\dot{x}} = \frac{kT}{m\beta} + Ce^{-\beta t}. \tag{77.5}$$

Für $t \gg \frac{1}{\beta}$, d. h. für Zeiten, welche groß gegen die Bremszeit sind, wird danach wegen $\frac{1}{m\beta} = B$

$$\overline{x\dot{x}} = BkT, \quad \text{also} \quad \frac{\mathrm{d}}{\mathrm{d}t}\overline{x^2} = 2BkT.$$

Das mittlere Verschiebungsquadrat während der Zeit t wird also

$$\overline{x^2} = 2BkTt + \text{const} \quad (\text{für } t \gg 1/\beta).$$

Damit haben wir die Relation (76.10) $D = BkT = \frac{kT}{m\beta}$ aufs neue bestätigt.

Ist dagegen die Bedingung $t \gg \frac{1}{\beta}$ nicht erfüllt, so haben wir die Integrationskonstante C in (77.5) aus den Anfangsbedingungen zu ermitteln. Sind z. B. für $t = 0$ alle Teilchen bei $x = 0$ konzentriert, so wird $C = -D$, also

$$\frac{1}{2}\frac{\mathrm{d}}{\mathrm{d}t}\overline{x^2} = D(1 - e^{-\beta t})$$

und

$$\overline{x^2} = 2D\left[t - \frac{1}{\beta}(1 - e^{-\beta t})\right]. \tag{77.6}$$

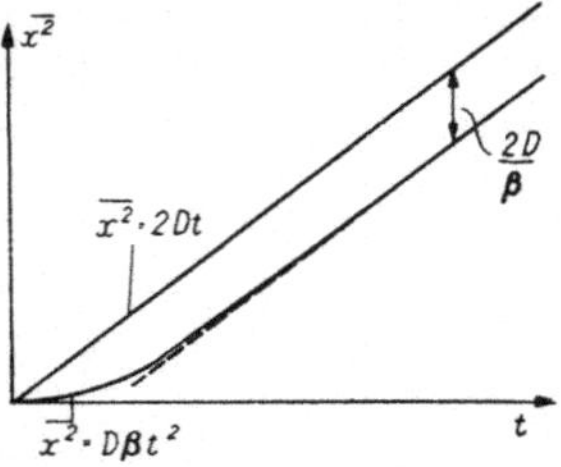

Abb. 114. Das mittlere Verschiebungsquadrat $\overline{x^2}$ in Abhängigkeit von t nach Gl. (77.6).

Für $\beta t \ll 1$ wäre danach $\overline{x^2} = D\beta t^2$. Nun ist $D\beta = \frac{kT}{m} = \overline{v^2}$, also $\overline{x^2} = \overline{(vt)^2}$. Das ist in der Tat zu erwarten, wenn völlig freie Teilchen mit der thermischen Geschwindigkeit auseinanderlaufen. Für große Zeiten gibt unsere letzte Formel $\overline{x^2} = 2Dt - \frac{2D}{\beta}$. Die halbe Abweichung $\frac{D}{\beta}$ von der reinen Diffusionstheorie ist das Quadrat des „Bremsweges“ l, auf welchem ein mit der thermischen Geschwindigkeit $v_0 = \sqrt{\frac{kT}{m}}$ bewegtes Teilchen unter der Wirkung der Reibung allein abgebremst wird. Denn aus

$$v_\infty = v_0 e^{-\beta t}$$

folgt

$$l = \int^{\infty} v\,\mathrm{d}t = \frac{v_0}{\beta} = \sqrt{\frac{kT}{m}}\frac{1}{\beta}, \quad \text{also} \quad l^2 = \frac{kT}{m\beta^2} = \frac{D}{\beta}.$$

Die makroskopische Diffusionstheorie gibt also nur für solche Entfernungen zuverlässige Resultate, welche groß gegen den so erklärten Bremsweg sind. Wir werden dieser Einschränkung wiederholt begegnen.

§ 78. Die Methode von EINSTEIN und HOPF.

Um zu einer Aussage über die „unregelmäßige" Funktion $A(t)$ zu gelangen, wollen wir die Gleichung

$$\dot{v} = -\beta v + A(t)$$

über eine Zeit τ integrieren. Dabei soll τ einerseits so klein sein, daß sich die Geschwindigkeit v des Teilchens innerhalb τ erst wenig ändert[1] (d. h. $\beta\tau \ll 1$), andererseits aber doch so groß, daß die von den umgebenden Molekülen ausgeübte Beschleunigung $A(t)$ innerhalb τ bereits sehr oft ihr Vorzeichen gewechselt hat. Es sollen z. B. in τ bereits viele Stöße auf das Teilchen erfolgt sein. Nennen wir

$$G_0(\tau) = \int_0^\tau A(t)\,\mathrm{d}t \tag{78.1}$$

den in der Zeit τ von A erzeugten Geschwindigkeitszuwachs, so wird unter diesen Voraussetzungen

$$v_1 - v_0 = -\beta\tau v_0 + G_0. \tag{78.2}$$

In Fortsetzung dieser Integrationsmethode nennen wir v_j die Geschwindigkeit zur Zeit $j\tau$ und

$$G_j = \int_{j\tau}^{(j+1)\tau} A(t)\,\mathrm{d}t. \tag{78.3}$$

Mit dieser Bezeichnung wird

$$v_{j+1} - v_j = -v_j\beta\tau + G_j(\tau) \quad \text{oder auch} \quad v_{j+1} = v_j(1-\beta\tau) + G_j(\tau). \tag{78.2}$$

Aus diesen Gleichungen folgen eine Reihe von wichtigen Aussagen: Zunächst denken wir uns — mit der Abkürzung $\gamma = 1 - \beta\tau$; $\gamma^2 = 1 - 2\beta\tau$ die Gln. (78.2b) von $j = 0$ bis $j = \nu$ explizit untereinander geschrieben:

$$\begin{aligned}
v_1 &= v_0\gamma + G_0\\
v_2 &= v_1\gamma + G_1\\
&\;\;\vdots \qquad\quad \vdots\\
v_{\nu-1} &= v_{\nu-2}\gamma + G_{\nu-2}\\
v_\nu &= v_{\nu-1}\gamma + G_{\nu-1}
\end{aligned} \tag{78.4}$$

Wir eliminieren die Zwischenwerte $v_1, v_2, \ldots, v_{\nu-1}$, indem wir die vorletzte Gleichung mit γ, die vorhergehende mit γ^2, allgemein die s-te Gleichung mit $\gamma^{\nu-s}$ multiplizieren und alle so entstehenden Gleichungen addieren. Das gibt zunächst

$$v_\nu = v_0\gamma^\nu + (G_0\gamma^{\nu-1} + G_1\gamma^{\nu-2} + \cdots + G_{\nu-1}).$$

Quadrieren und Mittelung über sehr viele Teilchen gibt wegen $\overline{v_\nu^2} = \overline{v_0^2} = \overline{v^2}$ und $\overline{G_j G_k} = \overline{G^2}\,\delta_{jk}$; $\overline{G_j} = 0$[2]

$$\overline{v^2}\,(1-\gamma^{2\nu}) = \overline{G^2(\tau)}\,\frac{1-\gamma^{2\nu}}{1-\gamma^2},$$

also

$$\overline{v^2} = \frac{\overline{G^2(\tau)}}{2\beta\tau}.$$

---

[1] Beachte, daß es sich hier nicht um Moleküle, sondern um größere Teilchen handelt.

[2] Hier wird benutzt, daß die Größen G_j für verschiedene j statistisch unabhängig sind (vgl. die Diskussion in § 81); ferner sollen die G_j auch von v_0 statistisch unabhängig sein.

Nach dem Gleichverteilungssatz $\overline{v^2} = \frac{kT}{m}$ lautet also die Verknüpfung zwischen den in (78.3) erklärten Geschwindigkeiten und der Reibungskonstanten β

$$\overline{G^2(\tau)} = \frac{2kT}{m}\beta\tau. \tag{78.5}$$

Führt man mit Hilfe von (76.10) wieder die ursprünglichen Bezeichnungen ein, so liefert (78.5) die Verknüpfung zwischen dem unregelmäßigen Teil $F(t) = mA(t)$ der Kraft und der Beweglichkeit B:

$$\frac{1}{\tau}\overline{\left(\int_0^\tau F(t)\,\mathrm{d}t\right)^2} = \frac{2kT}{B}. \tag{78.6}$$

Das Quadrat des während der Zeit τ übertragenen Impulses ist im Mittel proportional zu τ mit dem Proportionalitätsfaktor

$$\frac{2kT}{B}.$$

Der in der Zeit $t = \nu\tau$ zurückgelegte Weg ist $x = \tau(v_0 + v_1 + \cdots + v_{\nu-1})$. Durch Addition aller Gleichungen (78.2) für $j = 0$ bis $j = \nu - 1$ erhält man

$$v_\nu - v_0 + \beta x = (G_0 + G_1 \cdots + G_{\nu-1}).$$

Quadrieren und Mittelung liefert endlich für große ν: $\overline{x^2} = \frac{1}{\beta^2}\nu\overline{G^2} - \frac{2}{\beta^2}\frac{kT}{m}$,
nach (78.5) also $\overline{x^2} = 2\frac{kT}{m\beta}t - \frac{2}{\beta^4}\frac{kT}{m}$.

Das ist natürlich wieder unser altes Resultat $\overline{x^2} = 2Dt$ mit $D = \frac{kT}{m\beta} = kTB$. da für $t \gg 1/\beta$ der zweite Term zu vernachlässigen ist.

§ 79. Die Einstellung der MAXWELLschen Verteilung.

Wir betrachten sehr viele Teilchen, welche alle für $t = 0$ die gleiche Geschwindigkeit v_0 haben. Wir wissen, daß diese Teilchen nach sehr langer Zeit gemäß der MAXWELL-Formel

$$w(v)\,\mathrm{d}v = \left(\frac{m}{2\pi kT}\right)^{1/2} e^{-\frac{mv^2}{2kT}}\,\mathrm{d}v \tag{79.1}$$

verteilt sind. Eine interessante Frage ist die nach der Wahrscheinlichkeit

$$w(v, t; v_0)\,\mathrm{d}v \tag{79.2}$$

dafür, daß ein Teilchen, welches für $t = 0$ die Geschwindigkeit v_0 besaß, zur Zeit t eine zwischen v und $v + \mathrm{d}v$ liegende Geschwindigkeit besitzt. Wir werden diese Funktion später als Lösung der FOKKER-PLANCKschen Differentialgleichung ermitteln. Jetzt wollen wir sie aus einer zusätzlichen Annahme über die Wahrscheinlichkeitsverteilung der Geschwindigkeiten G_τ gewinnen. Von diesen kennen wir nach (78.5) bisher den quadratischen Mittelwert

$$\overline{G_\tau^2} = \frac{2kT}{m}\beta\tau.$$

Unsere Annahme besteht darin, daß die Wahrscheinlichkeit $W(G_\tau)\mathrm{d}G_\tau$ die GAUSSsche Form

$$W(G_\tau) = \left(\frac{m}{4\pi kT\beta\tau}\right)^{1/2} e^{-\frac{mG_\tau^2}{4kT\beta\tau}} \tag{79.3}$$

hat. Wir wollen aus dieser Annahme und aus der Bewegungsgleichung $\dot{v} = -\beta v + A(t)$ die Funktion (79.2) ermitteln.

Zunächst liefert die einfache Integration der Bewegungsgleichung

$$v(t) - v_0 e^{-\beta t} = e^{-\beta t} \int_0^t A(\xi) e^{\beta \xi} \, d\xi. \tag{79.4}$$

Wir unterteilen die Zeit t in lauter gleiche Abschnitte der Länge τ von der zu Anfang des § 78 erklärten Größenordnung. Mit $G_j = \int_{j\tau}^{(j+1)\tau} A(\xi) d\xi$ erhalten wir dann statt des Integrals die Summe

$$v(t) - v_0 e^{-\beta t} = e^{-\beta t} \sum_{j=0}^{j=t/\tau-1} e^{\beta j \tau} G_j. \tag{79.5}$$

Aus dieser Gleichung können wir auf Grund des statistischen Charakters der $G_j \left(\overline{G_j G_k} = \delta_{jk} \overline{G_\tau^2}\right)$ das quadratische Mittel bilden:

$$\overline{(v(t) - v_0 e^{-\beta t})^2} = \overline{G_\tau^2} e^{-2\beta t} \sum_j e^{2\beta j \tau} = \overline{G_\tau^2} \frac{1 - e^{-2\beta t}}{1 - e^{-2\beta \tau}}.$$

Nun ist $e^{2\beta\tau} - 1 \approx 2\beta\tau$. Mit dem Wert (78.5) von $\overline{G_\tau^2}$ wird also

$$\overline{(v(t) - v_0 e^{-\beta t})^2} = \frac{kT}{m} (1 - e^{-2\beta t}). \tag{79.6}$$

Wie zu erwarten, streut $v(t)$ um $v_0 e^{-\beta t}$ als Mittelwert mit einer quadratischen Streubreite, welche mit wachsendem t von 0 (bei $t = 0$) auf $\frac{kT}{m}$ (bei $t = \infty$) anwächst. *Wenn wir jetzt annehmen*, daß auch $v(t) - v_0 e^{-\beta t}$ nach einer GAUSS-Kurve verteilt ist, so folgt aus (79.6) für die in (79.2) erklärte Funktion

$$w(v, t; v_0) = \left(\frac{m}{2\pi k T (1 - e^{-2\beta t})}\right)^{1/2} e^{-\frac{m (v - v_0 e^{-\beta t})^2}{2kT(1 - e^{-2\beta t})}}, \tag{79.7}$$

welche die eingangs gefragte Annäherung an die GAUSS-Kurve quantitativ beschreibt. Die Annahme einer GAUSSschen Verteilung der Größe $v(t) - v_0 e^{-\beta t}$ mag etwas willkürlich erscheinen. Sie ist in der Tat entbehrlich, da sie sich aus (79.5) und aus dem in (79.3) vorausgesetzten GAUSSschen Charakter von $W(G_\tau)$ beweisen läßt. Die mathematische Methode zu diesem Beweis wird im nächsten Paragraphen entwickelt.

§ 80. Exkurs über Zufallsbewegung.

Wir schreiben die Gl. (79.5) um, indem wir bezeichnen:

$$v(t) - v_0 e^{-\beta t} = X$$

und

$$e^{-\beta(t-(j-1)\tau)} G_{j-1} = x_j \quad \left(\text{jetzt läuft } j \text{ von 1 bis } n = \frac{t}{\tau}\right).$$

Dann ist (79.5)

$$X = (x_1 + x_2 + \cdots + x_n); \quad n = \frac{t}{\tau}.$$

Wir lesen diese Gleichung als eine Bewegung auf der x-Achse um die aufeinander folgenden Schritte $x_1, x_2, \ldots, x_n$. Bekannt sei

$$w_j(x)\,\mathrm{d}x\,, \quad (j = 1, 2, \ldots, n)$$

als Wahrscheinlichkeit dafür, daß der j-te Schritt zwischen x und $x + \mathrm{d}x$ liegt. Gefragt ist nach der Wahrscheinlichkeit $W(X)\,\mathrm{d}X$ für Σx_j. Offenbar ist

$$W(X)\,\mathrm{d}X = \int\int\cdots\int w_1(x_1)\,w_2(x_2)\ldots w_n(x_n)\,\mathrm{d}x_1\,\mathrm{d}x_2\ldots\mathrm{d}x_n\,,$$

denn $w_1(x_1)\,w_2(x_2)\,\ldots\,w_n(x_n)\,\mathrm{d}x_1\,\ldots\,\mathrm{d}x_n$ ist die Wahrscheinlichkeit dafür, daß der erste Schritt im Intervall x_1, $\mathrm{d}x_1$, der zweite in x_2, $\mathrm{d}x_2$ usw. liegt. Zu integrieren ist über denjenigen Teil des n-dimensionalen Raumes der $x_1, \ldots, x_n$, für welchen $X - \frac{1}{2}\mathrm{d}X < \Sigma x_j < X + \frac{1}{2}\mathrm{d}X$ ist. Diese lästige Begrenzung des Integrationsgebietes vermeidet man durch Benutzung eines Dirichlet-Integrals: Die Funktion

$$f(\gamma) = \frac{1}{\pi}\int_{-\infty}^{+\infty} \frac{\sin\alpha\varrho}{\varrho}\, e^{i\gamma\varrho}\,\mathrm{d}\varrho \tag{80.1}$$

hat den folgenden Verlauf:

$$\begin{aligned} f(\gamma) &= 1 \quad \text{für} \quad -\alpha < \gamma < \alpha\,, \\ f(\gamma) &= 0 \quad \text{für} \quad \gamma < -\alpha \quad \text{und} \quad \gamma > \alpha\,. \end{aligned} \tag{80.2}$$

(Zum Beweis ersetze man $\sin\alpha\varrho$ durch $\frac{e^{i\alpha\varrho} - e^{-i\alpha\varrho}}{2i}$ und integriere in der komplexen ϱ-Ebene.)

Setzen wir also $\gamma = \Sigma x_j - X$ und $\alpha = \frac{1}{2}\mathrm{d}X$, so ist die so konstruierte Funktion $f(\gamma)$ gleich 1 in dem uns interessierenden Teil des Raumes der x_j und sonst Null. Also wird

$$W(X)\,\mathrm{d}X = \frac{1}{\pi}\int\int\cdots\int \frac{\sin\left(\frac{1}{2}\,\mathrm{d}X\varrho\right)}{\varrho}\, e^{i\varrho(\Sigma x_j - X)}\, w_1(x_1)\ldots w_n(x_n)\,\mathrm{d}\varrho\,\mathrm{d}x_1\ldots\mathrm{d}x_n\,,$$

wo nun alle Integrale von $-\infty$ bis $+\infty$ laufen. Da $\mathrm{d}X$ infinitesimal klein ist, haben wir

$$W(X)\,\mathrm{d}X = \frac{\mathrm{d}X}{2\pi}\int_{-\infty}^{+\infty} \mathrm{d}\varrho\, e^{-i\varrho X} \prod_j \left(\int_{-\infty}^{+\infty} w_j(x_j)\, e^{i\varrho x_j}\,\mathrm{d}x_j\right). \tag{80.3}$$

Danach ist der Fourier-Koeffizient von $W(X)$ gleich dem Produkt der Fourier-Koeffizienten der $w(x)$. Bezeichnen wir nämlich mit $A(\varrho)$ und $a_j(\varrho)$ die Fourier-Transformierten von $W(X)$ und $w_j(x_j)$, d. h. entwickeln wir

$$W(X) = \frac{1}{2\pi}\int_{-\infty}^{+\infty} e^{-i\varrho X} A(\varrho)\,\mathrm{d}\varrho \quad \text{und} \quad w_j(x_j) = \frac{1}{2\pi}\int_{-\infty}^{+\infty} e^{-i\varrho x_j} a_j(\varrho)\,\mathrm{d}\varrho\,,$$

so gewinnt unser Resultat (80.3) die höchst einfache und höchst merkwürdige Gestalt

$$A(\varrho) = \prod_j a_j(\varrho)\,. \tag{80.4}$$

Speziell zu einer Gauss-Funktion

$$w_j(x_j) = \frac{1}{\sqrt{2\pi}\,l_j}\, e^{-\frac{x_j^2}{2 l_j^2}} \quad \text{gehört} \quad a_j(\varrho) = e^{-\frac{\varrho^2 l_j^2}{2}}\,. \tag{80.5}$$

Sind also alle w_j GAUSS-Funktionen, so wird nach (80.4)

$$A(\varrho) = e^{-\frac{\varrho^2}{2}\sum_{j=1}^{n} l_j^2}.$$

Nach (80.5) gehört das zu einer GAUSS-Funktion $W(X)$ mit

$$\overline{X^2} = \sum_{j=1}^{n} l_j^2 = \sum_{j=1}^{n} \overline{x_j^2}.$$

Dies ist aber das im vorigen Paragraphen benutzte Ergebnis.

Weitere Ausführungen und Beispiele zu diesem in der englischen Literatur als „random flight" bezeichneten Problemkreis finden sich bei CHANDRASEKHAR[1].

§ 81. Die Korrelation bei einer statistisch veränderlichen Funktion.

Wir betrachten noch einmal das Quadrat des in der Zeit τ übertragenen Geschwindigkeitszuwachses

$$\overline{G_\tau^2} = \left(\int_0^\tau A(t)\,\mathrm{d}t\right)^2.$$

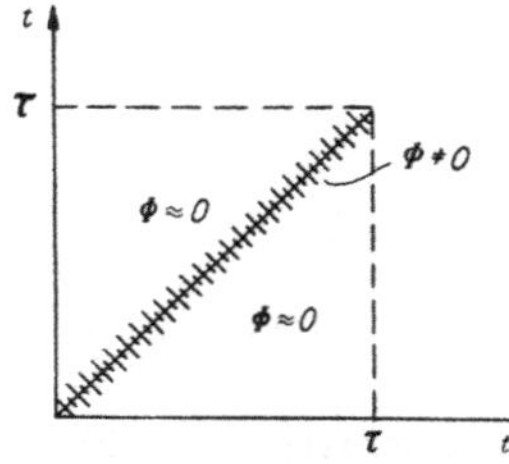

Abb. 115. Zur Berechnung des Doppelintegrals in Gl. (81.1).

Indem wir die rechte Seite als Doppelintegral in einer t—t'-Ebene schreiben, wird

$$\overline{G_\tau^2} = \int_0^\tau\int_0^\tau \overline{A(t)\,A(t')}\,\mathrm{d}t\,\mathrm{d}t'. \tag{81.1}$$

$A(t)$ oszilliert in extrem unregelmäßiger Weise um den Wert Null. Der Mittelwert von $A(t)A(t')$ über viele Teilchen wird daher für große Werte von $t'-t$ ebenfalls Null sein. Wir nehmen an, daß dieser Mittelwert nur vom Betrage der Zeitdifferenz $t'-t$ abhängt:

$$\overline{A(t)\,A(t')} = \Phi(t'-t). \tag{81.2}$$

Die so erklärte *Korrelationsfunktion* $\Phi(s)$ ist für $s = 0$ gleich $\overline{A^2}$, für wachsende s geht sie schnell gegen Null. Im Sinne unserer Annahmen über τ müssen wir fordern, daß $\Phi(s)$ bereits praktisch gleich Null wird für Werte von s, die noch klein gegen τ sind.

In der t—t'-Ebene (Abb. 115) ist daher der Integrand in (81.1) nur in einem schmalen Streifen entlang der Diagonale wesentlich von Null verschieden. Führen wir als neue Integrationsvariable ein

$$s = t' - t$$
$$u = t' + t,$$

so wird $\mathrm{d}t\,\mathrm{d}t' = \frac{1}{2}\mathrm{d}s\,\mathrm{d}u$ und

$$\overline{G_\tau^2} = \tfrac{1}{2}\int \mathrm{d}u \int \Phi(s)\,\mathrm{d}s,$$

wobei wegen des raschen Verschwindens von Φ mit wachsendem s das Integral über einen Streifen (s von $-\infty$ bis $+\infty$; u von 0 bis 2τ) erstreckt werden darf. Damit wird einfach

$$\frac{\overline{G_\tau^2}}{\tau} = \int_{-\infty}^{+\infty} \Phi(s)\,\mathrm{d}s = \overline{A^2}\sigma, \tag{81.3}$$

[1] CHANDRASEKHAR, S.: Rev. Mod. Phys. **15**, 1 (1943).

wo die — gegen τ kleine — Zeit σ als Kohärenzzeit der Funktion $A(t)$ bezeichnet werden kann. Sie ist ein Maß für die Breite des „Kohärenzstreifens" in Abb. 115.

Natürlich läßt sich das Integral

$$v(t) = v_0 e^{-\beta t} + e^{-\beta t} \int_0^t A(\xi)\, e^{\beta \xi}\, d\xi \tag{79.4}$$

unserer Grundgleichung $\dot{v} = -\beta v + A(t)$ auch ohne Einführung der Geschwindigkeiten G_τ direkt mit Hilfe der Korrelationsfunktion (81.2) behandeln: Nach Quadrieren und Mittelung über viele Teilchen folgt aus (79.4)

$$\overline{v^2(t)} = \overline{v_0^2}\, e^{-2\beta t} + e^{-2\beta t} \int_0^t \int_0^t \overline{A(\xi)\, A(\xi')}\, e^{\beta(\xi+\xi')}\, d\xi\, d\xi' .$$

Mit $\overline{A(\xi) A(\xi')} = \Phi(\xi' - \xi)$ und $\xi' - \xi = s$, $\xi' + \xi = u$ wird das Integral in unserer Näherung

$$\frac{1}{2} \int_0^{2t} e^{\beta u}\, du \int_{-\infty}^{+\infty} \Phi(s)\, ds = \frac{1}{2\beta} (e^{2\beta t} - 1) \int_{-\infty}^{+\infty} \Phi(s)\, ds$$

also

$$\overline{v^2(t)} = \overline{v_0^2}\, e^{-2\beta t} + \frac{\int \Phi\, ds}{2\beta} (1 - e^{-2\beta t}) .$$

Für $t \to \infty$ muß die rechte Seite in $\frac{kT}{m}$ übergehen, also erhalten wir für das Korrelationsintegral

$$\int_{-\infty}^{+\infty} \Phi(s)\, ds = \frac{2kT}{m} \beta , \tag{81.4}$$

was wir auch bereits aus (81.3) und (78.5) hätten entnehmen können. Die Korrelation der Geschwindigkeit $v(t)$ folgt unmittelbar aus (79.4) durch Multiplikation mit v_0 und Mittelung über viele Teilchen:

$$\overline{v(t)\, v_0} = \overline{v_0^2}\, e^{-\beta |t|}$$

oder etwas anders geschrieben

$$\overline{v(t)\, v(t')} = \overline{v^2}\, e^{-\beta |t - t'|} . \tag{81.5}$$

Hieraus ergibt sich in besonders einfacher Weise das mittlere Verschiebungsquadrat: Es ist doch $x = \int_0^t v(\xi)\, d\xi$, also $x^2 = \int_0^t \int_0^t v(\xi)\, v(\xi')\, d\xi\, d\xi'$. Nach Mittelung und Benutzung von (81.5) erhält man mit $\xi - \xi' = s$; $\xi + \xi' = u$ für große Zeiten ($\beta t \gg 1$):

$$\overline{x^2} = \frac{\overline{v^2}}{2} \int_0^{2t} du \int_{-\infty}^{+\infty} e^{-\beta |s|}\, ds = \frac{2 \overline{v^2}}{\beta} t = 2 \frac{kT}{m} m B t = 2 kT B t .$$

Wegen $kTB = D$ folgt das sattsam bekannte $\overline{x^2} = 2Dt$.

Ist dagegen die Bedingung $\beta t \gg 1$ nicht erfüllt, so hat man nach (81.5)

$$\overline{x^2} = \overline{v^2} \int_0^t \int_0^t e^{-\beta |\xi - \xi'|}\, d\xi\, d\xi'$$

streng zu berechnen. Das geht ohne Schwierigkeit mit dem Resultat

$$\overline{x^2} = 2D \left[t - \frac{1}{\beta} (1 - e^{-\beta t}) \right] .$$

Das ist genau der oben in (77.6) nach der LANGEVIN-Methode ermittelte und dort ausführlich diskutierte Ausdruck.

§ 82. Die FOKKER-PLANCKsche Differentialgleichung.

a) Ohne äußeres Kraftfeld.

Wir haben bereits in § 79 aus statistischen Betrachtungen die Wahrscheinlichkeit $w(v, t, v_0)\,dv$ dafür berechnet, daß die Geschwindigkeit eines Teilchens zur Zeit t im Intervall v, dv liegt, wenn es zur Zeit $t = 0$ die Geschwindigkeit v_0 besaß. Zur Lösung der gleichen Aufgabe schlagen wir jetzt einen ganz anderen Weg ein, indem wir zunächst für $w(v, t)$ aus unserer Grundgleichung $\dot{v} = -\beta v + A(t)$ eine Differentialgleichung ableiten.

Sei

$$\varphi(v, \eta)\,d\eta \tag{82.1}$$

die Wahrscheinlichkeit dafür, daß die Geschwindigkeit eines Teilchens mit der Anfangsgeschwindigkeit v nach Ablauf der Zeit τ zwischen $v + \eta$ und $v + \eta + d\eta$ liegt, so gilt für die Geschwindigkeitsverteilung zur Zeit $t + \tau$

$$w(v, t + \tau) = \int_{-\infty}^{+\infty} w(v - \eta, t)\,\varphi(v - \eta, \eta)\,d\eta\,. \tag{82.2}$$

Nun sei die Zeit τ so klein, daß $\varphi(v, \eta)$ nur für solche η wesentlich von Null verschieden ist, deren Betrag klein gegen v ist. Dann können wir entwickeln:

$$w(v, t + \tau) = \int_{-\infty}^{+\infty} \left(w(v, t) - \eta\frac{\partial w}{\partial v} + \frac{1}{2}\eta^2\frac{\partial^2 w}{\partial v^2}\right)\left(\varphi(v, \eta) - \eta\frac{\partial\varphi}{\partial v} + \frac{1}{2}\eta^2\frac{\partial^2\varphi}{\partial v^2}\right) d\eta\,. \tag{82.3}$$

Wir beschränken uns weiterhin auf Glieder, welche höchstens quadratisch in η sind. Dann treten in (82.3) nur die folgenden Integrale auf:

$$\int \varphi(v, \eta)\,d\eta = 1\,,$$

$$\int \eta\,\varphi(v, \eta)\,d\eta = \bar{\eta}, \qquad \int \eta\,\frac{\partial\varphi(v, \eta)}{\partial v}\,d\eta = \frac{\partial\bar{\eta}}{\partial v},$$

$$\int \eta^2\varphi(v, \eta)\,d\eta = \overline{\eta^2}, \qquad \int \eta^2\frac{\partial\varphi(v, \eta)}{\partial v}\,d\eta = \frac{\partial\overline{\eta^2}}{\partial v}, \qquad \int \eta^2\frac{\partial^2\varphi(v, \eta)}{\partial v^2}\,d\eta = \frac{\partial^2\overline{\eta^2}}{\partial v^2}.$$

Diese Mittelwerte können wir aus früheren Betrachtungen entnehmen. In der Bezeichnung der Gln. (78.2a) ist η die in der Zeit τ erfolgende Änderung der Geschwindigkeit, also $\eta = v_{j+1} - v_j$. Somit wird bei gegebenem $v = v_j$

$$\bar{\eta} = -v\beta\tau \qquad \text{und} \qquad \frac{\partial\bar{\eta}}{\partial v} = -\beta\tau\,.$$

Ferner bei Beschränkung auf Glieder erster Ordnung in τ

$$\overline{\eta^2} = \overline{G_\tau^2} = \frac{2kT}{m}\beta\tau\,, \quad \text{also} \quad \frac{\partial\overline{\eta^2}}{\partial v} = 0\,.$$

Damit geht (82.3) über in

$$w(v, t + \tau) - w(v, t) = w\beta\tau + v\beta\tau\frac{\partial w}{\partial v} + \frac{kT}{m}\beta\tau\frac{\partial^2 w}{\partial v^2}\,,$$

und im Limes $\tau \to 0$ in die FOKKER-PLANCK-Gleichung:

$$\frac{\partial w}{\partial t} = \beta w + \beta v\frac{\partial w}{\partial v} + \beta\frac{kT}{m}\frac{\partial^2 w}{\partial v^2}\,. \tag{82.4}$$

Schreibt man (82.4) in der Form

$$\frac{\partial w}{\partial t} = \beta\frac{\partial}{\partial v}\left\{w\,v + \frac{kT}{m}\frac{\partial w}{\partial v}\right\}, \tag{82.5}$$

so erkennt man, daß $\frac{\partial w}{\partial t} = 0$ wird, wenn $w = C e^{-\frac{m v^2}{2kT}}$ ist. Die MAXWELL-Verteilung ist natürlich stationär.

Eine vollständige Integration von (82.4) gelingt durch geschickte Änderung der Variablen. Zunächst führen wir an Stelle von v die Größe $\varrho = v\,e^{\beta t}$ als Variable ein. Dann wird

$$w(v,t) = w(\varrho\, e^{-\beta t}, t) \equiv Y(\varrho, t),$$

also

$$\frac{\partial w}{\partial v} = \frac{\partial Y}{\partial \varrho} e^{\beta t}; \qquad \frac{\partial^2 w}{\partial v^2} = \frac{\partial^2 Y}{\partial \varrho^2} e^{2\beta t}$$

und

$$\frac{\partial w}{\partial t} = \frac{\partial Y}{\partial t} + \frac{\partial Y}{\partial \varrho}\left(\frac{\partial \varrho}{\partial t}\right)_v = \frac{\partial Y}{\partial t} + \beta\,\varrho \frac{\partial Y}{\partial \varrho}.$$

Damit wird aus (82.4)

$$\frac{\partial Y}{\partial t} = \beta Y + q\, e^{2\beta t} \frac{\partial^2 Y}{\partial \varrho^2} \qquad \left(\text{mit}\; q = \beta \frac{kT}{m}\right).$$

Nun setzen wir $Y = \chi\, e^{\beta t}$, also $\frac{\partial Y}{\partial t} = \frac{\partial \chi}{\partial t} e^{\beta t} + \beta Y$. Damit haben wir

$$\frac{\partial \chi}{\partial t} = q\, e^{2\beta t} \frac{\partial^2 \chi}{\partial \varrho^2}.$$

Schließlich führen wir durch $e^{2\beta t}\,\mathrm{d}t = \mathrm{d}\vartheta$ eine neue Zeitskala ein, setzen also

$$\vartheta = \frac{1}{2\beta}\left(e^{2\beta t} - 1\right).$$

Damit haben wir endlich (82.4) auf die geläufige Form der Diffusionsgleichung gebracht:

$$\frac{\partial \chi(\varrho,\vartheta)}{\partial \vartheta} = q \frac{\partial^2 \chi(\varrho,\vartheta)}{\partial \varrho^2}.$$

Die Standardlösung dieser Diffusionsgleichung lautet:

$$\chi(\varrho,\vartheta;\varrho_0) = \frac{1}{\sqrt{4\pi q \vartheta}}\, e^{-\frac{(\varrho-\varrho_0)^2}{4 q \vartheta}}.$$

Sie geht für $\vartheta \to 0$ in $\chi(\varrho, 0;\, \varrho_0) = \delta(\varrho - \varrho_0)$ über. Führen wir mit

$$w = \chi\, e^{\beta t}; \quad q = \frac{kT}{m}\beta; \quad \vartheta = \frac{1}{2\beta}\left(e^{2\beta t} - 1\right); \quad \varrho = v\, e^{\beta t}; \quad \varrho_0 = v_0$$

unsere ursprünglichen Variablen wieder ein, so wird

$$w(v,t;v_0) = \left\{\frac{m}{2\pi k T\left(1 - e^{-2\beta t}\right)}\right\}^{1/2} e^{-\frac{m\left(v - v_0 e^{-\beta t}\right)^2}{2kT\left(1 - e^{-2\beta t}\right)}}.$$

Damit haben wir aufs neue das Gesetz (79.7) der Annäherung an die MAXWELL-Verteilung gefunden, diesmal ausgehend von der Differentialgleichung (82.4).

b) Bei Anwesenheit eines Kraftfeldes.

Auf das Teilchen wirke nunmehr noch eine äußere Kraft $K(x)$ mit dem Potential $\Phi(x)$, es gilt also $K(x) = -\frac{\partial \Phi}{\partial x}$. In Analogie zum vorigen Paragraphen suchen wir jetzt nach einer Wahrscheinlichkeit $f(x, v, t)\,\mathrm{d}x\,\mathrm{d}v$ dafür, das Teilchen im Intervall x, $\mathrm{d}x$ und v, $\mathrm{d}v$ anzutreffen. Ist jetzt

$$\varphi(x, v, \xi, \eta)\,\mathrm{d}\xi\,\mathrm{d}\eta \tag{82.6}$$

die Wahrscheinlichkeit einer Änderung von x bzw. v innerhalb der Zeit τ um ξ, $\mathrm{d}\xi$ bzw. η, $\mathrm{d}\eta$, so gilt in Analogie zu (82.2)

$$f(x,v,t+\tau) = \int\limits_{-\infty}^{+\infty}\!\!\int f(x-\xi, v-\eta, t)\,\varphi(x-\xi, v-\eta;\xi,\eta)\,\mathrm{d}\xi\,\mathrm{d}\eta. \tag{82.7}$$

Entsprechend (82.3) haben wir den Integranden nach ξ und η bis zu quadratischen Gliedern zu entwickeln. Die alsdann auftretenden Mittelwerte bekommen wir aus der Gleichung

$$\dot{v} = -\beta v + \frac{K(x)}{m} + A(t),$$

also nach Integration über t von $j\tau$ bis $(j+1)\tau$ [vgl. (78.2 a)]

$$v_{j+1} - v_j = -\beta v_j \tau + \frac{K(x)}{m}\tau + G_\tau. \tag{82.8}$$

Dazu kommt, wenn τ klein gegen die Bremszeit $\frac{1}{\beta}$ ist,

$$x_{j+1} - x_j = v_j \tau. \tag{82.9}$$

Mit $\xi = x_{j+1} - x_j$; $\eta = v_{j+1} - v_j$ folgen jetzt aus (82.8) und (82.9) die Mittelwerte (Mittelung über viele Teilchen mit *gleichem* $v_j = v$!), wenn wir uns auf die in τ linearen Glieder beschränken:

$$\bar{\eta} = \left(-\beta v + \frac{K(x)}{m}\right)\tau, \quad \frac{\partial\bar{\eta}}{\partial v} = -\beta\tau,$$

$$\overline{\eta^2} = \overline{G_\tau^2} = \frac{2kT}{m}\beta\tau,$$

$$\bar{\xi} = v\tau, \quad \frac{\partial\bar{\xi}}{\partial v} = \tau.$$

Alle anderen Mittelwerte, wie $\overline{\xi^2}$, $\overline{\xi\eta}$ usw., geben in der in τ linearen Näherung keinen Beitrag.

Bei der Entwicklung des Integranden in (82.7) und Ausführung der Integration bleibt also

$$f(x, v; t+\tau) = f(x, v; t) - \frac{\partial f}{\partial x}\bar{\xi} - \frac{\partial f}{\partial v}\bar{\eta} + \frac{1}{2}\frac{\partial^2 f}{\partial v^2}\overline{\eta^2} - f\frac{\partial\bar{\eta}}{\partial v}.$$

Einsetzen der oben angegebenen Mittelwerte, Division durch τ und Übergang zum $\lim \tau \to 0$ geben als FOKKER-PLANCK-Gleichung

$$\frac{\partial f}{\partial t} = \beta\frac{\partial}{\partial v}\left(fv + \frac{kT}{m}\frac{\partial f}{\partial v}\right) - v\frac{\partial f}{\partial x} - \frac{K(x)}{m}\frac{\partial f}{\partial v}. \tag{82.10}$$

Wir kontrollieren diese Gleichung zunächst durch die Feststellung, daß die bekannte Verteilung

$$f = C e^{-\frac{\frac{m}{2}v^2 + \Phi(x)}{kT}}$$

tatsächlich stationär ist, d. h. die rechte Seite in (82.10) zu Null macht.

Wollen wir aus (82.10) eine Aussage über die zeitliche Änderung der Dichte ϱ ableiten, so wird man zunächst geneigt sein, ϱ zu erklären durch

$$\varrho(x, t) = \int_{-\infty}^{+\infty} f(x, v, t)\,\mathrm{d}v. \tag{82.11}$$

Führt man diese Integration in (82.10) aus, so geben die Ableitungen nach v keinen Beitrag, da ja $f(x, v, t)$ für $|v| \to \infty$ sehr stark verschwindet. Man erhält

$$\frac{\partial\varrho}{\partial t} = -\frac{\partial}{\partial x}\int v f(v, x)\,\mathrm{d}v = -\frac{\partial}{\partial x}(\varrho\bar{v}),$$

also ein zwar richtiges, aber leider höchst triviales Resultat. Es bringt lediglich die Erhaltung der Masse zum Ausdruck.

Was wir nach unseren früheren Ergebnisen eigentlich erwarteten, war eine Stromdichte

$$\frac{K(x)}{m\beta}\varrho - \frac{kT}{m\beta}\frac{\partial\varrho}{\partial x}$$

$\left(\text{es ist ja Beweglichkeit } B = \frac{1}{m\beta} \text{ und Diffusionskonstante } D = \frac{kT}{m\beta}\right)$, wir erhofften also die Differentialgleichung

$$\frac{\partial\varrho}{\partial t} = -\frac{\partial}{\partial x}\left\{\frac{K(x)}{m\beta}\varrho - \frac{kT}{m\beta}\frac{\partial\varrho}{\partial x}\right\}. \tag{82.12}$$

Tatsächlich kann man, wie KRAMERS[1] bemerkte, (82.12) als Näherungsgleichung aus (82.10) gewinnen. Zunächst gestattet (82.10) die identische Umformung

$$\frac{\partial f}{\partial t} = \left(\beta\frac{\partial}{\partial v} - \frac{\partial}{\partial x}\right)\left(f v + \frac{kT}{m}\frac{\partial f}{\partial v} + \frac{kT}{m\beta}\frac{\partial f}{\partial x} - \frac{K(x)}{m\beta}f\right) - \frac{\partial}{\partial x}\left(\frac{K(x)}{m\beta}f - \frac{kT}{m\beta}\frac{\partial f}{\partial x}\right). \tag{82.13}$$

Der Sinn dieser Umformung erhellt aus der x—v-Ebene in Abb. 116: Um die Dichte ϱ an der Stelle x_0 zu erhalten, haben wir nach (82.11) die Funktion $f(x, v)$ entlang der punktierten Geraden (parallel der v-Achse) integriert. Wir betrachten nunmehr die durch x_0 gehende schiefe Gerade g der Gleichung $v = \beta(x_0 - x)$. Entlang dieser Geraden ist $\mathrm{d}v = -\beta\,\mathrm{d}x$. Beim Fortschreiten auf dieser Geraden ändert sich eine beliebige Funktion $\varphi(x, v)$ um

$$\mathrm{d}\varphi = \frac{\partial\varphi}{\partial v}\mathrm{d}v + \frac{\partial\varphi}{\partial x}\mathrm{d}x = \mathrm{d}v\left(\frac{\partial\varphi}{\partial v} - \frac{\partial\varphi}{\partial x}\frac{1}{\beta}\right)$$

oder

$$\mathrm{d}\varphi = \frac{1}{\beta}\mathrm{d}v\left(\beta\frac{\partial}{\partial v} - \frac{\partial}{\partial x}\right)\varphi.$$

Also ist

$$\left(\beta\frac{\partial}{\partial v} - \frac{\partial}{\partial x}\right)\varphi = \beta\left(\frac{\mathrm{d}\varphi}{\mathrm{d}v}\right)_{\text{entlang } g}$$

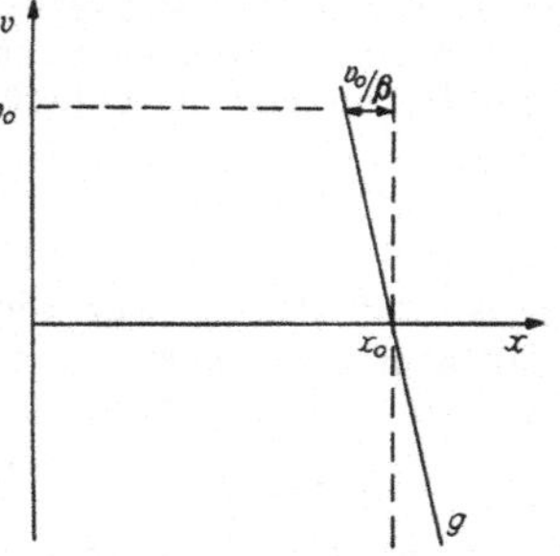

Abb. 116. Ersatz der Integration nach v bei festem x_0 durch Integration entlang der schiefen Geraden g: $v = \beta(x_0 - x)$.

Wenn wir also die Gl. (82.13) nicht entlang der punktierten Vertikalen, sondern entlang der schiefen Geraden g integrieren, verschwindet auf der rechten Seite der erste Summand. Es fragt sich, unter welchen Umständen diese schiefe Integration als Ersatz für diejenige bei konstantem x angesehen werden kann. $f(x, v, t)$ werde praktisch gleich Null, wenn v einen Höchstwert v_0 überschreitet. Auf der Geraden g ist bei v_0 die Koordinate x um $\frac{v_0}{\beta}$ von der Sollstelle x_0 entfernt. $\frac{v_0}{\beta}$ ist aber die Länge des Bremsweges eines mit v_0 bewegten und von der Reibung β allein beeinflußten Teilchens. Wenn nun $K(x)$ und auch $f(x, v)$ nur so schwach von x abhängen, daß sie über Entfernungen von der Größenordnung des Bremsweges der schnellsten vorkommenden Teilchen noch als nahezu konstant angesehen werden können, dann ist es in der Tat gestattet, bei den restlichen Gliedern in (82.13) die Integration entlang g einfach durch die Integration bei festem x_0 zu ersetzen. Und dann würde genau die gewünschte Gl. (82.12) erreicht.

Im thermischen Gleichgewicht ist v_0 von der Größenordnung $\sqrt{\frac{kT}{m}}$. Eine Gültigkeit von (82.12) ist also nur dann zu erwarten, wenn die Bedingungen

$$\frac{\mathrm{d}K}{\mathrm{d}x}\sqrt{\frac{kT}{m}}\frac{1}{\beta} \ll K \qquad \text{und} \qquad \frac{\partial f}{\partial x}\sqrt{\frac{kT}{m}}\frac{1}{\beta} \ll f \tag{82.14}$$

erfüllt sind.

[1] KRAMERS, H. A.: Physica 7, 284 (1940).

Hinsichtlich der Behandlung von Vorgängen, bei denen diese Bedingungen nicht erfüllt sind, sei insbesondere auf KRAMERS und CHANDRASEKHAR (FN 1, S. 296) verwiesen.

§ 83. Die Spektralzerlegung einer statistischen Funktion[1].

Wir haben in den vorigen Paragraphen die unregelmäßige Beschleunigung $A(t)$ gekennzeichnet durch das mittlere Geschwindigkeitsquadrat $\overline{\frac{1}{\tau}\left(\int\limits_0^\tau A(t)\,\mathrm{d}t\right)^2}$ und durch die Korrelationsfunktion $\overline{A(t)\,A(t+s)} = \Phi(s)$. In vielen Fällen, insbesondere wenn diese Beschleunigung auf ein schwingungsfähiges Gebilde wirkt, ist es zweckmäßig, eine Aussage über die spektrale Verteilung heranzuziehen. Dazu ist zunächst eine mathematische Überlegung nötig.

Unter einer statistischen Funktion $A(t)$ verstehen wir solche Funktionen wie die Geschwindigkeit $v(t)$ bei der BROWNschen Bewegung eines Teilchens oder die von den umgebenden Molekülen auf dieses Teilchen ausgeübte Kraft. Wir setzen im einzelnen voraus, daß der Mittelwert $\overline{A(t)}$ über größere Zeitintervalle Null ist, strenger formuliert

$$\lim_{\vartheta\to\infty}\left(\frac{1}{\vartheta}\int\limits_0^\vartheta A(\vartheta)\,\mathrm{d}\vartheta\right) = 0\,,$$

ferner daß $A(t)$ im einzelnen zwar einen höchst unregelmäßigen Verlauf zeigt, daß aber doch, über größere Zeiten gesehen, der Charakter der Funktion im wesentlichen der gleiche bleibt, so daß bei nicht zu kleinen Werten von τ das quadratische Mittel $\frac{1}{\tau}\int\limits_{t_1}^{t_1+\tau} A^2(t)\,\mathrm{d}t = \overline{A^2}$ nicht mehr von t_1 abhängt.

Zum Zweck der folgenden Rechnung nehmen wir noch an, $A(t)$ sei nur innerhalb der endlichen, wenn auch sehr großen Zeit ϑ von Null verschieden, also $A(t) = 0$ für $t < 0$ und $t > \vartheta$. (In den Endresultaten können wir dann zum $\lim \vartheta \to \infty$ übergehen.) Wir entwickeln $A(t)$ in ein FOURIER-Integral

$$A(t) = \frac{1}{\sqrt{2\pi}}\int\limits_{-\infty}^{+\infty} C(\omega)\,e^{i\omega t}\,\mathrm{d}\omega\,; \qquad C(-\omega) = C^*(\omega)\,; \tag{83.1}$$

alsdann ist

$$\int\limits_{-\infty}^{+\infty} A^2(t)\,\mathrm{d}t = \int\limits_{-\infty}^{+\infty} |C(\omega)|^2\,\mathrm{d}\omega\,. \tag{83.2}$$

Division mit der soeben eingeführten Zeit ϑ gibt das *zeitliche* Mittel $\overline{A^2(t)}$:

$$\overline{A^2} = \int\limits_{-\infty}^{+\infty}\frac{1}{\vartheta}|C(\omega)|^2\,\mathrm{d}\omega\,.$$

Da $|C(\omega)|^2$ in ω symmetrisch ist, können wir schreiben

$$\overline{A^2(t)} = \int\limits_0^\infty A_\omega^2\,\mathrm{d}\omega \qquad \text{mit} \qquad A_\omega^2 = \lim_{\vartheta\to\infty}\left(\frac{2}{\vartheta}|C(\omega)|^2\right). \tag{83.3}$$

Durch (83.3) haben wir die spektrale Zerlegung der Größe $\overline{A^2}$ definiert.

In § 81, Gl. (81.2) hatten wir das statistische Verhalten von $A(t)$ gekennzeichnet durch die *Korrelation*

$$\Phi(\tau) = \overline{A(t)\,A(t+\tau)}\,,$$

[1] BECKER, R.: Z. angew. Phys. **6**, 231 (1954).

wo die Mittelung über t, bei festem τ, auszuführen ist. Wir suchen den *Zusammenhang zwischen $\Phi(\tau)$ und der in* (83.3) *gegebenen spektralen Verteilung* A^2_ω. Dieser folgt unmittelbar aus (83.1):

$$\int\limits_{-\infty}^{+\infty} A(t)\,A(t+\tau)\,\mathrm{d}t = \frac{1}{2\pi}\iiint C(\omega)\,C^*(\omega')\,e^{i(\omega-\omega')t}\,e^{-i\omega'\tau}\,\mathrm{d}t\,\mathrm{d}\omega\,\mathrm{d}\omega'\,.$$

Wegen $\frac{1}{2\pi}\int\limits_{-\infty}^{+\infty} e^{-i(\omega-\omega')t}\,\mathrm{d}t = \delta(\omega-\omega')$ erhalten wir nach Division durch ϑ (und im Limes $\vartheta\to\infty$):

$$\Phi(\tau) = \int\limits_0^\infty A^2_\omega \cos\omega\tau\,\mathrm{d}\omega\,. \tag{83.4}$$

(Wie es sein muß, wird für $\tau = 0$: $\Phi(0) = \overline{A^2} = \int\limits_0^\infty A^2_\omega\,\mathrm{d}\omega$.) Aus (83.4) ergibt sich umgekehrt

$$A^2_\omega = \frac{1}{\pi}\int\limits_{-\infty}^{+\infty} \Phi(\tau)\cos\omega\tau\,\mathrm{d}\tau\,. \tag{83.5}$$

Die Korrelation $\Phi(\tau)$ und die spektrale Verteilung A^2_ω sind im Sinne von (83.4) und (83.5) durch eine Fourier-Transformation miteinander verknüpft!

Die soeben entwickelte Begriffsbildung benutzen wir zunächst zu einer neuerlichen Behandlung der Gleichung

$$\dot{v} + \beta v = A(t) \tag{83.6}$$

mit der statistischen Funktion $A(t)$. Wählt man für $A(t)$ die Fourier-Entwicklung (83.1), so folgt für $v(t)$ sogleich

$$v(t) = \frac{1}{\sqrt{2\pi}}\int\limits_{-\infty}^{+\infty} \frac{C(\omega)}{\beta + i\omega}\,e^{i\omega t}\,\mathrm{d}\omega\,.$$

Die spektrale Zerlegung von v nach dem Schema (83.4):

$$\overline{v^2(t)} = \int\limits_0^\infty v^2_\omega\,\mathrm{d}\omega$$

lautet also

$$v^2_\omega = \frac{A^2_\omega}{\beta^2 + \omega^2}\,. \tag{83.7}$$

Wir kommen noch einen Schritt weiter, wenn wir die Verknüpfung (83.4) zwischen Korrelation und spektraler Zerlegung ausnutzen. Für $v(t)$ gilt nämlich nach (81.5)

$$\overline{v(t)\,v(t+\tau)} = \overline{v^2}e^{-\beta|\tau|}\,.$$

Nach (83.5) wird daher

$$v^2_\omega = \frac{\overline{v^2}}{\pi}\int\limits_{-\infty}^{+\infty} e^{-\beta|\tau|}\cos\omega\tau\,\mathrm{d}\tau = \frac{2}{\pi}\,\overline{v^2}\,\frac{\beta}{\beta^2+\omega^2}\,. \tag{83.8}$$

Mit $\overline{v^2} = \frac{kT}{m}$ haben wir also für $A(t)$ die spektrale Zerlegung

$$A^2_\omega = \frac{2}{\pi}\frac{kT}{m}\beta\,. \tag{83.9}$$

Die Fruchtbarkeit dieser Beschreibung wird sich weiterhin mehrfach erweisen. Zunächst stört an (83.9), daß A^2_ω von ω überhaupt nicht abhängen soll. Denn danach würde ja $\overline{A^2} = \int A^2_\omega\,\mathrm{d}\omega$ unendlich groß werden. Wir müssen daraus schließen, daß unsere Ausgangsgleichung (83.6) nur beschränkte Gültigkeit besitzt. Der Ansatz $-\beta v$ für die Reibungskraft mit festem β muß versagen, wenn die Frequenz ω der erregenden Kraft über alle Grenzen wächst. Daher gilt auch (83.9) nur bis zu einer Maximalfrequenz, deren Angabe erst durch nähere Untersuchung des der Gl. (83.6) zugrunde liegenden atomaren Modells möglich ist. Formal kann man diesen Umstand dadurch berücksichtigen, daß man in (83.9) die Konstante β durch eine Funktion $\beta = \beta(\omega)$ ersetzt. Spezielle Beispiele dafür werden uns später begegnen.

Das elastisch gebundene Teilchen.

Wir betrachten nunmehr die Einwirkung der so beschriebenen Kraft auf ein elastisch gebundenes Teilchen. Außer der Reibung $-\beta\dot{x}$ soll noch die athermische Kraft $-\omega_0^2 x$ wirken, welche das Teilchen zu einer bei $x = 0$ befindlichen Gleichgewichtslage zu ziehen sucht. Als Bewegungsgleichung haben wir nun

$$\ddot{x} + \beta\dot{x} + \omega_0^2 x = A(t)\,. \tag{83.10}$$

Dieser Ansatz umfaßt zwei wichtige Grenzfälle: Bei Abwesenheit der „thermischen" Kraft beschreibt (83.10) im Falle $\omega_0^2 > \frac{\beta^2}{4}$ eine gedämpfte Schwingung der Kreisfrequenz $\omega = \sqrt{\omega_0^2 - \frac{\beta^2}{4}}$, im Falle $\omega_0^2 < \frac{\beta^2}{4}$ dagegen eine aperiodisch gedämpfte Bewegung mit den Dämpfungskonstanten

$$-\frac{\beta}{2} \pm \sqrt{\frac{\beta^2}{4} - \omega_0^2}\,.$$

Wir sehen zunächst von einer Spezialisierung ab und berechnen aus (83.10) den Mittelwert $\overline{m v^2}$ der doppelten kinetischen Energie, wenn $A(t)$ durch (83.1) bis (83.3) gegeben ist. Mit dem Ansatz

$$x(t) = \frac{1}{\sqrt{2\pi}} \int_{-\infty}^{+\infty} \xi(\omega)\, e^{i\omega t}\, d\omega$$

folgt dann aus (83.10) unmittelbar

$$\xi(\omega) = \frac{C(\omega)}{-\omega^2 + \omega_0^2 + i\beta\omega}\,,$$

für die Geschwindigkeit $v = \dot{x}$ also

$$v(t) = \frac{1}{\sqrt{2\pi}} \int_{-\infty}^{+\infty} \frac{i\omega\, C(\omega)\, e^{i\omega t}}{\omega_0^2 - \omega^2 + i\beta\omega}\, d\omega\,.$$

Nach dem Schema, welches oben von (83.1) auf (83.3) führte, haben wir so:

$$\overline{v^2} = \int_0^\infty v_\omega^2\, d\omega \quad \text{mit} \quad v_\omega^2 = A_\omega^2 \frac{\omega^2}{(\omega^2 - \omega_0^2)^2 + \beta^2\omega^2}\,, \tag{83.11}$$

d. h.

$$\overline{v^2} = \int_0^\infty A_\omega^2 \frac{\omega^2\, d\omega}{(\omega^2 - \omega_0^2)^2 + \beta^2\omega^2}\,.$$

Im thermischen Gleichgewicht muß $\overline{v^2} = \frac{kT}{m}$, unabhängig von den Zahlenwerten von ω_0 und β sein. Andererseits hat die thermische Beschleunigung $A(t)$ nichts mit der elastischen Bindung zu tun. Sie ist ja auch keine Funktion des Ortes. Wir setzen also in (83.11) den vorher gefundenen Wert (83.9) für A_ω^2 ein und erhalten

$$\overline{v^2} = \frac{kT}{m} \frac{2\beta}{\pi} \int_0^\infty \frac{\omega^2\, d\omega}{(\omega^2 - \omega_0^2)^2 + \beta^2\omega^2}\,.$$

Zum Glück ist dieses Integral von ω_0 vollkommen unabhängig. Es gilt streng, wie man elementar nachrechnen kann,

$$\int_0^\infty \frac{\omega^2\,\mathrm{d}\omega}{(\omega^2-\omega_0^2)^2+\beta^2\omega^2} = \frac{\pi}{2\beta} \qquad (\text{für jedes } \omega_0^2)\,. \tag{83.12}$$

Die durch (83.9) beschriebene statistische Beschleunigung führt also auch bei elastischer Bindung zum richtigen Wert $\frac{kT}{m}$ für $\overline{v^2}$.

Bei der früheren statistischen Beschreibung von $A(t)$ mit Hilfe der Korrelation in § 81 fanden wir in (81.4) als Bedingung für das thermische Gleichgewicht

$$\int_{-\infty}^{+\infty} \Phi(\tau)\,\mathrm{d}\tau = \frac{2kT}{m}\beta\,. \tag{83.13}$$

Die Verknüpfung (83.5) zwischen $\Phi(\tau)$ und A_ω^2 besagt aber

$$\frac{1}{\pi}\int_{-\infty}^{+\infty} \Phi(\tau)\,\mathrm{d}\tau = (A_\omega^2)_{\omega\to 0}\,.$$

(83.13) ist somit als Sonderfall in (83.9) enthalten. Darüber hinaus besagt die Konstanz von A_ω^2 nach (83.4), daß $\Phi(\tau)$ aus einer ungeheuer steilen Zacke bei $\tau = 0$ bestehen muß. Mit DIRACS δ-Funktion ergibt sich aus (83.5)

$$\Phi(\tau) = \frac{2kT}{m}\beta\,\delta(\tau)\,.$$

Ein solches Verhalten von $\Phi(\tau)$ ist nur dann zu verstehen, wenn die Wirkung des Mediums, in welches unser Teilchen eingebettet ist, aus einzelnen scharfen Stößen von unendlich kurzer Dauer besteht. Sobald man die endliche Dauer eines einzelnen Stoßes berücksichtigt, kommt man notwendig zu einer Korrelationskurve $\Phi(\tau)$, welche sich größenordnungsmäßig über diese Stoßdauer erstreckt. Daraus folgt dann rückwärts die Größenordnung derjenigen Frequenz, bei deren Überschreitung A_ω^2, entgegen der Behauptung (83.9), gegen Null gehen muß.

Im folgenden soll am Beispiel des schwach gedämpften Oszillators die auf jeden Fall nötige Frequenzabhängigkeit von A_ω^2 näher untersucht werden.

§ 84. Der schwachgedämpfte Oszillator mit frequenzabhängiger Dämpfung.

a) Allgemeines.

Wir gehen aus von der Bewegungsgleichung

$$\ddot{x} + \beta(\omega)\,\dot{x} + \omega_0^2\,x = A(t)\,, \tag{84.1}$$

welche gegenüber (83.10) dahin erweitert ist, daß β eine *Funktion der Frequenz ist*[1]. Gleichzeitig soll (84.1) einer Einschränkung unterliegen in dem Sinne, daß

$$\omega_0^2 \gg \frac{\beta^2}{4} \tag{84.2}$$

ist. Nach dem Verfahren des vorigen Paragraphen ergibt die FOURIER-Entwicklung

$$\overline{v^2} = \int_0^\infty A_\omega^2 \frac{\omega^2\,\mathrm{d}\omega}{(\omega^2-\omega_0^2)^2+\omega^2\beta^2(\omega)}\,.$$

---

[1] Die Angabe $\beta = \beta(\omega)$ ist nur sinnvoll, wenn man $x(t)$ in ein FOURIER-Integral $x = \int \xi(\omega)\,e^{-i\omega t}\,\mathrm{d}\omega$ entwickelt denkt. Dann wird

$$\ddot{x} + \beta(\omega)\,\dot{x} + \omega_0^2\,x = \int (-\omega^2 - i\,\omega\,\beta(\omega) + \omega_0^2)\,\xi(\omega)\,e^{-i\omega t}\,\mathrm{d}\omega\,.$$

Der Unterschied gegen (83.11) besteht nur darin, daß hier das frequenzabhängige β einzusetzen ist. Eine einfache Behandlung dieser Gleichung ist nur im Fall schwacher Dämpfung (84.2) möglich. Dann sorgt die Schärfe des in der Nähe von $\omega = \omega_0$ liegenden Maximums dafür, daß man im Integranden sowohl A_ω^2 wie auch $\beta(\omega)$ durch $A_{\omega_0}^2$ und $\beta(\omega_0)$ ersetzen darf. Man erhält

$$\overline{v^2} = A_{\omega_0}^2 \frac{\pi}{2\beta(\omega_0)}. \tag{84.3}$$

Für das Weitere ist eine Bemerkung über die Reibung in der Bewegungsgleichung (84.1) wichtig. Sie spricht nicht von irgendeiner Beschleunigung $A(t)$ und irgendeiner Dämpfung β. Vielmehr ist mit (84.1) folgendes gemeint: Wir gehen aus von einem ungedämpften Oszillator ($\ddot{x} + \omega_0^2 x = 0$). Diesen bringen wir jetzt — etwa bei der Temperatur T — in „Kontakt" mit einem makroskopischen Medium [etwa eine reibende Flüssigkeit oder auch (§ 85) einen durch einen Ohmschen Widerstand geschlossenen Kondensator]. Die Folge dieses Kontaktes sei erstens eine durch $\beta(\omega)$ gekennzeichnete Reibung und zweitens eine „statistische" Beschleunigung $A(t)$. $\beta(\omega)$ und $A(t)$ sind also beide durch die Beschaffenheit des Kontaktes bestimmt. Die zuletzt abgeleitete Verknüpfung von $A_{\omega_0}^2$ und $\beta(\omega_0)$ muß daher für jede Frequenz gelten, so daß wir fortan ω_0 durch ω ersetzen können.

Nun ist in (84.3) die doppelte kinetische Energie $m\overline{v^2}$ gleichzeitig die mittlere *Gesamtenergie* $\varepsilon(T)$ des in (84.1) links auftretenden *Oszillators*. Weiterhin beziehe sich (84.1) auf ein geladenes Teilchen der Ladung e. Die Beschleunigung $A(t)$ rühre von der x-Komponente E einer elektrischen Feldstärke $\mathfrak{E}$ her. Alsdann ist

$$A(t) = \frac{e}{m} E(t).$$

Mit diesen Bezeichnungen haben wir also für die spektrale Verteilung der Feldstärke

$$E_\omega^2 = \varepsilon(T) \frac{2}{\pi} \frac{m}{e^2} \beta(\omega). \tag{84.4}$$

Dabei ist im Bereich der klassischen Physik

$$\varepsilon(T) = kT. \tag{84.5}$$

Allgemeiner ist nach der Quantentheorie

$$\varepsilon(T) = \tfrac{1}{2}\hbar\omega + \frac{\hbar\omega}{e^{\frac{\hbar\omega}{kT}} - 1}. \tag{84.6}$$

Im thermischen Gleichgewicht gehört zu jeder durch die Ladung e bewirkten Dämpfung $\beta(\omega)$ ein durch die spektrale Verteilung (84.4) gekennzeichnetes elektrisches Feld. Indem wir β für zwei spezielle Fälle explizit angeben, werden wir aus (84.4) die bekannten Formeln für die Hohlraumstrahlung und für das Widerstandsrauschen gewinnen.

b) Die Hohlraumstrahlung.

Der Oszillator bewege sich im Vakuum. Dann ist die einzige Dämpfungsursache die aus der Hertzschen Lösung der Maxwell-Gleichungen bekannte Energieausstrahlung. Die durch sie bedingte Dämpfung ist

$$\beta = \frac{2}{3} \frac{e^2 \omega^2}{m c^3}.$$

Damit der Oszillator trotz dieser Dämpfung im Mittel die Energie ε besitzt, muß also nach (84.4) ein elektrisches Feld E vorhanden sein mit

$$E_\omega^2 = \varepsilon \frac{4}{3\pi} \frac{\omega^2}{c^3}.$$

Für die spektrale Energiedichte der isotropen Hohlraumstrahlung ergibt sich aus

$$u = \frac{1}{8\pi} (\mathfrak{E}^2 + \mathfrak{H}^2),$$

da im Mittel die Quadrate der sechs Feldstärkenkomponenten gleich groß sind, $\overline{u} = \frac{6}{8\pi} \overline{\mathfrak{E}_x^2}$, also

$$u_\omega = \varepsilon(T) \frac{1}{\pi^2} \frac{\omega^2}{c^3}. \tag{84.7}$$

Dabei ist $u_\omega \, d\omega$ die in das Frequenzintervall ω, $d\omega$ entfallende Energiedichte der thermischen Hohlraumstrahlung. Mit (84.6) für ε ist (84.7) identisch mit der PLANCKschen Strahlungsformel.

c) Das Widerstandsrauschen.

Nunmehr befinde sich der Oszillator zwischen den Platten eines Kondensators, welche ihrerseits durch einen Ohmschen Widerstand R miteinander verbunden sind. a sei der Plattenabstand. Es ist leicht zu sehen, daß hier eine neue Dämpfungsursache auftritt: Eine Bewegung der Ladung e bewirkt einen Strom J im Schließungskreis, erzeugt also die Joulesche Wärme $J^2 R$, natürlich auf Kosten der Bewegungsenergie. Der Mechanismus dieser Dämpfung besteht darin, daß mit dem Strom J eine Spannungsdifferenz $U = JR$ verknüpft ist, also eine das Teilchen bremsende Feldstärke $E = \frac{U}{a}$. Um diese Überlegung quantitativ zu gestalten, erinnern wir daran, daß die im Abstand x von der Platte I befindliche Ladung e auf I und II die Influenzladungen $Q_\text{I} = -e\frac{a-x}{a}$ und $Q_\text{II} = -e\frac{x}{a}$ erzeugt. Bewegt sich das Teilchen mit der Geschwindigkeit $v = \dot{x}$, so ist $\dot{Q}_\text{I} = -\dot{Q}_\text{II} = \frac{e}{a} v$. Der Ausgleich dieser Ladungen im Schließungskreis bewirkt den Strom $J = \frac{e}{a} v$, also den Spannungsabfall $U = JR = \frac{e}{a} Rv$. Die bremsende Kraft wäre dann $K = -e\frac{U}{a} = -\frac{e^2}{a^2} Rv$. Sie ist der Richtung von v stets entgegengerichtet. Das ergäbe die Dämpfung

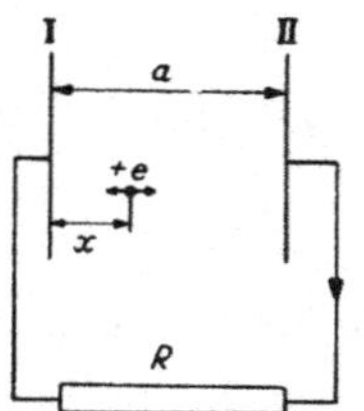

Abb. 117. Bewegung der Ladung e zwischen zwei, durch R verbundenen Kondensatorplatten I und II.

$$\beta = \frac{e^2}{a^2 m} R. \tag{84.8}$$

Tatsächlich liegen die Verhältnisse etwas komplizierter: Ist C die Kapazität des Kondensators, so ist bei einer Spannung U die momentane Ladung der Platten

$$Q_\text{I} = CU - e\frac{a-x}{a},$$

$$Q_\text{II} = -CU - e\frac{x}{a}.$$

Der Strom J ist gleich $\dot{Q}_\text{I} = -\dot{Q}_\text{II}$, also

$$J = C\dot{U} + \frac{e}{a} v.$$

Wegen $U = JR$ lautet also der Zusammenhang zwischen v und J:

$$J - RC\dot{J} = \frac{e}{a} v .$$

Bei periodischer Bewegung des Massenpunktes und mit den komplexen Amplituden J_0 und v_0 $\{J = J_0 e^{i\omega t};\ v = v_0 e^{i\omega t}\}$ wird daher

$$J_0 = \frac{e}{a} \frac{v_0}{1 - i\omega RC} .$$

Die quadratischen Mittelwerte ergeben somit

$$R\overline{J^2} = \frac{e^2}{a^2} \frac{\overline{v^2} R}{1 + \omega^2 R^2 C^2} .$$

Die Entwicklung der Jouleschen Wärme erfolgt auf Kosten der Energie des Oszillators: $\frac{d\varepsilon}{dt} = -RJ^2$, also wird

$$\frac{d\varepsilon}{dt} = -\beta\varepsilon \quad \text{mit} \quad \beta = \frac{e^2}{a^2 m} \frac{R}{1 + \omega^2 R^2 C^2} . \tag{84.9}$$

Damit trotz dieser Dämpfung der Oszillator im Mittel die thermische Energie $\varepsilon(T)$ besitze, muß also nach (84.4) eine elektrische Feldstärke E der spektralen Verteilung

$$E_\omega^2 \, d\omega = \varepsilon(T) \frac{2}{\pi a^2} \frac{R}{1 + \omega^2 R^2 C^2} d\omega$$

wirksam sein. Für die Spannung $U = aE$ gilt daher die spektrale Verteilung

$$U_\omega^2 \, d\omega = \varepsilon(T) \frac{2}{\pi} \frac{R}{1 + \omega^2 R^2 C^2} d\omega . \tag{84.10}$$

Für das Zeitmittel $\overline{U^2} = \int_0^\infty U_\omega^2 \, d\omega$ folgt aus (84.10)

$$\overline{U^2} = \varepsilon(T) \frac{2}{\pi} \int_0^\infty \frac{R \, d\omega}{1 + \omega^2 R^2 C^2} .$$

Mit $z = \omega RC$ als Integrationsvariabler hat man sogleich

$$\overline{U^2} = \frac{\varepsilon(T)}{C} .$$

$\frac{1}{2} C U^2$ ist die Energie des auf die Spannung U geladenen Kondensators. Mit $\varepsilon(T) = kT$ wird also

$$\tfrac{1}{2} C \overline{U^2} = \tfrac{1}{2} kT . \tag{84.11}$$

Dies Resultat war von vornherein zu erwarten. Es ist jedoch eine willkommene Kontrolle der zur Ableitung von (84.10) angestellten Überlegungen.

Die Formel (84.10) bildet einen speziellen Fall einer zuerst von NYQUIST abgeleiteten Formel über das „thermische Widerstandsrauschen". Zu ihrer Ableitung werden wir im folgenden versuchen, das Zustandekommen der thermischen Schwankungen von U besser zu verstehen.

§ 85. Die NYQUIST-Formel.

a) Die allgemeine Ableitung.

Wir betrachten wieder einen Kondensator, dessen Belegungen durch einen Ohmschen Widerstand verbunden sind. Der Kontakt mit einem Wärmebad bestehe darin, daß der Widerstand auf der Temperatur T gehalten wird.

Herrscht an den Enden von R der Spannungsabfall U, so fließt der Strom $J = \frac{U}{R}$. Nun denken wir daran, daß doch die Träger des Stromes der thermischen Bewegung unterworfen sind. Sie werden z. B. in höchst unregelmäßiger Weise von den Atomen des Leiters hin- und hergestoßen. Daher ist zu erwarten, daß auch der Strom J in höchst unregelmäßiger Weise kleine Amplituden um den Mittelwert $\frac{U}{R}$ ausführt. Für den wirklichen Verlauf des Stromes erwarten wir also

$$J = \frac{U}{R} + J_{therm}, \tag{85.1}$$

wo J_{therm} eine Folge des statistischen Charakters der Atombewegung ist. Der Strom besteht also aus zwei Teilen, einem durch die Spannung U erzeugten Teil und dem Teil J_{therm}, welcher mit einer Spannung nicht das geringste zu tun hat. Man denke daran, daß J_{therm} sehr wohl durch Stöße von neutralen Atomen bewirkt sein kann. Wir werden die Berechnung von J_{therm} auf Grund unserer Erfahrung mit der BROWNschen Bewegung nachher wirklich durchführen. Zunächst führen wir die allgemeine Diskussion von (85.1) weiter, indem wir diese Gleichung in der Form

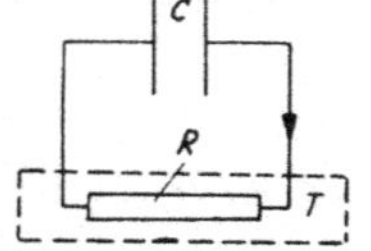

Abb. 118. Ohmscher Widerstand R und Kapazität C. Der Ohmsche Widerstand befindet sich in einem Temperaturbad T.

$$J = \frac{U + V}{R} \quad \text{mit} \quad V = R\, J_{therm} \tag{85.2}$$

schreiben. *Die so eingeführte Größe V hat physikalisch zwar die Dimension einer Spannung, sie hat aber primär gar nichts mit einer irgendwo vorhandenen oder gar meßbaren Spannung zu tun.* Diese Eigenschaft von V ist für das Verständnis der hier behandelten Vorgänge entscheidend. In unserem einfachen Fall (Kondensator und Widerstand) ist J mit der zeitlichen Änderung von U verknüpft durch $J = -\dot{Q} = -C\dot{U}$ (Q Ladung, C Kapazität); aus (85.2) wird also

$$-\left(U + RC\dot{U}\right) = V.$$

Mit der FOURIER-Entwicklung von U und V nach dem Schema des § 83 folgt daraus für die spektralen Verteilungen von U und V:

$$U_\omega^2 = \frac{V_\omega^2}{1 + \omega^2 R^2 C^2}. \tag{85.3}$$

Nun haben wir U_ω^2 oben in (84.10) berechnet. Mit $\varepsilon(T) = kT$ haben wir damit für die in (85.2) erklärte „fiktive Spannung" den Ausdruck:

$$V_\omega^2\, d\omega = \frac{2}{\pi} k T R\, d\omega. \tag{85.4}$$

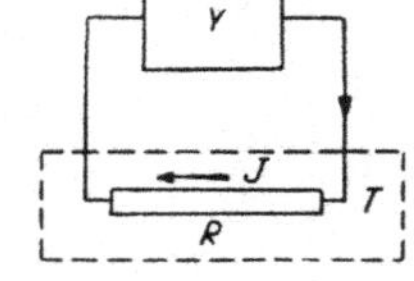

Abb. 119. Zur NYQUIST-Formel mit dem allgemeineren verlustfreien Schaltelement Y. Die Impedanz des Kreises ist $Z = R - iY$.

Das ist NYQUISTs Formel, welche in Verbindung mit (85.2) allgemein als Grundlage zur quantitativen Behandlung des Widerstandsrauschens benutzt wird. Dabei hat, wie nochmals betont sei, nur U, nicht aber V die Bedeutung einer Spannung im Sinne der Elektrizitätslehre.

Damit ergibt sich das folgende Schema zur Anwendung der NYQUIST-Gleichung: Der auf T gehaltene Widerstand sei über eine Reihe von Schaltelementen (durch den Kasten Y symbolisiert) geschlossen.

Y darf keine dissipativen Elemente, also speziell keinen Ohmschen Widerstand enthalten. Dann haben wir zwei Gleichungen für die zwischen den Enden von R wirksame Spannung U, nämlich erstens den durch die athermischen

Elemente Y bedingten Spannungsabfall und zweitens die Gl. (85.2). Bei sinusförmigem Strom (alle Größen proportional $e^{i\omega t}$) lautet in der üblichen komplexen Schreibweise die erste dieser Gleichungen $\tilde{U} = i\,Y(\omega)\,\tilde{J}$, mit reellem $Y(\omega)$. (Der Kasten soll ja keinen Ohmschen Widerstand enthalten.) Besteht Y z. B. aus Induktivität L und Kapazität C in Serie, so wäre speziell

$$Y(\omega) = \omega L - \frac{1}{\omega C}. \tag{85.5}$$

Bei allgemeinerem Stromverlauf können wir stets J durch ein FOURIER-Integral

$$J(t) = \frac{1}{\sqrt{2\pi}} \int_{-\infty}^{+\infty} j(\omega)\, e^{i\omega t}\, d\omega \qquad j(-\omega) = j^*(\omega)$$

beschreiben. Dann lautet die erste Gleichung für U

$$U(t) = \frac{1}{\sqrt{2\pi}} \int_{-\infty}^{+\infty} i\,Y(\omega)\, j(\omega)\, e^{i\omega t}\, d\omega\,.$$

Dazu kommt als zweite die Gl. (85.2)

$$U = R\,J - V$$

für den Strom J. Schreiben wir auch für V das FOURIER-Integral

$$V(t) = \frac{1}{\sqrt{2\pi}} \int_{-\infty}^{+\infty} c(\omega)\, e^{i\omega t}\, d\omega\,,$$

so liefern die beiden letzten Gleichungen nach Elimination von U

$$(R - i\,Y(\omega))\, j(\omega) = c(\omega)\,.$$

Damit haben wir — vgl. § 83 — die spektrale Verteilung des Stromes

$$J_\omega^2 = \frac{V_\omega^2}{|R - i\,Y(\omega)|^2}\,.$$

Man nennt in der Technik den Betrag der komplexen Größe

$$Z(\omega) = R - i\,Y(\omega)$$

die Impedanz des Kreises. Nach (85.4) wird also

$$J_\omega^2\, d\omega = \frac{2}{\pi}\, k\,T \frac{R}{|Z|^2}\, d\omega \tag{85.6}$$

und

$$\overline{J^2} = \frac{2\,k\,T}{\pi} \int_0^\infty \frac{R}{|Z|^2}\, d\omega\,. \tag{85.7}$$

Setzt man hier für $Y(\omega)$ den speziellen Wert (85.5) ein, so läßt sich das Integral unter Benutzung der Identität (83.12) leicht auswerten. Man erhält das Resultat, daß sowohl die mittlere Energie $\frac{1}{2} L\,J^2$ der Induktivität wie auch die Energie $\frac{1}{2}\frac{Q^2}{C}$ der Kapazität den „richtigen" Wert $\frac{1}{2}\,k\,T$ haben.

Es wird nämlich

$$\overline{J^2} = \frac{2\,k\,T}{\pi} \int_0^\infty \frac{R\, d\omega}{R^2 + \left(\omega L - \frac{1}{\omega C}\right)^2}$$

und

$$\overline{Q^2} = \frac{2\,k\,T}{\pi} \int_0^\infty \frac{R\, d\omega}{\omega^2 \left\{R^2 + \left(\omega L - \frac{1}{\omega C}\right)^2\right\}}\,.$$

Mit $s = \frac{1}{\omega}$ als Integrationsvariabler wird

$$\overline{Q^2} = \frac{2kT}{\pi} \int_0^\infty \frac{R\,\mathrm{d}s}{R^2 + \left(\frac{L}{s} - \frac{s}{C}\right)^2}.$$

$\overline{Q^2}$ folgt also aus $\overline{J^2}$ durch Vertauschen von L und $\frac{1}{C}$. Das in $\overline{J^2}$ auftretende Integral läßt sich auf die Form (83.12) bringen: Es ist nämlich

$$\overline{J^2} = \frac{2kT}{\pi} \frac{R}{L^2} \int_0^\infty \frac{\omega^2\,\mathrm{d}\omega}{\frac{R^2}{L^2}\omega^2 + \left(\omega^2 - \frac{1}{LC}\right)^2}.$$

Nach (83.12) hat das Integral den Wert $\frac{\pi}{2}\frac{L}{R}$, also bleibt $\overline{J^2} = \frac{kT}{L}$ und damit $\overline{Q^2} = kTC$.

Beim Übergang zu der in den Anwendungen oft bevorzugten ν-Skala ($\omega = 2\pi\nu$; $J^2_\omega\,\mathrm{d}\omega = J^2_\nu\,\mathrm{d}\nu$) lautet (85.6) auch

$$J^2_\nu\,\mathrm{d}\nu = 4kT\frac{R(\nu)}{|Z(\nu)|^2}\,\mathrm{d}\nu. \tag{85.6a}$$

b) Ein einfaches Modell zum Widerstandsrauschen.

Wir gingen oben zur Gewinnung der NYQUIST-Formel aus von einem zwischen den Platten eines Kondensators befindlichen Oszillator, indem wir die Dämpfung berechneten, welche dessen Oszillationen durch die Anwesenheit eines die Platten verbindenden Widerstands erfahren. Von der physikalischen Natur des Widerstandes war dabei gar nicht die Rede. Er war lediglich durch seinen Ohmschen Widerstand R gekennzeichnet, kann im übrigen ein Elektrolyt oder irgendein Metall sein. Die Einführung des Oszillators ist zwar durchaus legitim. Sie könnte aber doch als ein recht künstliches Hilfsmittel empfunden werden. Man möchte doch gern verstehen, wie durch die Temperaturbewegung innerhalb des Widerstandes gerade der durch die obigen Gln. (85.2) u. (85.4) beschriebene Strom J_{therm} zustande kommt. Eine derartige Begründung der NYQUIST-Formel wurde in recht allgemeiner Weise von CALLEN und WELTON[1] mit den Hilfsmitteln der Quantentheorie gegeben.

Im folgenden soll statt dessen versucht werden, die genannte Formel mit einem einfachen klassischen Modell zu begründen. Als Modell unseres Widerstandsmaterials wählen wir ein Kontinuum, welches je cm³ n frei bewegliche Teilchen der Masse m und der Ladung e enthält. Das Kontinuum besitzt wegen der Elektroneutralität die Ladungsdichte $-ne$. Außerdem soll es auf ein bewegtes Teilchen die bremsende Kraft $-m\beta\mathfrak{v}$ ausüben. Dies Modell entspricht etwa einem Elektrolyten. In den alten Zeiten von DRUDE versuchte man auch das Metall in dieser Weise zu beschreiben.

Unter der Wirkung einer in x-Richtung wirkenden elektrischen Feldstärke E erhält ein so gekennzeichnetes Teilchen in der x-Richtung die Geschwindigkeit

$$v = \frac{e}{m\beta}E.$$

Diese bewirkt die Stromdichte $j = env$, also

$$j = \frac{ne^2}{m\beta}E.$$

[1] CALLEN, H. B., u. T. A. WELTON: Phys. Rev. **83**, 34 (1951).

Der spezifische Widerstand unserer Substanz ist also $\frac{m\beta}{n e^2}$. Der Widerstand R eines Drahtes von der Länge l und dem Querschnitt q wird

$$R = \frac{l\, m\, \beta}{q\, n\, e^2}. \tag{85.8}$$

Hat der so charakterisierte Widerstand die Temperatur T, so muß nach dem Gleichverteilungssatz für die x-Komponente v von $\mathfrak{v}$ gelten

$$\overline{v^2} = \frac{kT}{m}. \tag{85.9}$$

Seitens des Kontinuums müßten also außer der Reibung noch unregelmäßige Kräfte $m A(t)$ von der Art wirken, daß trotz der Reibung vermöge der Gleichung $\dot{v} + \beta v = A(t)$ gerade dieser Wert von $\overline{v^2}$ erhalten bleibt. Wir können somit unsere früheren Resultate (speziell § 81) über die BROWNsche Bewegung unmittelbar übernehmen. Für das Weitere brauchen wir von diesen nur die Korrelationsgleichung (81.5) für $v(t)$

$$\overline{v(t)\, v(t+\tau)} = \overline{v^2}\, e^{-\beta|\tau|}$$

und die damit verknüpfte in § 83 beschriebene spektrale Zerlegung $\overline{v^2} = \int\limits_0^\infty v_\omega^2\, d\omega$. Nach (83.5) gilt allgemein

$$v_\omega^2 = \frac{1}{\pi} \int\limits_{-\infty}^{+\infty} \overline{v(t)\, v(t+\tau)} \cos\omega\tau\, d\tau\,.$$

Ausführung des Integrals ergibt

$$v_\omega^2 = \frac{2}{\pi}\, \overline{v^2}\, \frac{\beta}{\beta^2 + \omega^2},$$

mit (85.9) also auch

$$v_\omega^2 = \frac{2}{\pi}\, \frac{kT}{m}\, \frac{\beta}{\beta^2 + \omega^2}. \tag{85.10}$$

Nunmehr betrachten wir den Draht (Länge l und Querschnitt q). Er enthält im ganzen $N = nql$ Teilchen der beschriebenen Art. Beträgt v_j die Geschwindigkeit des Teilchens Nr. j, so können wir für den momentanen Strom J setzen

$$J = \frac{e}{l} \sum_{j=1}^{N} v_j\,. \tag{85.11}$$

Dabei nehmen wir an, daß J entlang des Drahtes konstant ist und daß die Teilchen praktisch gleichmäßig über den Draht verteilt sind. Eine merkliche Abweichung von dieser Situation soll durch die damit verknüpften Raumladungen verhindert sein. Zur Rechtfertigung von (85.11) genügt dann die Bemerkung, daß aus (85.11) für den zeitlichen Mittelwert folgt

$$\overline{J} = \frac{N e}{l}\, \overline{v} = q\, n\, e\, \overline{v},$$

wie es sein muß. Indem wir diesen Mittelwert abspalten, können wir statt (85.11) schreiben

$$J = \frac{e}{l} \sum_j (v_j - \overline{v}) + \frac{N e}{l}\, \overline{v}\,. \tag{85.12}$$

Der zweite Summand ist nur bei Anwesenheit einer Spannung U von Null verschieden; er ist dann gleich $\frac{U}{R}$, also haben wir die in (85.1) allgemein formulierte Zerlegung

$$J = J_{therm} + \frac{U}{R}$$

durchgeführt mit dem speziellen Wert

$$J_{therm} = \frac{e}{l} \sum_{j=1}^{N} (v_j - \bar{v}).$$

Die in (85.2) eingeführte fiktive Spannung $V = R J_{therm}$ wird also

$$V = \frac{eR}{l} \sum_{j=1}^{N} (v_j - \bar{v}).$$

Nun haben die Größen $v_j - \bar{v}$ eine isotrope MAXWELL-Verteilung. Wir können also $\bar{v}$ fortlassen und uns auf das statistische Verhalten von

$$V = R \frac{e}{l} \sum_{j=1}^{N} v_j$$

mit $\overline{v_j} = 0$ beschränken. Wegen der statistischen Unabhängigkeit der einzelnen v_j gilt $\sum_{j \neq k} v_j v_k \approx 0$, also

$$V^2(t) = R^2 \frac{e^2}{l^2} \sum_{j=1}^{N} v_j^2(t).$$

Nun können wir auf beiden Seiten zum zeitlichen Mittel und zur Spektralzerlegung übergehen. Die Zerlegung für $v_j(t)$ hat für jedes j den durch (85.10) gegebenen Wert. Wir erhalten somit

$$V_\omega^2 = R^2 \frac{e^2}{l^2} N \frac{2}{\pi} \frac{kT}{m\beta} \frac{1}{1 + \left(\frac{\omega}{\beta}\right)^2}.$$

Wegen $N = qln$ ist aber $\frac{l^2 m \beta}{e^2 N} = R$, also

$$V_\omega^2 = \frac{2}{\pi} kTR \frac{1}{1 + \frac{\omega^2}{\beta^2}}. \tag{85.13}$$

Für Frequenzen, welche klein gegen die reziproke Bremszeit β sind, haben wir damit eine vollständige Übereinstimmung mit der NYQUIST-Formel (85.4) erzielt. Wenn dagegen ω in die Größenordnung von β kommt, darf bei unserem Modell die Gleichung nicht herauskommen, weil es keinen reinen Ohmschen Widerstand mehr besitzt, was ja bei der Ableitung von (85.4) vorausgesetzt war. Denn aus der Bewegungsgleichung $v + \beta v = \frac{e}{m} E$ folgt mit E und $v \sim e^{i\omega t}$: $(i\omega + \beta) v = \frac{e}{m} E$. Die Verknüpfung zwischen E und $j = nev$ lautet also

$$E = \frac{m}{ne^2} (\beta + i\omega) j.$$

An Stelle des Ohmschen Widerstandes R hat unser Modell eine Impedanz

$$Z(\omega) = R + iR\frac{\omega}{\beta}.$$

Nur im Falle $\omega \ll \beta$ ist daher bei diesem Modell überhaupt die Gültigkeit von $V_\omega^2 = \frac{2}{\pi} kTR$ zu erwarten.

§ 86. Der Schroteffekt.

Die im vorstehenden entwickelten mathematischen Methoden zur Behandlung einer statistischen Funktion verlocken zu einer einfachen Behandlung der als Schroteffekt bezeichneten Stromschwankungen. Wenn in einer Diode je Sekunde

n Elektronen den Glühdraht verlassen, so fließt im Mittel der Strom $\bar{J} = ne$. Wir nehmen an, daß die einzelnen Elektronen statistisch unabhängig voneinander austreten. Überdies wollen wir die Flugzeit als unendlich klein ansehen. Der Strom $J(t)$ wird dann sehr unregelmäßige Schwankungen zeigen. Unser Interesse gilt der statistischen Funktion

$$J'(t) = J(t) - \bar{J}.$$

Mit J' bilden wir nacheinander die oben in § 78, § 81 und § 83 eingeführten Größen:

$$\frac{\overline{G^2}}{\tau} = \frac{1}{\tau}\overline{\left(\int_t^{t+\tau} J'(t)\,\mathrm{d}t\right)^2}; \qquad \Phi(t) = \overline{J'(t)\,J'(t+\tau)} \quad \text{und} \quad J_\omega'^2.$$

Bedeutet ν die Zahl der von t bis $t+\tau$ übergehenden Elektronen, so ist

$$\int_t^{t+\tau} J'(t)\,\mathrm{d}t = e(\nu - n\tau)$$

und

$$\overline{\left(\int_t^{t+\tau} J'(t)\,\mathrm{d}t\right)^2} = e^2\,\overline{(\nu - n\tau)^2}.$$

Nun ist $\bar{\nu} = n\tau$. Für das Schwankungsquadrat gilt die Grundformel der Statistik unabhängiger Ereignisse:

$$\overline{(\nu - n\tau)^2} = n\tau.$$

Damit wird einfach

$$\frac{\overline{G^2}}{\tau} = e\bar{J}.$$

Nach (81.3) gilt daher für $\Phi(\tau)$

$$\int_{-\infty}^{+\infty} \Phi(\tau)\,\mathrm{d}\tau = e\bar{J}.$$

Nun ist aber bei unserem Modell keinerlei statistische Verknüpfung zwischen den Werten von J' zu den Zeiten t und $t+\tau$ vorhanden. Also muß $\Phi(\tau)$ die Gestalt einer δ-Funktion haben:

$$\Phi(\tau) = e\bar{J}\,\delta(\tau).$$

(Es ist ja $\int \delta(\tau)\,\mathrm{d}\tau = 1$.) Damit haben wir aber nach (83.5) die spektrale Zerlegung

$$J_\omega'^2 = \frac{1}{\pi} e\bar{J}$$

oder in der ν-Skala

$$J_\nu'^2\,\mathrm{d}\nu = 2e\bar{J}\,\mathrm{d}\nu. \tag{86.1}$$

Das ist die zuerst von SCHOTTKY angegebene Formel für den Schroteffekt.

Es ist mehrfach versucht worden, dieses Resultat in Verbindung zu bringen mit dem oben behandelten Strom J beim Widerstandsrauschen. Nach (85.2) und (85.4) galt

$$(J_\nu^2)_{therm}\,\mathrm{d}\nu = 4\frac{kT}{R}\,\mathrm{d}\nu. \tag{86.2}$$

Zunächst scheinen die durch (86.1) und (86.2) beschriebenen Schwankungen gänzlich verschiedene Ursachen zu haben. Im Grunde beruhen aber beide auf der atomaren Struktur der Elektrizität. Nur tritt diese atomare Struktur in (86.1) in Form der Elementarladung unmittelbar in Erscheinung, während (86.2) dadurch zustande kam, daß die einzelnen Ladungsträger der thermischen Agitation unterworfen sind. Diese Parallele wird z. B. von FÜRTH[1] ausführlich diskutiert.

[1] FÜRTH, R.: Proc. Roy. Soc. [London], Ser. A **192**, 593 (1948).

VII. Thermodynamik irreversibler Prozesse.

§ 87. Irreversible Vorgänge und Anwachsen der Entropie.

Die Aussagen der klassischen Thermodynamik beziehen sich auf solche Vorgänge, welche reversibel durchlaufen werden. Die Bedeutung dieser Einschränkung haben wir in § 6 am CARNOTschen Kreisprozeß diskutiert. Reversibel sind nur solche Prozesse, welche „unendlich langsam" geführt werden. Jeder wirkliche, d. h. mit endlicher Geschwindigkeit verlaufende Vorgang ist notwendig irreversibel. So ist z. B. ein Wärmeübergang von A nach B nur dann möglich, wenn A wärmer ist als B. Ein zwei Gasmassen trennender Kolben bewegt sich nur dann, wenn der Druck auf beiden Seiten verschieden ist. In beiden Fällen ist der wirklich ablaufende Vorgang mit einem Anwachsen der Entropie verbunden. Wir haben die eigentümliche Situation, daß die Thermodynamik nur von reversiblen Vorgängen spricht, bei denen die Entropie in jedem abgeschlossenen System konstant bleibt, während jeder in der Natur ablaufende Vorgang mit einem Anwachsen der Entropie verknüpft ist.

Für die in diesem Abschnitt zu behandelnden Gegenstände ist nun eine neue Ausdrucksweise charakteristisch. Wir sahen, daß ein irreversibler Vorgang stets mit einem Anwachsen der Entropie verbunden ist, daß also die beiden Phänomene stets gleichzeitig auftreten. Wenn man nun sagt, eines der Phänomene sei die Ursache des anderen, so enthält eine solche Aussage keine neue physikalische Erkenntnis. Sie gestattet aber oft eine prägnantere und lebendigere Formulierung von Gesetzmäßigkeiten. Im vorliegenden Fall steht es uns in diesem Sinne frei, zu sagen: „Die Entropie nimmt deswegen zu, weil ein irreversibler Vorgang abläuft" oder aber: „Der irreversible Vorgang läuft deswegen ab, weil er mit einem Anwachsen der Entropie verbunden ist". In den Anfängen der Wärmelehre stand die in der ersten Formulierung angedeutete Blickrichtung im Vordergrund. In neuerer Zeit hat sich die zweite Formulierung vielfach als fruchtbar erwiesen. In ihr wird die Tendenz der Entropie zum Anwachsen als „Ursache" für den irreversiblen Vorgang angesehen. Wir sprechen geradezu von einer „Kraft", welche den Vorgang antreibt. Wir erwarten dann, daß der Vorgang um so schneller abläuft, je größer der mit ihm verbundene Entropiezuwachs ist. So gelangen wir dazu, eine Verknüpfung zwischen dem Anwachsen der Entropie und der Geschwindigkeit des Vorganges zu vermuten.

Sei etwa a die gerade interessierende Größe (Beispiele werden sogleich folgen) und sei die Entropie $S = S(a)$ als Funktion von a bekannt, so ist mit einer zeitlichen Änderung von a die Änderung

$$\dot{S} = \dot{a}\,\frac{\partial S}{\partial a} \tag{87.1}$$

der Entropie verknüpft. Wir interpretieren diese Gleichung dahin, daß wir $\partial S/\partial a$ als die Kraft ansehen, welche die Änderung von a bewirkt. Im thermischen Gleichgewicht ist $\partial S/\partial a = 0$. Bei nicht zu großen Abweichungen vom Gleichgewicht erwarten wir eine Proportionalität

$$\dot{a} = C\,\frac{\partial S}{\partial a} \tag{87.2}$$

mit einem vorerst unbekannten, aber von a unabhängigen und sicher positiven Faktor C. Ist speziell a_0 ein Gleichgewichtswert von a, so muß S an der Stelle a_0

ein Maximum haben, also $(\partial S/\partial a)_{a_0} = 0$; $(\partial^2 S/\partial a^2)_{a_0} < 0$. Liegt also a in der Nähe von a_0, so folgt aus (87.2)

$$\dot{a} = C\left(\frac{\partial^2 S}{\partial a^2}\right)_{a_0} (a - a_0) \tag{87.3}$$

mit positivem C und negativem $(\partial^2 S/\partial a^2)_{a_0}$.

In der Mechanik des Massenpunktes gehört zu einer potentiellen Energie $\varphi(x)$ die Kraft $-\partial\varphi(x)/\partial x$. Mit unserer Interpretation von $\partial S/\partial a$ als „Kraft" stellen wir somit eine Analogie zwischen Entropie (in der Wärmelehre) und negativer potentieller Energie (in der Mechanik) her. Eine Übertragung dieser Analogie auf die Bewegungsgleichung (87.1) scheitert zunächst an dem fundamentalen Unterschied zwischen den grundsätzlich reversiblen Vorgängen der reinen Punktmechanik und den irreversiblen thermischen Vorgängen: Durch $\partial S/\partial a$ wird nach (87.2) die Geschwindigkeit $\dot{a}$, durch $-\partial\varphi/\partial x$ dagegen die Beschleunigung $\ddot{x}$ festgelegt. Eine Proportionalität zwischen Kraft und Geschwindigkeit tritt in der Mechanik nur dann auf, wenn der Massenpunkt sich gegen einen so starken Reibungswiderstand bewegt, daß in der Bewegungsgleichung $m(\dot{v} + \beta v) = -\partial\varphi/\partial x$ das Trägheitsglied $m\dot{v}$ verschwindend klein wird gegenüber dem Reibungsglied $m\beta v$. Wir wollen uns am ersten der nachfolgenden Beispiele überzeugen, daß mit dieser Einschränkung auch ein rein mechanischer Vorgang durch den Ansatz $\dot{a} = C\,\partial S/\partial a$ zutreffend beschrieben wird.

Bei jeder Anwendung von (87.1) und (87.2) hat man sorgfältig darauf zu achten, daß der Satz vom Anwachsen der Entropie nur für ein abgeschlossenes System gilt. Bei einem solchen sind speziell Gesamtenergie, Gesamtvolumen und Gesamtteilchenzahlen fest vorgegebene Größen. Wir betrachten nunmehr einige durchsichtige Anwendungen von (87.2).

a) Der elastisch gebundene Massenpunkt in einem zähen Medium.

Ein nur in der x-Richtung beweglicher Massenpunkt sei durch die potentielle Energie $\varphi = \frac{1}{2}\varkappa x^2$ an die Gleichgewichtslage $x = 0$ gebunden. Er sei umgeben von einem Medium, dessen Entropie $S = S(U, V)$ bekannt sei. Die Auslenkung x ist unser erstes Beispiel für die in (87.1) und (87.2) eingeführte Größe a. Ist nun U_0 die fest vorgegebene Energie der ganzen Anordnung, so ist bei der Auslenkung x die Energie des Mediums $U = U_0 - \varphi(x)$, die von x abhängige Entropie der ganzen Anordnung also

$$S(x) = S(U_0 - \varphi(x), V).$$

Wir nehmen an, daß $\varphi(x) \ll U_0$ ist. Dann können wir nach $\varphi(x)$ entwickeln: $S(x) = S(U_0, V) - \partial S/\partial U_0\,\varphi(x)$. Wegen der allgemeinen Relation $\partial S/\partial U = 1/T$ wird also

$$S(x) = S_0 - \frac{1}{T}\varphi(x) \quad \text{und} \quad \frac{\partial S}{\partial x} = -\frac{1}{T}\frac{\partial\varphi}{\partial x}. \tag{87.4}$$

Unser Ansatz (87.2), nämlich $\dot{x} = C\partial S/\partial x$, ist also identisch mit $\dot{x} = -(C/T)\,\partial\varphi/\partial x$. Mit der elastischen Kraft $-\varkappa x$ und der „Beweglichkeit" $B = C/T$ wird $\dot{x} = -B\varkappa x$. Daraus folgt $x(t) = x_0 \exp(-B\varkappa t)$ für die asymptotische Annäherung an die Gleichgewichtslage.

b) Wärmeaustausch.

Zwei Körper (1) und (2) seien miteinander in Berührung. Im Gleichgewicht seien ihre Energien U_1 und U_2. Die feste Gesamtenergie des Systems ist $U_1 + U_2$. In einem vom Gleichgewicht abweichenden Zustand sei $U_1 + u$ die Energie des ersten Systems, $U_2 - u$ diejenige des zweiten.

Sind $S_1(U)$ und $S_2(U)$ die Entropien der beiden Körper, so ist die Entropie des Gesamtsystems bei der Abweichung u vom Gleichgewicht

$$S(u) = S_1(U_1 + u) + S_2(U_2 - u).$$

Für kleine Werte von u also

$$S(u) = S_1(U_1) + S_2(U_2) + u\left(\frac{\partial S_1}{\partial U_1} - \frac{\partial S_2}{\partial U_2}\right) + \frac{1}{2}u^2\left(\frac{\partial^2 S_1}{\partial U_1^2} + \frac{\partial^2 S_2}{\partial U_2^2}\right). \qquad (87.5)$$

Damit $u = 0$ ein Gleichgewichtszustand sei, muß

$$\left(\frac{\partial S_1}{\partial U}\right)_{U_1} = \left(\frac{\partial S_2}{\partial U}\right)_{U_2} = \frac{1}{T_0}$$

sein. Damit wird

$$\dot{S} = \dot{u}\,u\left(\frac{\partial^2 S_1}{\partial U_1^2} + \frac{\partial^2 S_2}{\partial U_2^2}\right).$$

Nun ist bei der Abweichung u vom Gleichgewicht die Temperatur von (1)

$$\frac{1}{T_1} = \left(\frac{\partial S_1}{\partial U}\right)_{U_1+u} = \frac{1}{T_0} + \left(\frac{\partial^2 S_1}{\partial U^2}\right)_{U_1} u \qquad (87.6)$$

und

$$\frac{1}{T_2} = \frac{1}{T_0} - \left(\frac{\partial^2 S_2}{\partial U^2}\right)_{U_2} u.$$

Also wird $1/T_1 - 1/T_2 = u\left((\partial^2 S/\partial u^2)_1 + (\partial^2 S/\partial u^2)_2\right)$. Wir haben damit für $\dot{S}$:

$$\dot{S} = \dot{u}\left(\frac{1}{T_1} - \frac{1}{T_2}\right).$$

u hat die Bedeutung eines von (2) nach (1) fließenden Wärmestromes. Unsere Vermutung besagt also für diesen Wärmestrom

$$\dot{u} = C\left(\frac{1}{T_1} - \frac{1}{T_2}\right) = \frac{C}{T_1 T_2}(T_2 - T_1),$$

d. h., für kleine Temperaturunterschiede ist der Wärmestrom der Temperaturdifferenz proportional. Der Nenner $T_1 T_2$ ist in diesem Zusammenhang völlig belanglos, da wir ja ohne eine detaillierte Theorie über die Größe C (und ihre T-Abhängigkeit) keine näheren Aussagen machen können.

c) Die Wärmeleitung im Kontinuum.

Zu einer Erweiterung der in (87.1) und (87.2) eingeführten Begriffsbildung gelangen wir bei Betrachtung der Wärmeleitung in einem kontinuierlich ausgebreiteten Medium, in welchem die interessierenden Größen nicht nur von der Zeit, sondern auch vom Ort abhängen. Bezeichnen wir mit u die Energiedichte in einem wärmeleitenden Medium und mit $\mathfrak{j}$ den Energiestrom, so verlangt die Erhaltung der Energie, daß

$$\frac{\partial u}{\partial t} + \operatorname{div}\mathfrak{j} = 0$$

ist. Ist nun $s(u)$ die zu u gehörige Entropiedichte, d. h. die Entropie der Volumeneinheit, so ist

$$\frac{\partial s}{\partial t} = \frac{\partial s}{\partial u}\frac{\partial u}{\partial t} = \frac{1}{T}\frac{\partial u}{\partial t}.$$

Wegen

$$\frac{1}{T}\operatorname{div}\mathfrak{j} = \operatorname{div}\left(\frac{\mathfrak{j}}{T}\right) - \left(\mathfrak{j},\ \operatorname{grad}\frac{1}{T}\right)$$

gilt also für die zeitliche Änderung der Entropiedichte:

$$\frac{\partial s}{\partial t} + \operatorname{div}\left(\frac{\mathfrak{j}}{T}\right) = \left(\mathfrak{j},\ \operatorname{grad}\frac{1}{T}\right). \qquad (87.7)$$

Ist das Medium thermisch isoliert, so ist an seiner Oberfläche die Normalkomponente von $\mathfrak{j}$ gleich Null. Dann haben wir für das zeitliche Anwachsen der Entropie

$$\frac{\mathrm{d}}{\mathrm{d}t}\int s\,\mathrm{d}V = \int\left(\mathfrak{j},\ \operatorname{grad}\frac{1}{T}\right)\mathrm{d}V. \tag{87.8}$$

Nach (87.7) deuten wir $\mathfrak{j}/T$ als *Entropiestromdichte*. Alsdann müssen wir die rechtsstehende Größe

$$\vartheta = \left(\mathfrak{j},\ \operatorname{grad}\frac{1}{T}\right) \tag{87.9}$$

als die in der Volumeneinheit sekundlich erzeugte Entropie ansehen.

Gl. (87.7) entspricht der früheren $\dot{S} = \dot{a}\,\partial S/\partial a$. Die „Quelldichte" ϑ der Entropie tritt hier an die Stelle von $\dot{S}$, $\dot{a}$ ist ersetzt durch die ortsabhängige Wärmestromdichte $\mathfrak{j}$ und $\partial S/\partial a$ durch die den Wärmestrom treibende Kraft $\operatorname{grad} 1/T$. Die Tendenz der Entropie zum Anwachsen findet ihren einfachsten Ausdruck in dem unserer Gl. (87.2) entsprechenden Ansatz

$$\mathfrak{j} = \lambda' \operatorname{grad}\frac{1}{T} = -\frac{\lambda'}{T^2}\operatorname{grad} T,$$

welcher bei positivem λ' ein monotones Anwachsen der Entropie garantiert. Die Wärmeleitfähigkeit λ'/T^2 kann dabei noch beliebig vom Ort abhängen.

§ 88. Die irreversiblen Vorgänge in der statistischen Mechanik.

Wir behandelten soeben einige irreversible Vorgänge im Sinne der phänomenologischen Thermodynamik. Wenn wir versuchen, dieselben Vorgänge mit Hilfe der statistischen Mechanik zu beschreiben, so begegnen wir der gleichen tiefliegenden Schwierigkeit, welche wir bereits bei der Besprechung des Stoßzahlansatzes antrafen: Die der statistischen Mechanik zugrunde liegenden Bewegungsgleichungen sind grundsätzlich reversibel. Das bedeutet: Ist die Hamilton-Funktion $\mathcal{H}(x_j, p_j)$ quadratisch in den p_j, so ändern die Bewegungsgleichungen $\mathrm{d}x_j/\mathrm{d}t = \partial\mathcal{H}/\partial p_j$; $\mathrm{d}p_j/\mathrm{d}t = -\partial\mathcal{H}/\partial x_j$ sich nicht, wenn wir gleichzeitig t durch $-t$ und p_j durch $-p_j$ ersetzen. (Bei Anwesenheit eines Magnetfeldes $\mathfrak{B}$ muß man außerdem $\mathfrak{B}$ durch $-\mathfrak{B}$ ersetzen; auf diese Feinheit gehen wir hier nicht näher ein.) Wir erläutern den Übergang zur statistischen Behandlung an dem obigen Beispiel (§ 87a) des elastisch gebundenen und von einem zähen Medium umgebenen Massenpunktes. Durch die Angabe der Auslenkung x war das System im Sinne der *makroskopischen* Betrachtung vollständig beschrieben. Die Rückkehr in die Gleichgewichtslage war eindeutig durch

$$\dot{x} = -\varkappa B x \quad \text{oder} \quad x(t) = x(0)\,e^{-\varkappa B t} \tag{88.1}$$

festgelegt. Die statistische Beschreibung des gleichen Vorganges verlangt zunächst zwei wesentliche Änderungen. Zunächst überlagert sich über die durch (88.1) beschriebene Bewegung die unregelmäßige Brownsche Bewegung des Teilchens. Deren Amplitude ist nach dem Gleichverteilungssatz (§ 33a) $\left(\frac{1}{2}\varkappa\,\overline{x^2} = \frac{1}{2}kT\right)$ von der Größenordnung $\sqrt{kT/\varkappa}$. Die Gl. (88.1) ist als empirische Gleichung nur richtig, wenn x sehr viel größer als $\sqrt{kT/\varkappa}$ ist. Wegen der in (88.1) ignorierten Brownschen Zitterbewegung ist die Größe $\dot{x}$ nicht als Differentialquotient im Sinne der Mathematik zu verstehen, sondern als Differenzenquotient $[x(t+\tau) - x(t)]/\tau$. Dabei muß die Zeit τ so groß sein, daß innerhalb τ bereits viele atomare Prozesse (z. B. Stöße seitens der Moleküle des umgebenden Mediums) erfolgt sind, andererseits aber doch so klein, daß die relative Änderung von x innerhalb τ nur gering ist.

Sodann ist durch die Angabe von x der Zustand für die statistische Mechanik keineswegs festgelegt. Außer durch x wird das System erst durch Angabe aller übrigen Koordinaten $q_1, \ldots, q_N, p_1, \ldots, p_N$ beschrieben, welche mit x zusammen einen Punkt der mikrokanonischen Gesamtheit bilden. Durch die Angabe $x = x'$ wird also nur gesagt, daß sich das System irgendwo in dem durch $x = x'$ gegebenen Unterbereich der mikrokanonischen Gesamtheit befindet. Jeder Punkt dieses Unterbereiches repräsentiert ein Exemplar der Gesamtheit, welches seine Bahnkurve im Γ-Raum durchläuft. Im Verlauf der Zeit τ ist x von x' aus in einen neuen Wert $x(\tau, x', q_1, \ldots, p_N)$ übergegangen, welcher außer von x' noch von allen andern Koordinaten und Impulsen abhängen wird. Wir bezeichnen mit $\tilde{x}(\tau, x')$ den Mittelwert von $x(\tau, x', q_1, \ldots, p_N)$ über den Unterbereich $x = x'$ der mikrokanonischen Gesamtheit. Die makroskopische Größe $\dot{x}$ der Gl. (88.1) ist also in dem erläuterten Sinne zu ersetzen durch

$$\dot{x} \to \frac{\tilde{x}(\tau, x') - x'}{\tau}.$$

Nach der makroskopischen Gl. (88.1) ist die Ableitung $\dot{x} = -\varkappa B x$ bei positivem x stets negativ. Wir wollen uns überzeugen, daß auch die Größe $x(\tau, x') - x'$ praktisch immer negativ ist. Diese zunächst höchst überraschende Tatsache erkennt man am besten, wenn man von der soeben betrachteten mikrokanonischen Gesamtheit sehr vieler Systeme zu der damit äquivalenten Zeitgesamtheit eines einzelnen Systems übergeht. Zu dem Zweck betrachten wir den Verlauf der Funktion $x(t)$ während einer ungeheuer langen Zeit, wie er in Abb. 120 angedeutet ist. Die Kurve $x(t)$ besteht aus einem höchst unregelmäßigen Untergrund mit x-Werten der Größenordnung $\sqrt{kT/\varkappa}$, aus welchem hin und wieder größere Berge aufragen. Die Häufigkeit eines zwischen x und $x + \mathrm{d}x$ liegenden Wertes von x ist bestimmt durch die Relation (vgl. §§ 73, 74)

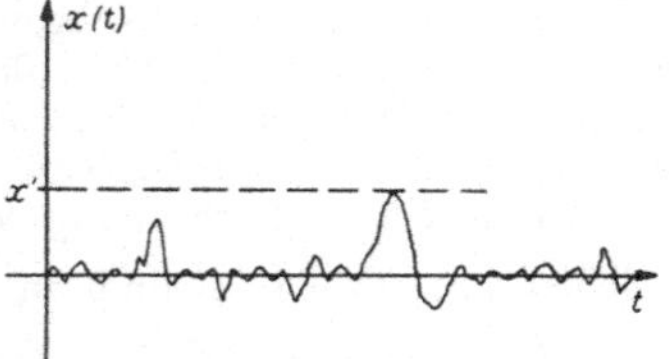

Abb. 120. Die Schnittpunkte der statistischen $x(t)$-Kurve mit der Geraden $x = x'$.

$$w(x)\,\mathrm{d}x = \frac{e^{\frac{S(x)}{k}}\,\mathrm{d}x}{\int e^{\frac{S(x)}{k}}\,\mathrm{d}x},$$

nach (87.4) also

$$w(x)\,\mathrm{d}x = \sqrt{\frac{\varkappa}{2\pi kT}}\; e^{-\frac{\varkappa x^2}{2kT}}\,\mathrm{d}x\,. \tag{88.2}$$

Ein makroskopischer Wert x', d. h. ein Wert $x' \gg \sqrt{kT/\varkappa}$, wird von dieser Kurve nur ungeheuer selten erreicht. Zur Bildung der oben eingeführten Größe $\tilde{x}(\tau, x') - x'$ haben wir parallel zur t-Achse die Gerade $x = x'$ zu zeichnen und alle Schnittpunkte dieser Geraden mit der $x(t)$-Kurve aufzusuchen. Ist t_j der Wert von t für einen dieser Schnittpunkte, so entnehmen wir aus der Kurve den Wert von x zu der um τ späteren Zeit und bilden die Größe $x(t_j + \tau) - x'$. Der Mittelwert dieser Größe über alle j, d. h. über alle Schnittpunkte, ist dann identisch mit dem gesuchten $\tilde{x}(\tau, x') - x'$.

Nun kommt die entscheidende Wendung: Die Schnittpunkte der Geraden $x = x'$ mit der statistischen $x(t)$-Kurve liegen praktisch alle in unmittelbarer Nähe eines Maximums dieser Kurve. Der Wert von $x(t_j + \tau)$ ist daher praktisch immer kleiner als x'. Das folgt einfach daraus, daß x' als makroskopische Größe bereits ungeheuer selten von der $x(t)$-Kurve erreicht wird, ein um einen „merklichen" Betrag größerer Wert aber wiederum um Größenordnungen seltener ist als x'. Wenn ich also nichts weiter weiß, als daß x den Wert x' hat, so kann ich daraus schließen, daß x zu einem etwas späteren Zeitpunkt praktisch immer einen kleineren Wert haben wird. Man sieht, daß die Umkehrbarkeit des atomaren Geschehens durchaus gewahrt bleibt. Denn man kann die gleiche Überlegung auf den um τ zurückliegenden Zeitpunkt anwenden mit dem Resultat, daß $\tilde{x}(-\tau, x') = \tilde{x}(\tau, x')$ ist.

Die Gegenüberstellung der makroskopischen Gleichung

$$\dot{x} = -B\varkappa x \tag{88.3}$$

und ihrer statistischen Interpretation durch

$$\frac{\tilde{x}(\tau, x') - x'}{|\tau|} = -B'\varkappa x' \tag{88.4}$$

verlangt noch einige Bemerkungen. Beide beschreiben die Tendenz des Massenpunktes, zur Gleichgewichtslage ($x = 0$) zurückzukehren. Sie unterscheiden sich in ihrer Herleitung wesentlich hinsichtlich der Art, wie die anfängliche Abweichung von der Gleichgewichtslage entstanden ist. Bei der makroskopischen Gleichung (88.3) stellen wir uns vor, daß wir den Massenpunkt durch einen Eingriff von außen aus der Gleichgewichtslage herausgezupft und dann losgelassen haben. Bei der statistischen Gl. (88.4) dagegen haben wir nur das abgeschlossene System beobachtet und geduldig gewartet, bis durch eine statistische Schwankung der Wert x' erreicht wurde. Die Größe x' in (88.4) liegt auf einem Maximum der x—t-Kurve. Unsere Berechnung des Mittelwertes $\tilde{x}(\tau, x')$ besagt, daß das unser Teilchen umgebende Medium in dem zur Energie $U = U_0 - \frac{\varkappa}{2} x'^2$ gehörigen thermischen Gleichgewicht ist. Daraus ergibt sich ein wesentlicher Unterschied in der Bedeutung der Konstanten B und B' in (88.3) und (88.4). Zur experimentellen Bestimmung von B in (88.3) beobachten wir die Geschwindigkeit des Teilchens während des Rückganges in die Gleichgewichtslage. Es möge sich dabei z. B. die Richtigkeit der STOKESschen Formel $B = 1/6\pi a\eta$ (Teilchenradius a; Zähigkeit des umgebenden Mediums η) herausstellen. Denkt man nun an die theoretische Begründung dieser Formel, nach welcher das Medium in der unmittelbaren Umgebung des bewegten Teilchens sich in einem aus der Hydrodynamik berechenbaren Bewegungszustand befindet, so ist klar, daß eine gewisse Zeit verstreichen muß, bis dieser Bewegungszustand sich eingestellt hat. Unmittelbar nach dem Loslassen des aus der Gleichgewichtslage herausgezupften Teilchens kann also die STOKESsche Formel noch nicht gelten, da sich ja das Medium noch im Ausgangszustand befindet. Gerade auf diesen ersten Augenblick der Bewegung — und nur auf diesen — bezieht sich aber die Gl. (88.4). Sie gibt — auf Grund ihrer Herleitung — keine Auskunft über die zeitliche Änderung von x', wenn x' nicht auf dem Gipfel eines Berges der x—t-Kurve liegt, sondern etwa an dessen rechter Flanke. Aus diesem Grunde muß man darauf vorbereitet sein, daß B' von der üblicherweise gemessenen Beweglichkeit B wesentlich verschieden ist.

Dieselbe Überlegung gilt auch für den oben an zweiter Stelle behandelten Temperaturausgleich zwischen zwei Körpern. Beschreibt man makroskopisch den Energiestrom von (2) und (1) durch $\dot{u} = \gamma(T_2 - T_1)$, so hat man wieder zwei Phasen des Ausgleichs zu unterscheiden. Unmittelbar nach der Herstellung des Kontaktes zwischen den beiden homogenen Körpern, welche einzeln die Temperaturen T_1 und T_2 besitzen, setzt ein Wärmestrom ein und erzeugt eine gewisse Inhomogenität der Temperaturen in den an die Kontaktstelle angrenzenden Bereichen der beiden Körper. Die makroskopische Wärmeübergangszahl γ bezieht man stets auf die zweite Phase, in welcher die genannte Inhomogenität stationär geworden ist. Dagegen muß man in der ersten Phase unmittelbar nach Herstellung des Kontaktes (wenn T_1 und T_2 noch homogen sind) mit einer anderen Übergangszahl, etwa γ', rechnen. Diese ist es aber, welche in die zu (88.4) analoge statistische Gleichung

$$\frac{\bar{u}(\tau, u') - u^e}{|\tau|} = \gamma'(T_2 - T_1)$$

eingeht. Denn der zu $u = u'$ gehörige Unterbereich der mikrokanonischen Gesamtheit entspricht einem Zustand, in welchem die beiden Körper die homogenen Temperaturen T_1 bzw. T_2 besitzen.

In den Anwendungen pflegt man den soeben angedeuteten Unterschied zwischen γ und γ' zu ignorieren. CASIMIR[1] versucht, dieses Verfahren dadurch zu rechtfertigen, daß er in der Zuordnung

$$\dot{x} \rightarrow \frac{\tilde{x}(\tau, x') - x'}{\tau}$$

die Zeit τ als groß ansieht gegenüber derjenigen Zeit, welche bis zur Einstellung des stationären Zustandes verstreicht.

Eine weitere Bemerkung zu den Gln. (88.3) und (88.4) berührt das für die ganze Wärmelehre grundlegende Problem: Wie ist es möglich, aus den reversiblen Grundgleichungen der statistischen Mechanik die Irreversibilität der thermischen Vorgänge zu erklären?[2] Tatsächlich beschreibt die makroskopische Gl. (88.3) einen irreversiblen Vorgang, während die statistische Gl. (88.4) noch durchaus reversibler Natur ist: Wenn auf der x—t-Kurve $\dot{x}(t)$ ein bei $x = x'$ liegendes Maximum erreicht hat, so muß x hinter dem Maximum *abnehmen*. Vor Erreichung des Maximums muß aber x in ganz entsprechender Weise *zugenommen* haben. Aufstiege zum Gipfel und Abstiege ins Tal kommen sicher gleich häufig vor. Entscheidend ist aber die Tatsache, daß — bei makroskopischen Werten von x' — beide niemals vorkommen. Schätzt man nämlich mit Hilfe der Relation $w \approx e^{S/k}$ ab, wie lange man im Durchschnitt warten muß, bis durch eine statistische Schwankung ein solcher Wert x' erreicht ist, so kommt man zu Zeiten, welche in der Regel viel größer als das Alter der Welt sind. Die Überlegung, welche der Ableitung von (88.4) zugrunde lag, nämlich zu warten, bis zufällig x' erreicht wird, ist also durchaus weltfremd insofern, als in den uns zur Verfügung stehenden Zeiten dieser Wert *niemals* erreicht wird. Wenn man also — ohne Kenntnis der Vorgeschichte — einen Wert x' beobachtet, so kann man sicher sein, daß er nicht durch eine Schwankung des abgeschlossenen Systems erreicht worden ist, sondern daß unmittelbar vorher ein Eingriff von außen („herauszupfen") stattgefunden hat. Der *Aufstieg* zum Gipfel ist nicht durch eine spontane Schwankung entstanden, sondern — unter Durchbrechung der Abgeschlossenheit — künstlich erzeugt. Hinsichtlich des darauf folgenden Abstieges dürfen wir dagegen annehmen, daß er ebenso vor sich geht, als ob er durch eine Schwankung erzeugt wäre. Insoweit, als man in (88.4) das statistische Gegenstück zur makroskopischen Gl. (88.3) erblickt, ist man also berechtigt, die Gültigkeit von (88.4) auf positive Werte von τ zu beschränken.

---

[1] CASIMIR, H. B. G.: Rev. Mod. Phys. **17**, 343 (1945).

[2] Vgl. dazu die Ausführungen von § 32b, speziell den Übergang von der Abb. 57 zu Abb. 59.

§ 89. Gleichzeitige Beobachtung mehrerer makroskopischer Größen.

a) Onsagers Symmetrie-Relationen.

An Stelle der einen Größe a betrachten wir jetzt mehrere Größen, etwa $a_1, a_2, \ldots, a_j, \ldots, a_n$, welche gleichzeitig in irreversibler Weise einem Gleichgewichtswert $a_j^{(0)}$ zustreben. Wir können, ohne an Allgemeinheit zu verlieren, $a_j^{(0)} = 0$ setzen. Wir geben zunächst wieder eine Beschreibung vom Standpunkt der makroskopischen Physik: Sei $S(a_1, \ldots, a_n)$ die Entropie des abgeschlossenen Systems bei gegebenen Werten der a_j, so ist der mit einer gleichzeitigen Änderung der a_j gegebene Zuwachs der Entropie

$$\dot{S} = \sum_j \dot{a}_j \frac{\partial S}{\partial a_j}. \tag{89.1}$$

Wie oben betrachten wir die Größen $\partial S/\partial a_j$ als „Kräfte", welche die Änderung der a_j bewirken. Bei kleinen Abweichungen vom Gleichgewicht erwarten wir wieder einen linearen Zusammenhang, etwa

$$\dot{a}_j = \sum_k A_{jk} \frac{\partial S}{\partial a_k}; \qquad j = 1, 2, \ldots, n. \tag{89.2}$$

Hier sollen die A_{jk} Konstante sein, deren Wert aus dem Experiment zu entnehmen ist. Wir müssen von ihnen jedenfalls fordern, daß $\dot{S} = \sum_{j,k} A_{jk} \partial S/\partial a_j \partial S/\partial a_k$ stets positiv ist. Überdies besteht nach Onsager[1] zwischen den A_{jk} die Symmetrie-Relation

$$A_{jk} = A_{kj}. \tag{89.3}$$

Wir geben nachstehend und in § 90 zwei Ansätze zum Beweis dieser Relation mit den Mitteln der statistischen Mechanik, wenn auch keine der beiden Ableitungen bisher voll befriedigend ist. Die Ursache dafür wurde oben im Anschluß an die beiden Gln. (88.3) und (88.4) dargelegt. Sie besteht darin, daß die makroskopische Gl. (88.3) und ihr statistisches Gegenstück (88.4) sich auf verschiedene physikalische Situationen beziehen. Da andererseits zur Formulierung von (89.3) nur makroskopische Begriffe nötig sind, kann man diesen Satz auch, wie J. Meixner[2] hervorhebt, unter Verzicht auf kinetische Vorstellungen als einen Erfahrungssatz der reinen Thermodynamik auffassen.

b) Die Ableitung von Onsager.

Zum Beweis müssen wir zuerst (89.2) umschreiben in eine Aussage der statistischen Mechanik. Ähnlich wie oben, bilden wir die Größe

$$\tilde{a}_j(\tau, a'_1, \ldots, a'_n)$$

von folgender Bedeutung: Wir verfolgen das sich selbst überlassene System während einer ungeheuer langen Zeit. Immer dann, wenn die Größen $a_1, \ldots, a_n$ gleichzeitig die vorgeschriebenen Werte $a'_1, \ldots, a'_j, \ldots, a'_n$ haben, messen wir den Wert von a_j zu einer um τ späteren Zeit. Den Mittelwert der so erhaltenen Größen nennen wir $\tilde{a}_j(\tau, a'_1, \ldots, a'_n)$. Als statistische Formulierung von (89.2) erwarten wir dann

$$\frac{\tilde{a}_j(\tau, a'_1, \ldots, a'_n) - a'_j}{\tau} = \sum_l A_{jl} \left(\frac{\partial S}{\partial a_l}\right)_{a=a'}, \tag{89.4}$$

[1] Onsager, L.: Physic. Rev. **37**, 405; **38**, 2265 (1931); **91**, 1505, 1512 (1953).
[2] Vgl. z. B. J. Meixner: Z. physik. Chem., Abt. B **53**, 235 (1943).

wo der Index an $\partial S/\partial a_l$ bedeutet, daß diese Größe an der Stelle $a_1 = a_1', \ldots, a_n = a_n'$ zu nehmen ist. [Damit haben wir die sehr ernsten Bedenken gegen eine Gleichsetzung der A_{jk} in (89.2) und (89.4) zurückgestellt. Überdies ist in (89.4) die Proportionalität mit $\partial S/\partial a_l$ recht zweifelhaft.]

Wie oben können wir statt des durch die $a_j(t)$-Kurven gekennzeichneten zeitlichen Ablaufs auch die mikrokanonische Gesamtheit unseres Systems betrachten. Diese erfüllt ein Phasenvolumen, in welchem ein einzelner Punkt durch ungeheuer viele Koordinaten festgelegt ist, nämlich durch die $a_1, \ldots, a_n$ und alle übrigen Koordinaten und Impulse $q_1, \ldots, p_N$, welche zur Kennzeichnung des Zustands im atomaren Sinne erforderlich sind. Die Mittelung $\tilde{a}_j(\tau, a_1', \ldots, a_n')$ bedeutet dann eine Mittelung über den durch die Nebenbedingung $a_1 = a_1', \ldots, a_n = a_n'$ aus der mikrokanonischen Gesamtheit herausgeschnittenen Unterbereich, wie oben im Fall einer Variablen ausführlich erörtert wurde.

Der Kunstgriff zur Ableitung der Onsager-Relation besteht nun darin, daß wir (89.4) mit dem Werte a_r' einer der Variabeln multiplizieren:

$$\frac{a_r'(\tilde{a}_j(\tau, a_1', \ldots, a_n') - a_j')}{\tau} = \sum_l A_{jl}\, a_r' \left(\frac{\partial S}{\partial a_l}\right)_{a=a'}$$

und diese Gleichung über die *ganze* mikrokanonische Gesamtheit des Systems mitteln. Und zwar führen wir diese Mittelung an der rechten Seite unserer Gleichung unmittelbar aus, während wir auf der linken Seite statt dessen über die Zeitgesamtheit eines einzelnen Systems mitteln.

Bedeutet $w(a_1, \ldots, a_n)\mathrm{d}a_1, \ldots, \mathrm{d}a_n$ denjenigen Bruchteil des von der mikrokanonischen Gesamtheit eingenommenen Volumens, für welchen die Werte der a_j im Intervall a_j bis $a_j + \mathrm{d}a_j$ $(j = 1, \ldots, n)$ liegen, so ergibt sich bei der durchgeführten Mittelung

$$\frac{1}{\tau}\overline{a_r(t)\,(a_j(t+\tau) - a_j(t))}^{\,t} = \sum_l A_{jl} \int a_r \frac{\partial S}{\partial a_l} w(a_1, \ldots, a_n)\,\mathrm{d}a_1 \ldots \mathrm{d}a_n, \tag{89.5}$$

wo linker Hand die Mittelung über eine ungeheuer lange Zeit auszuführen ist.

Die Boltzmannsche Verknüpfung zwischen S und w (73.7) gestattet eine einfache Berechnung des rechter Hand auftretenden Integrals. Aus

$$w(a_1, \ldots, a_n) = \frac{e^{\frac{1}{k}S(a_1, \ldots, a_n)}}{\int e^{\frac{1}{k}S(a_1, \ldots, a_n)}\,\mathrm{d}a_1 \ldots \mathrm{d}a_n}$$

folgt nämlich durch Differenzieren nach a_l:

$$\frac{\partial w}{\partial a_l} = \frac{1}{k}\frac{\partial S}{\partial a_l} w.$$

Damit wird

$$\int a_r \frac{\partial S}{\partial a_l} w\,\mathrm{d}a_1 \ldots \mathrm{d}a_n = k \int a_r \frac{\partial w}{\partial a_l}\mathrm{d}a_1 \ldots \mathrm{d}a_n$$

Nun geht w für große Werte der a_j sehr stark gegen Null. Überdies ist $\int w\,\mathrm{d}a_1 \ldots \mathrm{d}a_n = 1$. Nach partieller Integration wird somit

$$\int a_r \frac{\partial S}{\partial a_l} w\,\mathrm{d}a_1 \ldots \mathrm{d}a_n = -k\,\delta_{rl}.$$

Aus (89.5) wird also

$$\frac{1}{\tau}\overline{a_r(t)\,(a_j(t+\tau) - a_j(t))}^{\,t} = -k\,A_{jr}. \tag{89.6}$$

Auf der linken Seite ist trivialerweise

$$\overline{a_r(t)\,a_j(t+\tau)}^{\,t} = \overline{a_r(t-\tau)\,a_j(t)}^{\,t}.$$

Benutzen wir jetzt die Tatsache, daß die *statistischen Funktionen reversibel* sind, also bei einer Vorzeichenänderung von τ keine wesentliche Änderung erfahren (wie das im vorigen Paragraphen erörtert wurde), so können wir weiterhin schließen

$$\overline{a_r(t)\,a_j(t+\tau)} = \overline{a_r(t-\tau)\,a_j(t)} = \overline{a_r(t+\tau)\,a_j(t)}.$$

Andererseits folgt aus (89.6)

$$\frac{1}{|\tau|}\left\{\overline{a_r(t)\,a_j(t+\tau)}^{\,t} - \overline{a_j(t)\,a_r(t+\tau)}^{\,t}\right\} = -\,k\left\{A_{jr} - A_{rj}\right\}.$$

Damit haben wir die Symmetrie-Relation $A_{jr} = A_{rj}$ für die in der statistischen Gl. (89.4) eingeführten Koeffizienten bewiesen.

Man pflegt daraus zu schließen, daß die Symmetrie-Relationen auch für die in der makroskopischen Gl. (89.2) eingeführten Koeffizienten gelten. Die Berechtigung dieses Schlusses ist, wie oben ausführlich erörtert wurde, ein noch nicht geklärter Punkt der ganzen Beweisführung. Unbeschadet dieses Umstandes werden wir weiterhin die Gültigkeit der ONSAGER-Relation auch für die makroskopische Gl. (89.2) annehmen.

In dem einfachen Sonderfall der BROWNschen Bewegung ist uns die Gl. (89.6) bereits als Korrelation der statistischen Funktion $v(t)$ begegnet. Mit $a_r = a_i = v$ und $A_{jr} = L$ besagt nämlich (89.6)

$$\overline{v(t)\,v(t+\tau)} - \overline{v(\tau)^2} = -\,k\,L|\tau|.$$

Die Bedeutung von L folgt aus der Bewegungsgleichung

$$\dot v = L\frac{\partial S}{\partial v},$$

worin $S(v) = S(U_0 - \frac{m}{2}\,v^2)$, also $\partial S/\partial v = -\,mv/T$

Somit ist die makroskopische Gleichung für $\dot v$ identisch mit $\dot v = -(Lm/T)\,v$. Die Größe Lm/T hat also die Bedeutung der früher eingeführten Reibungskonstanten β. Setzen wir $L = \beta T/m$ in die obige Korrelationsgleichung ein, so wird

$$\overline{v(t)\,v(t+\tau)} - \overline{v^2} = -\,\frac{kT}{m}\beta\,|\tau|.$$

Mit $\overline{v^2} = kT/m$ wird daraus

$$\overline{v(t)\,v(t+\tau)} = \overline{v^2}\,(1-\beta\,|\tau|).$$

Das ist für kleine Werte von $\beta\,|\tau|$ (nur solche kommen hier in Frage) identisch mit dem früher erhaltenen und ausgiebig benutzten

$$\Phi(\tau) = \overline{v^2}\,e^{-\beta|\tau|}.$$

§ 90. Die Behandlung durch Cox.

Unter Benutzung der in der Quantenstatistik entwickelten Begriffsbildung gelangte Cox[1] zu einer recht durchsichtigen Behandlung der irreversiblen Vorgänge. Wir beschreiben ein abgeschlossenes makroskopisches System als ein Gemisch von Quantenzuständen in dem früher erläuterten Sinne: Wir kennzeichnen die in einem kleinen Energieintervall δE liegenden Quantenzustände

[1] Cox, R. T.: Rev. mod. Phys. **22**, 238 (1950).

durch die Indizes 1, 2, ..., z. Also ist z die Zahl der in diesem Intervall liegenden Zustände. Nunmehr betrachten wir eine große Zahl (N) von gleichen Systemen, von denen sich N_i im Quantenzustand i befinden mögen ($i = 1, 2, \ldots, z$). Der Quotient $N_i/N = w_i$ ist also die Wahrscheinlichkeit, daß ein willkürlich herausgegriffenes System sich im Zustand i befindet. Der makroskopische Zustand ist nun beschrieben als Gemisch der Quantenzustände i in dem Sinne, daß w_i die Wahrscheinlichkeit für den Zustand i bedeutet. Die Zahlenfolge $N_1, \ldots, N_i, \ldots, N_z$ bildet mit $\sum_1^z N_i = N$ ein Abbild für den makroskopischen Zustand des einen praktisch vorliegenden Systems. Die zeitliche Änderung des Gemisches wird beherrscht durch Übergangswahrscheinlichkeiten λ_{ij} von folgender Bedeutung: $\lambda_{ij}\,dt$ ist die Wahrscheinlichkeit dafür, daß ein im Zustand i befindliches System in der Zeit dt in den Zustand j übergeht. Daraus folgt für die zeitliche Änderung der Gesamtheit der N_i unmittelbar

$$\dot{N}_i = \sum_j N_j \lambda_{ji} - N_i \sum_j \lambda_{ij}\,.$$

Von dem Resultat der in § 45 durchgeführten Berechnung der λ_{ij} brauchen wir im folgenden nur die Symmetrie-Relation

$$\lambda_{ij} = \lambda_{ji}\,, \tag{90.1}$$

mit deren Hilfe für die w_i folgt

$$\dot{w}_i = \sum_j (w_j - w_i)\,\lambda_{ij}\,. \tag{90.2}$$

Nun sei a irgendeine beobachtbare Größe. Ihr Erwartungswert im Zustand i sei α_i. In einem durch die w_i beschriebenen Zustand ist also ihr Erwartungswert $\bar{a}$

$$\bar{a} = \sum_{i=1}^{z} \alpha_i w_i\,. \tag{90.3}$$

Die zeitliche Änderung von $\bar{a}$ ist nach (90.2)

$$\dot{\bar{a}} = \sum_i \alpha_i \dot{w}_i = \sum_{ij} \alpha_i (w_j - w_i)\,\lambda_{ij}\,.$$

Addiert man zu dieser Gleichung diejenige, welche durch Vertauschen der Indizes i und j hervorgeht, so erhält man

$$\dot{\bar{a}} = -\frac{1}{2} \sum_{i,j} (\alpha_j - \alpha_i)\,(w_j - w_i)\,\lambda_{ij}\,. \tag{90.4}$$

Unsere Aufgabe besteht nun darin, die hier rechts stehenden w_i unter Ausnutzung von (90.3) durch den gegebenen Wert von $\bar{a}$ auszudrücken. Das sieht zunächst hoffnungslos aus, da ja ungeheuer viele Zahlenfolgen $w_1, \ldots, w_z$ mit (90.3) verträglich sind. Zu einem eindeutigen Zusammenhang $w_i(\bar{a})$ kommen wir, wenn wir unter allen mit (90.3) verträglichen Folgen $w_1, \ldots, w_j, \ldots$ die *wahrscheinlichste* auswählen.

Eine durch die Zahlen $N_1, \ldots, N_j, \ldots, N_z$ gekennzeichnete Verteilung unseres aus N unabhängigen Systemen bestehenden Hypersystems läßt sich auf

$$W = \frac{N!}{N_1! \ldots N_i! \ldots N_z!}$$

verschiedene Weisen herstellen. In der Tat gibt W die Zahl der mit gegebenen $N_1, \ldots, N_z$ verträglichen Quantenzustände des Hypersystems an, d. h. also die relative Wahrscheinlichkeit dieser Zustandsverteilung. Mit der Stirlingschen Formel findet man leicht

$$\ln W = -N \sum_i w_i \ln w_i\,. \tag{90.5}$$

Wir suchen diejenigen w_i, welche $-\sum w_i \ln w_i$ mit den Nebenbedingungen $\sum w_i = 1$ und $\sum \alpha_i w_i = \tilde{a}$ zum Maximum machen. Mit den LAGRANGEschen Parametern μ und A suchen wir also das Maximum von

$$G = -\sum_i w_i \ln w_i + \mu \sum_i w_i + A \sum_i \alpha_i w_i .$$

Aus $\partial G/\partial w_j = 0$ folgt $-\ln w_j + 1 + \mu + A\alpha_j = 0$. Also wird mit einer von i unabhängigen Größe A

$$w_i = \frac{e^{A\alpha_i}}{\sum_i e^{A\alpha_i}}, \tag{90.6}$$

wo nun A als Funktion von $\tilde{a}$ implizit gegeben ist durch

$$\tilde{a} = \frac{\sum \alpha_i e^{A\alpha_i}}{\sum e^{A\alpha_i}} = \frac{\partial}{\partial A} \ln \sum_i e^{A\alpha_i}. \tag{90.7}$$

Diese Gleichung läßt sich in folgender Weise nach A auflösen: Die Entropie des durch die $w_1, \ldots, w_j, \ldots, w_z$ gegebenen Systems ist

$$S = -k \sum_j w_j \ln w_j .$$

[Das ist nach (90.5) nämlich gleich $1/N \cdot k \ln W$, wo W die Zahl der Realisierungsmöglichkeiten für das aus N unabhängigen Systemen bestehende Hypersystem bedeutet.] Mit den Werten (90.6) für die w_j wird also

$$S = -k \sum_j \frac{e^{A\alpha_j}}{\sum_r e^{A\alpha_r}} \left(A\alpha_j - \ln \sum_r e^{A\alpha_r}\right)$$

oder wegen (90.7)

$$S(\tilde{a}) = -kA\tilde{a} + k \ln \sum_r e^{A\alpha_r} . \tag{90.8}$$

Daraus folgt nach Differenzieren nach $\tilde{a}$ $\left(\text{wegen } \tilde{a} = \frac{\partial}{\partial A} \ln \sum_r e^{A\alpha_r}\right)$ einfach

$$\frac{\partial S}{\partial \tilde{a}} = -kA . \tag{90.9}$$

Mit dem so ermittelten A wird unsere Bewegungsgleichung (90.4)

$$\dot{\tilde{a}} = -\frac{1}{2\sum_{r=1}^{z} e^{A\alpha_r}} \sum_{i,j} (\alpha_j - \alpha_i)(e^{A\alpha_j} - e^{A\alpha_i})\lambda_{ij} . \tag{90.10}$$

Im Gleichgewicht ist $A = 0$. Wenn wir mit $\tilde{a}$ so nahe am Gleichgewicht sind, daß *alle $A\alpha_j$ noch klein gegen* 1 *sind*, dann gibt (90.10) bei Entwicklung nach Potenzen von A und Beschränkung auf das in A lineare Glied

$$\dot{\tilde{a}} = -\frac{A}{2z} \sum_{i,j} (\alpha_j - \alpha_i)^2 \lambda_{ij} . \tag{90.11}$$

Mit Rücksicht auf (90.9) also auch

$$\dot{\tilde{a}} = \frac{\partial S}{\partial \tilde{a}} \frac{1}{2kz} \sum_{i,j} (\alpha_j - \alpha_i)^2 \lambda_{ij} . \tag{90.11a}$$

Das wäre genau die in (87.2) erstrebte Gleichung für die zeitliche Änderung einer makroskopischen Größe $\dot{\tilde{a}}$. Leider ist die Näherungsannahme, welche den Übergang von (90.10) nach (90.11) ermöglichte, in dem uns interessierenden Gebiet vollkommen unzulässig. Damit nämlich $\dot{\tilde{a}}$ die zeitliche Änderung einer makroskopischen Größe $\tilde{a}$ beschreibe, muß $\tilde{a}$ viel größer sein als die häufigen spontanen Schwankungen der Größe a im abgeschlossenen System. (Man vergleiche die Betrachtungen zu den $n(t)$-Kurven in Abb. 57 und 59 auf S. 102/105.) Daraus folgt aber, daß im allgemeinen $A(a)\alpha_i$ viel größer als 1 ist. Das sieht man auf folgende Weise: Wir wählen die Skala der α_i so, daß der Mittelwert $1/z\sum\alpha_i = 0$ ist. Alsdann ist das mittlere Schwankungsquadrat von a gleich $1/z\sum\alpha_i^2$. (Im thermischen Gleichgewicht sind ja alle $w_j = 1/z$.) Mit der Abkürzung $s^2 = 1/z\sum\alpha_i^2$ wird die Entropie als Funktion von a bei Entwicklung bis zum quadratischen Glied

$$\frac{1}{k}S(a) = S_0 - \frac{a^2}{2s^2}$$

[denn es muß ja stets für die Wahrscheinlichkeit $w(a)\,\mathrm{d}a$ gelten:

$$w(a)\,\mathrm{d}a = C\exp\left(\frac{S(a)}{k}\right)\mathrm{d}a = C'\exp\left(-\frac{a^2}{2s^2}\right)\mathrm{d}a\Big].$$

Also wird nach (90.9)

$$A = -\frac{1}{k}\left(\frac{\partial S}{\partial a}\right)_{a=\tilde{a}} = \frac{\tilde{a}}{s^2}\,; \quad \text{und} \quad A\tilde{a} = \frac{\tilde{a}^2}{s^2}.$$

Damit $\tilde{a}$ einen makroskopisch meßbaren Wert habe, muß $\tilde{a} \gg s$ sein. Nun kommen unter den α_i der Gl. (90.10) sicher auch solche vor, welche in der Größenordnung $\tilde{a}$ liegen. Für diese (und das werden die wichtigsten sein) ist also $A\alpha_i$ nicht klein, sondern im Gegenteil ungeheuer groß gegen 1. Eine Proportionalität von $\dot{\tilde{a}}$ mit $-A$ bzw. mit $\partial S/\partial\tilde{a}$, wie sie in (90.11) und (90.11a) erhalten wurde, ist somit in keiner Weise bewiesen.

Wenn man sich über diese Bedenken hinwegsetzt, so ist die ONSAGER-Relation in wenigen Zeilen gewonnen. Wir betrachten die zeitliche Änderung von *zwei* makroskopischen Größen a und b mit den „Einzelwerten" α_j und β_j. Wie in (90.4) haben wir

$$\dot{\tilde{a}} = -\tfrac{1}{2}\sum(\alpha_j - \alpha_i)(w_j - w_i)\lambda_{ij}$$

und (90.12)

$$\dot{\tilde{b}} = -\tfrac{1}{2}\sum(\beta_j - \beta_i)(w_j - w_i)\lambda_{ij}.$$

Zur Berechnung der w_i haben wir das mit den Nebenbedingungen

$$\tilde{a} = \sum\alpha_i w_i \quad \text{und} \quad \tilde{b} = \sum\beta_i w_i$$

verträgliche Maximum der Entropie $S = -k\sum w_i \ln w_i$ zu ermitteln. Man findet jetzt statt (90.6)

$$w_i = \frac{e^{A\alpha_i + B\beta_i}}{\sum\limits_i e^{A\alpha_i + B\beta_i}}, \tag{90.13}$$

wo nun $A(\tilde{a}, \tilde{b})$ und $B(\tilde{a}, \tilde{b})$ erklärt sind durch

$$\tilde{a} = \frac{\partial}{\partial A}\ln\sum_i(e^{A\alpha_i} + e^{B\beta_i}) \quad \text{und} \quad \tilde{b} = \frac{\partial}{\partial B}\ln\sum_i(e^{A\alpha_i} + e^{B\beta_i}).$$

Anstatt (90.8) wird die zu (90.13) gehörige Entropie

$$S = -k(A\tilde{a} + B\tilde{b}) + k\ln\sum_i(e^{A\alpha_i + B\beta_i}) \tag{90.14}$$

also

$$\frac{\partial S}{\partial\tilde{a}} = -kA; \qquad \frac{\partial S}{\partial\tilde{b}} = -kB.$$

Bei Entwicklung von (90.13) bis zur ersten Potenz in A und B wird

$$z(w_j - w_i) = (\alpha_j - \alpha_i)A + (\beta_j - \beta_i)B.$$

Mit diesem w_i wird aus (90.12)

$$\dot{\bar{a}} = -\frac{A}{2z}\sum_{i,j}(\alpha_j - \alpha_i)^2\lambda_{ij} - \frac{B}{2z}\sum_{i,j}(\alpha_j - \alpha_i)(\beta_j - \beta_i)\lambda_{ij}.$$

Mit den in (90.14) ermittelten Ausdrücken für A und B erhalten also unsere Bewegungsgleichungen die Gestalt

$$\begin{aligned}\dot{\bar{a}} &= \frac{\partial S}{\partial \bar{a}} L_{aa} + \frac{\partial S}{\partial \bar{b}} L_{ab},\\ \dot{\bar{b}} &= \frac{\partial S}{\partial \bar{a}} L_{ba} + \frac{\partial S}{\partial \bar{b}} L_{bb}\end{aligned} \tag{90.15}$$

mit

$$L_{ab} = L_{ba} = \frac{1}{2kz}\sum_{i,j}(\alpha_j - \alpha_i)(\beta_j - \beta_i)\lambda_{ij}, \tag{90.16}$$

$$L_{aa} = \frac{1}{2kz}\sum_{i,j}(\alpha_j - \alpha_i)^2\lambda_{ij}; \qquad L_{bb} = \frac{1}{2kz}\sum_{i,j}(\beta_j - \beta_i)^2\lambda_{ij}.$$

In (90.15) haben wir somit die für die irreversible Thermodynamik charakteristische Form der Bewegungsgleichung erhalten und zugleich die ONSAGER-Relation $L_{ab} = L_{ba}$.

§ 91. Austausch von Wärme und Teilchen.

Zum Zwecke einer ersten und typischen Anwendung der ONSAGER-Relation betrachten wir ein aus zwei gleichen Behältern (1) und (2) bestehendes System, welche beide die gleiche chemisch einheitliche Substanz enthalten und welche durch einen Spalt oder einen Kanal miteinander kommunizieren. Über die spezielle Art der Kommunikation werden zunächst keine Voraussetzungen gemacht.

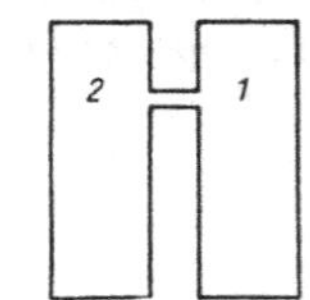

Abb. 121. Energie- und Teilchentransport von 2 nach 1 als stationärer Vorgang.

Die physikalische Natur der Substanz werde durch die Entropiefunktion $S'(U, V, N)$ gekennzeichnet, welche die Entropie *eines* der Behälter angibt, wenn in ihm N Teilchen und die Energie U enthalten ist. Die Gesamtentropie unseres Systems ist dann

$$S = S'(U_1, V, N_1) + S'(U_2, V, N_2). \tag{91.1}$$

Im Gleichgewicht enthalten beide Behälter die gleiche Energie U_0 und die gleiche Teilchenzahl N_0. Wir betrachten einen vom Gleichgewicht abweichenden Zustand

$$\begin{aligned} U_1 &= U_0 + u; \qquad N_1 = N_0 + n,\\ U_2 &= U_0 - u; \qquad N_2 = N_0 - n.\end{aligned} \tag{91.2}$$

(Beachte, daß Gesamtenergie $U_1 + U_2$ und Gesamtteilchenzahl $N_1 + N_2$ fest vorgegeben sind!) Die Größen u und n treten hier an die Stelle der in den allgemeinen Betrachtungen der §§ 89, 90 und mit a_1 und a_2 bezeichneten Größen. Durch Einsetzen von (91.2) in (91.1) erhalten wir die Entropie als Funktion von u und n.

Bezeichnen wir mit

$$S'_U = \left(\frac{\partial S'}{\partial U}\right)_{U=U_0}, \qquad S'_{UN} = \left(\frac{\partial^2 S'}{\partial U\,\partial N}\right)_{\substack{U=U_0\\ N=N_0}},$$

so wird bei Beschränkung auf die in u und n quadratischen Glieder

$$S(u, n) = S'_{UU}\,u^2 + 2S'_{UN}\,u\,n + S'_{NN}\,n^2.$$

Die nach der in § 89 entwickelten Vorstellung entscheidenden Kräfte für die Änderungen von u und n werden also

$$\frac{\partial S}{\partial u} = 2\,(S'_{UU}\,u + S'_{UN}\,n)\,,$$

$$\frac{\partial S}{\partial n} = 2\,(S'_{UN}\,u + S'_{NN}\,n)\,.$$

Sie haben eine einfache Bedeutung. Mit dem chemischen Potential μ wird nämlich

$$\frac{\partial S'}{\partial U} = \frac{1}{T} \quad \text{und} \quad \frac{\partial S'}{\partial N} = -\frac{\mu}{T}\,.$$

Bezeichnen wir mit T_0 die Temperatur im Gleichgewicht ($u = n = 0$), so wird in erster Näherung

$$\frac{1}{T_1} = \left(\frac{\partial S'}{\partial U}\right)_{\substack{U = U_0 + u\\ N = N_0 + n}} = \frac{1}{T_0} + S'_{UU}\,u + S'_{UN}\,n$$

und entsprechend

$$\frac{1}{T_2} = \frac{1}{T_0} - S'_{UU}\,u - S'_{UN}\,n\,,$$

also

$$\frac{1}{T_1} - \frac{1}{T_2} = 2\,(S'_{UU}\,u + S'_{UN}\,n)\,.$$

Nach der analogen Überlegung für $\left(\frac{\mu}{T}\right)_1$ haben wir somit

$$\frac{\partial S}{\partial u} = \frac{1}{T_1} - \frac{1}{T_2} \quad \text{und} \quad \frac{\partial S}{\partial n} = -\left(\left(\frac{\mu}{T}\right)_1 - \left(\frac{\mu}{T}\right)_2\right).$$

Den mit einer zeitlichen Änderung von u und n verbundenen Entropiezuwachs $\dot{S}$ des ganzen Systems

$$\dot{S} = \dot{n}\,\frac{\partial S}{\partial n} + \dot{u}\,\frac{\partial S}{\partial u}$$

können wir jetzt in der Form

$$\boxed{\dot{S} = -J_n\,\Delta\left(\frac{\mu}{T}\right) + J_u\,\Delta\left(\frac{1}{T}\right)} \tag{91.3}$$

schreiben. Dabei bedeuten $J_n = \dot{n}$ = Teilchenstrom von 2 nach 1, $J_u = \dot{u}$ = Energiestrom von 2 nach 1; ferner ist $\Delta(1/T) = 1/T_1 - 1/T_2$ sowie $\Delta(\mu/T) = \mu_1/T_1 - \mu_2/T_2$.

Wir interpretieren nunmehr in (91.3) die Größen $-\Delta(\mu/T)$ und $\Delta(1/T)$ als die „Kräfte", welche die Ströme J_n und J_u treiben. Wir nehmen an, daß für kleine Abweichungen vom Gleichgewicht ein linearer Zusammenhang zwischen Strömen und Kräften existiert, also

$$J_n = -L_{11}\,\Delta\left(\frac{\mu}{T}\right) + L_{12}\,\Delta\left(\frac{1}{T}\right),$$

$$J_u = -L_{21}\,\Delta\left(\frac{\mu}{T}\right) + L_{22}\,\Delta\left(\frac{1}{T}\right),$$

mit vier Konstanten L_{ik}. Zur weiteren Diskussion eliminieren wir aus der Gleichung für J_n mit Hilfe der ersten Gleichung die Größe $\Delta(\mu/T)$, indem wir die mit $-L_{21}/L_{12}$ multiplizierte erste Gleichung zur zweiten addieren. Mit der stets positiven Determinante

$$D = L_{11}\,L_{22} - L_{12}\,L_{21}$$

erhalten wir die beiden Gleichungen

$$\begin{aligned} J_n &= L_{11}\left[-\Delta\left(\frac{\mu}{T}\right) + \frac{L_{12}}{L_{11}}\Delta\left(\frac{1}{T}\right)\right], \\ J_u &= \frac{L_{21}}{L_{11}} J_n + \frac{D}{L_{11}}\Delta\left(\frac{1}{T}\right) \end{aligned} \tag{91.4}$$

für die durch die Öffnung hindurchtretenden Ströme in dem Fall, daß die Werte von μ und T zu beiden Seiten der Öffnung gegeben sind. Während bei der Herleitung streng darauf zu achten war, daß beide Behälter zusammen abgeschlossen waren, können wir die erhaltenen Gleichungen auch auf andere physikalische Situationen anwenden. Das verhilft uns zu einer gewissen Einsicht in die Bedeutung der Koeffizienten L_{ik}, indem wir zwei Fälle unterscheiden, nämlich den Fall ohne Teilchenstrom ($J_n = 0$) und den isothermen Fall ($\Delta(1/T) = 0$). Beim Fall $J_n = 0$ denken wir (durch entsprechende Bäder) eine bestimmte Temperaturdifferenz $\Delta(1/T)$ zwischen beiden Behältern hergestellt. Dann wird zunächst ein gewisser Teilchenstrom einsetzen, der aber bald zum Erliegen kommen muß Dann gilt nach (91.4)

$$J_n = 0: \qquad \Delta\left(\frac{\mu}{T}\right) = \frac{L_{12}}{L_{11}}\Delta\left(\frac{1}{T}\right) \quad \text{und} \quad J_u = \frac{D}{L_{11}}\Delta\left(\frac{1}{T}\right). \tag{91.5a, b}$$

Die erste Gleichung liefert den im stromlosen Zustand zu ΔT gehörigen Potentialunterschied $\Delta\mu$. Wir werden diese Gleichung nachher ausführlich diskutieren. Die zweite Gleichung liefert den reinen Wärmeleitungsstrom $\Delta(1/T)\,D/L_{11}$.

Im isothermen Fall denken wir uns die Temperatur beider Behälter durch ein gemeinsames Bad fixiert, dagegen (etwa durch eingebaute Druckstempel) eine Differenz $\Delta\mu$ hergestellt. In diesem Fall folgt aus (91.4)

$$\Delta\left(\frac{1}{T}\right) = 0: \qquad J_n = -\left(\frac{L_{11}}{T}\right)\Delta\mu \quad \text{und} \quad J_u = \frac{L_{21}}{L_{11}} J_n. \tag{91.6a, b}$$

Die letzte Gleichung gibt Veranlassung, eine besondere Bezeichnung einzuführen:

$$\text{Transport-Energie} \quad U^* = \frac{L_{21}}{L_{11}}. \tag{91.7}$$

U^* ist diejenige Energie, welche (im Durchschnitt) von einem Teilchen beim Übergang von (2) nach (1) mitgeführt wird.

Bis dahin haben wir die Onsager-Relation $L_{12} = L_{21}$ nicht benutzt. Wenn sie erfüllt ist, so folgt aus Gl. (91.5a) als Bedingung für den stromlosen Fall:

$$\Delta\left(\frac{\mu}{T}\right) = U^*\,\Delta\left(\frac{1}{T}\right). \tag{91.8}$$

Das ist die der experimentellen Prüfung zugängliche Verknüpfung zwischen Transport-Energie und der Bedingung für Stromlosigkeit. Zwei mit (91.8) gleichwertige Formeln erhalten wir durch Berücksichtigung der allgemeinen Relationen für μ. Bezeichnen wir mit $\tilde{s}$, $\tilde{u}$, $\tilde{v}$ die auf ein Teilchen bezogenen Werte von Entropie, Energie und Volumen, so gilt

$$\mu = \tilde{u} + p\tilde{v} - T\tilde{s} \quad \text{und} \quad \mathrm{d}\mu = -\tilde{s}\,\mathrm{d}T + \tilde{v}\,\mathrm{d}p.$$

(91.8) ist danach gleichwertig mit

$$\frac{\Delta\mu}{T} = (U^* - \mu)\,\Delta\left(\frac{1}{T}\right) \tag{91.8a}$$

und damit

$$\frac{\tilde{v}}{T}\Delta p = \{U^* - (\tilde{u} + p\tilde{v})\}\,\Delta\left(\frac{1}{T}\right). \tag{91.8b}$$

Die hier auftretenden Größen bezeichnet man häufig als

Transport-Entropie S^*: $T S^* = U^* - \mu$, (91.9)

Transport-Wärme Q^*: $Q^* = U^* - \mu - T\tilde{s} = T(S^* - \tilde{s}) = U^* - (\tilde{u} + p\tilde{v})$.

Die Bezeichnung S^* rechtfertigt sich durch die allgemeine Relation

$$\mathrm{d}U = T\mathrm{d}S + \mu\,\mathrm{d}N,$$

angewandt auf den Übertritt von einem Teilchen in den Behälter (1) der Abb. 121. Mit $\mathrm{d}N = 1$, $\mathrm{d}U = U^*$ wird $U^* - \mu = T\mathrm{d}S$. Also ist $(U^* - \mu)/T = S^*$ die mit dem Übertritt eines Teilchens verbundene Entropiezunahme.

Die Rechtfertigung von Q^* bedarf einer genaueren Angabe der experimentellen Anordnung. Wir kommen darauf nachher (§ 93) zurück.

§ 92. Einige Anwendungen.

a) Durchströmen durch eine große Öffnung. Darunter verstehen wir eine Öffnung, welche zwar einen Reibungswiderstand bietet, sonst aber einen einfachen Durchtritt der Substanz gestattet. Bei Gasen ist dafür erforderlich, daß die Linearabmessungen der Öffnung sehr groß sind gegenüber der freien Weglänge. Der Zuwachs U^* der Energie des Behälters (1) besteht in diesem Fall aus zwei Teilen. Zunächst bringt jedes Teilchen seine Energie $\tilde{u}$ mit. Sodann wird beim Durchtritt der Substanz der Inhalt des Behälters um das Volumen dieser Substanz verdichtet. Die dabei geleistete Arbeit erscheint ebenfalls als Energieerhöhung. Mit dem Volumen $\tilde{v}$ je Teilchen ist diese Arbeit (je Teilchen) gleich $p\tilde{v}$. Im ganzen wird also

$$U^* = \tilde{u} + p\tilde{v}.$$

Nach (91.8b) ist also $\Delta p = 0$, auch bei einer von Null verschiedenen Temperaturdifferenz. Dies Resultat war von vornherein zu erwarten.

b) Der Öffnungsdurchmesser ist klein gegen die freie Weglänge (stark verdünntes Gas). Gegenüber dem Fall a) treten hier zwei Änderungen im Ausdruck für U^* auf. Zunächst entfällt die Kompressionsarbeit $p\tilde{v}$, da ja die einzelnen Teilchen praktisch unabhängig voneinander durch die Öffnung hindurchfliegen. Sodann bringt ein einzelnes Teilchen im Durchschnitt mehr Energie mit, als dem Mittelwert $\tilde{u}$ entspricht, weil mehr schnelle als langsame Moleküle durch die Öffnung hindurchtreten. Dieser Überschuß beträgt[1] gerade $\frac{1}{2}kT$, so daß resultiert:

$$U^* = \tilde{u} + \tfrac{1}{2}kT.$$

[1] Bedeutet $f(\xi,\eta,\zeta)$ die Geschwindigkeitsverteilung, so ist die Zahl der sekundlich auf eine senkrecht zur x-Achse orientierte Einheitsfläche auftreffenden Moleküle der Sorte $\xi, \mathrm{d}\xi; \eta, \mathrm{d}\eta; \zeta, \mathrm{d}\zeta$ gleich $\xi f(\xi,\eta,\zeta)\,\mathrm{d}\xi\,\mathrm{d}\eta\,\mathrm{d}\zeta$. Die mittlere kinetische Energie w, welche ein auftreffendes Molekül besitzt, ist also

$$w = \frac{\displaystyle\iiint\limits_{0\,-\infty}^{\infty\,+\infty} \frac{m}{2}(\xi^2+\eta^2+\zeta^2)\,\xi f(\xi,\eta,\zeta)\,\mathrm{d}\xi\,\mathrm{d}\eta\,\mathrm{d}\zeta}{\displaystyle\iiint\limits_{0\,-\infty}^{\infty\,+\infty} \xi f(\xi,\eta,\zeta)\,\mathrm{d}\xi\,\mathrm{d}\eta\,\mathrm{d}\zeta}.$$

Mit $\beta = 1/kT$ und der Maxwell-Verteilung $f = \exp\left[-\frac{\beta m}{2}(\xi^2+\eta^2+\zeta^2)\right]$ wird

$$w = -\frac{\mathrm{d}}{\mathrm{d}\beta}\left\{\ln\int\limits_0^\infty \xi e^{-\beta\frac{m}{2}\xi^2}\,\mathrm{d}\xi + 2\ln\int\limits_{-\infty}^{+\infty} e^{-\beta\frac{m}{2}\eta^2}\,\mathrm{d}\eta\right\}.$$

Einfache Ausrechnung ergibt $w = 2kT$. Die mittlere Transportenergie ist also nur $\frac{1}{2}kT$ größer, als der Gleichverteilung ($\frac{3}{2}kT$) entspricht.

Mit $p\tilde{v} = kT$ wird also

$$U^* - \tilde{u} - p\tilde{v} = -\tfrac{1}{2}kT.$$

Damit wird aus (91.8b)

$$\frac{\Delta p}{p} = \frac{1}{2}\frac{\Delta T}{T}.$$

Integration dieser Gleichung liefert die aus der Gastheorie bekannte KNUDSEN-Relation

$$\frac{p_1}{p_2} = \sqrt{\frac{T_1}{T_2}}.$$

In einem stark verdünnten, aber inhomogen temperierten Gas verhalten sich die Drucke wie die Wurzeln aus den Temperaturen.

c) **Helium II.** Flüssiges Helium zeigt bei Abkühlung unter den „λ-Punkt" von 2,19° K das Phänomen der Superfluidität. Nach dem Vorgang von LONDON und TISZA lassen sich viele Züge dieser Eigenschaft durch die Annahme beschreiben, daß unterhalb des λ-Punktes eine Art von Kondensation stattfindet, wie wir sie in § 54 für das ideale BOSE-Gas behandelt haben. He II wird als eine Mischung von zwei Phasen angesehen, die man als „n-Phase" und „s-Phase" unterscheidet. Die n-Phase hat „normale" Eigenschaften und ist oberhalb des λ-Punktes allein vorhanden. Die s-Phase dagegen entspricht dem BOSE-EINSTEIN-Kondensat. Sie hat die Entropie Null und soll keine Reibung besitzen, also für die Superfluidität verantwortlich sein.

Verbindet man zwei verschieden temperierte, mit He II gefüllte Behälter durch eine sehr enge Kapillare miteinander, so wird ein Teilchenaustausch zwischen den Behältern praktisch nur durch die s-Phase vermittelt, da von der n-Phase wegen ihrer „normalen" Zähigkeit keine merklichen Mengen durch die Kapillare hindurchtreten. Unter diesen Umständen ist also die oben als „Öffnung" bezeichnete Verbindung zwischen den Behältern *1* und *2* der Abb. 121 dadurch gekennzeichnet, daß die Transport-Entropie S^* gleich Null ist. Im Fall der Stromlosigkeit muß also nach (91.8a) $\Delta\mu = 0$ sein, d. h.

$$\tilde{v}\,\Delta p = \tilde{s}\,\Delta T.$$

In dieser Gleichung läßt sich die spezifische Entropie $\tilde{s}$ direkt aus der Messung des Temperaturverlaufs der spezifischen Wärme ermitteln $\left(\tilde{s}(T) = \int\limits_0^T \frac{c_v}{T}\,\mathrm{d}T\right)$.

Damit ist die „thermomechanische" Druckdifferenz $\Delta p/\Delta T = \tilde{s}/\tilde{v}$ eindeutig festgelegt. Die gute experimentelle Bestätigung dieser Relation durch KAPITZA, MEYER[1] u. a. gehört zu den schönsten Erfolgen in der Physik des He II.

§ 93. Die THOMSONsche Behandlung und ihre Rechtfertigung durch die ONSAGER-Relation.

a) Wir haben soeben die aus der ONSAGER-Relation gefundene Bedingung für Stromlosigkeit

$$\Delta\left(\frac{\mu}{T}\right) = U^*\,\Delta\left(\frac{1}{T}\right)$$

der Anordnung von Abb. 121 einer eingehenden Diskussion unterzogen. Tatsächlich ist diese Beziehung [oder die mit ihr äquivalenten Gln. (91.8a), (91.8b)]

[1] Für eine genauere Diskussion s. J. G. DAUNT u. A. S. SMITH: Rev. Mod. Phys. **26**, 2 (1954).

bereits viel länger bekannt. Man kann sie nämlich nach einer auf W. THOMSON (Lord KELVIN) zurückgehenden und nicht ganz exakten Überlegung auch dadurch gewinnen, daß man den stromlosen Zustand ($J_n = 0$) als einen richtigen Gleichgewichtszustand betrachtet, auch dann, wenn zwischen den Behältern *1* und *2* eine Temperaturdifferenz besteht. Das ist natürlich falsch, weil ja — durch Wärmeleitung — stets ein mit Entropiezunahme verknüpfter Wärmestrom fließt. Wir entschließen uns, diesen zu ignorieren und zu fordern, daß sich auch im Fall $\Delta T \neq 0$ ein richtiges, durch ein Maximum der Entropie gekennzeichnetes Gleichgewicht einstellt.

Die Gesamtentropie unseres Systems ist

$$S = S_1(U_1, V_1, N_1) + S_2(U_2, V_2, N_2).$$

Beim Übergang eines Teilchens von *2* nach *1* ändern sich U_1 um U^*, U_2 um $-U^*$, N_1 um 1, N_2 um -1, also ändert sich S um

$$\delta S = U^*\left\{\left(\frac{\partial S}{\partial U}\right)_1 - \left(\frac{\partial S}{\partial U}\right)_2\right\} + \left(\frac{\partial S}{\partial N}\right)_1 - \left(\frac{\partial S}{\partial N}\right)_2.$$

Mit $\partial S/\partial U = 1/T$; $\partial S/\partial N = -\mu/T$ wird also die Forderung $\delta S = 0$ identisch mit

$$U^* \Delta\left(\frac{1}{T}\right) - \Delta\left(\frac{\mu}{T}\right) = 0.$$

Damit haben wir in zwei Zeilen die oben recht mühsam gewonnene Gl. (91.8) wiedergewonnen. Das Ignorieren des Wärmeleitungsstromes scheint also glänzend gerechtfertigt. In der Tat hat man — wenn auch mit etwas schlechtem Gewissen — diesen und die ähnlich gelagerten Fälle der Thermoelektrizität 50 Jahre lang theoretisch nach diesem Verfahren behandelt.

b) Dieser merkwürdige Zusammenhang zwischen der THOMSONschen Betrachtung und der ONSAGER-Relation läßt sich auch so aussprechen: Wenn THOMSONs Betrachtung richtig ist, so folgt daraus die ONSAGER-Relation $L_{12} = L_{21}$. Um das einzusehen, betrachten wir nochmals die Ansätze aus § 91:

$$\dot{S} = -J_n \Delta\left(\frac{\mu}{T}\right) + J_u \Delta\left(\frac{1}{T}\right),$$

$$J_n = L_{11}\left[-\Delta\left(\frac{\mu}{T}\right) + \frac{L_{12}}{L_{11}} \Delta\left(\frac{1}{T}\right)\right],$$

$$J_u = \frac{L_{21}}{L_{11}} J_n + \frac{D}{L_{11}} \Delta\left(\frac{1}{T}\right).$$

Führen wir diesen Ausdruck für J_u in $\dot{S}$ ein, so wird

$$\dot{S} = J_n\left(-\Delta\left(\frac{\mu}{T}\right) + \frac{L_{21}}{L_{11}} \Delta\left(\frac{1}{T}\right)\right) + \frac{D}{L_{11}}\left(\Delta\left(\frac{1}{T}\right)\right)^2.$$

Die Bedingung für Stromlosigkeit ($J_n = 0$) ist $\Delta(\mu/T) = \Delta(1/T)\, L_{12}/L_{11}$. Andererseits ist nach THOMSON dieser Zustand gekennzeichnet durch die Forderung $\dot{S} = 0$, wenn man den mit der reinen Wärmeleitung verknüpften Entropiezuwachs $(\Delta(1/T))^2 D/L_{11}$ ignoriert. Das liefert nach der letzten Gleichung für $\dot{S}$ die Bedingung

$$\Delta\left(\frac{\mu}{T}\right) = \frac{L_{21}}{L_{11}} \Delta\left(\frac{1}{T}\right),$$

im Widerspruch mit der allgemeinen Gleichung für $J_n = 0$. Dieser Widerspruch verschwindet nur dann, wenn $L_{12} = L_{21}$ ist.

Daß es bei Gültigkeit der ONSAGER-Relation im Sinne von THOMSON gestattet ist, den Teilchenstrom J_n und den Wärmeleitungsstrom

$$J_\lambda = \frac{D}{L_{11}} \Delta\left(\frac{1}{T}\right)$$

unabhängig voneinander zu betrachten, wird plausibel, wenn man $\dot{S}$ durch die beiden Ströme allein ausdrückt. Aus den vorstehenden Relationen findet man leicht

$$\dot{S} = \frac{1}{L_{11}} J_n^2 + \frac{L_{11}}{D} J_\lambda^2 + \frac{L_{21} - L_{12}}{D} J_n J_\lambda .$$

Der letzte Summand, welcher eine Kopplung zwischen J_n und J_λ hinsichtlich ihres Einflusses auf $\dot{S}$ beschreibt, fällt bei Gültigkeit der ONSAGER-Relation fort.

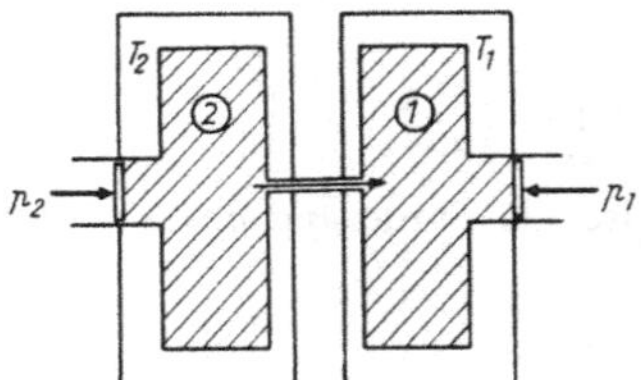

Abb. 122. Zur Definition der Transportwärme.

c) *Transportwärme* Q^*. Die Größe Q^* hatten wir oben definiert als

$$Q^* = U^* - (\tilde{u} + p\,\tilde{v})$$

und damit die Bedingung der Stromlosigkeit in der Form

$$\frac{\tilde{v}}{T} \Delta p = Q^* \Delta \frac{1}{T}$$

erhalten, die wir auch

$$\tilde{v}\,\Delta p = -Q^* \frac{\Delta T}{T}$$

schreiben können. Wir wollen jetzt die physikalische Bedeutung von Q^* klarstellen. Wir werden finden, daß alsdann die letzte Gleichung identisch ist mit dem CARNOTschen Satz vom Wirkungsgrad einer reversibel arbeitenden Wärmemaschine.

Zu diesem Zweck betrachten wir die in Abb. 122 skizzierte stationäre Anordnung: Die beiden Behälter seien von Temperaturbädern T_1 und T_2 umgeben. Außerdem seien mit Hilfe von zwei Stempeln die Drucke p_1 und p_2 gegeben. In jedem der beiden Behälter ist durch die Vorgabe von T und p die physikalische Beschaffenheit der Substanz eindeutig fixiert. Das einzige, was passieren kann, ist der Durchtritt von Substanz durch die Öffnung unter gleichzeitiger Verschiebung der Stempel und Austausch von Wärme mit den beiden Temperaturbädern. Wir lassen nun ν Teilchen durch die Öffnung in Richtung von *2* nach *1* hindurchtreten und wenden den Energiesatz auf diesen Prozeß an. Der Energiezuwachs der in *1* enthaltenen Substanz ist dann $\nu\,u$. Er setzt sich zusammen aus der Transport-Energie νU^*, welche die Teilchen bei ihrem Übertritt mitbringen, abzüglich der an das Bad T_1 abgegebenen Wärme Q sowie der am Stempel geleisteten Arbeit $\tilde{v}\,p\,\nu$. Wir haben also die Bilanz

$$\nu\,\tilde{u} = \nu\,U^* - \nu\,\tilde{v}\,p - Q .$$

Die bei dieser Art des Betriebs an T_1 abgegebene Wärme ist also

$$Q = \nu(U^* - \tilde{u} - \tilde{v}\,p) .$$

Für jedes hindurchtretende Teilchen wird also dem Wärmebad T_1 genau die oben definierte Wärme Q^* zugeführt, welche in diesem Sinne wirklich als Transport-Wärme in die Erscheinung tritt.

Wegen der Relationen $u + p\tilde{v} = \mu + T\tilde{s}$ und mit der Transport-Entropie $TS^* = U^* - \mu$ läßt sich Q^* auch in der Form

$$Q^* = T(S^* - \tilde{s})$$

schreiben. Diese Form ist besonders beim He II-Strom durch eine sehr enge Kapillare zweckmäßig. Hier ist $S^* = 0$, also

$$-Q^* = T\tilde{s}.$$

Das Wärmebad hat die Aufgabe, die mit der Entropie Null einströmende s-Phase auf den Sollwert $\tilde{s}$ „aufzuwärmen". Ihm wird dazu die Wärmemenge $T\tilde{s}$ entzogen.

Zur Fixierung der Anschauung nehmen wir an, es sei $T_1 > T_2$ und Q^* negativ. $-Q^*$ ist dann die positive, dem wärmeren Bad entnommene Wärme, wenn im stationären Betrieb ein Teilchen von *2* nach *1* hindurchtritt. Alsdann wird auch im stromlosen Fall (nach THOMSON im „Gleichgewicht") $p_1 > p_2$. Um diesen Druckunterschied in kontinuierlicher Weise zur Arbeitsgewinnung auszunutzen, haben wir das hindurchgetretene und unter dem Druck p_1 stehende Volumen $\tilde{v}_1$ durch eine Zusatzvorrichtung in den Zustand $\tilde{v}_2$, p_2 zu bringen. Die somit im ganzen gewonnene Arbeit entnehmen wir aus dem Diagramm der Abb. 123, in welchem durch die Punkte A und B die beiden Zustände $p_1, \tilde{v}_1$ und $p_2, \tilde{v}_2$ gekennzeichnet seien. Nun gewinnen wir beim Durchtritt eines Teilchens durch die Öffnung zunächst die Arbeit $\tilde{v}_1 p_1$. Beim Übergang von A nach B gewinnen wir dazu noch die durch die Fläche des Streifens $AB\tilde{v}_2\tilde{v}_1$ gemessene Arbeit. Außerdem haben wir die Arbeit $\tilde{v}_2 p_2$ aufzuwenden, um das Volumen $\tilde{v}_2$ mit dem Stempel p_2 in den Behälter *2* hineinzudrücken. Im ganzen bleibt somit als gewonnene Arbeit der Inhalt der schraffierten Fläche. Wenn $p_1 - p_2 = \Delta p$ und $\tilde{v}_2 - \tilde{v}_1 = \Delta\tilde{v}$ infinitesimal klein sind, so ist dieser Inhalt gleich $\tilde{v}\,\Delta p$. Die Gleichung

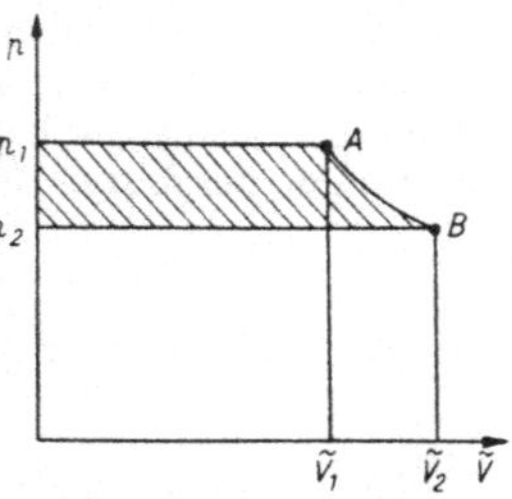

Abb. 123. Zur Berechnung der beim kontinuierlichen Betrieb nach Abb. 122 zu gewinnenden Arbeit.

$$\tilde{v}\,\Delta p = (-Q^*)\frac{\Delta T}{T}$$

besagt also nichts anderes, als daß bei dem in der geschilderten Art geschlossenen Kreisprozeß die Wärme $-Q^*$ mit dem Wirkungsgrad $\Delta T/T$ in Arbeit verwandelt wurde.

§ 94. Thermoelektrische Erscheinungen. Behandlung nach THOMSON.

Eine der einfachsten und wichtigsten Anwendungen der Theorie der irreversiblen Vorgänge bildet der Zusammenhang zwischen Thermokraft, PELTIER-Effekt und THOMSON-Wärme. Diese Phänomene sind stets mit einem Temperaturgefälle innerhalb des Materials verbunden, also mit einem irreversiblen Transport von Wärme durch Wärmeleitung. Außerdem tritt bei jedem Versuch zur Messung der PELTIER- und THOMSON-Wärme notwendig eine mit J^2 proportionale und daher stets irreversible Entwicklung von JOULEscher Wärme auf.

Die erste Anwendung der Thermodynamik auf diese Effekte geht zurück auf THOMSON, welcher die mit der Wärmeleitung und der JOULEschen Wärmeentwicklung verknüpften irreversiblen Vorgänge einfach ignorierte. THOMSON behandelt demnach die thermoelektrischen Effekte mit Hilfe der Methoden, welche wir oben für reversible Vorgänge entwickelt haben. Es kommen also z. B. solche Methoden in Frage wie der Satz vom CARNOTschen Wirkungsgrad bzw. derjenige von der Erhaltung der Entropie eines abgeschlossenen Systems. Dem Einwand, daß mit der JOULEschen Wärme und mit der Wärmeleitung notwendig ein Anwachsen der Entropie verbunden ist, konnte er hinsichtlich der ersteren entgegnen, daß sie mit J^2 proportional und daher bei hinreichend kleiner Stromstärke beliebig klein wird gegenüber den mit J proportionalen PELTIER-

und THOMSON-Wärmen. Dagegen ist es nicht möglich, in ähnlicher Weise die Vernachlässigung der Wärmeleitung zu rechtfertigen. Das wurde insbesondere von BOLTZMANN[1] in einer sorgfältigen Untersuchung nachgewiesen. Die Begründung, welche THOMSON den von ihm entdeckten Relationen gibt, ist daher nicht zwingend. Erst durch die Berücksichtigung der irreversiblen Anteile mit Hilfe der ONSAGERschen Theorie werden wir zu einer besser fundierten Ableitung gelangen. Wir werden im folgenden zunächst die — theoretisch nicht einwandfreie — Behandlung nach THOMSON mitteilen und danach die strengere Behandlung durchführen.

Die Behandlung nach THOMSON. Zur Fixierung der Anschauung betrachten wir die in Abb. 124 skizzierte Anordnung:

Zwei Drähte der Sorte A und B sind an beiden Enden miteinander verlötet. T_1 und T_2 seien die Temperaturen der beiden Lötstellen. Der Draht B sei zwecks Zwischenschaltung einer Spannungsquelle V aufgeschnitten. V_0 sei diejenige Spannung, bei welcher kein Strom fließt. Durch infinitesimale Änderung von V kann man durch die Drähte einen Strom der einen oder anderen Richtung schicken. Denkt man sich als Spannungsquelle einen Akkumulator, so wird dieser etwas entladen bei Erhöhung, aufgeladen dagegen bei Erniedrigung von V. Wir bringen nunmehr eine ganze Reihe von Wärmebädern an, welche die Temperaturen an den einzelnen Stellen konstant halten; zunächst an den Lötstellen die beiden Bäder T_1 und T_2. Sodann sorgen wir durch Justierung der Spannungsquelle V für Stromlosigkeit. V_0 nennen wir die Thermospannung unseres Thermoelements AB. Dabei wird sich entlang der Drähte ein Temperaturgefälle einstellen. Nunmehr bringen wir an jede Stelle des Drahtes ein Bad von derjenigen Temperatur T, welche sich soeben dort eingestellt hat. Damit ist für alle weiteren Versuche die Temperatur an jeder Stelle fest gegeben. Nunmehr *vergrößern* wir die Spannung ein wenig und erzeugen einen Strom J, welcher in A von T_1 nach T_2, in B von T_2 nach T_1 fließt. Alsdann beobachtet man, daß von den Wärmebädern gewisse, mit J proportionale Wärmemengen den Drähten zugeführt werden. Nunmehr definieren wir:

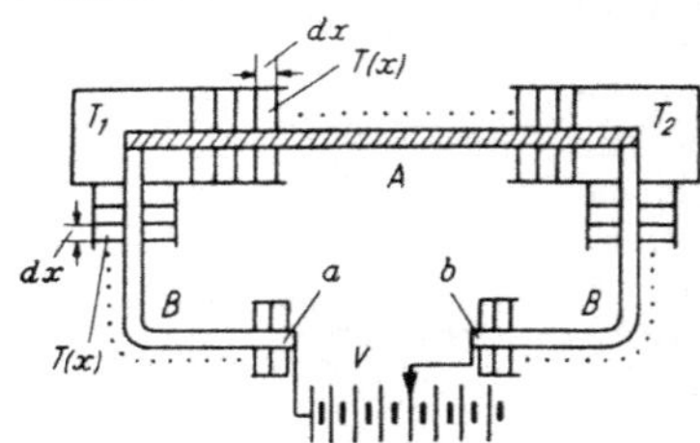

Abb. 124. Schema zur Definition von PELTIER-Koeffizient und THOMSON-Koeffizient.

PELTIER-*Koeffizient* Π_{AB}. Fließt durch die Lötstelle zwischen den Metallen A und B ein Strom J in der Richtung von A nach B, so wird dabei dem die Lötstelle umgebenden Wärmebad sekundlich die Wärmemenge $\Pi_{AB}\,J$ entzogen, also vom Bad der Lötstelle zugeführt. Aus der Linearität in J folgt notwendig $\Pi_{BA} = -\Pi_{AB}$.

THOMSON-*Koeffizient* τ. Wenn in einem stromdurchflossenen (homogenen) Draht ein Temperaturgefälle existiert, so tritt eine mit dem Temperaturgefälle und dem Strom proportionale Wärmeentwicklung auf. Ist x die in der Längsrichtung des Drahtes gemessene Koordinate und ist $T = T(x)$ gegeben, so muß man dem Abschnitt $\mathrm{d}x$ des Drahtes die Wärmemenge $J\tau(\mathrm{d}T/\mathrm{d}x)\,\mathrm{d}x$ zuführen, wenn man seine Temperatur zeitlich konstant halten will. Wenn also auf einem Abschnitt unseres Drahtes die Temperatur um $\mathrm{d}T$ ansteigt, so entnimmt er dem umgebenden Wärmebad sekundlich die Wärmemenge $J\tau\,\mathrm{d}T$.

---

[1] BOLTZMANN, L.: S.-B. Akad. Wiss. Wien, math.-naturwiss. Kl., Abt. II **96**, 1258 (1887); Wiss. Abh. **3**, 321 (1909).

Wir bezeichnen mit τ_A und τ_B die THOMSON-Koeffizienten der Metalle A und B. Sowohl Π_{AB}, τ_A, τ_B wie auch V_0 sind vorerst unbekannte Funktionen der Temperatur. Nunmehr wenden wir die beiden Hauptsätze der Thermodynamik auf die in Abb. 124 skizzierte Vorrichtung an, wobei wir Wärmeleitung und JOULEsche Wärme ignorieren. Wir denken die Spannung V ein klein wenig unter den Gleichgewichtswert V_0 *erniedrigt*! Dann fließt ein Strom J in solcher Richtung, daß er an der Spannungsquelle Arbeit leistet (der Akku wird aufgeladen). Es wird also sekundlich die Arbeit $V_0 J$ gewonnen. Nach dem *ersten Hauptsatz* ist diese Arbeit gleich der den Wärmebädern entnommenen Wärme. Damit haben wir

$$V_0 J = J\left[\Pi_{AB}(T_1) + \int_{T_1}^{T_2} \tau_B \, \mathrm{d}T + \Pi_{BA}(T_2) + \int_{T_2}^{T_1} \tau_A \, \mathrm{d}T\right]$$

oder

$$V_0 = \Pi_{AB}(T_1) - \Pi_{AB}(T_2) + \int_{T_2}^{T_1} (\tau_A - \tau_B)\, \mathrm{d}T. \tag{94.1}$$

Der *zweite Hauptsatz* verlangt, daß die Entropie aller beteiligten Systeme sich nicht ändert. Die Entropieabnahme eines einzelnen Wärmebades beträgt $\delta Q/T$. Damit folgt für die Entropieänderung aller beteiligten Wärmebäder bei Durchfluß der Elektrizitätsmenge 1:

$$\left(\frac{\Pi_{AB}}{T}\right)_{T_1} - \left(\frac{\Pi_{AB}}{T}\right)_{T_2} + \int_{T_2}^{T_1} \frac{\tau_A - \tau_B}{T} \, \mathrm{d}T = 0. \tag{94.2}$$

Differenzieren wir diese Gleichung nach T_1, so erhalten wir

$$\frac{\mathrm{d}}{\mathrm{d}T}\left(\frac{\Pi_{AB}}{T}\right) + \frac{\tau_A - \tau_B}{T} = 0 \tag{94.3}$$

als Verknüpfung zwischen PELTIER- und THOMSON-Wärme. Wir wollen den so erhaltenen Wert für die THOMSON-Wärme in die Energiegleichung einsetzen. Schreiben wir (94.3) in der Form

$$\tau_A - \tau_B = -T \frac{\mathrm{d}}{\mathrm{d}T}\left(\frac{\Pi_{AB}}{T}\right) \equiv -\frac{\mathrm{d}}{\mathrm{d}T}(\Pi_{AB}) + \frac{\Pi_{AB}}{T}, \tag{94.3a}$$

so erhalten wir aus Gl. (94.1) für die Thermospannung

$$V_0 = \int_{T_2}^{T_1} \frac{\Pi_{AB}}{T} \, \mathrm{d}T. \tag{94.4}$$

Bei einem sehr kleinen Temperaturunterschied $\mathrm{d}T$ zwischen den beiden Lötstellen gilt danach für die differentielle Thermospannung

$$\mathrm{d}V_0 = \Pi_{AB} \frac{\mathrm{d}T}{T}. \tag{94.5}$$

§ 95. Thermoelektrische Erscheinungen. Behandlung mit der ONSAGER-Relation[1].

Wir haben bereits in § 87 den Wärmestrom in einem kontinuierlichen Medium und die damit verknüpfte Zunahme der Entropie betrachtet. Wir erweitern nunmehr jene Betrachtung, indem wir annehmen, daß in dem Medium nicht nur Wärme, sondern auch Teilchen strömen können. Bei den Teilchen denken wir speziell an Elektronen, welche sich in einem Metall bewegen, obwohl die allgemeinen Betrachtungen von diesem speziellen Modell unabhängig sind. Wir

[1] Vgl. zu der hier gewählten Darstellung etwa H. B. CALLEN: Physic. Rev. **73**, 1349 (1948).

beschränken uns auf *stationäre Zustände*: Die Ströme von Teilchen und Energie sollen zwar vom Ort, nicht aber von der Zeit abhängen. Bezeichnen wir mit den Vektoren $\vec{N}$ und $\vec{U}$ *die Stromdichten für Teilchen und Energie*, so gilt wegen der Erhaltungssätze im stationären Zustand

$$\operatorname{div}\vec{N} = 0 \quad \text{und} \quad \operatorname{div}\vec{U} = 0\,. \tag{95.1}$$

Daneben führen wir noch den Entropiestrom $\vec{S}$ ein. Aus der für ein festes Volumen gültigen Relation $\mathrm{d}U = T\,\mathrm{d}S + \mu\,\mathrm{d}N$ schließen wir $\vec{U} = T\vec{S} + \mu\vec{N}$, also

$$\vec{S} = \frac{1}{T}\left(\vec{U} - \mu\vec{N}\right). \tag{95.2}$$

$\vec{S}$ ist — auch im stationären Fall — nicht quellenfrei, vielmehr wird

$$\operatorname{div}\vec{S} = -\vec{N}\operatorname{grad}\frac{\mu}{T} + \vec{U}\operatorname{grad}\frac{1}{T}\,. \tag{95.3}$$

Durch (95.3) ist die je sec und cm³ erzeugte Entropie gegeben. $\operatorname{div}\vec{S}$ tritt im kontinuierlichen Fall an die Stelle des $\dot{S}$ unserer früheren, nur von zwei Variablen abhängigen Probleme.

Solange die Ströme $\vec{N}$ und $\vec{U}$ lineare Funktionen der Kräfte $-\operatorname{grad}\mu/T$ und $\operatorname{grad} 1/T$ sind, haben wir als Bewegungsgleichungen

$$\begin{aligned} \vec{N} &= -L_{11}\operatorname{grad}\frac{\mu}{T} + L_{12}\operatorname{grad}\frac{1}{T}\,,\\ \vec{U} &= -L_{21}\operatorname{grad}\frac{\mu}{T} + L_{22}\operatorname{grad}\frac{1}{T}\,, \end{aligned} \tag{95.4}$$

mit der ONSAGER-Relation $L_{12} = L_{21}$.

Wie üblich, eliminieren wir $\operatorname{grad}\mu/T$ aus der Gleichung für $\vec{U}$ mit Hilfe derjenigen für $\vec{N}$ und haben

$$\vec{U} = \frac{L_{21}}{L_{11}}\vec{N} + \frac{D}{L_{11}}\operatorname{grad}\frac{1}{T}\,. \tag{95.5}$$

Wir zeigen zunächst [wie oben in (90.16)], daß auch in diesem Fall die ONSAGER-Relation eine Rechtfertigung der THOMSONschen Behandlung darstellt. Dazu setzen wir den letzten Ausdruck für $\vec{U}$ in $\operatorname{div}\vec{S}$ ein:

$$\operatorname{div}\vec{S} = \vec{N}\left(-\operatorname{grad}\frac{\mu}{T} + \frac{L_{21}}{L_{11}}\operatorname{grad}\frac{1}{T}\right) + \frac{D}{L_{11}}\left(\operatorname{grad}\frac{1}{T}\right)^2$$

und schreiben dazu den allgemeinen Ausdruck für $\vec{N}$:

$$\vec{N} = L_{11}\left(-\operatorname{grad}\frac{\mu}{T} + \frac{L_{12}}{L_{11}}\operatorname{grad}\frac{1}{T}\right).$$

Wenn man mit THOMSON die von der eigentlichen Wärmeleitung herrührende Entropieerzeugung $(\operatorname{grad} 1/T)^2 D/L_{11}$ ignoriert und fordert, daß im stromlosen Zustand ein richtiges thermisches Gleichgewicht vorhanden ist, so folgt aus der Gleichung für $\operatorname{div}\vec{S}$:

$$-\operatorname{grad}\frac{\mu}{T} + \frac{L_{21}}{L_{11}}\operatorname{grad}\frac{1}{T} = 0\,.$$

Wäre nämlich (für $\vec{N} = 0$) dieser Ausdruck von Null verschieden, so ließe sich immer ein Strom $\vec{N}$ angeben von der Art, daß $\operatorname{div}\vec{S} > 0$ wäre, was ein Anwachsen der Entropie bedeuten würde. Andererseits folgt aus der allgemeinen Gleichung als Bedingung für $\vec{N} = 0$

$$-\operatorname{grad}\frac{\mu}{T} + \frac{L_{12}}{L_{11}}\operatorname{grad}\frac{1}{T} = 0\,.$$

Ein Widerspruch wird nur vermieden, wenn

$$L_{12} = L_{21}\,.$$

Aus unserer Gl. (91.7) folgt, daß die Größe

$$\frac{L_{12}}{L_{11}} = \frac{L_{21}}{L_{11}} = U^*$$

die Bedeutung einer Transport-Energie hat. Es erweist sich als zweckmäßig, durch

$$U^* = T S^* + \mu$$

eine *Transport-Entropie* S^* einzuführen [s. o. (91.9)]. Wir werden sehen, daß alle zu behandelnden Effekte im wesentlichen durch diese eine Größe S^* beschrieben werden. Die Stromgleichung wird damit

$$\vec{N} = L_{11}\left(-\frac{\operatorname{grad}\mu}{T} + (U^* - \mu)\operatorname{grad}\frac{1}{T}\right),$$

also

$$\vec{N} = -\frac{L_{11}}{T}(\operatorname{grad}\mu + S^*\operatorname{grad}T)\,. \tag{95.6}$$

Andererseits wird

$$\vec{U} = (T S^* + \mu)\vec{N} + \frac{D}{L_{11}}\operatorname{grad}\frac{1}{T}\,. \tag{95.7}$$

Die Gln. (95.6) und (95.7) werden wir der weiteren Diskussion zugrunde legen. Zunächst eine wichtige Bemerkung zum Potential μ. Wenn innerhalb des Metalls ein elektrisches Potentialfeld ($\vec{E} = -\operatorname{grad}\varphi$) vorhanden ist, so ist die potentielle Energie $e\varphi$ mit zum Potential zu nehmen, d. h. es gilt

$$\mu = \mu_{chem} + e\varphi\,. \tag{95.8}$$

Im thermisch und physikalisch homogenen Material reduziert sich dann (95.6) auf

$$\vec{N} = \frac{e L_{11}}{T}\vec{E}\,.$$

$e\vec{N} = \vec{j}$ ist aber die elektrische Stromdichte. Also ist $\sigma = e^2 L_{11}/T$ die elektrische Leitfähigkeit.

Wir notieren zwei Folgerungen aus (95.6) und (95.7): Zunächst die Bedingung für Stromlosigkeit

$$\vec{N} = 0\,, \quad \text{wenn} \quad \operatorname{grad}\mu = -S^*\operatorname{grad}T\,. \tag{95.9}$$

Bilden wir $\operatorname{div}\vec{U}$ aus (95.7). Wegen $\operatorname{div}\vec{N} = 0$ wird dabei

$$\operatorname{div}\vec{N}(T S^* + \mu) = \vec{N}\operatorname{grad}(T S^* + \mu) = \vec{N}(S^*\operatorname{grad}T + \operatorname{grad}\mu + T\operatorname{grad}S^*)\,.$$

Die beiden ersten Summanden ergeben nach (95.6) zusammen $-\vec{N}T/L_{11}$. Damit haben wir im stationären Fall

$$\operatorname{div}\vec{U} = 0 = -\frac{T}{L_{11}}\vec{N}^2 + T\vec{N}\operatorname{grad}S^* + \operatorname{div}\left(\frac{D}{L_{11}}\operatorname{grad}\frac{1}{T}\right). \tag{95.10}$$

Der letzte Term ist die von der Volumeneinheit sekundlich durch Wärmeleitung nach außen abgegebene Wärme. Diese ist nach (95.10) gleich der Summe von JOULEscher Wärme $\vec{N}^2 T/L_{11}$ und dem Glied $-T\vec{N}\,\mathrm{grad}\,S^*$. Die Größe $T(\vec{N}\,\mathrm{grad}\,S^*)$ ist also eine vom Material aufgenommene Wärme. Sie tritt als THOMSON-Wärme und als PELTIER-Wärme experimentell in Erscheinung.

a) THOMSON-Koeffizient τ. Ein physikalisch homogener Draht vom Querschnitt q werde in der $+x$-Richtung vom Strom $J = e(\vec{N})_x q$ durchflossen. Ist die Temperatur $T = T(x)$ entlang des Drahtes veränderlich, so muß zur Aufrechterhaltung eines stationären Zustandes dem Abschnitt $\mathrm{d}x$ des Drahtes die Wärme

$$\tau J \frac{\mathrm{d}T}{\mathrm{d}x}\mathrm{d}x$$

seitens der die Temperaturverteilung aufrechterhaltenden Bäder durch Wärmeleitung zugeführt werden. Für dieselbe Wärme folgt aus (95.10) durch Integration über das Volumen $q\,\mathrm{d}x$ des Drahtabschnitts $\mathrm{d}x$

$$T\left(\vec{N}\right)_x \frac{\mathrm{d}S^*}{\mathrm{d}x} q\,\mathrm{d}x\,.$$

Nun ist S^* im physikalisch homogenen Material eine Funktion von T allein, also $\frac{\mathrm{d}S^*}{\mathrm{d}x} = \frac{\mathrm{d}S^*}{\mathrm{d}T}\frac{\mathrm{d}T}{\mathrm{d}x}$. Aus der Gleichung der beiden Werte der Wärmezufuhr folgt somit der THOMSON-Koeffizient

$$\tau = \frac{T}{e}\frac{\mathrm{d}S^*}{\mathrm{d}T}\,.$$

b) Die PELTIER-Wärme. Der Strom fließt (bei fester Temperatur) durch eine Lötstelle vom Metall A zum Metall B. Bedeuteten S_A^* und S_B^* die Transport-Entropien in A und B, so folgt aus (95.10) bei Integration über die Lötstelle für die von dieser aufgenommenen Wärme

$$T J (S_B^* - S_A^*)\,.$$

Nach Definition des PELTIER-Koeffizienten ist diese Wärme gleich $\Pi_{AB}\,e J$, also haben wir

$$\Pi_{AB} = \frac{T}{e}(S_B^* - S_A^*)\,. \tag{95.11}$$

Differenzieren von Π_{AB}/T nach T liefert die früher nach THOMSON gewonnene Relation

$$\frac{\mathrm{d}}{\mathrm{d}T}\left(\frac{\Pi_{AB}}{T}\right) + \frac{\tau_A - \tau_B}{T} = 0$$

zwischen PELTIER-Koeffizient und Differenz der THOMSON-Koeffizienten.

c) Die Thermospannung. Wir betrachten das aus den Metallen A und B bestehende Thermoelement im stromlosen Zustand (Abb. 124). Dann haben die beiden freien Enden von B (die Stellen a und b in der Abbildung) eine Spannungsdifferenz V_0 gegeneinander. T' ist die (gemeinsame) Temperatur von a und b. Nunmehr integrieren wir die für $\vec{N} = 0$ gültige Gl. (95.9) $\mathrm{grad}\,\mu = -S^*\,\mathrm{grad}\,T$ entlang der beiden Drähte von a über T_1 und T_2 nach b und erhalten

$$\mu_b - \mu_a = -\int_a^b S^* \frac{\mathrm{d}T}{\mathrm{d}x}\mathrm{d}x = -\int_a^b S^*\,\mathrm{d}T\,.$$

Bei Unterteilung in die verschiedenen Abschnitte des Drahtes wird also

$$\mu_b - \mu_a = -\left(\int_{T'}^{T_1} S_B^* \,\mathrm{d}T + \int_{T_1}^{T_2} S_A^* \,\mathrm{d}T + \int_{T_2}^{T'} S_B^* \,\mathrm{d}T\right)$$

oder

$$\mu_b - \mu_a = \int_{T_2}^{T_1} (S_B^* - S_A^*) \,\mathrm{d}T\,.$$

Nach der in (95.8) zu μ gegebenen Erläuterung ist

$$\mu_b - \mu_a = e(\varphi_b - \varphi_a) = e\,V_0\,.$$

Ersetzen wir rechter Hand $(S_B^* - S_A^*)$ nach (95.11) durch $e\Pi_{AB}/T$, so haben wir

$$V_0 = \int_{T_2}^{T_1} \frac{\Pi_{AB}}{T} \,\mathrm{d}T$$

also genau den THOMSONschen Ausdruck (94.5).

Literaturverzeichnis.

Allgemeine Lehrbücher.

BRENIG, W.: Statistische Theorie der Wärme. Berlin/Heidelberg/New York: Springer 1975.

HUANG, K.: Statistische Mechanik I, II, III. BI-Taschenbücher, Bände 68–70. Mannheim: Bibl. Institut 1964.

HUND, F.: Einführung in die theoretische Physik, Bd. IV. Leipzig: Bibl. Inst. 1950.

KUBO, R.: Statistical Mechanics. Amsterdam: North-Holland Publ. Co. 1965.

LANDAU, L. D., u. E. M. LIFSHITZ: Statistische Physik. Berlin: Akademie-Verlag 1971.

SCHÄFER, C.: Einführung in die theoretische Physik, Bd. 2. Berlin: De Gruyter 1955.

SOMMERFELD, A.: Vorlesungen über theoretische Physik, Bd. V. Wiesbaden: Dieterich'sche Verlagsbuchhandlung 1952.

WEIDLICH, W.: Thermodynamik und Statistische Mechanik. Frankfurt: Akad. Verlagsges. 1976.

Thermodynamik.

EPSTEIN, P. S.: Textbook of Thermodynamics. New York: Wiley 1937.

EUCKEN, A.: Lehrbuch der Chemischen Physik, Bd. II/1. Leipzig: Akad. Verlagsges. 1949.

— Grundriß der Physikalischen Chemie. Leipzig: Akad. Verlagsges. 1948.

FALK, G.: Axiomatik der Thermodynamik. Handbuch der Physik, Bd. III/2. Berlin/Göttingen/Heidelberg: Springer 1959.

GIBBS, J. W.: Scientific Papers, Vol. 1. Longmans and Co.

GUGGENHEIM, E. A.: Thermodynamics. Amsterdam 1950.

LEWIS, G. N., u. M. RANDALL: Thermodynamik und die freie Energie chemischer Substanzen. Wien: Springer 1927.

PLANCK, M.: Vorlesungen über Thermodynamik. Berlin 1930.

SCHOTTKY, W., H. ULICH u. C. WAGNER: Thermodynamik. Berlin 1929.

SLATER, J.: Introduction to Chemical Physics. New York: McGraw Hill 1939.

ZEMANSKY, M. W.: Heat and Thermodynamics. New York: McGraw Hill 1951.

Handbuch der Physik, Bd. IX. Berlin: Springer 1926.

Kinetische Gastheorie.

BOGOLIUBOV, N. N.: Problems of a Dynamical Theory in Statistical Mechanics. In: Studies in Statistical Mechanics, Bd. 1. Amsterdam: North-Holland Publ. Co. 1962.

BOLTZMANN, L.: Vorlesungen über Gastheorie. Leipzig 1896.

CHAPMAN, S., u. F. G. COWLING: The Mathematical Theory of Nonuniform Gases. Cambridge 1952.

GRAD, H.: Principles of the Kinetic Theory of Gases. In: Handbuch der Physik, Bd. XII. Berlin/Göttingen/Heidelberg: Springer 1958.

HERTZ, P.: Repertorium der Physik von Weber-Gans, Bd. I/2. Leipzig 1916.

HERZFELD, K. F.: Freie Weglänge und Transporterscheinungen in Gasen. Hand- u. Jahrbuch der Chemischen Physik, Bd. 3/IV.

— Kinetische Theorie der Wärme. Müller-Pouillet, Lehrbuch der Physik, Bd. III/2.

JEANS, J. H.: Dynamische Theorie der Gase. Deutsche Übersetzung von R. Fürth. Braunschweig 1926.

KENNARD, E. H.: Kinetic Theory of Gases. New York: McGraw Hill 1938.

Klassische Statistik und Quantenstatistik.

EHRENFEST, P., u. T.: Begriffliche Grundlagen der statistischen Auffassung in der Mechanik. Enc. der math. Wiss. IV, 32. Leipzig 1911.

FOWLER, R. H.: Statistical Mechanics. Cambridge 1936.

— u. E. A. GUGGENHEIM: Statistical Thermodynamics. Cambridge 1952.

FÜRTH, R.: Prinzipien der Statistik. Handb. Physik, Bd. IV. Berlin: Springer 1929.

GIBBS, J. W.: Elementare Grundlagen der statistischen Mechanik. Deutsche Übersetzung von E. Zermelo. Leipzig 1905.

HERTZ, P.: Repertorium der Physik von Weber-Gans, Bd. I/2. Leipzig 1916.

JORDAN, P.: Statistische Mechanik auf quantentheoretischer Grundlage. Braunschweig 1944.

KHINCHIN, A. I.: Statistical Mechanics. Engl. Übersetzung von G. Gamow. New York 1949.

LINDSAY, R. B.: Physical Statistics. New York 1941

MAYER, J. E., u. M. GOEPPERT-MAYER: Statistical Mechanics. New York: Wiley 1948.

PAULI, W.: Über das H-Theorem vom Anwachsen der Entropie vom Standpunkt der neuen Quantenmechanik. In „Probleme der modernen Physik". Leipzig: Hirzel 1928.

RUSHBROOKE, G. S.: Introduction to Statistical Mechanics. Oxford **1949**.

SCHRÖDINGER, E.: Statistical Thermodynamics. Cambridge **1948**. Deutsche Übersetzung. Leipzig: Barth **1952**.

SOMMERFELD, A., u. L. WALDMANN: Die Boltzmannsche Statistik und ihre Modifikation durch die Quantentheorie. Hand- u. Jahrb. der Chem. Physik, Bd. III/2. Leipzig **1939**.

TER HAAR, D.: Elements of Statistical Mechanics. New York: Rinehart **1954**.

— Foundations of Statistical Mechanics. Rev. Mod. Phys. **27**, **289** (**1955**).

TOLMAN, R. C.: Principles of Statistical Mechanics. Oxford **1938**.

Ideale und reale Gase, Kondensation.

FRISCH, H. L., u. J. L. LEBOWITH: The Equilibrium Theory of Classical Fluids. New York: Benjamin **1964**.

GREEN, H. S.: The Molecular of Fluids. Amsterdam **1952**.

HIRSCHFELDER, J. O.: Molecular Theory of Gases and Liquids. New York **1954**.

KIHARA, T.: Virial Coefficients and Models of Molecules in Gases. Rev. Mod. Phys. **25, 831** (**1953**).

MAYER, J. E., u. M. GOEPPERT-MAYER: Statistical Mechanics. New York **1948**.

— — Theory of Real Gases. Handbuch der Physik, Bd. XII. Berlin/Göttingen/Heidelberg: Springer **1958**.

ONNES, H. KAMERLINGH u. W. H. KEESOM: Die Zustandsgleichung. Enc. der math. Wiss. V. **10**. Leipzig **1912**.

RICE, S. A., u. P. GRAY: The Statistical Mechanics of Simple Liquids. New York: Interscience **1965**.

TER HAAR, D.: Elements of Statistical Mechanics, Kap. VIII, IX. New York **1954**.

VOLMER, M.: Kinetik der Phasenbildung. Leipzig **1939**.

Kalorische Eigenschaften des festen Körpers.

BLACKMAN, M.: Spezifische Wärme der Kristalle. Handb. Physik, Bd. VII/1. Berlin/Göttingen/Heidelberg: Springer **1956**.

BORN, M., u. KUN HUANG: Dynamical Theory of Crystal Lattices. Oxford **1954**.

EUCKEN, A.: Lehrbuch der Chemischen Physik, Bd. II/2. Leipzig: Akad. Verlagsges. **1948**.

LEIBFRIED, G.: Thermische und mechanische Eigenschaften fester Körper. Handb. Physik. Bd. VII/1. Berlin/Göttingen/Heidelberg: Springer **1956**.

— u. W. LUDWIG: Theory of Anharmonic Effects in Crystals. Solid State Physics, Bd. **12**, S. **275**. New York: Academic Press **1961**.

LUDWIG, W.: Festkörperphysik I, II, Studientext. Frankfurt: Akad. Verlagsges. **1970**.

MADELUNG, O.: Festkörpertheorie I, II, III. Heidelberger Taschenbücher, Bände **104, 109, 126**. Berlin/Göttingen/Heidelberg: Springer **1972/73**.

Ordnung und Unordnung im Kristallgitter.

BROUT, R.: Phase Transitions. New York: Benjamin 1965.

FISHER, M.E.: The Theory of Equilibrium Critical Phenomena. Repts. Progr. Phys. **30**, 615 (1967).

FOWLER, R.H., u. E.A. GUGGENHEIM: Statistical Thermodynamics, Kap. XIII. Cambridge 1952.

GEBHARDT, W. u. U. KREY: Phasenübergänge und Kritische Phänomene. Vieweg, Braunschweig 1980

GINZBURG, V.L., u. L.D. LANDAU: Zh. Exper. Theor. Fiz. **20**, 1064 (1950).

GINZBURG, V.L.: Nuovo Cimento **2**, 1234 (1955).

GOLDSTONE, J.: Nuovo Cimento **19**, 154 (1961).

GREEN, H.S., u. C.A. HURST: Order-Disorder-Phenomena. New York: Interscience 1964.

HAKEN, H.: Revs. Mod. Phys. **47**, 67 (1975).

HAKEN, H.: Synergetik, Eine Einführung, 2. Aufl. Springer, Berlin, Heidelberg 1983.

HAKEN, H. (ed.): Dynamics of Synergetic Systems. Springer Ser. Synergetics, Vol. 6. Springer, Berlin, Heidelberg 1980.

HAKEN, H. (ed.): Synergetics. Teubner, Stuttgart 1973.

LANDAU, L.D.: Phys. Z. Sowjetunion **11**, 26 (1937).

LANDAU, L.D., u. E.M. LIFSHITZ: Lehrbuch der Theor. Physik, Band 5 und 9, Statistische Physik I, II. Akademie Verlag, Berlin 1980.

MA, S.K.: Revs. Mod. Phys. **45**, 589 (1973).

MACENKO, G.F.: Correlation Functions and Quasi Particle Interactions in Condensed Matter, ed. J.W. HALLEY. Plenum Press, 1978, S. 99.

MÜNSTER, A.: Statistische Thermodynamik kondensierter Phasen. Handbuch der Physik, Bd. XIII. Berlin/Göttingen/Heidelberg: Springer 1962.

NEWELL, G.F., u. E.W. MONTROLL: On the Theory of the Ising Model of Ferromagnetism. Rev. Mod. Phys. **25**, 354 (1953).

NICOLIS, G., u. I. PRIGOGINE: Self-Organisation in Non-equilibrium Systems. Wiley, New York 1977.

NIX, F.C., u. W. SHOCKLEY: Order-Disorder Transformations in Alloys. Rev. Mod. Phys. **10**, 1 (1938).

ORNSTEIN, L.S., u. F. ZERNIKE: Proc. Sect. Sci. med. Akad. Wet. **17**, 793 (1914).

STANLEY, H.E.: Introduction to Phase Transitions and Critical Phenomena. Oxford: Clarendon Press 1971.

TER HAAR, D.: Elements of Statistical Mechanics, Kap. XII. New York 1954.

WANNIER, G.H.: The Statistical Problem in Cooperative Phenomena. Rev. Mod. Phys. **17**, 50 (1945).

WILSON, K.G.: Phys. Rev. **B4**, 3174, 3184 (1971).

WILSON, K.G., u. J. KOGUT: The Renormalization Group and the ε-Expansion. Phys. Repts. **12**, 75 (1974).

WILSON, K.G., u. J. KOGUT: Phys. Rept. **12C**, 75 (1974).

Schwankungen und Brownsche Bewegung.

CHANDRASEKHAR, S.: Stochastic Problems in Physics and Astronomy. Rev. Mod. Phys. **15**, 1 (1943).

COX, R. T.: Brownian Motion in the Theory of Irreversible Processes. Rev. Mod. Phys. **24**, 312 (1952).

DE HAAS-LORENTZ, G. L.: Die Brownsche Bewegung. Braunschweig 1913.

FÜRTH, R.: Schwankungserscheinungen in der Physik. Braunschweig 1920.

— Handb. Physik, Bd. IV, Kap. 3. Berlin: Springer 1929.

GINSBURG, W. L.: Einige Probleme aus der Theorie der elektrischen Schwankungserscheinungen. Fortschr. d. Phys. **1**, 51 (1954).

LAX, M.: Fluctuations from the Nonequilibrium Steady State. Rev. Mod. Phys. **32**, 25 (1960).

— Classical Noise: Nonlinear Markoff Processes. Langevin Methods. Rev. Mod. Phys. **38**, 359 und 541 (1966).

— u. P. MENGERT: Influence of Trapping, Diffusion and Recombination on Carrier Concentration Fluctiations. J. Phys. Chem. Solids **14**, 248 (1960).

MOYAL, J. E.: Stochastic Processes and Statistical Physics. J. Roy. Statist. Soc. B XI, 150 (1949).

RISKEN, H.: The Fokker-Planck Equation. Methods of Solution and Applications, Springer Ser. Synergetics, Vol. 18. Springer, Berlin, Heidelberg 1984.

WANG, M. C., u. G. E. UHLENBECK: On the Theory of the Brownian Motion. Rev. Mod. Phys. **17**, 323 (1945).

WIENER, N.: Nonlinear Problems in Random Theory. New York: Wiley and Sons, Inc. 1958.

Thermodynamik irreversibler Prozesse.

CASIMIR, H. B. G.: On Onsager's Principle of Microscopic Reversibility. Rev. Mod. Phys. **17**, 343 (1945).

COX, R. T.: The Statistical Method of Gibbs in Irreversible Change. Rev. Mod. Phys. **22**, 238 (1950).

DE GROOT, S. R.: Thermodynamics of Irreversible Processes. Amsterdam 1952.

— u. P. MAZUR: Non-Equilibrium Thermodynamics. Amsterdam: North-Holland Publ. Co. 1960.

— — Anwendung der Thermodynamik irreversibler Prozesse. Mannheim: Bibl. Institut 1974.

DENBIGH, K. G.: The Thermodynamics of the Steady State. London 1951.

DOMENICALI, CHARLES A.: Irreversible Thermodynamics of Thermoelectricity. Rev. Mod. Phys. **26**, 237 (1954).

HAASE, R.: Thermodynamisch-phänomenologische Theorie der irreversiblen Prozesse. Ergebn. exakt. Naturwiss. **26**, 56 (1952).

MEIXNER, J.: Thermodynamik der irreversiblen Prozesse. Aachen 1954.

— u. H. G. REIK: Thermodynamik der irreversiblen Prozesse. Handbuch der Physik, Bd. III/2. Berlin/Göttingen/Heidelberg: Springer 1959.

PRIGOGINE, I.: Non-Equilibrium Statistical Mechanics. New York: Interscience 1962.

Namen- und Sachverzeichnis

M. Toda, R. Kubo, N. Saito

Statistical Physics I

Equilibrium Statistical Mechanics

1983. 90 figures. XVI, 249 pages
Hard cover DM 82,–. (Springer Series in Solid-State Sciences, Volume 30)
ISBN 3-540-11460-2

Contents: General Preliminaries. – Outlines of Statistical Mechanics. – Applications. – Phase Transitions. – Ergodic Problems. – General Bibliography. – References. – Subject Index.

R. Kubo, M. Toda, N. Hashitsume

Statistical Physics II

Non-Equilibrium Statistical Mechanics

1985. 28 figures. Approx. 296 pages. (Springer Series in Solid-State Sciences, Volume 31).
Hard cover DM 98,–
ISBN 3-540-11461-0

The textbook starts out with the basic concepts and phenomenological theories of simple non-equilibrium processes as described by stochastic processes, emphasizing the viewpoint that a physical process is generated by an underliying, more microscopic process. The physical and mathematical meaning of coarse graining is thus illustrated by simple example of Brownian motion and its generalization. Their general features of relaxation and dissipative processes are discussed in detail. The linear-response theory is introduced to link non-equilibrium processes to fluctuations in equilibrium characterized by relevant sorts of correlation or Green's functions. The field-theoretical methods are developed for microscopic calculations of Green's functions taking examples of plasma physics.

Y. L. Klimontovich

The Kinetic Theory of Electromagnetic Processes

Translated from the Russian by A. Dobroslavsky
1983. XI, 364 pages
Hard cover DM 112,–
(Springer Series in Synergetics, Volume 10)
ISBN 3-540-11458-0

Contents: Introduction. – Classical Theory: Free Charged Particles and a Field. Atoms and Field. The Kinetic Equations for a System of Free Charged Particles and a Field. Brownian Motion. Kinetic Equations for an Atom-Field System. – Quantum Theory: Microscopic Equations. The Kinetic Equations for Partially Ionized Plasma; The Coulomb Approximation. Kinetic Equations for Partially Ionized Plasma; The Processes Conditioned by a Transverse Electromagnetic Field. Spectral Emission Line Broadening of Atoms in Partially Ionized Plasma. Fluctuations and Kinetic Processes in Systems Composed of Strongly Interacting Particles. Fluctuations in Quantum Self-Oscillatory Systems. Phase Transitions in a System Composed of Atoms and a Field. Conclusion. – References. – Subject Index.

Springer-Verlag
Berlin
Heidelberg
New York
Tokyo

Printed by Printforce, the Netherlands